T0240898

Mikrowellentechnik

Holger Heuermann

Mikrowellentechnik

Feldsimulation, nichtlineare Schaltungstechnik, Komponenten und Subsysteme, Plasmatechnik, Antennen und Ausbreitung

2. Auflage

Holger Heuermann
FH Aachen
Aachen, Deutschland

ISBN 978-3-658-41286-9 ISBN 978-3-658-41287-6 (eBook)
https://doi.org/10.1007/978-3-658-41287-6

Die Deutsche Nationalbibliothek verzeichnet diese Publikation in der Deutschen Nationalbibliografie; detaillierte bibliografische Daten sind im Internet über http://dnb.d-nb.de abrufbar.

Planung/Lektorat: Reinhard Dapper
Springer Vieweg ist ein Imprint der eingetragenen Gesellschaft Springer Fachmedien Wiesbaden GmbH und ist ein Teil von Springer Nature.
Die Anschrift der Gesellschaft ist: Abraham-Lincoln-Str. 46, 65189 Wiesbaden, Germany

Vorwort zur 1. Auflage

Politisches Umfeld für die Mikrowellentechnik

Die Politik des 21. Jahrhunderts wird aus bestem Wissen und Gewissen herausgestaltet, schafft aber oft in unerwarteten Bereichen neue Probleme. Den größten und langfristigen Einfluss auf die Ausbildung (insbesondere in den Ingenieurwissenschaften) an allen deutschen Hochschulen hatten die kräftigen Besoldungskürzungen mit der Einführung der W- statt der C-Bcsoldung. Über der mittleren C3-Stelle wurden früher typisch Fachabteilungsleiter eingestellt. Heute bekommen Hochschulen mit der entsprechenden Besoldung (W2) nur noch Ingenieure, die meist als Sachbearbeiter arbeiteten. Diese Änderung wirkt sich in vielen Belangen nur schleichend, aber zunehmend drastisch aus. Beispielsweise wird in meinem Fachgebiet der Lehrstoff zur Hochfrequenz- und Mikrowellentechnik an der benachbarten Elitehochschule von zwei W-Kollegen gelesen, von denen keiner in einem produzierenden Unternehmen arbeiteten, was früher auch an Universitäten ein sehr wichtiges Einstellungskriterium darstellte, da Studierende in den Ingenieurwissenschaften praxisorientiert ausgebildet werden sollen.

Die Politik möchte mit zunehmend steigenden Forschungsmitteln die Forschungsarbeit dort hinleiten, wo diese notwendig ist, was im Prinzip richtig ist. Jedoch bestimmt die Politik Ziele, die bereits Technologien vorgeben und nicht rein auf das eigentliche Ziel ausgerichtet sind. CO_2-freie Mobilität ist ein Beispiel hierfür: Der für die Fördermittelvergabe zuständige Projektträger gibt mit der E-Mobilität eine Technologie vor. Alternative Lösungen haben in Deutschland fast keine Chance. Der Wasserstoffmotor (nicht die Brennstoffzelle) ist hier ein Beispiel: er findet im bestehenden System keine Fördertöpfe, wird aber sicherlich einen großen Anteil an der zukünftigen Mobilität (u. a. durch modernster GHz-Technik) beitragen und erhielte dabei noch sehr viele Arbeitsplätze.

Die Politik lässt sich von „den Großen" beraten, deren Hauptinteresse den eigenen Großunternehmen gilt und welche nur begrenzt am Allgemeinwohl sowohl der Bevölkerung, als auch der KMUs interessiert sind. Wir hätten in Deutschland keine mautfreien Autobahnen, wenn man früher solche Berater gehabt hätte. Jüngst nahm der Staat Milliarden für die 5G-Frequenzen ein und steckt diese in die Digitalisierung. Viel besser wäre es sicherlich gewesen, die Mehrzahl der Funkbänder als frei nutzbare (ISM-) Bänder, in denen aktuell z. B. die WLAN-, Bluetooth-Übertragungen stattfinden, zu vergeben. Die Politik sollte berechnen lassen, welche Datenmengen in den bisher freie verfügbaren ISM-Bändern bei 2,45 und 5,8 GHz im Vergleich zu den Mobilfunkbändern pro km^2 übertragen werden. Dann würde sie feststellen, dass in den Mobilfunkbändern nur ein Bruchteil der Datenmengen übertragen wird.

Die Politik möchte die Effizienz der Hochschulen (und meint damit die Absolventenzahlen) über die Mittelvergabe anheben. Die Hochschulen verlassen deshalb zunehmend die Spezialisierungen in den Studiengängen und führen umfangreiche Wahlpflichtkataloge ein. Spezialisierte Studiengänge wie die Mikrowellentechnik werden im Zuge dieses Prozesses zunehmend eingestellt. Vorlesungen über die GHz-Elektronik finden an den deutschen Universitäten kaum noch statt, bestenfalls setzen Universitäten auf die Terahertz-Technik. Die neuen Produkte werden aber im zweistelligen GHz-Bereich und für Long- Range-Anwendungen im einstelligen GHz-Bereich entstehen, aufgrund des Fachkräftemangels allerdings zunehmend in Fernost.

Antworten auf die Probleme der Moderne

Es ist rund 20 Jahre her, dass im deutschsprachigen Raum ein Fachbuch zur Mikrowellentechnik neu aufgelegt wurde. Das vorliegende Buch soll nun diese Lücke schließen. Es beruht einerseits auf dem Lehrstoff, der in der fast 20jährigen Lehrtätigkeit in Form von Skripten aufgebaut wurde, und andererseits auf den am Institut für Mikrowellen- und Plasmatechnik (IMP) durchgeführten Forschungstätigkeiten, die insbesondere zwei Basistechnologien mit einem umfangreichen Spektrum an Anwendungen hervorbrachten.

Die Basistechnik zur vektoriellen Mixed-Frequency-Technik lässt sich u. a. in Messtechnik-, Rettungs- und Lokalisierungssystemen einsetzen. Die zweite Basistechnik zur GHz-Plasmatechnik ähnelt der Lasertechnologie und lässt sich für deutlich verbesserte Produkte und Anlagen für Zündkerzen, Lampen, Skalpelle, Plasmajets, Schweißgeräte, 3D-Drucker für Metall und Keramik, Ionenquellen bis hin zur Fusionstechnik einsetzen. Die Zündkerzen ermöglichen u. a. den deutlich effizienteren Betrieb von CNG- und Wasserstoffmotoren, der bei allerhöchsten Kompressionswerten (Verdichtungen) arbeitet und darüber eine extrem hohe Literleistung bei sehr hohem Wirkungsgrad erzielt. Die neuartige Fusionstechnik hat das Potential, mit Kleinstreaktoren ohne Klimabelastungen extrem preiswert gigantische Mengen elektrischen Stroms zu erzeugen.

Danksagung

Den größten Dank möchte ich meinen drei wunderbaren Töchtern Helena, Clara und Emelie aussprechen, denen ich dieses Buch widme und denen ich bei weitem nicht so viel Zeit geben konnte, wie ich es gerne wollte, dem ich aufgrund meiner ehrgeizigen Arbeitsziele (u. a. dieses Buchprojekt, die Welt durch Forschung etwas zu verbessern) aber nicht gerecht werden konnte. Natürlich gilt das auch meiner geliebten Frau, die den Hauptteil dazu beitrug, dass wir heute auf unsere Kinder uneingeschränkt stolz sein können.

Weiterhin möchte ich der FH Aachen, Rektor Prof. Baumann und Prorektorin Prof. Samm sowie der Verwaltung, dem Dekanat und sämtlichen Kolleginnen und Kollegen des Fachbereiches meinen Dank für die große Unterstützung und das hervorragende Umfeld aussprechen.

Ein ganz großer Dank geht an alle aktuellen und ehemaligen Mitarbeiterinnen und Mitarbeiter des IMP, die, wie ich auch, mit viel Freude und Engagement an den spannenden und komplexen Forschungsthemen in der GHz-Technik arbeiten/arbeiteten und ebenfalls die Hoffnung hegen, damit die Welt ein Stück sauberer und sicherer zu machen.

Nicht zuletzt möchte ich auch den vielen Studierenden danken, die mir durch ihre Motivation eine große Triebkraft für die Lehre geben und auch selbst durch viele Fragen und Anmerkungen die Kapitel in diesem Buch erst zu dem gemacht haben, was sie, liebe Leser, nun im Weiteren vor sich haben.

Aachen
am 22. November 2019

Holger Heuermann

Vorwort zur 2. Auflage

Da dieses Mikrowellentechnikbuch ins Englische übersetzt werden soll, wurde diese zweite korrigierte Auflage erstellt. Die Unterschiede zur ersten Auflage sind recht gering. Es freut mich, dass die technischen Innovationen dieses Buches zunehmend erkannt und eingesetzt werden. Viele Anwender/innen haben erkannt, die Verwendung der Mixed-Frequency-S-Parameter für ein/e HF-Techniker/in ähnlich einfach wie die Verwendung der Kirchhoffschen Gesetze ist. Hingegen haben die zuvor lediglich verwandten X-Parameter die Komplexität der Maxwellschen Gleichungen, deren Einsatz man nun nur noch in wenigen Fällen benötigt.

Die im GHz-Plasmatechnik-Kapitel beschriebene Technologie erlangt gerade einen sehr großen Schub, da just gezeigt wurde, dass auch die Generation des bereits in der ersten Auflage angedeuteten abgekoppelten GHz-Plasmas möglich ist. Diese neue Technologie wird damit noch in vielen weiteren Bereichen wie Öfen, 2.5D-Drucker für Metall und Keramik sowie Fusionsanlagen Einzug halten.

Aachen
am 22. August 2023

Holger Heuermann

Inhaltsverzeichnis

1 Hohlleiter

1.1 Einleitung

Bis 1970 waren die so genannten Hohlleiter die am Häufigsten eingesetzten Leitersysteme in der Hochfrequenz- und Mikrowellentechnik. Alle überwiegend militärischen Anwendungen wie auch die Richtfunksysteme verwendeten Hohlleiter. Hohlleiter waren das am meisten genutzte Leitungssystem im GHz-Bereich. Halbleiterbauteile (insbesondere Dioden) hatte man in die Hohlleiter eingesetzt.

Definition: Hohlleiter: Rohrförmige metallische Leitung mit bestimmter Querschnittsform, innen hohl oder dielektrisch gefüllt

Hohlleiter leiten – ähnlich wie die Glasfaser das Licht – elektromagnetische Wellen. Anwendungen finden Hohlleiter hauptsächlich im GHz-Bereich. Hohlleiter unterscheiden sich in vieler Hinsicht von TEM-Wellenleiter (Abb. 1.1).

	TEM-Leiter	**Hohlleiter**
Querschnittsgeometrie:	Mehrfach zusammenhängendes Gebiet	Einfach zusammenhängendes Gebiet

Heutzutage werden Hohlleiter insbesondere bei Anlagen mit sehr großen Leistungen – wie Radaranlagen, Mikrowellenöfen – eingesetzt. Im Komsumerbereich findet man Hohlleiter als Teil der Antennen von Low-Noise-Convertern (LNC oder LNB).

Sehr wichtig ist das Verständnis für Hohlleiter um Störer in elektronischen Hochfrequenzschaltungen zu finden: Jedes geschirmte Gehäuse entspricht einem Hohlleiter mit je einer Kurzschlussplatte am Ein- und Ausgang. Diese i. d. R. metallischen Gehäuse weisen Eigenresonanzen bei Frequenzen auf, die sich über die Wellenlängen $n \cdot \lambda/2$ (*n:* ganzzahlige Zahl) berechnen lassen. In diesen Frequenzbereichen wird die elektromagnetische Energie

H. Heuermann, *Mikrowellentechnik*,
https://doi.org/10.1007/978-3-658-41287-6_1

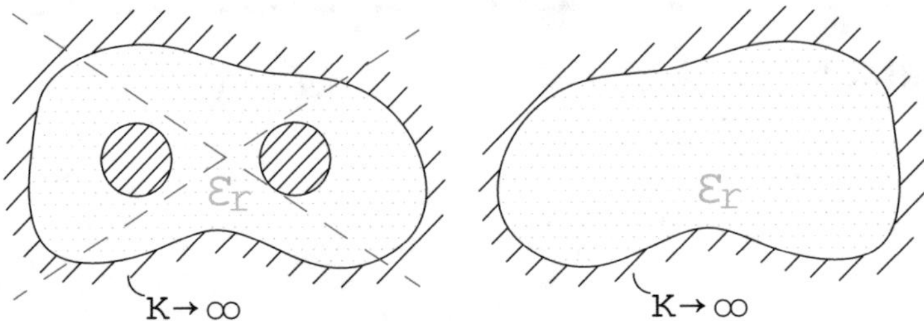

Abb. 1.1 Querschnitte eines Mehrleiters (links) und eines Hohlleiters (rechts)

über den Hohlleitermode in der ganzen Schaltung eingekoppelt. Somit tritt bei einer aktiven Schaltung bei diesen Frequenzen oft eine Oszillation über diese Rückkopplung (über den Hohlleitermode) auf.

Merkmale der Hohlleiter

- Kein Hin- und Rückleiter
- Keine Übertragung von Gleichstrom und -spannung

Technische Realisierungsformen

- Rechteckhohlleiter (hauptsächlich)
- Rundhohlleiter (z. B. Antennen, Drehkopplungen)

Vorteile Hohlleiter gegenüber Koaxialleiter

- Sehr verlustarm (bis verlustlos!)
- Sehr große Leistungsverträglichkeit
- Hochpassverhalten mit starker Filterwirkung

Nachteile Hohlleiter gegenüber Koaxialleiter

- Starre Leitungsführung
- Teure Herstellkosten
- Bandbegrenzter Einsatz
- Multimoden-Problematik

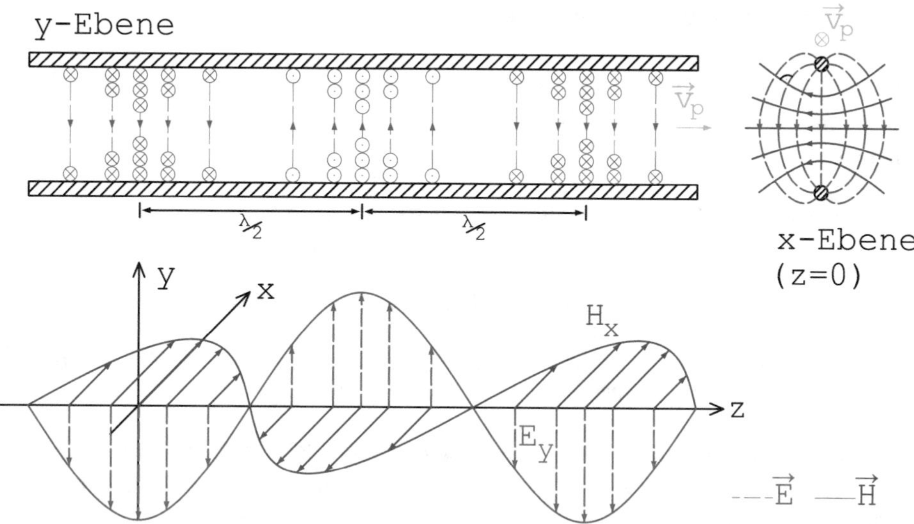

Abb. 1.2 TEM-Welle entlang einer Zweidrahtleitung mit Ausbreitung in z-Richtung

Anwendung

- Sendeanlagen mit großer Leistung wie Radar oder Richtfunk
- Mikrowellenöfen, GHz-Messtechnik, Antennentechnik (hier auch im Konsumerbereich bis 77 GHz)
- 77 GHz-Radar im Automobilbereich (hier auch innerhalb von Platinen)

Bevor auf die Theorie der Hohlleiter eingegangen wird, soll zunächst eine sehr kurze Zusammenfassung der TEM-Wellenleiter mit den zahlreichen Vertretern wie z. B. Mikrostreifen-, Koaxial- und Zweidrahtleitung gegeben werden (Abb. 1.2).

1.1.1 Kurzzusammenfassung der TEM-Welle

In Zweidrahtleitern breitet sich eine TEM-Welle aus, die keine Feldkomponente in Ausbreitungsrichtung aufweist. Für die so genannte „Rechte Handregel“ gilt der einfache Zusammenhang:

Zweidrahtleiter „$\vec{E}$ dreht nach $\vec{H}$“
In einer Zweidrahtleitung treten zwei transversale Feldkomponenten (hier E_y, H_x) auf. Die Ausbreitung ähnelt einer homogenen ebenen Welle (HEW) im freien Raum mit linearer Polarisation.

1.1.2 Feldtheorie für Hohlleiter

In zahlreichen Publikationen (z. B. [90, 110]) werden die exakten feldtheoretischen Herleitungen und Lösungen in analytischer Form dargestellt. In Kurzform sieht die Analytik wie folgt aus:

Verfahren:	Geg.:	Maxwellsche Gleichungen und Querschnitt mit Randbedingungen (z.B. $\vec{E} = 0$)
$\Rightarrow$	Ansatz:	„Eigenwertproblem"
Ergebnis:		Unendlich viele diskrete Feldtypen (nicht TEM) a) Wellentypen ($\lambda_C > \lambda$, Energietransport) b) Dämpfungstypen („Blinddämpfung", kein Energietransport aber Energiespeicherung)

Die Wellenausbreitung findet erst oberhalb einer bestimmten Grenzfrequenz f_c (Querabmessungen $\geq \lambda/2$) statt. Aus dieser Abschätzung kann man auch die Gefahr über mögliche Hohlleitermodenausbreitung in Gehäusen abschätzen.

Im Folgenden sollen die Felder innerhalb eines rechteckigen Hohlleiters über eine grafische Herleitung eingeführt werden.

1.2 Grafische Herleitung der H_{10}-Welle

1.2.1 Grenzbedingungen am idealen Leiter

Die Grenzbedingungen für das elektrische Feld sind im Abb. 1.3 visualisiert.

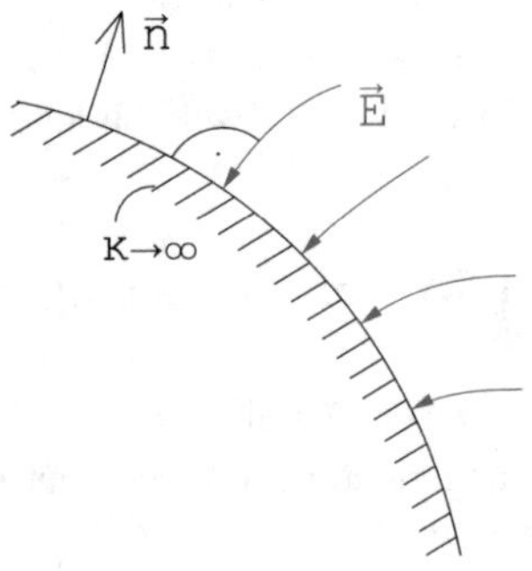

Abb. 1.3 Typisches E-Feld an einer metallischen Oberfläche

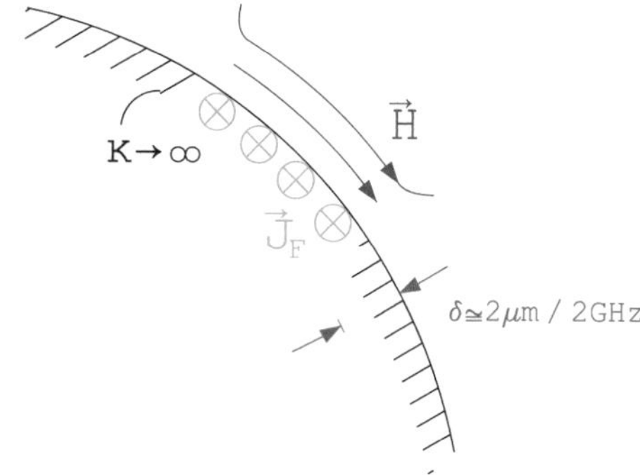

Abb. 1.4 H-Feldlinien und über eine metallischen Oberfläche und zugehörige Stromdichte J

E-Feld senkrecht $\vec{n} \times \vec{E} = 0$
Es wird (wie auch im Abb. 1.4) das 2D-Schnittbild einer ausgedehnten metallischen Oberfläche gezeigt. In sehr guter Näherung haben die Feldlinien bei den in der Praxis verwendeten metallischen Werkstoffen das gleiche Verhalten.
H-Feld tangential $\vec{n} \times \vec{H} = \vec{J}_F$

1.2.2 Reflexion einer HEW an einer metallischen Platte

Die einfallende homogene ebene Welle auf eine perfekt leitende Ebene ist im Abb. 1.5 zum Zeitpunkt t_0 dargestellt.

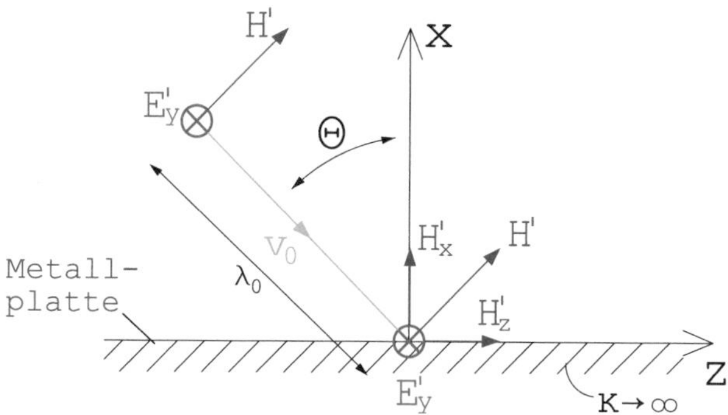

Abb. 1.5 Feldkomponenten und zugehörige Winkel einer einfallende HEW

Einfallende HEW
Diese einfallende Welle wird total reflektiert. Dabei muss die Randbedingung, dass das E-Feld Null auf der metallischen Oberfläche ist, erfüllt werden. Die zugehörige reflektierte Welle zum Zeitpunkt t_0 zeigt das Abb. 1.6.

Reflektierte HEW
Für die im geometrischen Nullpunkt dargestellten Feldkomponenten gilt somit:

$$-E'_y = E''_y, \qquad H'_x = -H''_x \qquad \text{und} \qquad H'_z = H''_z. \tag{1.1}$$

1.2.3 Konstruktion der H$_{10}$-Welle aus Mehrfachreflexionen

Im Folgenden wird die so genannte H$_{10}$-Welle in ihrer Grundform als transversale elektrischen Welle im Rechteckhohlleiter konstruiert. Das folgende Abb. 1.7 zeigt im oberen Teil eine einfallende HEW auf einer metallischen Platte. Diese Welle wird reflektiert. Der mittlere Teil im Abb. 1.7 zeigt die reflektierte HEW auf einer metallischen Platte. Überlagert man die beiden Wellen, so ergibt sich ein Bild der H$_{10}$-Welle (unterer Teil im Abb. 1.7).

In der Ebene x=a gilt E=0.
$\Rightarrow$ In dieser Ebene kann eine metallische Wand eingezogen werden!

Sofern die Implementierung eines Stoffes die elektromagnetischen Felder nicht ändert, ist es auch zulässig. Zwischen diesen beiden Platten breitet sich nunmehr eine H$_{10}$-Welle aus. Es werden keine Randbedingungen verletzt und somit ist die Feldlösung auch eine korrekte Lösung. Dem Abb. 1.7 kann man die Hohlleiterwellenlänge $\frac{\lambda_h}{2}$ entnehmen.

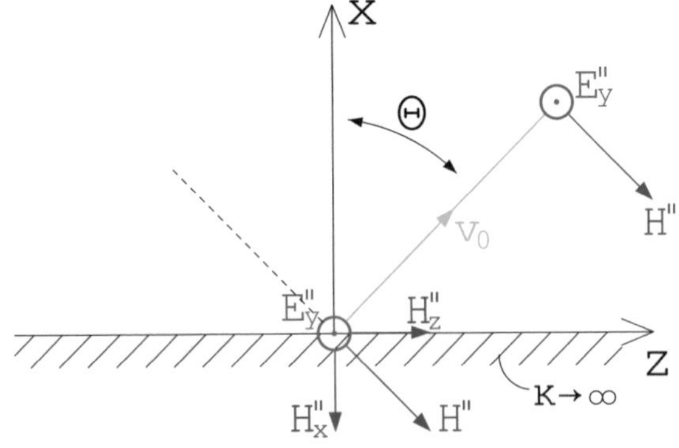

Abb. 1.6 Feldkomponenten und zugehörige Winkel einer reflektierte HEW

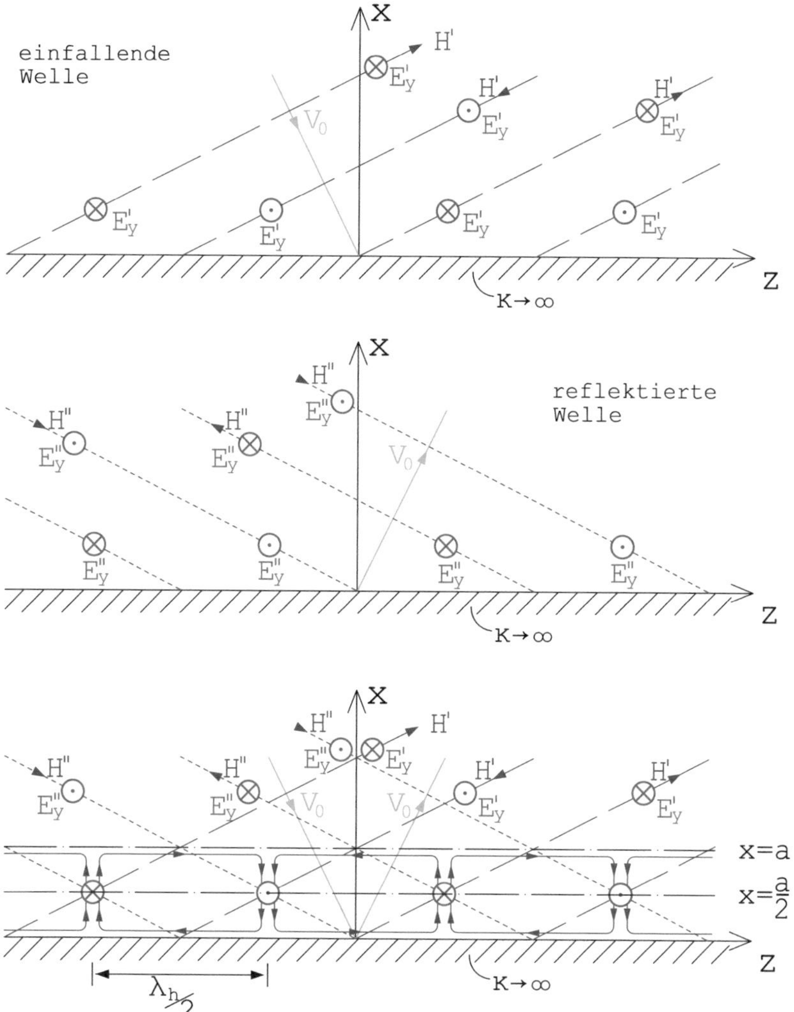

Abb. 1.7 Einfallende und reflektierte Welle sowie deren Überlagerung zur Konstruktion der H_{10}-Welle. (Ebene x=a ist später Wand des Hohlleiters)

1.2.4 Feldbilder der H_{10}-Welle im Rechteckhohlleiter

Die H_{10}-Welle ist die technisch genutzte Welle im Rechteckhohlleiter (engl.: rectangular guide). Die folgenden Bilder illustrieren das Feld der H_{10}-Welle in verschiedenen Perspektiven (Abb. 1.8).

Bei allen Darstellungen sind die elektrischen Feldlinien in rot und die magnetischen Feldlinie in blau dargestellt. Mit λ_h wird die Wellenlänge im Hohlleiter bezeichnet (Abb. 1.9).

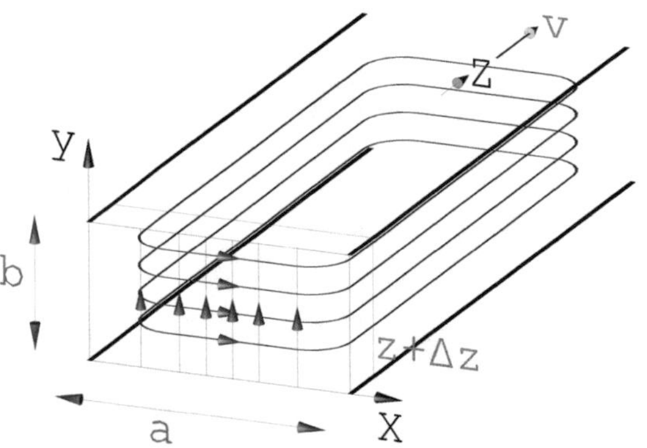

Abb. 1.8 Darstellung der H_{10}-Welle als 3D-Bild

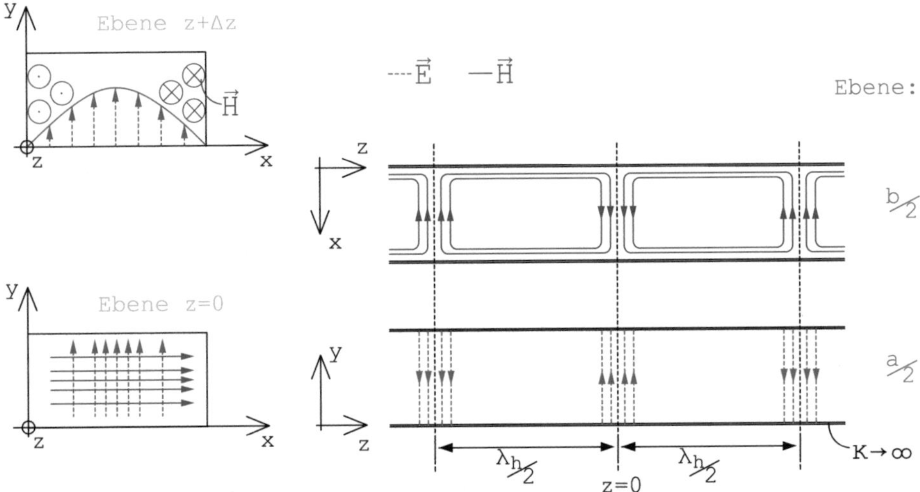

Abb. 1.9 Schnittdarstellungen der H_{10}-Welle im Hohlleiter

Im Abb. 1.10 ist die H_{10}-Welle, die mittels einer numerischen Feldsimulation erstellt wurde (diese werden nächstes Kapitel erläutert), abgebildet.

Die Intensitäten sind gemäß den Regenbogenfarben und den Längen der Pfeile dargestellt. Somit sind die roten Bereiche die Zonen mit einer großen Energiedichte.

Am rechten Tor erkennt man an den herausstehenden Pfeilen sehr gut, dass der Startpunkt der Pfeile den Energiepunkt darstellt.

Das reine E-Feld ist im Abb. 1.11 dargestellt.

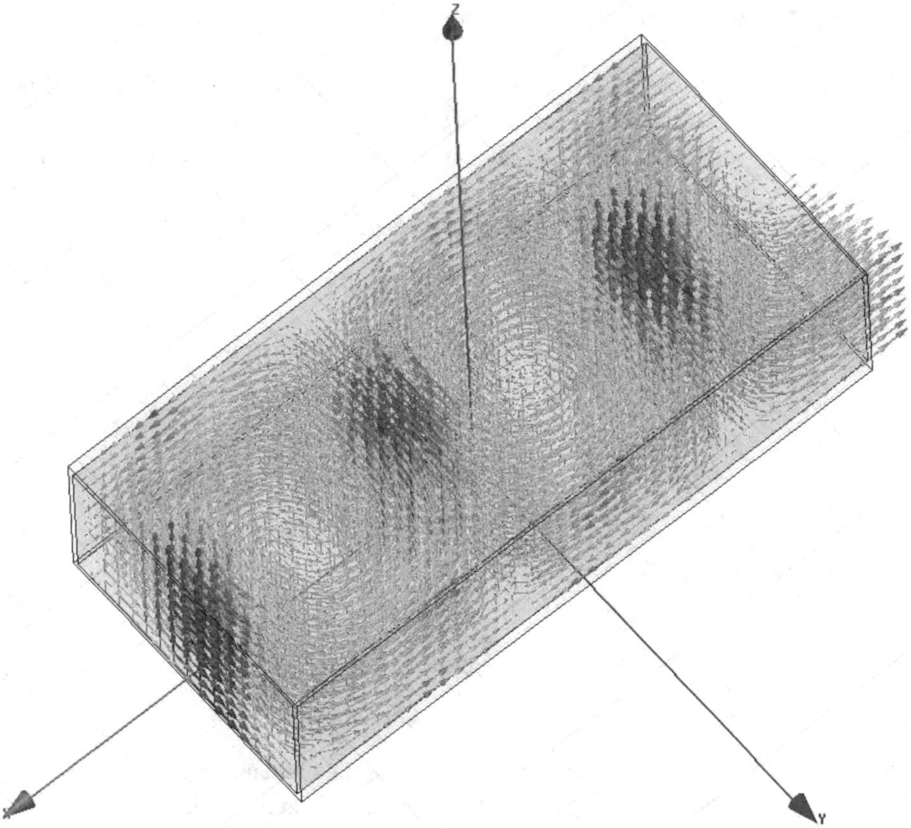

Abb. 1.10 3D-Darstellung des elektrischen und des magnetischen Feldes der H_{10}-Welle im Hohlleiter. (Hergestellt mittels dem Simulationsprogramm HFSS)

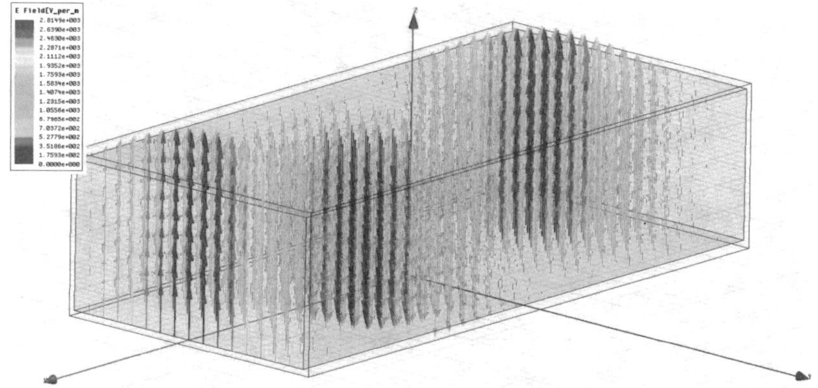

Abb. 1.11 3D-Darstellung des elektrischen Feldes der H_{10}-Welle im Hohlleiter. (Aus HFSS)

1.3 Hohlleiterwellenlänge

Aus einem vergrößerten Bild der H_{10}-Welle λ_h soll die Wellenlänge im Hohlleiter in Abhängigkeit der Geometrie und der Freiraumwellenlänge λ_0 berechnet werden.

Hohlleiter weisen i. d. R. Luft als Füllung auf und deshalb gilt $\epsilon_r = 1$ und somit gilt $\lambda = \lambda_0$.

Folgende weitere Zusammenhänge lassen sich aus Abb. 1.12 entnehmen:

$$\cos\Theta = \frac{\lambda_0}{2\cdot a} \qquad \text{sowie} \qquad \cot\Theta = \frac{\lambda_h/4}{a/2} = \frac{\lambda_h}{2\cdot a}, \tag{1.2}$$

$$\Rightarrow \frac{\lambda_0}{\lambda_h} = \sin\Theta. \tag{1.3}$$

Mit

$$\sin\Theta = \sqrt{1-\cos^2\Theta} \qquad \text{bzw.} \qquad \sin\Theta = \sqrt{1-\left(\frac{\lambda_0}{2a}\right)^2} \tag{1.4}$$

gilt

$$\lambda_h = \frac{\lambda_0}{\sqrt{1-\left(\frac{\lambda_0}{2a}\right)^2}}. \tag{1.5}$$

Mit $a \geq \lambda_0/2$ ist die Hohlleiterwellenlänge größer als die Freiraumwellenlänge ($\lambda_h > \lambda_0$). Üblicherweise ist die Wellenlängen in einem mit Dielektrikum gefüllten Kabel oder auf einem Substrat kürzer als die Freiraumwellenlänge ($\lambda_{Substrat} < \lambda_0$).

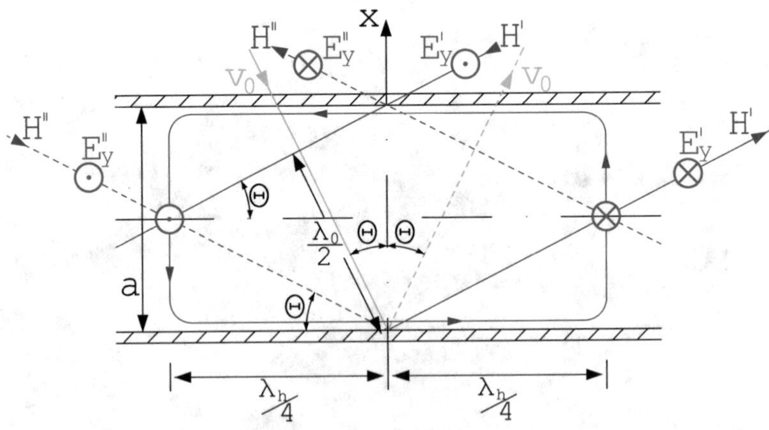

Abb. 1.12 Vergrößerte H_{10}-Welle zwischen zwei metallischen Platten

Grenzfälle
Im Weiteren sollen die zwei Grenzfälle für die Einfallwinkel Θ (horizontal und vertikal) betrachtet werden.

$$\begin{aligned} \Theta &= 0^\circ \;\Rightarrow \text{Keine Ausbreitung in z-Richtung} \\ \Theta &= 90^\circ \Rightarrow \text{Ausbreitung wie HEW} \end{aligned}$$

Grenzwellenlänge
Es wurde bereits gezeigt, dass gilt: $\lambda_h > \lambda_0$. Bei genauer Betrachtung der Gl. (1.5) erkennt man, dass bei einer Höhe von $a = \lambda_0/2$ die Hohlleiterwellenlänge gegen unendlich geht. Daher wird die Wellenlänge

$$\lambda_C = 2a \tag{1.6}$$

als Grenzwellenlänge bezeichnet. Setzt man diesen Zusammenhang in Gl. (1.5) ein, so erhält man für die Hohlleiterwellenlänge:

$$\lambda_h = \frac{\lambda_0}{\sqrt{1 - \left(\frac{\lambda_0}{\lambda_C}\right)^2}}. \tag{1.7}$$

1.4 Phasen- und Gruppengeschwindigkeit

Im Grundlagenbuch [37] wurde detailliert die Phasenkonstante bzw. der Phasenkoeffizient eingeführt. Es gilt angewandt auf der Hohlleitung:

$$\beta_h = \frac{2\pi}{\lambda_h} = \frac{2\pi}{\lambda_0} \cdot \sqrt{1 - \left(\frac{\lambda_0}{\lambda_C}\right)^2}. \tag{1.8}$$

Die Phasenkonstante ist proportional zur Transmissionsphase ($\sim \measuredangle S_{21}$). Für eine verlustfreie Leitung gilt $S_{21} = e^{-j\beta l}$.

In [37] wird auch die Phasengeschwindigkeit allgemein und in Anwendung für TEM-Leitungen eingeführt. Angewandt auf den Hohlleiter gilt:

$$v_p = \frac{\Delta z}{\Delta t} = \frac{\omega}{\beta_h} = f\lambda_h = \frac{f \cdot \lambda_0}{\sqrt{1-\left(\frac{\lambda_0}{\lambda_C}\right)^2}} = \frac{v_0}{\sqrt{1-\left(\frac{\lambda_0}{\lambda_C}\right)^2}} = \frac{v_0}{\sin\Theta}. \tag{1.9}$$

Es gilt $\lambda_0 > \lambda_C$. Setzt man diesen Zusammenhang in Glg. (1.9) ein, so erhält man das Resultat, dass die Phasengeschwindigkeit größer als die Lichtgeschwindigkeit ist: $v_p > c_0$.

Ausbreitung der elektromagnetischen Energie

Die elektromagnetischen Energie breitet sich mit der Gruppengeschwindigkeit v_g aus. Dieses wird im Abb. 1.13 gezeigt.

Dem Abb. 1.13 kann man den mathematischen Zusammenhang

$$v_g = v_0 \sin\Theta = v_0 \cdot \sqrt{1-\left(\frac{\lambda_0}{\lambda_C}\right)^2} \tag{1.10}$$

entnehmen.

Die Multiplikation von Gruppen- und Phasengeschwindigkeit ergibt das Quadrat der Lichtgeschwindigkeit:

$$v_g \cdot v_p = v_0^2. \tag{1.11}$$

Frequenzabhängigkeiten des Hohlleiters

Die zuvor mathematisch beschriebenen Frequenzabhängigkeiten (auch als Dispersion bezeichnet) der Gruppen- und Phasengeschwindigkeit sowie der Hohlleiterwellenlänge sind im Abb. 1.14 dargestellt. Bei der Grenzfrequenz f_C setzt der Energietransport ein und oberhalb von $4 \cdot f_C$ herrschen ähnliche Bedingungen wie im Freiraum.

Das Abb. 1.14 zeigt auf, dass der Hohlleiter sehr dispersiv ist. Diese Eigenschaft ist für die Breitbandübertragungstechnik sehr störend, kann aber für spezielle analoge Signalformung hilfreich sein.

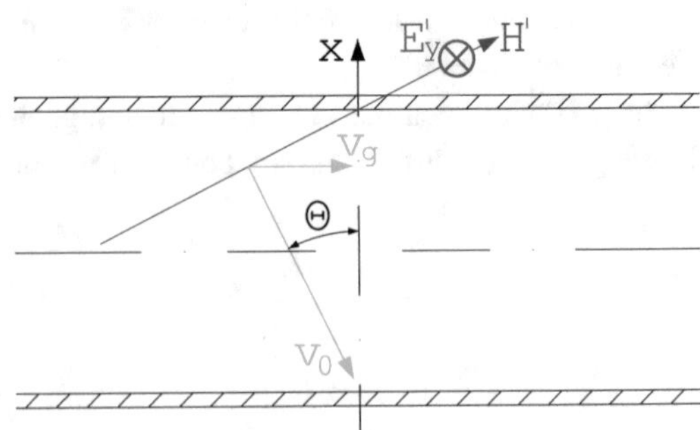

Abb. 1.13 Gruppengeschwindigkeit v_g

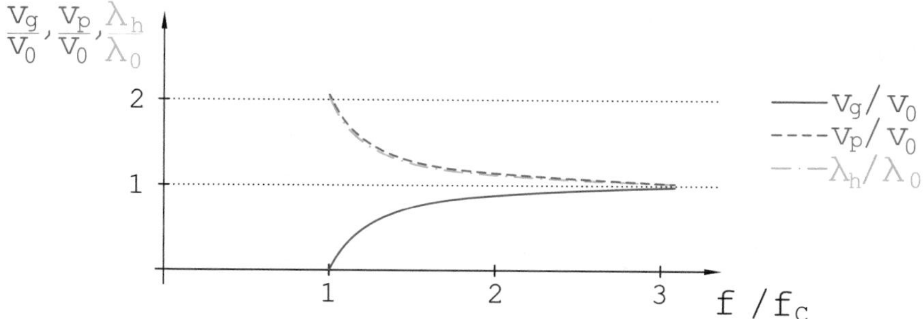

Abb. 1.14 Frequenzabhängigkeiten der Gruppen- und Phasengeschwindigkeit sowie der Hohlleiterwellenlänge (i. d. R. gilt $c_0 = v_0$)

1.5 Allgemeiner Feldwellenwiderstand und Feldwellenwiderstände der H_{10}-Welle

Für die Ausbreitung im technischen Hohlleiter wird der Wellenwiderstand des Vakuums

$$Z_0 = \frac{|\vec{\mathbf{E}}|}{|\vec{\mathbf{H}}|}, \tag{1.12}$$

in sehr guter Näherung dem in der Luft gleichgesetzt und mit der alternativen Bezeichnung als Feldwellenwiderstand im Weiteren verwendet. Für den Feldwellenwiderstand $Z_F = Z_0$ des freien Raumes gilt:

$$Z_F = \sqrt{\frac{\mu_0}{\epsilon_0}} \simeq 120\,\pi\,\Omega. \tag{1.13}$$

Der allgemeine Wellenwiderstand im Hohlleiter ist davon abhängig, ob es sich um eine Welle vom TE- bzw. H-Typen oder ob es sich um eine Welle vom TM- bzw. E-Typen handelt.

Eine Herleitung für die folgenden Gleichungen findet man in [90] unter dem Stichwort Wellenimpedanz und in [110].

H-Typ: Es gibt keine E-Feldkomponente in Ausbreitungsrichtung z.

In diesem Fall gilt:

$$E_y = -\,Z_{FH} \cdot H_x \quad \text{und} \quad E_x = Z_{FH} \cdot H_y \qquad \text{mit} \tag{1.14}$$

$$Z_{FH_{10}} = \frac{Z_F}{\sqrt{1 - \left(\frac{f_c}{f}\right)^2}} = f \cdot \mu_0 \cdot \lambda_h \tag{1.15}$$

E-Typ: Es gibt keine H-Feldkomponente in Ausbreitungsrichtung z.

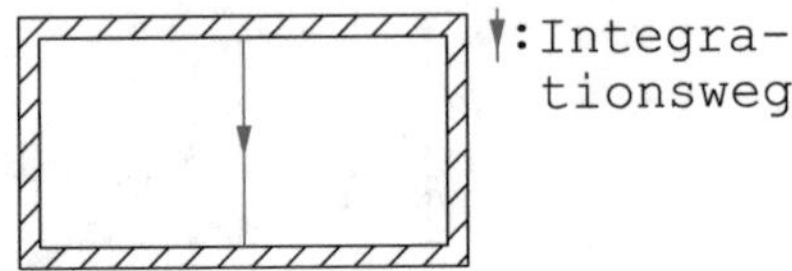

Abb. 1.15 Integrationsweg für die H_{10}-Welle

In diesem Fall gilt:

$$E_x = Z_{FE} \cdot H_y \quad \text{und} \quad E_y = -Z_{FE} \cdot H_x \quad \text{mit} \tag{1.16}$$

$$Z_{FE_{10}} = Z_F \sqrt{1 - \left(\frac{f_c}{f}\right)^2} \tag{1.17}$$

1.6 Ausbreitungskoeffizient und Wellenwiderstand der H_{10}-Welle über der Frequenz

In der Regel ist der Hohlleiter mit Luft gefüllt und somit gilt in sehr guter Näherung $\epsilon_r = 1$. Der Ausbreitungskoeffizient γ_h lässt sich in einem Dämpfungs- und einem Phasenkoeffizienten aufteilen.

$$\gamma_h = \alpha_h + j\beta_h \tag{1.18}$$

Zur Einführung bzw. Festlegung des Feldwellenwiderstandes im Hohlleiter muss ein Integrationsweg im Hohlleiter festgelegt werden. Der übliche Integrationsweg für die H_{10}-Welle ist im Abb. 1.15 dargestellt.

Dieser Integrationsweg wird in der Praxis in der Feldsimulation benötigt. Wählt man einen anderen Weg, so erhält man bei der Hohlleiterwelle einen anderen Feldwellenwiderstand[1].

Für $\lambda_0 > \lambda_C$ gilt:
$\gamma_h = \alpha_h$, d. h. rein reell $\quad Z_{FH_{10}}$: imaginär

Für $\lambda_0 \leq \lambda_C$ gilt:
$\gamma_h = \alpha_h + j\beta_h \simeq j\beta_h$: nahezu imaginär $\quad Z_{FH_{10}}$: nahezu reell

In der Darstellung 1.16 werden die frequenzabhängigen Größen für die Wellenausbreitung der H_{10}-Welle wiedergegeben.

1.7 Stromverteilung im Rechteckhohlleiter

Im Abb. 1.17 wird die Stromverteilung in den metallischen Wänden illustriert. Dafür wurde das Bild in zwei Teile zerlegt:

[1] Details zur Wahl der Integrationswege findet man im nächsten Kapitel (Abb. 2.22).

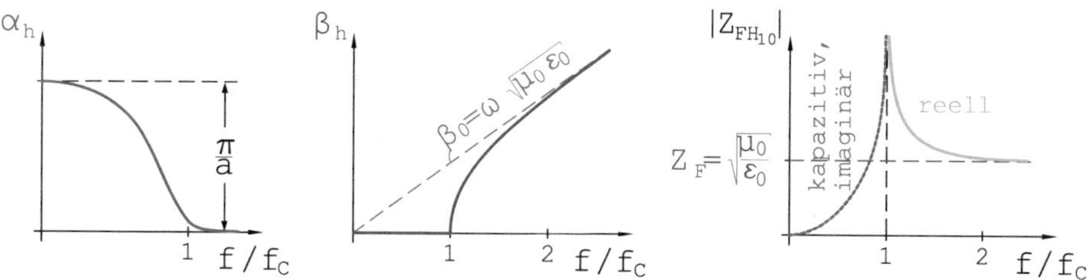

Abb. 1.16 Frequenzabhängiger Ausbreitungskoeffizient und Feldwellenwiderstand der H_{10}-Welle

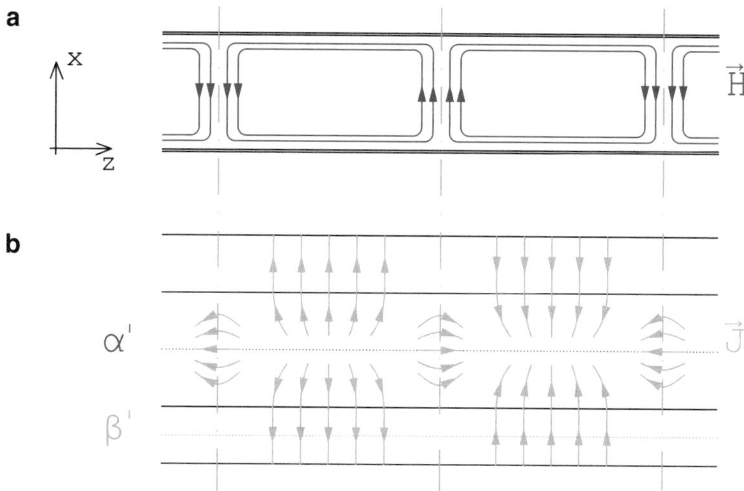

Abb. 1.17 Stromverteilung für die H_{10}-Welle in den Seitenwänden (hintere, Boden, vordere) des Rechteckhohlleiters (die vierte Seitenwand fehlt)

a) Magn. Feldlinien im Hohlleiter (Draufsicht im Schnitt),
b) Ströme in den Seitenwänden (Abwicklung: Unterseite und Seitenwände).

Weiterhin werden im Abb. 1.17 die Bereiche dargestellt, in denen sich optimal Sonden implementieren lassen und Auskoppelelemente eingefügt werden können.

Bereiche für Sonden: $\alpha' \parallel$ Strompfade, gewählt da:

- Wenig Feldstörung,
- Wenig Auskopplung.

Bereiche für starke Auskopplung: $\beta' \perp$ Strompfade, gewählt da:

- Starkes E-Feld im Auskoppelspalt.

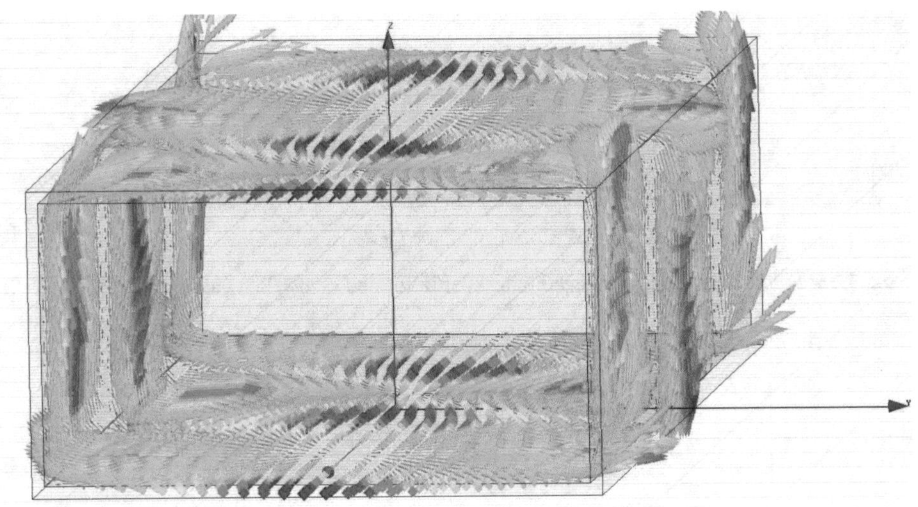

Abb. 1.18 Stromverteilung der H_{10}-Welle in 3D aus HFSS

Im Abb. 1.18 visualisiert ein Ergebnis einer Feldsimulation die Stromverteilung.

Auch hier gibt es leicht Verzerrungen des Feldbildes, da für Vektorpfeile am Punkt des berechneten Wertes starten und nicht mittig zu diesem Wert gesetzt sind. Jedoch lässt sich bestens erkennen, dass die Ströme in der Mitte (Bereich der Integrationslinie) am höchsten sind und in z-Richtung fließen.

1.8 Höhere Moden im Rechteckhohlleiter

In Rechteckhohlleitern sind folgende Moden ausbreitungsfähig

1. **H_{mn}-Wellen** (auch TE_{mn} genannt)

   m: Anzahl der Halbperioden des elektrischen Querfeldes längs der großen Innenseite (a)
   n: Anzahl der Halbperioden des E-Feld längs (b)

2. **E_{mn}-Wellen** (auch TM_{mn} genannt)

   m: Anzahl der Halbperioden des magn. Feldes längs (a)
   n: Anzahl der Halbperioden des magn. Feldes längs (b)

Generell gilt, dass m und n ganzzahlig und positiv sind: m, n = 0, 1, 2 … Es muss jedoch mindestens eine Halbperiode vorhanden sein.

Beispiel der H_{11}-Welle

Das Abb. 1.19 zeigt als erstes Beispiel für einen höheren Mode das Bild für das E- und H-Feld der H_{11}-Welle.

Cut-Off-Frequenzen

Die untere Grenzfrequenzen der Moden im Rechteckhohlleiter sind abhängig vom Querschnittverhältnis $\frac{b}{a}$, Abb. 1.20.

Für die ersten fünf möglichen Moden sind die unteren Grenzfrequenzen im Rechteckhohlleiter im Abb. 1.21 dargestellt. Man erkennt, dass für diesen Hohlleiter ein relativ großer Arbeitsbereich, in dem nur der H_{10}-Mode ausbreitungsfähig ist, ergibt.

Im Abb. 1.22 werden neben der H_{10}-Welle weitere höhere Moden und deren elektrischen und magnetischen Felder wie auch die Oberflächenstromdichten dargestellt.

Die Grenzwellenlänge der verschiedenen Moden berechnet sich für den Standard-Rechteck-Hohlleiter aus

$$\lambda_{cmn} = \frac{2\,a\,b}{\sqrt{m^2 b^2 + n^2 a^2}}. \tag{1.19}$$

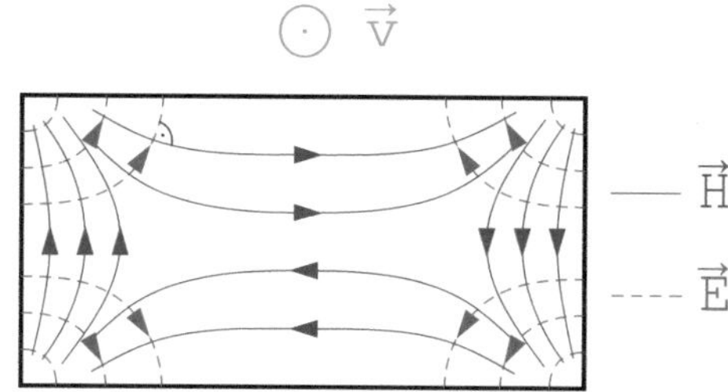

Abb. 1.19 Beispiel des Feldbildes einer H_{11}-Welle im x-y-Schnitt

Abb. 1.20 Verhältnis der Querschnitte (Standard $a = 2 \cdot b$)

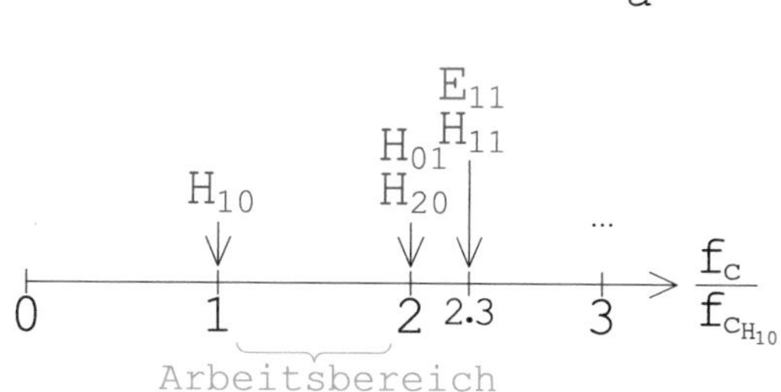

Abb. 1.21 Untere Grenzfrequenzen der H_{11}-Welle und der höheren Moden im Rechteckhohlleiter für das Querschnittverhältnis $\frac{b}{a} = \frac{1}{2}$

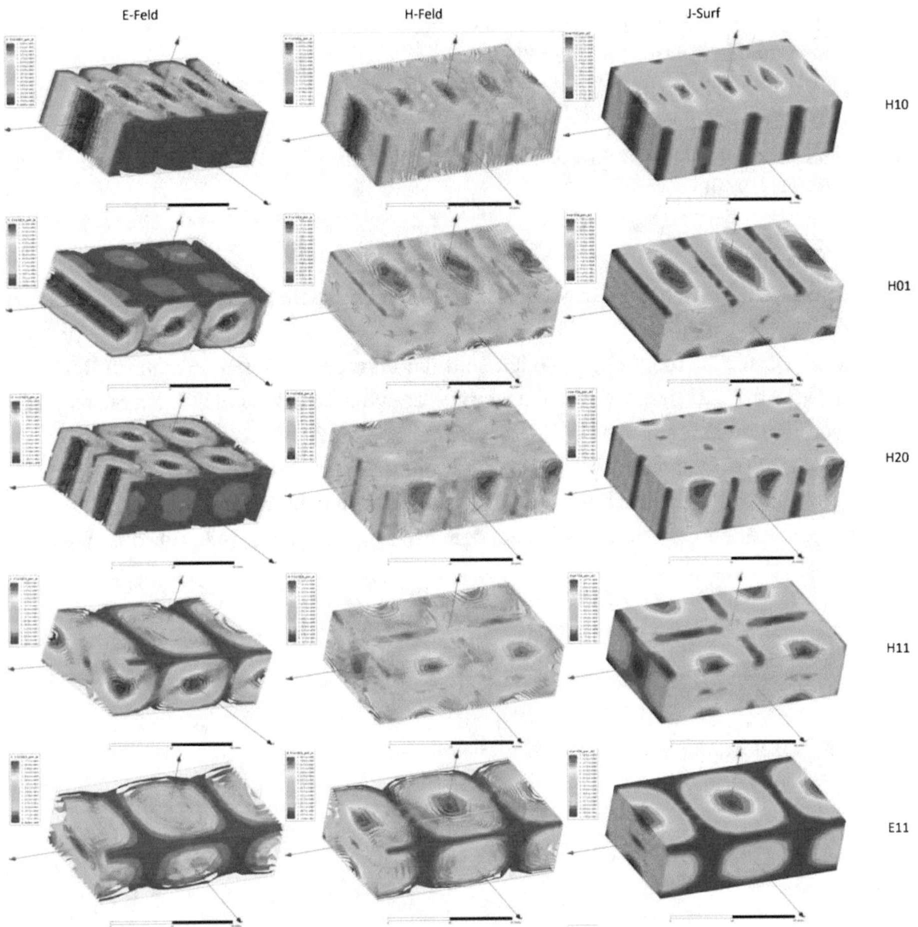

Abb. 1.22 Darstellung verschiedener elektromagnetischer Felder für verschiedene Moden im Standard-Rechteck-Hohlleiter

Die sogenannten Cut-Off-Frequenzen der verschiedenen Moden ergeben sich wie folgt:

$$f_{cmn} = c_0/2 \cdot \sqrt{(m/a)^2 + (n/b)^2}. \tag{1.20}$$

Die zugehörigen Ausbreitungskoeffizienten erhält man aus

$$\gamma_{cmn} = \frac{2\pi}{\lambda_0} \cdot \sqrt{\left(\frac{\lambda_0}{\lambda_{cmn}}\right)^2 - 1}. \tag{1.21}$$

Die Feldwellenwiderstände für H-Wellen werden über die folgenden Zusammenhänge berechnet:

$$Z_{FH_{mn}} = -\frac{E_y}{H_x} = \frac{E_x}{H_y}, \tag{1.22}$$

$$Z_{FH_{mn}} = \frac{Z_F}{\sqrt{1 - \left(\frac{\lambda_0}{\lambda_{cmn}}\right)^2}}. \tag{1.23}$$

Ähnlich lassen sich die Feldwellenwiderstände für E-Wellen berechnen:

$$Z_{FE_{mn}} = Z_F \cdot \sqrt{1 - \left(\frac{\lambda_0}{\lambda_{cmn}}\right)^2}. \tag{1.24}$$

1.9 Rundhohlleiter- und Koaxialleitermoden

Der erste ausbreitungsfähige Hohlleitermode (Grundmode) im Rundhohlleiter und im Koaxialleiter ist der H_{11}-Mode.

Als Abschätzung kann die Ausbreitungwellenlänge über den Durchmesser berechnet werden:

$$2 \cdot r \simeq \frac{\lambda_0}{2}. \tag{1.25}$$

Abb. 1.23 zeigt die Feldbilder für die H_{11}-Welle im Rundhohlleiter (Abb. 1.24).

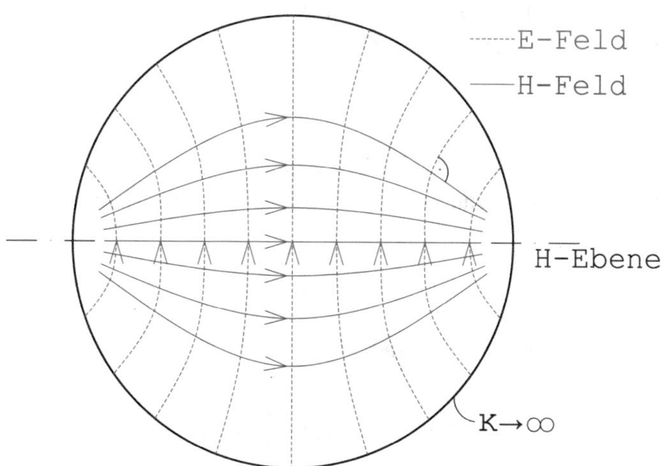

Abb. 1.23 Grundwellenmode im Rundhohlleiter: H_{11}-Mode

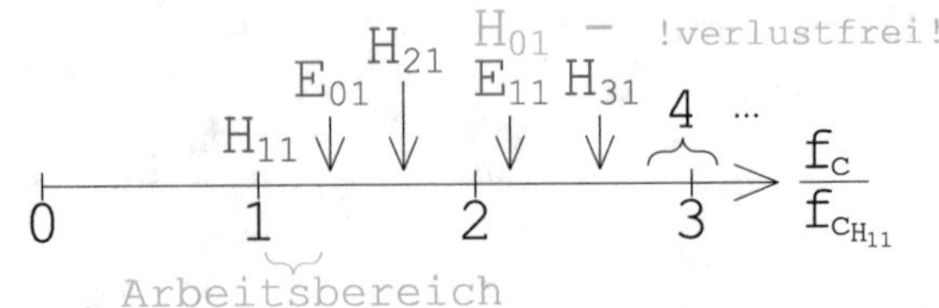

Abb. 1.24 Cut-Off-Frequenzen der höheren Moden im Rundhohlleiter

Höhere Moden im Rundhohlleiter

Die zugehörigen Ausbreitungskoeffizienten der Rundhohlleitermoden (hier verlustfrei, d. h. $\alpha = 0$) erhält mit dem Durchmesser D man aus:

$$\lambda_{cmn} = \frac{\pi \cdot D}{x_{mn}}. \tag{1.26}$$

Für die H-Moden gelten folgende Werte:

$$x_{11} = 1{,}841 \qquad x_{21} = 3{,}054 \qquad x_{01} = 3{,}832.$$

Für die E-Moden gilt:

$$x_{01} = 2{,}405 \qquad x_{11} = 3{,}832.$$

Verlustfreier Mode $\mathbf{H_{01}}$

Bei der H_{01}-Welle im Rundhohl- und im Koaxialleiter klingen die elektromagnetischen Felder zum Rand (metallische Begrenzung) ab. Deshalb werden fast gar keine Ströme (ideal für f$\rightarrow\ \infty$ im Rundhohlleiter) in den metallischen Leitern induziert. Somit weisen die Leitungen fast keine Verluste auf (Abb. 1.25 und 1.26).

Für die H_{01}-Welle im Koaxialleiter gilt folgende Abschätzung

$$\pi \cdot (r_a + r_i) \simeq \lambda_0. \tag{1.27}$$

Als Grundmode der Hohlleiterwelle im Koaxialleiter setzt als erstes der H_{11}-Mode ein. Dessen cutoff-Frequenz wird Innen- und Außendurchmesser (d+D) wie folgt abgeschätzt:

$$f_{cH_{11}} \simeq \frac{1}{\pi\,\left(\frac{D+d}{2}\right)\,\sqrt{\mu\,\epsilon}}, \tag{1.28}$$

beziehungsweise mit der Lichtgeschwindigkeit c_0 über

$$f_{cH_{11}} \simeq \frac{c_0}{\pi\,\left(\frac{D+d}{2}\right)\,\sqrt{\mu_r\,\epsilon_r}}, \tag{1.29}$$

wobei in der Praxis oft gilt: $\mu_r = 1.$

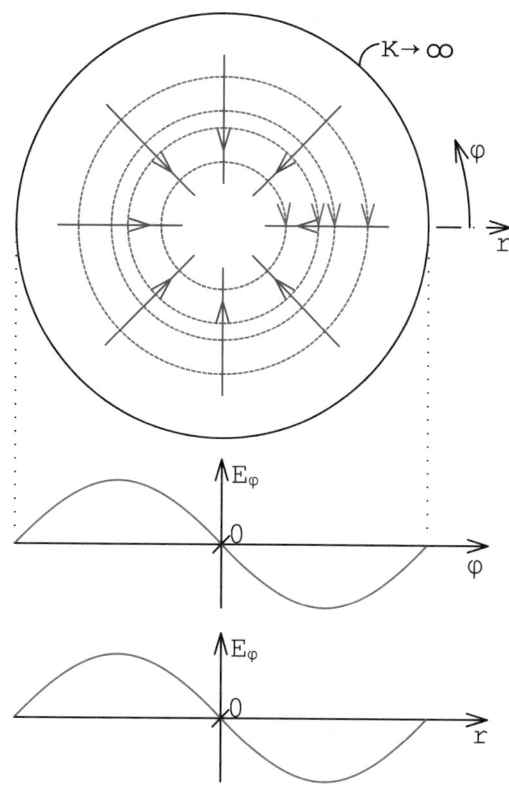

Abb. 1.25 Verlustfreier Mode im Rundhohlleiter

1.10 Koaxial-Hohlleiterübergang

Zur Erregung von Hohlleiterwellen wird oft ein Koaxial-Hohlleiterübergang eingesetzt. Typisch erzielbare Anpasswerte dieser verlustarmen Übergänge liegen bei $|S_{11}| < -20$ dB. Abb. 1.27 zeigt solch einen Übergang im Schnitt.

Ein Bild aus einer Feldsimulation ist in Abb. 1.28 dargestellt. Hier sind nur die Beträge des elektrischen Feldes dargestellt.

1.11 Transmissionsresonator

Hohlleiter haben sehr wenig Verluste und eignen sich deshalb zum Aufbau von Resonatoren. Im Abb. 1.29 sind die S-Parameter-Resultate einer Feldsimulation eines Transmissionsresonators, der im X-Band ausgelegt ist dargestellt.

Die Ergebnisse zeigen das gewünschte schmalbandige Übertragungsverhalten eines Transmissionsresonators mit der sehr guten Anpassung bei 10 GHz.

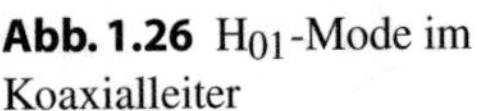

Abb. 1.26 H_{01}-Mode im Koaxialleiter

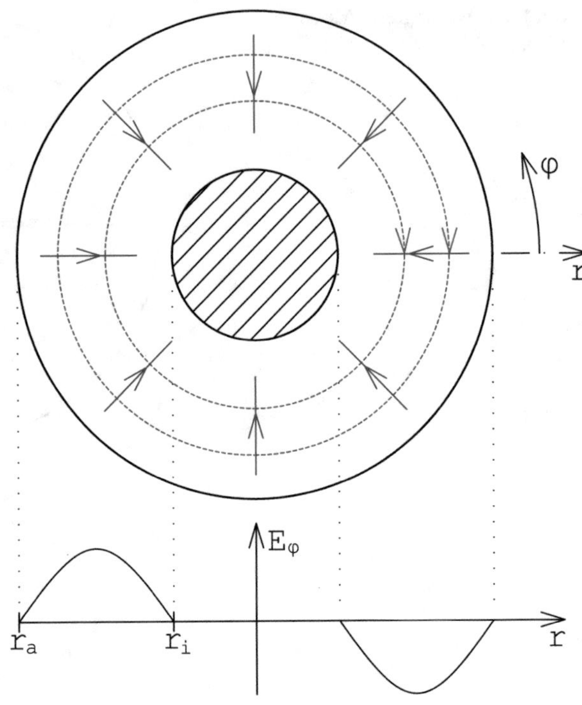

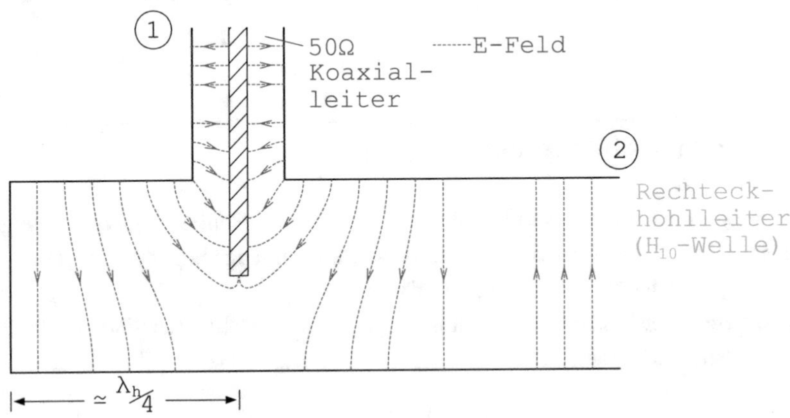

Abb. 1.27 Koaxial- Hohlleiterübergang mit E-Feldbild

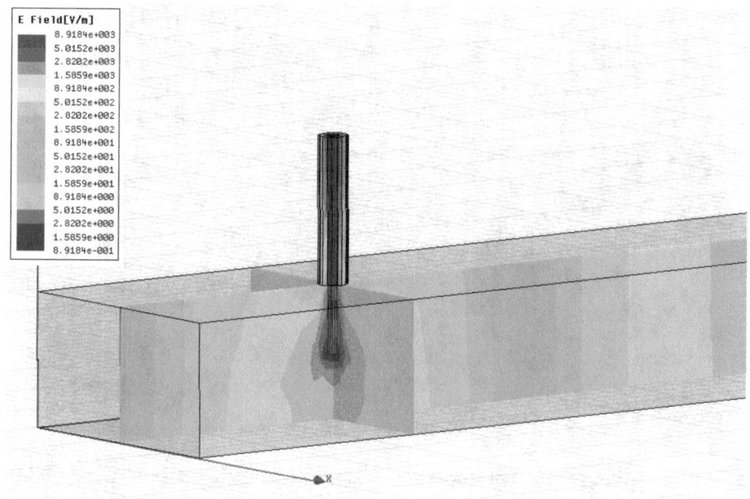

Abb. 1.28 3D-Darstellung eines Koaxial-Hohlleiterüberganges mit E-Feldbildern

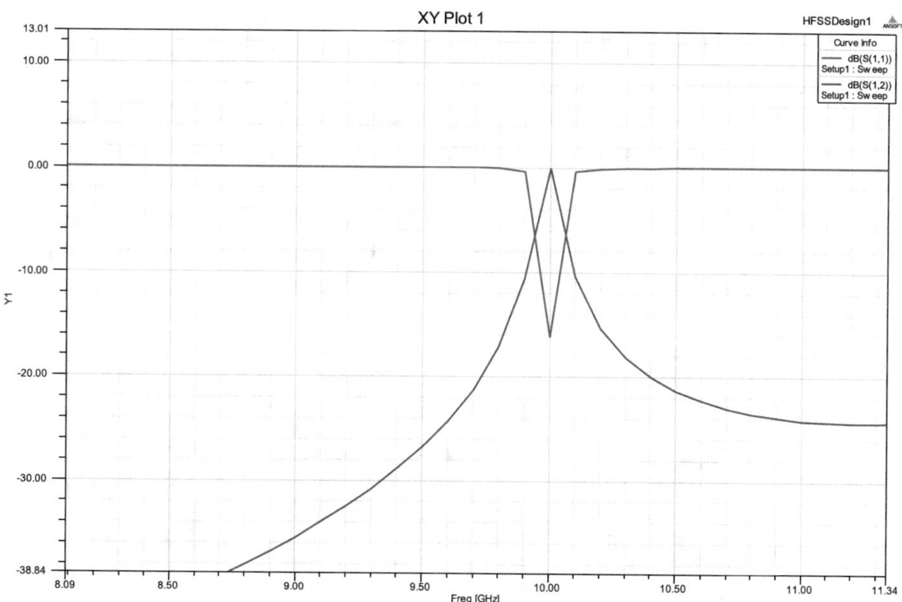

Abb. 1.29 Reflexions- und Transmissionstreuparameter eines simulierten Transmissionsresonators für 10 GHz

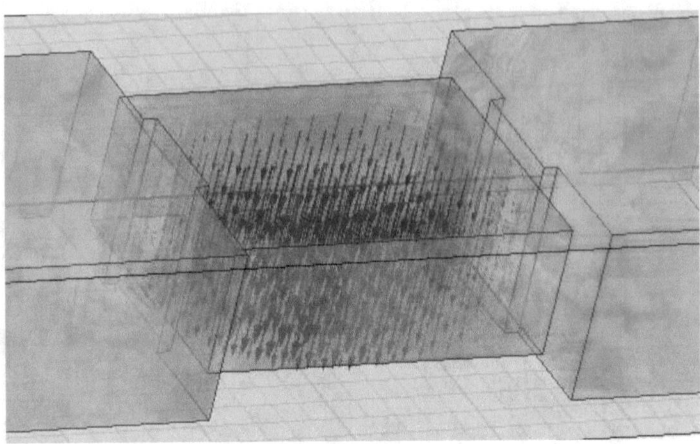

Abb. 1.30 3D-Darstellung eines Transmissionsresonators (eingebettet in X-Band-Hohlleitern) mit E-Feldbildern

Ein Bild des zugehörigen E-Feldes aus dieser Feldsimulation ist in Abb. 1.30 dargestellt. Hier sind die Feldstärken im Resonator so hoch, dass man die Felder der ein- und ausgekoppelten H_{10}-Welle kaum erkennt.

Das zugehörige H-Feld ist in Abb. 1.31 illustriert. Auch hier sind die Feldstärken im Resonator so hoch, dass man die Felder der ein- und ausgekoppelten H_{10}-Welle kaum erkennt.

Der Resonator besteht aus einer sehr hochohmigen Hohlleitung mit der elektrischen Länge von $\lambda/2$. Die hochohmige Auslegung sorgt für geringe ohmsche Verluste, da die Stromdichten gering gehalten werden. Die Ein- und Auskopplung des Resonators wird in der

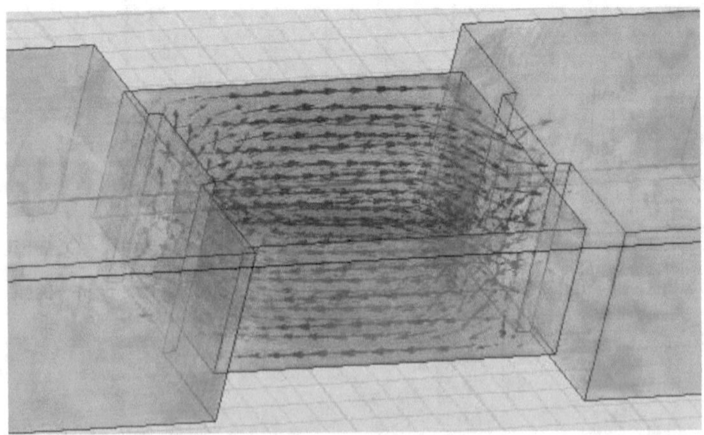

Abb. 1.31 3D-Feldbilddarstellung eines Transmissionsresonators mit H-Feldbildern

Ersatzschaltung durch kleine Serienkondensatoren modelliert. Die Hardware-Realisierung ist ein jeweils ganz kurzer Hohlleiterabschnitt unterhalb der Cut-Off-Frequenz[2].

1.12 Frequenzbänder für Rechteckhohlleitungen

Hohlleiter sind in verschiedenen Standards genormt. Die folgende Tabelle zeigt die wichtigsten Standards für Rechteckhohlleiter, deren Bezeichnungen und die zugehörigen Abmessungen.

Frequenzbereich (GHz)	Bandbezeichnung	Bezeichnung DIN47302 IEC153	EIA	Breite a (mm)	(Zoll)
0.77-1.14	UHF/L	R 9	WR 975	247.65	9.750
1.12-1.70	L	R 14	WR 650	165.10	6.500
1.70-2.60	LA	R 22	WR 430	109.22	4.300
2.20-3.30	LS	R 26	WR 340	86.36	3.400
2.60-3.95	S	R 32	WR 284	72.14	2.840
3.22-4.90	A	R 40	WR 229	58.17	2.290
3.95-5-85	G	R 48	WR 187	47.55	1.872
4.64-7.05	C	R 58	WR 159	40.39	1.590
5.85-8.20	J	R 70	WR 137	34.85	1.372
7.05-10.0	H	R 84	WR 112	28.50	1.122
8.20-12.4	X	R 100	WR 90	22.86	0.900
10.0-15.0	M	R 120	WR 75	19.05	0.750
12.4-18.0	P	R 140	WR 62	15.80	0.622
15.0-22.0	N	R 180	WR 51	12.95	0.510
18.0-26.5	K	R 220	WR 42	10.67	0.420
21.7-33.0		R 260	WR 34	8.64	0.340
25.5-40.0	R	R 320	WR 28	7.11	0.280
33.0-50.0	Q		WR 22	5.69	0.224
40.0-60.0	U		WR 19	4.78	0.188
50.0-75.0	V		WR 15	3.76	0.148
75 - 110	W		WR 10	2.54	0.100
90 - 140			WR 8	2.032	0.080
110 - 170			WR 6	1.651	0.065
140 - 220			WR 5	1.295	0.051
170 - 260			WR 4	1.092	0.043
220 - 325			WR 3	0.864	0.034
260 - 400			WR 2.8	0.711	0.028
325 - 500			WR 2.2	0.559	0.022
400 - 600			WR 1.9	0.483	0.019
500 - 750			WR 1.5	0.381	0.015
600 - 900			WR 1.2	0.305	0.012
750 -1100			WR 1.0	0.254	0.010

2 Berechnungsbeispiele sind in den zahlreichen Beispielen im Rahmen der Mikrowellenklausuren zu finden. Diese Klausuren sind mit den Musterlösungen freizugänglich, [34].

Die WRxxx-Bezeichnung der Hohlleiter leitet sich aus der Breite des Hohlleiters in Zoll (1 Zoll (inch) = 25,4 mm) ab. Ein WR 28-Hohlleiter ist somit 28 % eines Zolls = 7,11 mm breit. Die Abkürzung WR steht für „Waveguide Rectangular".

Dieser Tabelle liegt das Höhen-Breiten-Verhältnis (b/a) von 1:2 zugrunde. Die unteren empfohlenen Übertragungsfrequenzen liegen um das 1,26 fache über der kritischen unteren Grenzfrequenzen f_c. Die oberen Übertragungsfrequenzen betragen das 1,48 fache der unteren empfohlenen Übertragungsfrequenzen. Der mittlere Faktor von 1,86 der oberen Übertragungsfrequenzen zur jeweiligen kritischen unteren Grenzfrequenz sichert monomodige Ausbreitung (Wert <2) der H_{10}-Welle.

Grundlagen der Feldsimulation

2

In den letzten Jahrzehnten wurde eine Vielzahl von Softwarelösungen entwickelt, die es dem Mikrowellentechniker ermöglichen elektromagnetische Feldprobleme mit guter und sehr guter Qualität zu berechnen und somit gute Vorhersagen zu treffen.

Dieses Kapitel stellt zwei Aspekte zur praktischen Berechnung elektromagnetischer Felder mittels kommerziell verfügbarer Software dar:

1. Grundlagen zur Berechnung von Feldern über große Entfernungen,
2. Grundlagen zur präzisen numerischen Analyse der elektromagnetischen Felder in 3D-Volumen.

2.1 Freiraumsimulation

Freiraumsimulationen berücksichtigen Ausbreitungseffekte einschließlich der Berechnung der komplexen Übertragungsfunktion der direkten Strahlung und Interaktionen, die unter anderen von Gebäuden, Windkrafträdern und Bergen verursacht werden.

Die Simulationssoftware zur Berechnung der elektromagnetischen Felder basiert auf geschlossenen Lösungen für Antennen und Objekte, die sich im 2D- oder 3D-Fernfeld befinden.

Bei 2D-Betrachtungen handelt es sich lediglich um Schnitte (horizontale Ebenen) eines 3D-Problems.

Das folgende Abb. 2.1 zeigt ein Objekt (zum Beispiel kubisch geformtes Haus) sowie eine Sende- und zwei Empfangsantennen und die möglichen Ausbreitungspfade zwischen dem Sender und den Empfängern.

H. Heuermann, *Mikrowellentechnik*,
https://doi.org/10.1007/978-3-658-41287-6_2

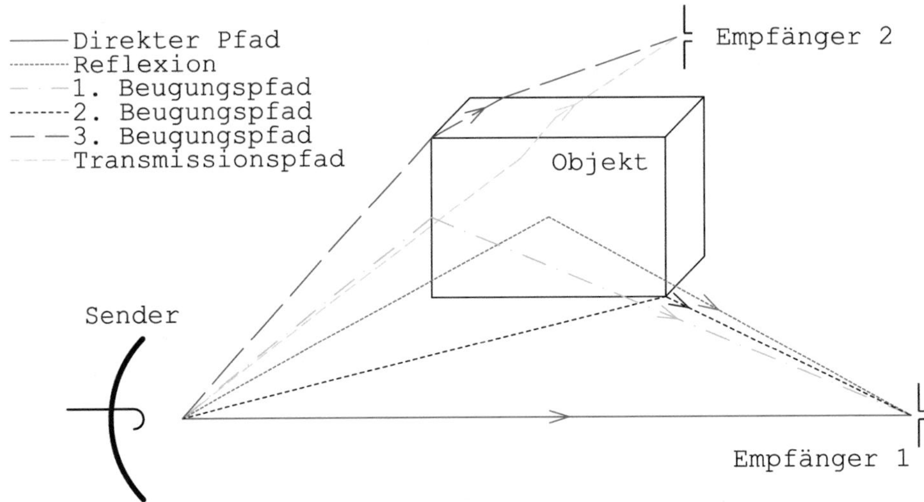

Abb. 2.1 Objekt in einer Freiraumsimulation mit den von Simulatoren unterstützten Signalpfaden

2.1.1 Sender und Empfänger

In diesen Freiraumsimulationen müssen Sender und Empfänger wie folgt dargestellt erstellt werden.

Der Sender wird definiert durch

a) Signalform und Leistung,
b) Antenne und deren Lage.

Der Empfänger wird nur durch die Antenne und ihre Lage definiert.

Eine zentrale Rolle kommt den Antennen zu. Die genaue Kenntnis über die technischen Eigenschaften der Antennen ist notwendig.

Antennen allgemein

- i. d. R. linear polarisiert,
- verschiedene Bauformen (⇒ Richtcharakteristik),
- durch Abmessungen bzw. Gewinn definiert,
- Dateieingabe der Richtcharakteristik ist möglich.

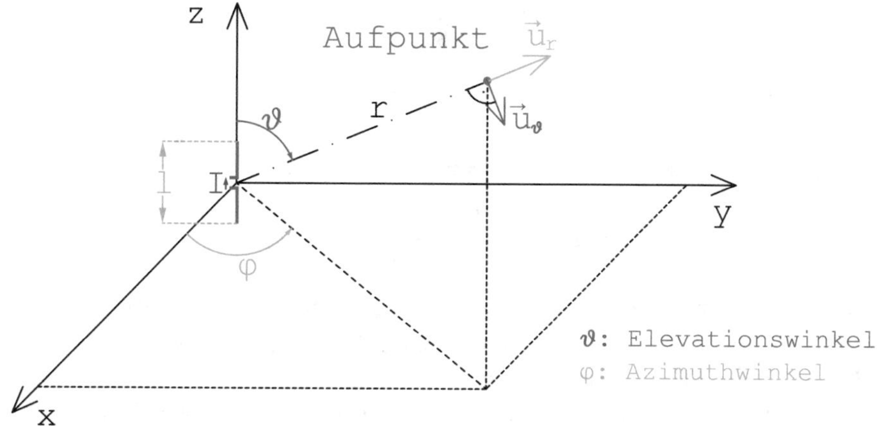

Abb. 2.2 Dargestellung des Hertz'schen Dipols im Zentrum des Koordinatensystems und die zugehörigen Koordinaten zum Aufpunkt

Eingesetzte Antennentypen

- Isotroper Kugelstrahler, Dipole, Aperturantenne,
- Hornstrahler, Patchantennen.

Am Beispiel des Hertz'schen Dipols soll erläutert werden, was der programmtechnische Hintergrund in einer Freiraumsimulation ist.

Hertzscher Dipol

Der Hertz'sche Dipol[1] (nach Heinrich Hertz benannt) besteht aus zwei kurzen dünnen Drähten, die von einer konzentrierten Stromquelle gespeist werden.

Das folgende Abb. 2.2 zeigt im Ursprung den Hertz'schen Dipol und die Koordinaten für einen Aufpunkt, für den sich das elektromagnetischen Feld aus geschlossenen analytischen Lösungen präzise berechnen lässt.

Die Hauptstrahlrichtung (= x-Achse) ist definiert durch die Winkelwerte: $\varphi = 0°$; $\vartheta = 90°$.

Der für Empfänger gerne eingesetzte isotrope Kugelstrahler weist für alle φ- und ϑ-Werte die gleichen Detektionswerte auf, d. h. er ist richtungsunabhängig. Ein Dipol strahlt jedoch nur für alle φ-Werte mit gleicher Intensität. Über die ϑ-Winkelwerte ist die Abstrahlung stark unterschiedlich.

[1] Man bezeichnet diese Antenne auch als Elementarstrahler oder -dipol.

Es ergibt sich exakt für „Freiraumbedingungen“:

$$\vec{E}(r,\vartheta) = \mathrm{j}Z_0 \frac{Il}{2\lambda_0 r} e^{-\mathrm{j}k_0 r} \left\{ \left[1 + \frac{1}{\mathrm{j}k_0 r} + \frac{1}{(\mathrm{j}k_0 r)^2} \right] \sin\vartheta \cdot \vec{u}_\vartheta + 2 \left[\frac{1}{\mathrm{j}k_0 r} + \frac{1}{(\mathrm{j}k_0 r)^2} \right] \cos\vartheta \cdot \vec{u}_r \right\} \tag{2.1}$$

$$\vec{H}(r,\vartheta) = \mathrm{j} \frac{Il}{2\lambda_0 r} e^{-\mathrm{j}k_0 r} \left[1 + \frac{1}{\mathrm{j}k_0 r} \right] \sin\vartheta \cdot \vec{u}_\varphi \tag{2.2}$$

Die elektromagnetische Welle breitet sich mit der Ausbreitungskonstante $\gamma_0 = \mathrm{j}\,\mathrm{k}_0$ aus. In der Antennentechnik wird bevorzugt die Wellenzahl $\mathrm{k}_0 = (2\pi)/\lambda_0$ verwendet.

Es gilt für $\epsilon_r = 1$ für die Phasenkonstante: $\beta = k_0$.

Alle in den Gl. (2.1) und (2.2) enthaltenen Informationen werden über die zuvor dargestellten Punkte in der Software für den Sender und den Empfänger sowie den involvierten Antennen eingegeben. Mittels diesen Gleichungen werden die Felder der auf das Objekt einfallenden Wellen und für den direkten Pfad von Abb. 2.1 berechnet!

2.1.2 Reflexion an Objekten

Gegeben ist das elektrische Feld auf einer rechteckigen Fläche. Dieses wurde beispielsweise durch die Gl. (2.1) für die Oberfläche des Objektes berechnet.

In der Antennentechnik und Freiraumsimulation gibt es zwei Anwendungen für die folgenden Berechnungen (Abb. 2.3).

Quellen: a) Feld einer Sendeantenne $\Rightarrow$ Objektreflexion
b) Innere Quelle $\Rightarrow$ Hornstrahler bzw. allg. Aperturantenne

Mit den so genannten Richtcharakteristiken $\mathrm{W}(\sin\varphi)$, $\mathrm{W}(\sin\Theta)$ gilt für dieses Problem die exakte Lösung:

$$\vec{E}(r,\Theta=0,\varphi) = \frac{\mathrm{j}(1+\cos\varphi)}{2\lambda_0} \left[\vec{u}_\varphi W_y(\sin\varphi) - \vec{u}_\vartheta W_z(\sin\varphi) \right] \frac{e^{-\mathrm{j}k_0 r}}{r} \tag{2.3}$$

$$\vec{E}(r,\Theta,\varphi=0) = \frac{\mathrm{j}(1+\cos\Theta)}{2\lambda_0} \left[\vec{u}_\varphi W_y(\sin\Theta) - \vec{u}_\vartheta W_z(\sin\Theta) \right] \frac{e^{-\mathrm{j}k_0 r}}{r} \tag{2.4}$$

mit

$$W_y(\sin\varphi) = \frac{1}{\lambda_0} \int\int E_y(y,z) \cdot e^{\mathrm{j}k_0 y \sin\varphi} \cdot dy \cdot dz \ldots \tag{2.5}$$

Der Übersicht halber wurde Gl. (2.5) nicht vollständig abgedruckt[2].

[2] Die vollständige Lösung ist mit der Herleitung im Antennenabschnitt dieses Buches zu finden.

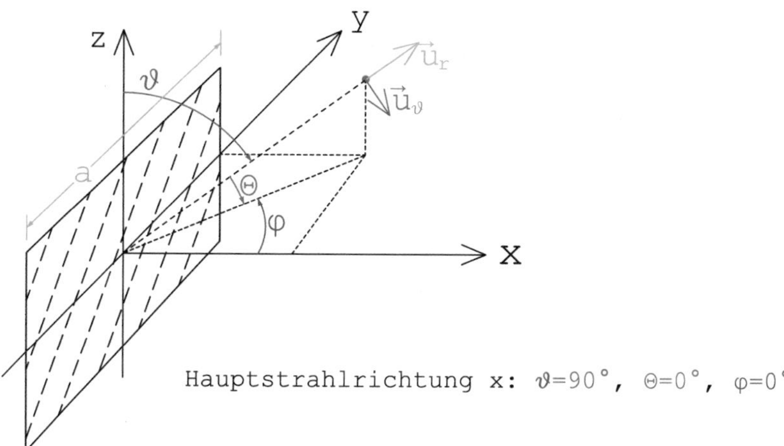

Abb. 2.3 Darstellung einer Oberfläche mit bekannter Feldbelegung zur Berechnung der Reflexion an Objekten

Für eine gleichmäßige Belegung E_0 von E_y über y und z gilt:

$$W(\sin\varphi) = \frac{a \cdot E_0}{\lambda_0} \cdot \frac{\sin(\sin(\varphi) \cdot k_0 \cdot a/2)}{\sin(\varphi) \cdot k_0 \cdot a/2}, \tag{2.6}$$

$$W(\sin\varphi)|_{\sin\varphi \simeq \varphi} \approx \frac{a \cdot E_0}{\lambda_0} \cdot \mathrm{si}\,(\varphi \cdot k_0 \cdot (a/2)) \tag{2.7}$$

mit der 3 dB-Grenze $\mathrel{\hat{=}}$ Halbwertsbreite

$$\Delta\varphi = 0{,}886 \cdot \frac{\lambda_0}{a} \quad \Rightarrow \quad \Delta\varphi \simeq 51^\circ \cdot \frac{\lambda_0}{a}.$$

Gl. (2.7) beinhaltet die si-Funktion für die Richtcharakteristik. Diese ist im Abb. 2.4 dargestellt.

Bei schrägem Einfall der elektromagnetischen Welle mit dem Winkel φ_0 nach Abb. 2.5 gilt Gl. (2.8).

$$W(\sin\varphi) = \frac{a \cdot E_0}{\lambda_0} \cdot \frac{\sin((\sin\varphi - \sin\varphi_0)k_0 \cdot (a/2))}{(\sin\varphi - \sin\varphi_0)k_0 \cdot (a/2)} \tag{2.8}$$

In der Gl. (2.8) gibt es ein Maximum für $\varphi = \varphi_0$. Jedoch gilt für das E-Feld: $\vec{E}(r, \Theta, \varphi) \sim (1 + \cos\varphi)$. Dieser Faktor beeinflusst das Maximum der reflektierten Welle.

Erst für eine Oberfläche mit der Ausdehnung $a \to \infty$ gilt:

Einfallswinkel = Ausfallwinkel.

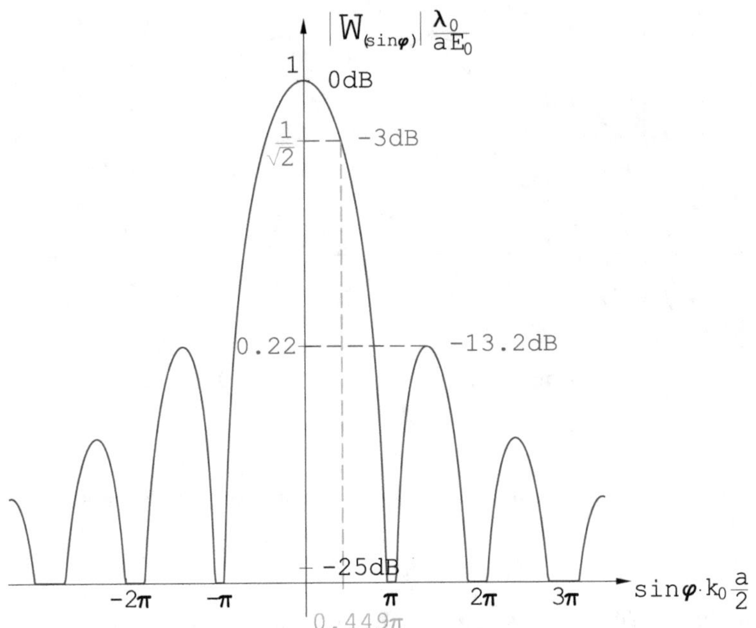

Abb. 2.4 Richtcharakteristik einer gleichmäßig ausgeleuchten Oberfläche

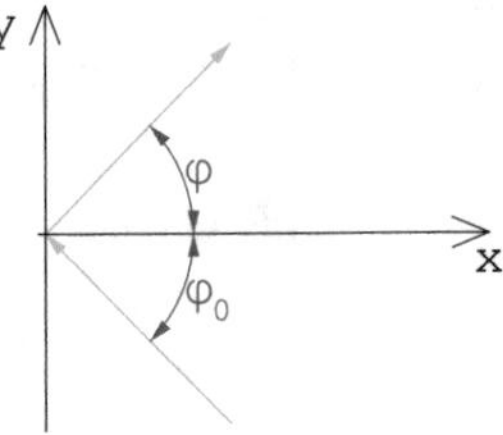

Abb. 2.5 Darstellung der Winkel für den schrägen Einfall (oft $\varphi_0 \neq \varphi$)

2.1.3 Beugung und Durchdringung von Objekten

Beugung

Im Weiteren soll zunächst auf die Phänomene bei der Beugung einer elektromagnetischen Welle eingegangen werden.

Verbreitet sind die Lösungen für die Beugung an

a) Rechtwinklige Kanten und
b) „Messerschneiden".

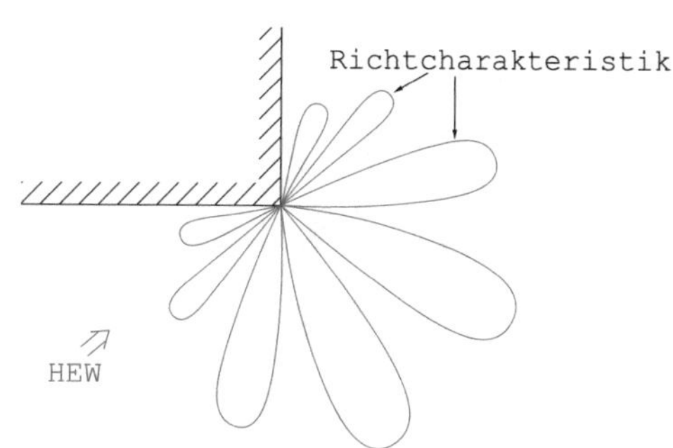

Abb. 2.6 Beugung an rechtwinkliger Kante

Phänomen zu a):

Die homogene ebene Welle (HEW) im Abb. 2.6 fällt auf der Kante ein. Es werden bei endlicher Leitfähigkeit beidseitig der Kante Ströme induziert. Diese erzeugen (ähnlich wie zuvor bei den Reflexionen an Oberflächen) neue Felder. Es entstehen konstruktive und destruktive Überlagerungen und somit ein komplexeres Beugungsverhalten, wie es auch im Abb. 2.6 dargestellt ist.

Beugungseffekte sind i. d. R. deutlich kleiner als Reflexions- und Transmissionseffekte, aber oft nicht vernachlässigbar.

Durchdringung

Die Anteile, die nicht an einem Objekt (Wand) reflektiert werden, dringen ein, werden ggf. gedämpft, Teile werden vor dem Austritt nochmals reflektiert und der Rest tritt aus. Diese Restenergie durchdringt das Objekt. Dieses ist im Abb. 2.7 illustriert.

Bei Objekten mit kleinen dielektrischen Stoffkonstanten sind die Reflexionen sehr gering, der Durchdringungsanteil überwiegt.

Im Weiteren wird auf die Polarisation des elektrischen Felder zur Oberfläche eingegangen. Es werden zwei Fälle unterschieden und im Abb. 2.8 visualisiert.

Fall 1: $\vec{E}_e \parallel$ Einfallsebene (Bildebene)
Fall 2: $\vec{E}_e \perp$ Einfallsebene (Bildebene)

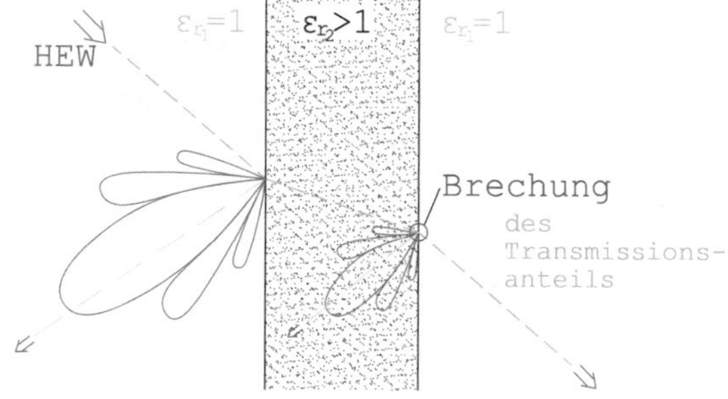

Abb. 2.7 Durchdringung (grün gestrichelte Linie) der elektromagnetischen Energie durch eine Wand bei gleichzeitiger Reflexion von Signalanteilen

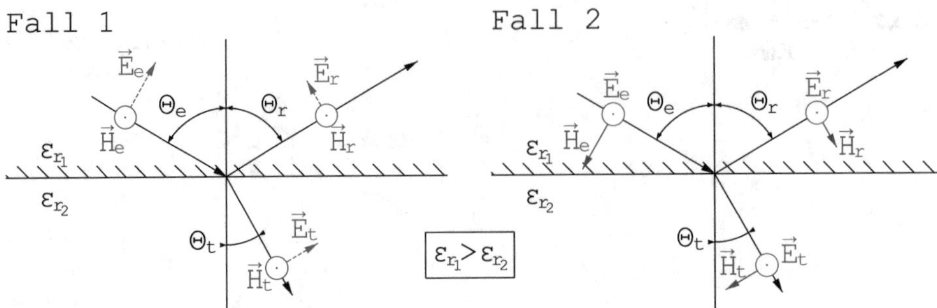

Abb. 2.8 Darstellung der Durchdringung für unterschiedliche Polarisationen des E-Feldes

Man erkennt im Abb. 2.8, dass im Fall 1 nur das E-Feld und im Fall 2 nur das H-Feld in der Richtung verändert werden.

Für unendlich ausgedehnte Flächen gilt

Reflexionsgesetz: $\Theta_e = \Theta_r$

Brechungsgesetz: $\mathrm{k}_1 \cdot \sin \Theta_e = \mathrm{k}_2 \cdot \sin \Theta_t$

mit den Wellenzahlen $\mathrm{k}_i = \frac{2\pi}{\lambda_i} = \frac{2\pi}{\sqrt{\epsilon_{ri}} \cdot \lambda_0}$

Daraus folgt

$$\Rightarrow \sqrt{\epsilon_{r2}} \cdot \sin \Theta_e = \sqrt{\epsilon_{r1}} \cdot \sin \Theta_t . \tag{2.9}$$

Der Gl. (2.9) kann man folgende Aussage entnehmen:

$\hookrightarrow$ große Winkelunterschiede bei Transmissionspfade

2.1.4 Verfahren und Produkte

Verfahren

Folgende Verfahren sind in kommerziellen wie auch wissenschaftlichen Softwarelösungen implementiert:

a) PO: Physical Optic,
b) GTD: Geometrical Theorie of Diffraction (Brechung),
c) UTD: Uniform geometrical Theorie of Diffraction.

Diese drei Verfahren weisen folgende Eigenschaften auf.

zu a) Nur Reflexions- und Brechungsgesetz
Keine Beugung
Falsche Reflexionswinkel
Keine Nebenkeulen
zu b) –Falsche Reflexionswinkel
geht von unendlich ausgedehnten Flächen aus.
zu *c*) Kann alles das, was hier dargestellt wurde, durchführen.

Produkte
Viele Einrichtungen zur Analyse von Ausbreitungen im Freiraum haben eine hauseigene Software.

Kommerzielle Software:	Wireless Insite von Remcom Radioplan
Freie Software:	Cloud RF unter www.cloudrf.com

Die freie Software ClouRF basiert auf dem GTD-Verfahren, beinhaltet komplexe Geländeprofile der gesamten Welt. Gebäude sind jedoch nicht implementiert und können es auch nicht.
Tipp Beim Arbeiten mit der Software ist es wichtig immer mehr Reflexionen als Beugungen zulassen, da die Energie hinter der ersten Beugung deutlich stärker abfällt als die Energie hinter der ersten Reflexion.

Beispiele
Sehr deutlich zeigt Abb. 2.9 die Berechnungswege zwischen dem Sender, der grün markiert in der Mitte steht und den Empfängern auf.

Es gibt nur einen direkten Weg und ggf. noch einen zweiten Weg über die Reflexion an der Metallwand. Neben den Wegen wird auch die Energie an den Empfängern in einer farblichen Kodierung dargestellt. Man erkennt deutlich die konstruktive und die destruktiv überlagerten Winkelbereiche.

In den Abb. 2.10 und 2.11 ist der praktische Einsatz einer solchen Freiraumsimulationssoftware dargestellt. In diesem Fall wurde vor dem Bau von großem Wartungshallen deren Beeinflussung für Nachtlandesystem berechnet.

Im linken Bildteil des Abb. 2.10 steht der Sender, der einerseits direkt den Anflugbereich ausstrahlt und andererseits die Wartungshallen ebenfalls anstrahlt. Die von den Wartungshallen (Abb. 2.11) reflektierten Signale interferieren ggf. mit dem Hauptsignal, das dann verfälscht ist.

Im letzten Beispiel ist nur die empfangene Energie in einem Stadtteil dargestellt. Der Sender ist wiederum grün markiert. Er ist platziert im Bereich mit der stärksten Empfangsleistung (Abb. 2.12).

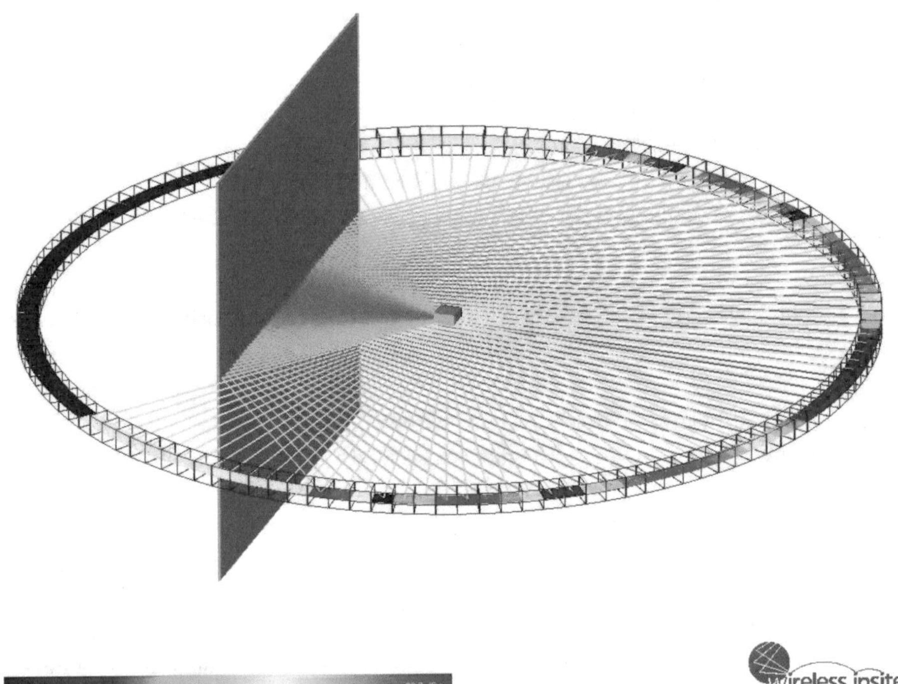

Abb. 2.9 Ausbreitungsberechnung eines Dipoles vor einer metallischen Wand

Abb. 2.10 Berechnung des Einflusses der neuen A380-Wartungshallen auf das ILS-Landesystem: Gesamtansicht

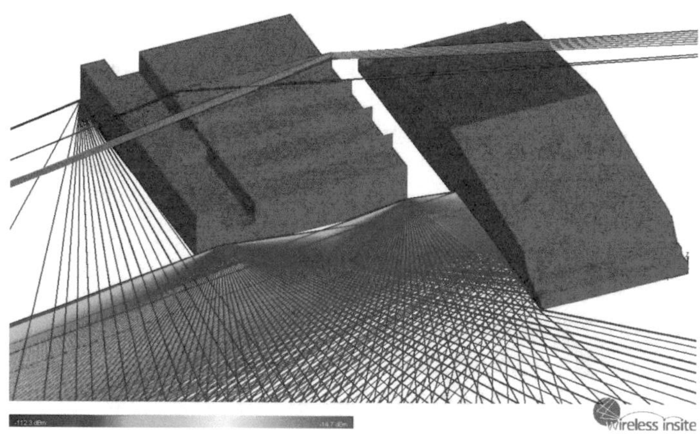

Abb. 2.11 Berechnung des Einflusses der neuen A380-Wartungshallen auf das ILS-Landesystem: Hallenansicht

Abb. 2.12 Berechnung der Empfangsenergie und der verschatteten Bereiche

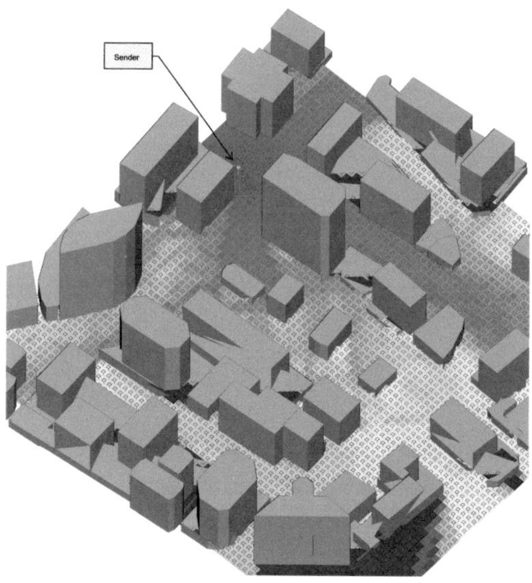

2.2 Numerische Feldsimulation

Feldsimulationen basieren auf numerischen Lösungen der Maxwellschen Gleichungen im Frequenz- (FD: frequency domain) oder im Zeitbereich (TD: time domain).

Im Frequenzbereich für zeitharmonische Felder gilt:

$$\operatorname{rot}\vec{H} = \vec{J} + \mathrm{j}\omega\vec{D}, \tag{2.10}$$

$$\operatorname{rot}\vec{E} = -\mathrm{j}\omega\vec{B}. \tag{2.11}$$

$\vec{J}$: Stromdichte
$\vec{D}$: elektrische Verschiebungsdichte $\vec{D} = \epsilon \cdot \vec{E}$
$\vec{B}$: magnetische Induktion $\vec{B} = \mu \cdot \vec{H}$

Es gibt zwei Wege der Lösung der Maxwellschen Gleichungen:

1. Die allgemeine Lösung der Maxwellschen Gleichungen **mit** innere Quellen,
2. Die spezielle Lösung der Maxwellschen Gleichungen **ohne** innere Quellen.

2.2.1 Allgemeine Lösung der Maxwellschen Gleichungen

Die zunächst vorgestellte allgemeine Lösung der Maxwellschen Gleichungen enthält innere Quellen.

Zugehöriges Beispiel: Antennenproblem

Der Lösungsweg verwendet a) das skalare Potential Φ und
b) das vektorielle Potential $\vec{A}$.

Eine innere Quelle wird als Stromdichte $\vec{J}$ im Aufpunkt $\vec{r}$' eingeprägt.

Als erste Lösungsschritt wird das Vektorpotential berechnet:

$$\vec{A}(\vec{r}) = \frac{\mu}{4\pi} \iiint \frac{\vec{J}(\vec{r}\,') \cdot e^{-\mathrm{j}k|\vec{r}-\vec{r}\,'|}}{|\vec{r}-\vec{r}\,'|}\, dV'. \tag{2.12}$$

Das skalare Potential, das man ggf. benötigt, kann im zweiten Schritt über die sogenannte Lorentz-Eichung berechnet werden:

$$\Phi = \frac{\mathrm{j}}{\omega\mu\epsilon} \operatorname{div}\vec{A}. \tag{2.13}$$

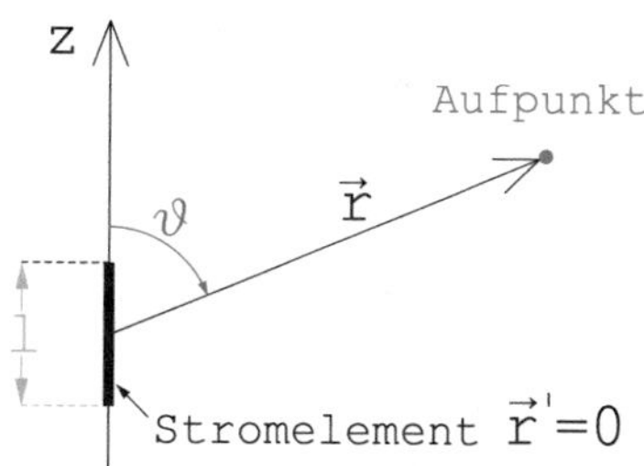

Abb. 2.13 Grafische Darstellung zum Lösungsansatz Hertzscher Dipol

Im letzten Schritt erfolgt die Berechnung der elektromagnetische Felder über:

$$\vec{B} = \text{rot}\,\vec{A}, \tag{2.14}$$

$$\vec{E} = \frac{1}{\mathrm{j}\omega\epsilon\mu}\,(\,\text{rot}\,\vec{B} - \mu\vec{J}\,). \tag{2.15}$$

Beispiel Ansatz Hertzscher Dipol

Abb. 2.13 illustriert den Hertz'schen Dipol und einen Aufpunkt.

Die folgenden Gleichungen geben die Rechenschritte zur Berechnung des Vektorpotential wieder.

$$\vec{J} \cdot dV' = I \cdot \vec{e}_z \cdot ds' \tag{2.16}$$

$$\vec{A}(\vec{r}) = \frac{\mu_0}{4\pi} \cdot \vec{e}_z \int_0^l \frac{I \cdot e^{-\mathrm{j}kr}}{r} \cdot ds' \tag{2.17}$$

$$\vec{A}(\vec{r}) = \frac{\mu_0}{4\pi}\, I \cdot l \cdot \frac{e^{-\mathrm{j}kr}}{r} \cdot \vec{e}_z \tag{2.18}$$

Im letzten Schritt kann die Berechnung der Gl. (2.14) und (2.15) der Felder des Hertz'schen aus den obrigen Ergebnissen erfolgen. Die zugehörigen Ergebnisse wurden bereits unter Gl. (2.1) und (2.2) vorgestellt.

2.2.2 Lösungen der Maxwellschen Gleichungen für quellfreie Geometrien

Die meisten Feldsimulationsprobleme sind quellenfrei. Viele lassen sich unter den verschiedenen Leitungstypen und den verschiedenen passiven Schaltungen zuordnen.

Als Beispiele folgen zwei Berechnungsarten von Hohlleitern.

Beispiel 1 2D-Hohlleiter

Hier müssen nur die Stoffkonstante und die Geometrien gegeben sein (Abb. 2.14).

Mittels dieses 2D-Problems können nur die möglichen Hohlleitermoden berechnet werden.

Beispiel 2 3D-Hohlleiter

Geg.: Stoffkonstante, Geometrien und Randbedingungen an den Toren (2D-Lösung) (Abb. 2.15)

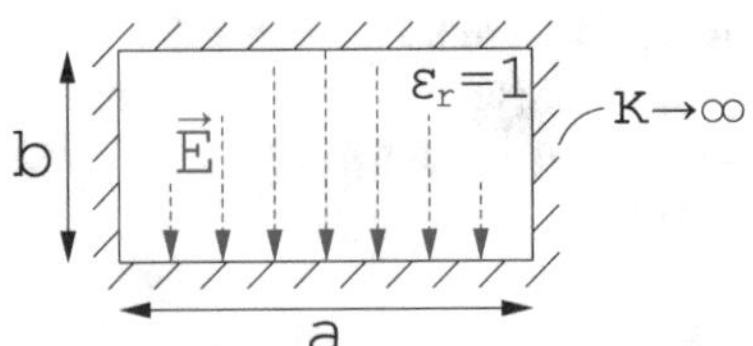

Abb. 2.14 2D-Hohlleiter (Praxis: hier muss κ unendlich sein)

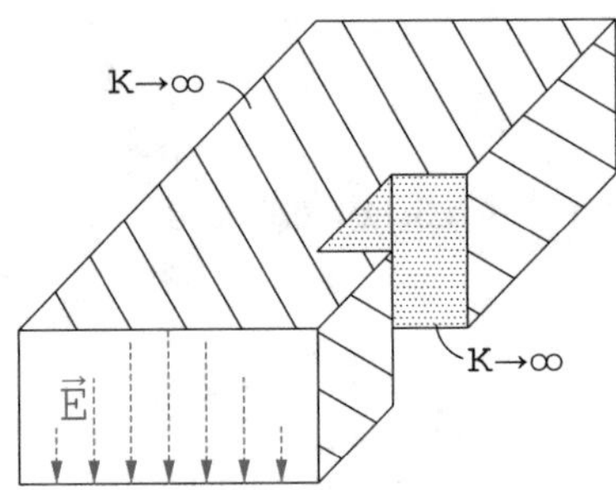

Abb. 2.15 3D-Hohlleiter (Praxis: hier kann κ auch endlich sein)

Die Lösung der Maxwellschen Gleichungen erfolgt über die homogenen Helmholtz-Gleichungen über den skalaren Operator

$$\Delta \vec{H} = \text{grad div } \vec{H} - \text{rot rot } \vec{H} \tag{2.19}$$

und den beiden Gleichung

$$\Delta \vec{H} + k^2 \, \vec{H} = 0, \tag{2.20}$$

$$\Delta \vec{E} + k^2 \, \vec{E} = 0. \tag{2.21}$$

Diese beiden Gl. (2.20) und (2.21) entsprechen elliptischen Differentialgleichungen und können für eine Aufteilung in TE- und TM-Wellen sogar mit Hilfe der skalaren Hilfsgrößen Ψ_E und Ψ_H vereinfacht werden.

$$\Delta \Psi_E + k^2 \, \Psi_E = 0 \tag{2.22}$$

$$\Delta \Psi_H + k^2 \, \Psi_H = 0 \tag{2.23}$$

Die jeweils fünf Feldkomponenten für die E- und die H-Wellen werden aus Ψ_E bzw. Ψ_H berechnet.

$$TM - bzw.E - Typ : E_x = \frac{1}{j\omega\epsilon} \frac{\delta^2 \Psi_E}{\delta x \delta z} \quad \cdots \quad H_z = 0$$

$$TE - bzw.H - Typ : H_x = -\frac{\delta \Psi_H}{\delta y} \quad \cdots \quad E_z = 0$$

Die kompletten Resultate sind zum Beispiel in [90] abgedruckt.

Als erstes numerisches Verfahren wird die Methode der Finiten Differenzen vorgestellt.

Danach wird die Methode der Finiten Elemente von der Theorie ansatzweise und bzgl. des Umgangs und Einsatzes ausführlich erläutert.

2.2.3 Methode der Finiten Differenzen (FD)

Mittels der Methode der Finiten Differenzen (FD) (oder auch Finite-Differenzen-Methode genannt) lassen sich gewöhnlich und partielle Differentialgleichungen lösen. Diese Methode wird im Folgenden für ein spezielles 2D-Problem beispielhaft komplett hergeleitet.

Vorbemerkung zur FD-Methode

- Einfachste numerische Methode und voll 3D-fähig.
- Nur Differentialgleichungen können numerisch gelöst werden.
- Differentialquotienten werden durch Differenzenquotienten approximiert.

2.2.3.1 Eulersche Methode

Die Eulersche Methode arbeitet mit einem der folgenden drei Differenzenquotienten.

$$rechtsseitig: \quad \left.\frac{df}{dx}\right|_{x_0} = \lim_{h \to 0} \frac{f(x_0 + h) - f(x_0)}{h} \tag{2.24}$$

$$linksseitig: \quad \left.\frac{df}{dx}\right|_{x_0} = \lim_{h \to 0} \frac{f(x_0) - f(x_0 - h)}{h} \tag{2.25}$$

$$zentraler: \quad \left.\frac{df}{dx}\right|_{x_0} = \lim_{h \to 0} \frac{f(x_0 + h) - f(x_0 - h)}{2h} \tag{2.26}$$

Die Gl. (2.26) ist i. d. R. die beste Wahl (Fehler geht mit $h^2 \to 0$).

Die zweifache Ableitung wird aus der Differenz der Gl. (2.24) und (2.25) geteilt durch h gebildet und lautet:

$$\left.\frac{d^2 f}{dx^2}\right|_{x_0} = \lim_{h \to 0} \frac{f(x_0 - h) - 2f(x_0) + f(x_0 + h)}{h^2}. \tag{2.27}$$

Weiteren numerische Verfahren lauten:

- Taylorsche Reihenmethode (Herleitung aus Gl. (2.27))
- Methode von Picard
- Methode von Runge-Kutta

Im Folgenden wird anhand eines Beispiels, das allgemein startet und immer spezieller wird, eine komplette mathematische Herleitung vorgestellt und am Ende mit einer analytischen Lösung verglichen.

2.2.3.2 Beispiel für allgemeine Potentialfunktion $u_{(x,y)}$

Beispiel 1

Geg.: $u_{xx} + u_{yy} = f$ in G, $u|_{\partial G} = \varphi \hat{=}$ RB

Es gilt somit in anderer Schreibweise:

$$\frac{d^2u}{dx^2} + \frac{d^2u}{dy^2} = f_{(x,y)}. \tag{2.28}$$

Gegeben ist eine Potentialfunktion, die für das Gebiet G gilt. Dieses Gebiet weist einen Rand auf, dessen Potentiale (grüne Punkte im Abb. 2.16) bekannt sind.

Die mathematische Funktion ($u_{(x,y)}$) für dieses 2D-Gebiet ist bekannt. Basiert auf dieser bekannten Funktion und den bekannten Werten (Potentiale) am Rand sollen die Potentiale im Innern numerisch berechnet werden.

Die Potentiale sollen in x-Richtung mit dem Abstand h und in y-Richtung mit dem Abstand k angeordnet sein.

1. Schritt

Man legt ein „Netz" über das Gebiet G und erhält die Gitterpunkte (Meshing) (x_i, y_j).

u_{ij} soll als verkürzte Schreibweise für $u_{(x_i,y_j)}$ eingeführt werden.

An den Rändern gilt: $u_{ij} = u_{(x_i,y_j)} = \varphi_{(x_i,y_j)}$.

Es gilt somit für die Gl. (2.27):

$$u_{xx(x_i,y_j)} \approx \frac{1}{h^2}\left(u_{i-1,j} - 2\,u_{ij} + u_{i+1,j}\right) \tag{2.29}$$

$$u_{yy(x_i,y_j)} \approx \frac{1}{k^2}\left(u_{i,j-1} - 2\,u_{ij} + u_{i,j+1}\right) \tag{2.30}$$

im Inneren von G mit

h: Schrittweite in x-Richtung und k: Schrittweite in y-Richtung sowie

i: Laufindex in x-Richtung und *j:* Laufindex in y-Richtung.

Beispiel 1.1

Geg.: Quadratische Struktur (Abb. 2.17)

Die Schrittweite wird in beiden Richtungen gleich gewählt: $h = k = \frac{1}{n}$.

Somit berechnen sich die Schritte gemäß: $x_i = i \cdot h$; $y_j = j \cdot h$.

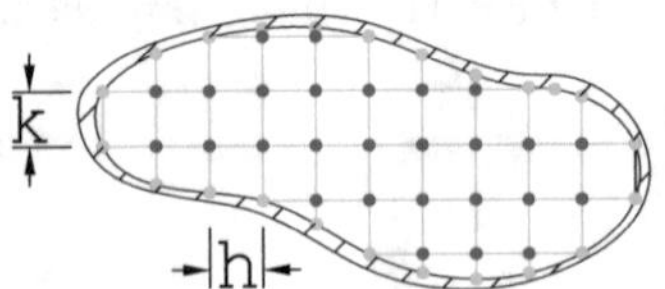

Abb. 2.16 Beispiel einer Potentialfunktion mit bekannten Werten auf dem Rand

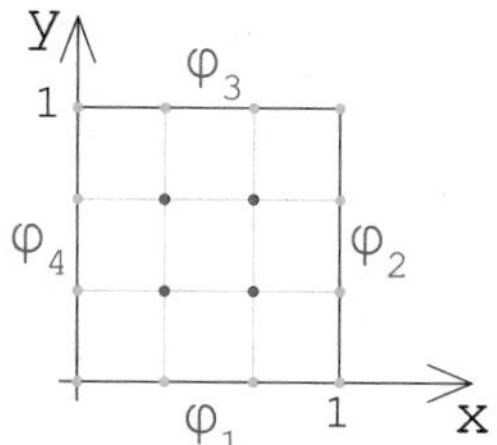

Abb. 2.17 Beispiel eines Quadrates

Der Bereich lässt sich wie folgt definieren: $0 \leq i, j \leq n$.
Somit ist $(1+n)$ die Anzahl der Gitter in jeder Richtung.
Die Anzahl der gesamten Gitterpunkte berechnet sich aus: $(1+n)^2$.
Die bekannten Randbedingungen (RB) lauten:

$$u_{(x_i,0)} = u_{i0} = \varphi_{1(x_i)} \quad \text{und} \quad u_{(x_i,1)} = u_{in} = \varphi_{3(x_i)} \tag{2.31}$$

$$u_{(0,y_j)} = u_{0j} = \varphi_{4(y_j)} \quad \text{und} \quad u_{(1,y_j)} = u_{nj} = \varphi_{2(y_j)} \tag{2.32}$$

Weiterhin gilt zur übersichtlicheren Darstellung $f_{ij} = f_{(x_i,y_j)}$.

⇒ Im Inneren ($1 \leq i,\ j \leq n-1$) soll gelten:

$$(u_{i-1,j} - 2\,u_{ij} + u_{i+1,j}) + (u_{i,j-1} - 2\,u_{ij} + u_{i,j+1}) = h^2 \cdot f_{ij}.$$

⇒ $(n-1)^2$ Gleichungen für $u_{11} \ldots u_{n-1,n-1}$ Unbekannte ⇒ passt!

Die Gleichung für $i = 1, j = 1$ lautet:

$$u_{01} - 2\,u_{11} + u_{21} + u_{10} - 2\,u_{11} + u_{12} = h^2 \cdot f_{11}.$$

Diese lässt sich umsortieren:

$$\begin{array}{lcl} \text{Unbekannte Seite} & & \text{Bekannte Seite} \\ -4\,u_{11} + u_{21} + u_{12} & = & h^2 f_{11} - u_{01} - u_{10} \\ & \text{oder} & \\ 4\,u_{11} - u_{21} - u_{12} & = & u_{01} + u_{10} - h^2 f_{11} \end{array}$$

Hierbei handelt es sich um die erste Zeile der folgenden Matrixgleichung.

In Matrizenschreibweise erhält man insgesamt für z. B. n=5 ⇒ 16 Unbekannte $\hat{=}\vec{U}$:

$$\underbrace{\left(\begin{array}{cccc|cccc|c} 4 & -1 & 0 & 0 & -1 & 0 & 0 & 0 & \\ -1 & 4 & -1 & 0 & 0 & -1 & 0 & 0 & \\ 0 & -1 & 4 & -1 & 0 & 0 & -1 & 0 & \\ 0 & 0 & -1 & 4 & 0 & 0 & 0 & -1 & \\ \hline -1 & 0 & 0 & 0 & 4 & -1 & 0 & 0 & \ddots \\ & \ddots & & & -1 & 4 & -1 & 0 & \\ & & \ddots & & 0 & -1 & 4 & -1 & \\ & & & & 0 & 0 & -1 & 4 & \\ \hline & & & & \ddots & & & & \ddots \end{array}\right)}_{=[A]} \underbrace{\left(\begin{array}{c} u_{11} \\ u_{12} \\ u_{13} \\ u_{14} \\ \hline u_{21} \\ u_{22} \\ u_{23} \\ u_{24} \\ \hline u_{31} \\ \vdots \end{array}\right)}_{=\vec{U}} = \underbrace{\left(\begin{array}{c} u_{01}+u_{10} \\ u_{02} \\ u_{03} \\ u_{04}+u_{15} \\ \hline -u_{20} \\ 0 \\ 0 \\ u_{25} \\ \hline \vdots \end{array}\right)}_{=\vec{RB}} - h^2 \underbrace{\left(\begin{array}{c} f_{11} \\ f_{12} \\ f_{13} \\ f_{14} \\ \hline f_{21} \\ f_{22} \\ f_{23} \\ f_{24} \\ \hline f_{31} \\ \vdots \end{array}\right)}_{=\vec{f}}$$

$$[A] \cdot \vec{U} = \underbrace{\vec{RB} - \vec{f}}_{=\vec{C}} \tag{2.33}$$

$$\Rightarrow \vec{U} = [A]^{-1}\,\vec{C} \tag{2.34}$$

Beispiel 1.1.1

Es soll weiter folgenden Eigenschaften gelten.

Geg.: $f_{x_i,y_j} = 0$; $\varphi_{1(x)} = x^2$ $\varphi_{2(y)} = 1 - y^2$ $\varphi_{3(x)} = x^2 - 1$ $\varphi_{4(y)} = -y^2$

Für die erste Randbedingung und für $n = 4$ gilt die folgende Rechnung:

$$u_{01} + u_{10} = \varphi_{1(x_1)} + \varphi_{4(y_1)} = 0{,}25^2 - 0{,}25^2 = 0. \tag{2.35}$$

Die exakte Lösung dieser Gleichung lautet: $u_{x,y} = x^2 - y^2$

Für n=4 liefert die numerische Lösung:

$$\left(\begin{array}{ccc|ccc|ccc} 4 & -1 & 0 & -1 & 0 & 0 & 0 & 0 & 0 \\ -1 & 4 & -1 & 0 & -1 & 0 & 0 & 0 & 0 \\ 0 & -1 & 4 & 0 & 0 & -1 & 0 & 0 & 0 \\ \hline -1 & 0 & 0 & 4 & -1 & 0 & -1 & 0 & 0 \\ 0 & -1 & 0 & -1 & 4 & -1 & 0 & -1 & 0 \\ 0 & 0 & -1 & 0 & -1 & 4 & 0 & 0 & -1 \\ \hline 0 & 0 & 0 & -1 & 0 & 0 & 4 & -1 & 0 \\ 0 & 0 & 0 & 0 & -1 & 0 & -1 & 4 & -1 \\ 0 & 0 & 0 & 0 & 0 & -1 & 0 & -1 & 4 \end{array}\right) \left(\begin{array}{c} u_{11} \\ u_{12} \\ u_{13} \\ \hline u_{21} \\ u_{22} \\ u_{23} \\ \hline u_{31} \\ u_{32} \\ u_{33} \end{array}\right) = \left(\begin{array}{c} 0 \\ -0{,}25 \\ -1{,}56 \\ \hline 0{,}25 \\ 0 \\ -0{,}75 \\ \hline 1{,}56 \\ 0{,}75 \\ 0 \end{array}\right)$$

Der maximaler Fehler zwischen u_{ij} und u_{x_i,y_j} beträgt nur $4{,}6\cdot 10^{-10}$!

Angewandt auf die Gleichungen der Feldsimulation sind die Gleichungen deutlich komplexer. Dennoch ist die grundlegende Vorgehensweise gleich.

2.2.4 Methode der Finiten Elemente (FE)

Die Methode der Finiten Elemente (FE) oder auch Finite-Elemente-Methode (FEM) ist ein numerisches Lösungsverfahren von partiellen Differentialgleichungen.

Vorbemerkung

FE-Methode: Hierbei handelt es sich um eine spezielle Technik zur direkten numerischen Lösung von „Variationsaufgaben".

Variationsrechnung: Extremwertbestimmung von Funktionalen, die auf einer Klasse von Funktionen definiert sind. Ggf. liefert sie eine Funktion, die einer Differentialgleichung genügen muss.

Eine Differentialgleichung (DGL) in implizierte Form wird wie folgt dargestellt:

$$F(y_{(x)}, y'_{(x)}, x) = F(y, y', x). \tag{2.36}$$

Beim Variationsproblem wird das Funktional I mittels

$$I = \int_{x_1}^{x_2} F(y, y', x)\, dx \stackrel{!}{=} \text{Extremwert} \tag{2.37}$$

berechnet. Die zugehörige Lösung lautet:

$$\frac{\delta F}{\delta y} - \frac{d}{dx}\frac{\delta F}{\delta y'} = 0. \tag{2.38}$$

Im Folgenden soll zunächst in einer Kurzübersicht das Prinzip der FE-Rechnung vorgestellt werden. Die einzelnen Schritte werden im Anschluss detailliert erläutert.

Prinzip des FE-Verfahrens (Übersicht)

1. **Schritt:** Zerlegung des Lösungsgebietes in Teilgebiete wie im Abb. 2.18 dargestellt. Oft wird für 2D-Probleme eine Triangulierung mit Dreiecken und für 3D-Objekt eine Tetraederbildung gewählt.
2. **Schritt:** Festlegung von Knotenpunkten in den einzelnen Teilgebieten und Definition von Näherungslösungen unter Verwendung der „Knotenpotentiale" $U_{i,j}$.
3. **Schritt:** Bestimmung der Knotenpotentiale unter Ausnutzung der Extremalwerteigenschaften des Variationsintegrals.
4. **Schritt:** Post-processing: Interpolationsrechnung u.ä.

Abb. 2.18 Zerlegung einer Mikrostreifenleitung (MSL)

Prinzip des FE-Verfahrens (Details)

zu Schritt 1: Als Funktion für Knotenpotential $u(x, y)$ soll beispielsweise

$$u(x, y) = a + b\,x + c\,y \tag{2.39}$$

mit den drei Hilfsgrößen a, b und c gewählt werden. An den Konten werden mittels dieser Funktion die Knotenpotentiale U berechnet. Oft werden für die Knotenpunktpotentiale die Beträge der Vektorpotentiale $|\vec{A}|$ eingesetzt (Abb. 2.19).

zu Schritt 2: Für das Teilgebiet 1 wird Gl. (2.39) wie folgt formuliert:

$$u^{(1)}_{(x,y)} = a^{(1)} + b^{(1)}x + c^{(1)}y. \tag{2.40}$$

Im Weiteren werden die Hilfsgrößen a, b und c durch die verschiedenen Kontenpotentiale ersetzt.

$$U_{0,0} = a^{(1)} \quad \Rightarrow \quad a^{(1)} = U_{0,0} \tag{2.41}$$

$$U_{1,0} = U_{0,0} + b^{(1)}x_1 \quad \Rightarrow \quad b^{(1)} = \frac{1}{x_1}(U_{1,0} - U_{0,0}) \tag{2.42}$$

$$U_{0,1} = U_{0,0} + c^{(1)}y_1 \quad \Rightarrow \quad c^{(1)} = \frac{1}{y_1}(U_{0,1} - U_{0,0}) \tag{2.43}$$

Die berechneten Hilfsgrößen a, b und c werden nunmehr in die Gl. (2.40) eingesetzt.

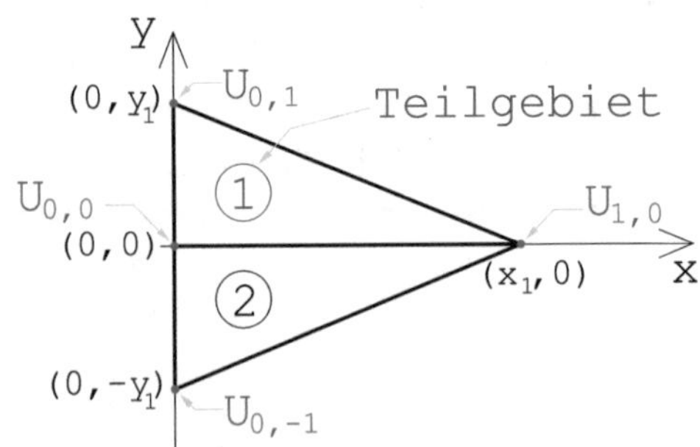

Abb. 2.19 Darstellung der Knotenpotentiale U über 2 Teilgebiete

$$u^{(1)}_{(x,y)} = U_{0,0} + (U_{1,0} - U_{0,0})\frac{1}{x_1}x + (U_{0,1} - U_{0,0})\frac{1}{y_1}y \quad (2.44)$$

$$= U_{0,0}(1 - \frac{1}{x_1}x - \frac{1}{y_1}y) + U_{1,0}\frac{1}{x_1}x + U_{0,1}\frac{1}{y_1}y \quad (2.45)$$

Die Stetigkeitsbedingung zwischen den Teilgebieten 1 und 2 lautet: $U^{(1)}_{(x,0)} = U^{(2)}_{(x,0)}$.

Für Teilgebiet 2 wird basierend auf der Gleichung

$$u^{(2)}_{(x,y)} = a^{(2)} + b^{(2)}x + c^{(2)}y, \quad (2.46)$$

wie bereits gezeigt, verfahren, wobei aufgrund der Stetigkeit die beiden Potentiale $U_{0,0}$ und $U_{1,0}$ bereits gegeben sind.

zu Schritt 3: Präzise numerische Berechnung der Potentiale $U^{(m)}_{(x,y)}$, wobei die Potentiale $U^{(m)}$ an den Rändern bekannt sind.

2.2.5 Ablauf einer FE-Simulation

Der folgende tabellarische Überblick soll den Ablauf eine Finite Elemente-Simulation illustrieren:

1. :	Projekt öffnen	
2. :	3D-Zeichnung erstellen	
3. :	Materialien zuordnen	
4. :	Randbedingungen und Tore angeben	
5. :	Simulationsparameter eingeben	(Kontrolle Port Only)
6. :	Feldproblem lösen lassen	
7. :	Post Processing durchführen	
7.1. :	Mesh kontrollieren	(Opt.)
7.2. :	E-, H-, J-Felder darstellen	(Opt.)
7.3. :	De-embedden&Renormalisieren	(Opt.)
7.4. :	Streuparameter ausgeben	

Dieser Ablauf soll am Beispiel der Berechnung eines Hohlleiters verdeutlicht werden. Als FE-Simulator wurde von Ansys das Programm *High Frequency Structure Simulator,* kurz HFSS zur Illustration eingesetzt.

Beispiel: Es ist ein Rechteckhohlleiter bei 5 GHz zu berechnen, wobei die H_{10} sich bereits bei der Frequenz $f_{cH_{10}}$= 4 GHz ausbreitet. Die gesamte Länge des Hohlleiters soll 2 Wellenlängen und somit $\beta l = 4\,\pi$ entsprechen. Diese Standardhohlleiter ist im Abb. 2.20 illustriert.

Für die Auslegung des Hohlleiters gelten folgende Zusammenhänge:

$$\frac{b}{a} = \frac{1}{2} \quad \Rightarrow \quad \lambda_{cH_{10}} = \frac{a^2}{\sqrt{(1/4)\,a^2}} = 2a \quad (2.47)$$

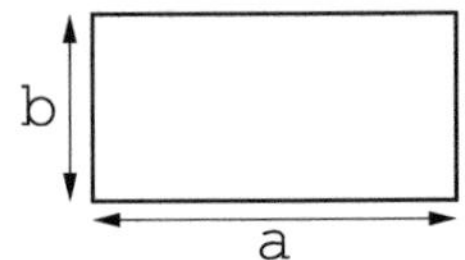

Abb. 2.20 Beispiel: Rechteckhohlleiter mit $a = 2 \cdot b$

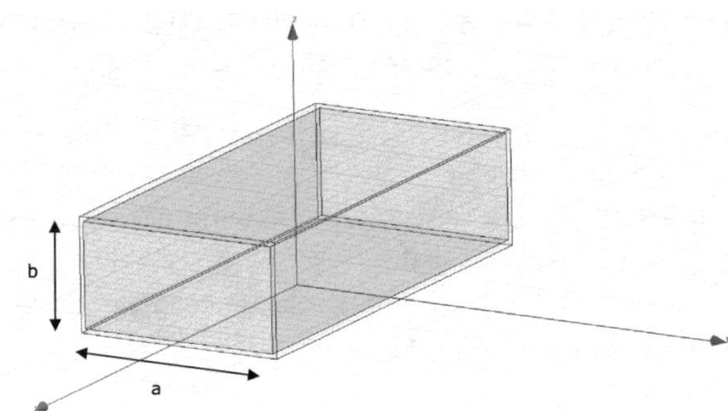

Abb. 2.21 Beispiel: HFSS-Zeichnung eines Rechteckhohlleiter mit $a = 2 \cdot b$

$$\lambda_{cH_{10}} = \frac{c_0}{f_{cH_{10}}} \quad \Rightarrow \quad a = 3{,}75\,\text{cm} \tag{2.48}$$

$$\gamma_{mn} = \frac{2\pi}{\lambda_0} \cdot \sqrt{\left(\frac{\lambda_0}{\lambda_{c_{10}}}\right)^2 - 1} \quad \text{mit} \quad \lambda_0 = \frac{c_0}{f_{5\,GHz}} = 6\,\text{cm} \tag{2.49}$$

$$\Rightarrow \beta_{10}|_{5\,GHz} = 62{,}6\,\text{m}^{-1} \tag{2.50}$$

$$\beta_{10}\, l_x = 4\pi \quad \Rightarrow \quad l_x = 20{,}0\,\text{cm} \tag{2.51}$$

$$\text{Kontrolle:} \lambda_h = \frac{\lambda_0}{\sqrt{1 - (\lambda_0/(2a))^2}} = 10{,}0\,\text{cm} \tag{2.52}$$

zu 2. Performance der 3D-Zeichenoberfläche ist ein wichtiges Qualitätsmerkmal für den 3D-Simulator.

Beim Hohlleiter genügt es nur den luftgefüllten Bereich zu zeichnen, sofern die äußere Metallisierung als perfekt leitend angenommen wird. Ist dies nicht Fall, so zeichnet man den Hohlleiter, wie im Abb. 2.21 dargestellt.

Merke: Das gesamte Volumen um das gezeichnete 3D-Objekt ist ein perfekt leitender Metallbereich!

zu 3. Qualitätsmerkmale eines Simulators sind viele Stoffkonstanten (Standard: κ, μ, ϵ) mit Verlusten und wenn möglich richtungs- und frequenzabhängig.

Luft mit ϵ_r=1 ist die Standardeinstellung.

Zur übersichtlichen Darstellung ist es hier wichtig, dass man den Material passende zugehörige Farben zuordnet. So sollte man die Luft hellblau und transparent darstellen. Für Metall bietet sich die Farbe rot an.

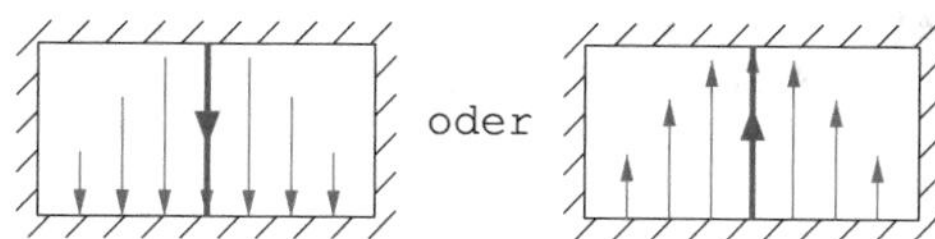

Abb. 2.22 Beispiel: Calibration Line im Rechteckhohlleiter

zu 4. Die Qualitätsmerkmale zu den Randbedingungen und den Toren sind: Möglichst viele verschiedenen Randbedingungen (Standard: Perfect-E, -H; Radiation (Abstrahlung), Impedance (sollte möglich komplex sein))[3].

zu 4a Waveguide Ports

Zu den ganz wichtigen Randbedingungen gehören die Tore für Modenanregung (Waveguide Ports): Diese Tore benötigen zusätzlich Definitionen der folgenden Linien:

a) **Impedance Line**
   ⇒ Gibt Punkte für Z_L-Definition an.
   ⇒ Gibt Integrationsweg für $U = \int_1^2 \vec{E}\, ds$ an.
b) **Calibration Line**
   ⇒ Gibt Richtung des E-Feldes an:
   Das Beispiel im Abb. 2.22 zeigt den Hohlleiter mit der blauen Calibration-Line.
c) **Polarisation Line**
   Die Polarisation Line wird seltener eingesetzt.
   Ein Beispiel mit grüner Polarisationslinie ist im Abb. 2.23 gegeben.

Die (gleichzeitige) Verwendung von Calibration-Lines, Polarisation und perfekten Wänden ist sehr „User-Error“ trächtig! Als Resultat gibt es bei Falscheinstellungen keine Übertragung. Oft wird nur die Impedance Line eingesetzt.

Neben der Impedance Line gibt man für die so genannten Waveguide Ports noch die Fläche des Ports (siehe blaue Fläche im Abb. 2.24) und Definition der Torimpedanzen an. Folgende drei Definitionen gibt es:

a. Z_{PI}: Berechnung aus Leistung und Strom

$$Z_{PI} = \frac{P}{I \cdot I^*} \quad \text{mit} \quad P = \oiint_A E \times H^*\, dA \quad \text{mit} \quad I = \oint_S H\, ds \tag{2.53}$$

Z_{PI}: Standarddefinition von Z_L

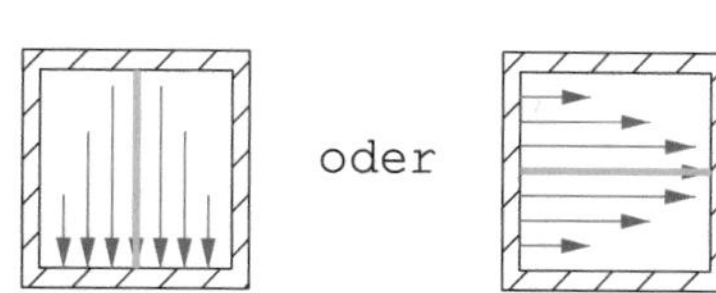

Abb. 2.23 Beispiel: Polarisation im quadratischen Hohlleiter

[3] Für die 2D-Lösung der Tore (Waveguide Ports) müssen die R.B. immer perfekt sein. Hier kann es insbesondere Probleme beim De-embedding geben, da die Verluste nicht berücksichtigt werden.

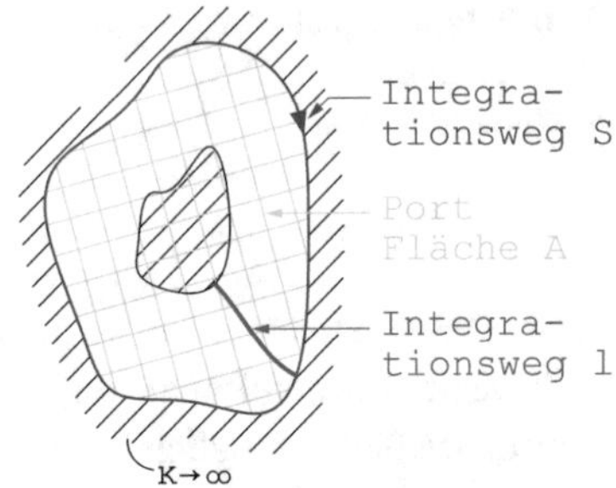

Abb. 2.24 Zweileitersystem zur Einführung der Torimpedanzen

b. Z_{PV}: Berechnung aus Leistung und Spannung

In der deutschen Nomenklatur würde man Z_{PV} als Z_{PU} bezeichnen. Die Berechnung erfolgt über

$$Z_{PV} = \frac{V \cdot V^*}{P} \tag{2.54}$$

mit

$$V = \int_{\ell} E \cdot d\ell \tag{2.55}$$

über den Integrationsweg ℓ.

Nur für TEM-Welle ergibt sich das gleiche Resultat für Z_{PI} und Z_{PV}, Abb. 2.25.

Der üblicher Integrationsweg einer Mikrostreifenleitung ist im Abb. 2.26 dargestellt.

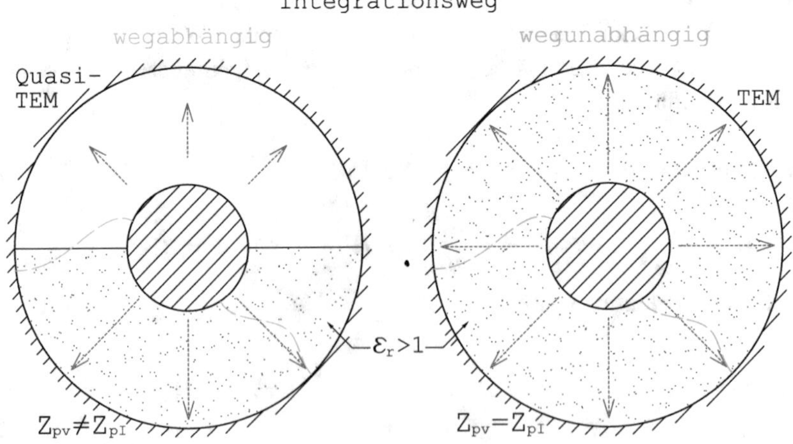

Abb. 2.25 Wegabhängiger und -unabhängiger Integrationsweg

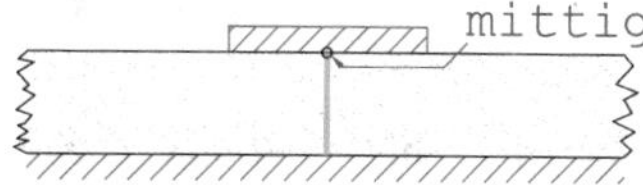

Abb. 2.26 Integrationsweg für eine Mikrostreifenleitung

c. Z_{VI}: Berechnung aus Z_{PI} und Z_{PV}

Hier handelt es sich um den Mittelwert der zuvor berechneten Wellenwiderstände.

$$Z_{VI} = \sqrt{Z_{PI} \cdot Z_{PV}}$$

d. Kontrolle

Für TEM-Wellen muss gelten: $Z_{PV} \stackrel{!}{=} Z_{PI}$.

zu 4b Lumped Ports

Bei den Lumped Ports handelt es sich um ganz einfache Tore, die nur durch den Torimpedanzwert zwischen zwei ausgewählte Knotenpunkte definiert werden.

Vorteile:

1. Diese Tore sind einfach zu definieren. Implementierungsfehler gibt es i. d. R. nicht.
2. Diese Lumped Ports können auch im Innern einer 3D-Struktur eingesetzt werden.

Nachteil:

1. Diese Tore entsprechen i. d. R. nicht der Physik. Die Anregung sieht in der Realität anders aus. Hier muss man abschätzen, ob diese Tore dem wirklichen Sachverhalt entsprechen.

In der Praxis lassen sich für Mikrostreifenleitungen (kleine Leiter) Anpasswerte bis ca. $S_{11}^{dB} \geq -20\,\text{dB}$ damit optimieren.

zu 5 & 6. Ablauf der HFSS-Rechnung:

1. Felder für Waveguide-Ports berechnen (hierbei handelt es sich um 2D-Simulationen)
2. 1. Mesh für die 3D-Struktur berechnen
   Die sogenannte Adaptive Frequenz ist die Grundlage für den Knotenabstand
3. FE-Lösung für Adaptive Frequenz berechnen
   $\Rightarrow$ Streuparameter der 1. Lösung
4. 2. Mesh mit (z. B.) 20 % mehr Knotenpunkten berechnen
   (0 % in „kalten" Bereichen bis 40 % in „heißen" Bereichen berechnen).
5. Wie 3. $\Rightarrow$ 2. Lösung
6. Berechnung des ΔS-Fehlers
   z. B. Eintor $\Delta S = S_{11}^1 - S_{11}^2$
7. 4.–6. so oft wiederholen bis ΔS-Kriterium erfüllt wird.
8. Für das verfeinertes Mesh die S-Parameter bei
   allen Frequenzpunkten als Sweep errechnen.

2.2.6 Momentenmethode (MM)

Die Momentenmethode (MM) ist eine numerische Methode, die nur in der Hochfrequenztechnik Anwendung findet.

Grundidee:
Im Abb. 2.27 ist die Draufsicht zweier Mikrostreifenleitungen dargestellt, in denen die beiden eingezeichneten Teilströme fließen.

Ein Teilstrom i_{ku} induziert bei einem Aufpunkt ev einen Teilstrom i_{ev}. Diese Aufgabenstellung lässt sich mit den sog. „Greenschen Funktionen“ sehr präzise lösen.

Die Rechenzeiten sind vergleichsweise kurz, die Simulatoren einfacher und auch preiswerter.

Die Einschränkungen in der Praxis sind:

- Nur 2.5D-fähig (nur Schichtmodelle),
- Nur perfekt-E-Randbedingungen,
- Keine E- und H-Felder darstellbar,
- Nur Gap-Sources (ähnlich Lumped-Ports).

Produkte: –Sonnet
–Momentum(in ADS)

Mehr Informationen zur Momentenmethode findet man in [101]. Dort werden auch detailliert viele Anwendungen von HFSS und der Momentenmethode gezeigt.

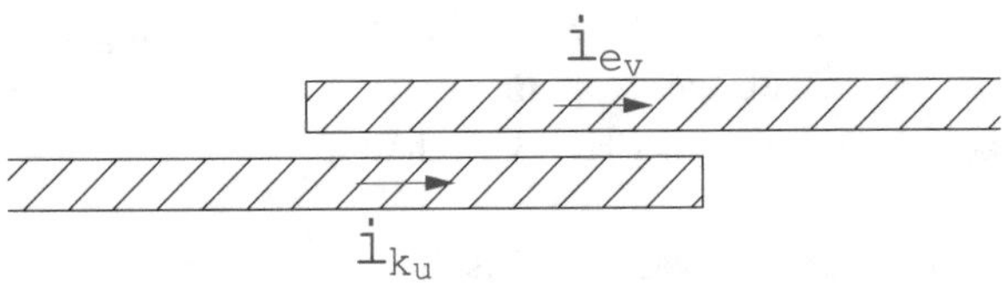

Abb. 2.27 Momentum Teilstrom in Mikrostreifenleitungen

3 Grundlagen der nichtlinearen HF-Technik

In der Hochfrequenzelektronik kann man die einfache Aussage treffen, dass jede Schaltung nichtlinear ist.

Klasse I: Viele Komponenten wie Kleinsignalverstärker und Schalter sind jedoch nur schwach nichtlinear. D. h. man entwickelt diese quasilinearen Halbleiterkomponenten zunächst als lineare Schaltungen und untersucht im Anschluss deren kleinen nichtlinearen Effekte in einem zweiten Schritt. Dieses wurde beispielsweise in [37] für ein Kleinsignalverstärker gezeigt. Bei diesen Komponenten ist das nichtlineare Verhalten ein parasitärer Effekt. Aber auch rein passive Bauelemente wie Spulen mit Ferritkern können nichtlineare Effekte aufweisen. Es betrifft auch alle passiven Bauelemente, die aufgrund der Erwärmung Effekte zeigen. Derartige Bauelemente und Komponenten werden als `quasilinear` bezeichnet.

Klasse II: Andere Komponenten wie Mischer, Modulatoren, Detektoren und Frequenzvervielfacher lassen sich nur aufgrund starker nichtlinearer Effekte umsetzen. Obwohl man bei diesen Komponenten das starke nichtlineare Verhalten eines Bauelementes ausnutzt, ist das Übertragungsverhalten auch quasilinear. Zwar lassen sich diese linearen Mixed-Frequency-Komponenten nicht mehr mittels eines linearen Schaltungssimulators näherungsweise basierend auf dem physikalischen Gegebenheiten berechnen, aber diese sind als vereinfachte Modelle in Simulationen integrierbar. Diese Komponenten werden als `schwach nichtlinear` bezeichnet.

Klasse III: Komponenten die unter Großsignalbedingungen ausgesteuert werden, bilden die dritte Klasse der `stark nichtlinearen` Schaltungen. Beispiele dieser Großsignalkomponenten sind Leistungsverstärker, Oszillatoren und digitale Logikgatter. Diese Komponenten weisen sehr oft ein Memory-Verhalten durch geladene Kondensatoren auf. Die Arbeitspunkte von internen Transistoren sind von der Ladung dieser Kondensatoren abhängig.

H. Heuermann, *Mikrowellentechnik*,
https://doi.org/10.1007/978-3-658-41287-6_3

Schwach und stark nichtlineare Komponenten kann man nur noch mit speziellen nichtlinearen Simulationsverfahren wie dem Volterra-Serien-Verfahren oder Harmonic Balance untersuchen. Quasilineare Komponenten werden mit den gleichen Verfahren wie schwach nichtlineare Komponenten analysiert: S-Parameter-Verfahren für die Übertragungsfunktion und die zuvor genannten Verfahren für die kleinen nichtlinearen Größen wie Oberwellen. Die Aussage, dass alle HF-Komponenten nichtlinear sind, lässt sich verstehen, wenn man die einzelnen Bauelemente betrachtet. Allgemein bekannt ist, dass alle Halbleiterbauelemente ein nichtlineares Verhalten aufweisen. Jedoch können auch Spulen, Kondensatoren und Widerstände in extremen Operationspunkten Nichtlinearitäten aufweisen. Beispielsweise ändert ein Widerstand bei erhöhtem Stromfluss sein Wert. Selbst HF-Stecker sind dafür bekannt, dass nichtlineare Effekte bei größeren Leistungen auftreten. I. d. R. erfüllt ein beliebiger N-Steckverbinder (mit 7 mm Außendurchmesser) die Intermodulationsanforderungen einer 50 W Basisstation für GSM nicht.

Eine Schaltung untersucht man bezüglich des linearen Übertragungsverhaltens, in dem man zwei Eingangssignale ($x_1(t)$ und $x_2(t)$) anlegt, die wiederum zwei Ausgangssignale ($y_1(t)$ und $y_2(t)$) erzeugen.

$$x_1(t) \rightarrow y_1(t), \qquad x_2(t) \rightarrow y_2(t) \tag{3.1}$$

Gilt nun, dass sich bei einer Addition der beiden Eingangssignale die Summe der Ausgangssignale ergibt,

$$x_1(t) + x_2(t) \quad \rightarrow \quad y_1(t) + y_2(t), \tag{3.2}$$

und die Multiplikation des Eingangssignals mit einer Konstanten A ein um den Faktor A vergrößertes Ausgangssignal ergibt,

$$A\,x(t) \quad \rightarrow \quad A\,y(t), \tag{3.3}$$

dann ist eine Schaltung *linear!*

Obwohl es für nichtlineare Effekte keine Norm gibt, hat sich doch basierend auf dem Standardwerk [66] eine Beschreibung der nichtlinearen Schaltungseffekte fundierend auf drei nichtlinearen Übertragungsfunktionen eingebürgert:

- Strom-Spannung (I/U),
- Ladung-Spannung (Q/U),
- Fluss-Strom (Φ/I).

Für schwach nichtlineare Komponenten lassen sich abgebrochene Polynomdarstellungen mit ausreichender Genauigkeit verwenden.

In diesem Kapitel werden zunächst Beschreibungsformen für Bauelemente vorgestellt, die Frequenzerzeugung von nichtlinearen Bauelementen mathematisch eingeführt und basierend auf diesen Ergebnissen die nichtlinearen Phänomene erläutert. Im Anschluss gibt es eine detaillierte Beschreibung der nichtlinearen Bauelemente und abschließend wird auf Simulationsverfahren für nichtlineare Schaltungen eingegangen.

In [100] ist nachzulesen, dass man sich auch im Elektronikbereich verstärkt der nichtlinearen Beschreibung von Bauelementen zuwendet. Die hier vorgestellten Grundlagen für die Beschreibung von Hochfrequenzschaltungen und HF-Simulationstechniken zielen auf Verfahren, die in modernen Schaltungssimulatoren verfügbar und somit direkt anwendbar sind.

3.1 Beschreibungsformen für Bauelemente

Sehr wichtige nichtlineare Bauelemente sind die Dioden. Im Detektor- oder Mischbetrieb werden Dioden als schwach nichtlineare Elemente und im Gleichrichtbetrieb als stark nichtlineare Elemente betrachtet. Da die Betriebsarten als Detektor, Mischer oder steuerbare Kapazität für die praktische Hochfrequenztechnik von großem Interesse ist, sollen die Dioden als schwach nichtlineare Bauelemente betrachtet werden. Diese Dioden weisen nur zwei Klemmen bzw. zwei Pole auf. Abb. 3.1 zeigt das verallgemeinerte Schaltsymbol einer Zwei-Klemmen-Nichtlinearität, die im Weiteren kurz als *Klemmenelement* bezeichnet werden soll.

Als Klemmenelemente lassen sich neben den in der Praxis wichtigen Dioden auch noch Widerstände, Spulen und Kondensatoren beschreiben. Diese nichtlinearen RLC-Bauelemente verwendet man bevorzugt für parasitäre Effekte bei der sehr komplexen nichtlinearen Modellierung von Transistoren.

Als einfaches Beispiel für ein Klemmenelement soll die Schottky-Dioden dienen. Die nichtlineare Kennlinie zwischen Strom I und Spannung U einer Schottky-Diode wird durch

$$I = I_{ss} \left(e^{\left[\frac{q}{nkT} U\right]} - 1 \right) \tag{3.4}$$

beschrieben. Es ist neben der Elementarladung q, der Sättigungssperrstrom I_{ss} und der empirisch zu ermittelnde Idealitätsfaktor $n = 1{,}05 \ldots 1{,}15$ enthalten. In der Praxis verwendet man die Temperaturspannung

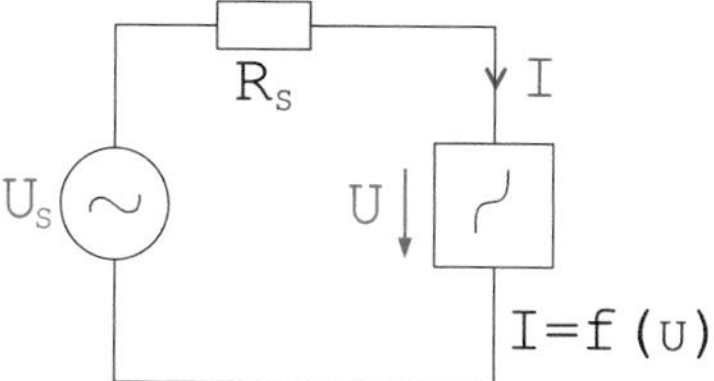

Abb. 3.1 Zwei-Klemmen-Nichtlinearität (kurz Klemmenelement) in einer einfachen Schaltung

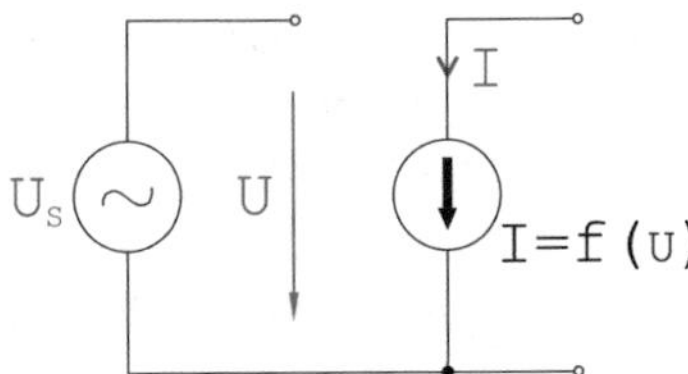

Abb. 3.2 Transfer-Nichtlinearität (kurz Transferelement) mit Ansteuerung durch eine Spannungsquelle

$$U_T = \frac{n\,k\,T}{q} = 25{,}9\ \text{mV} \tag{3.5}$$

für die Werte $n = 1$ und $T = 300$ K ein.

So genannte Transfer-Nichtlinearitäten oder kurz *Transferelemente* lassen sich analytisch etwas einfacher als Klemmenelemente behandeln. Das wichtigste Transferelement ist der Transistor. Abb. 3.2 zeigt ein von der Wechselspannungsquelle mit dem Effektivwert U_S angesteuertes Transferelement.

Durch die nichtlinearen Eigenschaften der Bauelemente werden unter anderen neue Frequenzen generiert. Bei Klemmenelementen wird die gesamte Schaltung durch diese nichtlinearen Effekte beeinflusst. Hingegen erkennt man deutlich, dass bei Transferelementen nur der anschließende Schaltungsteil beeinflusst wird. Dieses rückwirkungsfreie Übertragungsverhalten ist der Grund, weshalb sich Transferelemente deutlich einfacher beschreiben lassen als Klemmenelemente.

Jedoch ist dieses einfache Transferelement keine in der Praxis ausreichende Beschreibungsform für einen Transistor. Der Ausgangsstrom ist beispielsweise nicht nur abhängig von der Eingangsspannung sondern auch von der Ausgangsspannung, wie es im Abb. 3.3 gezeigt wird. Hinzu kommen noch weitere Abhängigkeiten und eine große Anzahl parasitärer Elemente, von denen eine Vielzahl auch nichtlinearer Natur sind.

Der Praktiker berücksichtigt für einen realen Transistor zusätzliche Bauelemente, um die parasitären Effekte des Transistors besser zu modellieren. Das folgende Abb. 3.4 zeigt das Modell eines CMOS-Transistors für ein Kleinsignalmodelling der parasitären Bauelemente bis 170 GHz [51].

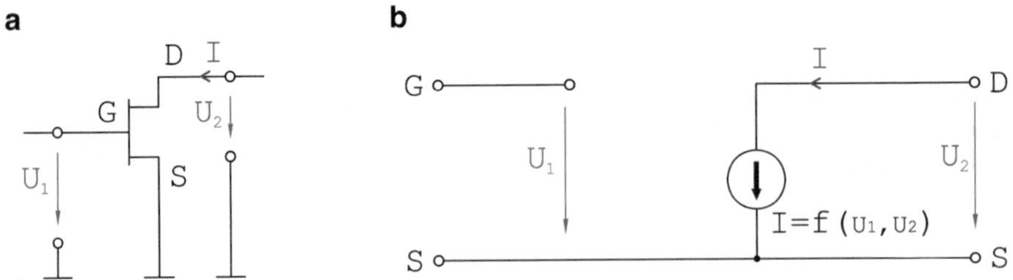

Abb. 3.3 Beispiel eines Feldeffekttransistors als steuerbarer Widerstand mit Abhängigkeiten von U_1 und U_2

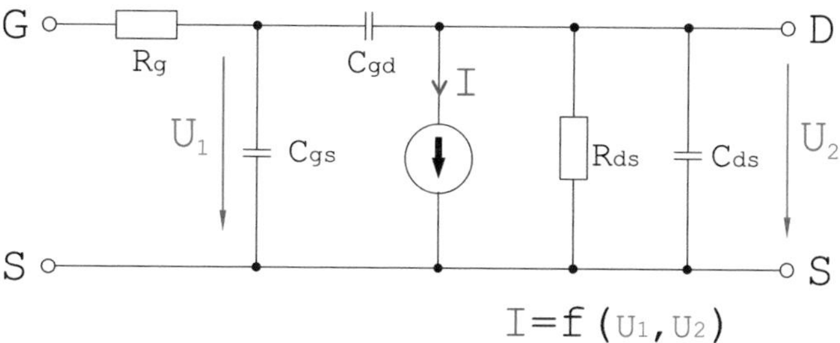

Abb. 3.4 Praxisbeispiel eines CMOS-Transistors, dessen Modelling in [51] beschrieben wird

Alle Kapazitäten und Widerstände werden rein aus einer Streuparametermessung heraus bis 170 GHz gefittet, so wie es in [37], Kap. 9 ausführlich für eine Spule gezeigt wurde. Nur die Strom wird in vereinfachten nichtlinearen Modellen in Abhängigkeit von den anliegenden Spannungen mit ihrer nichtlinearen Übertragungsfunktion modelliert. Bei Großsignaltransistoren werden zusätzlich auch die parasitären Bauelemente (insbesondere die Kondensatoren) über nichtlinearen Klemmenelemente modelliert.

3.2 Frequenzerzeugung durch Nichtlinearitäten

Schwach nichtlineare Klemmenelemente und Transferelemente lassen sich allgemein durch eine Polynomdarstellung beschreiben. Eine derartige Beschreibung zeigt wie neue Signale bei anderen Frequenzen entstehen. Im Weiteren wird dieses am Beispiel der Strom-Spannungs-Abhängigkeit einer abgebrochenen Polynomdarstellung mit den reellen Koeffizienten a, b und c gezeigt:

$$i_{(t)} = a\,u_{(t)} + b\,u_{(t)}^2 + c\,u_{(t)}^3. \tag{3.6}$$

Die Spannung $u_{(t)}$ wird durch eine Quelle mit zwei Frequenzanteilen und unterschiedlichen Amplituden angeregt:

$$u_{(t)} = \hat{u}_1 \cos(\omega_1 t + \alpha) + \hat{u}_2 \cos(\omega_2 t + \beta). \tag{3.7}$$

Beide Signalanteile der Spannung $u_{(t)}$ sollen die Grundphase von 0° aufweisen und $\hat{u}_i$ durch die zugehörigen Amplitudenwerte im Frequenzbereich (hier auch Spitzenwerte) U_i (mit der Grundphase von 0°) ersetzt werden:

$$u_{(t)} = U_1 \cos(\omega_1 t) + U_2 \cos(\omega_2 t). \tag{3.8}$$

Gemäß Gl. (3.6) ergeben sich für den Strom drei Terme: ein linearer, ein quadratischer und ein kubischer. Allgemein sollen dafür die drei Teilströme eingeführt werden:

$$i_{(t)} = i_{a(t)} + i_{b(t)} + i_{c(t)}. \tag{3.9}$$

Nach dem Einsetzen der Gl. (3.7) in Gl. (3.6) und Ausmultiplikation ergeben sich die folgenden Terme.

1. `Linearer Term:`

$$i_{a(t)} = a\,u_{(t)}, \tag{3.10}$$

$$i_{a(t)} = a\,U_1 \cos(\omega_1 t) + a\,U_2 \cos(\omega_2 t). \tag{3.11}$$

2. `Quadratischer Term:`

$$i_{b(t)} = b\,u_{(t)}^2, \tag{3.12}$$

$$i_{b(t)} = \frac{1}{2} b\,\{U_1^2 + U_2^2 + U_1^2 \cos(2\,\omega_1 t) + U_2^2 \cos(2\,\omega_2 t) \tag{3.13}$$
$$+ 2\,U_1 U_2\,[\cos((\omega_1 + \omega_2)t) + \cos((\omega_1 - \omega_2)t)]\}.$$

3. `Kubischer Term:`

$$i_{c(t)} = c\,u_{(t)}^3, \tag{3.14}$$

$$\begin{aligned} i_{c(t)} = \frac{1}{4} c\,\{&U_1^3 \cos(3\,\omega_1 t) + U_2^3 \cos(3\,\omega_2 t) \\ &+ 3\,U_1^2 U_2\,[\cos((2\,\omega_1 + \omega_2)t) + \cos((2\,\omega_1 - \omega_2)t)] \\ &+ 3\,U_1 U_2^2\,[\cos((2\,\omega_2 + \omega_1)t) + \cos((2\,\omega_2 - \omega_1)t)] \\ &+ 3\,(U_1^3 + 2\,U_1 U_2^2)\,\cos(\omega_1 t) \\ &+ 3\,(U_2^3 + 2\,U_1^2 U_2)\,\cos(\omega_2 t)\}. \end{aligned} \tag{3.15}$$

Die Polynomdarstellung wurde im oberen Beispiel beim dritten Glied abgebrochen. Würde man ohne Abbruch arbeiten, so ergäben sich Signale bei den diskreten Frequenzen

$$\omega_{m,n} = |m\,\omega_1 + n\,\omega_2| \quad \text{mit} \quad m,\,n = \ldots, -3, -2, -1, 0, 1, 2, 3, \ldots \quad . \tag{3.16}$$

Diese sich neu ergebenen Signale bei den unterschiedlichen Frequenzen werden allgemein als *Mischprodukte* bezeichnet. Dieses Spektrum ist auch als Mischspektrum bekannt.

Durch schaltungstechnische Maßnahmen kann man dafür sorgen, dass nur ungradzahlige Mischprodukte in Form von

$$i_{(t)} = a\,u_{(t)} + c\,u_{(t)}^3 + e\,u_{(t)}^5 \tag{3.17}$$

oder nur gradzahlige Mischprodukte, wie in

$$i_{(t)} = a\,u_{(t)} + b\,u_{(t)}^2 + d\,u_{(t)}^4 \tag{3.18}$$

dargestellt, zu berücksichtigen sind. Um dieses zu erzielen, setzt man balancierte Strukturen ein, worauf im Weiteren noch eingegangen wird.

Der kubische Term der Gl. (3.16) besteht nur aus Mischprodukten dritter Ordnung. Der enthaltene Signalanteil bei der Grundfrequenz ω_1 ergibt folglich aus

$$\omega_1 = (\omega_1 + \omega_1) - \omega_1 \quad \text{und} \quad \omega_1 = (\omega_1 + \omega_2) - \omega_2. \tag{3.19}$$

3.3 Nichtlineare Phänomene

In diesem Abschnitt werden die nichtlinearen Phänomene detaillierter erläutert und den Mischprodukten speziellere Eigenschaften zugeordnet.

Oberwellengeneration

Jedes nichtlineare Bauelement erzeugt durch die Anregung mit einer Grundwelle Oberwellen (engl.: harmonic generation). Abb. 3.5 illustriert schematisch diesen Zusammenhang.

Wenn nur ein monofrequentes Signal ω_1 am nichtlinearen Element anliegt *und* alle Oberwellen reflexionsfrei abgeschlossen sind, dann ergeben sich keine weiteren Mischprodukte. Sind die Oberwellen aber nicht reflexionsfrei abgeschlossen, so ergeben sich bei den Frequenzen $n\,\omega_1$ Mischprodukte aus den reflektierten Anteilen.

Es kann über die Beziehung

$$\omega_1 = 3\,\omega_1 - 2\,\omega_1 \tag{3.20}$$

Signalenergie aus dem hochfrequenten Bereich im Grundwellenbereich erzeugt werden.

Mischfrequenzen

Ein Aufwärtsmischer wird mit einem Großsignal (Lokaloszillatorsignal: LO) bei der Frequenz ω_{LO} ausgesteuert und soll ein niederfrequentes Kleinsignal (engl.: intermediate frequency, IF) mit der Frequenz ω_{IF} auf ein hochfrequentes Kleinsignal (engl.: radio frequency, RF) der Frequenz ω_{RF} linear umsetzen. Beim Mischer gilt allgemein die Gl. (3.16), so dass

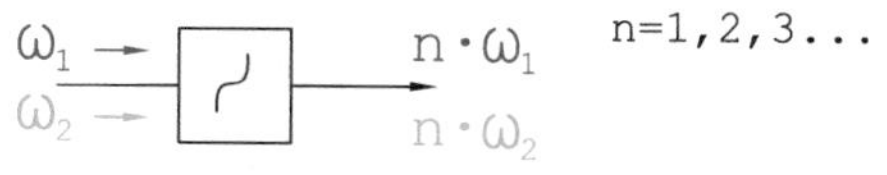

ω_1 → $n \cdot \omega_1$ n=1,2,3...
ω_2 → $n \cdot \omega_2$

Abb. 3.5 Schematische Illustration der Oberwellengeneration durch ein nichtlineares Bauelement

der Mischer das niederfrequente Signal um ω_{IF} auch für $m > 1$ bei den diskreten Mischfrequenzen gemäß

$$\omega_{RF} = m\,\omega_{LO} \pm \omega_{IF} \tag{3.21}$$

`linear` in den Hochfrequenzbereich hoch mischt. Die beiden Mischfrequenzen in der Gl. (3.13) sind die beiden meistgenutzten Hochfrequenzsignale. Verwendet man die Signalanteile um die Oberwellen des Lokaloszillatorsignals, so spricht man vom Oberwellenmischer. Mischfrequenzen sind nur in gradzahligen Termen (z. B. Gl. (3.13)) zu finden.

In der Gl. (3.16) erkennt man deutlich, dass die Vorfaktoren vor den $\cos(\omega_x t)$-Signalanteilen des ungradzahligen kubischen Terms nichtlinear sind.

Intermodulation

Sämtliche Mischprodukte in der Gl. (3.16), die durch zwei oder mehreren *Tönen* hervorgerufen werden und eine nichtlineare Amplitudenabhängigkeit haben, sind

Intermodulationsprodukte (IM-Produkte).

So handelt es sich auch beim Anteil $3\,U_1^3\,\cos(\omega_1 t)$ um ein IM-Produkt dritter Ordnung aus den Tönen bei ω_1 und $2\,\omega_1$. Es gibt nur IM-Produkte dritter und höherer Ordnungen. Die im kubischen Term enthaltenen IM-Produkte sind alle Produkte dritter Ordnung oder kurz IM_3-Produkte (oder auch IM3-Produkte).

Das größte Problem mit nichtlinearen Phänomenen in der Praxis ist das Übersprechen in Nachbarkanälen, wie es im Abb. 3.6 veranschaulicht ist.

Durch die kubische oder höhere Amplitudenabhängigkeit der IM-Produkte steigt deren Ausgangsleistung nicht linear mit zunehmender Eingangsleistung, sondern deutlich stärker. In der Gl. (3.16) sind diese IM-Produkte in der 2. und 3. Zeile zu finden.

Sättigung und Kompression

Wenn die Aussteuerung von einem Bauelement so stark ist, dass man die Betriebsspannungswerte erreicht, dann geht dieses Bauteil in Sättigung. Die Sättigung oder auch eintretende

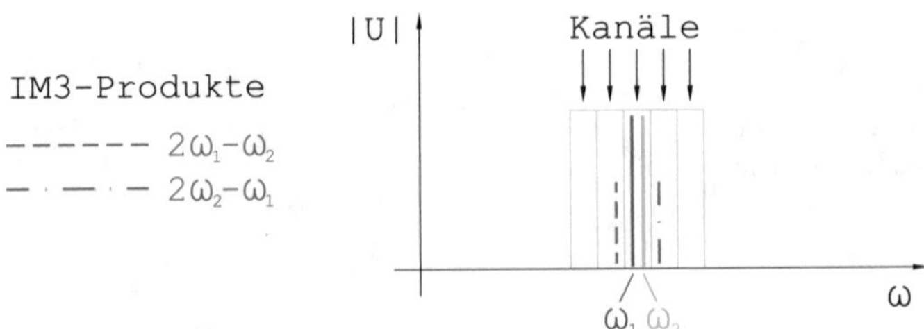

Abb. 3.6 Übersprechen in Nebenkanälen

Kompression erkennt man daran, dass die Ausgangsleistung nicht mehr proportional zur steigenden Eingangsleistung zunimmt. Dieses ist im Abb. 3.7 illustriert.

Derartige Effekte treten nicht nur bei Verstärkern, sondern auch bei elektronischen Schaltern und Mischern auf. In Datenblättern wird das Sättigungsverhalten unter Angabe der so genannten IP_3- bzw. IM_3- und P_{-1dB}-Punkte abgebildet. Der P_{-1dB}-Punkt gibt die Eingangsleistung an, bei der die Vorwärtsleistungsübertragungsfunktion (z. B. Verstärkung) sich gegenüber einer linearen Leistungsübertragungsfunktion (Verstärkung) um 1 dB verringert hat. Im Abb. 3.7 ist die Abweichung der Nutzleistung vom ideal linearen Verlauf, die durch Sättigung verursacht wird, durch den 1 dB-Kompressionspunkt gekennzeichnet. In diesem Punkt beträgt die Abweichung gerade 1 dB.

Der IP_3- bzw. IM_3-Punkt gibt die berechnete Eingangsleistung an, bei der das nichtlineare Mischprodukt der zweiten und der dritten Oberwelle der Eingangsleistung der Grundwelle entspricht. Im Intercept-Punkt dritter Ordnung (IP_3) ist somit die extrapolierte Nutzleistung und die extrapolierte Störleistung gerade gleich groß.

Mathematisch lässt sich der Sättigungseffekt durch die lineare Verstärkung der Grundwelle und einem mit zunehmender Aussteuerung immer größer werdenden kubischen Term mit entgegen gesetztem Vorzeichen beschreiben (hier gilt $U_2 = 0$ V):

$$i_{1(t)} = \left(a\,U_1 + \frac{3}{4}\,c\,U_1^3 \right) \cos(\omega_1 t). \tag{3.22}$$

Zu beachten ist bei Bauelementen, die Sättigungserscheinungen aufweisen, dass die Sensitivität *generell* nachlässt.

Ein Beispiel für diese Problematik ist in den Abb. 3.8 und 3.9 dargestellt. Es soll ein Verstärker mit zwei Signalen mit unterschiedlichen Pegeln angesteuert werden.

Der Verstärker soll die Kleinsignalverstärkung von 20 dB und die maximale Ausgangsleistung von 30 dBm aufweisen. Beim Signal 1 bei der Frequenz ω_1 handelt es sich um ein

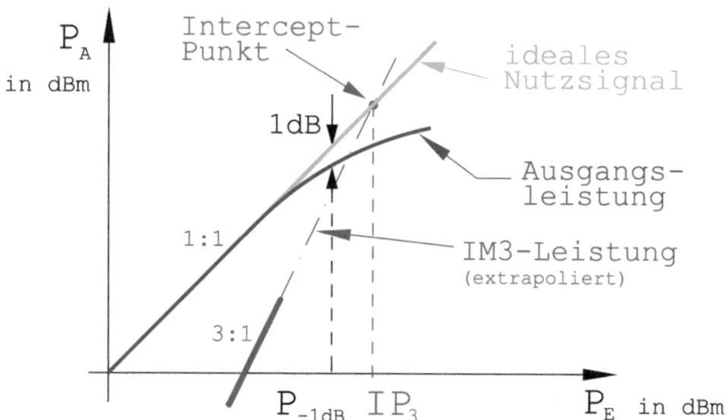

Abb. 3.7 Sättigungserscheinung und zugehörige IP_3- bzw. IM_3- und $\text{P}_{-1\text{dB}}$-Punkte der Ausgangsleistung P_A aufgetragen über der Eingangsleistung P_E

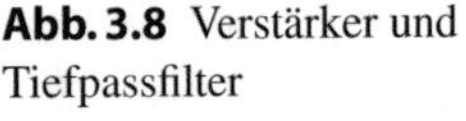

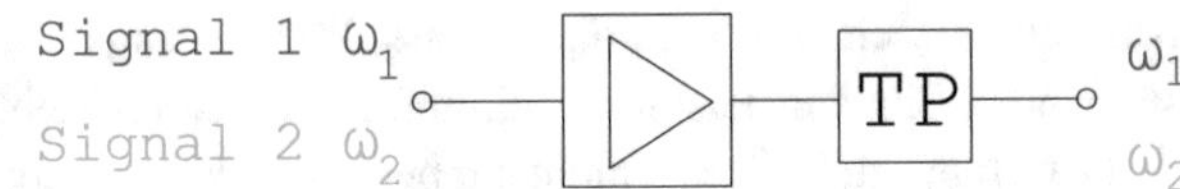

Abb. 3.8 Verstärker und Tiefpassfilter

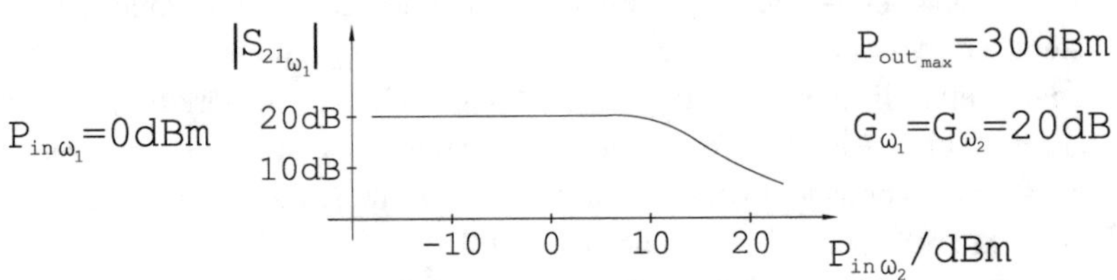

Abb. 3.9 Transmissionsverstärkung für die Kleinsignalleistung bei ω_1 in Abhängigkeit von der Signalleistung bei ω_2

Kleinsignal, das den Verstärker nicht in die Kompression fährt. Das Signal 2 soll gemäß Abb. 3.9 über die Eingangsleistung variiert werden.

Man erkennt deutlich, dass auch das Kleinsignal aufgrund abnehmenden Selektivität deutlich weniger verstärkt wird, wenn der Verstärker durch ein ganz anderes Signal in Sättigung geht.

Kreuzmodulation

Kreuzmodulation ist die Umsetzung einer aufmodulierten Information von einem Frequenzband in ein anderes. Als einfaches Beispiel dient ein amplitudenmoduliertes Signal für die Spannung $U_2 = (1 + m_{(t)})\, U_2'$. Setzt man dieses in Gl. (3.16) ein, so erhält man den Teilstrom:

$$i_{c(t)}^{Teil} = \frac{3}{2}\, c\, U_1\, U_2'^2\, [\, 1 + 2\, m_{(t)} + m_{(t)}^2]\cos(\omega_1 t). \tag{3.23}$$

Somit erscheint die aufmodulierte Information auch um den Träger ω_1.

AM/PM-Konversion

Bei der AM/PM-Konversion handelt es sich um das Phänomen, dass eine Amplitudeninformation (oder Amplitudenrauschen) in eine Modulation der Phase umgesetzt wird. Zumal moderne Funksysteme phasenmoduliert sind, ist die AM/PM-Konversion eine Störquelle, die nicht zu vernachlässigen ist.

Aus der Gl. (3.16) soll der Teilstrom

$$i_{(t)}^{Teil} = \left(a\, U_1 + \frac{3}{4}\, c\, U_1^3 \right) \cos(\omega_1 t) \tag{3.24}$$

betrachtet werden. Insbesondere im Hochfrequenzbereich ist es nicht ungewöhnlich, wenn die nichtlinearen Effekte einen so genannten Speichereffekt[1] aufweist. In solch einem Fall gibt es im Frequenzbereich ($i_{(t)}^{Teil}$ $\circ\!\!-\!\!\bullet$ I^{Teil}) eine Phasenverschiebung,

$$I^{Teil} = A\,U_1 + \frac{3}{4}\,C\,U_1^3\,e^{\,j\,\phi}. \tag{3.25}$$

Schwankt nun U_1 in der Amplitude, so verändert sich auch die Phase von I^{Teil} (d.h. der ϕ-Anteil, der normal Null ist).

Ansprechen auf Nebenfrequenzen

Das Ansprechen auf Nebenfrequenzen (engl.: spurious response) ist für Mischer ein gegebenes Problem, was am folgenden Beispiel erläutert werden soll.

Ein Empfangsmischer wird mit einem Großsignal bei der Frequenz ω_{LO} ausgesteuert und soll ein hochfrequentes Kleinsignal der Frequenz ω_{RF} auf ein niederfrequentes Signal mit der Frequenz ω_{IF} umsetzen.

Jedoch gilt beim Mischer die Gl. (3.16), so dass der Mischer auch für $m > 1$ alle Signale bei den diskreten Nebenfrequenzen gemäß

$$\omega_{RF} = m\,\omega_{LO} \pm \omega_{IF} \tag{3.26}$$

in das niederfrequente Empfangsband um ω_{IF} herunter mischt.

3.4 Nichtlineare Bauelemente

Im Folgenden wird gezeigt, wie man nichtlineare Bauelemente analytisch beschreibt. Da Transistormodelle den Rahmen sprengen, findet eine Beschränkung auf Dioden statt.

3.4.1 Nichtlineare Leitwerte und Widerstände

Am häufigsten beschreibt man ein nichtlineares Bauelement durch die Abhängigkeit des Stromes I von der Spannung U:

$$I = f(U). \tag{3.27}$$

Diese Strom-Spannungsfunktion enthält in der Regel diverse physikalische Konstanten.

Ein Beispiel ist die Schottky-Diode. Die nichtlineare Kennlinie zwischen Strom I und Spannung U einer Schottky-Diode wird durch

[1] Auf diesen Speichereffekt wird im Weiteren noch eingegangen.

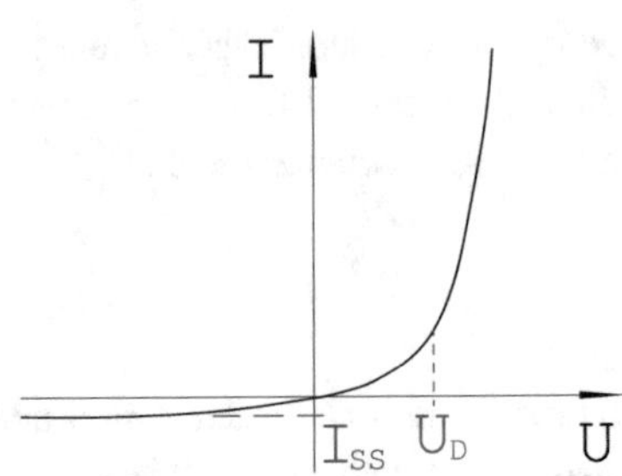

Abb. 3.10 Strom-Spannungskennlinie einer Schottky-Diode mit dem Sättigungssperrstrom I_{SS} und der Diffusionsspannung U_D

$$I = I_{ss}\left(e^{\left[\frac{U}{U_T}\right]} - 1\right) \tag{3.28}$$

beschrieben. Enthalten sind die Temperaturspannung $U_T = 25{,}9$ mV und der Sättigungssperrstrom I_{ss}.

Die nichtlineare Strom-Spannungskennlinie einer Schottky-Diode wird im Abb. 3.10 dargestellt.

Die Diffusionsspannung U_D wird u. a. auch als Diffusionspotential Φ bezeichnet und hängt von den gewählten Halbleiter- und Metallmaterialien des Überganges ab. Für die Standard-Si-Diode beträgt U_D rund 0,7 V und für die Si-Schottky-Diode ca. 0,4 V.

Die Diode wird oft beim eingestellten Kleinsignal-Wechselstromleitwert

$$G_S(I_0) = \frac{I_0 + I_{ss}}{U_T} \tag{3.29}$$

für den Arbeitspunkt mit dem Gleichstrom I_0 wie im Abb. 3.11 betrachtet.

Im Weiteren wird eine allgemeine Herleitung vorgestellt, aus der sich auch Gl. (3.29) ergibt.

Zur Beschreibung eines nichtlinearen Bauelementes soll die $f(U)$ im Bereich um den Arbeitspunkt U_0 betrachtet werden. Als Hilfsmittel wird dafür eine Taylor-Reihe eingesetzt:

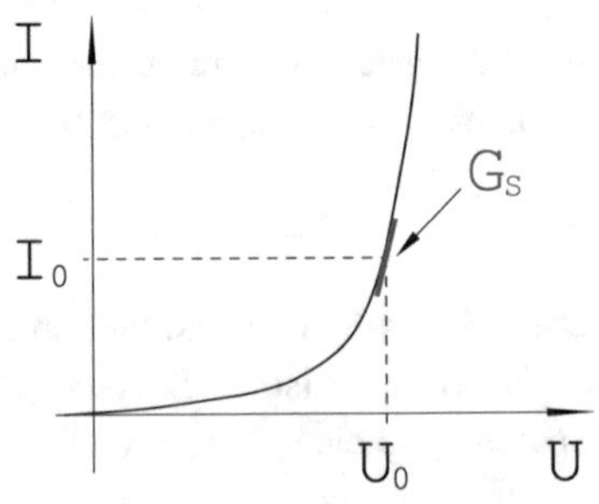

Abb. 3.11 Kleinsignalleitwert G_S einer Schottky-Diode für den Arbeitspunkt mit der Gleichspannung U_0 und dem Gleichstrom I_0

$$f(U_0+u) = f(U_0) + \underbrace{\left.\frac{df(U)}{dU}\right|_{U=U_0} u + \frac{1}{2}\left.\frac{d^2f(U)}{dU^2}\right|_{U=U_0} u^2 + \frac{1}{6}\left.\frac{d^3f(U)}{dU^3}\right|_{U=U_0} u^3 + \ldots}_{=i \text{ (Wechselanteil)}} \tag{3.30}$$

Der Strom I teilt sich in den Gleichanteil I_0 für die Arbeitspunkteinstellung und den Wechselanteil i auf:

$$I = I_0 + i. \tag{3.31}$$

Folglich gilt auch für den Wechselanteil des Stromes:

$$i = f(U_0+u) - f(U_0). \tag{3.32}$$

Unter Verwendung von Gl. (3.30) ergibt sich für den Strom i allgemein folgende nichtlineare Abhängigkeit von der Spannung u:

$$i = \left.\frac{df(U)}{dU}\right|_{U=U_0} u + \frac{1}{2}\left.\frac{d^2f(U)}{dU^2}\right|_{U=U_0} u^2 + \frac{1}{6}\left.\frac{d^3f(U)}{dU^3}\right|_{U=U_0} u^3 + \ldots \quad . \tag{3.33}$$

Ein Vergleich mit einer Verknüpfung über die Leitwerte in Form von

$$i = g_1 u + g_2 u^2 + g_3 u^3 + \ldots \tag{3.34}$$

ergibt deren Berechnungsvorschrift. Die zugehörigen Resultate für Klemmen- und Transferelemente sind im Abb. 3.12 dargestellt.

Führt man nun für $g_1 = G_S$ die Differentiation der Gl. (3.28) durch, so ergibt sich:

$$G_S = \frac{I_{ss}}{U_T} e^{\frac{U_0}{U_T}}. \tag{3.35}$$

Die Verwendung von

$$I_0 = I_{ss}\left(e^{\frac{U_0}{U_T}} - 1\right) \tag{3.36}$$

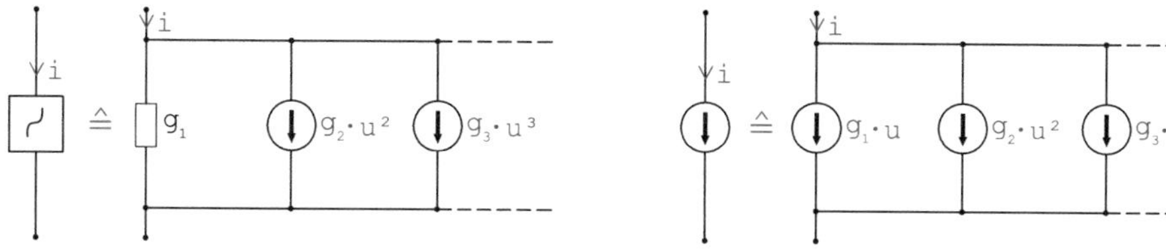

Abb. 3.12 Kleinsignalersatzschaltbilder für schwach nichtlineare Klemmen- und Transferelemente

für den Arbeitspunktstrom liefert dann die einfache Gl. (3.29) für die Beschreibung einer Schottky-Diode, wie sie beispielsweise für die Auslegung von Detektoren verwendet wird. Man erkennt, dass hier bereits der quadratische Anteil g_2 vernachlässigt wird.

Über die Wahl des Leitwertes $g_1 = G_S$ lässt sich die Diode entweder auf Anpassung (i. d. R. 50 Ω) oder (bei der Wahl von kleinen Leitwerten) auf eine maximale Empfindlichkeit einstellen.

Über die Optimierung von g_2 in Richtung Anpassung bei der entsprechenden Oberwelle lässt sich der optimale Wirkungsgrad für die Frequenzumsetzung an der Diode einstellen.

3.4.2 Nichtlineare Kapazitäten

Halbleiter generell und Transistoren im Besonderen weisen parasitäre Speicherelemente auf, die i. d. R. nichtlinear sind. Diese nichtlinearen Speichereffekte (engl.: memory effect) stellen z. B. in der Anwendung von linearen Leistungsverstärkern ein merkliches Problem dar. Allgemein lässt sich diese Funktionalität über

$$Q = f_Q(U) \tag{3.37}$$

darstellen. Mit der erneuten Aufteilung in einem Arbeitspunktanteil Q_0 und einem Kleinsignalanteil q gilt für die Ladung $Q = Q_0 + q$ und wiederum gilt für den Kleinsignalanteil

$$q = f_Q(U_0 + u) - f_Q(U_0) \tag{3.38}$$

und in Analogie zur Gl. (3.33)

$$q = \left.\frac{df_Q(U)}{dU}\right|_{U=U_0} u + \frac{1}{2}\left.\frac{d^2 f_Q(U)}{dU^2}\right|_{U=U_0} u^2 + \frac{1}{6}\left.\frac{d^3 f_Q(U)}{dU^3}\right|_{U=U_0} u^3 + \ldots \quad . \tag{3.39}$$

In der Simulationstechnik möchte man jedoch auch den Strom in Abhängigkeit von der Spannung darstellen. Es gilt allgemein:

$$i = \frac{dq}{dt}. \tag{3.40}$$

Somit lässt sich aus (3.39) der Strom aus der Spannung berechnen:

$$i = \left.\frac{df_Q(U)}{dU}\right|_{U=U_0} \frac{du}{dt} + \left.\frac{d^2 f_Q(U)}{dU^2}\right|_{U=U_0} u\,\frac{du}{dt} + \frac{1}{2}\left.\frac{d^3 f_Q(U)}{dU^3}\right|_{U=U_0} u^2\,\frac{du}{dt} + \ldots \quad . \tag{3.41}$$

Ein Vergleich mit der Verknüpfung über die Kapazitäten in Form von

$$i = \left(C_1(U_0) + C_2(U_0)\,u + C_3(U_0)\,u^2 + \ldots\right) \frac{du}{dt} \tag{3.42}$$

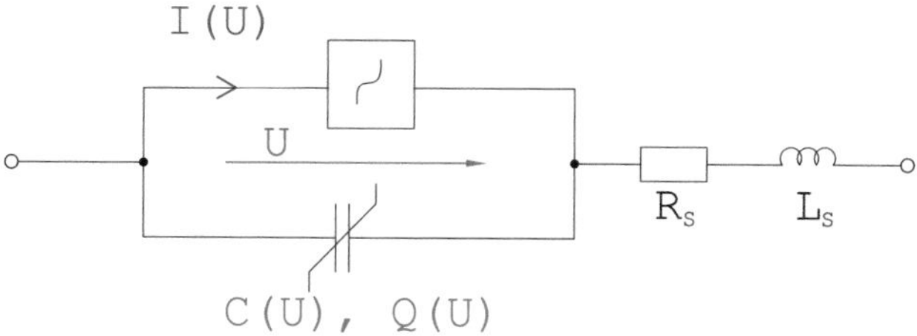

Abb. 3.13 Nichtlineares ESB einer Schottky-Diode

ergibt deren Berechnungsvorschrift.

Erneut sollen die Resultate auf die Schottky-Diode angewandt werden. Abb. 3.13 stellt das resultierende nichtlineare Ersatzschaltbild (ESB) einer Schottky-Diode vor.

Mit dem Diffusionspotential Φ (bzw. der Diffusionsspannung U_D) und der Sperrkapazität C_{j0} bei einer Spannung von 0 V lässt sich für eine Schottky-Diode mit gleichverteilten Dotierungsprofil die spannungsabhängige Ladung nach [66] wie folgt angeben:

$$Q(U) \;=\; -2\,C_{j0}\,\Phi\,\sqrt{(1 - U/\Phi)}. \tag{3.43}$$

Die allgemein eingesetzte spannungsabhängige Kapazität einer Schottky-Diode entspricht $C_1(U)$ und durch Differentiation gemäß Gl. (3.41) berechnen.

$$C(U = U_0) \;=\; C_1(U_0) \;=\; \left.\frac{df_Q(U)}{dU}\right|_{U=U_0} \;=\; \frac{C_{j0}}{\sqrt{(1 - U_0/\Phi)}} \tag{3.44}$$

Schlussendlich kann man die Schottky-Diode im Arbeitspunkt in erster Näherung wie ein lineares Bauelement behandeln. Abb. 3.14 zeigt das Ersatzschaltbild.

Bei dem Beispiel der einfachsten Beschreibung einer Schottky-Diode wurde jeweils nach dem ersten Glied der Taylor-Reihen abgebrochen. In der Praxis bricht man die Reihe nicht so früh ab. Dadurch entstehen immer neue Frequenzanteile.

Die Masse der Modelle für Halbleiterbauelemente basiert auf physikalische Annahmen, wie bei der Schottky-Diode. Es stehen für jedes Modell feste nichtlineare Gleichungen zur Beschreibung der nichtlinearen Eigenschaften zur Verfügung.

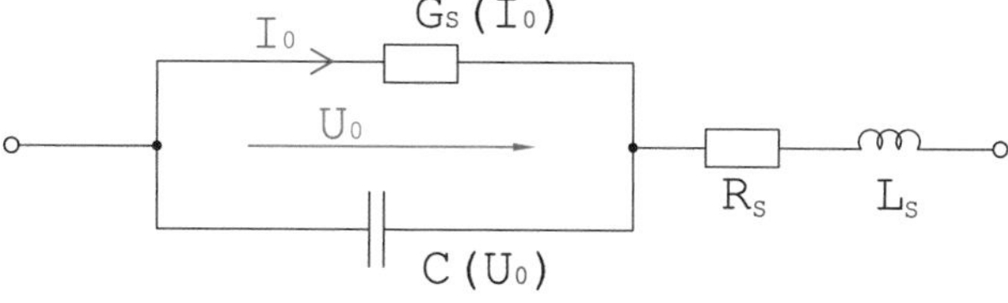

Abb. 3.14 Lineares ESB einer Schottky-Diode im Arbeitspunkt (U_0, I_0)

Das eigentliche „Modelling“ von nichtlinearen Bauteilen erfolgt anhand von zahlreichen DC- und HF-Messungen in verschiedenen Arbeitspunkten über ein so genanntes „Fitting“ ([37], Kap. 9). Der Nutzer von nichtlinearen Simulatoren muss die Endlichkeiten seiner Modelle kennen. Modelle bilden nicht immer alle relevanten Nichtlinearitäten ab.

Unzureichende Modelle oder ein ungenügendes Fitting sind die größten Fehlerquellen bei der nichtlinearem Simulation.

3.5 Übersicht: Nichtlineare Simulationsverfahren

Es stehen dem Hochfrequenztechniker eine große Anzahl an nichtlinearen Simulationsverfahren mit all ihren Vor- und Nachteilen zur Verfügung. Die folgende kurze Übersicht soll dem Anwender helfen, das richtige Simulationsverfahren zu wählen.

Zeitbereichsverfahren
SPICE ist das im Elektronikbereich sehr häufig genutzte Zeitbereichsverfahren. Viele HF-Simulatoren haben mittlerweile Zeitbereichsverfahren als alternative Verfahren implementiert.

Bei diesem Verfahren werden numerisch die Differenzengleichungen der zugehörigen Netzwerk-Differentialgleichungen schrittweise über kurze Zeitintervalle gelöst.

Dieses Verfahren berechnet das Einschwingverhalten von Strömen und Spannungen. Bei starken nichtlinearen Elementen können sehr lange Rechenzeiten und Konvergenzprobleme auftreten. Weiterhin ist nachteilig, dass keine komplexen verteilten Bauelemente einfach berücksichtigt werden können. Beispielsweise ist es mit den meisten Produkten nicht möglich eine `verlustbehaftete oder dispersive Leitung` in der Simulation einzubringen.

Da im Hochfrequenzfall bis zur Berechnung des eingeschwungenen Zustandes eine sehr große Anzahl an Zeitintervallen berechnet werden müssen und auch jedes lineare reaktive Bauelement durch eine Differentialgleichung beschrieben werden muss, ist für viele Anwendungen die Rechenzeit indiskutabel lang.

Allgemeines zu Harmonic Balance (HB)

Harmonic Balance-Verfahren analysieren eine Schaltung im Frequenzbereich. Dafür wird die Schaltung in einem linearen und einem nichtlinearen Teil aufgegliedert. Der lineare Teil wird mittels der bekannten linearen Netzwerkanalyse berechnet. Die gesamte mathematische Behandlung beider Teile wird im Weiteren an einem Verfahren demonstriert.

Die im Folgenden vorgestellten Harmonic Balance-Verfahren weisen die für die Zeitbereichsverfahren aufgelisteten Nachteile nicht auf. Aus diesem Grund haben sich diese Verfahren in Hochfrequenzsimulatoren für nichtlineare Schaltungen durchgesetzt. Manche HB-Verfahren unterliegen der Einschränkung, dass mindestens eine Quelle eine so hohe Signalleistung aufweist, so dass merkliche andere Frequenzanteile in der Schaltung erzeugt werden. In der Praxis muss mindestens eine Oberwelle mit einem Abstand zum Grundsignal von mindestens 60–80 dBc vorhanden sein.

Nachfolgend werden zunächst die Unterschiede der verschiedenen Harmonic Balance-Verfahren herausgehoben. Wesentlicher Unterschied zu den Zeitbereichsverfahren ist, dass man die Harmonic Balance-Verfahren gemäß den Anforderungen in Bezug auf die notwendigen Quellen unterscheiden muss.

Harmonic Balance (HB) für Großsignal-Einzeltöne

Bei dieser Variante der HB-Verfahren kann in der Simulation nur eine Signalquelle mit einem monofrequenten Großsignal eingebracht werden. Diese Quelle befindet sich meistens am Schaltungseingang. Mit diesem HB-Verfahren berechnet man die im Frequenz- und Zeitbereich anliegenden Signale für die Grundwelle und einer vorgegebenen Anzahl an Oberwellen.

Als Anwendungen sind Leistungsverstärker und Frequenzvervielfacher zu nennen.

In älteren Simulationsprogrammen war dieses Verfahren oft das Einzige. Dieses HB-Verfahren ist sogar in der frei verfügbaren Studenten-Version (SV) Serenade von Ansoft enthalten.

Harmonic Balance (HB) für Groß- und Kleinsignalton

Neben dem rein sinusförmigen Großsignal ist bei dieser HB-Variante auch eine monofrequente Kleinsignalquelle zulässig. Für die Behandlung des Kleinsignales werden die im Arbeitspunkt sich ergebenen Kleinsignalleitwerte der nichtlinearen Elemente vorab berechnet und als einzige Ersatzgröße berücksichtigt. D. h., dass für das Kleinsignal lediglich noch der lineare Schaltungssimulator verwendet wird. Diese Verfahren lassen ggf. auch mehr als ein Kleinsignal zu.

Komponenten wie Mischer, Modulatoren wie auch parameterische Verstärker und Umsetzer lassen sich mit diesem Verfahren analysieren.

Verallgemeinerte Harmonic Balance Analyse

Mittels dieser Simulationsvariante lassen sich mehrere Großsignalquellen in der Schaltung berücksichtigen. Dieses HB-Verfahren ist nützlich für die IM-Analyse ein jeder Komponente.

Volterra-Serien-Verfahren

Das optimale nichtlineare Analyseverfahren für Anwendungen mit einem oder mehreren Kleinsignalen ist die Volterra-Serien-Analyse. Dieses Verfahren liefert auch für sehr schwach nichtlineare Schaltungen die besten Resultate.

3.6 Harmonic Balance für Großsignal-Einzeltöne

Verstärker sind sicherlich die am Häufigsten entwickelten Komponenten mit mehr oder weniger ausgeprägten nichtlinearen Verhalten.

Kleinsignalverstärker optimiert man zunächst mittels einer rein linearen Schaltungssimulation. Diese basiert auf die (gemessenen) S-Parameterwerte des Transistors und einer ansonsten rein passiven Beschaltung. Die Beschaltung der Gleichspannungspfade werden nur mit der Eingangsimpedanz für das Hochfrequenzsignal berücksichtigt. In einem zweiten Schritt kontrolliert man das nichtlineare Verhalten durch einen nichtlinearen Simulator. Die gesamte Vorgehensweise ist in [37], Kap. 8, im Detail erläutert worden.

Leistungsverstärker werden ausschließlich mittels eines nichtlinearen Schaltungssimulators entwickelt.

Das Standardverfahren für die Analyse der nichtlinearen Eigenschaften von Verstärkern ist das HB-Verfahren für Großsignal-Einzeltöne. Das allgemeine Bild zur Analyse der Verstärker oder auch Frequenzverdoppler mit einer Gleichspannungsversorgungsquelle ist in Abb. 3.15 dargestellt.

Die Spule und der Kondensator sollen nur zur Durchführung des Gleichstromes dienen. In praktischen Schaltungen wird die Gleichspannung unter Aufteilung durch ein Wider-

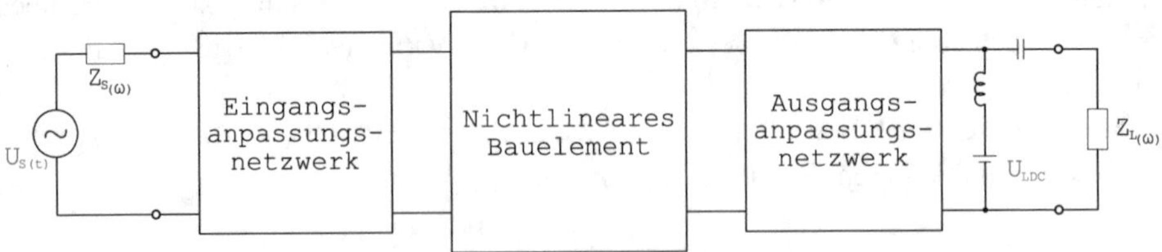

Abb. 3.15 Allgemeines ESB für Netzwerke und Beschaltungen des HB-Verfahrens für Großsignal-Einzeltöne

standsnetzwerk oft mehreren Punkten zugeführt. Die Impedanzen Z_S und Z_L bilden die gegebenenfalls komplexen und frequenzabhängigen Wellenwiderstände des Eingangtors (engl.: source) und des Ausgangtores (engl.: load) ab.

Für Untersuchungen in Rückwärtsrichtung kann die Wechselspannungsquelle auch am Ausgang liegen.

In einer praktischen Schaltung erkennt man deutlich, dass die meisten Bauelemente passiver Natur sind.

Zur allgemeinen Analyse dieses Problems werden die linearen Netzwerke, wie im Abb. 3.16 dargestellt, zusammengefasst.

Beide Anpassnetzwerke wie auch die Impedanzanschlüsse beider Tore und die Bauelemente zur Einkopplung der Gleichspannung werden in einem linearen Netzwerk zusammengefasst.

Die lineare Schaltung wird mit S- oder Y-Multiportparametern beschrieben und gemäß den Gesetzen der Netzwerktheorie analysiert. Der nunmehr kleine nichtlineare Teil der Schaltung enthält Elemente, die bzgl. ihrer I/U- oder Q/U-Charakteristik modelliert sind. Dieser Teil wird, wie zuvor am Beispiel der Diode beschrieben, im Zeitbereich berechnet. Die Resultate der Zeitbereichanalyse fließen über Fourieranalyse der Frequenzbereichsbe-

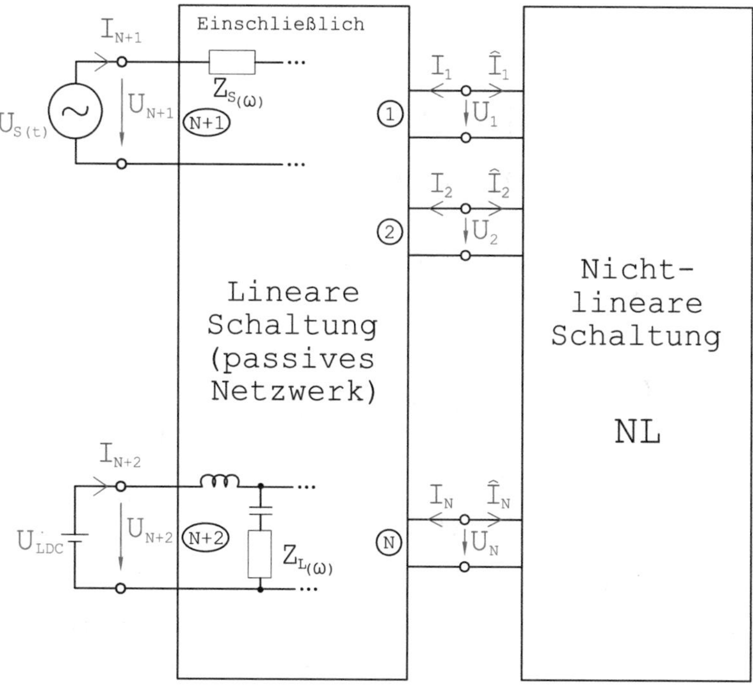

Abb. 3.16 Ausgangsmodell für Netzwerke und Beschaltungen des HB-Verfahrens für Großsignal-Einzeltöne

trachtung zu. An allen im Abb. 3.16 dargestellten Toren stehen Zeitbereichs- und Frequenzbereichssignale für den eingeschwungenen Zustand zur Verfügung.

Die Anzahl der Oberwellen wird durch Eingabe auf die Kte Harmonische begrenzt. Folglich haben Strom und Spannung Signalanteile bei den Frequenzen:

$$\omega = 0,\ \omega_p,\ 2\,\omega_p,\ 3\,\omega_p,\ \ldots\ K\,\omega_p.$$

Der zum Gleichanteil zugehöriger Strom soll mit I_{i0} und der zur Frequenz ω_p zugehörige Strom soll mit I_{i1} bezeichnet werden.

Für jedes Tor wird ein Vektor eingeführt, der alle Stromanteile vom Gleichstrom bis zur Frequenz $K\,\omega_p$ des Gesamtstromes I_i beinhaltet:

$$\vec{\mathbf{I}}_i = \begin{pmatrix} I_{i0} \\ I_{i1} \\ \vdots \\ I_{iK} \end{pmatrix} \qquad \text{mit} \qquad i = 1, 2, \ldots, N+2. \tag{3.45}$$

Für die Klemmen zwischen dem linearen und dem nichtlinearen Netzwerk gilt das Kirchhoffsche Stromgesetz:

$$\begin{pmatrix} \vec{\mathbf{I}}_1 \\ \vec{\mathbf{I}}_2 \\ \vec{\mathbf{I}}_3 \\ \vdots \\ \vec{\mathbf{I}}_N \end{pmatrix} + \begin{pmatrix} \vec{\hat{\mathbf{I}}}_1 \\ \vec{\hat{\mathbf{I}}}_2 \\ \vec{\hat{\mathbf{I}}}_3 \\ \vdots \\ \vec{\hat{\mathbf{I}}}_N \end{pmatrix} = \begin{pmatrix} 0 \\ 0 \\ 0 \\ \vdots \\ 0 \end{pmatrix}. \tag{3.46}$$

Diese Ströme sollen als Schnittstellenströme bezeichnet werden.

Für das lineare Netzwerk gilt:

$$\begin{pmatrix} \vec{\mathbf{I}}_1 \\ \vec{\mathbf{I}}_2 \\ \vec{\mathbf{I}}_3 \\ \vdots \\ \vec{\mathbf{I}}_N \\ \vec{\mathbf{I}}_{N+1} \\ \vec{\mathbf{I}}_{N+2} \end{pmatrix} = \begin{bmatrix} [\boldsymbol{Y}_{1,1}] & [\boldsymbol{Y}_{1,2}] & \ldots & [\boldsymbol{Y}_{1,N+2}] \\ [\boldsymbol{Y}_{2,1}] & [\boldsymbol{Y}_{2,2}] & & \\ \vdots & & \ddots & \vdots \\ [\boldsymbol{Y}_{N+2,1}] & & \ldots & [\boldsymbol{Y}_{N+2,N+2}] \end{bmatrix} \begin{pmatrix} \vec{\mathbf{U}}_1 \\ \vec{\mathbf{U}}_2 \\ \vec{\mathbf{U}}_3 \\ \vdots \\ \vec{\mathbf{U}}_N \\ \vec{\mathbf{U}}_{N+1} \\ \vec{\mathbf{U}}_{N+2} \end{pmatrix}. \tag{3.47}$$

Bei den enthaltenen Admittanzmatrizen handelt es sich um reine Diagonalmatrizen. Diese Admittanzwerte des linearen Netzwerkes sollen allesamt bekannt sein.

$$\left[\boldsymbol{Y_{m,n}}\right] = \begin{bmatrix} Y_{m,n(0)} & 0 & \dots & 0 \\ 0 & Y_{m,n(\omega_p)} & & \vdots \\ \vdots & & \ddots & 0 \\ 0 & \dots & 0 & Y_{m,n(K\omega_p)} \end{bmatrix} \tag{3.48}$$

Die Berechnung der Schnittstellenströme kann aus Gl. (3.47) direkt aus den Spannungswerten erfolgen.

$$\underbrace{\begin{pmatrix} \vec{\mathbf{I}}_1 \\ \vec{\mathbf{I}}_2 \\ \vec{\mathbf{I}}_3 \\ \vdots \\ \vec{\mathbf{I}}_N \end{pmatrix}}_{=\vec{\mathbf{I}}} = \underbrace{\begin{bmatrix} [\boldsymbol{Y_{1,N+1}}] & [\boldsymbol{Y_{1,N+2}}] \\ [\boldsymbol{Y_{2,N+1}}] & [\boldsymbol{Y_{2,N+2}}] \\ \vdots & \vdots \\ [\boldsymbol{Y_{N,N+1}}] & [\boldsymbol{Y_{N,N+2}}] \end{bmatrix} \begin{pmatrix} \vec{\mathbf{U}}_{N+1} \\ \vec{\mathbf{U}}_{N+2} \end{pmatrix}}_{=\vec{\mathbf{I}}_s} + \underbrace{\begin{bmatrix} [\boldsymbol{Y_{1,1}}] & \dots & [\boldsymbol{Y_{1,N}}] \\ [\boldsymbol{Y_{2,1}}] & & \vdots \\ & \ddots & \\ \vdots & & \\ [\boldsymbol{Y_{N,1}}] & \dots & [\boldsymbol{Y_{N,N}}] \end{bmatrix}}_{=[Y_{N*N}]} \underbrace{\begin{pmatrix} \vec{\mathbf{U}}_1 \\ \vec{\mathbf{U}}_2 \\ \vec{\mathbf{U}}_3 \\ \vdots \\ \vec{\mathbf{U}}_N \end{pmatrix}}_{=\vec{\mathbf{U}}} \tag{3.49}$$

Das Ergebnis der Schnittstellenstromberechnung lässt sich auch verkürzt wie folgt zusammenfassen:

$$\vec{\mathbf{I}} = \underbrace{\vec{\mathbf{I}}_s}_{\text{bekannt}} + \underbrace{[Y_{N*N}]}_{\text{bekannt}} \vec{\mathbf{U}} \stackrel{!}{=} -\vec{\hat{\mathbf{I}}} = -\vec{\mathbf{I}}_C - \vec{\mathbf{I}}_G. \tag{3.50}$$

Der Stromvektor $\vec{\mathbf{I}}_s$ und die Matrix $[Y_{N*N}]$ sind aus der linearen Schaltungssimulation bekannt. Gl. (3.50) stellt nochmals heraus, dass das Kirchhoffsche Stromgesetz für die Schnittstellenströme eingehalten werden muss. Der Schnittstellenstrom des nichtlinearen Blockes wird in einem resistiven Anteil $\vec{\mathbf{I}}_G$ und einem kapazitiven Anteil $\vec{\mathbf{I}}_C$ zerlegt.

Vom nichtlinearen Block sind die nichtlinearen Gleichungen (des physikalischen Modells für den Transistor oder sonstigen nichtlinearen Bauelement) bekannt. Nichtlineare Leitwerte und Kapazitäten sind die Kernelemente dieses Modells.

Der resistive und der kapazitive Stromanteil sollen im Weiteren `unter Vorgabe` des Spannungsvektors $\vec{\mathbf{U}}$ berechnet werden.

Berechnung des resistiven Anteils $\vec{\mathbf{I}}_G$

Zunächst müssen die Spannungswerte aus dem Frequenzbereich mittels der inversen Fouriertransformation für jedes Tor in den Zeitbereich transformiert werden:

$$u_{i(t)} \quad \circ\!\!-\!\!\bullet \quad U_i. \tag{3.51}$$

Aus dem Modell für das nichtlineare Bauelement lässt sich der resistive Stromanteil für das Tor i direkt berechnen.

$$i_{gi(t)} = f_{gi}(u_{1(t)}, u_{2(t)}, \ldots, u_{N(t)}) \tag{3.52}$$

Aus dem zeitlich abhängigen Strom $i_{gi(t)}$ erhält man unter Verwendung der Fouriertransformation für das Tor i den zugehörigen Strom im Frequenzbereich:

$$\vec{\mathbf{I}}_{Gi} \quad \bullet\!\!-\!\!\circ \quad i_{gi(t)} \tag{3.53}$$

mit den Frequenzanteilen:

$$\vec{\mathbf{I}}_{Gi} = \begin{pmatrix} I_{Gi0} \\ I_{Gi1} \\ \vdots \\ I_{GiK} \end{pmatrix}. \tag{3.54}$$

Zur Zusammenfassung aller resistiven Schnittstellenströme soll der Vektor $\vec{\mathbf{I}}_G$ eingeführt werden.

$$\vec{\mathbf{I}}_G = \begin{pmatrix} \vec{\mathbf{I}}_{G1} \\ \vec{\mathbf{I}}_{G2} \\ \vdots \\ \vec{\mathbf{I}}_{GN} \end{pmatrix} \tag{3.55}$$

Berechnung des kapazitiven Anteils $\vec{\mathbf{I}}_C$

Zunächst müssen auch hier die Spannungswerte aus dem Frequenzbereich mittels der inversen Fouriertransformation für jedes Tor gemäß Gl. (3.51) in den Zeitbereich transformiert werden.

Aus dem Modell für das nichtlineare Bauelement lassen sich für den kapazitiven Stromanteil zunächst die Ladungsanteile für das Tor i berechnen.

$$q_{i(t)} = f_{ci}(u_{1(t)}, u_{2(t)}, \ldots, u_{N(t)}) \tag{3.56}$$

Aus der zeitlich abhängigen Ladung $q_{i(t)}$ erhält man unter Verwendung der Fouriertransformation für das Tor i die Ladung

$$\vec{\mathbf{Q}}_{\mathbf{i}} \quad \bullet\!\!-\!\!\circ \quad q_{i(t)} \tag{3.57}$$

mit den Frequenzanteilen:

$$\vec{\mathbf{Q}}_i = \begin{pmatrix} Q_{i0} \\ Q_{i1} \\ \vdots \\ Q_{iK} \end{pmatrix}. \tag{3.58}$$

Zur Zusammenfassung aller Ladungen an allen Schnittstellentoren soll der Vektor $\vec{\mathbf{Q}}$ eingeführt werden.

$$\vec{\mathbf{Q}} = \begin{pmatrix} \vec{\mathbf{Q}}_1 \\ \vec{\mathbf{Q}}_2 \\ \vec{\mathbf{Q}}_3 \\ \vdots \\ \vec{\mathbf{Q}}_N \end{pmatrix} \tag{3.59}$$

Die Betrachtung des Stromes für das Tor i liefert:

$$i_{ci(t)} = \frac{dq_{i(t)}}{dt} \quad \circ\!\!-\!\!\bullet \quad \sum_{k=0}^{K} j\, k\, \omega_p\, Q_{ik} = I_{Ci}. \tag{3.60}$$

Somit lässt sich der kapazitive Stromanteil im Frequenzbereich allgemein durch

$$\vec{\mathbf{I}}_C = j\ [\mathbf{\Omega}]\ \vec{\mathbf{Q}} \tag{3.61}$$

unter Verwendung der Diagonalmatrizen

$$[\mathbf{\Omega}] = \begin{bmatrix} [\mathbf{\Omega_1}] & 0 & \dots & 0 \\ 0 & [\mathbf{\Omega_2}] & & \vdots \\ \vdots & & \ddots & 0 \\ 0 & \dots & 0 & [\mathbf{\Omega}_N] \end{bmatrix} \tag{3.62}$$

$$\text{mit} \quad [\mathbf{\Omega}_m] = \begin{bmatrix} 0 & 0 & \dots & 0 \\ 0 & \omega_p & & \vdots \\ \vdots & & \ddots & 0 \\ 0 & \dots & 0 & K\omega_p \end{bmatrix} \quad \text{wobei gilt: } m = 1, 2, ..., N \tag{3.63}$$

angeben.

Somit wurde gezeigt, wie man unter Nutzung der nichtlinearen Gleichungen im Zeitbereich die beiden Frequenzbereichgrößen $\vec{\mathbf{I}}_G$ und $\vec{\mathbf{I}}_C$ berechnet.

Numerische Lösung des HB-Problems

Alle Größen der Gl. (3.50) bis auf dem Spannungsvektor $\vec{\mathbf{U}}$ sind bekannt. Für eine numerische Lösung formuliert man Gl. (3.50) vorteilhaft wie folgt um:

$$\vec{\mathbf{F}}(\vec{\mathbf{U}}) = \vec{\mathbf{I}}_s + [Y_{N*N}]\vec{\mathbf{U}} + j\ [\mathbf{\Omega}]\ \vec{\mathbf{Q}} + \vec{\mathbf{I}}_G \stackrel{!}{=} \vec{\hat{\mathbf{0}}}. \tag{3.64}$$

Bei $\vec{\mathbf{F}}(\vec{\mathbf{U}})$ handelt es sich um die Fehlerfunktion bzw. dem HB-Fehler, der bei jeder nichtlinearen Simulation angezeigt wird. Einen Schwellwert für diese Fehlerfunktion, die idealer

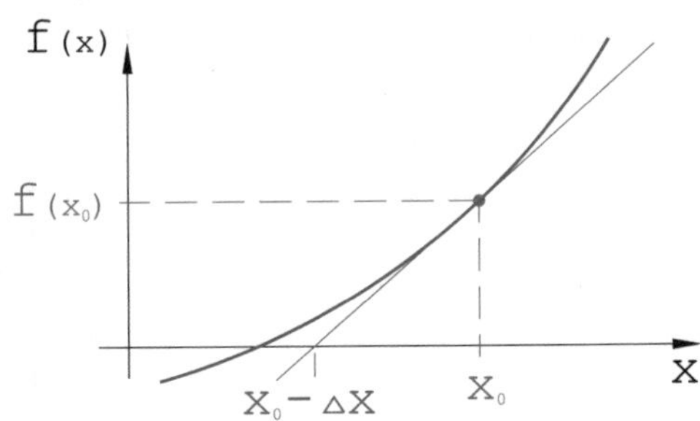

Abb. 3.17 Funktionsdarstellung zur Verdeutlichung der Newton-Methode zur Nullstellensuche

weise Null ist, kann der Anwender eines HB-Verfahrens bei Bedarf verändern. Die HB-Berechnung ist beendet, wenn dieser Schwellwert unterschritten wird.

Für die Suche nach dem unbekannten Spannungsvektor setzt man typisch die Newton-Methode ein.

Zur allgemeinen Betrachtung dient das Abb. 3.17.

Die Nullstelle einer beliebigen Funktion $f(x)$ soll gesucht werden. Dazu wählt man einen beliebigen Wert x_0, berechnet die Funktion an dieser Stelle mit dem Resultat $f(x_0)$ und die zugehörige Ableitung. Die abgeleitete Funktion weist an der Stelle $x_0+\Delta x$ die Nullstelle auf. Diese Nullstelle ist der erneute Startwert zur verbesserten Berechnung des Nulldurchganges der Funktion $f(x)$. Den verbesserten Startpunkt berechnet man aus dem Zusammenhang:

$$f(x_0) - \left.\frac{df}{dx}\right|_{x=x_0} \Delta x = 0 \quad \text{bzw.} \quad \Delta x = \frac{f(x_0)}{df/dx}. \tag{3.65}$$

In der Anwendung auf das HB-Problem findet man den Korrekturvektor über

$$\vec{\mathbf{F}}(\vec{\mathbf{U}}^p) - \left.\frac{\delta\,\vec{\mathbf{F}}(\vec{\mathbf{U}})}{\delta\vec{\mathbf{U}}}\right|_{\vec{\mathbf{U}}=\vec{\mathbf{U}}^p} \Delta\vec{\mathbf{U}} = 0 \ \text{ bzw. } \ \Delta\vec{\mathbf{U}} = \frac{\vec{\mathbf{F}}(\vec{\mathbf{U}}^p)}{\left.\frac{\delta\,\vec{\mathbf{F}}(\vec{\mathbf{U}})}{\delta\vec{\mathbf{U}}}\right|_{\vec{\mathbf{U}}=\vec{\mathbf{U}}^p}}. \tag{3.66}$$

Der verbesserte Spannungsvektor für den nächsten Iterationsschritt berechnet sich dann einfach über

$$\vec{\mathbf{U}}^{p+1} = \vec{\mathbf{U}}^p - \Delta\,\vec{\mathbf{U}}. \tag{3.67}$$

3.7 Einführung in die Streuparameter für Mixed-Frequency-Messungen

In der Vergangenheit wurden nichtlineare Effekte mit einzelnen speziellen Messungen dargestellt. Die einfachste und bereits mehrfach dargestellte Messung ist die Leistungsmessung. Sobald die Leistungsübertragungsfunktion bei veränderter Eingangsleistung sich ändert, liegt ein nichtlinearer Effekt vor (meistens die Kompression).

Mittels eines Spektrumanalysators ist es sehr einfach, schwach nichtlineare Effekte zu identifizieren. Moderne Analysatoren lassen eine Dynamik zwischen Grundfrequenz und Oberwellen von mehr als 100 dB zu. Neben den Oberwellen ist es auch üblich mittels dem Spektrumanalysator die Signalstärken von Intermodulationsprodukten und auch Mischprodukten zu messen und diese zu den Eingangsleistungen in Relation zu stellen.

Weitere seit langem eingesetzte Spezialmessungen sind die AM/AM- und die AM/PM-Konversion. All diese aufgelisteten Messungen haben gemein, dass nur skalare Messwerte vorliegen.

Mit den modernen Modulationsverfahren für die Mobilfunktechnik hat sich die Error-Vector-Magnitude-Messung (kurz EVM-Messung) etabliert. Diese recht aufwendige und sehr spezielle Messung erlaubt eine Aussage über Betrags- und Phasenfehler einer Komponente für die spezielle Modulation.

All diese Messungen haben jedoch gemein, dass sie kein optimales Modelling einer leicht oder stark nichtlinearen Komponente unterstützen.

Seit über 20 Jahren wird hochintensiv an Netzwerkanalysatoren geforscht, die generell Mixed-Frequency-Streuparameter[2] (kurz MF-Streuparameter) vermessen sollen. Alternativ kann man diese auch als „Frequenzkonversation-Streuparameter" bezeichnen. Einzellösungen wurden unter den vielfältigsten Namen wie NonLinear Network Analyzer (NLNA), Nonlinear Vectorial Network Analyzer (NVNA), Vectorial NonLinear Network Analyzer (VNLNA), Nonlinear Network Analyzer System (NNAS), Nonlinear Network Measurement System (NNMS), Large-Signal Network Analyzer (LSNA) und NonLin-S veröffentlicht. Viele der hier aufgelisteten Lösungen messen lediglich die Übertragungsfunktion von der Grundwelle zu den Oberwellen. Diese sind somit nur bessere (da kalibriert) Sampling-Oszillographen, da mit letzteren auch die Übertragungsfunktion im Frequenzbereich über eine FFT berechnet werden kann.

Im Weiteren soll ein Netzwerkanalysatormessplatz, der die vektoriellen S-Parameter von Objekte, die die Signale in der Frequenz umsetzen, messen kann, lediglich als Netzwerkanalysator (NWA oder VNA) bezeichnet werden. Diese speziellen MF-S-Parameter können auch als `Frequenzkonversionsparameter` bezeichnet werden.

Zur Einführung der S-Parameter für MF-Messungen soll zunächst ein Beispiel einer Intermodulationsmessung dienen, Abb. 3.18.

Auf der Seite am Eingangstor 1 gibt es bei zwei verschiedenen Frequenzen (f^I und f^{III}) die Anregungen a_1^I und a_1^{III}. Bei den einfallenden Wellen am Tor 2 handelt es sich nur um am Messtor reflektierte Wellen, die durch eine Kalibrierung und zusätzliche Fehlerkorrektur des Netzwerkanalysators bestimmt werden können.

Bei den eingespeisten Frequenzen f^I und f^{III} entstehen reflektierte und transmittierte Wellen. Weiterhin gibt es auch bei anderen Frequenzen, die sich auf dem Unterschied von $n \cdot |f^I - f^{III}|$ berechnen, erzeugte reflektierte und transmittierte Wellen. Im Abb. 3.18 ist eine der vielen möglichen Übertragungsfunktionen der S-Parameter für MF-Messungen dargestellt.

[2] Diese Namensgebung leitet sich von den Mixed-Mode-Streuparameter ([37]) ab.

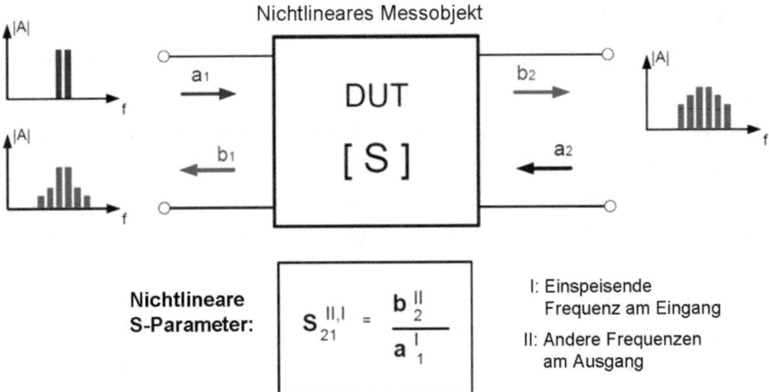

Abb. 3.18 S-Parameter für nichtlineare Messungen und Frequenzanteile bei einer Intermodulationsmessung

Im Abb. 3.18 ist die komplexe Übertragungsfunktion $S_{21}^{II,I}$ für zwei verschiedene Frequenzen angegeben. Bzgl. des Betrages ist diese Übertragungsfunktion aus den skalaren Messungen bekannt. Schwieriger ist die Vorstellung, wie man eine Phase für die Übertragung eines Signales von einer Frequenz f^I zu einer Frequenz f^{II} definieren kann.

Definition der Frequenzkonversionsparameter

Zum Verständnis der Definition dieser Übertragungsfunktion soll das Abb. 3.19 dienen. Es ist das XCO-Referenzsignal (10 MHz-Signal mit großer Phasenstabilität) und Sinussignale bei den $n-$fachen Frequenzen des XCO-Signales dargestellt.

Die zu den Zeitpunkten 0 μs, 0,1 μs und 0,2 μs dargestellten Nulldurchgänge bilden den Phasenursprung. In Abb. 3.19 sind alle Oberwellen exakt in Phase zur Grundfrequenz. D. h., dass bei einer vektoriellen Mixed-Frequency-S-Parametermessung lediglich alle 0,1 μs ein Messwert aufgenommen werden kann. Dieser Messvorgang wird durch das Referenzsignal getriggert. Weiterhin lassen sich nur Signale mit einem Frequenzabstand von 10 MHz messen. Manche kaufbaren Messplätze bieten sogar nur 600 MHz Frequenzabstand. Durch Teilung des Referenzsignales kann man auf kleinere Schrittweiten kommen, wobei sich die Messzeit erhöht und oft die Empfindlichkeit geringer ist.

Absolute Fehlerkoeffizienten für Mixed-Frequency-Messungen

Den generellen Aufbau eines Netzwerkanalysators für eine Zweitormessung zeigt das Abb. 3.20.

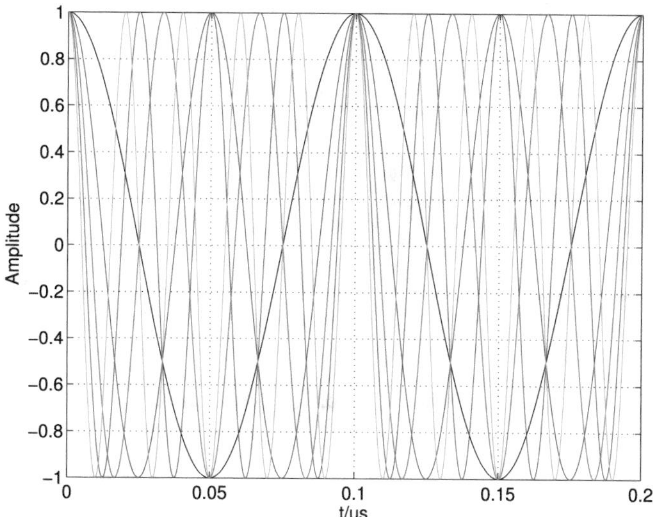

Abb. 3.19 10 MHz-Quarzsignal und dessen Oberwellen

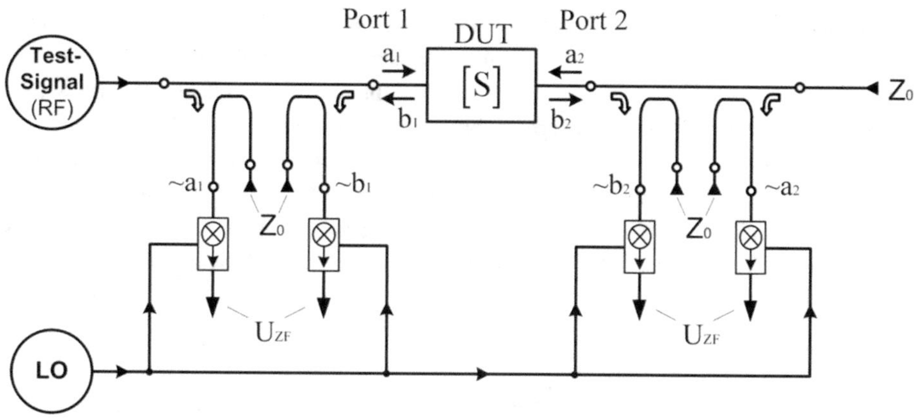

Abb. 3.20 Aufbau eines Zweitor-Netzwerkanalysators

Das Hochfrequenztestsignal (engl.: radio frequency, kurz RF) wird von einem in der Frequenz durchstimmbaren Oszillator generiert. Ein Teil der herauslaufenden Welle wird übe einen Koppler detektiert und mittels einer Mischstufe (besteht aus dem Lokaloszillator [LO] und dem Mischer) in den Zwischenfrequenzbereich (kurz ZF) versetzt. Dort wird das Signal mittel A/D-Wandlern digitalisiert und im Computer weiterverarbeitet. Der gleich Prozess geschiet auch mit allen anderen im Abb. 3.20 auftretenden Wellengrößen.

Vor der Vermessung von klassischen (rein linearen) Streuparametern muss ein solcher Netzwerkanalysator (kurz NWA) kalibriert werden. D. h., es gibt ein zugehöriges Fehler-

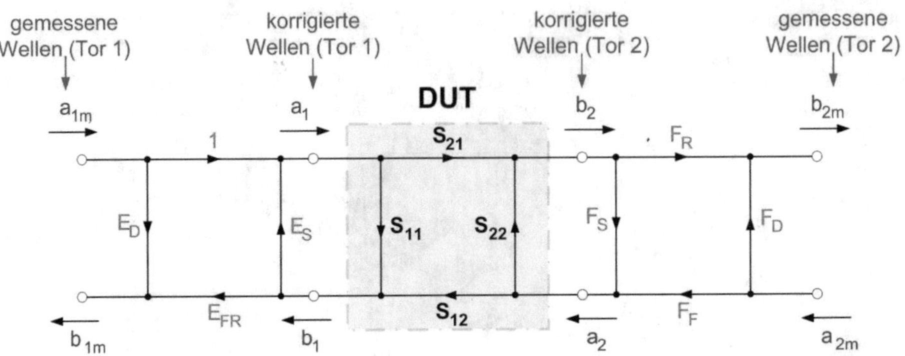

Abb. 3.21 7 Term-Fehlermodell eines Zweitor-Netzwerkanalysators für lineare S-Parametermessungen

modell (Abb. 3.21), dessen Fehlerkoeffizienten mit einer gewissen Anzahl an Kalibriermessungen an teilweise oder ganz bekannten Standards bestimmt werden.

Bei diesen linearen S-Parametermessungen genügt es, wenn alle Fehlerkoeffizienten nur bis auf einen Faktor bekannt sind. D. h., dass für die 8 Fehlerkoeffizienten in Abb. 3.21 einer zu 1 gesetzt werden darf. Daher bezeichnet man diese Kalibrierverfahren auch als die 7 Term-Verfahren [14, 17–19, 28, 36]. Dieses ist erlaubt, da sich ein gleicher Fehler in allen Wellengrößen bei der Streuparameterberechnung $S_{ij} = \frac{b_i}{a_j}$ immer herauskürzt.

Möchte man jedoch Streuparameter für die Frequenzkonversion messen, so treten die b- und die a-Wellen bei zwei verschiedenen Frequenzen auf. Die zugehörigen S-Parameter können nur berechnet werden, wenn die Wellengrößen absolut bekannt sind [39]. Diese lässt sich nur dadurch erreichen, dass man über der Frequenz die Fehlerkoeffizienten ebenfalls absolut bestimmt (Abb. 3.22).

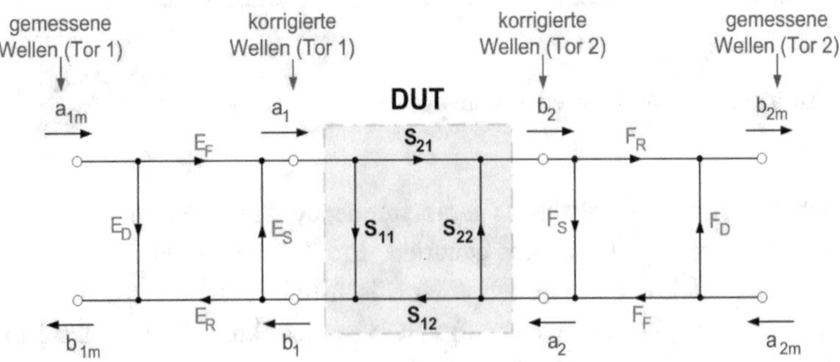

Abb. 3.22 8 Term-Fehlermodell eines Zweitor-Netzwerkanalysators für Mixed-Frequency-S-Parametermessungen

Alle neuartigen Kalibrierverfahren für MF Messungen weisen deshalb zwei neue Kalibrierstandards auf:

Leistungsmesskopf und Phasenreferenz.

Mit dem Leistungsmesskopf wird der Betrag einer Fehlerkoeffizientenübertragungsfunktion vermessen. Mit Phasenreferenz werden bei den Messfrequenzen Signale zur Verfügung gestellt, deren Phase im Bezug zum Referenzoszillator bekannt ist. Hierbei kann es sich u. a. um ein Kammgenerator handeln, der Oberwellen mit bekannter Phasenlage zur Grundwelle generiert, und dessen Phasen gegenüber dem Referenzsignal vermessen wurden. Jüngst sind sogar Synthesizer dafür einsetzbar, [31].

Das nunmehr einfachste Kalibrierverfahren für Mixed-Frequency-Messungen wird als `Without Thru` [41] bezeichnet. Die zugehörigen Kalibrierstandards sind neben den beiden neuen Standards der Wellenabschluss (engl.: match bzw. load, M bzw. L), der Kurzschluss (engl.: short, S) und der Leerlauf (engl.: open, O). Vermisst man diese fünf Standards an einem Messtor, so kann man daraus dessen absolute Fehlerkoeffizienten berechnen. Dieses Verfahren kann an *n* Toren eingesetzt werden und ist deshalb direkt ein Mehrtorverfahren. Eine Durchverbindung ist nie notwendig und kann deshalb auch zur Verifikation herangezogen werden [39].

Mit diesen Kalibrierverfahren lassen sich auch Multiport-VNAs vorteilhaft kalibrieren, da die Kalibriermessungen einfach durchgeführt werden können. Entweder schließt man die hinter Kalibrierbox mit den 5 Standards aus Abb. 3.23 nacheinander an jedem Tor an oder man schaltet über eine Schaltmatrix, wie im Abb. 3.23 dargestellt, die Standard zu. Die dritte und komfortabelste Lösung ist der Einsatz einer weiteren Schaltmatrix zu den n Messtoren, damit man die Kalibrierbox nicht rekontaktieren muss, was für automatisierte Messungen interessant ist.

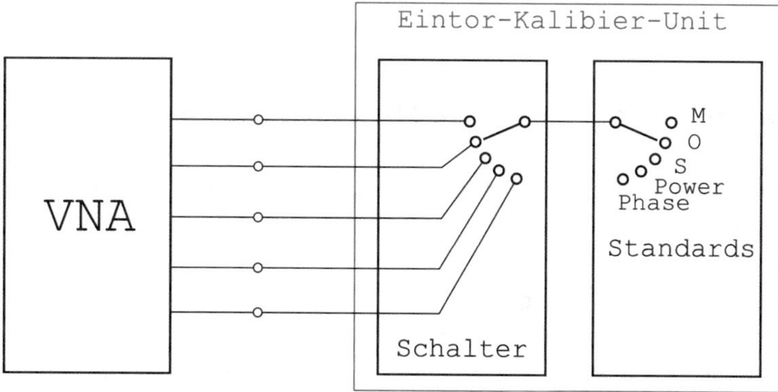

Abb. 3.23 VNA (Vector Network Analyzer) mit der automatisierten Kalibrierung über fünf Eintorstandards und dem Verfahren `Without Thru`, [41]

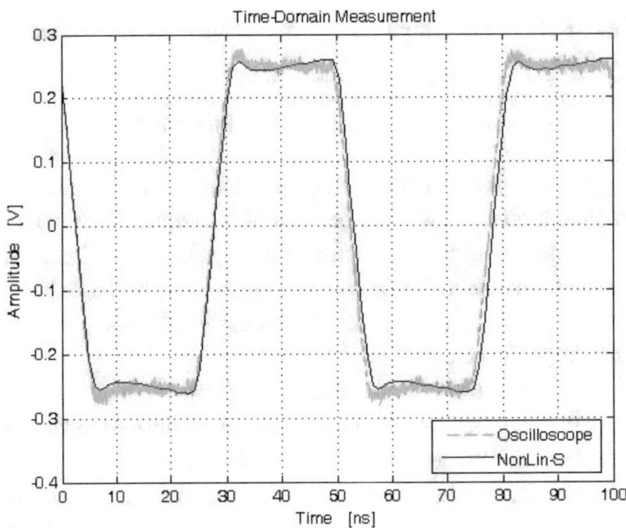

Abb. 3.24 Zeitsignal vom Oszilloskope und von einer Mixed-Frequency-NWA-Messung

Ist ein Netzwerkanalysator derartig kalibriert worden, so kann man mit diesem Gerät die fehlerkorrigierten absoluten Wellengrößen und somit auch Strom und Spannung messen. Über eine FFT lassen sich aus den Übertragungsfunktion die zugehörigen Zeitfunktionen periodischer Signale sehr genau berechnen. Der NWA übernimmt zusätzlich die Funktion eines Sampling-Oszilloskopes, Abb. 3.24.

Im Weiteren sollen die S-Parameter für MF-Messungen detailliert eingeführt, am Beispiel der vektoriellen Intermodulationsmessung die Mixed-Frequency-S-Parameter näher erläutert und die allgemeinste Form der X-Parameter für Leistungsverstärker vorgestellt werden.

3.7.1 S-Parameter für Mixed-Frequency-Netzwerke

Zunächst soll zur vereinfachten Übersicht der Mixed-Frequency-S-Parameter nur ein Eintor betrachtet werden.

Eintor mit einem Anregungssignal

Legt man beispielsweise an einer Diode ein einziges Großsignal a_1 bei der Frequenz f^1 an, so bezeichnet man diese Welle vorteilhaft mit a_1^1. Es entstehen in diesem Fall Oberwellen. Neben der 1. Harmonischen mit der Welle a_1^1 und der reflektierten Welle b_1^1 sollen zwei weitere Harmonische bei den Frequenzen f^2 und f^3 betrachtet werden. Die beiden zugehörigen reflektierten Wellen bezeichnet man als b_1^2 und b_1^3. Da diese reflektierten Wellen am

Eingang wieder reflektiert werden können, treten noch die beiden weiteren Wellen a_1^2 und a_1^3 auf.

Die vollständige Mixed-Frequency-S-Parametermatrix für die Grundwelle und die beiden Oberwellen lautet:

$$b_1^1 = S_{11}^{11}\, a_1^1 + S_{11}^{12}\, a_1^2 + S_{11}^{13}\, a_1^3, \tag{3.68}$$
$$b_1^2 = S_{11}^{21}\, a_1^1 + S_{11}^{22}\, a_1^2 + S_{11}^{23}\, a_1^3, \tag{3.69}$$
$$b_1^3 = S_{11}^{31}\, a_1^1 + S_{11}^{32}\, a_1^2 + S_{11}^{33}\, a_1^3. \tag{3.70}$$

Eventuell wird noch Energie als Gleichanteil konvertiert. In diesem Fall muss man wieder auf eine Strom-/Spannungsbetrachtung (wie bei Harmonic Balance) wechseln.

Die Bedeutung der Streuparameter S_{ij}^{mn} lässt sich an folgenden Beispielen veranschaulichen:

$S_{11}^{11} = \frac{b_1^1}{a_1^1}\,|_{a_1^2=a_1^3=0}$ Eingangsreflexionsfaktor bei angepassten Oberwelle, entspricht für f^1 S_{11}

$S_{11}^{21} = \frac{b_1^2}{a_1^1}\,|_{a_1^2=a_1^3=0}$ Frequenzkonversions-Eingangsreflexionsfaktor bei angepassten Oberwellen

$S_{11}^{12} = \frac{b_1^1}{a_1^2}\,|_{a_1^1=\text{fixed},a_1^3=0}$ Frequenzkonversions-Eingangsreflexionsfaktor bei vorhandener Grundwelle und angepasster Oberwelle a_1^3

$S_{11}^{22} = \frac{b_1^2}{a_1^2}\,|_{a_1^1=\text{fixed},a_1^3=0}$ Eingangsreflexionsfaktor bei vorhandener Grundwelle a_1^1 und angepasster Oberwelle a_1^3 entspricht für $f^2 S_{11}$

Einfach zu erkennen ist, dass die S-Parameter der Spur den linearen S-Parametern bei den zugehörigen Frequenzen entsprechen (z. B.: $S_{11}^{33} = S_{11}$ bei f^3). Dieses gilt aber nur für den zugehörigen `Betriebspunkt`.

Bei der Definition von S_{11}^{12} erkennt man ein (messtechnisches) Problem. Wie soll S_{11}^{12} vermessen werden, wenn a_1^1 nicht angelegt werden darf? Die Lösung liegt in der zweistufigen Vorgehensweise. Zuerst bestimmt man S_{11}^{11}. Danach bestimmt man unter Abschluss von $a_1^3 = 0 S_{11}^{12}$ aus:

$$S_{11}^{12} = b_1^1 \,/\, a_1^2 - S_{11}^{11}\, a_1^1 \,/\, a_1^2. \tag{3.71}$$

Diese Anregung erfolgt mit einem Grundsignal und einer Oberwelle. Für Mischer- und Intermodulationsmessungen benötigt man ebenfalls zwei Anregungssignale.

Frequenzkonversions-Streuparameter sind nicht nur frequenzabhängig, sondern auch eine Funktion von dem zugehörigen Großsignal oder den zugehörigen Großsignalen. Allgemein gilt für Gl. (3.68):

$$b_1^1 = S_{11}^{11}\left(a_1^1, \omega\right) a_1^1 + S_{11}^{12}\left(a_1^1, \omega\right) a_1^2 + S_{11}^{13}\left(a_1^1, \omega\right) a_1^3, \tag{3.72}$$

wobei a_1^1 in speziellen Fällen sogar als komplexe Zahl berücksichtigt werden muss. In vielen Fällen genügt es jedoch nur den Betrag $|a_1^1|$ zu berücksichtigen. So werden hier auch die MF-S-Parameter definiert, was für sehr viele praktische Fälle eine bestens durchführbare Näherung ist und Gl. (3.72) wie folgt verändert:

$$b_1^1 = S_{11}^{11}\left(\left|a_1^1\right|, \omega\right) a_1^1 + S_{11}^{12}\left(\left|a_1^1\right|, \omega\right) a_1^2 + S_{11}^{13}\left(\left|a_1^1\right|, \omega\right) a_1^3, \tag{3.73}$$

Skalarer oder vektorieller Bezug der Anregungssignale

Bei den am Ende des Kapitels noch vorgestellten exakten X-Parametern wird in der Literatur oft nur die Abhängigkeit vom vektoriellen Bezugs des Anregungssignals a_1 $(= a_1^1)$ angegeben und die Frequenzabhängigkeit vorausgesetzt. Im Weiteren werden diese Abhängigkeiten nur gelegentlich explizit herausgestellt[3].

Am Kapitelende wird im Abschn. 3.7.4 auch noch der exakte Zusammenhang zwischen den X-Parametern und den hier vorgestellten Mixed-Frequency-S-Parametern hergeleitet.

Die Voraussetzung für die hier vorgestellten Mixed-Frequency-S-Parameter ist die einfache Bedingung, dass für das Anregungssignal

$$\angle a_1^1 = 0^\circ \tag{3.74}$$

gelten muss! Details und der allgemeine Fall werden im Abschn. 3.7.4 erläutert.

Bei einigen Bauteilen hat die Phasenlage der Anregungswellen eine Bedeutung. Hier gibt es zwei Klassen von nichtlinearen Effekten: Die Verstärker in Sättigung und den Rest.

a) Bei den Verstärkern in Sättigung verändert die Phasenlage der Anregungssignale leicht den Arbeitspunkt und somit die Mixed-Frequency-S-Parameter.
b) Bei dem Rest (Verstärker, Mischer, Intermodulationen u. v. m.) hat die Phasenlage der Anregungssignale keinen Einfluss auf die S-Parameter. Hier gilt beispielsweise für ein Eintor mit den die beiden hochfrequenteren Wellen a_1^2 und a_1^3 als Anregungswellen:

$$b_1^1 = S_{11}^{11}\left(\left|a_1^2\right|, \left|a_1^3\right|, \omega\right) a_1^1 + S_{11}^{12}\left(\left|a_1^2\right|, \left|a_1^3\right|, \omega\right) a_1^2 + S_{11}^{13}\left(\left|a_1^2\right|, \left|a_1^3\right|, \omega\right) a_1^3. \tag{3.75}$$

Jedoch gelten diese Resultate auch nur für den gewählten Arbeitspunkt. Erst Messungen in verschiedenen Arbeitspunkten erlauben dann die Erstellung eines nichtlinearen Modells des DUTs.

Details zu Eintoren mit zwei Anregungssignalen

Für die folgende Theorie ist es gleich ob, die zwei Anregungssignale gleich groß oder unterschiedlich groß sind. Die Gl. (3.68) bis (3.70) gelten weiterhin unverändert. Jedoch sollen nunmehr die beiden hochfrequenteren Wellen a_1^2 und a_1^3 die Anregungswellen sein.

[3] Die zugehörigen Großsignalmessungen werden einem sogenannten Hot-S-Parametermessplatz durchgeführt.

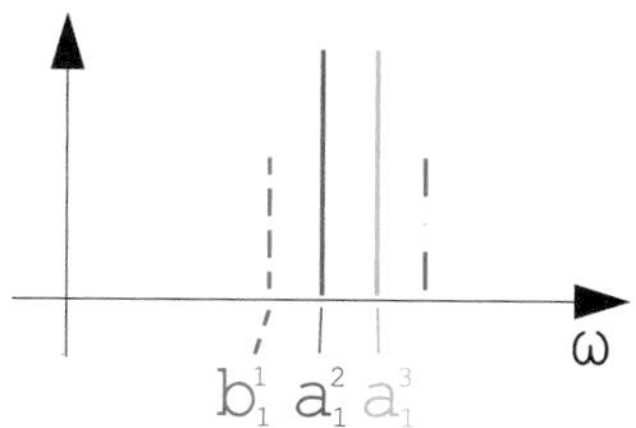

Abb. 3.25 Darstellung der zwei Eingangssignale (a-Wellen) und des einen Ausgangssignals (b-Welle)

In diesem Fall ist es nur möglich bei der Frequenz f^1 durch einem 50 Ω-Abschluss die Welle a_1^1 zu Null zu setzen (Abb. 3.25).

Möchte man nun wiederum S_{11}^{12} bestimmen, so muss man die Messwerte für die Gl. (3.68) zweimalig (Messungen a und b) mit jeweils `unterschiedlichen Phasenverhältnissen` der Anregungswellen a_1^2 und a_1^3 aufnehmen:

$$b_{1a}^1 = S_{11}^{12}\, a_{1a}^2 + S_{11}^{13}\, a_{1a}^3, \tag{3.76}$$

$$b_{1b}^1 = S_{11}^{12}\, a_{1b}^2 + S_{11}^{13}\, a_{1b}^3. \tag{3.77}$$

Die einfache Matrizenumstellung liefert den gesuchten S-Parameter S_{11}^{12} und gleichzeitig S_{11}^{13}:

$$\begin{pmatrix} S_{11}^{12} \\ S_{11}^{13} \end{pmatrix} = \begin{pmatrix} a_{1a}^2 & a_{1a}^3 \\ a_{1b}^2 & a_{1b}^3 \end{pmatrix}^{-1} \begin{pmatrix} b_{1a}^1 \\ b_{1b}^1 \end{pmatrix}. \tag{3.78}$$

Mehrtore

Mit zunehmende Anzahl der Messtore werden die Matrizen für Mixed-Frequency-S-Parameter deutlich komplexer. Die Gl. (3.79–3.82) beschreiben ein Zweitor, bei dem die Grundwelle und eine Oberwelle berücksichtigt werden soll.

$$b_1^1 = S_{11}^{11}\, a_1^1 + S_{11}^{12}\, a_1^2 + S_{12}^{11}\, a_2^1 + S_{12}^{12}\, a_2^2 \tag{3.79}$$

$$b_1^2 = S_{11}^{21}\, a_1^1 + S_{11}^{22}\, a_1^2 + S_{12}^{21}\, a_2^1 + S_{12}^{22}\, a_2^2 \tag{3.80}$$

$$b_2^1 = S_{21}^{11}\, a_1^1 + S_{21}^{12}\, a_1^2 + S_{22}^{11}\, a_2^1 + S_{22}^{12}\, a_2^2 \tag{3.81}$$

$$b_2^2 = S_{21}^{21}\, a_1^1 + S_{21}^{22}\, a_1^2 + S_{22}^{21}\, a_2^1 + S_{22}^{22}\, a_2^2 \tag{3.82}$$

Die Erweiterung auf drei Harmonische sieht in Matrizenschreibweise wie folgt aus:

$$\begin{pmatrix} b_1^1 \\ b_1^2 \\ b_1^3 \\ b_2^1 \\ b_2^2 \\ b_2^3 \end{pmatrix} = \begin{pmatrix} S_{11}^{11} & S_{11}^{12} & S_{11}^{13} & S_{12}^{11} & S_{12}^{12} & S_{12}^{13} \\ S_{11}^{21} & S_{11}^{22} & S_{11}^{23} & S_{12}^{21} & S_{12}^{22} & S_{12}^{23} \\ S_{11}^{31} & S_{11}^{32} & S_{11}^{33} & S_{12}^{31} & S_{12}^{32} & S_{12}^{33} \\ S_{21}^{11} & S_{21}^{12} & S_{21}^{13} & S_{22}^{11} & S_{22}^{12} & S_{22}^{13} \\ S_{21}^{21} & S_{21}^{22} & S_{21}^{23} & S_{22}^{21} & S_{22}^{22} & S_{22}^{23} \\ S_{21}^{31} & S_{21}^{32} & S_{21}^{33} & S_{22}^{31} & S_{22}^{32} & S_{22}^{33} \end{pmatrix} \begin{pmatrix} a_1^1 \\ a_1^2 \\ a_1^3 \\ a_2^1 \\ a_2^2 \\ a_2^3 \end{pmatrix}. \tag{3.83}$$

3.7.2 Vektorielle Intermodulationsmessungen

Intermodulationsmessungen sind sowohl in der Entwicklung wie auch in der Fertigung von Mobilfunkbaugruppen ein wichtiger Punkt zur Sicherstellung der Einhaltung der Systemspezifikation.

Im Folgenden soll der Übersicht halber sich nur auf Reflexionsmessungen (vektoriellen MF-S_{11}-Messungen) beschränkt werden. Es soll der notwendige Aufwand, die Resultate und die neuen Vorteile dieser vektoriellen Messungen herausgestellt werden.

Im Abb. 3.26 werden die möglichen Frequenzen für IM3- und IM5-Produkte dargestellt.

Für diese beiden IM-Produkte ergeben sich bereits 8 Mixed-Frequency-S-Parameter:

$$\underline{S_{11}^{IM3L,f1}},\ S_{11}^{IM3U,f1},\ S_{11}^{IM3L,f2},\ S_{11}^{IM3U,f2},\ S_{11}^{IM5L,f1},\ S_{11}^{IM5U,f1},\ S_{11}^{IM5L,f2},\ S_{11}^{IM5U,f2}.$$

Diese Mixed-Frequency-S-Parameter lassen sich so definieren, wie im vorherigen Kapitel oder in Anlehnung an der skalaren IM-Messung.

Bei einer skalaren IM-Messung werden zwei gleichgroße Anregungssignale auf das Messobjekt gegeben. Der Intermodulationsabstand berechnet sich aus der Differenz der Signalleistung eines Anregungssignales (z. B. bei f_1) zur IM-Leistung (z. B. bei $IM3L$). Bei dieser Vorgehensweise ignoriert man die Energieeinspeisung bei der zweiten Frequenz (z. B. f_2). Mathematisch reduziert man die Gl. (3.68) bis (3.70) auf:

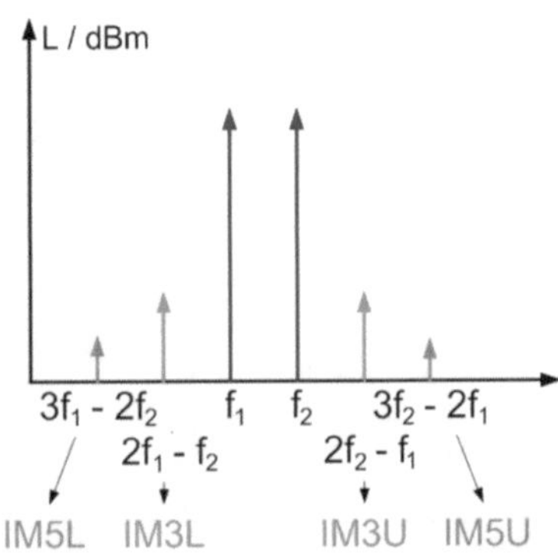

Abb. 3.26 IM3- und IM5-Produkte für die Bezeichnung einer Mixed-Frequency-S-Parametermessung

$$b_1^{IM3L} = S_{11}^{IM3L,IM3L} \, a_1^{IM3L} + S_{11}^{IM3L,f1} \, a_1^{f1}, \quad (3.84)$$

$$b_1^{f1} = S_{11}^{f1,IM3L} \, a_1^{IM3L} + S_{11}^{f1,f1} \, a_1^{f1}. \quad (3.85)$$

Diese Vorgehensweise ist zulässigt, da man bei Intermodulationsmessungen keine Abhängigkeit der Phasen hat. Sie ist weiterhin in der Praxis vorteilhaft, da man sich eine zweite Messung erspart (s. Gl. (3.76) und (3.77)). Darüber hinaus liefert diese Vorgehensweise die gleichen Resultate für die Beträge wie eine skalare IM-Messung. Aufgrund dieser Vorteile werden für Intermodulationsmessungen diese leicht anderen Mixed-Frequency-S-Parameter in der Praxis verwendet.

Die zugehörige Beschaltung eines Netzwerkanalysators ist im Abb. 3.27 illustriert.

Als Phasenreferenz wird aus einem Empfänger der Kammgenerator mit bekannten Phasenwerten zwischen Grund- und Oberwellen angeschlossen. Dieses ist notwendig, da sehr häufig die internen RF- und der LO-Oszillator nicht im Phasenlock reproduzierbar sind. Der absolute Phasenwert des LO-Signals wird an dieser Messstelle bestimmt.

Bei modernen NWA wie dem ZVA von Rohde&Schwarz sind die beiden für IM-Messungen notwendigen RF-Quellen integriert. Deren Signale werden verstärkt, damit die Messdynamik vergrößert wird. Bei der IM-Messung von passiven Baugruppen (Antennen, Kabel) für die Mobilfunktechnik arbeitet man in der Praxis mit 100 %-Messungen mit einer Dynamik von 160 dBc.

Damit diese hohe Dynamik auch erreicht werden kann, setzt man ein Duplex-Filter zur Unterdrückung der Oberwellen der Verstärker ein. Im Weiteren folgen externe oder die internen Koppler. Ggf. können die internen Koppler des NWAs die Leistungen nicht bewältigen. Zum Messobjekt (engl.: device under test, DUT) gelangt man durch einen Combiner. Bei Testsets mit großer Messdynamik handelt es sich wiederum um ein Duplexfilter. Am dritten Tor des Combiners ist eine Empfangsmessstelle zur vektoriellen IM-Detektion kontaktiert.

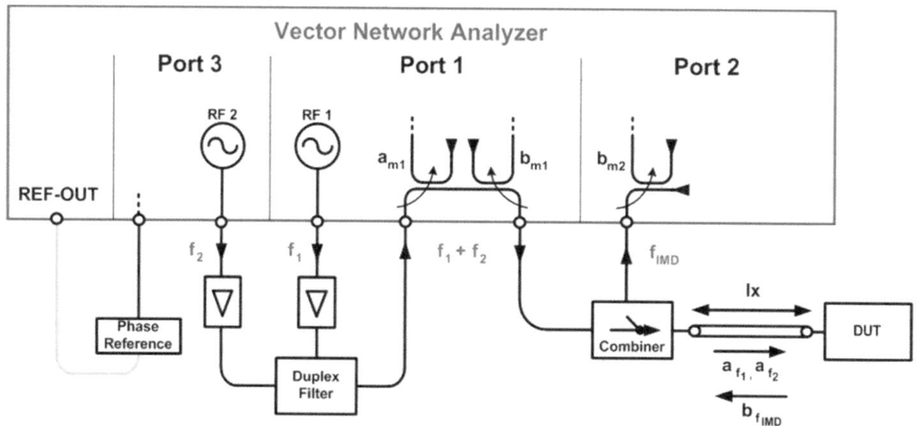

Abb. 3.27 Netzwerkanalysator mit zugehörigem Testset zur vektoriellen IM-Reflexionsmessung

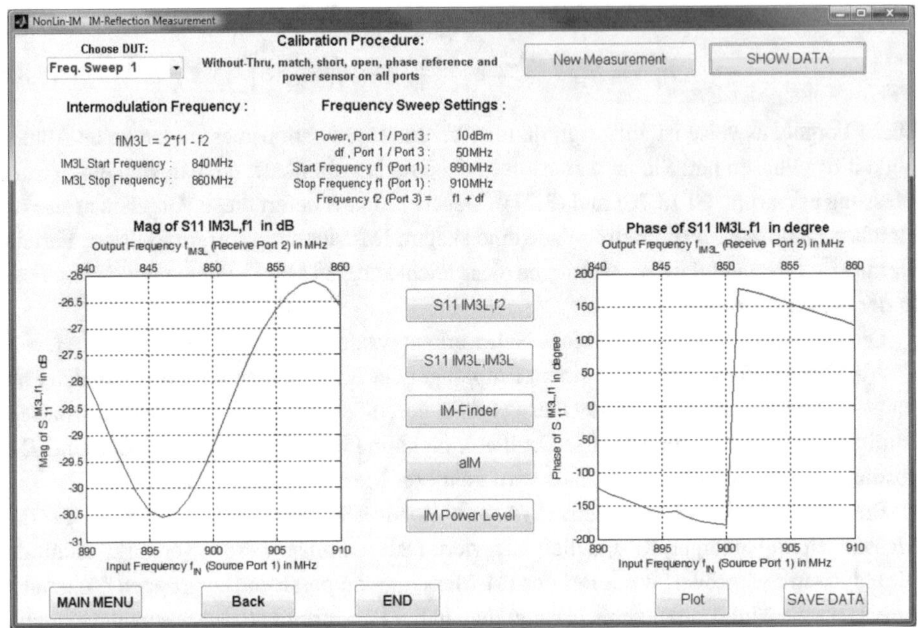

Abb. 3.28 Messresultat einer vektoriellen IM-Reflexionsmessung

Bei einem skalaren Messsystem ist das Testset identisch, lediglich die Messstellen werden durch skalaren Detektoren ersetzt.

Ein zugehöriges Resultat dieser neuen Messtechnik ist im Abb. 3.28 abgedruckt.

In diesem Beispiel wird ein Frequenzsweep dargestellt. Neu ist, dass zwei x-Achsen für *a*- und *b*-Welle dargestellt werden. Im rechten Teil sieht man den Phasenverlauf der Reflexion über der Frequenz. Im oberen Teil erkennt man alle Einstellungswerte.

Diese zusätzliche Information der Phase hilft einerseits beim Modelling des Bauelementes und kann andererseits direkt genutzt werden, um die Entfernung zwischen Messebene und Störstelle zu berechnen und somit den Ort der Störstelle anzugeben.

Diese Daten können auch in einem Schaltungssimulator weiterverarbeitet werden. Das dafür notwendige Dateiformat wird im Weiteren vorgestellt.

Optimales Datenformat für Mixed-Frequency-S-Parameter

Die konsequente Weiterentwicklung der s1p-, s2p- bzw. snp-Formate erlaubt eine relativ übersichtliche Form der Speicherung der Mixed-Frequency-S-Parameter.

Neben der Anzahl der Messtore müssen nunmehr auch die Anzahl der Harmonischen angegeben werden. Zusätzlich ist es notwendige die einspeisenden Großsignale mit in die Datei aufzunehmen.

Für ein Eintor muss der Steuerstring um die neuen Befehle

- Hn: Anzahl der Harmonischen (n ist eine Zahl)
- An: Berücksichtigung des Großsignals am Tor n

berücksichtigt werden. Damit man nicht nur Oberwellen darstellen kann, ist es sinnvoll die Harmonischen als Frequenz einzeln aufzulisten.

Für ein Eintor mit den beiden Signalen a_1^2 und a_1^3 als Anregungswellen und drei Harmonischen gilt:

```
# frequency_unit H3   A2    A3    S    DB    Ang    R impedance
freq1   freq2   freq3   dbmA2   angA2   dbmA3   angA3              !1st row
dbS11(11) angS11(11)  dbS11(12) angS11(12)  dbS11(13) angS11(13) !2nd row
dbS11(21) angS11(21)  dbS11(22) angS11(22) dbS11(23) angS11(23)  !3nd row
dbS11(31) angS11(31)  dbS11(32) angS11(32) dbS11(33) angS11(33)  !4nd row
```

Das hier dargestellte Format kann als Weiterentwicklung des bereits genutzten P2D-Formats gesehen werden, das sich jedoch auf die Betragswerte der Anregungswellen und reiner (ggf. Mixed-Frequency-) Zweitorübertragung beschränkt.

Datenformat für IM-Messungen

In HF-Simulationsprogrammen wie ADS steht das IMT-Format für die Einbindung von vektoriellen Intermodulationsmessungen zur Verfügung. Der Name rührt aus der englischen Bezeichnung „intermodulation table".

Dieses Format gibt es in drei Ausgestaltungen:

* O-Typ IMT-Format, * A-Typ IMT-Format, * B-Typ IMT-Format.

Der `O-Typ` gibt nur skalare Werte an und deshalb wird hier darauf nicht weiter eingegangen. Der `A-Typ` hantiert mit 2 Eingangssignalen und ist für Standard IM-Messungen gut geeignet. Beim `B-Typen` liegt eine insbesondere für komplexe Mischermessungen interessante Variante vor.

Oft wird das IM-Format nur am Beispiel von Mischermessungen dargestellt. Hier soll im weiteren für den A-Typ eine kombinierte Darstellung gewählt werden. Im Weiteren soll

$$f_1 \text{ durch } f_{LO} \qquad \text{und} \qquad f_2 \text{ durch } f_{RF}$$

ersetzt werden. Genauso, wie es im Abb. 3.26 dargestellt wurde, sollen nur die IM-Produkte um die beiden Frequenzen betrachtet werden.

Prinzipiell weisen die Nomenklaturen für die Dateiformate große Ähnlichkeiten mit dem bekannten s2p-Format auf. Beim IMT-Format lautet typischerweise die Definitionszeile:

```
# IMT ( GHz S DBM R 50.0 )
```

Die Frequenzen werden in bekannter Art und Weise in GHz angegeben und die Referenzimpedanz ist 50 Ω. Bei den S-Parametern handelt es sich aber um eine spezielle Art der

Angabe. Diese werden in dBm und mit einer Phase in Grad angegeben. Dieses ist möglich, da zusätzlich die Leistungen der Eingangssignale bei den Frequenzen f_{LO} und f_{RF} bekannt sind.

Die Tabelle wird für ein Frequenzszenario angegeben. D. h., f_{LO} und f_{RF} sind fest. Das Format ist so gewählt, dass es für Mischer auch die Mischprodukte um die Oberwellen darstellt. Hier sollen im folgenden Beispiel nur die beiden IM-Produkte dritter Ordnung dargestellt werden: IM3L und IM3U.

Die Darstellung dieser Werte wird in Matrixform gemacht, wobei die Zeilen M die Vielfachen der LO-Frequenz und die (in der Datei nicht bezeichneten) Spalten N die Vielfachen der RF-Frequenz benennen. Das folgende Beispiel soll dieses Dateiformat verdeutlichen.

```
! A-type IMT file
BEGIN IMTDATA
! Option line for reference power at:
!          RF = +10 dBm, LO = +7 dBm
# IMT ( GHz S DBM R 50.0 )
! Format line for RF frequency    --   Eingangssignale bei N=1 und M=1
% FRF
  1.1
! Format line for LO frequency
% FLO
  1.0
! Format line for reference RF power
% PRF
  10
! Format line for reference LO power
% PLO
  7
! Format line for LO-side harmonics -- Übertragsfkt. zu 2*LO-1*RF = 2*M-1*N
%   M    -1         2
   -1     0   0    -55    139
    2   -45  -33    0      0
END IMTDATA
```

Somit gilt für IM3L: −45 dB und −33° Phasendrehung. Nicht gemessene Werte müssen mit Null angegeben werden.

Weiterhin wäre die unter Mixed-Frequency-S-Parameter vorgestellte Definition sehr gut verwendbar. Hier lassen sich leicht Frequenzsweep- und Powersweep-Messungen weiterverarbeiten.

3.7.3 X-Parameter

X-Parameter[4] wurden von Agilent eingeführt und sind eine besondere Klasse der Mixed-Frequency-S-Parameter, die insbesondere für die Vermessung von Leistungsverstärkern ent-

[4] X-parameters is a registered trademark of Agilent Technologies.

wickelt worden. Das Modell der X-Parameter beruht auf dem `Polyharmonic Distortion Modeling`, wurde in [105] publiziert und bildet die Basis der folgenden Darstellung. Diese ist jedoch der Übersicht halber nur grob an der Nomenklatur der Agilent-X-Parameter angelehnt. Die gewählte kompaktere Darstellungsform entspricht der der zuvor eingeführten Mixed-Frequency-S-Parameter.

Im Weiteren werden folgende Indizes verwendet:

i : Index des Ausgangstores $\quad$ k : Index der Ausgangsfrequenz

j : Index des Eingangstores $\quad$ l : Index der Eingangsfrequenz

Für k und l sind auch Gleichanteile bei der Frequenz Null erlaubt. Allgemein kann man die Mixed-Frequency-Parameter mit der multivariablen komplexen Beschreibungsfunktion F_i^k für ein Mehrtor für eine beliebige Anzahl der Harmonischen wie folgt darstellen:

$$b_i^k = F_i^k(a_1^1, a_1^2, \dots, a_2^1, a_2^2, \dots). \tag{3.86}$$

Die Abhängigkeit von ω ist in (3.86) nicht mehr dargestellt. Ansonsten lassen sich als eine Lösung dieser Gleichung die Mixed-Frequency-S-Parameter nach Gl. (3.83) angeben.

Die X-Parameter haben eine große Verwandtschaft mit dem Harmonic Balance Verfahren für nur ein Anregungssignal und basieren deshalb auf ein Großsignal a_1^1. Im Weiteren wird zur Herleitung der X-Parameter Gl. (3.86) bei der Phase Θ des komplexen Anregungssignals a_1 bei der Frequenz f_1 betrachtet. Es gilt

$$a_1^1 = |a_1^1|\, e^{-j\Theta}. \tag{3.87}$$

Diese Phasendrehung Θ ist als Zeitverzögerung zu interpretieren. Deshalb tritt diese Phase Θ mit umgekehrten Vorzeichen bei der Grundwelle und bei den Oberwellen mit dem zugehörigen Faktor auf:

$$b_i^k\, e^{jk\Theta} = F_i^k(a_1^1\, e^{j\Theta}, a_1^2\, e^{j2\Theta}, \dots, a_2^1\, e^{j\Theta}, a_2^2\, e^{j2\Theta}, \dots). \tag{3.88}$$

Im nächsten Schritt soll diese Phase Θ der Inversen des Phasenwertes von a_1^1 (kurz $\angle a_1^1$) entsprechen und folgender Zusammenhang für P gelten:

$$P = e^{j\angle a_1^1} = e^{-j\Theta} \qquad \text{bzw.} \qquad P^{-1} = e^{j\Theta}. \tag{3.89}$$

Durch Einsetzen in Gl. (3.88) und Multiplikation mit P^{+k} ergibt sich:

$$b_i^k = F_i^k\left(|a_1^1|, a_1^2\, P^{-2}, a_1^3\, P^{-3}, \dots, a_2^1\, P^{-1}, a_2^2\, P^{-2}, \dots\right) P^k. \tag{3.90}$$

Im nächsten Schritt gibt es eine Zerlegung der Beschreibungsfunktion in die zwei vektoriellen Komponenten der Anregung:

$$b_i^k = XF_i^k\left(|a_1^1|\right)\,P^k + \sum_{jl}\left[G_{ij}^{kl}\left(|a_1^1|\right)\,P^k\,\mathrm{Re}\left\{a_j^l\,P^{-l}\right\} + H_{ij}^{kl}(|a_1^1|)\,P^k\,\mathrm{Im}\left\{a_j^l\,P^{-l}\right\}\right] \tag{3.91}$$

mit

$$XF_i^k\left(|a_1^1|\right) = F_i^k\left(|a_1^1|, 0, \ldots, 0\right), \tag{3.92}$$

$$G_{ij}^{kl}\left(|a_1^1|\right) = \frac{\delta F_i^k}{\delta\,\mathrm{Re}\left\{a_j^l\,P^{-l}\right\}}\Big|_{|a_1^1|,0,\ldots,0}, \tag{3.93}$$

$$H_{ij}^{kl}\left(|a_1^1|\right) = \frac{\delta F_i^k}{\delta\,\mathrm{Im}\left\{a_j^l\,P^{-l}\right\}}\Big|_{|a_1^1|,0,\ldots,0}. \tag{3.94}$$

Man erkennt, dass die Übertragungsfunktionsgrößen XF, G und H für den Arbeitspunkt mit dem Anregungssignal a_1^1 hergeleitet sind. Die Übertragungsparameter in XF entsprechen den Großsignal-S-Parametern bei der zugehörigen Frequenz. Hingegen beschreiben G und H die nichtlinearen Eigenschaften um den Arbeitspunkt.

Im nächsten Schritt verwendet man

$$\mathrm{Re}\left\{a_j^l\,P^{-l}\right\} = \frac{a_j^l\,P^{-l} + \left(a_j^l\,P^{-l}\right)^*}{2} \quad \text{und} \tag{3.95}$$

$$\mathrm{Im}\left\{a_j^l\,P^{-l}\right\} = \frac{a_j^l\,P^{-l} - \left(a_j^l\,P^{-l}\right)^*}{2} \tag{3.96}$$

zur Herleitung der weiteren X-Parameter für $(j, l) \neq (1, 1)$:

$$XS_{ij}^{kl}\left(|a_1^1|\right) = \frac{1}{2}\left(G_{ij}^{kl}\left(|a_1^1|\right) - j\,H_{ij}^{kl}\left(|a_1^1|\right)\right), \tag{3.97}$$

$$XT_{ij}^{kl}\left(|a_1^1|\right) = \frac{1}{2}\left(G_{ij}^{kl}\left(|a_1^1|\right) + j\,H_{ij}^{kl}\left(|a_1^1|\right)\right). \tag{3.98}$$

Mit diesen X-Parametern lässt sich Gl. (3.91) in

$$b_i^k = XF_i^k\left(|a_1^1|\right)\,P^k + \sum_{(j,l)\neq(1,1)}\left[XS_{ij}^{kl}\left(|a_1^1|\right)\,P^{k-l}\,a_j^l + XT_{ij}^{kl}\left(|a_1^1|\right)\,P^{k+l}\,a_j^{l*}\right]. \tag{3.99}$$

In der von Agilent gewählten Nomenklatur lautet die gleiche Gleichung:

$$b_{ik} = X_{ik}^F\left(|a_{11}|\right)\,P^k + \sum_{(j,l)\neq(1,1)}\left[X_{ik,jl}^S\left(|a_{11}|\right)\,P^{k-l}\,a_{jl} + X_{ik,jl}^T(|a_{11}|)\,P^{k+l}\,a_{jl}^*\right]. \tag{3.100}$$

mit der gleichen Bedeutung der Indizes.

Der Term X^T tritt nur auf, wenn ein Verstärker stark in Sättigung betrieben wird. Die anderen Terme X^F und X^S weisen eine Verwandtschaft zu den S-Parametern auf und gehen bei einer linearen Anregung in die Streuparameter über. Der X^F-Term beschreibt die Großsignal-S-Parameter, ganz ohne Frequenzkonversion.

3.7.4 Zusammenhang der X-Parameter und der Mixed-Frequency-S-Parameter

Die im Weiteren vorgestellte Herleitung ist der wissenschaftlichen Veröffentlichung [16] entnommen, die mit der ersten Gleichung die X-Parameter der Gl. (3.100) dargestellt. Hier wird mit der kompakteren Nomenklatur nach Gl. (3.99) fortgefahren.

Im ersten Schritt kann man die XF-Parameter in den XS-Parametern integrieren, in dem man einführt

$$XF_i^k\left(|a_1^1|\right)\,P^k = XS_{i1}^{k1}(|a_1^1|)\,P^{k-1}. \tag{3.101}$$

Somit gilt

$$b_i^k = \sum_{(j,l)}\left[XS_{ij}^{kl}\left(|a_1^1|\right)\,P^{k-l}\,a_j^l + XT_{ij}^{kl}\left(|a_1^1|\right)\,P^{k+l}\,a_j^{l*}\right]. \tag{3.102}$$

Im zweiten Schritt wird in [16] *XS* in *S* und *XT* in *T* umbenannt. Letzteres ist unvorteilhaft, da es zu Verwechselungen mit den bekannten T-Parametern führen kann.

Der *XT*-Term tritt aber nur auf, wenn ein Verstärker stark in Sättigung gefahren wird. Ist dieses nicht der Fall und hat man den Spezialfall, dass die Anregungswelle in Phase mit dem Referenzsignal ist, so ist $\angle a_1^1 = 0°$ und folglich $P^{k-l} = 1$ und somit bleiben nur noch ist zuvor vorgestellten Mixed-Frequency-S-Parameter in der allgemeinen Form

$$b_i^k = \sum_{(j,l)}\left[S_{ij}^{kl}\left(|a_1^1|\right)\,a_j^l\right]. \tag{3.103}$$

übrig. Dass auch die anderen bekannten Netzwerkparameter (z. B. Z, Y) für die Mixed-Frequency-Fälle berechnet können wird ebenfalls in [16] hergeleitet.

3.8 Die Harmonic-Transfer-Funktion und die Anwendung der kohärenten Mixed-Frequency-Messtechnik in der Lokalisierung

Einen vektoriell messenden Netzwerkanalysator (VNA) kann man auch als Multifunktionsgerät für die Messung von Materialien oder auch Entfernungen einsetzen. Die Präzision des VNAs leitet sich davon ab, dass es sich mit dem GSOLT-Verfahren[5] oder ähnlichen Verfahren kalibrieren lässt. Diese volle Kalibrierung erlaubt unabhängig von der Anzahl der Messtore hochgenaue Transmissions- und auch Reflexionsmessungen.

Für eine einfache Transmissionsmessung genügt bereits eine Bezugsmessung, die jedoch in der Menüführung der VNA als *Response Calibration* bezeichnet wird. Mathematisch wird die Messung eines DUTs (engl.: device under test, Messobjektes) mit den gemessenen S-Parametern $S_{21\,Mess}$ auf die Through- bzw. Thru-Messung mit den S-Parametern $S_{21\,Thru}$ bezogen:

$$S_{21\,DUT} = S_{21\,Mess}\, S_{21\,Thru}. \tag{3.104}$$

Diese Transmissionsmessungen (mit offenem Testset) erlauben gute vektorielle S_{21}-Messungen, wenn das Messobjekt gut angepasst ist, wie es z. B. bei einem guten Koaxialkabel der Fall ist. Mit einer ähnlichen Qualität lassen sich die im Weiteren vorgestellten Entfernungsmessungen durchführen!

Hardware-Basis der Mixed-Frequency-Messtechnik in der Lokalisierung

Die zuvor vorgestellten im IMP entwickelten Netzwerkanalysatorlösungen bis hin zum kaufbaren PNA-X von Keysight sind für Lokalisierungsanwendungen viel zu aufwendig im Einsatz, zu groß, zu schwer, zu langsam und viel zu teuer.

Im Spin-Off des IMPs wurden Sende- (TX-) und Empfangsmodule (RX-Module) speziell für die Mixed-Frequency-Messtechnik entwickelt, die u. a. nach dem Anschalten reproduzierbare Phasenzustände in den Oszillatoren ausweisen. Diese im Abb. 3.29 dargestellten Module lassen sich als VNA-Module für Standard-S-Parametermetermessungen einsetzen und weisen aufgrund des speziellen Abtastsystem für die MF-S-Parametermessungen eine extrem phasenstabile Kohärenz auf, die u. a. in der extrem hohen Empfindlichkeit von -180 dBm führt.

Dass die Vorgehensweise mit diesen beiden Modulen für MF-Messungen viel einfacher ist, zeigt auch das Blockschaltbild 3.30 anschaulich. Der Hardware-Aufwand ist mit diesen Modulen nicht größer als der Aufwand für eine Standard-S_{21}-Messung nach der Bezugsmethode.

Die Hardwarearchitektur wird auch als Stepped-Frequency Continuous-Wave Harmonic-Radar System (kurz SFCW-HR-System) bezeichnet.

[5] Diese nunmehr durchgehend genutzte Verfahren wurde dom Autor entwickelt und 2003 veröffentlicht [38].

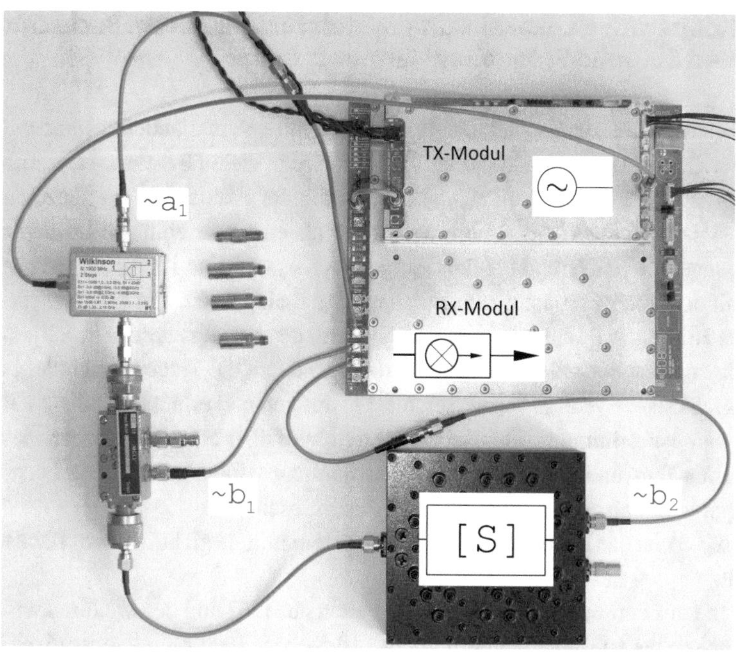

Abb. 3.29 Unidirektionaler vektorieller Netzwerkanalysator nach dem Switched-Receiver-Konzept [30] mit nur einem geschalteten Empfänger und TX- und RX-Modul von [33]

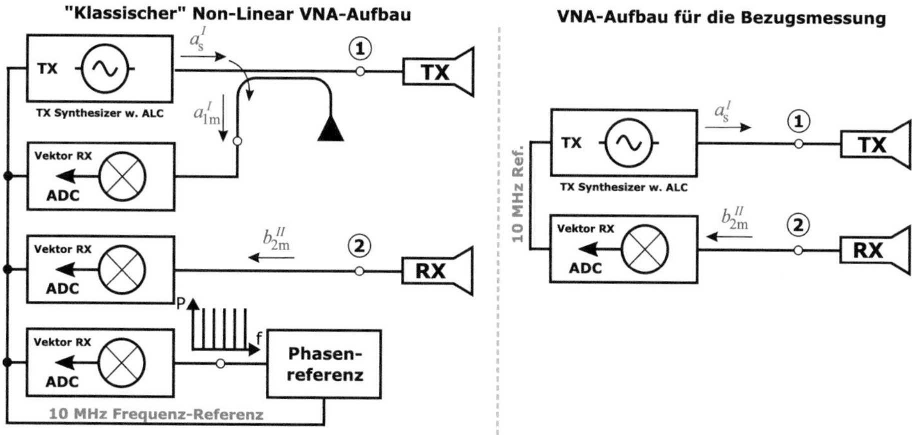

Abb. 3.30 Vergleich der bekannten vollständig kalibrierbaren Netzwerkanalysatorlösungen mit der Hardware-Lösung für vektorielle Mixed-Frequency-Messungen für die Bezugsmessung, die zur Lokalisierung eingesetzt wird

3.8.1 Kooperative Lokalisierung mittels nichtlinearem Backscatter-Tag und Stepped Frequency Harmonic Radar

Ein kooperatives Ziel ist ein Ziel, dass ein einfallendes Signal anders verändert, als es bei natürlichen Zielen erfolgt. Ein kooperatives Ziel wird in vielen Bereichen als „Transponder" (Kofferwort aus *Transmitter* und *Responder*) und in der Praxis als „Tag" bezeichnet.

In der GHz-Lokalisierungstechnik wird dafür als eine sehr einfache Lösung eine Dual-Band-Antenne, die bei f_1 und bei $2 \cdot f_1$ angepasst ist, und eine Diode zur Erzeugung eines Signals mit doppelter Frequenz zum Eingangssignal eingesetzt. Ein Beispiel für ein skalar messendes Harmonic Radar ist das Recco-System, dessen Tags bereits in Skijacken eingenäht werden und im normalen Handel erwerbbar sind, um die Träger auch unter Lawinen zu finden [94]. Skalare Systeme vermessen nur Leistungen und erlauben deshalb keine wirkliche Entfernungsbestimmung. Bei Recco-System wird über eine Richtantenne lediglich die Detektion des Tags und dessen Richtungsbestimmung vorgenommen. Die Leistungsmesswerte geben lediglich eine sehr grobe Entfernungsabschätzung.

Im Abb. 3.31 ist das kooperative Lokalisiersystem mittels nichtlinearem Backscatter-Tag dargestellt.

Basierend auf den wissenschaftlichen Arbeiten aus [23] und den weiteren wissenschaftlichen Arbeiten bis zu Implementierung des MF-S-Systems für ein kooperatives Lokalisierungssystem mittels nichtlinearem Backscatter-Tag und Stepped Frequency Harmonic Radar, die in [30] sehr ausführlich dargestellt sind, ergeben sich für die Leistung am Tag:

$$P_{RXT} = \underbrace{\frac{P_{TX} \cdot G_{TX}}{4\pi \cdot R^2}}_{\text{Energiedichte}} \cdot \underbrace{\frac{G_{RXT} \cdot \lambda_1^2}{4\pi}}_{\text{Antennenwirkfläche}} = \frac{P_{TX}\, G_{TX}\, G_{RXT}\, \lambda_1^2}{(4\pi\, R)^2}. \tag{3.105}$$

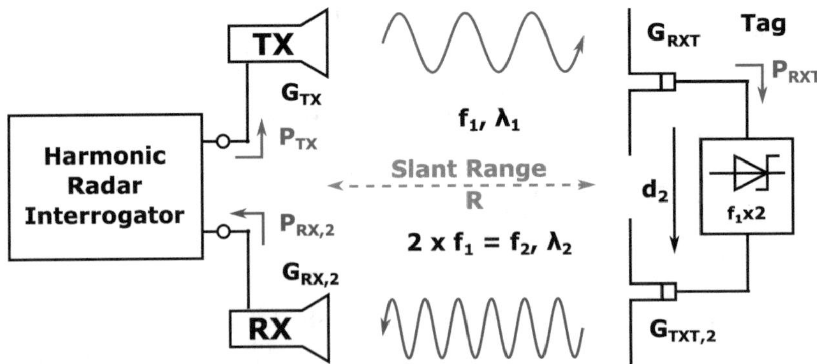

Abb. 3.31 Vereinfachtes Blockschaltbild für ein Harmonic Radar mit einem Tag, das zwei Antennen und eine Schottky-Diode als Frequenzverdoppler beinhaltet

Der erste Term in der Gl. (3.105) beschreibt die Energiedichte im Abstand R unter der Berücksichtigung der Sendeleistung P_{TX} und des Antennengewinns G_{TX}. Der zweite Term in der Gl. (3.105) gibt die effektive Antennenwirkfläche der Tag-Antenne an.

Ebenfalls lässt sich aus den oben zitierten Arbeiten auch die Leistung am Empfänger des Radargerätes angeben:

$$P_{RX,2} = \frac{G_{RX,2}\,\lambda_2^2 \cdot (P_{TX} \cdot G_{TX})^2 \cdot \sigma_2}{(4\pi)^4 \cdot R^6}. \tag{3.106}$$

Hierin taucht der Reflexionsquerschnitt oder Radarquerschnitt σ_2 des Tags auf, der beim Harmonic Radar als „non-linear pseudo harmonic radar cross section (RCS)“ bezeichnet und wie folgt berechnet wird:

$$\sigma_2 = d_2 \cdot G_{TXT,2} \cdot \left[\frac{G_{RXT}\lambda_1^2}{4\pi}\right]^2. \tag{3.107}$$

Als neue Größe ist d_2 zu nennen, die die Konversionsverluste an der Diode berücksichtigt.

Sehr bemerkenswert ist der Unterschied dieses Harmonic Radars zu einem Standardradar mit der Sendeleistung P_{TX} und der Empfangsleistung P_{RX}.

$$P_{RX,2} \sim \frac{P_{TX}^2}{R^6}, \text{ verglichen zu } P_{RX} \sim \frac{P_{TX}}{R^4} \tag{3.108}$$

In der Praxis kann ein Harmonic Radar (HR) mit passiven Tag nicht die Reichweiten eines normalen Radars erreichen. Jedoch ist auch dieses möglich, wenn man ein aktives Tag einsetzt, was später noch erläutert wird.

3.8.2 Die HR-Gleichung und HR-Transferfunktion

Um die grundlegende Funktionsweise eines SFCW-HR-Systems, das wie ein Netzwerkanlysator MF-Parameter im Frequenzbereich misst, zu verstehen, ist es von Vorteil, dieses HR bezüglich der Transferfunktion zu untersuchen. Hier werden die beiden Komponenten eines einzelnen diskreten Tons des gemessenen komplexen harmonischen Empfangssignals, die Amplitude und das Phasenargument, das die Entfernungsinformation beinhaltet, gemeinsam analysiert. Abb. 3.31 zeigt das typische Szenario eines HR für eine Referenzmessung ohne zu prüfendes Material (MUT) zwischen den Antennen. Die Leistung $P_{RX,2}$ der rücklaufenden Oberwelle kann Ausgang der Empfangsantenne des Abfragesystems mit Hilfe der HR-Gleichung berechnet werden, indem man Gl. (3.106) auswertet.

Die Phasenkomponente $\angle(P_{RX,2})$ des gemessenen harmonischen Rücksignal-Phasors kann durch Verfolgung des Verlaufs der Signalphase durch alle Systemkomponenten bestimmt werden, was in [22, 32] ausführlich dargestellt ist. In diesem Zusammenhang ist es nur wichtig zu wissen, dass die Phase des empfangenen harmonischen Signals berechnet werden kann mit

$$\angle(P_{RX,2}) = \underbrace{e^{2j(\omega^I t+\varphi_0)}}_{\substack{\text{Freq. Doubled}\\ \text{Illum. Signal}}} \cdot \underbrace{e^{-j4\omega^I v_p^{-1}\cdot R}}_{\substack{\text{Slant Range}\\ \text{Information}}}, \tag{3.109}$$

wobei ω^I die Kreisfrequenz des Beleuchtungssignals bezeichnet, φ_0 eine willkürliche, aber wiederholbare Phasenverschiebung beschreibt, die Phasenausbreitungsgeschwindigkeit $v_p = c_0(\sqrt{\varepsilon_r \mu_r})^{-1}$ durch das dispersionsfreie Medium und R den während der Ausbreitung zurückgelegte Entfernung (engl.: Slant range) beschreibt, wenn ein speicherloses Potenzreihenmodell für den Frequenzverdoppler angenommen wird.

Für diese Anwendung ist es wichtig zu beachten, dass der Frequenzverdopplungsprozess zu einer erhöhten Empfindlichkeit der Ausbreitungsphase gegenüber dem Ausbreitungsmedium oder Material im Vergleich zum Standard-SFCW-Radar mit Grundfrequenz führt. Der Phasengang wird in einer dispersionsfreien Umgebung gegenüber einer ansonsten üblichen einfachen Durchdringungen um den Faktor 4 erhöht.

Eine ähnliche Beobachtung kann für die Verlustbeiträge des zu prüfenden Materials aufgrund der quadratischen Abhängigkeit der Rücklaufgröße von der Leistung des empfangenen Beleuchtungssignals durch den Tag. Beide Beobachtungen zusammen führen zu einer größeren Empfindlichkeit eines solchen Systems für kleine Dielektrizitäts- und Verlustvariationen in dem zu prüfenden Material oder Objekt. Diese Aussagen werde im Weiteren durch die Herleitung der HR-Transferfunktion belegt.

In der Realität sind nichtlineare Frequenzverdoppler jedoch alles andere als ideale Komponenten und müssen für eine Reihe von Bedingungen, die mit dem jeweiligen Messaufbau zusammenhängen, entworfen und optimiert werden. Für die meisten Anwender genügt der Hinweis, dass die Verwendung von HR zu zusätzlichen Randbedingungen für das System führt, die sich aus der Übertragung durch ein verlustbehaftetes Medium zwischen dem HR-Abfragesystem und dem Tag ergeben. Diese Bedingungen müssen für die Gültigkeit der Gl. (3.106) und (3.109) erfüllt sein. Im Idealfall wird der HR-Tag in seinem gut definierten Bereich der quadratischen Übertragungsfunktion ohne Sättigung durch das Beleuchtungssignal ausgesteuert und liefert dabei noch genügend harmonische Ausgangsleistung, um einen guten SNR am Empfänger zu erreichen. Um die tatsächliche MF-Messung des HR-Aufbaus zu beschreiben, ist es sinnvoll, die Übertragungsfunktionen mit Hilfe von den MF-Parametern zu beschreiben.

In Übereinstimmung mit der Definition von linearen S-Parametern kann der gemessene MF-Reflexionsparameter $S_{11,M}^{II,I}$ basierend auf der Abb. 3.31 aus der empfangene harmonische komplexe Leistungswelle b_1^{II} am Punkt D mit der von einem VNA gemessenen gesendeten Grundfrequenz-Leistungswelle a_1^I am Punkt A in Beziehung gesetzt werden, formell beschrieben als

$$S_{11,M}^{II,I} = \frac{b_1^{II}}{a_1^I} . \tag{3.110}$$

Wenn diese Messung ohne ein zu prüfendes Material oder Objekt durchgeführt wird, wie in in Abb. 3.31 dargestellt, ist das erhaltene Ergebnis die so genannte Referenzmessung $S_{II,I}^{11,Ref}$ und muss für jedes HR-Tag-Element durchgeführt und gespeichert werden. Dieser Mixed-Frequency-Reflexionsparameter kann weiter in verschiedene Systembeiträge unterteilt werden. Neben der MF-Umsetzgröße treten ggf. noch die Fehlanpassungen Reflexionen auf. Die Wellen zwischen einzelnen MF-Parameterblöcken können oft ignoriert werden, da nur die Überlagerung mehrerer Reflexionseffekte bei der Vorwärtsübertragung berücksichtigt wird. Diese Näherung ist in erster Ordnung hier aufgrund der großen Freiraumwellenausbreitungsverluste anwendbar und gültig.

Ausgehend vom Abfragesystem ist der erste relevante MF-Parameterblock die lineare Vorwärtsausbreitung des Grundfrequenz-Stimulussignals durch das Medium zum Eingang des Frequenzverdopplers, der mit $S_{21,\mathrm{Ref}}^{I}$ bezeichnet wird. Der nichtlineare, von der Eingangsleistung abhängige MF-Parameter des Verdopplers kann durch den Parameter $S_{43}^{II,I}|_{P_{Ref}}$ beschrieben werden, während der lineare Rückweg durch das Medium bei der Oberwellenfrequenz durch $S_{12\mathrm{Ref}}^{II}$ erfasst wird. Eine grafische Darstellung des HR-Signalflusses ist in Abb. 3.32 zu sehen. Die vollständige Referenzmessung $S_{11,\mathrm{Ref}}^{II,I}$ kann also beschrieben werden durch

$$S_{11,\mathrm{Ref}}^{II,I} = S_{21,\mathrm{Ref}}^{I} \cdot S_{43}^{II,I}|_{P_{Ref}} \cdot S_{12,\mathrm{Ref}}^{II} \quad . \tag{3.111}$$

Gl. (3.111) beschreibt die HR-Übertragungsfunktion für die Referenzmessung.

Dieses Referenzergebnis wird im weiteren Verlauf zur Normalisierung der Messergebnisse verwendet. Als zweite Messung wird ein zu prüfendes Material oder Objekt in den Pfad eingeführt. Wenn man nun die zweite Messung des Materials oder Objektes auf die erste

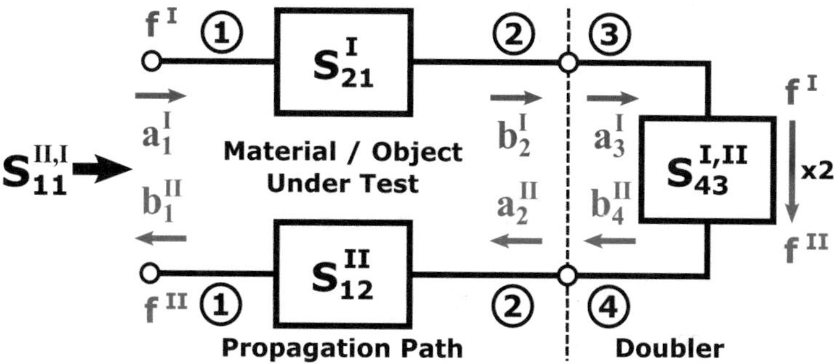

Abb. 3.32 Darstellung der HR-Übertragungsfunktion mit den Zweitor-S-Parametern des zu prüfenden Materials (MUT, Tore 1 und 2) und des nichtlinearen Teils des Verdopplers (Tore 3 und 4)

Referenzmessung bezieht, dann entspricht diese dem Mischfrequenz-Äquivalent des Reflexionsnormalisierungsverfahrens, das in linearen VNAs verwendet wird (siehe [13]). Diese Messung enthält implizit die Ausbreitungseigenschaften des Kanals bei den beiden Frequenzen sowie das spezifische Umsetzungsverhalten des HR-Tags. Darüber hinaus werden diese Daten auch zur Korrektur systematischer und wiederholbarer Phasenabweichungen in der Signalerzeugung und im Empfängerteil des Systems verwendet (Einzelheiten siehe [32]).

Ein Testobjekt (DUT) oder -material (MUT) hat die Streuparameter $S^{I}_{21,\mathrm{MUT}}$ und $S^{II}_{21,\mathrm{MUT}}$ bei den beiden Frequenzen I und II, die die Überlagerung aller durch das Material verursachten Änderungen der Transmissionswellenausbreitung beschreiben. Wenn das zu prüfende Material oder Objekt in den Ausbreitungsweg eingefügt wird und einen Abschnitt der Freiraum-Referenzmessung ersetzt und eine Messung $S^{II,I}_{11,\mathrm{MUTz}}$ durchgeführt wird, kommt es zu einer Überlagerung von Beugungs- und Brechungseffekten sowie zu einer beobachteten Änderung der Phasengeschwindigkeit v_p und zu Verlusten, die durch die dielektrischen und magnetischen Eigenschaften des Materials verursacht werden, die die Wellenübertragung durch das Material beeinflussen. Da das Material einen äquivalent geformten Freiraumabschnitt ersetzt, der in der Referenzmessung enthalten ist, muss der entsprechende Freiraumabschnitt von den Materialeigenschaften abgekoppelt werden, was zu den Streuparametern $S^{I}_{21,\mathrm{MUTz}}$ und $S^{II}_{21,\mathrm{MUTz}}$ führt, die nur die relative Änderung im Vergleich zu einem äquivalenten Abschnitt der Freiraumausbreitung erfassen. Die entsprechende HR-Übertragungsfunktion für die Messung unter Einbeziehung des MUT lautet daher

$$S^{II,I}_{11,\mathrm{MUTz}} = S^{I}_{21,\mathrm{Ref}} \cdot S^{I}_{21,\mathrm{MUTz}} \cdot S^{II,I}_{43}|_{P_{MUTz}} \cdot S^{II}_{12,\mathrm{Ref}} \cdot S^{II}_{12,\mathrm{MUTz}} \quad . \tag{3.112}$$

Der mechanische Abstand zwischen dem HR und dem Tag ist im Vergleich zur Referenzmessung unverändert. Das hinzugefügte Material/Objekt verursacht die beobachtete zusätzliche Dämpfung und Phasendrehung $S^{I}_{21,\mathrm{MUTz}}$ und $S^{II}_{12,\mathrm{MUTz}}$.

Die nichtlineare Änderung des Übertragungsverhaltens eines Frequenzverdopplers $\Delta S^{II,I}_{43}$ beeinflusst nur den Betrag nach den folgenden Formeln:

$$\Delta S^{II,I}_{43} = \frac{S^{II,I}_{43}|_{P_{MUTz}}}{S^{II,I}_{43}|_{P_{Ref}}} \quad , \quad \Delta S^{II,I}_{43} = S^{I}_{21,\mathrm{MUTz}} \quad , \tag{3.113}$$

wenn der Verdoppler in seinem quadratischen Bereich betrieben wird, in dem die speicherlose Potenzreihenapproximation anwendbar ist [23, 32, 68].

Die vollständige normierte Messung mit einem zu prüfenden Material oder Objekt lässt sich daher wie folgt beschreiben durch

$S^{II,I}_{11,\text{Norm.}} = \dfrac{S^{II,I}_{11,\text{MUTz}}}{S^{II,I}_{11,\text{Ref}}}$ beschrieben werden, die in drei Zwei-Tor-Blöcke aufgeteilt werden kann

$S^{II,I}_{11,\text{Norm.}} = \Delta S^{I}_{21} \cdot \Delta S^{II,I}_{43} \cdot \Delta S^{II}_{12}$ und schließlich mit den Gl. (3.11)–(3.113)

erhalten wir die HR-Übertragungsfunktion der normierten Messungen:

$$S^{II,I}_{11,\text{Norm.}} = (S^{I}_{21,\text{MUTz}})^2 \cdot S^{II}_{12,\text{MUTz}} \quad . \tag{3.114}$$

Während die erhöhte Amplitudenempfindlichkeit eines solchen Systems aus Gl. (3.114) unmittelbar ersichtlich ist, ist die erhöhte Phasenempfindlichkeit des HR-Prinzips nicht direkt ersichtlich und in der formalen Definition der Phase zwischen verschiedenen Frequenzen in den MF-Parametern versteckt. Es wird offensichtlicher, wenn man die Bereichsinformationen betrachtet, die in der in Gl. (3.109) dargestellten harmonischen Phasenprogression vermittelt werden:

Während ein normales Transmissionsmesssystem nur eine Zunahme der elektrischen Länge von Δx ($\Delta S^{I}_{21} = S^{I}_{21,\text{MUTz}}$) feststellen würde, würde ein reflektierend messendes Radarsystem (bei Materialien mit guter Anpassung und geringer Transmissionsdämpfung) eine Zunahme von $2\Delta x$ ($\Delta S^{I}_{21} = \Delta S^{I}_{12}$) aufgrund der doppelten Transmission durch das Material feststellen. Währenddessen nimmt bei einem HR-System die gemessene Weglänge um $4\Delta x$ zu, weil sich die momentane Phase von ΔS^{I}_{21} am Eingang des Frequenzverdopplers verdoppelt und der Rückweg bei verdoppelter Grundfrequenz über ΔS^{II}_{12} erfolgt (siehe [32] für die Herleitung). Zudem hat hier die Reflexionsernergie genauso wenig Einfluss wie bei der normalen Transmissionsmessung.

Gl. (3.114) kann verwendet werden, um die Übertragungsfunktion verschiedener Materialien und Objekte über die Frequenz mit den Ergebnissen eines mathematischen Modells oder einer 3D-Finite-Elemente-Simulation zu berechnen. Eine Datenbank mit solchen erwarteten Übertragungsfunktion kann dann zusätzlich zu den tatsächlichen Messungen verwendet werden, um ein KI-Modell zur Objekt- oder Materialerkennung zu trainieren und die Ergebnisse einer tatsächlichen unbekannten Messung zu klassifizieren. Am Ende der zugehörigen Veröffentlichung [42] wird eine rückführbare Messung in einem geschlossenen, nicht strahlenden, koaxialen System gezeigt, um die Gültigkeit von Gl. (3.114) und damit auch von Gl. (3.113) in Betrag und Phase zu beweisen.

3.8.3 Entfernungsbestimmung bei einem Stepped Frequency Harmonic Radar mit nichtlinearem Backscatter-Tag

Der ganz große Vorteil eines Harmonic Radar gegenüber dem Standard-Radar-System (Puls- oder FMCW-Radar) ist die sogenannten Clutter-Freiheit. Reflexionen an (großen) Objekten, die sich zwischen dem Radargeräte und dem Tag befinden, haben keinen Einfluss auf die Messung[6].

Dieses Harmonic Radar lässt sich prinzipiell in verschiedenen Technologien (Mikrowellentechnik, Optik, Ultraschall usw.) umsetzen. Im Hochfrequenz- und Mikrowellenbereich gilt für die Ausbreitung im Kabel oder im Freiraum der Ausbreitungskoeffizient

$$\beta(f_i) \;=\beta_i \;=\; (2\,\pi\; f_i)\;/\;c, \tag{3.115}$$

wobei $c = c_0$ die Lichtgeschwindigkeit für den Freiraum und $c = c_0/\sqrt{\epsilon_r}$ einzusetzen ist [37].

Die Entfernungsbestimmung l_x für eine Luftstrecke oder eine ideale angepasste Leitung kann direkt über eine VNA-Messung und den S_{21}-Resultaten auf einer größeren Anzahl von Messpunkte über der Frequenz über

$$S_{21} = e^{-j\,\beta\,\ell_x}, \tag{3.116}$$

bestimmt werden. Für die Transmissionsmessung über zwei Kabel oder zwei Antennen tritt die doppelte Phasenverschiebung bzw. auch Steilheit der Phasen von S_{21} auf, wie das Abb. 3.33 im mittleren Teil anschaulich illustriert. Wird darüber hinaus, wie in der untersten Zeile von Abb. 3.33 dargestellt, noch eine Frequenzverdopplerschaltung (wird auch als Transponder oder Tag bezeichnet) eingesetzt, so ist der Phasengang des Ausgangssignals vom Verdoppler nochmals so groß wie der der Zuführungsleitung und zusätzlich gibt es bei der rückführenden Leitung auch einen doppelt so großen Phasengang im Vergleich zur zuführenden Leitung, da die doppelte Frequenz vorliegt.

Aus den Grundlagen der nichtlinearen Frequenzumsetzung ist bekannt, dass sowohl beim quadratischen Term, der für die Frequenzumsetzung bei Verdopplern herangezogen werden muss, wie auch beim kubischen Term, der für IM-Produkte 3. Ordnung herangezogen werden muss, die durch die Frequenzkonversion veränderte Phase des ankommenden Signales um den festen Faktor 2 verändert wird. Es gilt somit für die gesamte Phasendrehung der frequenzumsetzenden Reflexionsmessung über die Entfernung ℓ_x für den Frequenzpunkt f_1 am Eingang und den Frequenzpunkt f_2 am Empfänger

$$\angle t_g^{21} \;= \angle S_{21\,g}^{21} \;= \beta_1\,\ell_x \;+ \underbrace{\beta_1\,\ell_x \;+\; t_{ref}^{21}}_{\text{Gesamtes Tag}} + \beta_2\,\ell_x, \tag{3.117}$$

wobei t_x^{21} dem designabhängigen S_{ij}^{kl}-Transmissionsfaktor des Tags bei der Frequenz f_1 auf die Frequenz f_2 entspricht (hier gilt die doppelte Frequenz $f_2 = 2\;f_1$ bzw. $\beta_2 = 2\;\beta_1$). Es sollen im Weiteren für die Referenzmessung und als DUT baugleiche Tags eingesetzt werden und das Referenztag soll am Ort $\ell_{ref} = 0$ m vermessen werden.

[6] Die Ausnahme ist natürlich die Übersteuerung durch das Großsignal, was in der Praxis aber nicht vorkommt.

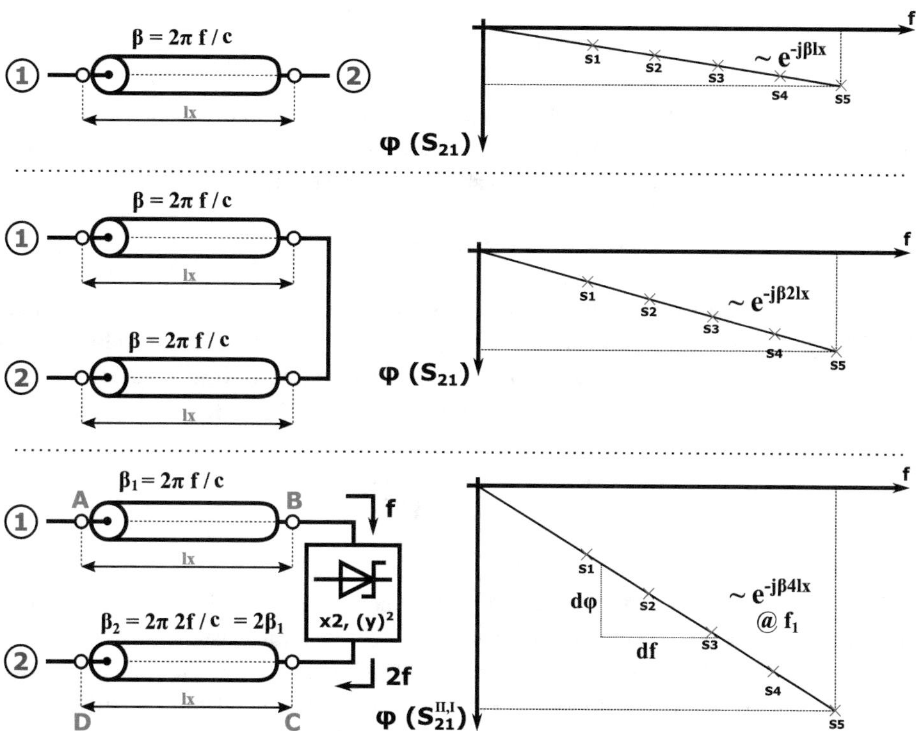

Abb. 3.33 Verschiedene Phasengänge von Standard-VNA-Messungen und einer MF-S-Parameter-Messung (mit Tag)

Gemessen wird die Phase des frequenzumsetzenden Anteils nur im Eindeutigkeitsbereich von 360°. Folglich gilt für gesamten Phasenwert $\angle t_g^{21}$ in Abhängigkeit vom Messwert $\angle t_{gm}^{21}$:

$$\angle t_g^{21} = \angle t_{gm}^{21} + n \cdot 2\pi, \tag{3.118}$$

wobei n eine ganze Zahl ist, die im Weiteren noch bestimmt wird.

Für das Referenztag, das direkt an den Messtoren vermessen wird, gilt der einfache Zusammenhang:

$$\angle t_{ref}^{21} = \angle t_{refm}^{21}. \tag{3.119}$$

Die Messwerte des S_{ij}^{kl}-Transmissionsfaktors liegen von einer unteren Frequenz f_{1u} bis zu einer oberen Frequenz f_{1o} als $\angle t_{gm}^{21u}$ und $\angle t_{gm}^{21o}$ vor. Zwischen den verschiedenen Messpunkten soll es keine Phasensprünge geben, die sich in der praktischen Mathematik auch einfach eliminieren lassen. Aus diesen beiden Messwerten und den bekannten zugehörigen Frequenzpunkten lässt sich die Steigung der Phase über der Frequenz ermitteln:

$$S = \frac{\Delta\varphi}{\Delta f} = \frac{\angle t_{gm}^{21o} - \angle t_{gm}^{21u}}{f_{1o} - f_{1u}}. \tag{3.120}$$

Bei der beliebigen Frequenz f_i gibt es aufgrund der Steigung eine Grundphasendrehung von $\varphi_i = f_i\, S$ Diese Gleichung lässt sich auch mit $f_o = f_i$ und $f_u = 0$ Hz und den zugehörigen Phasenwerten aus Gl. (3.120) ableiten. Durch die folgende Bedingung

$$180^\circ \leq \left|\angle t_{gm}^{21i} + n \cdot 2\,\pi - f_i\, S\right| \tag{3.121}$$

wird der richtige Wert für n gefunden. Es gilt für die Längenbestimmung der Entfernung ℓ_x wird t_{gm}^{21} über einen Frequenzsweep von f_{1u} bis f_{1u} vermessen und die Steilheit S aus Gl. (3.120) bestimmt. (3.121) erlaubt dann die Bestimmung von n und (3.118) die Ermittlung t_g^{21}. Basierend auf der Gl. (3.117) kann für jeden Frequenzpunkt die Entfernung über

$$\ell_x = \frac{\angle t_g^{21} - \angle t_{ref}^{21}}{4\,\beta_1}. \tag{3.122}$$

berechnet.

In der Praxis wird Gl. (3.123) für jeden gemessenen Frequenzpunkt ausgewertet, damit durch eine anschließende Mittelung stochastische Fehler minimiert werden.

Die Genauigkeit dieser Messung steigt mit der Bandbreite $(f_{1o} - f_{1u})$ und der Anzahl der Messungen, somit mit der Messzeit. Für das folgende Beispiel der Seenotrettung wird man einen Kompromiss aus Genauigkeit und Messzeit, der u. a. auch entfernungsabhängig sein kann, erarbeiten.

3.8.4 Kooperative Lokalisierung mittels Harmonic Radar am Beispiel eines Seenotrettungssystems

Im Gegensatz zur Bergnotrettung gibt es für die Seenotrettung keine moderne Lösung, mit der man effektiv einzelne Personen oder kleinste Boote auffinden kann.

Das Gesamtziel des durchgeführten Forschungsprojektes, das vom BMBF unter der Kurzbezeichnung SEERAD[7] gefördert wurde, war es, ein neuartiges Seenotrettungssystem (SNRS) zu erarbeiten und zu testen, das als Sendequelle das Schiffsradar (S-Band bei 2,9–3,1 GHz) verwendet und somit nur eine Erweiterung dieses Radars darstellt. Das SNRS beruht auf einem neuartigem Radar und Reflektoren (Tags), die denen in der Lawinenrettung (des Recco-Systems) ähneln.

Die notwendige Frequenzumsetzung erfolgt durch sehr preiswerte Mixed-Frequency-Reflektoren („Tags“ oder „Transpondern“), die in Jacken, an Schwimmwesten und Rettungsringen wie auch in Rettungsboote implementiert sind. Diese Reflektoren bzw. Tags

[7] Die Projektpartner waren: Raytheon-Anschütz in Kiel, Fraunhofer Gesellschaft FHR in Wachtberg und FH Aachen, IMP in Aachen.

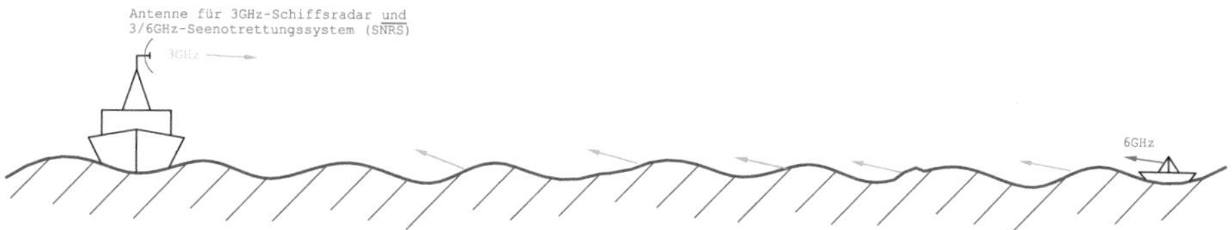

Abb. 3.34 Darstellung des Rettungsszenarios mit dem neuen Seenotrettungssystem, das nur Signale bei 6 GHz detektiert

sind entweder passiv oder aktiv. Die passiven Reflektoren weisen eine Reichweite von nur knapp 1 km auf. Hingegen lassen sich die aktiven Reflektoren bis zum Sichthorizont detektieren.

Das Herausragende an dieser neuartigen Radarsystemarchitektur ist, dass der Empfänger nur Signale bei der ersten Oberwelle des Senders detektiert. Dadurch ist dieses System extrem störarm. Fachleute sprechen von immun gegen Clutter, die ansonsten aufgrund der Wellen auf See und ggf. durch Niederschlag die dominanten Reflexionen darstellen. Nur deshalb können kleine Objekte wie Menschen und Rettungsboote detektiert werden. Im nachfolgendem Abb. 3.34 ist dieses Szenario für ein 3 GHz-Schiffsradar mit dem in diesem Antrag enthaltenen speziellen 6 GHz-Empfänger und dem 3-auf-6 GHz-Umsetzer (Reflektor im Rettungsboot) visuell dargestellt.

Bzgl. anderen bereits entwickelten Lösungen ragt dieser Ansatz zudem dadurch heraus, dass die Reflektoren, die in großer Stückzahl eingesetzt werden müssen, sehr preiswert sind. Die passiven Reflektoren (Tags) bestehen aus einer Dual-Band-Folienantenne und einer Diode, Abb. 3.35. Diese lassen sich in großen Stückzahlen deutlich unter 10 € herstellen und entsprechend günstig in den Markt bringen. Die aktiven Tags beinhalten Kleinsignalverstärker sowie eine Batterie, die durch Wasser aktiviert wird. Diese aktiven Tags sind somit viel weniger als 20 € teurer in der Herstellung als die passiven Tags, was jedoch für den Masseneinsatz kein großes Hindernis ist.

Systemdynamik und Pegelplan

In diesem Block wird lediglich die Systemauslegung bzgl. der notwendigen Sendeleistung und der Messentfernung komplett und für jeden Hochfrequenztechniker einfach nachvollziehbar dargestellt. Es ergibt sich der vereinfachte Schluss, dass man bei einer Sendeleistung von rund 200 W eine Reichweite von den angestrebten 17 km erzielen kann.

Für die Empfangsleistung P_{E,f_k} am Transceiver bei dem durch das Tag umgesetzte Signal mit der Frequenz f_k gilt

$$P_{E,f_k} = P_{S,f_i}\, G_{s,f_i}\, G_{e,f_i} \left(\frac{\lambda_{f_i}}{4\,\pi\, R}\right)^2 L_{f_k f_i}\, G_{e,f_k}\, G_{s,f_k} \left(\frac{\lambda_{f_k}}{4\,\pi\, R}\right)^2, \qquad (3.123)$$

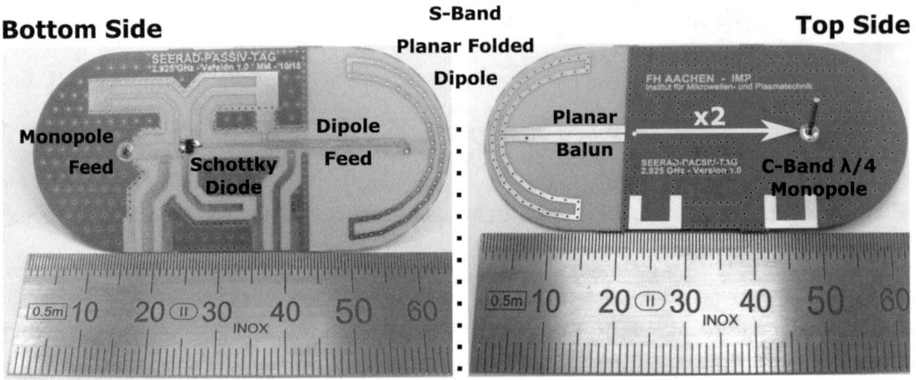

Abb. 3.35 Darstellung der beiden Seiten des SEERAD-Tags, das lediglich zwei Antennen, Anpassleitungen und eine Diode aufweist

wobei

- P_{S,f_i} der Sendeleistung des Transceivers bei f_i,
- G_{s,f_i} dem Antennengewinn der Sendeantenne für f_i,
- G_{e,f_i} dem Antennengewinn der Empfangsantenne am Tag für f_i,
- λ_{f_i} der Wellenlänge bei f_i,
- R der einfachen Entfernung zwischen dem Transceiver und dem Tag,
- $L_{f_k f_i}$ dem Konversionsfaktor bei der Frequenzversetzung von f_i auf f_k,
- G_{s,f_k} dem Antennengewinn der Sendeantenne am Tag für f_k,
- G_{e,f_k} dem Gewinn der Empfangsantenne am Transceiver für f_k
- und λ_{f_k} der Wellenlänge bei f_k

entsprechen.

Resultat: Bei einer anvisierten Sendeleistung von 200 W (53 dBm) bei 3,0 GHz (f_i) und Schiffsantennengewinn von 25 dBi für (f_i) und (f_k) und einem Tag-Antennengewinn von 0 dBi erhält man für ein passives Tag mit Konversionsverlust von 20 dB eine Reichweite von rund 1 km und bei einem aktiven Tag (30 dB Gain) eine Reichweite von über 17 km (Sichthorizont bei Schiffsantennen von 30 m) bei einer Empfängerempfindlichkeit von −140 dBm (bei sehr geringer Mittelung).

In der Praxis wurden diese Werte mit Messungen bei einer Sendeleistung von 100 W und der Sende-/Empfangstechnik mit den zuvor vorgestellten VNA-Modulen nachgewiesen, was im weiteren Text erläutert wird.

Die immense notwendige Unterdrückung des Übersprechers zwischen den räumlich sehr nah platzierten Sender- und Empfangseinheiten ist einerseits durch den Frequenzversatz und andererseits durch eine konsequent differentiell aufgebaute Empfangs- und Sendeeinheit der HHF-Elektronik gewährleistet. Zugehörige Arbeiten wurden u. a. in [37, 39] veröffentlicht.

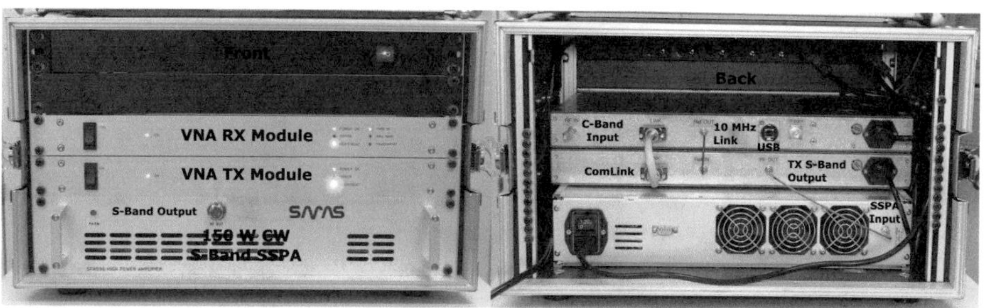

Abb. 3.36 Front- und Rückansicht des SEERAD-Racks, das die gesamte TX- und RX-Elektronik für das Seenotrettungssystem beinhaltet

Messergebnisse des Seenotrettungssystems

Die erste Messserie mit dem SNRS diente zur grundsätzliche Robustheitsanalyse dieses Systems und gibt auch wichtige Erkenntnisse für andere Anwendungen wie die Indoor-Lokalisierung bzw. -Navigation.

Diese Messungen wurden im Labor bei einer Sendeleistung von nur 100 mW rein mit der Hardware, wie diese im Abb. 3.36 dargestellt wurde, durchgeführt. Die Sende- und die Empfangsantenne wie auch das Tag, das auf einer Linearbahn verschoben wurde, sind im Abb. 3.37 abgelichtet.

In der ausführlichen Darstellung dieser Untersuchungen, die in [30] abgedruckt ist, wurde u. a. auch gezeigt, dass es Vorteile bietet, dass die Sendeantenne anders polarisiert ist als die Empfangsantenne. Auch bei dem im Abb. 3.37 dargestellten Tag mit externen anschraubbaren Antennen erkennt man gut die beiden unterschiedlichen Polarisationen.

Das anspruchsvollste Messszenario dieser wissenschaftlichen Untersuchungsreihe ist im Abb. 3.38 abgebildet.

Es wurde eine Messreihe über diese 5 m lange Linearbahn durchgeführt, wobei drei Tripelspiegel bereist in kurzer Distanz große Reflexionen erzeugen und die Wand direkt hinter der Linearbahn ebenfalls stark reflektiert. Der große Tripelspiegel hat einen Rückstreuquerschnitt von $\sigma_{3\,\mathrm{GHz}} = 13{,}67\,\mathrm{m}^2$ bei einer Entfernung von 2,5 m und die beiden kleinen jeweils $\sigma_{3\,\mathrm{GHz}} = 0{,}16\,\mathrm{m}^2$ bei Entfernungen von 1,6 m und 1,8 m. Hinzukommen viele weitere Reflexionsstörquellen, die eine normale Wellenausbreitung auch stark stören.

Die Messresultate, die über verschiedene Auswerteverfahren ermittelt worden [30], sind in der Abb. 3.39 wiedergegeben.

Abb. 3.37 Aufbau der Sende- und der Empfangsantenne zur Durchführung von Messungen auf der Linearbahn

Outdoor-Resultate vom Seenotrettungssystem

Die im Rahmen des BMBF-Projektes SEERAD entwickelte Dual-Band-Antenne[8] wie auch das Demonstrator-Gesamtsystem (von Raytheon-Anschütz und dem IMP erstellt) enthält sehr viele Innovationen, die im Detail ab Mitte 2020 in wissenschaftlichen Veröffentlichungen nachgelesen werden können.

Mit der Gesamtanlage (Abb. 3.40) wurde auf Land eine große Anzahl von Messungen durchgeführt, die ziemlich gut mit der Vorkalkulation übereinstimmten.

Die erzielte maximale Messreichweite des passiven Tags von 800 m bei einer Sendeleistung von nur 100W übertrifft um ein Vielfaches den Stand der Wissenschaft, der bei 750 m Reichweite bei einer Sendeleistung von 25 kW ist [68].

Das aktive Tag wurde bis zum Sichthorizont von 5800 m vermessen. Die Antenne befand sich nur in der Höhe von 7 m oberhalb der Wasseroberfläche. Das Abb. 3.41 zeigt die absolut

[8] Diese Antenne ist eine Entwicklung der Gruppe von Dr.-Ing. Thomas Bertuch des FHR in Wachtberg.

Abb. 3.38 Aufbau der Sende- und der Empfangsantenne zur Durchführung von Messungen auf der Linearbahn aus Sicht der Sende- und der Empfangsantenne

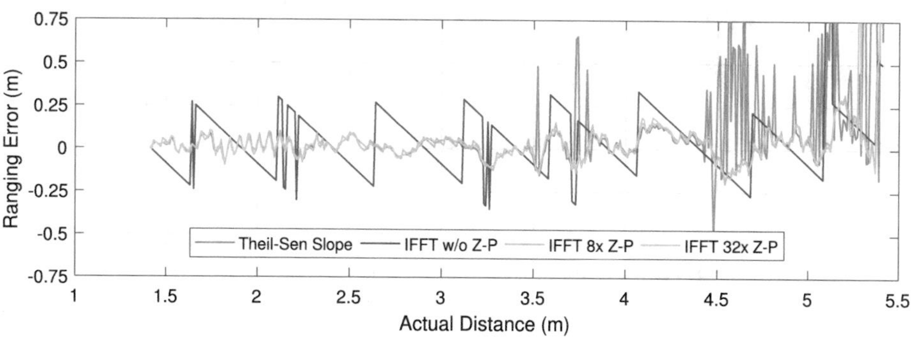

Abb. 3.39 Darstellung des Messfehlers zur wirklichen Entfernung über der Länge der Linearbahn mit Messwerten in 1 cm-Schritten

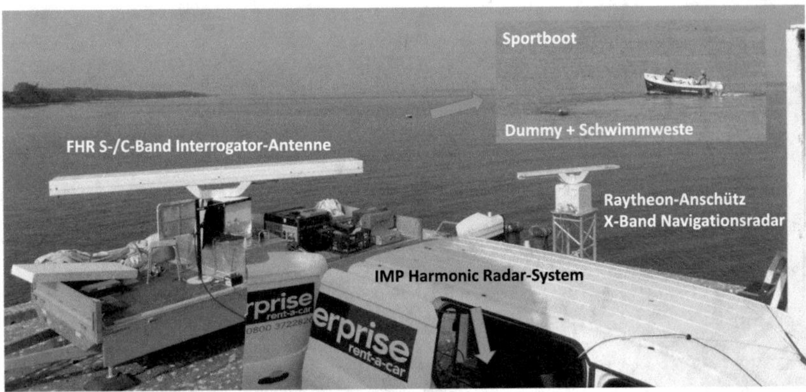

Abb. 3.40 Darstellung der auf einer Mole in der Ostsee komplett aufgebauten Seenotrettungsanlage, inklusiver der auf einem Rotary-Joint (HF-Drehkopplung) installierten Dual-Band-Großantenne (in 7 m Höhe), des Rettungsbootes und des Dummies in einer mit dem passiven SEERAD-Tag ausgestatteten Schwimmweste

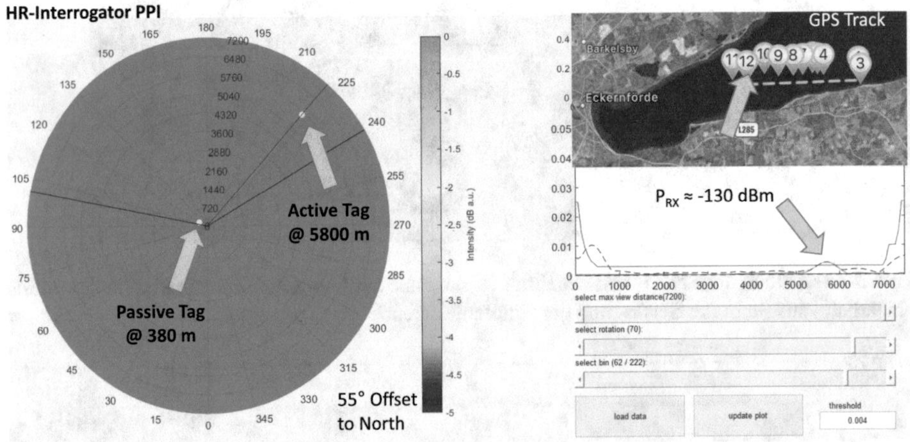

Abb. 3.41 Messresultate der Weltrekordsmessung mit dem aktiven Tag

Clutter-freien Messergebnisse des aktiven Tags, wie auch die eines passive Tags, das im Uferbereich der Zufahrtsstrecke dieser Mole installiert wurde.

Der spätere Einsatz in der Praxis ist bestens im Abb. 3.42 dargestellt. Jedoch wird so ein System erst in der Praxis verwirklicht, wenn es gesetzlich vorgeschrieben wird, wie einst bei der Gurtpflicht im Auto und die Helmpflicht für Motorradfahrer. Weiterhin muss eine Zusammenführung mit dem Schiffsradar erfolgen, was auch noch weitere Innovationen erfordert.

Diese Messungen zeigen, dass im IMP über viele wissenschaftliche Arbeiten im Bereich der Kalibrierung von Mixed-Frequency-S-Parametern und der zugehörigen vektoriellen

Abb. 3.42 Visualisierung des späteren Einsatzes dieses SEERAD-Seenotrettungsystems

Netzwerkanalysatoren einschließlich des innovativen Without-Thru-Verfahrens [39] die Tür zu einer neuen Gerätearchitektur geöffnet wurde.

Mit der neuen von der Heuermann HF-Technik produzierten Hardware, die nur eine Messstelle für ein Reflektometer benötigt, gaben diesem wissenschaftlichen Forschungsprojekt eine hervorragende Basis für wissenschaftlichen Arbeiten in der Seenotrettung.

Dieses Radarprojekt übertrifft alle bereits realisierten Harmonic Radar Systeme von der Reichweite um ein Vielfaches (einschließlich dem Bergnotrettungssystem RECCO) und ist aufgrund der voll-vektoriellen Messfähigkeit einzigartig.

3.9 Kohärente Mixed-Frequency-Messtechnik als Basistechnologie

Die zwei in den vorherigen Unterabschnitten vorgestellten Anwendungsbeispiele der PIM-Messtechnik und der Seenotrettung zeigen, dass es sich bei der kohärenten Mixed-Frequency-Messtechnik um eine Basistechnologie handelt, die auch noch viele weitere Anwendungen ermöglicht, weshalb man diese Technologie auch als Basistechnologie bezeichnen kann. Ähnliche Basistechnologien, die die Hardware-Architekturen vorgeben, sind in der GHz-Elektronik der Superheterodyn-Empfänger und die IQ-Empfänger.

Die folgenden Übersicht stellt die am Institut des Autors durchgeführten und die noch offenen/geplanten Anwendungen vor (Abb. 3.43).

Anwendungen kohärente Mixed-Frequency-Systems	**Status**	**Bearbeitungszeitraum**	**Personenjahre**	**Kommentar**	**IMP-Projektpartner**
Vektorielle Mixed-Frequency-Messtechnik	Grundlagenentwicklungen (Machbarkeit) beim Spin-Off www.HHFT.de durchgeführt	2004 – 2010	3	Kalibrierverfahren Without-Thru als ein Result	Anwender wird noch gesucht
Vektor-PIM-Messtechnik	Diverse Messplätze von HHFT und erster mit Rosenberger erstellt	2007 -	4	Für 5G noch wichtiger als bereits	Firma Rosenberger Fridolfing
Seenotrettung	Rettungssystem mit sehr preiswerten Tags (2-15€) und der Option die Entfernung bis zum Sichthorizont im Meer zu messen.	2016 – 2019	5	Demonstrator aus dem BMBF-Projekt SEERAD liegt vor	Folgeprojekt in der Definition
Bergnotrettung	Personen aufgrund des stromlosen Smartphones finden.	2020 -	0	Die Antragsstellung ist „on-going"	Firma Rosenberger Fridolfing
Lokalisierung	Indoor- und Outdoor-Lokalisierung ist bestens mit hoher Präzision und Clutter-arm möglich	offen	0	Auch für das autonome Fahren bestens einsetzbar	Anwender wird noch gesucht
....	Viele weitere Spezialanwendungen wie Katzenauge2.0 sind möglich!	Zukunft	0	Bitte am IMP anfragen	...
Mobilfunk	Die Hardware-Auslegung für 6G kann auf dieser Basis durchgeführt werden und ermöglicht die Detektion von typ. um 10 dB kleineres Signalen	offen	0	Das Potential dieser Technologie ist gigantisch	Wird gesucht

Abb. 3.43 Forschungsprojekte am Institut für Mikrowellen- und Plasmatechnik (IMP) der FH Aachen

Leistungsverstärker 4

Schlagwörter wie das so genannte `Software Defined Radio, (SDR)` suggerieren, dass die die Entwicklung von Hardwarekomponenten anscheinend abnimmt. Analysiert man jedoch Umsetzungen dieses SDRs, so erkennt man, dass die Komplexität der notwendigen analogen Schaltungskomponenten sogar zugenommen hat.

Insbesondere der Bedarf einer Verstärkung der ausgesendeten Hochfrequenzleistung nimmt immer mehr zu. Die neuen digitalen Modulationsverfahren wie WLAN, Edge und UMTS erfordern zudem ein hochlineares Übertragungsverhalten dieser Leistungsverstärker.

Der zunehmende Einsatz von Funkmodulen in mobilen Geräten stellt größte Anforderungen an dem Wirkungsgrad von Leistungsverstärkern, damit einerseits die Sendezeiten maximiert werden und andererseits möglichst wenig Material für Kühlzwecke benötigt wird.

Da sogar im kW-Bereich zunehmend Transistorverstärker eingesetzt werden, findet in diesem Kapitel auch eine Beschränkung auf Transistorverstärker statt. Die hier vorgestellten Grundlagen und Architekturen lassen sich natürlich auch auf die zahlreichen Röhrenverstärkerkonstruktionen, die in vielen klassischen Büchern wie [110] nachzulesen sind, anwenden.

HF-Leistungsverstärker unterscheiden sich von Kleinsignalverstärker dadurch, dass die Transistoren nahezu oder komplett durch das gesamte Ausgangskennliniefeld durchgesteuert werden. Diese Leistungsverstärker (engl.: power amplifier, PA) können nur noch mit nichtlinearen Simulationstechniken analysiert werden. Jedoch sind alle Grundüberlegungen, die bereits für die Umsetzung eines linearen Kleinsignalverstärkers notwendig sind, auch für einen PA nötig. Deshalb basiert dieses Kapitel auf die Inhalte des Kap. 8 aus [37]. Alle Designaspekte wie Randbedingungen von Betriebsspannungen, maximale Versorgungsströme, notwendige Leistungsverstärkung, MAG, k-Faktor, Linearitätsforderung, Rauschanforderungen müssen notwendiger Weise zunächst nach den Kriterien von [37] erfüllt werden. Auch der Weg, wie die passiven Anpassnetzwerke einfach zu synthetisieren sind, ist dort erläutert.

H. Heuermann, *Mikrowellentechnik*,
https://doi.org/10.1007/978-3-658-41287-6_4

In diesem Kapitel wird zunächst auf die Grundlagen zur Entwicklung eines PA einschließlich der Ausgangsimpedanzanpassung eingegangen. Im Weiteren werden die klassischen Betriebsarten A, B und C, die sich lediglich aus der Arbeitspunkteinstellung ergeben, detailliert eingeführt. Anschließend folgt die Vorstellung einer größeren Anzahl an Konzepten zur Verbesserung des Wirkungsgrades. Im Anschluss werden kombinierte Verstärker vorgestellt. Abschließend wird ausführlich auf Linearisierungstechniken eingegangen.

Vereinfachte Darstellung von Leistungsverstärkern

Das Blockschaltbild eines einstufigen Leistungsverstärkers (PAs) ist im Abb. 4.1 dargestellt.

Die beiden enthaltenen Netzwerke beinhalten eine Impedanzanpassung bzw. eine Impedanztransformation zur Erzielung einer möglichst großen Leistungsverstärkung. Diese beiden Anpassnetzwerke wie auch das Netzwerk zur Arbeitspunkteinstellung sollen im Weiteren nicht mehr dargestellt werden. Aus Gründen zur verbesserten Übersicht wird ein PA nach Abb. 4.1 gemäß Abb. 4.2 vereinfacht dargestellt.

Bei der noch enthaltenen Zuführungsspule für die Gleichspannung und dem Blockkondensator soll es sich um ideale Bauelemente handeln. In realen Aufbauten sind es i. d. R. Bauelemente der Anpassschaltungen, wie in [37] vorgestellt.

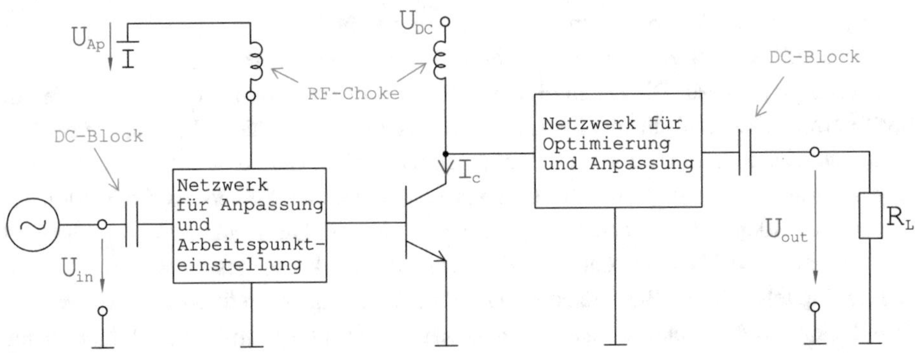

Abb. 4.1 Blockschaltbild eines einstufigen Leistungsverstärkers

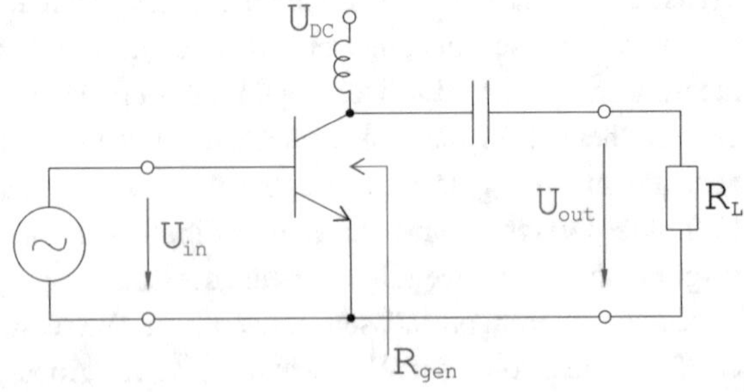

Abb. 4.2 Vereinfachtes Blockschaltbild eines einstufigen Leistungsverstärkers

Obwohl im Folgenden immer nur ein Bipolartransistor abgebildet sein wird, gelten die hier vorgestellten Theorien und Konzepte auch für Feldeffekttransistoren.

Auf die detaillierte Auslegung der Anpass- und Optimierungsnetzwerke wird noch eingegangen.

4.1 Grundlagen für die Entwicklung von Leistungsverstärkern

Die Entwicklung von Transistoren treibt die Höchstfrequenzelektronik in den unteren THz-Bereich. Neuste CMOS-Transistoren in der 45 nm-Technologie weisen Grenzfrequenzen von 250 GHz bzw. 0,25 THz auf.

Ähnlich schnell schritt die Entwicklung von Leistungstransistoren im ein- und zweistelligen voran. Der HF-Entwickler steht immer wieder vor der Entscheidung, welche Transistortechnologie für seine Anwendung die Beste ist. Hierfür soll der kommende Abschnitt eine Hilfe bieten.

4.1.1 Transistortechnologie

1947 wurde AT&T Bell telephone Laboratories kleinen Germaniumklotz, einer metallischen Grundplatte und zwei Metallspitzen der Punkt-Kontakt-Transistor erfunden. Seitdem wurden viele weitere Aufbautechnologien in Kombination mit verschiedensten Materialien entwickelt.

Die Wahl der für die gewünschte Anwendung beste Transistortechnologie ist für das Verhalten einer Verstärkerschaltung sehr wichtig. Jede Halbleitertechnologie bietet ihre Vor- und Nachteile. Diese müssen genau bekannt sein, um die für die gesuchte Anwendung beste Technologie zu wählen. Für rauscharme Verstärker bieten P/HEMTs (Pseudomorphic/High Electron Mobility Transistors) die besten Eigenschaften gefolgt von MESFETs (Metaloxid Semiconductor Field Effect Transistors). Im Leistungsverstärkerbereich sind MESFETs auch geeignet. Gerade für mobile Anwendungen sind HBTs (Heterojunction-Bipolar-Transistors) die beste Wahl, da sie hohe Effizienz und bei guter Linearität erzielen.

Die technologische Entwicklung der Heterostrukturen in den 80er Jahren löste bei Bipolartransistoren die widersprechende Bemessung für hohe Grenzfrequenz und hohe Verstärkung. Mittlerweile haben die Hetero-Bipolartransistoren konventionelle Transistoren abgelöst und man findet diese auf Silizium (Si), Galliumarsenid (GaAs) und Indiumphosphid (InP). Si-HBTs werden für kleine und mittlere Leistungen bevorzugt eingesetzt. Die Massenanwendung für Leistungstransistoren sind GaAs-HBTs neben dem klassischen MESFET, dem HEMT und dem LDMOSFET.

Heterojunction Bipolartransistoren (HBTs)

Der heterojunction Bipolartransistor (HBT) ist ein Bipolartransistor, bei dem für Emitter und Basis zwei unterschiedliche Materialien gewählt werden (deshalb auch „heterojunction“). Er entspricht damit der bipolaren Ausführung eines High-Electron-Mobility-Transistors (HEMT).

HBTs erfüllen in vielerlei Hinsicht die gesteigerten Anforderungen an Leistungsverstärker für moderne Funksysteme wie WLAN oder UMTS. In kompakten Strukturen mit nur einer Versorgungsspannung, wie zum Beispiel Mobiltelefonen, bieten sie hohe Verstärkung, Effizienz und Linearität und lassen sich günstig produzieren.

Verglichen mit SiGe-Bauteilen besitzen GaAs-HBTs eine höhere Elektronenbeweglichkeit und profitieren von der Verfügbarkeit semi-isolierender Substrate. Diese Eigenschaften führen zu niedrigen U_{ce}-Restspannungen bei hoher Stromdichte. Dementsprechend sind auf GaAs basierende HBTs auf dem kommerziellen Mobilfunkmarkt weit verbreitet, [52].

HBTs arbeiten nach dem gleichen Prinzip wie „normale“ Bipolartransistoren. Die Basis-Emitter-Diode wird in Durchlassrichtung und die Kollektor-Basis-Sperrschicht in Sperrrichtung betrieben. Elektronen werden vom Emitter in die Basisregion injiziert und durch das starke elektrische Feld in der Basis-Kollektor-Sperrschicht in den Kollektor beschleunigt.

Während Bipolartransistoren aus einem Material gefertigt sind, wird bei der Produktion von HBTs im Emitter ein Material mit größerem Bandabstand als der des Basishalbleiters verwand. Der Basishalbleiter selbst wird sehr hoch dotiert und möglichst dünn gefertigt, was zu kurzen Transitzeiten und zu einem niedrigen Bahnwiderstand führt. Zusätzlich wird der Emitter nur leicht dotiert um die Basis-Emitter-Kapazität minimal zu halten. All dies führt zu einer Transitfrequenz die deutlich über der von gewöhnlichen Bipolartransistoren liegt.

Nachteilig an allen GaAs-Transistoren sind die deutlich höheren Substratkosten sowie die ineffizienteren Fertigungslinien gegenüber Si-Produkten, so dass Si-Produkte deutlich preisgünstiger sind.

GaAs-HBTs lösten die MESFETs in mobilen Telefonen ab, da die aufwendige negative Gatespannung und das „normally-on“-Verhalten entfiel. Als Leistungsverstärker findet GaAs in HBTs auch aktuell eine recht große Verbreitung.

Mit HBTs lassen sich nunmehr Grenzfrequenzen von 600 GHz und mehr erzielen.

Insbesondere basierend auf Siliziumgermanium (SiGe) weisen HBTs sehr geringen Rauschzahlen auf.

Metaloxid Semiconductor Feldeffekttransistoren (MESFETs)

GaAs-MESFETs waren in den 70er Jahren die innovativsten Bauelemente im Hochfrequenzbereich. Für Leistungsverstärker muss der Kanalbereich jedoch sehr hoch dotiert werden, was zu einer Absenkung der Elektronengeschwindigkeit führt. Abhilfe brachte hier die Einführung einer Heterostruktur, was im HEMT mündete.

Nachteilig war die negative Gatespannung, das „normally-on“-Verhalten und die damit verbundenen Zusatzelektronik.

Mittlerweile werden MESFETs kaum noch eingesetzt.

High Electron Mobility Transistoren (HEMTs)

Der HEMT (engl. für high electronmobility transistor[1]) ist eine für den GHz-Bereich optimierte spezielle Bauform des Feldeffekttransistors.

Der HEMT brachte als kleiner GaAs-Transistor mit extrem geringer Rauschzahl in den 80er Jahren den Durchbruch für das Satellitenfernsehen. Mittlerweile wird diese spezielle Konstruktion auch häufig in Leistungstransistoren eingesetzt.

Die häufigste andere Bezeichnungen für den HEMT ist heterojunction Feldeffekttransistor (HFET).

Der HEMT besteht aus Schichten verschiedener Halbleitermaterialien mit unterschiedlich großen Bandlücken (daher Heterostruktur). Anfänglich wurde Gallium-Arsenid (GaAs) und Aluminium-Gallium-Arsenid (AlGaAs) verwendet, mittlerweile auch Galiumnitrid (GaN) und Aluminium-Gallium-Nitrid (AlGaN). Da die Bandlücke des AlGaAs größer ist als die des GaAs, bildet sich an der Grenzfläche dieser beiden Materialien auf Seiten des GaAs ein zweidimensionales Elektronengas (2DEG) aus, das als leitfähiger Kanal dient. Die Elektronenbeweglichkeit ist darin sehr hoch.

Durch die reine 2D-Bewegung weist dieser Transistortyp ein sehr geringes Eigenrauschen auf.

Sehr ausführlich wird der HEMT in [4] beschrieben.

LDMOS-Feldeffekttransistoren

LDMOS ist die Abkürzung für: „Laterally Diffused Metal Oxide Semiconductor".

Dieser in Silizium gefertigte Leistungstransistor wird aufgrund des relativ geringen Preises am Häufigsten im unteren GHz-Bereich für Leistungswerte im 2- und 3-stelligen Wattbereich eingesetzt.

Der Eingang weist eine sehr großen kapazitiven Anteil auf und deshalb eignet sich dieser Transistor nicht für Breitbandleistungsverstärker.

Für schmalbandige Anwendungen lassen sich mittlerweile relativ gute Wirkungsgrade erzielen (bis zu 60 % bei 2,45 GHz und 20 W).

Die Applikationsschrift AN1226 von STMicroelectronics erläutert den Unterschied im Aufbau des LDMOS-Transistors zu einem normal DMOS-Aufbau.

GaN-Transistoren

Seit 2006 gibt es erste Galliumnitrid-HF-Transistoren (kurz GaN), die kommerziell verfügbar sind. GaN ist ein III-V-Halbleiter mit großer elektronischer Bandlücke (wide bandgap), der in der Optoelektronik (blaue und grüne Leuchtdioden) sowie für Hochleistungs-, Hochtemperatur- und HF-Feldeffekttransistoren Verwendung findet.

Nunmehr werden am häufigsten GaN-HEMT-Leistungstransistoren eingesetzt. Die Vorteile der Transistoren liegen in den sehr gut anpassbaren Ein- und Ausgangswiderständen,

[1] Transistor mit hoher Elektronenbeweglichkeit.

den sehr hohen Wirkungsgraden (>80 % bei 2,45 GHz und 20 W) und den sehr großen realisierbaren Leistungen.

Nachteilig ist der Preis, die negative Gatespannung, das „normally-on"-Verhalten und die damit verbundenen Zusatzelektronik.

Der hohe Preis wird aktuell dadurch gesenkt, dass man die GaN-Transistoren auf preisgünstigen Silizium-Karbid-Wafern (SiC) fertigt.

Für 1 GHz gibt es in dieser Technologie bereits Transistoren, die 500 W HF-Leistung bei einem Wirkungsgrad von 60 % liefern können.

Weiterführendes zu den Transistortechnologien lässt sich in [52] nachlesen.

Wie aufwändig und komplex alleine der professionelle Einbau der HF-PA-Transistoren ist spiegelt die fast 50seitige Applikationsschrift AN10896 von Ampleon wieder.

4.1.2 Die Signalflussmethode und deren Anwendung

Signalflussdiagramme wurden bereits in [37] eingeführt. Das Signalflussdiagramm beschreibt ein lineares Netzwerk mittels der S-Parameter und der Wellengrößen a_i und b_i. Abb. 4.3 illustriert das Diagramm eines Verstärkers.

Die Signalflussmethode ist vom mathematischen Standpunkt aus gesehen eine universelle Methode zur Lösung linearer Gleichungen. Mit Hilfe der Manson-Regel lässt sich eine Transferfunktionen zwischen einer abhängigen und einer unabhängigen Variablen beschreiben. Die allgemeine Form lautet

$$T = \frac{P_1\,[1 - \sum L(1)^{(1)} + \sum L(2)^{(1)} - \ldots] + P_2\,[1 - \sum L(1)^{(2)} + \ldots] + \ldots}{1 - \sum L(1) + \sum L(2) - \sum L(3) + \ldots}. \tag{4.1}$$

Anhand von Abb. 4.3 soll die Anwendung der Manson-Regel erläutert werden:

Das Signalflussdiagramm des Verstärkers hat nur eine unabhängige Variable b_s. Als Beispiel soll hier die Transferfunktion $T = \frac{b_1}{b_s}$ erstellt werden.

Die Terme P_i beschreiben die verschiedenen Pfade, die die abhängige und die unabhängige Variable, dessen Transferfunktion bestimmt werden soll, verbinden. Knoten dürfen

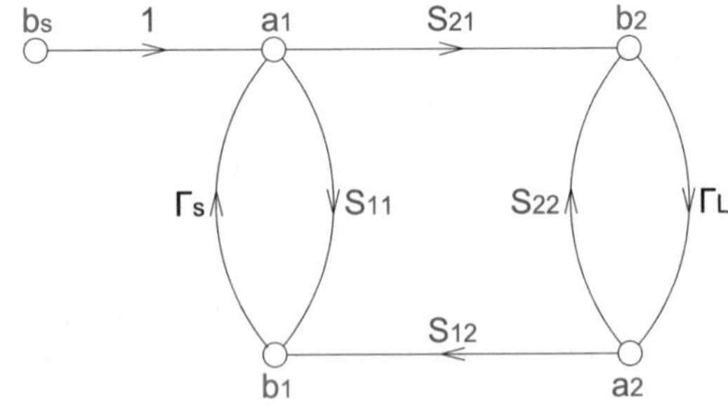

Abb. 4.3 Signalflussdiagramm eines Verstärkers mit Lastimpedanz Γ_L und Quelle b_s

dabei von einem Pfad nur einmal durchlaufen werden und es darf nur in Pfeilrichtung von der unabhängigen zur abhängigen Variablen gegangen werden. Für die geforderte Transferfunktion gibt es zwei Pfade $P_1 = S_{11}$ und $P_2 = S_{21}\Gamma_L S_{12}$.

$\sum L(1)$ ist die Summe aller Schleifen 1. Ordnung. Eine Schleife 1. Ordnung ist das Produkt aller Zweige, die man in Pfeilrichtung durchläuft, um von einem Knoten wieder zum gleichen Knoten zu gelangen. Im Abb. 4.3 sind $S_{11}\Gamma_S$, $S_{21}\Gamma_L S_{12}\Gamma_S$ und $S_{22}\Gamma_L$ Schleifen 1. Ordnung.

$\sum L(2)$ ist die Summe aller Schleifen 2. Ordnung. Eine Schleife 2. Ordnung ist das Produkt aus zwei sich nicht berührenden Schleifen 1. Ordnung. In Abb. 4.3 ist $S_{11}\Gamma_S S_{22}\Gamma_L$ eine Schleife 2. Ordnung.

$\sum L(3)$ ist die Summe aller Schleifen 3. Ordnung. Eine Schleife 3. Ordnung ist das Produkt aus drei sich nicht berührenden Schleifen 2. Ordnung. Im Beispiel 4.3 existieren keine Schleifen 3. Ordnung.

Allgemein gilt: $\sum L(i)$ ist die Summe aller Schleifen *i*. Ordnung. Eine Schleife *i*. Ordnung ist das Produkt aus *i* sich nicht berührenden Schleifen $(i - 1)$. Ordnung.

Der Term $\sum L(1)^{(P)}$ ist die Summe aller Schleifen 1. Ordnung, die den Pfad P nicht berühren. Im Abb. 4.3 gibt es zwei Pfade. Für P_1 gilt $\sum L(1)^{(1)} = \Gamma_L S_{22}$ und für P_2 gilt $\sum L(1)^{(2)} = 0$.

Der Term $\sum L(2)^{(P)}$ ist die Summe aller Schleifen 2. Ordnung, die den Pfad P nicht berühren. Für $P_{1,2}$ gilt $\sum L(2)^{(1,2)} = 0$.

Allgemein gilt: Der Term $\sum L(1)^{(P)}$ ist die Summe aller Schleifen *i*. Ordnung, die den Pfad P nicht berühren. Mit der Manson-Regel ergibt sich somit

$$T = \frac{b_1}{b_s} = \frac{S_{11}(1 - \Gamma_L S_{22}) + S_{21}\Gamma_L S_{12}}{1 - (S_{11}\Gamma_S + S_{22}\Gamma_L + S_{21}\Gamma_L S_{12}\Gamma_S) + S_{11}\Gamma_S S_{22}\Gamma_L}. \tag{4.2}$$

Mit Hilfe des Signalflussdiagramms, der Manson-Regel und dem Wissen, dass die einlaufenden Welle zum Quadrat minus der reflektierten Welle zum Quadrat gleich der Leistung an einer Last ist ($P_L = \frac{1}{2}|a_2|^2 - \frac{1}{2}|b_2|^2 = \frac{1}{2}|b_2|^2(1 - |\Gamma_L|^2)$), lassen sich alle Parameter für die lineare Betrachtung eines Verstärkers berechnen.

Wendet man die Manson-Regel an, um den Eingangsreflexionsfaktor eines Verstärkers, wie im Abb. 4.4 dargestellt, zu ermitteln, ergibt sich folgende Gleichung

$$\Gamma_{in} = \frac{S_{11}(1 - \Gamma_L S_{22}) + S_{21}\Gamma_L S_{12}}{1 - S_{22}\Gamma_L} = S_{11} + \frac{S_{12}S_{21}\Gamma_L}{1 - S_{22}\Gamma_L} \tag{4.3}$$

und für den Ausgangsreflexionsfaktor (Abb. 4.4) ergibt sich

$$\Gamma_{out} = S_{22} + \frac{S_{12}S_{21}\Gamma_S}{1 - S_{11}\Gamma_S}. \tag{4.4}$$

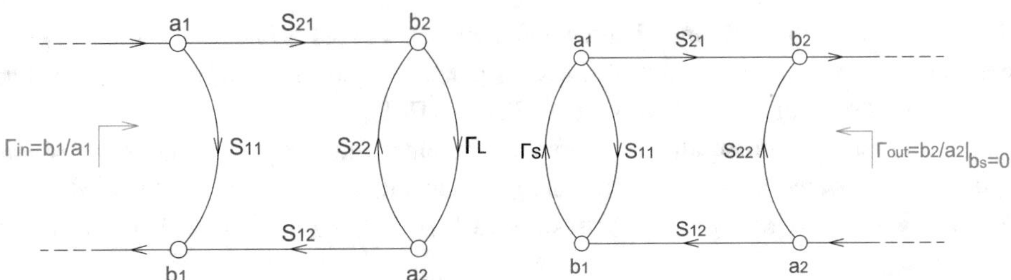

Abb. 4.4 Signalflussdiagramme des Eingangsreflexionsfaktors eines Verstärkers mit Lastimpedanz und des Ausgangsreflexionsfaktors eines Verstärkers

4.1.3 Leistungsbegriffe

In der Verstärkerentwicklung gibt es verschiedene Leistungsbegriffe, die anhand von Abb. 4.5 und 4.6 erklärt werden müssen.

Diese Begriffe gelten nur für Kleinsignale uneingeschränkt. Da im Großsignalbetrieb Nichtlinearitäten und physikalische Grenzen berücksichtigt werden müssen, ist eine Gültigkeit im Einzelfall zu prüfen.

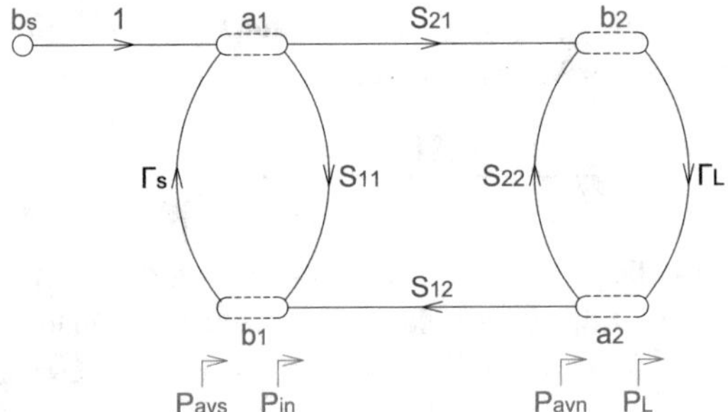

Abb. 4.5 Verschiedene Leistungsbegriffe im Signalflussdiagramm eines Verstärkers

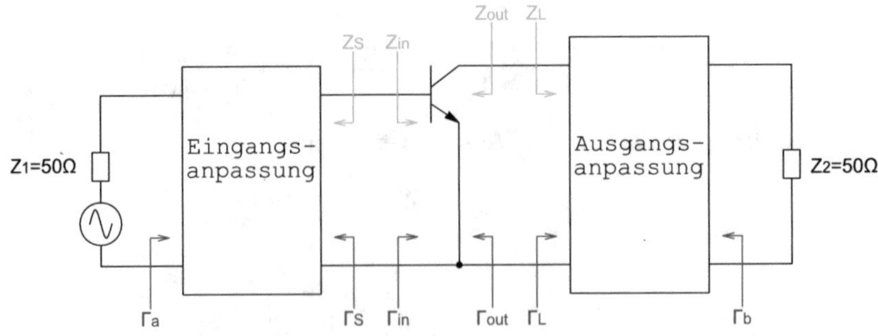

Abb. 4.6 Reflexionen innerhalb der Teilschaltungen eines Verstärkers

P_{avs} ist die Leistung, die die Quelle bei konjugiert komplexer Anpassung an eine Last abgeben würde.

$$P_{avs} = P_{in}|_{\Gamma_{in}=\Gamma_{S}*} = \frac{\frac{1}{2}|b_S|^2}{1-|\Gamma_S|^2} \tag{4.5}$$

P_{in} ist die Leistung, die vom Eingangsanpassnetzwerk an den Verstärker abgegeben wird, und ist gleich P_{avs} bei einer konjugiert komplexem Eingangsimpedanz des Anpassnetzwerkes.

$$P_{avs} = P_{in}|_{\Gamma_{in}=\Gamma_{S}*} \tag{4.6}$$

Ansonsten ist P_{in} gleich

$$P_{in} = \frac{1}{2}|b_S|^2 \frac{1-|\Gamma_{in}|^2}{|1-\Gamma_{in}\Gamma_S|^2}. \tag{4.7}$$

Für die Verknüpfung von P_{avs} und P_{in} ergibt sich damit

$$P_{in} = P_{avs} M_S \tag{4.8}$$

mit

$$M_S = \frac{(1-|\Gamma_S|^2)(1-|\Gamma_{in}|^2)}{|1-\Gamma_S\Gamma_{in}|^2}. \tag{4.9}$$

M_S ist der Eingangsfehlanpassungsfaktor und ein Maß dafür, wie viel Leistung am Transistor reflektiert wird.

Ausgangsseitig gibt es ebenfalls zwei Leistungsbegriffe P_{avn} und P_L. P_{avn} ist die Leistung, die bei konjugiert komplexer Ausgangsanpassung vom Transistor abgegeben werden kann. P_L ist die Leistung, die an der Last abgegeben wird.

$$P_{avn} = \frac{\frac{1}{2}|b_2|^2}{1-|\Gamma_{out}|^2} \tag{4.10}$$

Bei konjugiert komplexer Ausgangsanpassung gilt

$$P_{avn} = P_L|_{\Gamma_L=\Gamma_{out}*}. \tag{4.11}$$

Allgemein berechnet sich P_L mit

$$P_L = \frac{1}{2}|b_2|^2 \frac{1-|\Gamma_L|^2}{|1-\Gamma_{out}\Gamma_L|^2}. \tag{4.12}$$

P_{avn} und P_L sind über den Ausgangsfehlanpassungsfaktor M_L verknüpft.

$$P_L = P_{avn} M_L \tag{4.13}$$

mit

$$M_L = \frac{(1 - |\Gamma_L|^2)(1 - |\Gamma_{out}|^2)}{|1 - \Gamma_L \Gamma_{out}|^2}. \tag{4.14}$$

4.1.4 Weitere Grundbegriffe

Verstärkung

Da es verschiedene Leistungsbegriffe gibt, ist es nahe liegend, dass auch für die Verstärkung verschiedene Definitionen existieren [25, 110]. Hier gelten bezüglich Klein- und Großsignalbetriebs die gleichen Einschränkungen wie in Abschn. 2.2.6.

Erstens der „Transducer Gain“ G_T, der definiert ist als

$$G_T = \frac{P_L}{P_{avs}} = \frac{\text{Leistung, die an der Last abgegeben wird}}{\text{Leistung, die von der Quelle abgegeben werden kann}}, \tag{4.15}$$

zweitens der „Power Gain“ G_P, der wie folgt definiert ist:

$$G_P = \frac{P_L}{P_{in}} = \frac{\text{Leistung, die an der Last abgegeben wird}}{\text{Leistung, die vom Netzwerk aufgenommen wird}}, \tag{4.16}$$

und zu guter Letzt der „Available Power Gain“ G_A, der gemäß

$$G_A = \frac{P_{avn}}{P_{avs}} = \frac{\text{Leistung, die vom Netzwerk abgegeben werden kann}}{\text{Leistung, die von der Quelle abgegeben werden kann}} \tag{4.17}$$

definiert. Berechnet werden die Verstärkungen mit den Gleichungen

$$G_T = \frac{1 - |\Gamma_S|^2}{|1 - \Gamma_{in}\Gamma_S|^2} |S_{21}|^2 \frac{1 - |\Gamma_L|^2}{|1 - S_{22}\Gamma_L|^2} \tag{4.18}$$

oder

$$G_T = \frac{1 - |\Gamma_S|^2}{|1 - S_{11}\Gamma_S|^2} |S_{21}|^2 \frac{1 - |\Gamma_L|^2}{|1 - \Gamma_{out}\Gamma_L|^2} \tag{4.19}$$

bzw.

$$G_P = \frac{1}{1 - |\Gamma_{in}|^2} |S_{21}|^2 \frac{1 - |\Gamma_L|^2}{|1 - S_{22}\Gamma_L|^2} \tag{4.20}$$

und

$$G_A = \frac{1 - |\Gamma_S|^2}{|1 - S_{11}\Gamma_S|^2} |S_{21}|^2 \frac{1}{1 - |\Gamma_{out}|^2}. \tag{4.21}$$

Wirkungsgrad

Für den Wirkungsgrad einer Verstärkerstufe gibt es in der Literatur mehrere Definitionen. Die Gebräuchlichsten sind die PAE (engl.: Power Added Efficiency) und der allgemeine Wirkungsgrad η. Sie unterscheiden sich darin, dass in der PAE-Berechnung neben der Gleichstromleistung P_{DC} auch die Eingangsleistung P_{in} mit berücksichtigt wird, die dem Verstärker zugeführt wird. Der Wirkungsgrad η berücksichtigt lediglich die Gleichstromleistung, was dazu führt, dass die PAE immer schlechter ist als η.

$$PAE = \frac{P_{out} - P_{in}}{P_{DC}} \tag{4.22}$$

$$\eta = \frac{P_{out}}{P_{DC}} \tag{4.23}$$

Je geringer die Eingangsleistung bezogen auf die Ausgangsleistung P_{out} ist, desto geringer ist folglich die Differenz zwischen beiden Effizienzbegriffen. Dies führt dazu, dass sie gelegentlich gleichgesetzt werden.

Maximal verfügbarer Leistungsgewinn und maximaler stabiler Leistungsgewinn

Der maximal verfügbare Leistungsgewinn kurz MAG (engl.: Maximum Available Gain) genannt, ist ein Maß für die, mit einem im Ein- und Ausgang konjugiert komplex angepassten Transistor, maximal erreichbare Verstärkung. Er gilt nur bei stabilen Schaltungen und kann ansonsten zu falschen Ergebnissen führen [37]. Berechnet wird der MAG mit

$$MAG = \frac{|S_{21}|}{|S_{12}|} \left(k - \sqrt{k^2 - 1}\right). \tag{4.24}$$

k ist der Stabilitätsfaktor (s. Gl. (4.28)) und wird mit Gl. (4.24) berechnet.

Der maximale stabile Leistungsgewinn MSG (engl.: Maximum Stable Gain) bezeichnet die Verstärkung, die ein Verstärkerschaltung für $k = 1$ liefert und berechnet sich folglich mit

$$MSG = \frac{|S_{21}|}{|S_{12}|}. \tag{4.25}$$

Einer dieser Begriffe wird in der Regel in Transistordatenblättern geführt und dient als wichtiges Kriterium bei der Wahl eines geeigneten Transistors.

4.1.5 Stabilität

Eine elementare Größe, die beim Verstärkerentwurf zwingend zu betrachten ist, ist die Stabilität. Die meisten Transistoren neigen ohne äußere Beschaltung zum Schwingen und müssen durch schaltungstechnische Maßnahmen, wie z. B. Strom- oder Spannungsgegenkopplung, stabilisiert werden.

Absolute Stabilität bedeutet, dass es nicht möglich ist, mit einem beliebigen passiven Generator- oder Lastabschluss ($\Gamma_S < 1, \Gamma_L < 1$) eine Schaltung zum Schwingen zu bringen. Um diese absolute Stabilität für aktive Zweitore zu erzeugen, wird der Stabilitätsfaktor k über der Frequenz betrachtet. Seine Herleitung ist bereits in zahlreichen Büchern [25] publiziert, weshalb hier nur die Formeln und die Anwendung präsentiert werden. Ein aktives Zweitor ist **absolut stabil,** wenn gilt $\underline{k > 1}$ und die Bedingungen

$$1 - |S_{11}|^2 > |S_{12}S_{21}| \tag{4.26}$$

und

$$1 - |S_{22}|^2 > |S_{12}S_{21}| \tag{4.27}$$

erfüllt sind. Der Stabilitätsfaktor k berechnet sich wie folgt,

$$k = \frac{1 - |S_{11}|^2 - |S_{22}|^2 + |\Delta|^2}{2\,|S_{12}S_{21}|} \tag{4.28}$$

mit

$$\Delta = S_{11}S_{22} - S_{12}S_{21}. \tag{4.29}$$

Bedingte Stabilität bedeutet, dass ein Verstärker nur mit bestimmten Abschlüssen stabil arbeitet. Das lässt sich durch die so genannten Stabilitätskreise im Smith-Chart darstellen und überwachen.

Alle Herleitungen und weiterführenden Erklärungen bzw. Ergänzungen zu diesem Abschnitt sind in [37, 110] oder [25] zu finden.

4.1.6 Wahl der Lastimpedanz

Die Auslegung der passiven Netzwerke zur Beschaltung eines Leistungsverstärkers hat einen sehr großen Einfluss auf dessen verfügbare maximale Ausgangsleistung und dem Wirkungsgrad. Diese Netzwerke transformieren die Systemimpedanz ($Z_0 = Z_L$) in eine für den Transistor optimale Impedanz Z_{in}. Welche Eingangsimpedanz (Z_{in}) angestrebt wird, wird im folgendem Abschnitt erläutert.

In diesem Abschnitt soll lediglich das Verhalten der Beschaltungsnetzwerke bei der Arbeitsfrequenz untersucht werden. Am Verstärkereingang wird ein derartiges Transformationsnetzwerk zur Realisierung der konjungiert komplexen Anpassung verwendet. Auf die Kriterien zur Anpassung am Ausgang wird im Weiteren noch detailliert eingegangen.

Abb. 4.7 zeigt einfachste Netzwerke, die hierfür eingesetzt werden können.

Lässt man zusätzlich Leitungsbauelemente zu, so wird die Anzahl der möglichen Netzwerke deutlich größer. Gleiches gilt, wenn man anstatt zwei drei Bauelemente einsetzt. In [37] wurde mit der Einführung des Γ-Transformators gezeigt, wie das Transformationsverhältnis und die einsetzbare Bandbreite zusammenhängen. Weiterhin haben auch noch die endlichen Güten der Bauelemente eine verringernden Einfluss auf die Bandbreite. All diese Auslegungsaspekte wurden in [37] ausführlich erläutert. Jedoch werden aus Gründen der optimalen Tuning-Möglichkeiten in der Praxis kurze hochohmige Leitungen (in Relation zur Transistorausgangsimpedanz) in Form von 50 Ω-Leitungen und Shunt-Kondensatoren und somit die im Abb. 4.7 rot gekennzeichneten Netzwerke eingesetzt.

Abb. 4.8 zeigt die einfache Realisierungsform, die viel Tuning über die Schiebungung der Kondensatoren zulässt.

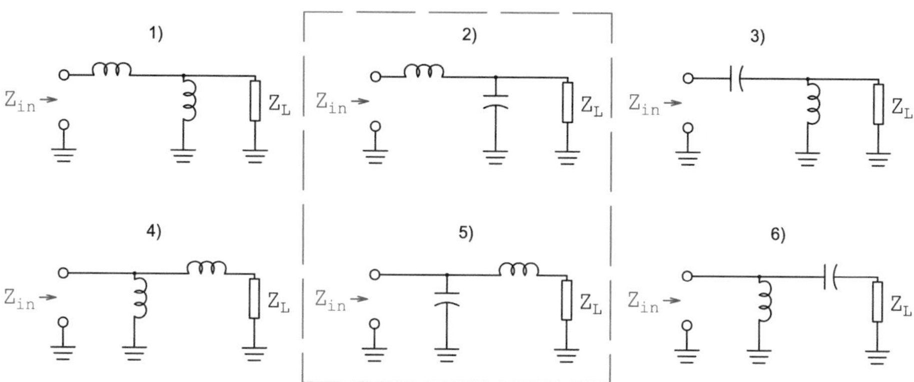

Abb. 4.7 Verschiedene Konstellationen für Γ-Transformatoren (LC-Netzwerke) bzw. L-Netzwerke (enthalten nur L oder C) mit konzentrierten Spulen und Kondensatoren

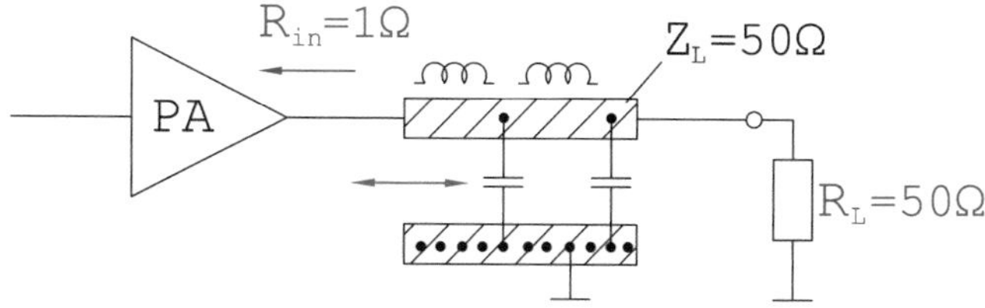

Abb. 4.8 Praktische Realisierung eines zweistufigen Γ-Transformators (LC-Netzwerke) aus den leicht veränderbaren quasi-konzentrierten Leitungsinduktivitäten und den Shunt-Kondensatoren

Es gibt in der hohen MHz- und der GHz-Technologie zwei Klassen von Leistungstransistoren:

Niederohmige Transistoren und Transistoren mit `Pre-Matching`.

Generell ist beim Leistungstransistor die Kollektor-Emitter- bzw. die Drain-Source-Strecke im durchgeschalteten Fall sehr niederohmig, was als einfache Multimetermessung bei angelegter Basis-Emitter- bzw. Gate-Source-Spannung als einfachen Funktionstest im DC-Bereich gemessen wird.

Typische Werte für ein 10–20 W-Leistungstransistor sind:

Niederohmige Transistoren: 0,1–1 Ω & Transistoren mit `Pre-Matching`: 5–20 Ω.

Bei Transistoren mit Pre-Matching werden die im Abb. 4.7 hervorgehobene Schaltung oft mittels eines Bonddrahtes (als Serieninduktivität) und eines Shunt-Kondensators (Gehäusekapazität) umgesetzt.

Leistungstransistoren mit `Pre-Matching`

Damit keine Reflexionen entstehen, wird in der Hochfrequenztechnik in der Regel eine konjugiert komplexe Anpassung erzeugt, um Verluste zu minimieren, so auch grundsätzlich in Verstärkerschaltungen. Kleinsignaltransistoren werden grundsätzlich so angepasst, was in [37] ausführlich dargestellt wird. Leistungstransistoren mit Pre-Matching werden in der Entwicklung genauso wie Kleinsignaltransistoren für die Anpassung der Grundwelle behandelt. Bei der Anpassung der Oberwellen, die bei Leistungstransistoren groß sind und deshalb auch viel Einfluss haben, gibt es in den folgenden Abschnitten mehrere Ausführungen.

Diese Leistungstransistoren sind bereits von den Halbleiterherstellern so abgestimmt mit der notwendigen Betriebsspannung und der maximal erzieltbaren Leistung, dass der Entwickler sich hier keine weiteren Überlegungen machen muss.

Niederohmige Leistungstransistoren

In der Elektronik werden die konjugiert komplexe Anpassung und die Leistungsanpassung oftmals gleichgesetzt. Dies gilt aber nur, wenn man die physikalischen Grenzen der Transistoren und Gleichspannungsquellen außer Acht lässt. Bei Verwendung einer konjugiert komplexen Anpassung erreicht man immer maximale Verstärkung. Dabei kann es passieren, dass die maximale Ausgangsleistung durch die maximale Spannung U_{max} der Gleichspannungsquelle begrenzt wird (Abb. 4.9), obwohl der maximale Strom I_{max} noch nicht erreicht ist.

Dies führt dazu, dass das Potential des Transistors nicht optimal ausgenutzt wird. Um den maximalen Strom und die maximale Spannung optimal auszunutzen muss i. d. R. ein kleinerer Lastwiderstand gewählt werden. Dieser Lastwiderstand $R_L \simeq R_{opt}$ wird als Loadline-Impedanz bezeichnet und lässt sich unter der Annahme, dass der Innenwiderstand der Quelle R_G sehr viel größer ist $R_G >> R_{opt}$, durch die einfache Gleichung

$$R_{opt} = \frac{U_{max}}{I_{max}} \tag{4.30}$$

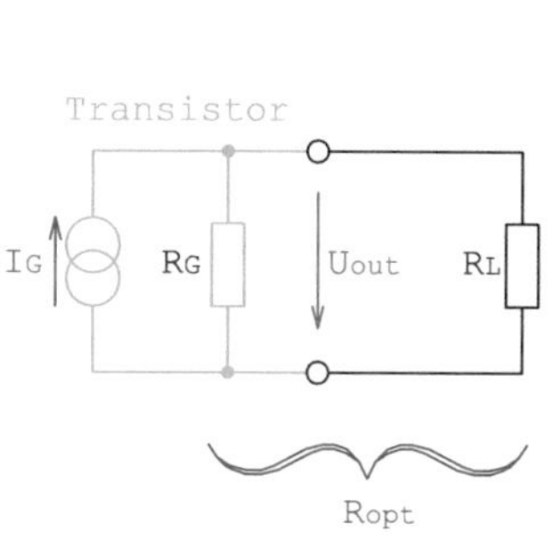

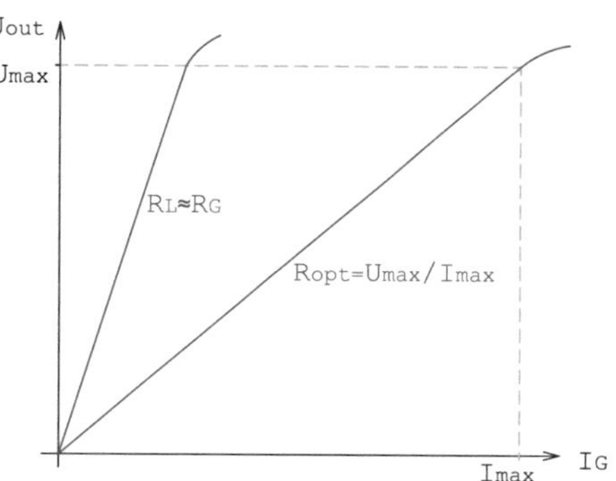

Abb. 4.9 Strom-Spannungskennlinie bei konjugiert komplexem Anpassnetzwerk und bei optimalem Leistungsanpassnetzwerk für niederohmige Leistungstransistoren (d. h. R_G ist hochohmig) mit der Loadline-Impedanz R_{opt}

abschätzen. Muss R_G in der Berechnung berücksichtigt werden, ändert sich aufgrund der Parallelschaltung von R_G und R_L die obige Gleichung wie folgt

$$R_{opt} = \frac{R_L \cdot R_G}{R_L + R_G} = \frac{U_{max}}{I_{max}}. \tag{4.31}$$

Oft handelt es sich bei R_G um eine komplexe Impedanz Z_G. Jedoch ist in der Praxis der Imaginärteil oft recht klein. Hier genügt es häufig die oben dargestellte Abschätzung für Startwerte der Simulation zu verwenden. Ansonsten kann man auch in einem ersten Schritt den Imaginärteil von Z_G kompensieren.

Hier stellt sich die Frage, ob ein so optimiertes Netzwerk nicht aufgrund der „Fehlanpassung" und den auftretenden Reflexionen Probleme aufwirft. Die durch Reflexionen auftretenden stehenden Wellen können nur dann auftreten, wenn in einem Sendesystem keine Welle von der Antenne zurück läuft. Die Anpassung der Antenne lässt sich durch einen Isolator oder einer Spezialantennenkonstruktion nach [73] lösen. Als weitere Alternative wird im Weiteren noch ein balanciertes Verstärkerkonzept vorgestellt.

In der Hochfrequenztechnik ist es üblich Strom und Spannung zu abstrahieren und nur die Ein- und Ausgangsleistung zu betrachten. Der oben geschilderte Effekt lässt sich auch hier nachweisen. Abb. 4.10 stellt die Ausgangs- über der Eingangsleistung eines Transistors mit zwei unterschiedlichen Ausgangsanpassungen dar.

Der durchgezogene Graph gehört zu einem konjugiert komplexen Anpassnetzwerk und der gestrichelte zu einem optimierten so genannten Leistungsanpassnetzwerk. Die Punkte A.i bezeichnen die maximale lineare Ausgangsleistung und die Punkte B.i den 1 dB Kompressionspunkt. Mit konjugiert komplexer Anpassung ist die Verstärkung um 1–2 dB höher, hingegen ist die maximale lineare Ausgangsleistung um 1–4 dB niedriger. Das Ausmaß der Steigerung ist abhängig von der Technologie und vom Bauteil, aber der Effekt ist bei allen Transistoren zu erkennen.

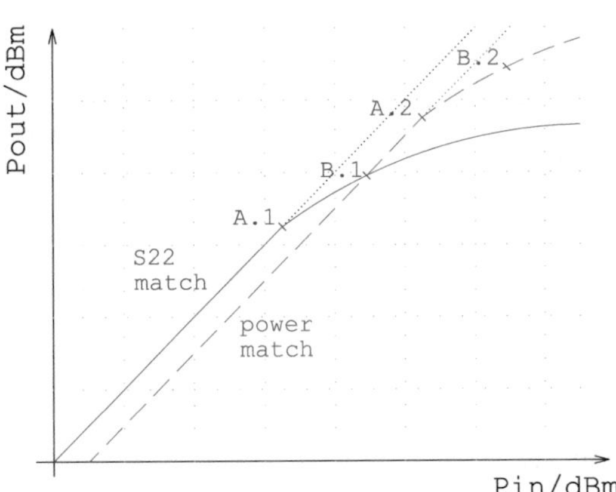

Abb. 4.10 Pout über Pin für ein konjugiert komplexes Anpassnetzwerk (in blau) und ein Leistungsanpassnetzwerk (Load Line in rot)

Hier wurde deutlich gezeigt, dass die konjugiert komplexe Anpassung nicht gleich der optimalen Leistungsanpassung ist.

In der Hochfrequenzmesstechnik gibt es zur Einstellung der optimalen Ausgangsanpassung die so genannte Load-Pull-Messung. Eine kommerzielle Messanordnung ist in Abb. 4.11 zu sehen.

Die Eingangsanpassung wird dabei immer auf einem Wert gehalten, der möglichst nahe an der konjugiert komplexen Anpassung liegt, wobei die Ausgangsanpassung durch den Ausgangs-Tuner durchgestimmt wird. Zeichnet man die Messergebnisse in ein Smith-Diagramm, zeigen sich um den Punkt maximaler linearer Ausgangsleistung geschlossene Linien konstanter Ausgangsleistung, die eine ovale Form aufweisen (Abb. 4.12).

Diese Messdaten geben dem HF-Entwickler ein einfaches Ziel im Smith-Diagramm, um ein geeignetes Anpassnetzwerk zu erstellen. Diese automatischen Messanordnungen sind

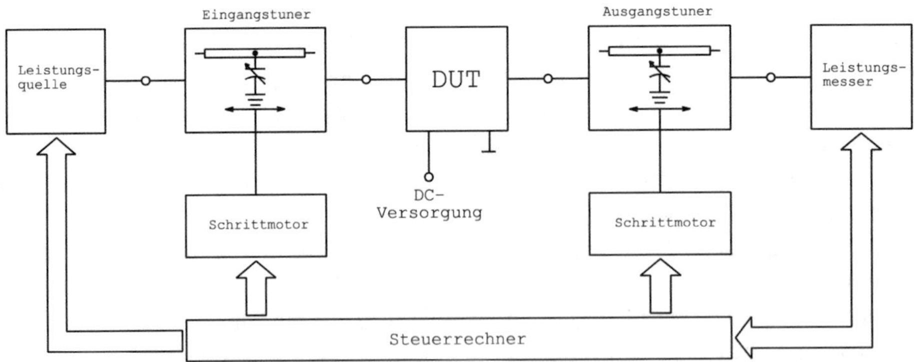

Abb. 4.11 Blockschaltbild einer professionellen Load-Pull-Messanordnung in nur skalarer Ausführung

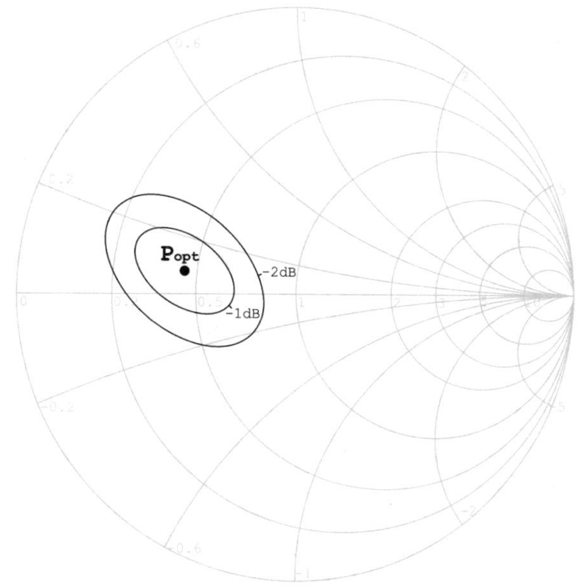

Abb. 4.12 Load-Pull-Linien im Smith-Diagramm für die Ausgangsleistung von $P_{opt-1\,dB}$ und $P_{opt-2\,dB}$

ziemlich teuer. Deshalb nutzt man gerne manuelle Tuner, die mit geeigneten mechanischen Fertigungsmöglichkeiten, relativ einfach selbst zu bauen sind.

Load-Pull-Messplätze gibt es auch in

- vektorieller Ausführung und/oder
- mit Oberwellen-Tunern und/oder
- mit elektronischen Tunern.

Load-Pull-Messungen lassen sich mit aktuellen Schaltungssimulatoren wie z. B. ADS simulieren. Vorhersagen lassen sich die Load-Pull-Linien auch mit der Load-Pull-Theory [10].

4.1.7 Aufbau und Anwendung eines manuellen Tuners

Bei einem Tuner handelt es sich um eine 50 Ω TEM-Leitung, in der eine oder mehrere einstellbare Kapazitäten verschoben werden können.

Zunächst soll kurz auf das meist verwendete Leitungssystem eingegangen werden. Das für Tuner verwendete Leitungssystem gemäß Abb. 4.13 wird „slabline" genannt, [107]. Es besteht aus zwei unendlich ausgedehnten Masseflächen mit dem Abstand D und einem runden Leiter mit gleichem Abstand zu beiden Masseflächen mit dem Durchmesser d.

Abb. 4.13 Das Leitungssystem der Tuning-Leitung im Schnittbild

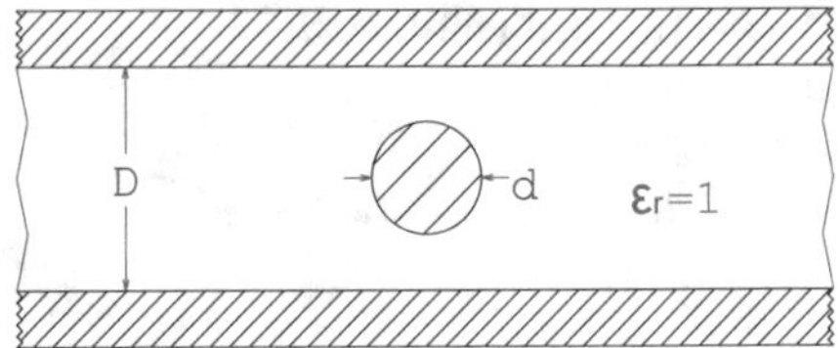

Der Wellenwiderstand dieses Leitungssystems errechnet sich mit:

$$Z_0 = \frac{60\,\Omega}{\sqrt{\epsilon_r}} \ln\left(\frac{4\,D}{\pi\,d}\right). \tag{4.32}$$

Diese Berechnung besitzt eine Abweichung von weniger als 1 % für $\frac{D}{d} \geq 2$. Für eine präzisere Berechnung bietet [107] neben den hier gezeigten Berechnungen auch eine exaktere Lösung an.

Die Leitung sollte einen Wellenwiderstand von 50 Ω besitzen und bei der Grundfrequenz des Verstärkers (z. B. 800 MHz) noch eine elektrische Länge von gut 400° aufweisen, damit auch mindestens zwei abstimmbare Kondensatoren eingesetzt werden können. Alle für das elektrische Verhalten relevanten Teile werden oft aus Messing gefertigt, da es sich um einen gut leitenden und einfach zu bearbeitenden Werkstoff handelt.

Abb. 4.14 zeigt eine selbst gefertigte Tuning-Leitung mit drei variablen Einstellkapazitäten in der Seitenansicht. Hier ist der Innenleiter deutlich zu erkennen.

Die Länge der Leitung wurde auf 450 mm festgelegt, was bei 800 MHz einer elektrischen Länge von 432° entspricht. Die Masseflächen wurden durch Aluminium-U-Profilen verwindungssteif gemacht. Diese Profile dienen gleichzeitig als Führungen für die variablen Kapazitäten. Auf dem U-Profil ist ein Lineal eingraviert, um die Positionen der variablen Kapazitäten reproduzierbar zu machen.

Als Anschlüsse sind N-Adapter verwendet worden. Sie sind in die Kopfplatten eingeschraubt und mit dem Innenleiter des N-Steckers (Durchmesser 3 mm) mit dem 8 mm breiten Innenleiter des Tuners verbunden. Um die Fehlanpassung in diesem Übergang zu minimieren muss der Innenleiter basierend auf Feldsimulationsergebnissen angepasst (Abb. 4.15).

Abb. 4.14 Eine selbst gefertigte Tuning-Leitung in der Seitenansicht

Abb. 4.15 Optimierter Übergang auf den Innenleiter mit dem Durchmesser von 8 mm

Die variablen Kapazitäten sind bewegliche Schlitten, in denen sich eine Einstellschraube mit z. B. 10 mm Durchmesser befindet (Abb. 4.16). Bei Annäherung der Schraube an der Innenleitung erhöht sich die Kapazität gegen Masse und somit auch die Fehlanpassung der Tuning-Leitung. Entfernt man die Schraube von der Leitung wird die Kapazität kleiner und die Anpassung verbessert sich. Bei maximaler Entfernung hat die Schraube keinen Einfluss mehr auf die Leitung.

Um eine bessere Masseanbindung zu erzielen, werden die Schlitten von Messingblöcken geführt, die passgenau zwischen den Masseplatten sitzen (Abb. 4.16). Zusätzlich lassen sich die Schlitten durch zwei Feststellschrauben fixieren.

Mittels eines solchen einfachen mechanischen Tuners lassen sich eine große Anzahl an Eingangsimpedanzen realisieren. Schraubt man die Einstellschraube zur Kapazitätserhöhung hinein, so bewegt man sich immer weiter zum Rand des Smith-Diagramms hin. Die endliche Dämpfung der Leitung sorgt dafür, dass die Werte am Rand nicht abgedeckt werden können.

Abb. 4.17 zeigt welche Impedanzwerte sich einstellen können, wenn die Tuningschrauben für diskrete Einstellwerte über der gesamten Leitungslänge verschoben werden.

Abb. 4.16 Der Führungsblock und die Einstellschraube

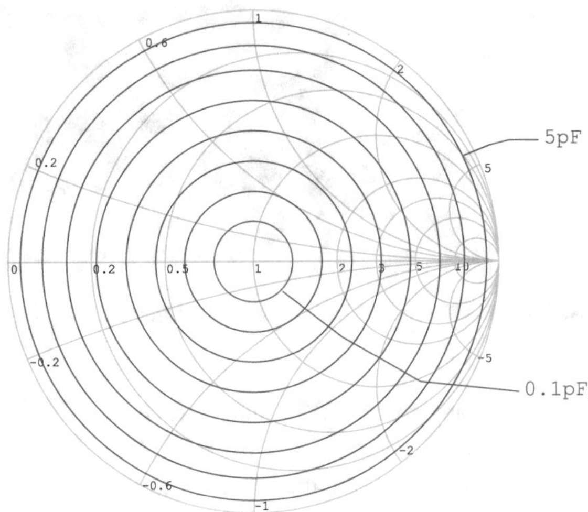

Abb. 4.17 Eingangsimpedanzen des Tuners für verschiedene kapazitive Abschlüsse, die entlang der Tuner-Leitung verschoben werden

Diese manuellen Tuner werden meist nur am Ausgang eingesetzt. Setzt man diese Tuner hinter einem Verstärker ohne Ausgangsnetzwerk ein, so entspricht die Eingangsimpedanz der optimalen Tunerstellung der Eingangsimpedanz des zu entwickelnden Netzwerkes. Oft muss diese Eingangsimpedanz noch de-embedded werden, [37].

Setzt man den Tuner hingegen hinter einem Verstärker mit einem Netzwerk für die Ausgangsanpassung ein, so kann man durch schnelle manuelle Einstellung einer sehr großen Anzahl von Impedanzen erkennen, ob es Ausgangsimpedanzen gibt, die eine noch größere Leistungsausbeute zulassen.

Bisher wurden nur Breitbandtuner vorgestellt. Weiterhin gibt es auch noch so genannte Harmonic-Tuner (auch Oberwellen-Tuner). Die sind nur bei einer festen Frequenz einsetzbar und in der Hinsicht optimiert, dass eine Oberwelle möglich stark und die Grundwelle möglichst gar nicht reflektiert wird. Bei mechanischen Ausführungen lassen sich i. d. R. die Reflexionsfaktoren der Oberwellen nicht einstellen. Lediglich über die Position der Oberwellen-Tuner kann die Reflexionsphase beeinflusst werden. Dieses Hilfsmittel ist jedoch in der Praxis der Leistungsverstärkerentwicklung sehr wichtig.

4.1.8 Wahl der Drain-Spule

Leistungstransistoren im hohen MHz- und im GHz-Bereich sperren im Bruchteil einer Nanosekunde. Über die Drain-Spule fließt ein hoher Strom während der Transistor niederohmig ist. Im Abb. 4.18 wird das ESB der Spannungsversorgung über die Drainspule bis hin zum 50 Ω-Lastwiderstand dargestellt.

Diese Schaltung ähnelt einem DC-DC-Wandler (Boost Converter). Wenn der Transistor niederohmig ist, dann baut sich ein relativ großer Strom über diesen direkten Pfad gegen

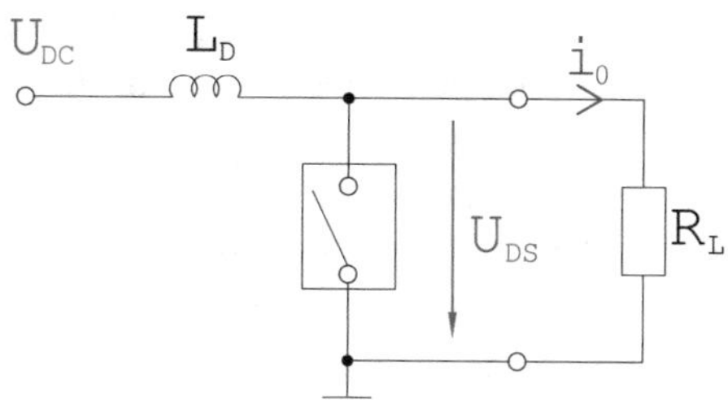

Abb. 4.18 Vereinfachtes Ersatzschaltbild für den Strompfad der Gleichspannungsversorgung über die Drain-Source-Strecke, die als Schalter dargestellt wird

Masse auf. Öffnet der Transistor, so möchte die Drain-Spule den Strom zunächst aufrecht erhalten. Da der Lastwiderstand aber deutlich hochohmiger als die zuvor niederohmige Drain-Source-Strecke ist, baut sich eine deutlich größere Spannung am Lastwiderstand auf, als mit U_{DC} angelegt wird. Typisch erreicht man in der Praxis bei gut abgestimmter Drain-Spule eine Spannungsverdopplung.

Ein zu kleiner Induktivitätswert der Spule erlaubt keine Isolation zwischen dem HF- und dem DC-Kreis und kein ausreichendes magnetisches Feld zur Spannungsüberhöhung. Bei einer zu großen Induktivität baut sich in dem kurzen niederohmigen Durchschaltzeitraum der Drain-Source-Strecke kein merklicher Strom auf und es wird kaum Energie in den HF-Kreis gekoppelt.

Der beste Weg zur Auslegung dieser Spule ist eine Optimierung des Wertes in einer nichtlinearen Simulation, die möglichst neben den gewählten Transistor noch andere im späteren Design auftretende parasitäre Bauteile enthält.

Öfters wird in diesem Buch mit der Betriebsspannung $U_0 \geq U_{DC}$ gearbeitet, um immer wieder auf dieser in der Praxis sehr wichtigen Spannungsanhebung hinzuweisen.

4.2 Die klassischen Betriebsarten A, AB, B und C

In diesem Kapitel soll nur auf die klassischen Betriebsarten A, AB, B und C eingegangen werden. Die Betriebsarten klassifizieren Transistorschaltungen anhand der Lage des Arbeitspunktes.

Überblick

Im A-Betrieb wird der Arbeitspunkt für maximale Aussteuerung in die Mitte des Ausgangskennlinienfeldes des Transistors gelegt, so dass $U_{AP} = \frac{U_{DC}}{2}$ ist. U_{AP} ist die Kollektor-Emitterspannung im Arbeitspunkt und U_{DC} ist die Versorgungsspannung. Allgemein gilt $U_{AP} \geq \frac{\hat{u}_{Amax}}{2}$. Die Größe $\hat{u}_{Amax}$ bezeichnet die maximal benötigte Ausgangsspitzenspannung. Der A-Betrieb ist die linearste Betriebsart aber gleichzeitig auch die Ineffizienteste mit einem theoretischen Wirkungsgrad von maximal 50 % bei Vollaussteuerung. In der Praxis liegt der Wirkungsgrad eher zwischen 10 % und 35 %. Deshalb findet der A-Betrieb hauptsächlich in Kleinsignal- oder Vorverstärkerschaltungen eine Anwendung.

Das Abb. 4.19 zeigt das Ausgangskennlinienfeld eines Leistungstransistors im A-Betrieb mit der Arbeitspunkteinstellung (AP) bei der rund halben Betriebsspannung (U_{Cq}: Ruhespannung am Kollektor) und I_{Cq} als Ruhestrom am Kollektor. Mit P_{tot} ist die Zerstörungsleistung und mit U_{Db} die Durchbruchspannung eingetragen.

Der Arbeitspunkt eines Verstärkers im B-Betrieb wird möglichst exakt in die Knickstelle der Eingangskennlinie gelegt, womit nur eine Halbwelle des Eingangssignals verstärkt wird. So wird ein höherer Wirkungsgrad von max. 78,5 % erreicht. Mit geeigneter Filterung lässt sich der B-Betrieb für den Bau von linearen Leistungsverstärkern einsetzen. Die Generation von Oberwellen ist aber relativ hoch. Die Grundwelle wird jedoch linear und mit 6 dB weniger Verstärkung verglichen zum A-Betrieb angehoben.

Einen Kompromiss zwischen der sehr hohen Verstärkung des A- und des hohen Wirkungsgrades des B-Betriebs ist der AB-Betrieb. Der Arbeitspunkt wird zwischen den von A- und B-Betrieb gelegt, so dass kleine Signale im A-Betrieb verstärkt werden und bei großen Signalen eine Halbwelle beschnitten wird. Die Generation von Oberwellen ist nicht so ausgeprägt wie im B-Betrieb. Je nach Anforderung an den Leistungsverstärker ist auch hier eine Filterung notwendig. In einem niedrigen AB-Betrieb lassen sich in der Praxis Wirkungsgrade bis 50 % erzeugen. Diese Betriebsart ist jedoch nichtlinear.

Der C-Betrieb ist eine nichtlineare Betriebsart, bei der der Transistor gar keine oder eine negative Vorspannung erhält, so dass nur die Spitze einer Halbwelle verstärkt wird. Transistorschaltungen im C-Betrieb werden unter anderem als Hilfsverstärker in Doherty-Leistungsverstärkerschaltungen zur Verbesserung des Wirkungsgrades eingesetzt, [10].

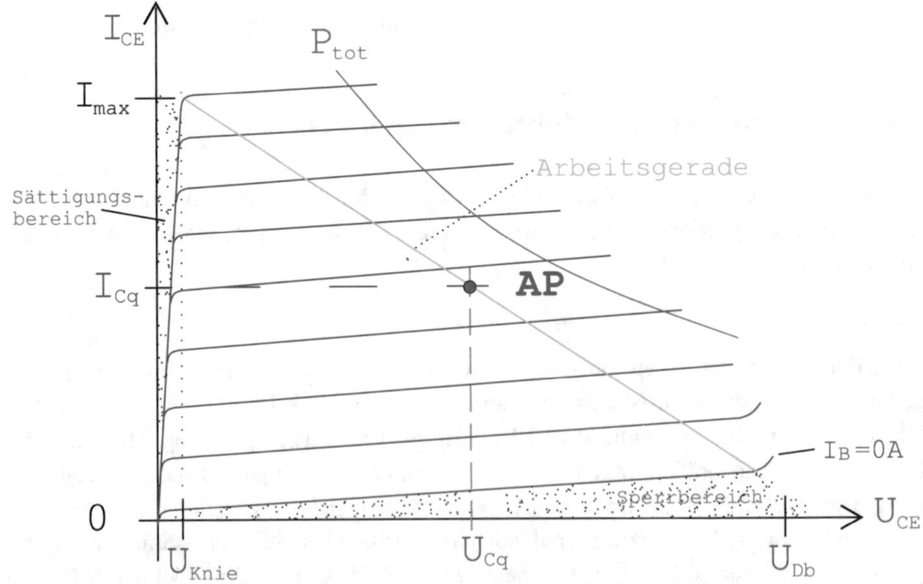

Abb. 4.19 Ausgangskennlinienfeld für den Transistor im A-Betrieb

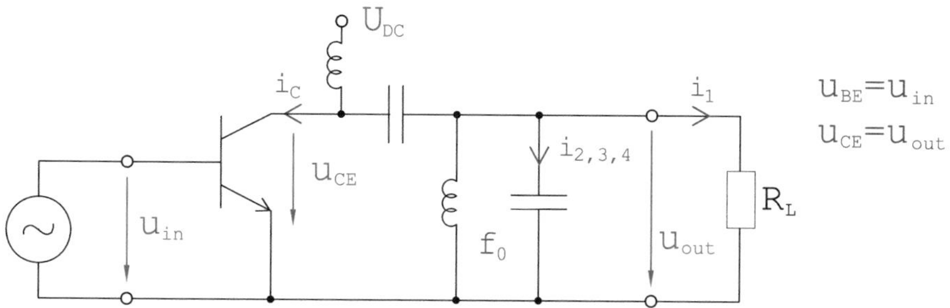

Abb. 4.20 Vereinfachtes Schaltbild eines schmalbandigen Leistungsverstärkers für den A-, AB-, B- oder C-Betrieb

Analytische Beschreibung

Zur weiteren Beschreibung eines Verstärkers für die klassischen Betriebsarten soll das Abb. 4.20 dienen.

Die anliegenden Wechselsignale mit Gleichsignalanteil werden mit Kleinbuchstaben gekennzeichnet. Am Ausgang befindet sich ein Parallelschwingkreis mit hoher Güte. Dieser soll als Bandpass dienen. D. h., dass das Grundsignal mit der Mittenfrequenz f_0 unbeeinflusst bleibt und die Oberwellen mit einem Kurzschluss abgeschlossen werden. Mit dem Index q werden die Ruhespannungen und -ströme an Basis und Kollektor gekennzeichnet.

Die an dieser Verstärkerschaltung am Transistor anliegenden Spannungen und der Kollektorstrom sind über der Zeit im Abb. 4.21 dargestellt.

Die enthaltenen Größen[2] sind:

U_{Bq}: Ruhespg. an der Basis, U_t: Schwellspannung, I_{max}: Sättigungsstrom,
I_{Cq}: Ruhestrom am Kollektor, α: Leitungswinkel, U_0: Betriebsspannung.

Die Schwellspannung U_t liegt bei einem Bipolartransistor bei rund 0,7 V. Der Sättigungsstrom und die maximale Spannung bzw. Sättigungsspannung sind im Datenblatt angegeben. Die Betriebsspannung U_0 liegt bei vielen Verstärkern etwas über U_{DC}, da die Choke-Spule für eine Spannungsanhebung sorgt. Oft wird im Skript mit $U_0 = U_{DC}$ gearbeitet.

Der Unterschied der verschiedenen Betriebsarten liegt in der Wahl des Leitungswinkels α. Für eine Wahl von $\alpha = 2\pi$ gilt $u_{BE} > U_t$ und somit wird das Sinussignal nicht beschnitten. Es liegt hier der A-Betrieb vor. Auf die anderen Beispiele geht Tab. 4.1 ein.

Im Folgenden werden für diese vier Betriebsarten die Wirkungsgrade, die Verstärkung und Ausgangsleistung berechnet.

Berechnung von Leistung und Wirkungsgrad

Als unbekannte Größe zur Angabe der Ausgangsleistung der Grundwelle bzw. der 1. Harmonischen muss gemäß

[2] Alle Gleichanteile werden mit Großbuchstaben gekennzeichnet.

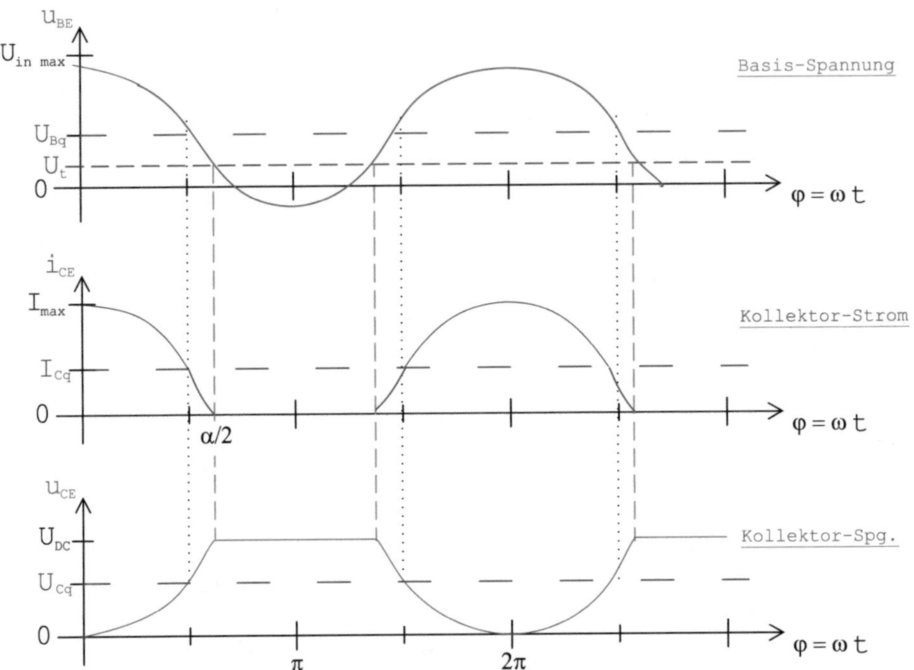

Abb. 4.21 Strom und Spannungen am Transistor bei Großsignalaussteuerung

Tab. 4.1 Darstellung der Arbeitspunkte

Klasse	$(U_{Bq} - U_t)/U_{inmax}$	I_{Cq}/I_{max}	α
A	0,5	0,5	$2\,\pi$
AB	0–0,5	0–0,5	$\pi - 2\,\pi$
B	0	0	π
C	<0	0	$<\pi$

$$P_1 = \frac{U_{DC}}{\sqrt{2}} \cdot \frac{I_1}{\sqrt{2}} \tag{4.33}$$

der zugehörige Strom I_1 berechnet werden. Hier entspricht U_{DC} dem Spitzenwert der Wechselspannung, da der Parallelschwingkreis (bei f_0) im Abb. 4.21 zur Generation der negativen Halbwelle beiträgt.

Die Leistungsaufnahme berechnet sich aus:

$$P_{DC} = U_{DC} \cdot I_{DC}. \tag{4.34}$$

Ist I_{DC} bekannt, so kann diese angeben werden.

Der Wirkungsgrad η wurde bereits eingeführt als:

$$\eta = \frac{P_1}{P_{DC}}. \tag{4.35}$$

Ebenfalls wurde die *PAE* (engl.: Power Added Efficiency) eingeführt:

$$PAE = \frac{P_1 - P_{in}}{P_{DC}}. \tag{4.36}$$

Die dargestellten Formeln zeigen, dass sofern die beiden Ströme I_1 und I_{DC} mit den Zeitverläufen, wie diese im Abb. 4.21 dargestellt sind, berechnet sind, alle Aussagen bezüglich Leistung und Wirkungsgrad getroffen werden können.

Berechnung von den Strömen I_1 und I_{DC}

Für einen Leitungswinkel von $-\alpha/2 \leq \varphi \leq \alpha/2$ gilt für den Kollektorstrom in Abhängigkeit von der Phase φ:

$$i_{C(\varphi)} = I_{Cq} + (I_{max} - I_{Cq}) \cdot \cos(\varphi) \tag{4.37}$$

bzw.

$$i_{C(\varphi)} = I_{max} \cdot \cos(\varphi) + I_{Cq}(1 - \cos(\varphi)). \tag{4.38}$$

Für einen Leitungswinkel von $-\pi \leq \varphi \leq -\alpha/2$ und $\alpha/2 \leq \varphi \leq \pi$ gilt für den Kollektorstrom: $i_{C(\varphi)} = 0\,A$.

Da es einen stetigen Übergang gibt, muss bei der Phase $\varphi = \alpha/2$ der Strom i_C Null sein. Dieses in der Gl. (4.38) eingesetzt ergibt:

$$I_{Cq} = I_{max} \cdot \frac{\cos(\alpha/2)}{\cos(\alpha/2) - 1}. \tag{4.39}$$

Das Ergebnis für den Ruhestrom I_{Cq} kann nun wiederum in der Gl. (4.38) eingesetzt werden:

$$i_{C(\varphi)} = I_{max} \cdot \left(\cos(\varphi) + \frac{\cos(\alpha/2)\,(1 - \cos(\varphi))}{\cos(\alpha/2) - 1}\right). \tag{4.40}$$

Nach einer kurzen Rechnung erhält man:

$$i_{C(\varphi)} = I_{max} \cdot \frac{\cos(\alpha/2) - \cos(\varphi)}{\cos(\alpha/2) - 1}. \tag{4.41}$$

Basierend auf dieser Gleichung für den Kollektorstrom im Zeitbereich können über die Fouriertransformation alle Stromanteile (Gleichanteil und Harmonische) berechnet werden.

Der Gleichanteil lässt sich über folgende Rechnung angeben.

$$I_{DC} = \frac{1}{2\pi}\int_{-\alpha/2}^{\alpha/2} i_{C(\varphi)}\,d\varphi = \frac{I_{max}}{2\pi}\int_{-\alpha/2}^{\alpha/2} \frac{\cos(\alpha/2)-\cos(\varphi)}{\cos(\alpha/2)-1}\,d\varphi \tag{4.42}$$

$$I_{DC} = \frac{I_{max}}{2\pi\,(\cos(\alpha/2)-1)}\,[\varphi\cos(\alpha/2)-\sin(\varphi)]\Big|_{-\alpha/2}^{\alpha/2} \tag{4.43}$$

$$I_{DC} = \frac{I_{max}}{2\pi\,(\cos(\alpha/2)-1)}\left[\frac{\alpha}{2}\cos\left(\frac{\alpha}{2}\right)+\frac{\alpha}{2}\cos\left(\frac{\alpha}{2}\right)-\sin\left(\frac{\alpha}{2}\right)+\sin\left(-\frac{\alpha}{2}\right)\right] \tag{4.44}$$

$$\underline{I_{DC} = I_{max}\frac{\alpha\cos(\alpha/2)-2\sin(\alpha/2)}{2\pi\,(\cos(\alpha/2)-1)}} \tag{4.45}$$

Allgemein gilt für die Berechnung der n. Harmonischen:

$$I_n = \frac{1}{\pi}\int_{-\alpha/2}^{\alpha/2} i_{C(\varphi)}\cdot\cos(n\,\varphi)\,d\varphi. \tag{4.46}$$

Für die Berechnung der 1. Harmonischen gilt mit Gl. (4.41):

$$I_1 = \frac{I_{max}}{\pi\,(\cos(\alpha/2)-1)}\int_{-\alpha/2}^{\alpha/2}(\cos(\alpha/2)\,\cos(\varphi)-\cos^2(\varphi))\,d\varphi. \tag{4.47}$$

Mit dem Zusammenhang: $\cos^2(\varphi) = 1/2 + 1/2\cos(2\varphi)$ folgt:

$$I_1 = \frac{I_{max}}{\pi\,(\cos(\alpha/2)-1)}\left[\cos(\alpha/2)\,\sin(\varphi)-\frac{\varphi}{2}-\frac{\sin(2\,\varphi)}{4}\right]\Bigg|_{-\alpha/2}^{\alpha/2}, \tag{4.48}$$

$$I_1 = \frac{I_{max}}{\pi\,(\cos(\alpha/2)-1)}\left[\underbrace{2\,\cos(\alpha/2)\,\sin(\alpha/2)}_{=\sin(\alpha)}-2\,\frac{\alpha}{4}-2\,\frac{\sin(\alpha)}{4}\right], \tag{4.49}$$

$$\underline{I_1 = I_{max}\,\frac{\sin(\alpha)-\alpha}{2\pi\,(\cos(\alpha/2)-1)}} \tag{4.50}$$

Auswertung der Berechnung von I_1 und I_{DC}

Folgende Gleichstromanteile liefert die Berechnung von I_{DC} für den A- und den B-Betrieb:

$$I_{DC\,(Class\,A)} = I_{max}/2, \qquad I_{DC\,(Class\,B)} = \frac{I_{max}}{\pi}.$$

Als Grundwellenanteile liefert die Berechnung von I_1 für den A- und den B-Betrieb:

$$I_{1\,(Class\,A)} = I_{max}/2, \qquad I_{1\,(Class\,B)} = \frac{I_{max}}{2}.$$

Die Stromwerte des Gleichstromanteiles und der ersten bis vierten Harmonischen sind über den Leitungswinkel α und somit auch für alle Betriebsarten im Abb. 4.22 angegeben.

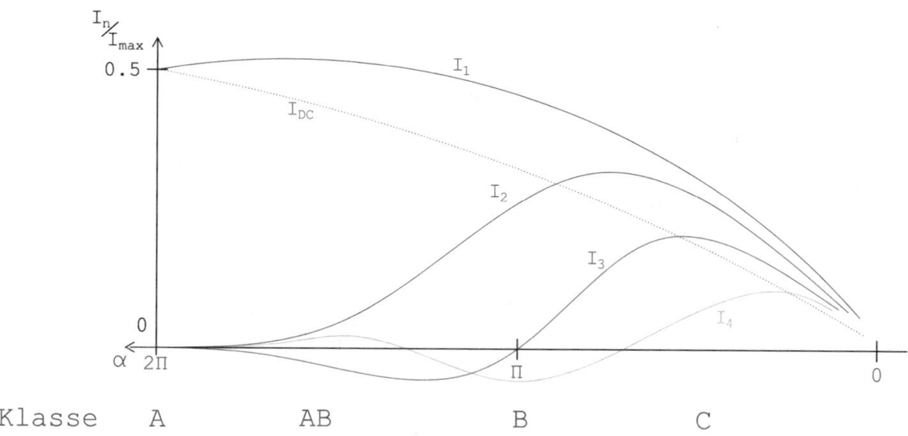

Abb. 4.22 Stromwerte des Gleichstromanteiles und der ersten vier Harmonischen über den Leitungswinkel α bzw. den Betriebsarten A bis C

Die vier Betriebarten lassen sich übersichtlich in tabellarischer Form darstellen, wenn man folgende Angaben bzw. Normierungen einführt:

Für die Schwell- bzw. Knickspannung soll idealisiert gelten: $U_t = U_k = 0\,\mathrm{V}$.
Normierte Spannungsgrößen: $U_{qnorm} = U_q/U_0$,
Normierte Leistungsgrößen Eingang: $P^{dB}_{innorm} = P^{dBm}_{in} - P^{dBm}_{inmax}$,
Normierte Leistungsgrößen Ausgang: $P^{dB}_{outnorm} = P^{dBm}_{1} - P^{dBm}_{1\,Class\,A}$,
Normierter Lastwiderstand: $R_{Lnorm} = R_L/R_{opt}$,
Normierte Leistungsverstärkung: $G^{dB}_{norm} = G^{dB}_{1} - G^{dB}_{1\,Class\,A}$.

Anzumerken ist, dass die Betriebsart B eine um 6 dB größere Eingangsleistung verglichen zur Betriebsart A benötigt. Folglich weist die Betriebsart A eine um 6 dB größere Verstärkung auf.

Die Betriebsart C hat eine noch kleine Verstärkung als die Betriebsart B. Zu beachten ist, dass gilt:

Klasse B: Lineare Verstärkung aber Oberwellengeneration!

4.3 Schaltungskonzepte von Leistungsverstärkern

Im Weiteren werden verschiedene Schaltungskonzepte vorgestellt, mit denen sich insbesondere die Wirkungsgrade von Leistungsverstärkern verbessern lassen.

4.3.1 H-Betrieb

Der Tab. 4.2 kann man entnehmen, dass für alle Betriebsarten der Wirkungsgrad stark degradiert, wenn man den Verstärker nicht voll aussteuert. Gerade mobile Funksysteme erfordern sehr unterschiedliche Ausgangsleistungen, deren Werte von der Entfernung abhängen.

Die Grundidee des H-Betriebs ist es, dass die Betriebsspannung abgesenkt wird, wenn der Leistungsverstärker nur eine kleine Ausgangsleistung liefert soll. Das Schaltungskonzept ist im Abb. 4.23 dargestellt.

Mittels des Kopplers wird etwas Energie des zu verstärkenden Signals entnommen und einem Detektor zugeführt. Dessen Ausgangssignal steuert die Kontrolleinheiten.

Tab. 4.2 Darstellung der maximalen Ausgangsleistung, Wirkungsgrade und Linearität der vier Betriebsarten A–C

P^{dB}_{innorm}		A-Betrieb	AB-Betrieb	B-Betrieb	C-Betrieb
	U_{qnorm}	0,5	0,25	0	−0,5
	R_{Lnorm}	1,0	0,94	1,0	1,14
0dB	$P^{dB}_{outnorm}$	0 dB	0,25 dB	0 dB	−0,6 dB
−3 dB	$P^{dB}_{outnorm}$	−3 dB	−1,8 dB	−3 dB	−6,2 dB
0 dB	G^{dB}_{norm}	0 dB		−6 dB	
−3 dB	G^{dB}_{norm}	0 dB		−6 dB	
0 dB	η	50 %	70 %	78,5 %	80 %
−3 dB	η	25 %	53 %	55 %	45 %
	Typ	Linear	Nichtl.	Linear	Nichtl.

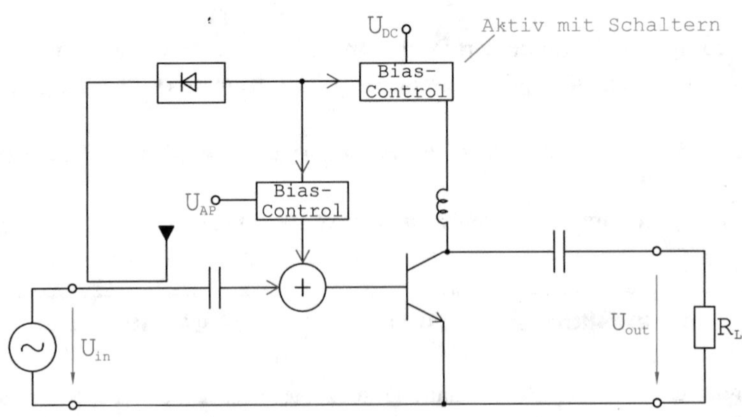

Abb. 4.23 Vereinfachte Schaltung für einen Verstärker im H-Betrieb mit einer gesteuerten Arbeitspunkteinstellung des A-Betriebs

Wendet man dieses Schaltungskonzept auf den A-Betrieb an, dann muss man wie im Abb. 4.23 ersichtlich den Arbeitspunkt an der Basis einstellen. Für den B-Betrieb kann diese Einstellung entfallen.

Nachteilig an diesem Konzept ist einerseits der technische Aufwand für die Spannungsregelung am Kollektor. Hier werden Schalttransistoren eingesetzt, die die gleiche Größe wie der Verstärkertransistor aufweisen, und andererseits die Verunreinigung der Signale durch die notwendigen Schaltregler im Drain- bzw. Kollektorzweig.

Die notwendige Beschaltungshardware ist in den letzten Jahren immens im Preis gesunken. Die Verunreinigung der reduzierten Betriebsspannung kann durch Schaltreglertopologien mit den so genannten $\Sigma\Delta$-Modulatoren, die im Kapitel der Synthesizer detailliert beschrieben werden, stark gesenkt werden.

Für Verstärker mit HF-Transistoren, die „normally-on“ sind (d. h., dass die Drain-Source-Strecke für eine Gate-Spannung von 0 V niederohmig ist) bedeutet der Klasse-H-Betrieb keinen großen Mehraufwand, da eh ein NF-Transistor als Drain-Switch benötigt wird.

4.3.2 F-Betrieb

Das Schaltungskonzept, das sicherlich nach den klassischen Betriebsarten im Hochfrequenzbereich am häufigsten Einsatz findet, ist der F-Betrieb. Bei dieser Betriebsart werden die Oberwellen so reflektiert, dass sich der Wirkungsgrad idealerweise auf 100 % verbessert, da entweder i_C oder u_{CE} null sind. Eine mögliche Schaltungsrealisierung für diese Betriebsart ist im Abb. 4.24 zu sehen.

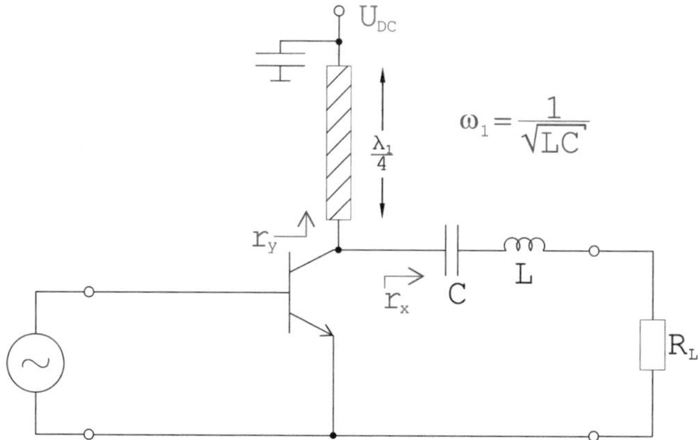

Abb. 4.24 Prinzipielle Schaltung für einen Verstärker im F-Betrieb unter Verwendung einer $\lambda/4$ langen Leitung

Durch die für Hochfrequenzsignale am Ende kurzgeschlossene Leitung und dem Serienschwingkreis werden die beiden Reflexionen r_x und r_y mit folgenden Eigenschaften erzeugt:

$$r_x : \text{Leerlauf für alle Oberwellen;}$$
$$r_y : \text{Kurzschluss für gradzahlige Harmonischen } (H_2,\ H_4,\ \ldots).$$

Da die Abschlüsse für die Oberwellen ausgenutzt werden sollen, kann als Arbeitspunkteinstellung nicht der A-Betrieb verwendet werden.

Durch den Kurzschluss für gradzahligen und den Leerlauf für die ungradzahligen Oberwellen ergibt sich am Kollektor eine Ausgangsspannung, die einen Rechtecksignal ähnelt, Abb. 4.25.

Für den B-Betrieb gilt, dass nur eine Halbwelle des Stromes durch die Kollektor-Emitter-Strecke fliesst. Nur während dieses Zeitraumes kann auch nur eine Verlustleistung am Transistor abfallen. Sorgt man durch den eingeführten Oberwellenabschluss dafür, dass die am Transistor anliegenden Spannung für den Zeitraum des Stromflusse null ist, so kann auch in diesem Zeitraum keine Leistung am Transistor abfallen. In der Praxis gelingt es nicht einen perfekt rechteckigen Verlauf der Spannung zu realisieren. Die Fläche des Überlappungsbereiches ist dann proportional zu den Verlusten, siehe Abb. 4.26.

Befindet sich der Verstärker im AB-Betrieb, so muss man auch dafür sorgen, dass der Strom i_C einen möglichst rechteckigen Verlauf hat. Diese Betriebsart ist auch die Häufigste in mobilen GSM-Handgeräten. Für Standards mit hohen Linearitätsanforderungen wie UMTS

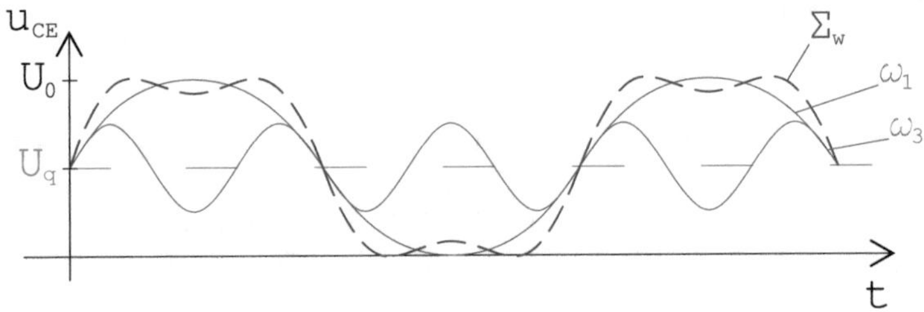

Abb. 4.25 Spannungsverläufe der Grundwelle und 3. Harmonischen am Kollektor für den F-Betrieb

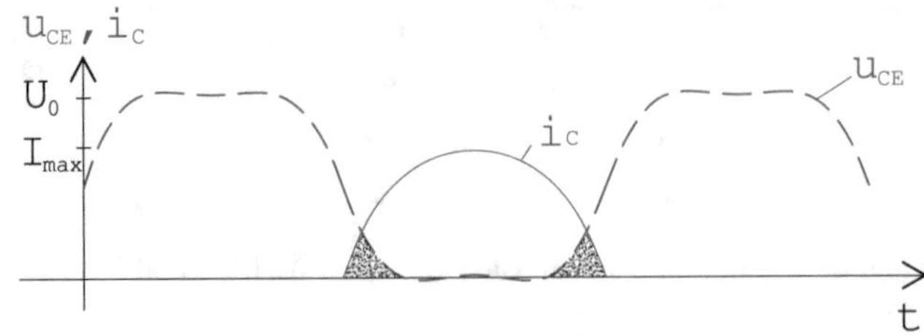

Abb. 4.26 Spannungs- und Stromverlauf am Kollektor für den F-Betrieb mit einer Arbeitspunkteinstellung gemäß dem B-Betrieb

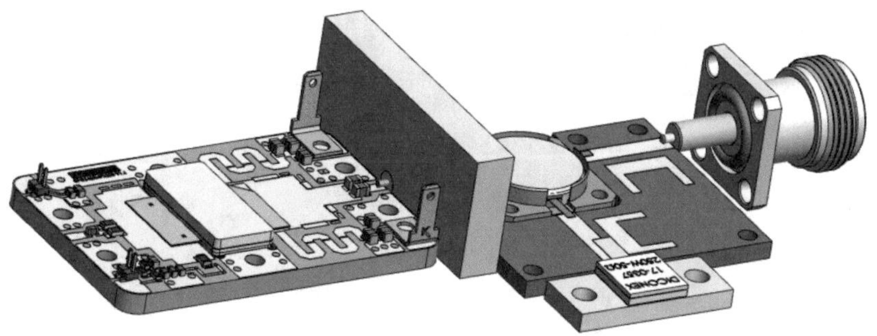

Abb. 4.27 Leistungsverstärkerendstufe mit $\lambda/4$-Zuleitungen für die Drainspannungen, Bild von Ampleon

wird ein schwacher AB-Betrieb mit leichten Wirkungsgradverbesserungen gewählt und für Standards mit geringeren Linearitätsanforderungen wird ein starker AB-Betrieb mit höherer Effizienz verwendet. In derartigen Geräten vermeidet man möglichst den Einsatz von $\lambda/4$ langen Leitungen.

Beim Abb. 4.24 handelt es sich um eine mögliche Schaltungsrealisierung. Die für den F-Betrieb notwendigen Oberwellenabschlüsse – insbesondere für die erste und zweite Oberwelle – lassen sich mit einem riesigen Spektrum an weiteren Beschaltungen ermöglichen.

Eine mögliche Hardware-Realisierungsform ist in der Zeichnung von Abb. 4.27 einschließlich der Schutzschaltung eines Isolator (bestehend aus dem Zirkulator und einem 50 Ω-Leistungsabschluss) illustriert.

4.3.3 D-Betrieb

Im D-Betrieb wird der Transistor als „quasi"-idealer Schalter eingesetzt. Diese Näherung lässt sich nur für Anwendungen bis in den MHz-Bereich anwenden. Das Schaltungskonzept des D-Betriebes ist im Abb. 4.28 dargestellt.

Das in diesem Bild nicht dargestellte Eingangssignal öffnet und schließt die Schalter. Folglich erzeugt diese Betriebsart viele Oberwellen. Durch den Serienschwingkreis sollen nur Signalanteile um die Resonanzfrequenz zur Last R_L gelangen. Für die Last R_L steht ein symmetrischer Ausgang zur Verfügung.

Da die Vollbrücke nach Abb. 4.28 vier Transistoren benötigt, ist diese Schaltung für viele Anwendungen zu teuer. Eine preisgünstigere und zu höheren Frequenzen taugliche Alternative liefert eine Version mit nur zwei Transistoren und einem unsymmetrischen Ausgang, gemäß Abb. 4.29.

Die Funktionsweise dieses Verstärkers lässt sich mit dem Diagramm im Abb. 4.30 erklären.

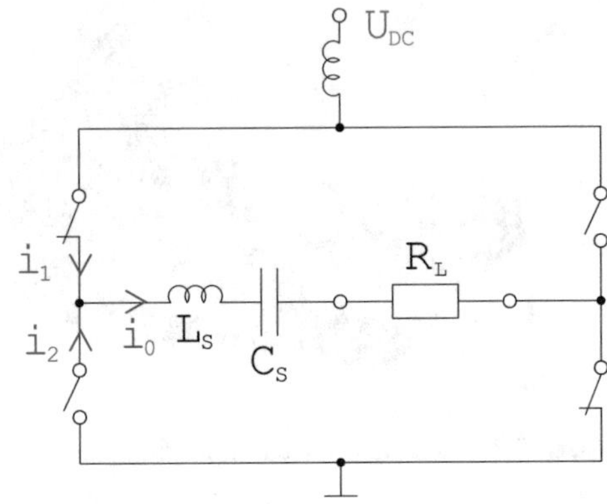

Abb. 4.28 Schaltungskonzept mit idealen Schaltern des D-Betriebes in Form der Vollbrücke

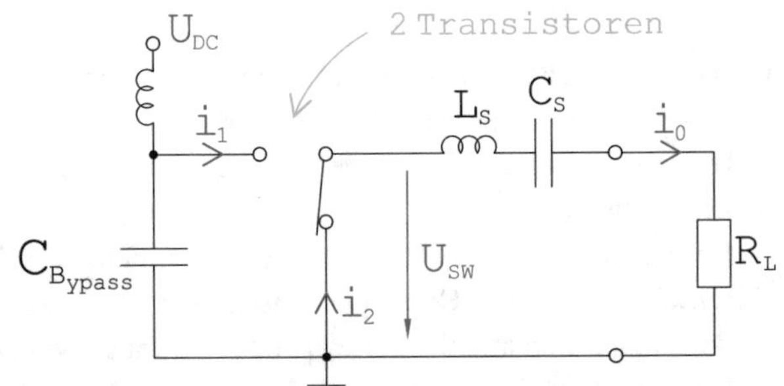

Abb. 4.29 Schaltungskonzept mit idealen Schaltern des D-Betriebes in Form der unsymmetrischen Version

Der Kondensator C_{Bypass} hat nur die Funktion eines Stützkondensator, so dass nach dem Schließen des oberen Transistors ein Stromfluss einsetzen kann. Somit ist dieser Kondensator auch viel größer als C_S.

Für die Verstärkung eines reinen Sinussignals wird der Schalter periodisch umgeschaltet. Zur halben Zeit soll er geöffnet und zur anderen Hälfte geschlossen sein. Dieses ist nur möglich, wenn die Eingangsamplitude einen festen Wert aufweist. Dieses periodische Eingangssignal sorgt dafür, dass am Umschalter die rechteckförmige Spannung U_{SW} anliegt. Während der Zeit, in der U_{SW} der Versorgungsspannung U_{DC} entspricht, fliest der Strom i_1. Die zwei reaktiven Bauelemente des Serienschwingkreises werden auf die Mittenfrequenz ausgelegt. Somit ist sichergestellt, dass Strom zum Ende des Zeitraumes auf null zurückgeht. Nach der Umschaltung ist die Spannung U_{SW} null und der Strom i_2 wird durch die im Serienschwingkreis gespeicherte Energie getrieben. Die beiden Ströme i_1 und i_2 ergeben den sinusförmigen Gesamtstrom i_0.

Für verlustlosen Schalter erzielt man mit dem D-Betrieb einen Wirkungsgrad von 100 %. In der Praxis ist jedoch für Signale >10 MHz die zeitliche Synchronisation sehr schwierig zu bewerkstelligen. Weiterhin sind sehr hohe Ansprüche an die Bauelementegüten des Serienschwingkreises zustellen, was sich zu höheren Frequenzen immer schlechter erfüllen lässt. Aus diesem Grund findet man diesen Schalterbetrieb nicht bei höheren Frequenzen.

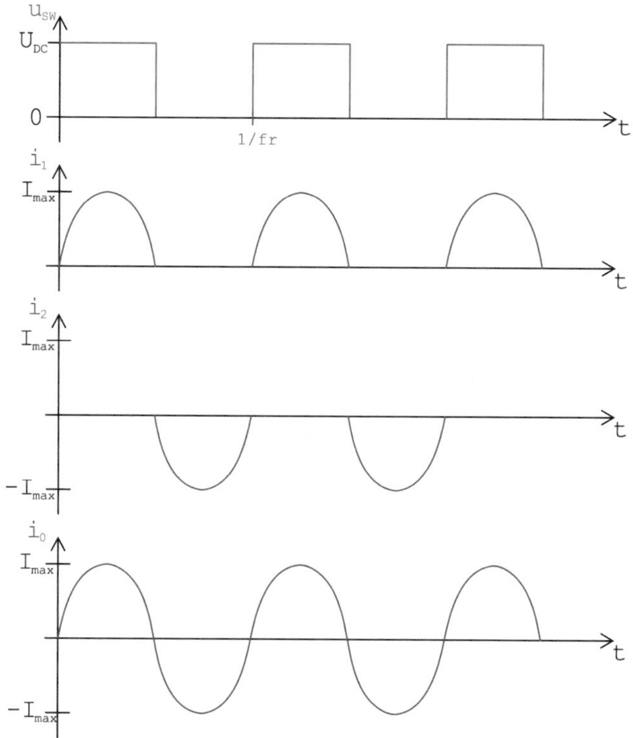

Abb. 4.30 Spannungs- und Strömverläufe für einen Verstärker im D-Betrieb

4.3.4 E-Betrieb

Beim E-Betrieb handelt es sich um den einzigen Schalterbetrieb, der auch in Hochfrequenzanwendungen eingesetzt wird, [96].

In der Praxis wird der Klasse-E-Verstärker für viele Spezialrealisierungen bis in den GHz-Bereich eingesetzt. Sehr nützlich ist, dass dieser Betrieb die endliche Transistoreigenschaft einer sehr großen Kollektor-Emitter-Kapazität (C_P) beinhaltet. Weiterhin ist vorteilhaft, dass es keine Zeitsynchronisationsprobleme gibt.

Im Abb. 4.31 wird dieser spezielle Schaltverstärker dargestellt.

Der Transistor, der als Schalter arbeitet, ist auch so dargestellt. Die (parasitäre) Kapazität C_P übernimmt den durch den Schwingkreis getriebenen Strom i_R, wenn der Transistor hochohmig ist. Für die präzise Auslegung gibt es nur eine Lösung für die Bauteilwerte, die sich über eine aufwendige Herleitung berechnen lässt. Auch numerische Lösungsverfahren werden hier eingesetzt. Die Bauelemente und die zugehörigen Spannungen (die hier nicht mehr frei wählbar sind) werden gemäß den folgenden Abhängigkeiten berechnet.

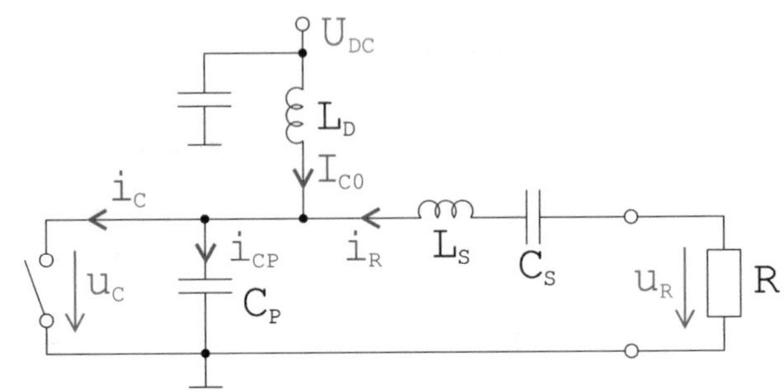

Abb. 4.31 Schema des Klasse E-Verstärkers und zugehörige Ströme und Spannungen

Q_L	$\geq 1{,}79$	Freier Parameter/Q_L: Güte von L_S
U_{CE}	$= B \cdot U_{CEV} \times$ Sicherheitsfaktor	
U_{DC}	$= f(U_{CE})$	Nicht frei wählbar!
R	$= f(P, U_{DC}, Q_C)$	P: Ausgangsleistung/Q_C: Güte von C_S
L_S	$= \frac{Q_L \cdot R}{\omega}$	ω : Arbeitsfrequenz
C_S	$= f(R, f, Q_C)$	
L_D	$\geq 30 \cdot \frac{1}{\omega^2} \cdot C_P$	Iterativer Prozess
C_P	$= f(R, \omega, Q_C, L_D)$	Iterativer Prozess

Die Funktionsweise des Klasse E-Verstärkers soll mit Hilfe des Abb. 4.32 detaillierter erläutert werden.

Über die Choke-Spule L_D wird die Gleichspannung U_{DC} und der Gleichstrom I_{C0} eingespeist. Der Serienschwingkreis erzwingt eine harmonische Sinusschwingung mit dem Strom i_R (s. a)). Die unter b) dargestellte Spannung u_b steuert den Schalter an. Im Phasenintervall zwischen Θ_1 und Θ_2 ist der Transistor hochohmig und sperrt. Sofern der Transistor niederohmig ist und leitet, fliesst der unter c) dargestellte Strom i_C hindurch. Im Sperrfall fliest der Strom i_{CP} über die Kapazität C_P, wie in d) dargestellt. In dieser Zeit lädt sich der Kondensator auf und entlädt sich wieder. Bei richtig ausgelegtem Netzwerk schaltet der Transistor um, sofern der Kondensator entladen ist. Es stellt sich am Kondensator bzw. am Transistor die Spannung u_C gemäß e) ein. Der Harmonischenanteil H1 von u_C kann den Schwingkreis passieren. Dafür wird in der Praxis noch eine Phasenschiebung berücksichtigt, damit zwischen dem Strom i_R a) und der Spannung u_R ($\sim$f)) kein Phasenversatz ist.

Wie im F-Betrieb liegt auch im E-Betrieb nie gleichzeitig ein Strom und eine Spannung am Kollektor an: Entweder ist i_C oder u_C null!

Für den theoretischen Wirkungsgrad gilt: $\eta = 100\,\%$.

Die Bestwerte liegen in der Praxis bei 5 GHz bei 81 % für 0,6 W.

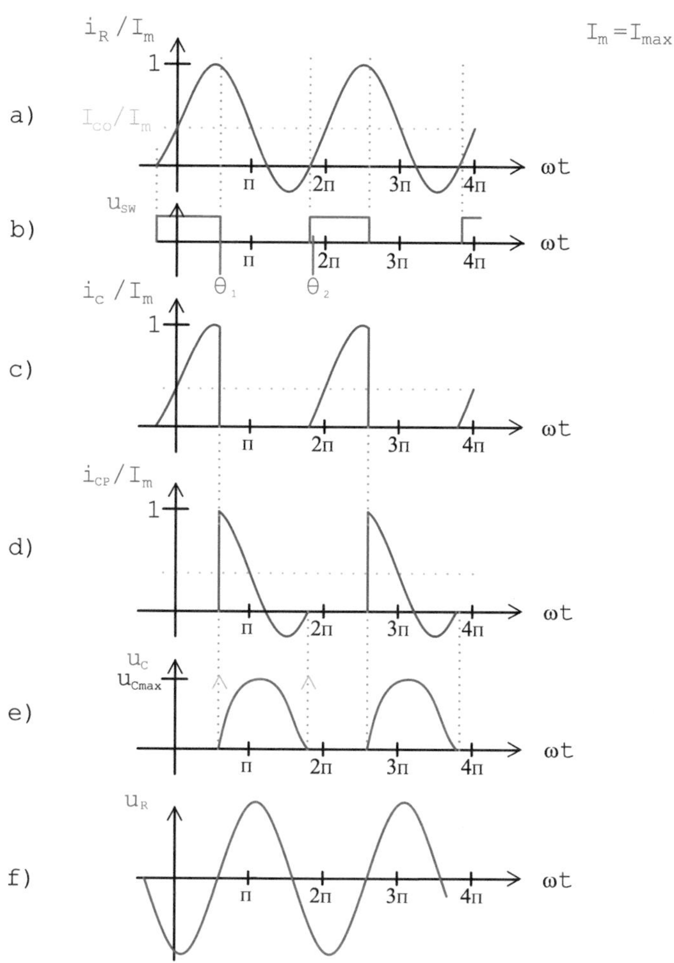

Abb. 4.32 Spannungs-und Strömverläufe für einen Verstärker im E-Betrieb

4.3.5 Klasse J und weitere Verstärker mit Harmonic-Matching

Neben den vorgestellten und seit langen eingeführten Klassen F und E gibt es viele weitere Klassen, die harmonische Abschlüsse nutzen. Zur Klasse F wurden u. a. die inverse Klasse F eingeführt, bei dem der Strom- und Spannungsverlauf zum Schaltverhalten invertiert läuft.

Klasse J-Verstärker

Eine der jüngsten Entwicklungen ist der Klasse J-Verstärker. Bei Klasse J-Verstärker wird nur H1 und H2 verwendet. Idealerweise tritt H3 gar nicht auf. Dieses ist heutzutage bei den LDMOS-Transistoren aufgrund der relativ geringen Transitfrequenz und den recht großen parasitären Effekten auch eine realistische Näherung. Deshalb kann man mit diesen Transistoren auch kein Klasse F-Design aufbauen.

Ein Grundlagenartikel von Steve Cripps und anderen zum Klasse J-Verstärker [11] zeigt im Zeitbereich die besten Strom- und Spannungssignale am Transistor, die man mittels einer optimalen Wahl vom Betrags- und vom Phasenverhältnis zwischen H1 und H2 erzielen kann (Abb. 4.33).

Man erkennt, dass nunmehr das komplette „Abschalten" von Strom und Spannung nicht mehr erzielt wird. Jedoch ähneln diese Verläufe stark denen von Klasse E und F.

Zur Erlangung dieser Zeitsignale wurden folgende Abschlussimpedanzen berechnet:

$$Z^{H1} = R_L + j \cdot R_L \quad \text{und} \quad Z^{H2} = -j\,\frac{3\pi}{8} \cdot R_L. \tag{4.51}$$

Mit R_L wird die zuvor eingeführte Loadline-Impedanz (s. auch R_{opt}) in der Gl. (4.51) verwendet. Der Arbeitspunkt für die Betriebsspannung liegt im tiefem AB-Betrieb und somit fast im B-Betrieb, wodurch u. a. die H3-Generation minimiert.

Es wurden bei 1,8 GHz und 10 W Leistungen sowie der Hardware aus Abb. 4.34 Wirkungsgrade über 80 % erzielt, [11].

Für breitbandige Anwendungen mit relativen Bandbreiten von über 50 % wurden sogar Wirkungsgrade von über 60 % erreicht.

Wave Form Engineering

In der modernen PA-Entwicklung spricht man bei der Optimierung von Verstärkern mit Harmonic-Matching mittlerweile vom so genannten „wave form engineering". Die Wellenformen (insbesondere am Drain) werden sowohl in der Schaltungssimulation wie auch in der Messtechnik betrachtet und das Matching wird so verändert, dass sich die optimale Wellenform ergibt. Hier findet man das Optimum immer, wenn entweder die Spannung oder der Strom am Drain nahezu Null ist. Dieses wurde für den Klasse F-Verstärker bereits

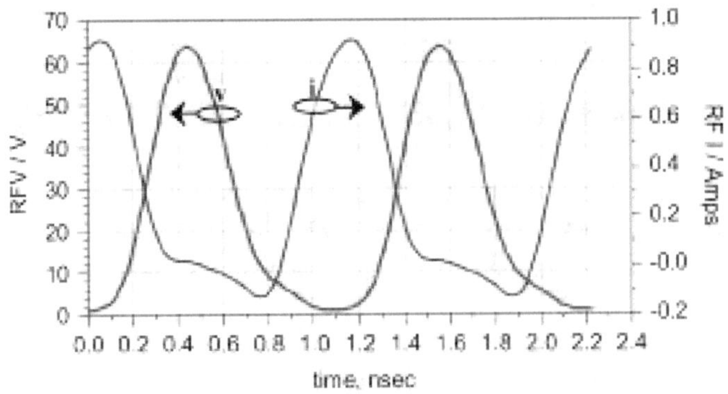

Abb. 4.33 Gemessene Strom- und Spannungsverläufe am Transistor eines Klasse J-Verstärkers. [11]

Abb. 4.34 Hardwaredesign eines Klasse J-Verstärkers [11]

anhand des Abb. 4.26 erläutert. Diese Eigenschaft haben die Betriebsform F, invers F, E und J gemeinsam.

Im Abb. 4.33 erkennt man, dass insbesondere die Bedingungung $I = 0\,\text{A}$ nur befriedigend für den Strom erreicht wurde.

Der Wirkungsgrad ist bei verlustfreier Beschaltung des Transistors fast 100 %, wenn gilt,

dass
- das Signal an der Last ein reiner Sinus ist und
- der Drainstrom oder die Drainspannung null ist und
- das Ausgangsnetzwerk verlustfrei ist.

Die Ergebnisse einer typischen Optimierung eines 2 W-Verstärkers sind im Abb. 4.35 dargestellt.

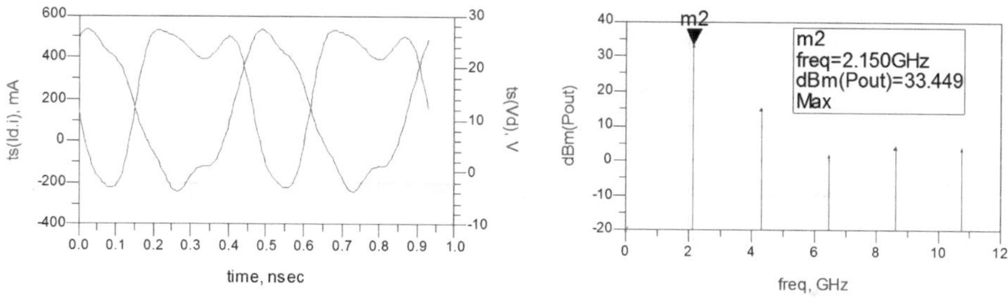

Abb. 4.35 Dargestellung einer im Simulator optimierten Drain-Strom und -Spannung und der zugehörigen Größen wie spektrale Leistung (Wirkungsgrad beträgt 72 %)

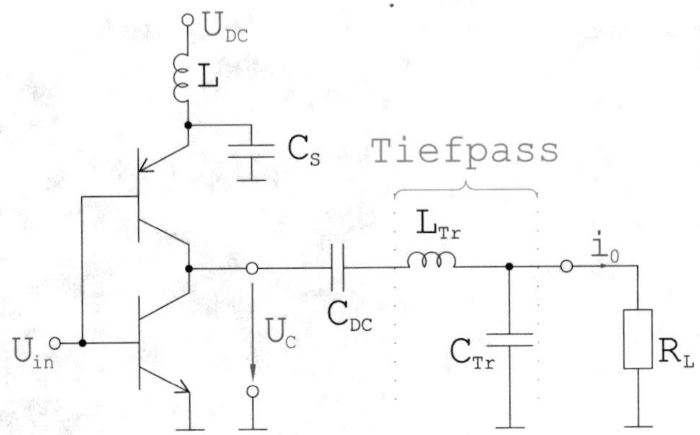

Abb. 4.36 Schema des Klasse S-Verstärkers

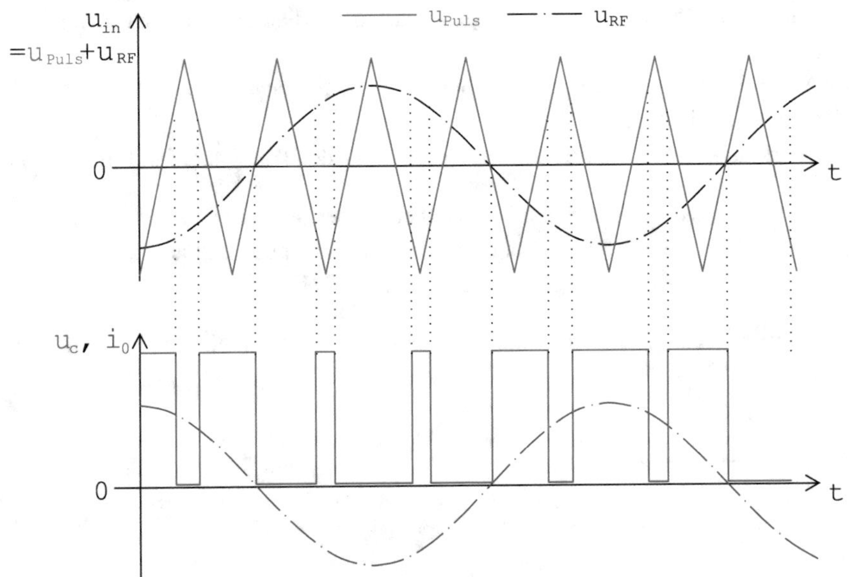

Abb. 4.37 Signalverlauf am Klasse S-Verstärker mit PWM-Verhalten

4.3.6 Klasse S

Der Klasse S-Verstärker basiert auf der Puls-Weiten-Modulation (PWM). Je ein PNP- und ein NPN-Transistor wird über ein Eingangssignal angesteuert, Abb. 4.36.

Die PNP- und NPN-Transistoren schalten in erster Näherung bei etwas über und etwas unter 0 V durch. Somit ergeben sich die Zeitsignale nach Abb. 4.37. Im Zeitverlauf von U_C erkennt man sehr gut die PWM.

Die Modulationsfrequenz muss >> ω_1 sein. Zur Zeit gibt es keine HF-PNP-Transistoren und deshalb diese Technologie im tieferen Frequenzbereich verwendet.

Bei tiefen Frequenzen sind Wirkungsgrade bis zu 100 % möglich.

4.4 Verschaltung von Leistungsverstärkern

In vielen Anwendungen verschaltet man mehrere PA-Stufen (übliche Kurzform für Power Amplifier Stufen) miteinander. Es haben sich viele verschiedene Verschaltungskonzepte unter Einsatz von verschiedenen Power Combiner etabliert.

Diese verschiedenen Konzepte dienen der:

- Reduktion der Oberwellen und/oder
- Leistungssteigerung und/oder
- Stabilitätsverbesserung u./o. Rauschunterdrückung u./o.
- Signalteilung und/oder Verlustwärmeverteilung und/oder
- Verstärkungs- und Grenzfrequenzsteigerung und/oder
- Anpassungsverbesserung und/oder Wirkungsgradoptimierung.

Zunächst wird die einfachste Art der Leistungskombination vorgestellt.

4.4.1 0°-Koppler-Leistungs-Combiner

Beim 0°-Koppler-Leistungs-Combiner werden vor und hinter den beiden baugleichen PA-Stufen je ein Wilkinson-Koppler eingesetzt, Abb. 4.38.

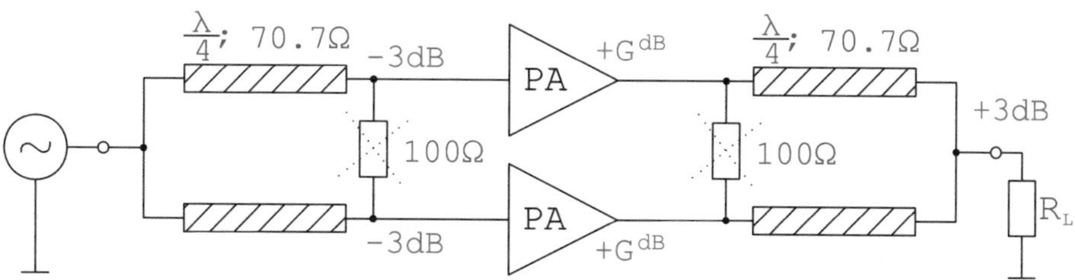

Abb. 4.38 Aufbau einer Endstufe mittels dem 0°-Koppler-Leistungs-Combiner

Die Vorteile dieser einfachen, sehr kompakten und sehr verlustarmen Verschaltung sind:

⇒ Erzeugt doppelte Leistung.
Mit zwei 30 dBm-Verstärkern werden 33 dBm erzielt.
⇒ Sehr breitbandig realisierbar mittels
2-stufiger Wilkinson Leistungsteiler.

Nachteilig ist an diesem Konzept, dass beide Endstufen im Gleichtaktbetrieb betrieben werden. Dabei ziehen beide Stufen gleichzeitig den maximalen Strom.

Das Schaltbild des zweistufigen Wilkinson-Koppler für Breitbandanwendungen ist im Abb. 4.39 dargestellt.

Abb. 4.40 zeigt die Anpassungen des ein- und des zweistufigen Wilkinson-Kopplers im Vergleich.

Widerstände lassen sich nicht so einfach und zudem gar nicht verlustfrei für Leistungsanwendungen einsetzen. Deshalb bevorzugt man Leitungen, Spulen und Kondensatoren.

Praktiker lassen auch den Querwiderstand vor und hintern den Verstärkern weg. Da man hier eine reine Gleichtaktwelle erzeugt und die PAs am Ein- und Ausgang auch die gleichen Reflexionswerte aufweisen, können die im Abb. 4.38 wie auch im Abb. 4.40 dargestellten Widerstände weggelassen werden.

Die Widerstände benötigt man nur für den unsymmetrischen Betrieb oder den Gegentaktbetrieb.

Ein Beispiel einer Hardware-Realisierung für eine Einsatzfrequenz um 900 MHz für eine Ausgangsleistung von 1100 W ist im Abb. 4.41 präsentiert.

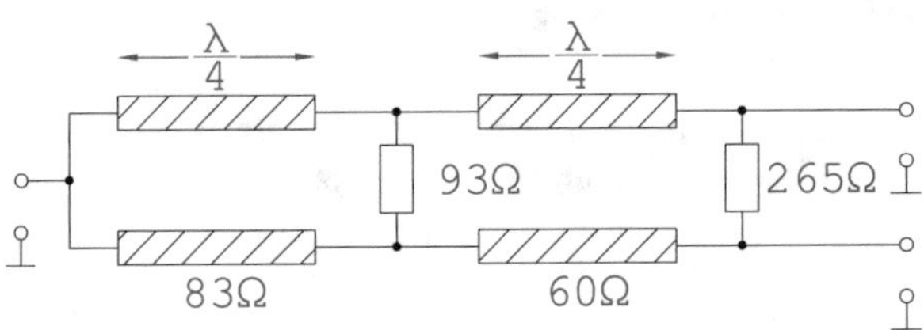

Abb. 4.39 0°-Koppler für Breitbandanwendungen

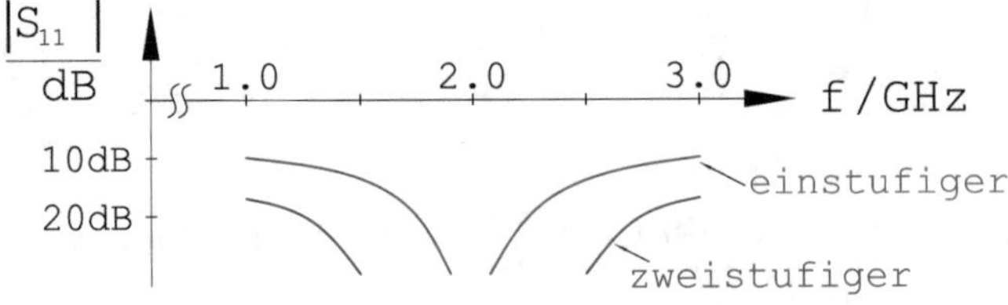

Abb. 4.40 Anpassung des ein- und des zweistufigen 0°-Kopplers

Abb. 4.41 Aufbau einer Verstärkerendstufenschaltung mit 0°-Kopplern, Bild von Macom

4.4.2 Der Doherty-Verstärker

Dieses bereits 1936 vom Namensgeber eingeführte Schaltungskonzept nutzt für die Verstärkung von kleinen Ausgangssignalen einen Hauptverstärker im A- oder B-Betrieb und bei Bedarf für große Eingangsleistungen einen Hilfsverstärker im (tiefen) C-Betrieb.

Das Schaltungskonzept ist im Abb. 4.42 illustriert.

Die 90°-Leitungen sorgen dafür, dass T1 und T2 zu unterschiedlichen Zeitpunkten Stromspitzen haben, was sich u. a. positiv auf die Spannungsversorgung und das nichtlineare Verhalten der Schaltung auswirkt. Die 90°-Leitung am Ausgang transformiert die niederohmigere Ausgangsimpedanz des Transistors T2 auf den hochohmigeren Wert vom Lastwiderstand R_L. T1 ist überwiegend hochohmig.

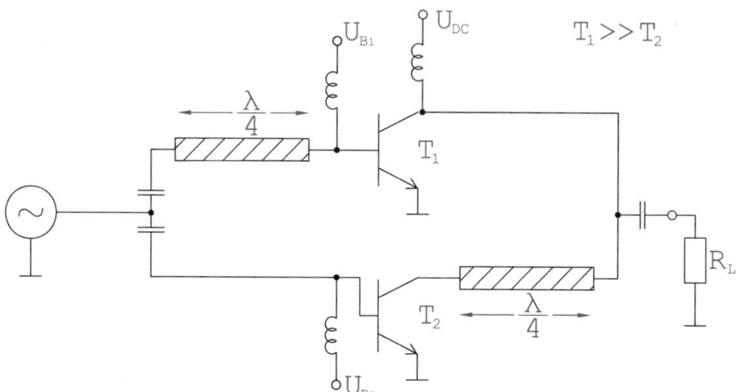

Abb. 4.42 Vereinfachtes Schaltungskonzept des Doherty-Verstärkers mit dem Hilfsverstärker T1 (großer Transistor) im C-Betrieb und dem Hauptverstärker T2 (mit kleinem Transistor) im A- oder B-Betrieb

Durch einen zusätzlichen Detektor am Eingang kann man den Hauptverstärker T2 bei großen Eingangsleistungen abregeln, um zu verhindern, dass dieser in die Sättigung geht.

Es gibt aber auch Schaltungen, bei dem die Leistungsdetektion dafür genutzt wird, dass ein regelbares Dämpfungsglied vor dem Hilfsverstärker T1 zu größeren Eingangsleistungen weniger Verluste macht und so diesen Verstärker in den Einsatz bringt.

Typisch wird die Hilfsverstärkerschaltung so ausgelegt, dass T1 eine um 6 dB größere Ausgangsleistung bereitstellt als der Hauptverstärker.

Diese Doherty-Schaltung wird nicht selten in Basisstationen und gerne in einer Kombination mit Linearisierungsschaltungen eingesetzt, die im Weiteren noch vorgestellt werden. Mit dieser Doherty-Technik schafft man es die Leistungsaufnahme einer Basisstation für die modernen linearen Betriebsarten auf 2–3 kW zu halten.

4.4.3 Push-Pull-Verstärker

In der hochintegrierten Schaltungstechnik wird aufgrund des verbreiteten Einsatzes der differentiellen Schaltungstechnik der Push-Pull-Verstärker als Standardverstärker eingesetzt (Abb. 4.43).

Die Vorteile dieses Verstärkerkombinationskonzeptes sind:

⇒ Erzeugt Leistungverdopplung und
⇒ Reduziert gradzahlige Harmonische und
⇒ Benötigt keine GND-Verbindung am Verstärker.

Die Reduktion der gradzahligen Harmonischen gilt nur für ein Breitbandbalun. In der Praxis ist es insbesondere für die erste Oberwelle erfüllt, dass sich der Balun die gleiche Laufzeiten (doppelte Phasendrehungen) aufweist wie für die Grundwelle. Als einfaches Beispiel hierfür ist der Balun mit λ/2-Umwegleitung zu nennen.

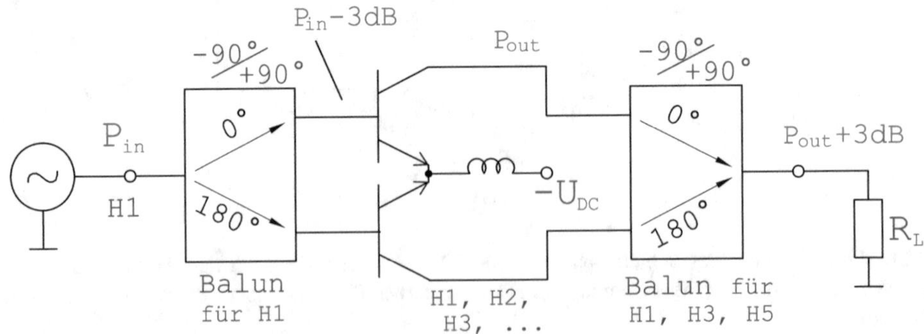

Abb. 4.43 Push-Pull-Verstärker mit der Unterdrückung der gradzahligen Harmonischen

Mittels Abb. 4.44 lässt sich erkennen, dass dann die 2. Harmonische „ausgephast" wird.

Aufgrund des virtuellen GND-Punktes ist die Grenzfrequenz dieser Verstärker viel höher als bei unsymmetrischen Aufbauten, da die Stromgegenkopplung der parasitären GND-Induktivität entfällt.

Zusätzlich bieten Gegentaktschaltungen viel mehr Stabilität, was in dem ausführlichen Kapitel der Mixed-Mode-Schaltungstechnik in [37] ausführlich erläutert wird.

4.4.4 Balancierter Verstärker

Den prinzipiellen Aufbau eines Balancierten Verstärkers zeigt das Abb. 4.45.

Dieser Balancierte Verstärker weist folgenden Vorteile auf:

⇒ Erzeugt Leistungverdopplung
⇒ Eliminiert gradzahlige Harmonische durch die Koppler
⇒ Realisiert breitbandiges Ein- und Ausgangs-Matching
⇒ Eliminiert korrelierte Rauschstörer
⇒ Verbessert Stabilität (k-Faktor)
⇒ Fehlangepasster Verstärker sieht breitbandig konjugiert komplexe Anpassung

Da dieser Verstärker somit u. a. aufwendige Zirkulatoren eliminiert, ist er besonders beliebt und wird entsprechend häufig eingesetzt. Diese breitbandige Ein- und Ausgangsanpassung lässt sich anhand von Abb. 4.45 wie folgt erklären: Eine an R_L reflektierte Welle läuft zu je 50 % auf den unteren PA (mit 90° Phasendrehung) und den oberen Pfad (mit 0° Phasendrehung) zu. Diese beiden Wellen werden zum Teil gleich reflektiert. Diese beiden reflektierten

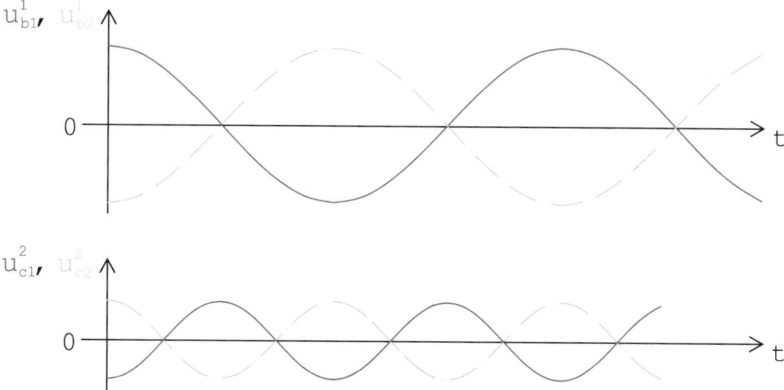

Abb. 4.44 H1-Signale an den Eingängen der Transistoren und die zugehörigen H2-Signale an den Ausgängen

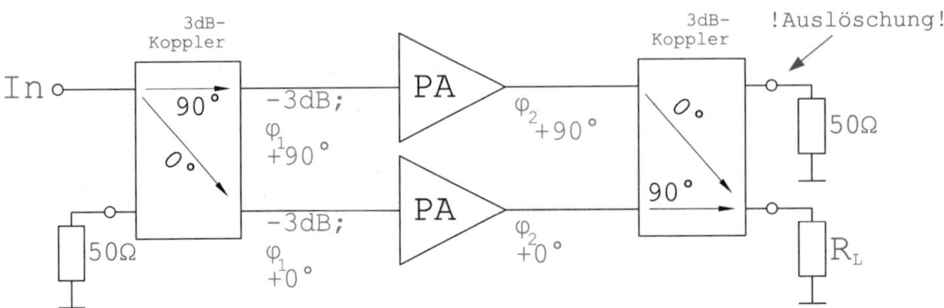

Abb. 4.45 Balancierter Verstärker mit bester Ausgangsanpassung für Signale am Eingang (In)

Abb. 4.46 Balancierter Verstärker 2,45 GHz mit 20 W Ausgangsleitung

Wellen kommen jedoch gegenphasig an R_L und gleichphasig am oberen Widerstand mit dem Hinweis „Auslösung" an. Somit wird an R_L keine Energie zurück reflektiert.

Abb. 4.46 zeigt einen Aufbau mit Verstärkermodulen vom Unternehmen Triquint, der an der FH Aachen umgesetzt wurde.

4.5 Linearisierungstechniken

Die Problematik eines Klasse-A-Verstärkers für den linearen Einsatz wird im Abb. 4.47 dargestellt. Schon weit unter dem 1 dB-Kompressionspunkt wird der Verstärker nichtlinear!

Im Abb. 4.47 und in der Linearisierungstechnik werden die folgenden Größen eingesetzt.

G_V: Kleinsignalverstärkung
dG_V: Verstärkungseinbruch

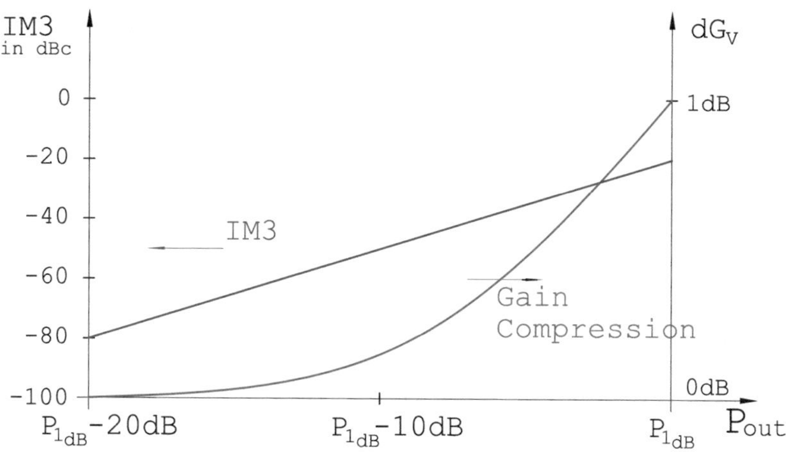

Abb. 4.47 Linearisierungstechniken

$$dG_V = \mathrm{G}_V - \left(\mathrm{P}_{out}^{dBm} - \mathrm{P}_{in}^{dBm}\right)$$

Die CDMA-Forderung liegen bei < -60 dBc für die ACPR-Werte[3].

Diese Forderungen und die „frühe" Kompression erfordern schaltungstechnische Massnahmen zur Linearisierung, die im Weiteren erläutert werden.

4.5.1 Direkte Rückkopplung

Aus der Elektronik bekannt ist die direkte Rückkopplung, wie im Abb. 4.48 illustriert.

Aus $U_0 = A \cdot (U_i - \beta \cdot U_0)$ & $G = \frac{U_0}{U_i}$ folgt:

$$G = \frac{A}{1 + \beta A} \tag{4.52}$$

Abb. 4.48 Direkte Rückkopplung

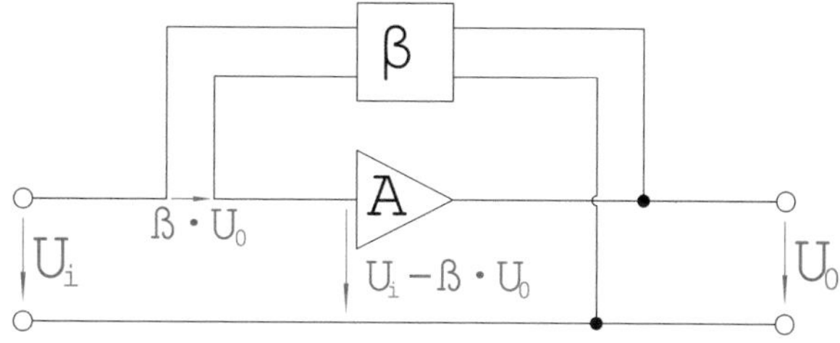

[3] ACPR: Adjacent Channal Power Ratio – Durch Intermodulationsprozesse generierte Nachbarkanalsignale.

Diese direkte Rückkoplung wird im HF-Bereich nur für „kleine“ Einzeltransistorstufen angewendet! Insbesondere im Halbleiter ist diese Rückkopplung für Transistoren mit kleinerer Leistung (und somit Baugröße) sehr gut realisierbar. „Lange“ Strukturen für die Rückkopplung weisen eine sehr große und stehts zunehmende Phasendrehung über der Frequenz auf, da: $\beta = f(\omega)$.

Die reine 180°-Drehung, wie man diese aus dem Elektronikbereich kennt, ist i. d. R. nicht möglich.

4.5.2 Predistortion

Eine bzgl. des Hardware-Aufwandes ebenfalls einfache Lösung zur Linearisierung über „Vorentzerrung“ zeigt Abb. 4.49.

Sowohl in Betrag als auch in Phase wird ein einfaches nichtlineares Netzwerk (NL) so ausgelegt, dass das $A_{(P_{in})}$ kompensiert wird.

Die zugehörige Übertragungsfunktion für den Betrag hat typisch die im Abb. 4.51 angegebene Charakteristik (Abb. 4.50).

Ein Beispiel einer Hardwarelösung zur Umsetzung des NL ist im Abb. 4.51 abgedruckt.

Das passive LC-Netzwerk in der T-Schaltung dient zur leichten Ankopplung der Dioden, deren Verhalten sich über der Eingangsleistung ändert. Bei kleiner Eingangsleistung soll dieses Netzwerk mehr und bei größeren Eingangsleistungen weniger Dämpfung aufweisen. Die unterschiedliche Dämpfung wird durch ein sich änderndes Reflexionsverhalten erzielt.

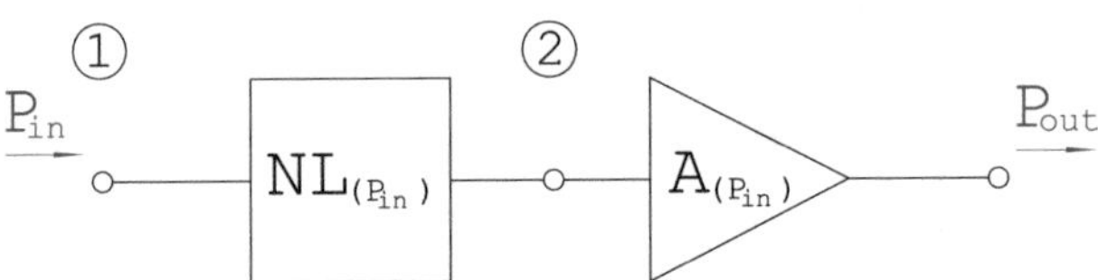

Abb. 4.49 Blockschaltbild eines Predistortion-Netzwerkes

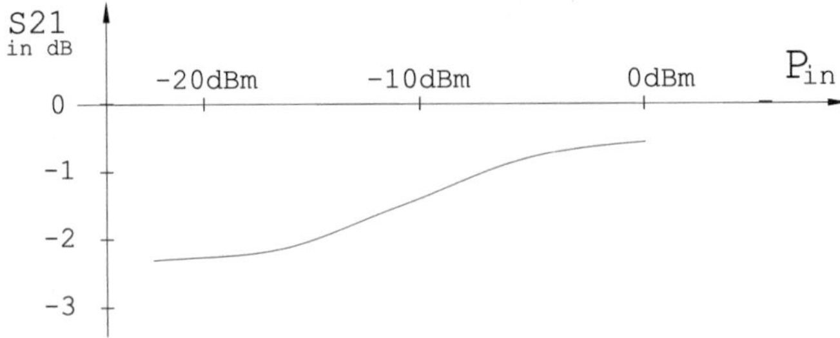

Abb. 4.50 Transmissionsverhalten eines nichtlinearen Netzwerkes zur Vorverzerrung wie z. B. die folgende der T-Schaltung mit nichtlinearen Netzwerk aus zwei Dioden

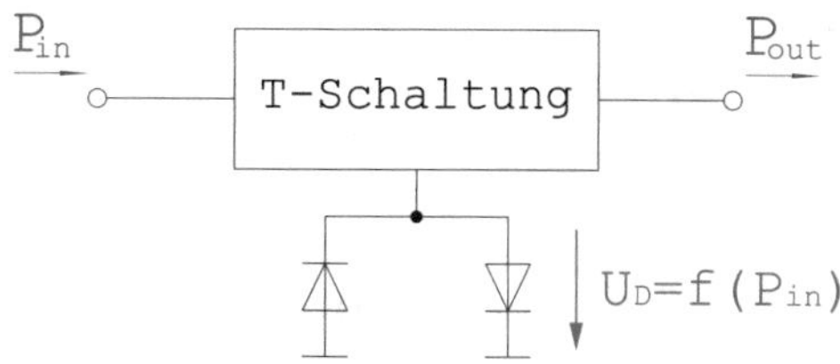

Abb. 4.51 T-Schaltung (enthält reaktive Bauelemente) mit nichtlinearen Netzwerk aus zwei Dioden

Zusätzlich darf die Transmissionsphase nur wenig verändert werden. Einfachste Tiefpass- oder Hochpassfilter können dafür eingesetzt werden.

Die folgenden Kurzdarstellung der Vor- und der Nachteile veranschaulicht, warum man diese Schaltungstechnik nur in Mobilfunkgeräten und nicht in der Basisstationstechnik findet.

Vorteile:	– Einfach, stabil
	– Auch digital realisierbar
Nachteile:	– Gerade ausreichend präzise
	– Reagiert nicht auf Fehlanpassung am Ausgang

Die im Folgenden vorgestellten komplexeren Linearisierungstechniken werden demgegenüber in den Leistungsverstärkern der Basisstationen eingesetzt.

4.5.3 Feedforward

Bei einem „Feedforward"-System werden Fehler (z. B. im Ausgangssignal) erkannt und durch einen Bypass über eine zusätzliche Einspeisung einer Korrekturinformation behoben.

Die „Feedforward"-Schaltung ist so aufgebaut, dass der im Abb. 4.52 dargestellte Hilfsverstärker bei kleinen Eingangssignalen nahezu keinen Beitrag liefert und erst bei großen Eingangssignalen (bei denen der Hauptverstärker in Kompression geht) die fehlende Leistung zufügt.

Folgende Eigenschaften weist ein Feedforward-Aufbau auf:

- Technisch aufwendig, aber stabil.
- Korrigiert Amplituden- & Phasengang.
- Hilfsverstärker und Einkoppeldämpfung liegen um 6 dB tiefer als die Ausgangsleistung des Hauptverstärkers.
- Viel Verluste im letzten Koppler und dem zugehörigen resistiven Abschluss.

Da der letzte Koppler typisch als 6 dB-Koppler ausgelegt wird, muss der Hilfsverstärker ähnlich groß sein wie der Hauptverstärker.

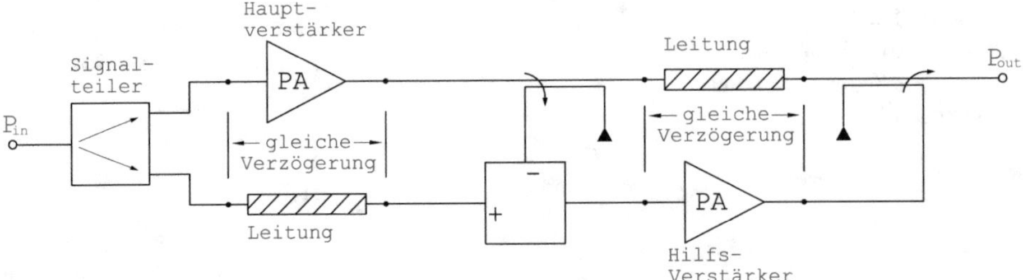

Abb. 4.52 Schematische Darstellung eines Verstärkers mit Feedforward-Korrektur

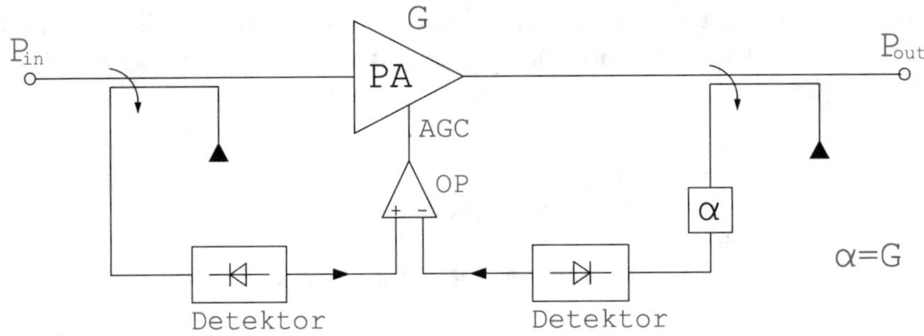

Abb. 4.53 Indirect Feedback

4.5.4 Indirect Feedback

Die „Indirect Feedback"-Schaltung kontrolliert über einen skalare AGC-Schaltung[4] die Verstärkung und hält diese konstant.

Beim „Indirect Feedback" sind folgende kritische Punkte zu beachten:

- Nur Korrektur des Amplitudengangs!
- Stabilitätsprobleme!

Sehr vorteilhaft ist der gute Wirkungsgrad bei der einfach zu kombinierenden Regelung für den H-Betrieb. Vereinfacht kommt zum H-Betrieb nur der Ausgangskoppler hinzu. In der modernen Praxis wird die Funktionalität des im Abb. 4.53 dargestellten OPs durch ein Mikroprozessor durchgeführt, der noch viele weitere Feinoptimierungen erlaubt.

[4] AGC: Automatic Gain Control.

4.5.5 Kartesische Schleife

Zum Verständnis der Kartesische Schleife ist das Verständnis von IQ-Modulatoren (diese werden im Kap. 6 detaillierter vorgestellt) und/oder homodynen Systemen hilfreich ([37], Kap. 10).

Stark vereinfacht dargestellt setzt der im Abb. 4.54 dargestellte IQ-Modulator das vektorielle ZF-Signal (gegeben als I- und Q-Signal) in ein HF-Signal um.

Die Verstärkung des Leistungsverstärkers ergibt sich wie bei der direkten Rückkopplung aus

$G_{ZF} = S_{21}^{HF\,ZF} \cdot G_{PA} \cdot k \cdot S_{43}^{ZF\,HF}$

mit den fixen Werten G_{ZF}, $S_{21}^{HF\,ZF}$, $S_{43}^{ZF\,HF}$, k zu

$$G_{PA} = \frac{G_{ZF}}{k \cdot S_{21}^{HF\,ZF} \cdot S_{43}^{ZF\,HF}}. \tag{4.53}$$

Der Wert von G_{ZF} ist sehr stabil, da sich um eine rückgekoppelte Operationsverstärkerschaltung handelt. Der Wert für G_{PA} wird etwas (z. B. 1 dB) unterhalb den Wert von G_{PAmax} gewählt.

Folgende Eigenschaften weist die Kartesische Schleife auf:

- Breitbandig aber Stabilitätsprobleme.
- Mag. & Ang. – Kompensation.

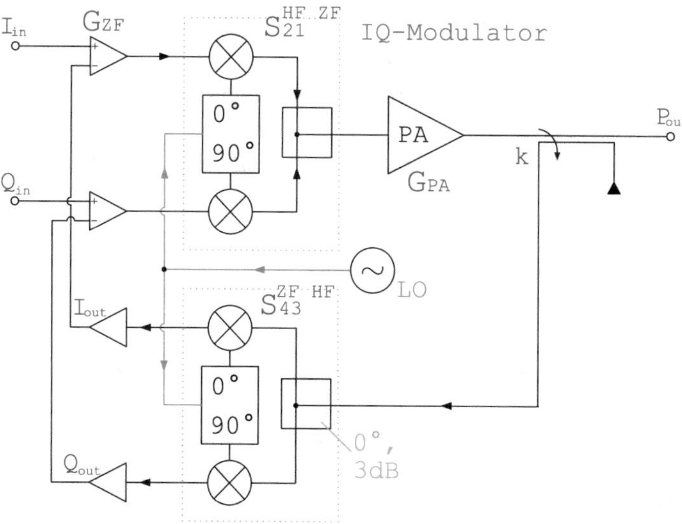

Abb. 4.54 Kartesische Schleife zur Linearisierung des PAs

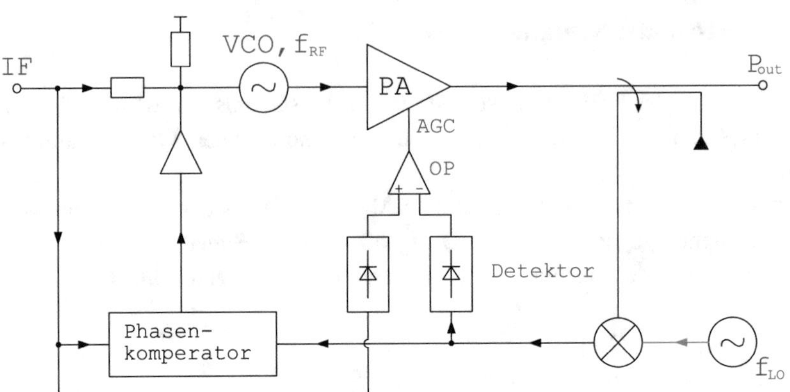

Abb. 4.55 Blockschaltbild der Polaren Schleife

- Interessant für integrierte Lösungen.
- Ein Muss für IQ-Synthesizer-Quellen für die Messtechnik.

4.5.6 Polare Schleife

Ein Heterodyn-System weist zwei HF-Oszillatoren auf. Bei der Polaren Schleife wird nach Betrag und Phase geregelt (Abb. 4.55).

Bzgl. der Eigenschaften gilt die gleiche Diskussion wie bei der Kartesischen Schleife. Zusätzlich gilt, dass sehr gute Wirkungsgrade mit der Polaren Schleife realisierbar sind, da der Leistungsverstärker im H-Betrieb läuft.

Mögliche einsetzbare Phasenkomparatorenschaltungen werden im Zusammenhang mit den Synthesizern vorgestellt.

Aufgrund der Einsparung eines HF-Oszillators hat sich die IQ-Modulator-Architektur in Handsets durchgesetzt.

4.6 Frequenzvervielfacher

Oberhalb von 10 GHz werden Frequenzvervielfacher sehr gerne zur Erzeugung von HF-Signalen eingesetzt.

Als Oberwellenquellen wird z. B. ein Push-Pull-Verstärker für die H3-Erzeugung verwendet. H1 und H2 werden am Ausgang komplett fehlangepasst, so dass möglichst viel Energie von H1 (am Eingang) in H3 konvertiert, Abb. 4.56.

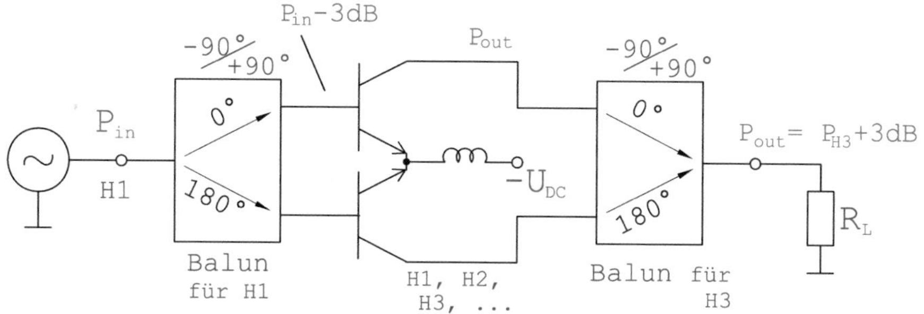

Abb. 4.56 Prinzipschaltbild eines Verdreifachers

So kann man mit preiswerten Verstärkern, die bei 8 GHz arbeiten und dort bestens über eine PLL stabilisiert werden können, eine Signalquelle für das IMS-Band bei 24 GHz entwickeln. Ein Klasse-F-Verstärker bietet hier natürlich eine sehr gute Basis.

Es gibt in der Forschung schon mit 65 nm CMOS-Halbleiterschaltungen −4 dBm bei 288 GHz und mit SiGe-Technologie −3 dBm bei 325 GHz und −29 dBm bei 825 GHz.

5 Oszillatoren

Wenn aktive Hochfrequenzschaltungen oszillieren, dann entsteht mindestens ein monofrequentes Ausgangssignal. Dieses ist oft bereits beim Entwurf eines HF-Verstärkers zu beobachten. Leider schwingen derartige ungewollte Oszillatoren nicht bei einer gewünschten Frequenz und auch die anderen Eigenschaften der Oszillation sind nur ungenügend.

Ein guter HF-Oszillator besteht aus einer verstärkenden Einheit und einem Resonator mit möglichst hoher Güte. Ist dieser Resonator über mindestens eine Varaktordiode in der Frequenz veränderbar, so spricht man von einem spannungsgesteuerten Oszillator, VCO (engl.: Voltage Controlled Oscillator). Ein zugehöriges ideales Signal ist im Abb. 5.1 über dem Grundrauschen des Messgerätes im Frequenzbereich dargestellt.

Ein Oszillator weist einerseits Schwankungen der Ausgangsamplitude über der Zeit (AM-Rauschen) und andererseits (in der Praxis noch viel gravierendere) Schwankungen der Phase um die Sollfrequenz auf. Dieses Phasenrauschen stellt man in der Regel für das obere Seitenband mit der Differenzangabe des Rauschwertes zum maximalen Oszillatorsignal (das nicht abgebildet ist), wie im Abb. 5.2 zu sehen ist, dar.

Dieses Phasenrauschen hat von der großen Anzahl der zu beachtenden Parametern beim Einsatz eines Oszillators oft den größten Einfluss auf die Systemeigenschaften. Möchte man beispielsweise ein Signal im Abstand von 1 MHz vom LO-Signal herunter mischen und betrachtet man den Mischer als Multiplizierer, so mischt der Mischer zusätzlich das Phasenrauschsignal des LO-Oszillators mit herunter. Folglich sollte das Phasenrauschen unter dem zu erwartenden Signalpegel am Empfänger liegen.

Zur Beurteilung und zum Einsatz eines Oszillators sind neben dem Phasenrauschen eine Menge von Punkten zu beachten:

- Ausgangsleistung und dessen Frequenzgang beim VCO,
- Leistungsaufnahme,

H. Heuermann, *Mikrowellentechnik*,
https://doi.org/10.1007/978-3-658-41287-6_5

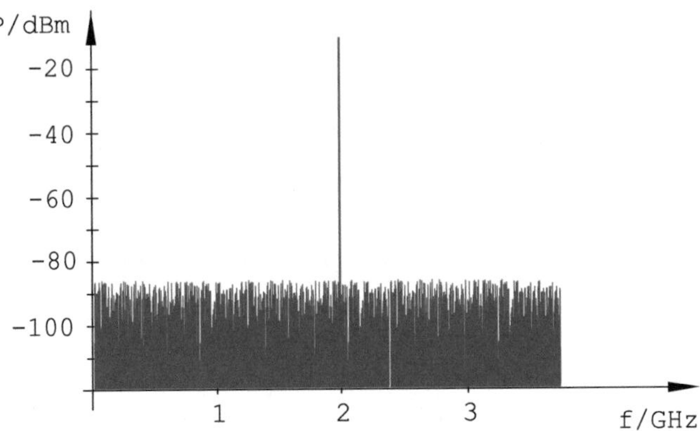

Abb. 5.1 Reines sinusförmiges Signal eines stabilisierten Oszillators, gemessen mit einem Spektrumanalysator

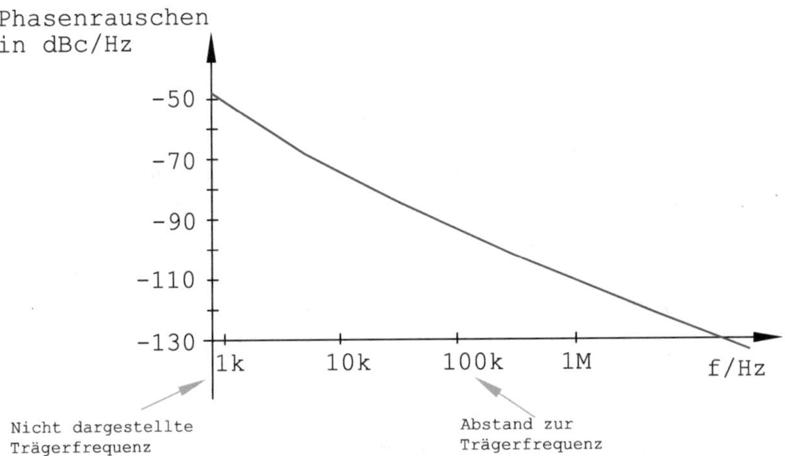

Abb. 5.2 Typisches Phasenrauschen eines nicht stabilisierten Oszillators mit LC-Resonator

- Generation der Oberwellen mit typ. 20 dBc Abstand zur Grundwelle und ggf. der Subharmonischen (halbe Frequenz der Grundwelle),
- *Frequency Pushing:* Eine Größe die charakterisiert, wie sehr sich die Frequenz bei Schwankungen der Versorgungsspannung ändert,
- *Frequency Pulling:* Gibt an, wie stark sich die Frequenz bei einer auftretenden Fehlanpassung am Ausgang ändert,
- Temperaturgang bzw. -drift der Ausgangsleistung und der Frequenz,
- Abstimmcharakteristik in MHz/V eines VCO's und deren Linearität und maximale Änderbarkeit (Geschwindigkeit).

Im Folgenden werden insbesondere Schwingbedingungen für verschiedene in der HF-Elektronik interessante Oszillatoren und deren Schaltungstechnologie vorgestellt. Darüber hinaus sind insbesondere mit anderen HF-Technologien (Teraherztechnik, Hohlleitern, Röhren u. s. w.) viele weitere Oszillatoren zur Erzeugung von HF-Signalen bekannt, auf die hier nicht weiter eingegangen werden kann.

5.1 Zweitoroszillatoren

Zweitoroszillatoren werden auch als Oszillatoren mit rückläufigen Verstärkern oder Vierpoloszillatoren bezeichnet. Sie weisen einen Transmissionsverstärker und ein Rückkoppelnetzwerk auf.

5.1.1 Die Schwingbedingung

Ein idealer Verstärker für Spannungen mit einem Rückkoppelnetzwerk ist im Abb. 5.3 dargestellt.

Für die Übertragungsfunktion des Verstärkers soll

$$G(\mathrm{j}\omega) = \frac{u_{aus}}{u_s} \tag{5.1}$$

gelten.

$G(\mathrm{j}\omega)$: Übertragungsfunktion des idealen Spannungsverstärkers den Randbedingungen: $\mathrm{R}_{ein} \rightarrow \infty\ \Omega$, $\mathrm{R}_{aus} \rightarrow 0\ \Omega$ und keine interne Rückkopplung.

Für das Rückkoppelnetzwerk gilt:

$$H(\mathrm{j}\omega) = \frac{u_r}{u_{aus}}. \tag{5.2}$$

$H(\mathrm{j}\omega)$: Spannungsübertragungsfunktion eines beliebigen Rückkoppelnetzwerkes

Für den im Abb. 5.3 dargestellten idealen Spannungsaddierer soll gelten:

$$u_s = u_{ein} + u_r. \tag{5.3}$$

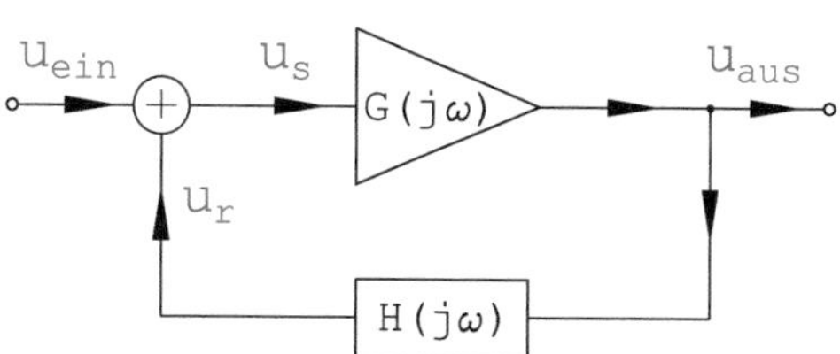

Abb. 5.3 Rückgekoppelter Verstärker

Eliminiert man u_s und u_r in Gl. (5.3) mittels (5.1) und (5.2), so ergibt sich die geschlossene Schleifenspannungsverstärkung

$$V_u(\mathrm{j}\omega) = \frac{u_{aus}}{u_{ein}} = \frac{G(\mathrm{j}\omega)}{1 - G(\mathrm{j}\omega)\, H(\mathrm{j}\omega)}. \tag{5.4}$$

Als Schleifenspannungsverstärkung des offenen Kreises wird

$$V_o(\mathrm{j}\omega) = G(\mathrm{j}\omega)\, H(\mathrm{j}\omega) \tag{5.5}$$

eingeführt.

Dieser rückgekoppelte Spannungsverstärker soll eine Oszillation aufweisen, ohne dass eine Eingangsspannung anliegt:

$$u_{ein} = 0\, V. \tag{5.6}$$

Es lässt sich für Gl. (5.4) jedoch nur eine endliche Ausgangsspannung u_{aus} angeben, wenn gilt:

$$1 - G(\mathrm{j}\omega) \cdot H(\mathrm{j}\omega) = 0 \tag{5.7}$$

Für diesen Fall kann man den idealen Addierer entfernen und die Schaltung illustriert einen Oszillator (Abb. 5.4).

Aus der Bedingung

$$1 = G(\mathrm{j}\omega_0) \cdot H(\mathrm{j}\omega_0) \tag{5.8}$$

für die Schwingfrequenz ω_0 ergeben sich die bekannten „Nyquist"-Kriterien

für den Betrag

$$|G(\mathrm{j}\omega_0) \cdot H(\mathrm{j}\omega_0)| = 1 \tag{5.9}$$

und für die Phase

$$\angle\,(G(\mathrm{j}\omega_0) \cdot H(\mathrm{j}\omega_0)) = 0°. \tag{5.10}$$

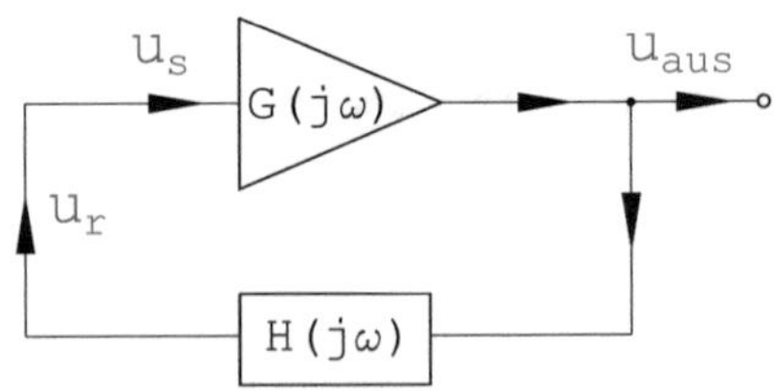

Abb. 5.4 Oszillator mit rückläufigen Verstärker

Ähnliche Kriterien stellte „Brakhausen" auf. Diese beiden Bedingungen in (5.9) und (5.10) stellen den Grenzwert dar, ab dem ein rückgekoppelter Verstärker schwingt. In der Praxis muss man zum sicheren Anschwingen die Bedingungen

$$|G(\mathrm{j}\omega_0) \cdot H(\mathrm{j}\omega_0)| > 1 \tag{5.11}$$

erfüllen, damit bei der wirklichen Phasenbedingung

$$\angle\,(G(\mathrm{j}\omega_0) \cdot H(\mathrm{j}\omega_0)) \approx 0° \tag{5.12}$$

der Oszillator sicher schwingt.

Es stellt sich in der Praxis die Frequenz ein, bei der die beiden Bedingungen (5.11) und (5.12) möglichst gut erfüllt werden (Abb. 5.5):

$$1 < \mathrm{Re}\,\{G(\mathrm{j}\omega_0) \cdot H(\mathrm{j}\omega_0)\} = V^{\mathrm{Re}}_{o(\mathrm{j}\omega_0)} \tag{5.13}$$

Beispiel

Geg.: Es gilt: Verstärkung = 1 bei der Grenzfrequenz von 10 GHz; Phase=360° bei 10 GHz; keine Dämpfung oberhalb von 1 GHz in der Rückkopplung (darunter Isolation). Die Verstärkung und das Rückkoppelnetzwerk weisen folgende Frequenzabhängigkeiten auf:

$$G(\mathrm{j}\omega) = 100\,\frac{0{,}1\,GHz}{f}, \tag{5.14}$$

$$\angle H(\mathrm{j}\omega) = 360°\,\frac{f}{10\,GHz} \mathrel{\hat{=}} 2\pi\,\frac{f}{10\,GHz} \quad \text{bzw.} \tag{5.15}$$

$$H(\mathrm{j}\omega) = e^{-\mathrm{j}2\pi\,\frac{f}{10\,GHz}}. \tag{5.16}$$

Rechnung: Mit diesen beiden Bedingungen erfüllt man für 10 GHz exakt das Nyquist-Kriterium. Jedoch weist der Verstärker für tiefere Frequenzen eine größere Verstärkung auf.

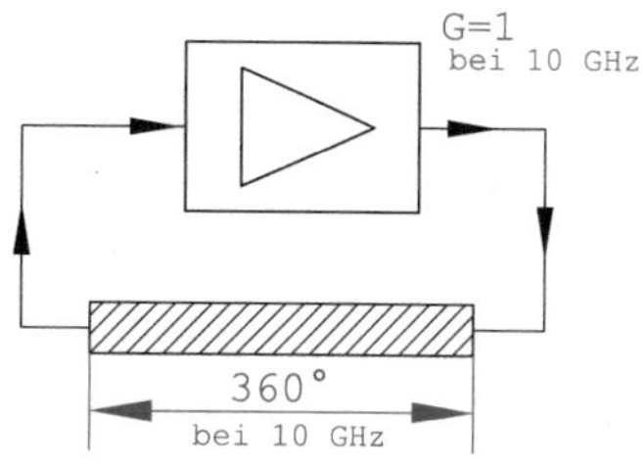

Abb. 5.5 Oszillatorbeispiel: Verstärker mit 360°-Leitung in der Rückkopplung

$$V^{\mathrm{Re}}_{o(\mathrm{j}\omega)} = \mathrm{Re}\left\{\frac{10\,GHz}{f}\,e^{-\mathrm{j}2\pi\frac{f}{10\,GHz}}\right\} \tag{5.17}$$

$$V^{\mathrm{Re}}_{o(\mathrm{j}\omega)} = \frac{20\pi\,GHz}{\omega}\cos\left(\frac{\omega}{10\,GHz}\right) \tag{5.18}$$

Die Maximalwertbestimmung durch Ableitung

$$\frac{dV^{\mathrm{Re}}_{o(\mathrm{j}\omega)}}{d\omega} = 0 \stackrel{!}{=} -\frac{20\pi\,GHz}{\omega^2}\cos\left(\frac{\omega}{10\,GHz}\right) - \frac{20\pi\,GHz}{\omega}\frac{1}{10\,GHz}\sin\left(\frac{\omega}{10\,GHz}\right) \tag{5.19}$$

$$0 \stackrel{!}{=} \frac{1}{\omega}\cos\left(\frac{\omega}{10\,GHz}\right) + \frac{1}{10\,GHz}\sin\left(\frac{\omega}{10\,GHz}\right) \tag{5.20}$$

$$0 = \frac{10\,GHz}{\omega} + \tan\left(\frac{\omega}{10\,GHz}\right) \tag{5.21}$$

ergibt mit $x = \frac{\omega}{10\,GHz}$*:*

$$x = -\cot(x). \tag{5.22}$$

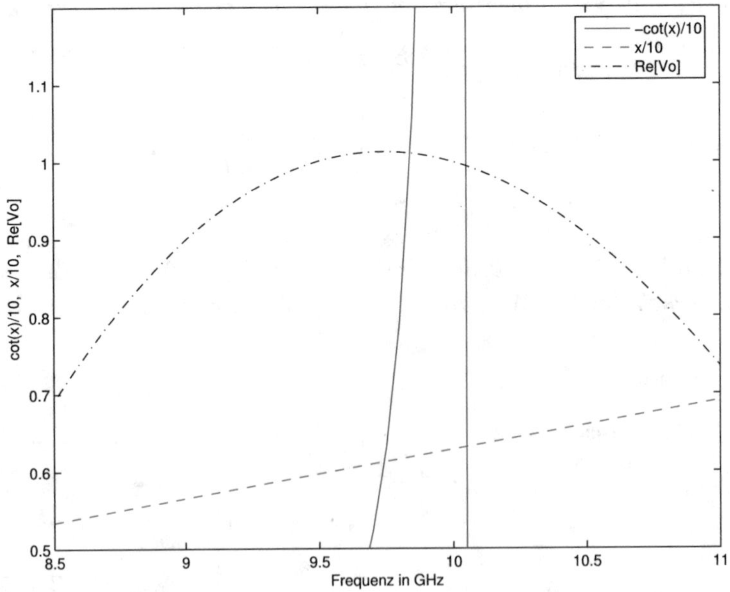

Abb. 5.6 Graphische Methode zur Schwingungsfrequenzermittlung aus Gl. (5.22)

Die Lösung gibt der Kreuzungspunkt der Funktionen $x/10$ *und* $\cot(x)/10$[1] *im Abb. 5.6 an. Folglich liegt die Resonanzfrequenz nicht bei 10 GHz, sondern bei rund 9,7 GHz, da hier die größere Verstärkung die nicht perfekte Phasenbedingung kompensiert. Weiterhin ist im Abb. 5.6 das Resultat der* Gl. (5.18) *dargestellt. Dieses Maximum liegt erwartungsgemäß bei rund 9,7 GHz.*

Um ein optimal geringes Phasenrauschen des Oszillators zu erreichen, hält man sogar rund 6 dB Verstärkung vor.

5.2 Aufbau eines rückläufigen HF-Oszillators

Es lassen sich die beiden Übertragungsfunktionen $G_{(j\omega)}$ und $H_{(j\omega)}$ allgemein anwenden und so auch durch die Streuparameter S_{21}^{Verst} und $S_{43}^{\text{Rück}}$ ersetzen. An der Optimierungsbedingung (5.13) ändert sich nichts:

$$1 < \text{Re}\left\{S_{21}^{\text{Verst}} S_{43}^{\text{Rück}}\right\}. \tag{5.23}$$

Hierbei ist es gleich, welche Phasendrehung der Verstärker macht. Die Verstärkung der offenen Schleife muss maximal sein und die Phasendrehung bei möglichst n · 360° liegen.

Aus einem Oszillator soll das erzeugte Signal ausgekoppelt werde. Das allgemeine zugehörige Blockschaltbild zeigt Abb. 5.7.

Dieser Oszillator wird auch als Zweitoroszillator bezeichnet.

Details zur Optimierung des Transmissionsresonators werden in [37] erläutert. Als einfachster Signalteiler kann der Sparbalun aus ([37, Kap. 5]) eingesetzt werden. Die Verluste und Phasendrehung des unteren Teilerzweiges wird in der folgenden Analytik dem Rückkoppelnetzwerk und somit $S_{43}^{\text{Rück}}$ zugerechnet.

Der Betrag der Übertragungsfunktion für große Ausgangsleistungen eines Verstärkers kann anhand des empirisch ermittelten Zusammenhangs

$$\left|S_{21}^{\text{Verst}}\right| = \sqrt{\frac{P_{sat}}{P_{ein}}\left[1 - e^{-\frac{G_o P_{ein}}{P_{sat}}}\right]} \tag{5.24}$$

berechnet und somit gut modelliert werden. Enthalten ist:

P_{ein} : Leistung am Eingang des Verstärkers
P_{sat} : Sättigungsleistung des Verstärkers
G_o : Kleinsignalverstärkung

Die Verstärkung eines Verstärkers mit den Größen P_{sat} = 100 mW und G_o = 100 ist über der Eingangsleistung im Abb. 5.8 dargestellt.

[1] Die beiden Ausdrücke wurden nur zur besseren Darstellung mit $\frac{1}{10}$ multipliziert.

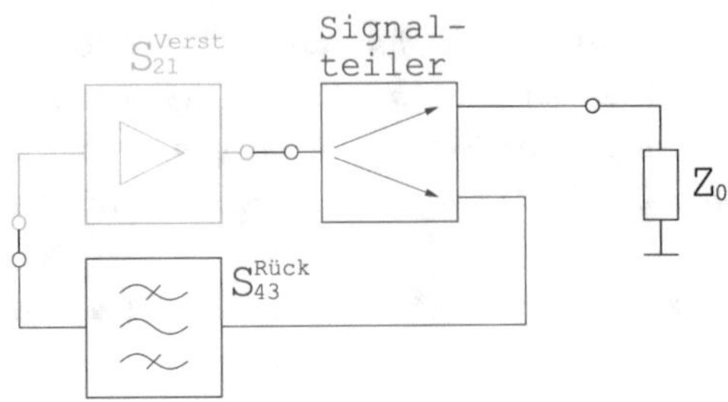

Abb. 5.7 Zweitoroszillator mit Transmissionsresonator

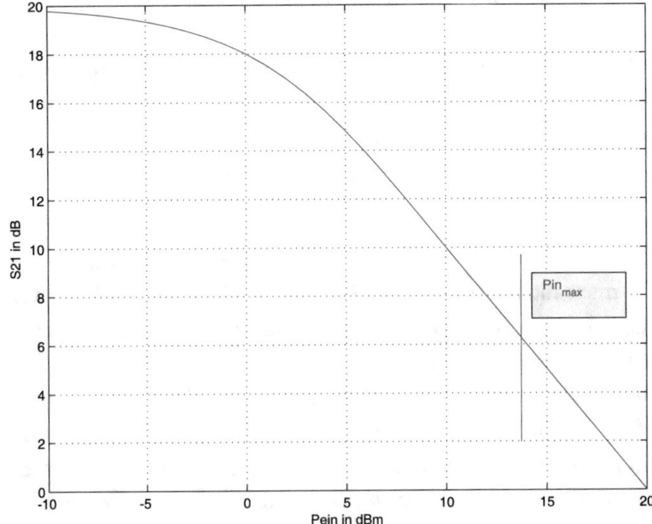

Abb. 5.8 Betrag der Verstärkung eines Kleinsignalverstärkers in Kompression

Mit steigender Eingangsleistung sinkt die Verstärkung. Der Signalteiler und das Transmissionsfilter weisen merkliche Verluste auf, die deutlich unter der Kleinsignalverstärkung liegen müssen.

Schwingt ein Zweitoroszillator an, so steigt die Ausgangsleistung bis zu dem Wert, der dem der Verstärker nur noch die Verluste des Rückkoppelnetzwerkes ausgleichen kann.

$$\left|S_{21}^{\text{Verst}}\right| = \left|S_{43}^{\text{Rück}}\right| \tag{5.25}$$

Die Ausgangsleistung errechnet sich somit aus

$$P_{aus}^{dBm} = S_{43}^{\text{Rück}^{dB}} + P_{ein}^{dBm}. \tag{5.26}$$

Da die üblichen Dämpfungen für den Rückkoppelzweig bei 4 dB bis 10 dB liegen, kann man dem Abb. 5.8 entnehmen, dass die Ausgangsleistung in der Praxis im Bereich der Sättigung liegt:

$$P_{aus}^{dBm} = P_{sat}^{dBm}. \tag{5.27}$$

5.2.1 Kreuzgekoppelter und Colpitts-Oszillator

Eininsbesonders für das Verständnis von (gewollten und nicht gewollten) Oszillationsvorgängen wichtiger Oszillator ist der kreuzgekoppelte Oszillator nach Abb. 5.9.

Bei dem im Abb. 5.9 illustrierten Oszillator wurden zur übersichtlicheren Darstellung die notwendigen Beschaltungen für die Arbeitspunkteinstellungen am Gate, das Auskoppelnetzwerk wie auch die Anpassschaltungen der Transistoren nicht dargestellt. In den weiteren Darstellungen werden zudem (wie es auch Standard in der internationalen Literatur ist) Koppelkondensatoren, Verlustwiderstände (hier R_p) und Kondensatoren, die die HF-Masse bei gegebener DC-Zuführung realisieren, nicht dargestellt.

Die beiden in Source-Schaltung dargestellten CMOS-Transistorverstärker sollen jeweils eine Transmissionsphasendrehung von 180° aufweisen. Somit könnte dieser Oszillator mit der Rückkopplung von 1 bei jeder Frequenz schwingen. Jedoch ist die Versorgungsspannung V_{DD} für das HF-Signal als Masse anzusehen. Deshalb verhalten sich diese beiden Schwingkreise wie Bandpässe.

Diese von der Phasenbedingung her sehr einfache Schaltung hat den praktischen Nachteil, dass zwei Transistoren und zwei Schwingkreise (die ggf. gleichzeitig abgestimmt werden sollen) benötigt werden. Vorteilhaft ist, dass an T_1 und an T_2 jeweils Signale ausgekoppelt werden können, die differentiell sind.

In Halbleitern entfallen die Drain-Widerstände und werden durch einen in Sättigung betriebenen Transistor ersetzt, der als Stromquelle dient.

Möchte man nur einen Transistor und einen LC-Schwingkreis einsetzen, so kann man nach der zuvor vorgestellten Vorgehensweise ein Rückkoppelnetzwerk in einem Source-

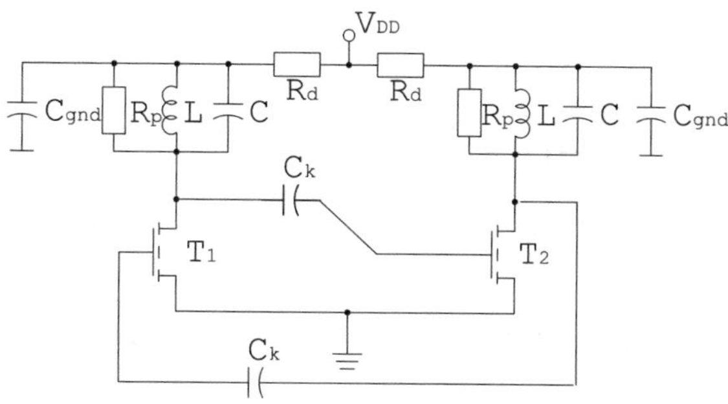

Abb. 5.9 Vereinfachter Schaltplan eines kreuzgekoppelten Oszillators

oder Emitterverstärker einsetzen, dass einerseits 180° Phasendrehung macht und andererseits über einen Parallelschwingkreis außerhalb der Resonanzfrequenz den Verstärker gegenkoppelt.

Die in Abb. 5.10 dargestellte Schaltung kann nur bei der Frequenz schwingen, bei der es die 180° Phasendrehung gibt. Nur bei dieser Frequenz liegt keine Gegenkopplung vor.

Der im Abb. 5.10 enthaltene Phasenschieber hat einen Tiefpasscharakter. Folglich weist das Rückkoppelnetzwerk kein Bandpassverhalten auf! Das enthaltene Tiefpassfilter vermindert die Schwingneigungen bei tieferen Frequenzen.

Vorteilhaft am Colpitts-Oszillator ist, dass das Rückkoppelnetzwerk nur eine Spule benötigt und keinen DC-Schluss aufweist (und somit keine zusätzlichen Koppelkondensatoren benötigt). Die mehrheitlich enthaltenen Kondensatoren weisen eine höhere Güte als die Spule auf. Dieses ist auch die Gründe weshalb diese Konstruktion häufig in Halbleitern eingesetzt wird.

In gleicher Art und Weise wie der Colpitts-Oszillator lässt sich ein Phasenschieber aus den zwei Shuntelementen $L1$ und $L2$ und dem Serienelement C aufbauen. Dieser Phasenschieber hat einen Hochpasscharakter. Die zugehörige Schaltung wird als `Hartley-Oszillator` bezeichnet. Ersetzt man die Spule des Parallelschwingkreises durch einen Trafo, so gelangt man zum `Meißner-Oszillator`.

Die Vorteile dieser beiden Schaltungen liegen in der Abstimmung der Phasenschiebung über nur einen elektronisch veränderbaren Kondensator und in der geringen Schwingneigung bei tieferen Frequenzen.

Eine Übersicht der verschiedenen Rückkoppelnetzwerke gibt das Abb. 5.11.

Die Netzwerke sind in der Praxis nicht symmetrisch, da i. d. R. eine Impedanztransformation notwendig ist.

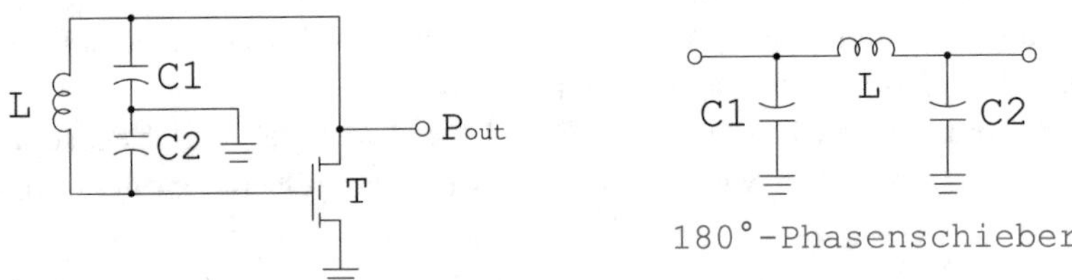

Abb. 5.10 Colpitts-Oszillator in Source- bzw. Emittergrundschaltung und einzeln dargestellter Phasenschieber

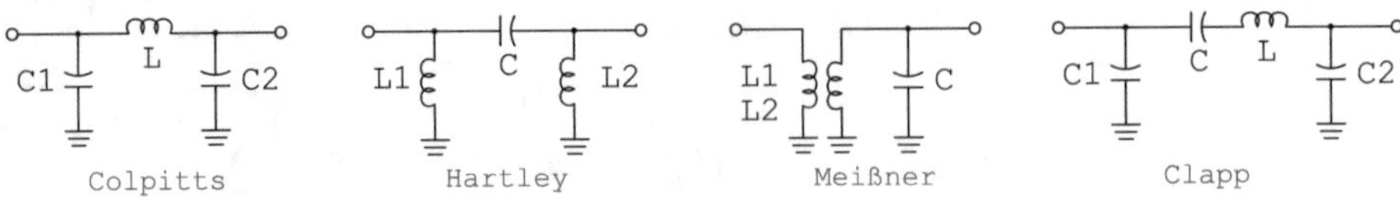

Abb. 5.11 Rückkoppelnetzwerke und deren Namen für die zugehörigen Oszillatoren

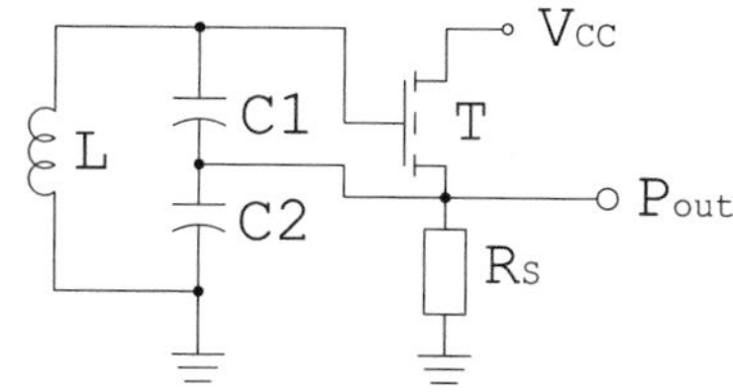

Abb. 5.12 Colpitts-Oszillator in Draingrundschaltung mit Resonator am Gate

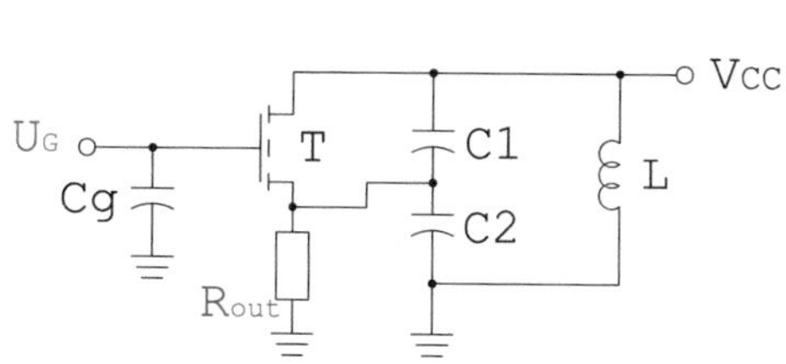

Abb. 5.13 Colpitts-Oszillator in Basis- bzw. Gategrundschaltung mit Resonator

Diese Oszillatoren kann man auch in die beiden anderen Grundschaltungen (Basisschaltung und Kollektorschaltung) implementieren. Diese beiden Schaltungen weisen 0° Phasendrehung für das Transmissionssignal auf. Folglich braucht das Rückkoppelnetzwerk keine Phasendrehung bzw. 360° aufweisen.

Diese 0° Phasendrehung lässt sich auch durch einen einfachen Resonator bewerkstelligen. Gerne verwendet man einen Parallelschwingkreis mit einer Ankopplung zwischen den Kondensatoren. Auch diese Schaltung wird der Klasse der Colpitts-Oszillatoren zugeordnet.

Der Parallelschwingkreis kann u. a. auf der Gate-Seite implementiert werden, Abb. 5.12.

Die Gleichspannung am Gate wird so eingestellt, dass aufgrund der Stromgegenkopplung mit R_S nur ein geringer Strom fließt. Bei der Resonanzfrequenz wird R_S durch $C2$ kurzgeschlossen. Bei dieser Frequenz weist der Transistorverstärker einen großen Verstärkungswert auf und oszilliert.

Insbesondere in Halbleitern wird R_S durch eine Konstantstromquelle ersetzt.

Abb. 5.13 zeigt die Gateschaltung mit Parallelschwingkreis.

5.3 Eintoroszillatoren

Bei Zweitoroszillatoren betrachtet man das Transmissionsübertragungsverhalten (S_{21} von Verstärker und Rückkopplung). Bei Eintoroszillatoren spielt hingegen das Reflexionsverhalten die entscheidenden Rolle. In der Nomenklatur der Hochfrequenztechnik muss ein zugehöriger Verstärker eine Reflexionsverstärkung aufweisen und der Resonator bei der gewünschten Schwingfrequenz eine starke Betragsreflexion und die passende Phasendrehung.

5.3.1 Schwingbedingung von Eintoroszillatoren

Diese Oszillatoren werden insbesondere in Halbleiterschaltungen bevorzugt eingesetzt. Abb. 5.14 zeigt das hier bevorzugte Blockschaltbild.

Auf die dem Resonator vorgeschaltete Impedanztransformation, die mit den Kondensatoren C_K bewerkstelligt wird, wird ausführlich in [37, Kap. 5] eingegangen. Der im Abb. 5.14 enthaltene Resonator reflektiert breitbandig die gesamte Energie. Jedoch gilt außerhalb der Resonanzfrequenz für die Reflexionsphase: $M_{33}^{-} = -1$. Folglich schwingt diese Schaltung nur über die Phasenbedingung:

$$\angle\left(G(\mathrm{j}\omega_0) \cdot H(\mathrm{j}\omega_0)\right) = 0^\circ \quad \text{bzw.} \quad \angle\left(M_{22}^{-}(\mathrm{j}\omega_0)\, M_{33}^{-}(\mathrm{j}\omega_0)\right) = 0^\circ. \tag{5.28}$$

Zusätzlich muss die Reflexionsverstärkung mindestens genauso groß sein, wie die Reflexionsdämpfung des Resonators:

$$\left|M_{22}^{-}(\mathrm{j}\omega_0)\, M_{33}^{-}(\mathrm{j}\omega_0)\right| \geq 1. \tag{5.29}$$

Zusammengefasst erhält man die Schwingbedingung für Eintoroszillatoren:

$$\mathrm{Re}\left\{M_{22}^{-}(\mathrm{j}\omega_0)\, M_{33}^{-}(\mathrm{j}\omega_0)\right\} \geq 1. \tag{5.30}$$

In der Praxis ist die Anpassung des Resonators bei der Resonanzfrequenz mit Betragswerten im Bereich 2–8 dB besser als bei anderen Frequenzen. Zum sicheren Oszillieren setzt man Reflexionsverstärker mit Werten im Bereich von 10–20 dB ein.

Möchte man bei Eintoroszillatoren auch die Amplitudenbedingung nutzen, so muss man ein Bandstopfilter einsetzten, wie es auch für DRO-Oszillatoren gemacht wird, [37, Kap. 5].

Bei diesem Oszillator hat man wieder wie beim Transmissionsoszillator eine Schwingbedingung über die Phase und dem Betrag. Bei Resonanz reflektiert das Bandstopfilter die meiste Energie.

Es ist natürlich beliebig, ob man die Definition für symmetrische Leitungssysteme in M-Parametern (wie in den Gl. (5.28) und (5.29)) oder in S-Parametern (wie im Abb. 5.15) formuliert.

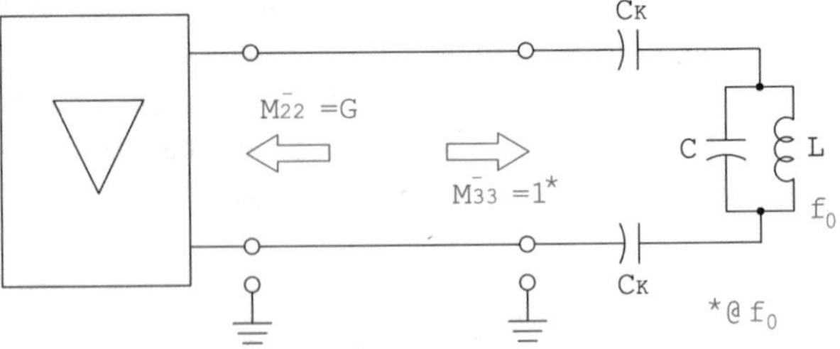

Abb. 5.14 Eintoroszillator in symmetrischer Schaltungstechnik, bestehend aus Reflexionsverstärker (links) und Resonator einschließlich Impedanztransformationsnetzwerk (Γ-Trafo)

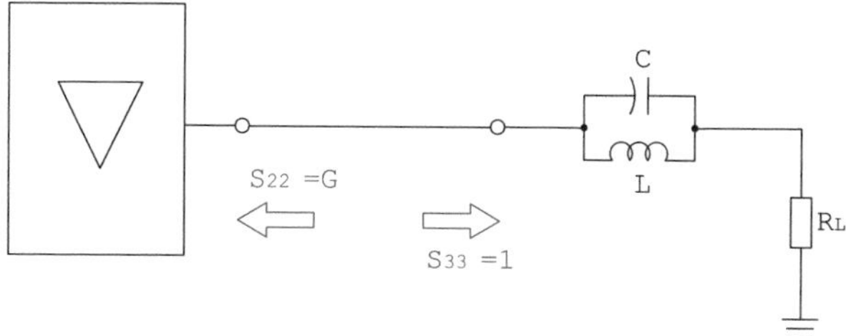

Abb. 5.15 Eintoroszillator in unsymmetrischer Schaltungstechnik mit Bandstopfilter

5.3.2 Eingesetzter Reflexionsverstärker

Der insbesonders in der Halbleitertechnik häufig eingesetzte Reflexionsverstärker ist ein differentieller Verstärker mit einer direkten Rückkopplung, wie im Abb. 5.16 dargestellt.

Das Eingangssignal des oberen roten Zweiges wird verstärkt, um 180° in der Phase gedreht, danach einerseits über einen Koppelkondensator mit kleiner Kapazität (z. B. 1 pF) zum Teil ausgekoppelt und andererseits dem unteren blauen Eingang zur Verfügung gestellt. An diesem blauen Eingang steht nun ein größeres Signal zur Verfügung, als nur der einfallende Wellenanteil des symmetrischen Eingangssignals. Deshalb wird mehr Energie reflektiert, als einfällt. Gleiches gilt für den Energieanteil, der über den blauen Zweig eingekoppelt über den roten Zweig ausgekoppelt wird.

Bei diesem Verstärker handelt es sich *nicht* um einen linearen Verstärker, da dieser durch die Mitkopplung in Kompression geht. Für den Oszillatorbetrieb ist dieses nicht nachträglich. In der Praxis weist dieser Verstärker einen sehr hochohmigen Eingangswiderstand (typisch 5 kΩ) auf und belastet somit den Resonator nur sehr wenig.

Oft und somit auch in vielen anderen Literaturstellen (z. B. [77]) wird dieser Reflexionsverstärker als negativer Widerstand beschrieben.

Sehr vorteilhaft an diesem Verstärker ist weiterhin, dass sich der Millereffekt kompensieren lässt und somit eine große Verstärkung bei hohen Frequenzen erzielt werden kann, [37].

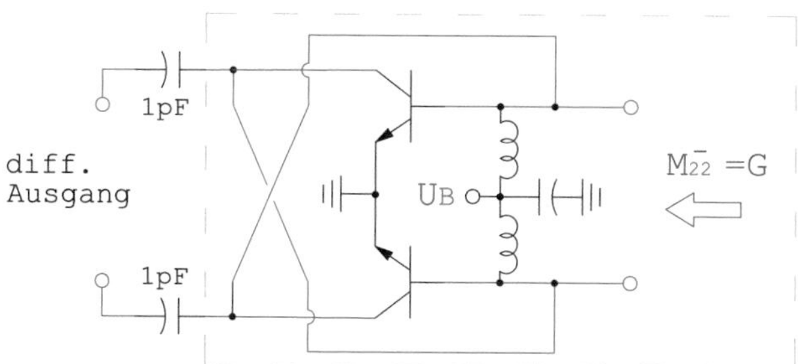

Abb. 5.16 Reflexionsverstärker für Eintoroszillatoren in symmetrischer Schaltungstechnik mit kleinen Auskoppelkondensatoren

5.3.3 Aufbauten von differentiellen Oszillatoren

Der Aufbau des einfachsten differentiellen Oszillators, der sehr häufig in der HF-IC-Technologie eingesetzt wird, ist im Abb. 5.17 dargestellt.

Da der Verstärker entsprechend hochohmig ist, wird nicht immer ein kleiner Koppeltransformator zur Impedanztransformation (mittels Γ-Transformator) eingesetzt.

In [37] wurden neben den einfachen Resonatoren auch die Dual-Mode-Resonatoren eingeführt, die aufgrund des zweifachen Durchlaufes des Signals im Gleich- und Gegentaktmode eine deutlich höhere belastete Güte als einfache Resonatoren aufweisen.

Die erzielbare Steigerung der belasteten Güte durch das Mixed-Mode-Konzept ist im Abb. 5.18 illustriert.

Die Werte gelten für 2,5 GHz und den Bauelemente: $Q_L = Q_C$ =40, L_{min}: 1 nH, C_{min}: 0,5 pF. Durch den steilen Phasenverlauf wird eine stabilere Oszillation erreicht.

Der Phasenverlauf durchläuft steiler den Punkt der Resonanzfrequenz, da die belastete Güte erhöht wird. Gleichzeitig erhöhen sich die Verluste im Resonator, da der Schwingkreis zweimalig (mit Gleich- und Gegentaktmode) durchlaufen wird.

Realisiert man in dieser Schaltungstechnik einen Reflexionsoszillator, dann sieht die prinzipielle Schaltungstechnik wie im Abb. 5.19 dargestellt aus.

Der Reflexionsverstärker muss nun für den Gleich- und den Gegentaktmode betrachtet werden. Am Resonator wird die Gegentaktwelle mit 90° Phasendrehung in eine Gleichtaktwelle gewandelt und reflektiert. Die Gleichtaktwelle wird mit 180° Phasendrehung vom Verstärker zurückreflektiert und am Resonator in eine Gegentaktwelle mit 90° Phasendrehung zurückkonvertiert.

Dieser Ablauf der Wellenreflexion und -konvertierung wird im unteren Teil des Abb. 5.19 illustriert.

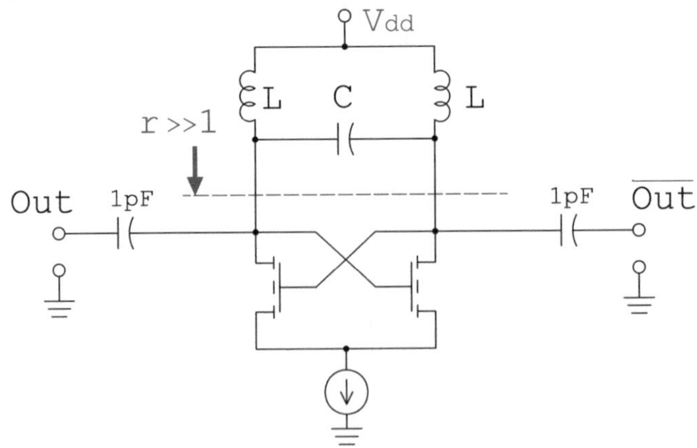

Abb. 5.17 Differentieller bzw. Push-Push- bzw. kreuzgekoppelter Oszillator

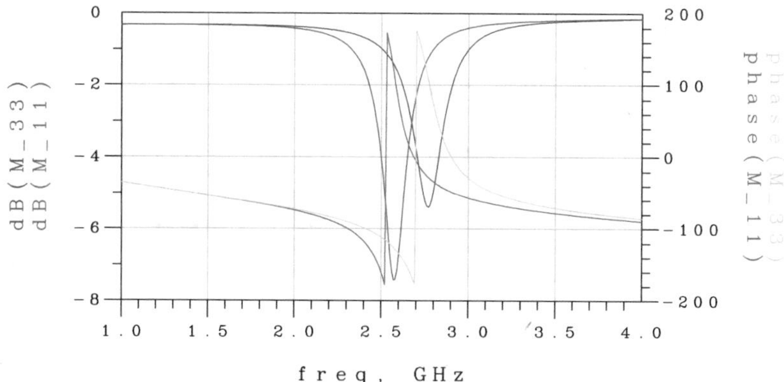

Abb. 5.18 Gegentaktreflexion für den klassischen Resonator ($M_{33} = M\_33$) und den Dual-Mode-Resonator ($M_{11} = M\_11$)

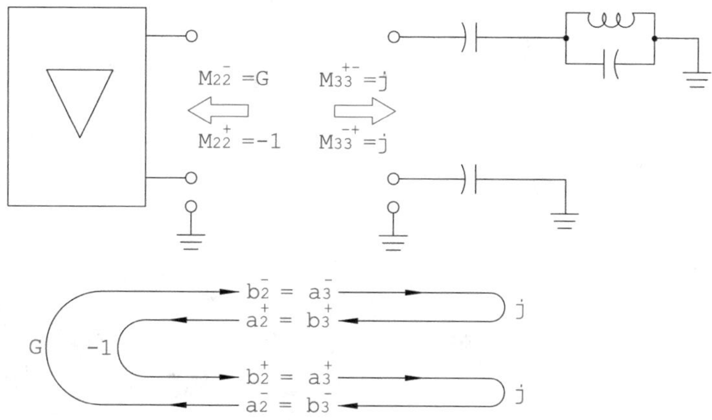

Abb. 5.19 Links: Reflexionsverstärker; rechts: Dual-Mode-Resonator

Dieser Oszillator, der auch als Dual-Mode- oder Mixed-Mode-Oszillator bezeichnet wird, weist nur einen sehr geringen Unterschied zum differentiellen Oszillator nach Abb. 5.17 auf: Es muss am Resonator nur ein Kondensator, der gegen Masse kontaktiert ist, eingesetzt werden (Abb. 5.20).

Der Unterschied der Spannungen an den Resonatoren kann dem Abb. 5.21 entnommen werden.

Bei diesen Simulationsergebnissen des Mixed-Mode-Oszillators und des differentiellen Oszillators wurde der gleiche Oszillator eingesetzt, da der Oszillatorbetrieb über einen Kurzschluss umschaltbar ist. Man erkennt deutlich, dass der Oszillator im Dual-Mode-Betrieb eine höhere Resonatorspannung aufweist.

Der Aufbau des Mixed-Mode Oszillators mit SMD-Komponenten und SiGe-Transistoren ist im Abb. 5.22 abgelichtet.

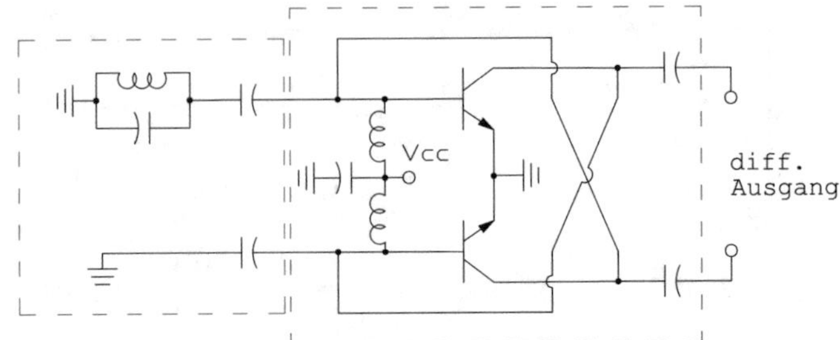

Abb. 5.20 Links: Dual-Mode-Resonator; rechts: Reflexionsverstärker

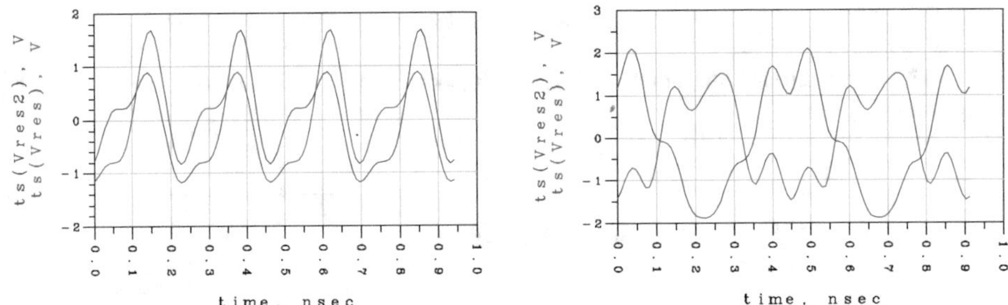

Abb. 5.21 Resonatorspannungen an Basis 1 und Basis 2 im Gegentakt- und Dual-Mode-Betrieb (rechts)

Abb. 5.22 Abbildung des realisierten Dual-Mode-Reflexionsoszillators

In der Simulation wurde bei 1 MHz Abstand ein um 6 dB besseres Phasenrauschen berechnet. In der Messung war es sogar um 7 dB besser, [48].

5.3.4 Push-Push-Oszillatoren

Es wurde bereits erwähnt, dass man den differentiellen Oszillator auch gelegentlich als Push-Push-Oszillator bezeichnet. Hier sollen unter Push-Push-Oszillatoren nur die Oszillatoren betrachtet werden, die auf einer Grundfrequenz f_0 schwingen, dabei viele Oberwellen erzeugen und von denen nur eine Oberwelle als Ausgangssignal abgegriffen wird.

Abb. 5.23 zeigt das typische Ausgangssignal eines Oszillators in Halbleitertechnik. In speziellen Schaltungen wird die Energie der Oberwellen optimiert, so dass sich ein Spektrum ergibt, das einem Kamm ähnelt. In diesen Fällen spricht man von einen speziellen Kammoszillator bzw. Kammgenerator.

Der einfachste Push-Push-Oszillator wird von einem Oszillator mit zwei Ausgängen angesteuert. Die Ausgangssignale werden über je einen Phasenschieber gedreht und anschließend wieder kombiniert.

Diesen allgemeinen Aufbau eines Push-Push-Oszillators zeigt das Abb. 5.24.

Mathematisch lässt es sich wie folgt beschreiben. Für das Signal im oberen Zweig gilt:

$$s_{1(t)} = a\, e^{j\omega_0 t} + b\, e^{j2\omega_0 t} + c\, e^{j3\omega_0 t} + \ldots. \tag{5.31}$$

Im unteren Zweig ist das Signal aufgrund einer zusätzlichen Phasendrehung verzögert:

$$s_{2(t)} = a\, e^{j\omega_0 (t-\Delta t)} + b\, e^{j2\omega_0 (t-\Delta t)} + c\, e^{j3\omega_0 (t-\Delta t)} + \ldots. \tag{5.32}$$

Das Combiner-Netzwerk addiert diese beiden Signale:

$$s_{out(t)} = a'\, e^{j\omega_0 t}(1 + e^{-j\omega_0 \Delta t}) + b'\, e^{j2\omega_0 t}(1 + e^{-j2\omega_0 \Delta t}) + c'\, e^{j3\omega_0 t}(1 + e^{-j3\omega_0 \Delta t}) + \ldots. \tag{5.33}$$

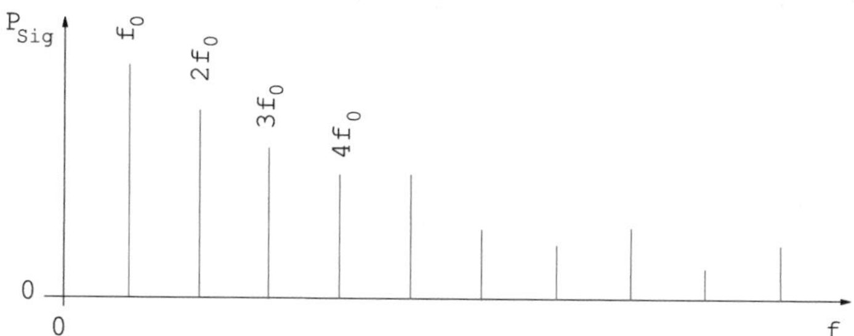

Abb. 5.23 Typisches Frequenzspektrum von Halbleiteroszillatoren

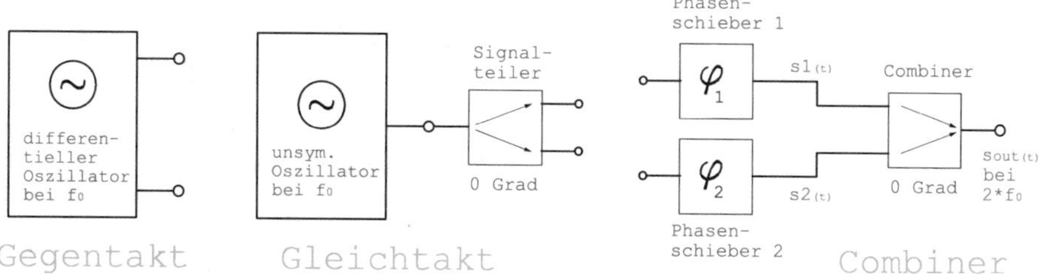

Abb. 5.24 Oszillatoren und Combining-Netzwerk für Push-Push-Oszillatoren

Bei einem Phasenunterschied von 180° oder $\pi = \omega_0 \Delta t$ bleiben nur noch die gradzahligen Harmonischen übrig:

$$s_{out(t)} = 2\,b'\,e^{j2\omega_0 t} + 2\,d'\,e^{j4\omega_0 t} + \ldots. \tag{5.34}$$

Die einfachste und am Häufigsten genutzte Umsetzung (im Halbleiter) ist im Abb. 5.25 dargestellt.

Diese Oszillatoren wurde insbesondere für die Halbleiterschaltungstechnik in sehr vielen Veröffentlichungen in einer sehr großen Variantenvielfalt beschrieben. Die Phasenschieber können entfallen, da der differentielle Oszillator bereits das notwendige Gegentaktsignal liefert.

Eine ausführlichere wissenschaftliche Veröffentlichung zu Push-Push-Oszillatoren ist in [91] abgedruckt.

Abb. 5.26 zeigt eine auf Al_2O_3-Substrat realisierte Umsetzung zweier 28,5 GHz-Oszillatoren in unsymmetrischer Schaltungstechnik.

Ein für 57 GHz ausgelegter Wilkinsonkoppler wird hier als Leistungs-Combiner eingesetzt. Der Oszillator weist mit 1 dBm Ausgangsleistung und einem Phasenrauschwert von 108 dBc/Hz bei 1 MHz Abstand sehr gute Kennwerte auf.

Von anderen wurden sogar aus zwei 6,4 GHz Oszillatoren mittels eines Combiner-Netzwerkes für die achte Harmonische ein 51 GHz Push-Push-Oszillator entwickelt, [57]. Diese in SMD-Technik auf Teflon-Substrat erstellte Lösung weist fast so gute Werte wie der zuvor vorgestellte Oszillator auf.

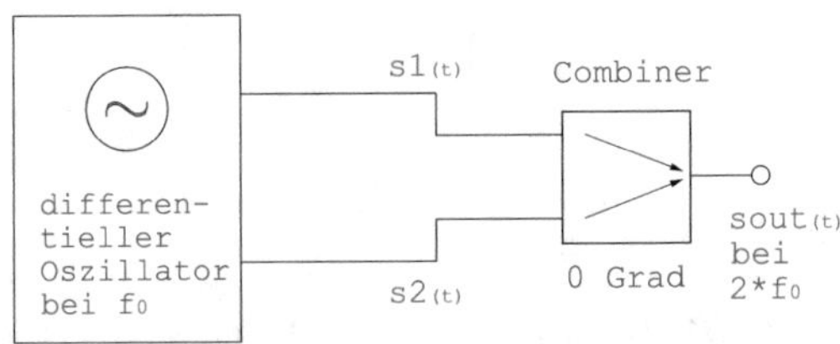

Abb. 5.25 Einfachster Push-Push-Oszillator

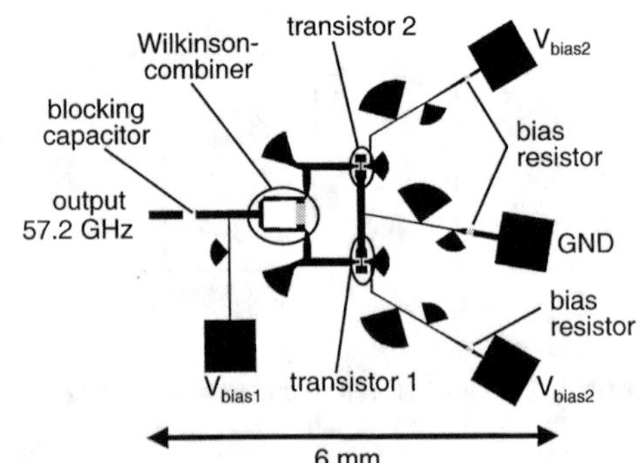

Abb. 5.26 Push-Push-Oszillator bei 57 GHz in SiGe-HBT-Technologie aus [91]

5.3.5 Elektrisch abstimmbare Oszillatoren

In der Praxis sind die Quarzoszillatoren und Oszillatoren mit dielektrischen Resonatoren (DRO) die einzigen Festoszillatoren.

Die Masse der HF-Oszillatoren verwenden im Schwingkreis eine Varaktor-Diode. Die Varaktor-Diode ist verwandt mit der PIN-Diode und darauf gezüchtet, dass eine Sperrspannung die Sperrkapazität über einen sehr großen Bereich verändern kann. Vereinfacht gilt:

Bauelement	Funktion
PIN-Diode	Elektrisch steuerbarer Widerstand
Varaktor-Diode	Elektrisch steuerbarer Kondensator

Diese Funktionalität eines elektrisch abstimmbare Oszillatoren (VCO; engl.: voltage controlled oscillator) lässt sich mit der einfachen Funktion

$$\omega_{out} = \omega_0 + K_V \cdot U_{control} \tag{5.35}$$

beschreiben. Dabei beschreibt K_V die Steilheit des VCOs in $\frac{rad}{Vs}$ an.

In der Praxis lässt sich eine Varaktor-Diode nicht linear durchstimmen. Deshalb muss diese Nichtlinearität durch eine nichtlineare Ansteuerung über einen Mikroprozessor oder einem Speicher oder auch durch eine komplexere analoge Varaktor-Dioden-Anordnung kompensiert werden. Mittlerweile beinhalten moderne integrierte Schaltungung für Syntheseoszillatoranwendungen eine große Matrix an zuschaltbaren Kondensatoren, mit denen der Frequenzbereich sich um mehrere GHz verstimmen lässt.

5.4 Rauschverhalten von Oszillatoren

Bereits in der Einleitung dieses Kapitel wurde auf verschiedene endliche Eigenschaften und insbesondere das Rauschen des Oszillators eingegangen.

Ein idealer HF-Oszillator würde ein reines Sinussignal mit fester Frequenz erzeugen. Reale Oszillatoren weisen um die Resonanzfrequenz herum mehr oder minder starkes Rauschen auf, Abb. 5.27

Dem Bild kann man folgenden Werte entnehmen:

- Signalleistung (Marker 1): 2 dBm
- Rauschleistung (Marker 2): −66 dBm
- Resultierende Bandbreite (RWB): 10 kHz
- Phasenrauschwert bei 1 MHz Abstand: −108 dBc

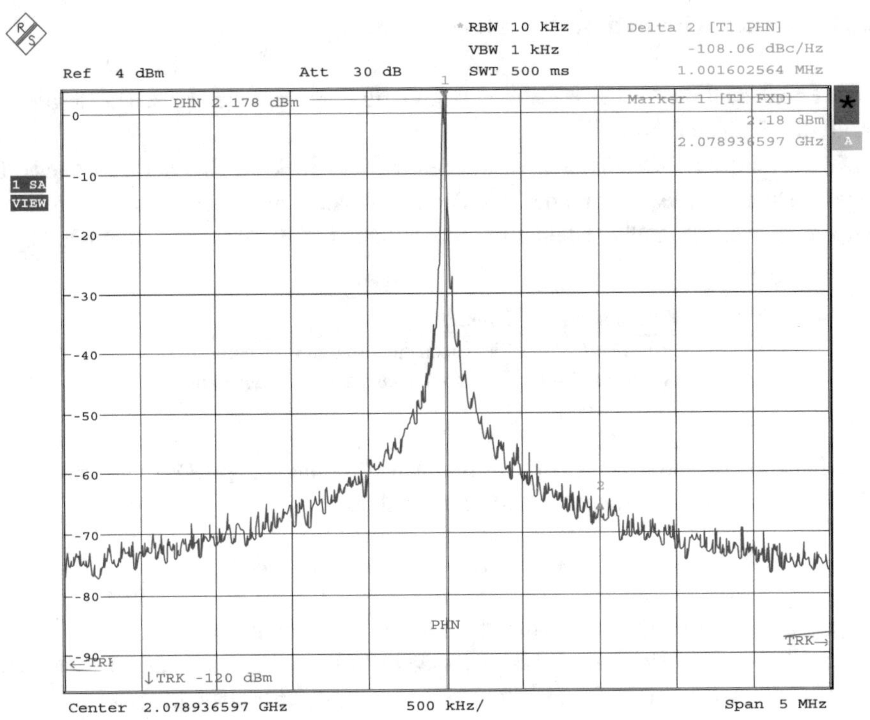

Abb. 5.27 Spektrales Ausgangssignal eines VCOs in SMD-Technik

Eine resultierende Bandbreite von 10 kHz entspricht 40 dB erhöhtes Rauschen gegenüber einer Messung mit nur 1 Hz Bandbreite.

Der Phasenrauschwert, der immer auf 1 Hz Bandbreite angegeben wird, berechnet sich in diesem Beispiel wie folgt:

$$L_{(1\,\mathrm{MHz})} = -66\,\frac{\mathrm{dBm}}{10\,\mathrm{kHz}} - 40\,\mathrm{dB} - 2\,\mathrm{dBm} = -108\,\frac{\mathrm{dBc}}{\mathrm{Hz}}. \tag{5.36}$$

Dieses Rauschen um den Träger, das in guter Näherung auf ein Phasenrauschen eingeschränkt werden kann, bestimmt in den meisten modernen Funksystemen die Selektivität und somit die Reichweite. Deshalb wird viel Aufwand zur Minimierung des Phasenrauschens unternommen.

Bereits 1966 erstellte Leeson [63] ein lineares invariantes Modell zur Beschreibung des Phasenrauschens. Dieses Modell berücksichtigt verschiedene Einflüsse auf das Phasenrauschen. Weitere Wissenschaftler verfeinerten dieses Modell, [26, 62, 80]. Jedoch ist das Leeson-Phasenrauschmodell oftmals als ausreichend zu sehen und noch sehr übersichtlich, [102].

Demnach gilt:

$$L(\Delta\omega) = 10\,log\left[\frac{2\,F\,k\,T}{P_{sig}}\left\{1+\left(\frac{\omega_0}{2\,Q_L\,\Delta\omega}\right)^2\right\}\left(1+\frac{\Delta\omega_{1/f^3}}{|\Delta\omega|}\right)\right] \quad \text{mit} \tag{5.37}$$

$L(\Delta\omega)$:	Einseitenbandrauschleistung, normiert auf P_{sig} für 1 Hz Bandbreite
P_{sig}:	Signalleistung des Oszillators
$\Delta\omega$:	Kreisfrequenzabweichung von ω_0
T:	Temperatur
$\Delta\omega_{1/f^3}$:	Eckfrequenz des $1/f$-Rauschens
ω_0:	Mittenfrequenz des Oszillators
F:	Rauschzahl des Verstärkers
k:	Boltzmann-Konstante
Q_L:	belastete Güte des Resonators

Das zugehörige Rauschspektrum ist im Abb. 5.28 dargestellt.

Ursache für das starke Seitenbandrauschen ist insbesondere das bei tiefen Frequenzen vorhandene $1/f$-Rauschen, das durch nichtlineare Effekte am Oszillator hochgemischt wird. Bis zur Grenze von $\Delta\omega_{1/f^3}$ weist das Seitenbandrauschen einen Gradienten von -30 dB/Dekade und im weiteren -20 dB/Dekade auf, bis es ins weiße Rauschen übergeht.

Mit folgenden Veränderungen lässt sich das Phasenrauschen eines Oszillators reduzieren:

1. Anhebung der Ausgangsleistung P_{sig}. Da das thermische Rauschen fix ist, kann $2kT\,/\,P_{sig}$ optimiert werden, [62].
2. Anhebung der belasteten Resonatorgüte Q_L.
3. Reduktion der Rauschzahl *F,* [75], was aber nicht so effizient ist, [62].
4. Halbleiter mit geringer $1/f$-Eckfrequenz wählen. Hier wählt man SiGe.

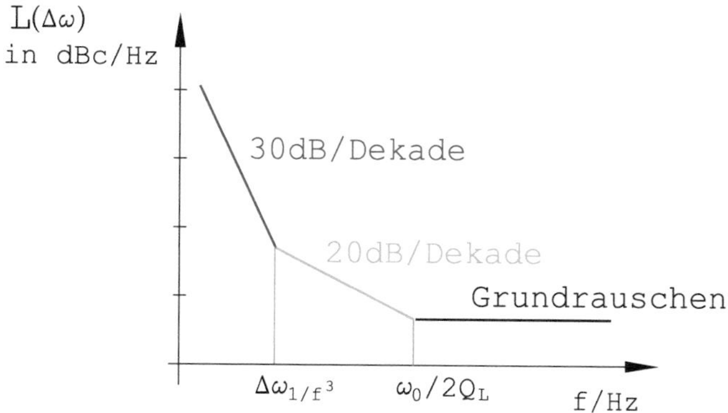

Abb. 5.28 Phasenrauschen eines Oszillators nach dem Modell von Leeson, [26]

Im [37] wurde im Verstärkerkapitel gezeigt, wie man das $1/f$-Rauschen bereits Schaltungstechnik gut reduzieren kann und somit das Phasenrauschen um rund 6 dB reduziert.

Möchte man Oszillatoren miteinander vergleichen, so führt man einen Leistungsfaktor (für das Phasenrauschen) als so genannten FOM-Wert (engl.: Figure of Merit) ein:

$$FOM = L(\Delta\omega) + 10\,log\left[\left(\frac{\Delta\omega}{\omega_0}\right)^2 \frac{P_{VCO}}{1\,mW}\,\frac{V_c}{FTR}\right] \quad (5.38)$$

Dieser FOM-Wert korrigiert die Ausgangsleistung und die relative Bandbreite des VCOs.

P_{VCO} beschreibt die vom Oszillator aufgenommene Leistung in mW. *FTR* steht für *Frequency Tuning Range* und wird in Prozent angegeben. Bei V_c handelt es sich um die Tuningspannungsbereich in Volt.

Internationale Bestwerte für VCO's liegen bei −185 dBc bis −200 dBc.

6 Detektoren und Mischer

In der Anfangsphase der Mikrowellentechnik waren die Detektoren die einzigen Bauelemente, mit denen eine Information des Mikrowellensignales in den Elektronikbereich transferiert wurde. Nachwievor kann man ein einfachstes Mikrowellensystem mit einem amplitudenmodulierten Signal im Sendezweig und einem Detektor für die Frequenzkonversion bzw. Demodulation im Empfänger aufbauen. Dieses ist jedoch nicht mehr Stand der Technik, da bereits ein Dual-Mode-Funk-System, das statt des Detektors einen Mischer einsetzt, kaum aufwendiger ist (Detail, in [37]).

Mit einem Detektor kann man die Leistung eines HF-Signals ermitteln. D. h. im Detail: Die Ausgangsspannung des Detektors ist proportional zur Mikrowellenleistung am Eingang des Detektors.

$$\text{Detektor:} \quad U_{DCout} \sim P_{HFin}$$

Mit Mischern wird das Mikrowellensignal (über Konversionsverluste, typisch 6 dB) umgesetzt. Abzüglich dieser Verluste setzt ein Mischer aber eine ein Signal aus dem GHz-Bereich in ein Signal im Elektronikbereich um.

$$\text{Mischer:} \quad U_{NFout} \sim U_{HFin} - 6\,\text{dB}$$

Deshalb sind Empfänger mit Mischer deutlich empfindlicher als Detektorschaltungen. Bei Funksystemen ist der Dynamikunterschied in dB fast bei Faktor 2.

Detektoren werden heutzutage hauptsächlich nur noch zur Kontrolle der Ausgangsleistung eingesetzt.

Demgegenüber haben sich im Mischerbereich komplexe Schaltungen viele Innovationen mit sich gebracht, die im Folgenden bis hin zum IQ-Empfänger sehr ausführlich dargestellt werden.

H. Heuermann, *Mikrowellentechnik*,
https://doi.org/10.1007/978-3-658-41287-6_6

6.1 Detektoren

Das breite Angebot von integrierten Detektorschaltungen mit integriertem Operationsverstärker für den einstelligen GHz-Bereich sorgt dafür, dass der/die Schaltungstechniker/in nur noch selten Detektorschaltungen selbst entwickeln muss.

Nichtsdestotrotz gibt es am Markt immer noch Detektordioden für den gesamten GHz-Bereich, da die integrierten Lösungen zum Beispiel nicht für den gewünschten Frequenzbereich zur Verfügung stehen, siehe auch [1].

Die Theorie zu den Detektorschaltungen mit der Schottky-Diode wurde bereits im Abschn. 3.4.1 hergeleitet. Es ist dort hergeleitet, wie man den Leitwert G_S an der Diode über die Arbeitspunktspannung U_0 bzw. den Arbeitspunktstrom I_0 einstellen kann.

Im Folgenden werden zwei Empfangsschaltungen dargestellt: Im Abb. 6.1 den Aufbau eines reinen Leistungsdetektors und im Abb. 6.2 das Blockschaltbild eines AM-Demodulators.

Am Eingang des Leistungsdetektors wird die Diode (hier ohne Vorspannung) über ein Anpassnetzwerk (z. B. Γ-Trafo, [37]) an das Messtor angepasst (hier auf Z_0). Die Serienspule Lmit typisch 100 nH blockt das GHz-Signal hochohmig. Der folgende Kondensator C_{NF} mit typisch 1 nF glättet das Gleichspannungssignal des Messsignals.

Der AM-Demodulator im Abb. 6.2 arbeitet mit einer über die Vorspannung U_{vor} im optimalen Arbeitspunkt eingestellten Diode. Es kann sich dabei, wie im Abschn. 3.4.1 beschrieben, einerseits um eine Einstellung bzgl. der größten Empfindlichkeit oder anderer-

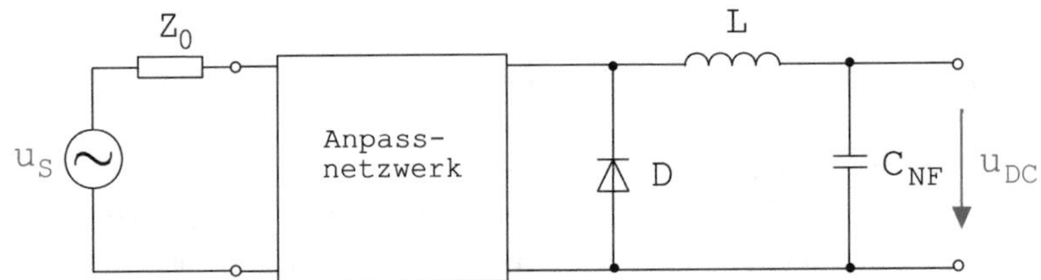

Abb. 6.1 Blockschaltbild eines GHz-Leistungsdetektors

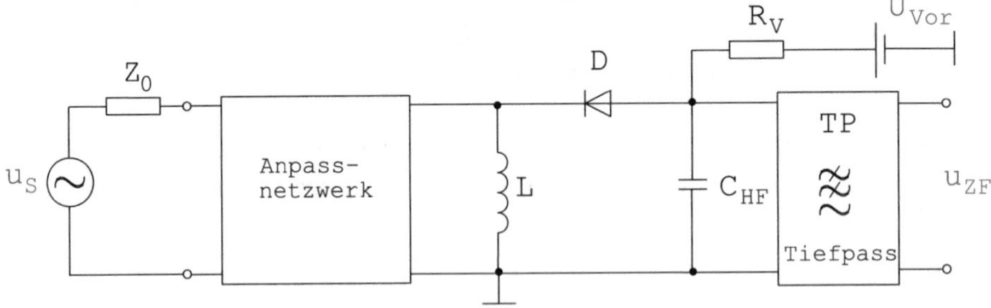

Abb. 6.2 Schaltbild eines AM-Demodulators

seits bzgl. der größten Bandbreite oder auch einem Kompromiss aus beiden handeln. Die Induktivität L ist mit typisch 100 nH extrem hochohmig für das HF-Signal.

Bei C_{HF} handelt es sich um ein Kondensator, der das GHz-Signal bestens transmittieren lässt und gleichzeitig hochohmig für das ZF-Signal ist (typisch 10 pF). Das folgende Tiefpassfilter muss für den GHz-Bereich eine hochohmige Eingangsimpedanz aufweisen, so dass für das GHz-Signal nur das Anpassnetzwerk, die Diode und der HF-Kondensator zu berücksichtigende Schaltungselemente sind.

6.2 Das Überlagerungs- bzw. Heterodynprinzip

In modernen Kommunikationsverfahren werden jedoch die Hochfrequenzsignale direkt in den unteren Frequenzbereich um gesetzt. Bei dieser Umsetzung bleibt die Amplituden- und die Phaseninformation erhalten. Es gibt drei Wege zur Detektion dieser vektoriellen HF-Signale:

1. Das Überlagerungs- bzw. Heterodynprinzip
2. Das Homodynprinzip
3. Das Sechstorprinzip

Das Abb. 6.3 stellt einen heterodynen Empfänger dar, der das Antennensignal mit der Frequenz f_s einem Mischer zuführt, welcher durch das Signal mit der Frequenz f_p „gepumpt" wird und am Ausgang ein Signal mit der ZF-Frequenz f_i herausgibt, das die Amplituden- und die Phaseninformation des HF-Signals mit der Frequenz f_s enthält.

Die Heterodyn- und die Homodynstufe lassen sich auch als Sender einsetzen. Diese beiden Prinzipien zur Frequenzumsetzung basieren auf Schaltungen mit Mischern.

Das Sechstorprinzip weist nur Koppler und Detektoren auf und ist nur als Empfänger einsetzbar.

In der Verbreitung gibt es eine klare Abstufung: Heterodynsystem sehr häufig, Homodynstufen wenig, Sechtorempfänger sehr selten.

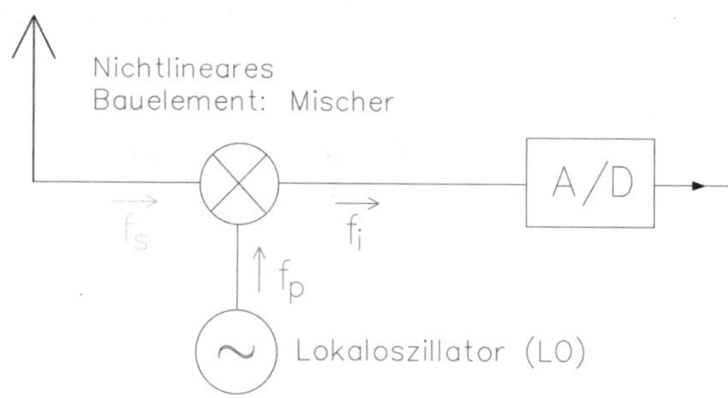

Abb. 6.3 Aufbau einer Heterodynstufe als Empfänger

6.3 Grundlagen der Frequenzumsetzung mit Mischern

Abb. 6.4 zeigt den Aufbau einer Heterodynstufe mit Detektorempfänger mit der Signalfrequenz $f_S = f_{HF}$, der Lokaloszillatorfrequenz f_{LO} und der Zwischenfrequenz f_{ZF}.

Folgende Eigenschaften weisen Empfänger mit Mischern auf:

- Es erfolgt die Umsetzung eines Signals von einen Frequenzbereich in einen anderen.
- Sender verschiedener Trägerfrequenz werden in ein Zwischenfrequenzsignal mit einer festen Trägerfrequenz umgesetzt: oft ist f_{ZF} fest und $f_{HF} = f(f_{LO})$.
- Die nichtlinearen Eigenschaften von Bauelementen werden zur Mischung benötigt.
- Verwendet werden oft so genannte Gilbertmischer[1] für integrierte Schaltungen bis 12 GHz und Schottky-Dioden für Frequenzen über 12 GHz.

Abb. 6.5 zeigt eine vereinfachte Mischerschaltung bestehend aus den Spannungsquellen des Hochfrequenzsignales U_S der Signalfrequenz f_S und des Pumpsignales U_{LO} mit der Lokaloszillatorfrequenz f_{LO} sowie einem nichtlinearen, resistiven Bauelement D.

Strom-, Spannungscharakteristik des Mischerelements als Taylorreihe, wie bereits mehrfach eingeführt:

$$i_D = c_0 + c_1\, u_D + c_2\, {u_D}^2 + c_3\, {u_D}^3 + c_4\, {u_D}^4 + \ldots \tag{6.1}$$

beider Spannungsquellen lassen sich (wie bereits in der Gl. (3.13) gezeigt) als totale Quellenspannung zusammenfassen:

$$\text{Allgemein:} \quad u_D = U_{LO}\, \cos(\omega_{LO}\, t) + U_S\, \cos(\omega_S\, t), \tag{6.2}$$

$$\text{als Abwärtsmischer:} \quad u_D = U_{LO}\, \cos(\omega_{LO}\, t) + U_{HF}\, \cos(\omega_{HF}\, t), \tag{6.3}$$

$$\text{als Abwärtsmischer:} \quad u_D = U_{LO}\, \cos(\omega_{LO}\, t) + U_{ZF}\, \cos(\omega_{ZF}\, t). \tag{6.4}$$

Die sich ergebenen Spektralanteile für einen Mischer, bei dem alle Koeffizienten bis c_4 berücksichtigt werden müssen, sind im Abb. 6.6 für den Fall einer Aufwärtsmischung illustriert.

Theoretisch und bei sehr großen Signalpegeln treten für einen Mischer, bei dem alle Koeffizienten bis c_4 berücksichtigt werden müssen, weitere Spektrallinien auf, wie im Abb. 6.7 gezeigt.

Das Hochfrequenzsignal f_{HF} (engl. radio frequency, f_{rf}) und das Zwischenfrequenzsignal f_{ZF} (engl. intermedian frequency, f_{if} oder f_i) setzt sich beim `Grundwellenmischer` über

$$f_{ZF} = \mp f_{LO} \pm f_{HF} \quad \text{bzw.} \quad f_{HF} = f_{LO} \pm f_{ZF} \tag{6.5}$$

[1] Gilbertmischer sind reine Halbleiterschaltungen und werden u. a. in [103] ausführlich beschrieben.

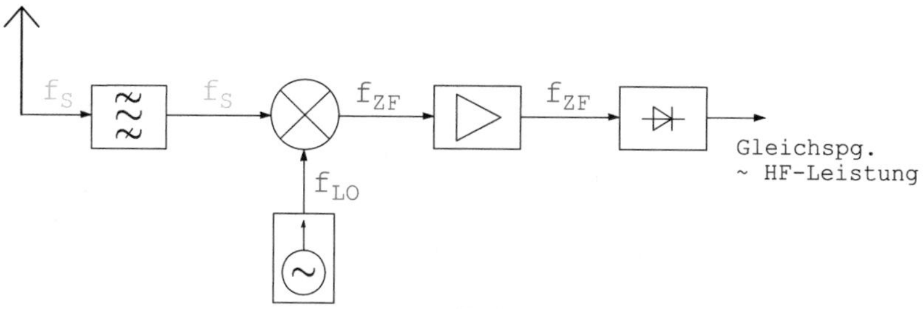

Abb. 6.4 Aufbau einer Heterodynstufe mit Detektorempfänger (mit $f_S = f_{HF}$)

Abb. 6.5 Prinzipdarstellung einer Heterodynstufe zur Auf- oder Abwärtsmischung

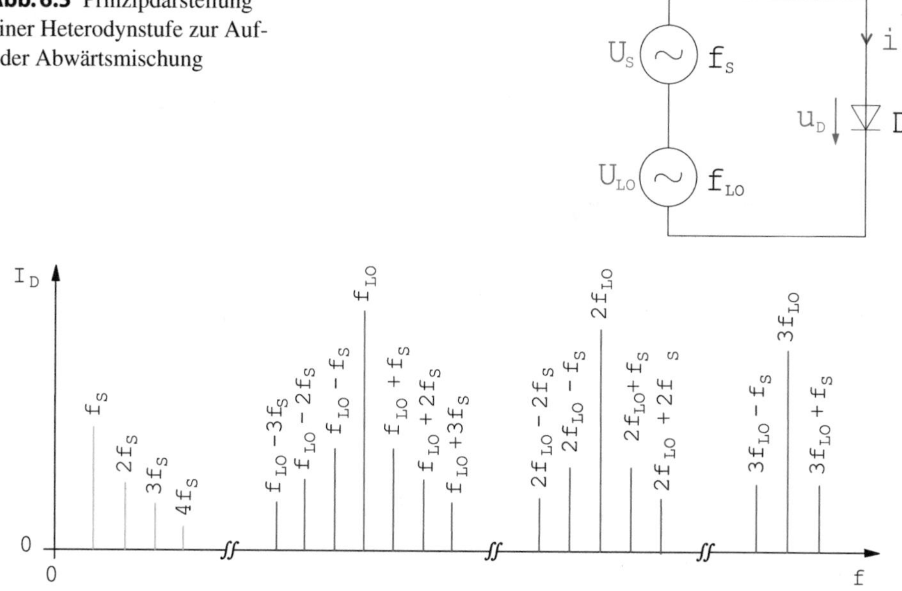

Abb. 6.6 Praxisrelevante Spektralanteile eines allgemeinen Mischprozesses für die Aufwärtsmischung ($f_S = f_{ZF}$)

zusammen. Für das Zwischenfrequenzsignal f_{ZF} gilt somit:

$$f_{ZF} = f_{LO} - f_{HF} \quad \text{für} \quad f_{LO} \leq f_{HF}, \tag{6.6}$$

$$f_{ZF} = f_{HF} - f_{LO} \quad \text{für} \quad f_{HF} \leq f_{LO}. \tag{6.7}$$

Bei Mischung mit n-ten Oberwelle gilt in gleicher Art und Weise:

$$f_{ZF} = \mp n\, f_{LO} \pm f_{HF} \quad \text{bzw.} \quad f_{HF} = n\, f_{LO} \pm f_{ZF}. \tag{6.8}$$

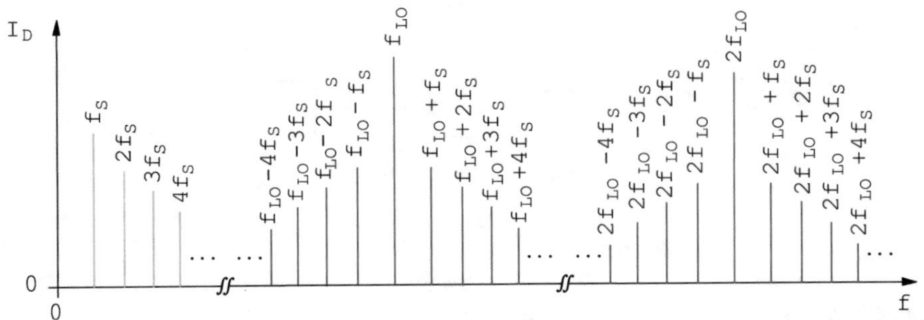

Abb. 6.7 Spektralanteile eines allgemeinen Mischprozesses bei hohem Signalpegel für die Aufwärtsmischung ($f_S = f_{ZF}$)

Dieser Betrieb mit starkem Lokaloszillator- und schwachen Nutzsignal ist der Normalbetrieb.

Für einen Abwärtsmischer ergeben sich im Zwischenfrequenzbereich Ströme, die proportional zur Empfangsspannung sind:

$$I_{ZF} \sim c_2 U_S \quad \text{für} \quad f_{ZF} = \mp f_{LO} \pm f_S, \tag{6.9}$$

$$I_{ZF} \sim c_3 U_S \quad \text{für} \quad f_{ZF} = \mp 2 f_{LO} \pm f_S, \tag{6.10}$$

$$\text{usw.} \tag{6.11}$$

Diese Anteile werden im Abb. 6.8 illustriert (Abb. 6.9).

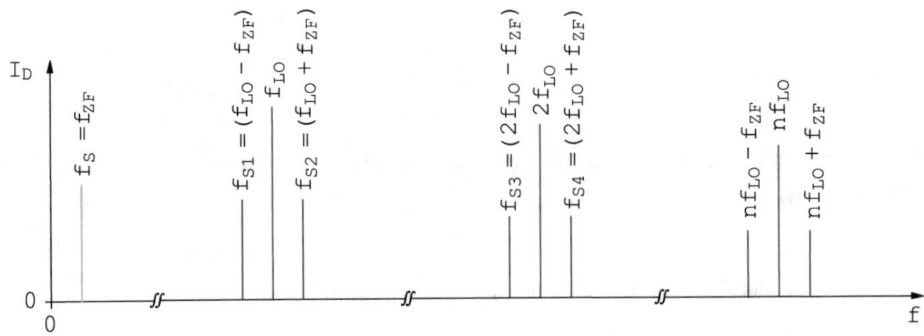

Abb. 6.8 Spektralanteile eines typischen Mischprozesses (bei niedrigen Signalpegel) für die Aufwärtsmischung ($f_S = f_{ZF}$)

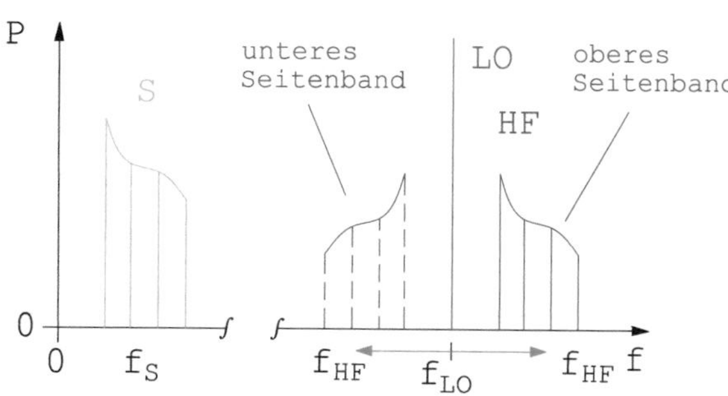

Abb. 6.9 Aufwärtsmischprodukte eines Breitbandsignals

Übliche Begriffe für Mischprodukte

Aufwärtsmischung: das Eingangssignal liegt in der Zwischenfrequenz: $f_{ZF} = f_S$

Abwärtsmischung: das Eingangssignal liegt im Hochfrequenzbereich: $f_{HF} = f_S$

Spiegelfrequenz: eine 2. Signalfrequenz, die ein meist unerwünschtes Mischprodukt der gleichen Ordnung liefert, wie die gewünschte 1. Signalfrequenz

Grundwellenmischung: Mischung mit dem Grundwellensignal des Lokaloszillators: $f_{HF} = f_{LO} \pm f_{ZF}$ bzw. $f_{ZF} = \mp f_{LO} \pm f_{HF}$

Oberwellenmischung: Mischung mit einer höheren Harmonischen des Lokaloszillators: $f_{HF} = n\, f_{LO} \pm f_{ZF}$ bzw. $f_{ZF} = \mp n\, f_{LO} \pm f_{HF}$ für $n \geq 1$

Gleichlage: (Regellage) das HF-Frequenzspektrum ist gegenüber dem ZF-Spektrum auf der Frequenzachse verschoben $f_{HF} > f_{LO}, \quad f_{Spiegel} < f_{LO}$

Kehrlage: das HF-Frequenzspektrum ist gegenüber dem ZF-Spektrum auf der Frequenzachse verschoben und gespiegelt $f_{HF} < f_{LO}, \quad f_{Spiegel} > f_{LO}$

Die Gleich- und Kehrlagemischprodukte und weitere Beispiele sind im Abb. 6.10 dargestellt.

In der Hochfrequenz- und Mikrowellentechnik sind folgende Bauelemente für diskrete Aufbauten als Mischer gebräuchlich:

1. f < 10 GHz: Bipolar- und Feldeffekttransistoren
2. f > 10 GHz: Schottky-Dioden

Für integrierte Schaltungen werden bis 40 GHz meist Transistoren eingesetzt. Im einstelligen GHz-Bereich wird bevorzugt der Gilbertmischer eingesetzt.

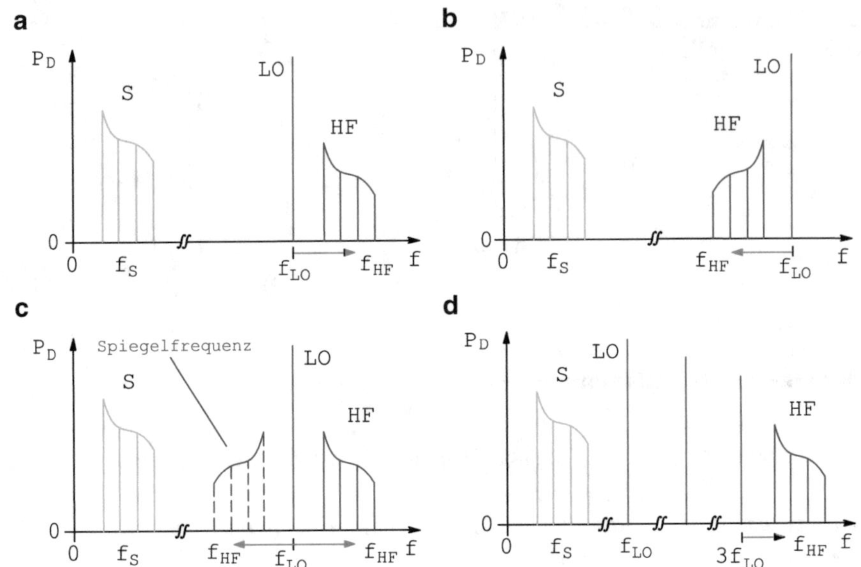

Abb. 6.10 Darstellung der Mischprozesse **a** Aufwärtsmischung in Gleichlage **b** Aufwärtsmischung in Kehrlage **c** Aufwärtsmischung mit Spiegelfrequenzdarstellung **d** Oberwellenmischung in Gleichlage

6.4 Parametrische Rechnung

Die Parametrische Rechnung ist ein allgemeiner Ansatz in der Wissenschaft und Technik zur Beschreibung schwach nichtlinearer Effekte. Hier wird diese Rechnung mit Mischerkenngrößen durchgeführt.

- Mischer: Eindeutige Strom-Spannungskennlinie $i_{(t)} = i(u_{(t)})$
- $u_{p(t)}$: Periodisches Großsignal
- $\Delta u_{(t)} = u_{s(t)} + u_{i(t)}$: Beliebiges Kleinsignal
- $u_{s(t)}$: Kleinsignalanteil im Hochfrequenzbereich
- $u_{i(t)}$: Kleinsignalanteil im unteren Frequenzbereich (AD- bzw. DA-Wandlerbereich)

Die typische nichtlineare Kennlinie der Diode ist im Abb. 6.11 dargestellt.

Die Parametrische Rechnung basiert auf einer abgebrochenen Taylorreihe:

$$i(u_{p(t)} + \Delta u_{(t)}) = i(u_{p(t)}) + \left.\frac{di}{du}\right|_{u_{p(t)}} \cdot \Delta u_{(t)} \tag{6.12}$$

$$= i(u_{p(t)}) + \Delta i_{(t)} \tag{6.13}$$

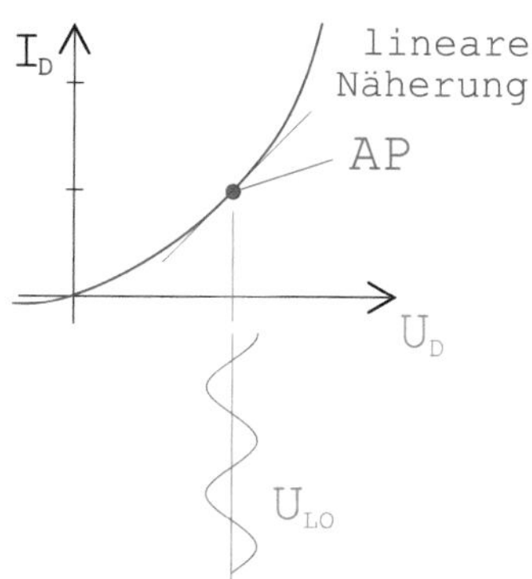

Abb. 6.11 Darstellung der Diodenkennlinie mit Arbeitspunkt (AP) aufgrund der Gleichspannungseinstellung und LO-Signal zur Aussteuerung im Mischerbetrieb

mit:

$$\Delta i_{(t)} = g(u_{p(t)}) \cdot \Delta u_{(t)} \qquad \text{und} \qquad g(u_{p(t)}) = \left.\frac{di}{du}\right|_{u_{p(t)}} = g_{(t)} \tag{6.14}$$

Vorsicht: Es muss gelten, dass nur das Pumpsignal und nicht das Kleinsignal Einfluss auf den Kleinsignalleitwert $g_{(t)}$ des Mischers hat. Mathematisch bedeutet es

$$g_{(t)} \sim u_{p(t)} \text{ aber } \neq f(\Delta u_{(t)}). \tag{6.15}$$

Für $\omega_p = 2\pi f_p$ ist $g_{(t)}$ als Fourierreihe darstellbar.

Beispiel *Gegeben ist folgender nichtlinearer Zusammenhang zwischen Strom und Spannung mit $a > b$:*

$$i_{(t)} = a \cdot u_{(t)} + b \cdot u_{(t)}^2 \qquad \textit{mit} \qquad u_{(t)} = \cos(\omega_p t). \tag{6.16}$$

Der sich ergebene Strom hat für drei Frequenzen Fourierkoeffizienten, die größer Null sind:

$$i_{(t)} = a \cdot \cos(\omega_p t) + \frac{b}{2} + \frac{b}{2} \cdot \cos(2\,\omega_p t). \tag{6.17}$$

Für $g_{(t)}$ als periodisch veränderter Kleinsignalleitwert gilt:

$$g(u_{p(t)}) = \sum_{n=-\infty}^{\infty} G_n \cdot e^{jn\omega_p t} \tag{6.18}$$

mit:

$$G_n = \frac{1}{2\pi} \int_{-\pi}^{\pi} g(u_{p(t)}) \cdot e^{-jn\omega_p t} \cdot d(\omega_p t). \tag{6.19}$$

Da $g_{(t)}$ eine reelle Funktion ist, gilt:

$$G_{-n} = G_n^*, \qquad G_0 : reell. \tag{6.20}$$

Für $u_{s(t)}$ als monofrequentes Signal mit der Frequenz f_s ergeben sich für

$$\Delta i_{s(t)} = g_{(t)} \cdot u_{s(t)}, \tag{6.21}$$

nur Signale bei $\quad |f_p \pm n\, f_s| \quad n = 0,\ 1,\ 2,\ 3, \cdots \quad .$

Durch Kleinsignalnäherung treten keine Oberwellen von f_s auf.

Somit gilt: $n = 0,\ 1$ und im Bereich des APs soll eine lineare Näherung gültig sein.

$$\Rightarrow \qquad g_{(t)} = G_1^* \cdot e^{-j\omega_p t} + G_0 + G_1 \cdot e^{j\omega_p t} \tag{6.22}$$

Für andere gilt auch alternativ zu Gl. (6.22)

$$g_{(t)} = G_0 + 2 \cdot G_1 \cdot \cos\left(\omega_p t\right), \tag{6.23}$$

was auch im Abb. 6.12 anschaulich gezeigt wird.

Durch passende Filter treten nur die drei Signale bei den Frequenzen

$$f_s, \qquad f_p, \qquad f_i = f_s - f_p \qquad \text{auf.}$$

Die Kleinsignalgrößen lassen sich mit komplexen Zeigern wie folgt berechnen:

$$\Delta i_{(t)} = \frac{1}{2}\Big\{I_s\, e^{j\omega_s t} + I_s^*\, e^{-j\omega_s t} + I_i\, e^{j\omega_i t} + I_i^*\, e^{-j\omega_i t}\Big\}, \tag{6.24}$$

$$\Delta u_{(t)} = \frac{1}{2}\Big\{U_s\, e^{j\omega_s t} + U_s^*\, e^{-j\omega_s t} + U_i\, e^{j\omega_i t} + U_i^*\, e^{-j\omega_i t}\Big\}. \tag{6.25}$$

Aus

$$\Delta i_{(t)} = \left(G_1^*\, e^{-j\omega_p t} + G_0 + G_1\, e^{j\omega_p t}\right) \cdot \Delta u_{(t)} \tag{6.26}$$

folgt durch Einsetzen von (6.24) und (6.25) in (6.26)

$$I_s = G_0 \cdot U_s + G_1 \cdot U_i \qquad \text{da} \qquad \omega_s = \omega_i + \omega_p \tag{6.27}$$

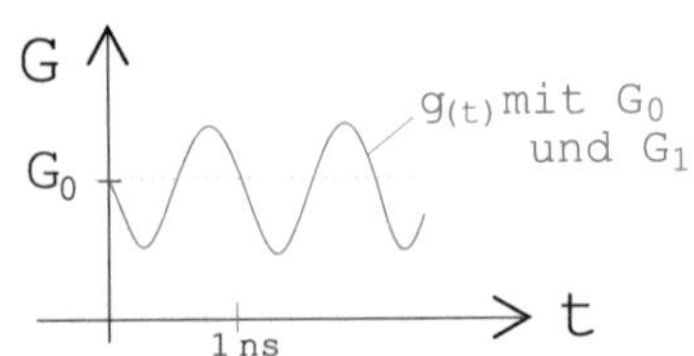

Abb. 6.12 Kleinsignalleitwert G_0 für den AP und zeitlich verändernder Kleinsignalleitwert $g_{(t)}$ mit G_1 bei $f_{LO} = 1$ GHz

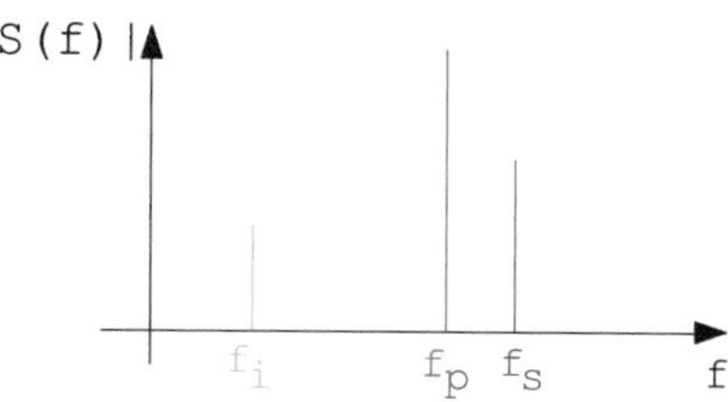

Abb. 6.13 Signalspektrum für einen Mischprozess in Gleichlage

und genauso (Abb. 6.13)

$$I_i = G_1^* \cdot U_s + G_0 \cdot U_i. \tag{6.28}$$

Hier soll die Gleichlage gewählt werden: $f_s > f_p$

Diese Ergebnisse für die Gleichlage lassen sich als Matrix darstellen:

$$\begin{pmatrix} I_s \\ I_i \end{pmatrix} = \begin{pmatrix} G_0 & G_1 \\ G_1^* & G_0 \end{pmatrix} \cdot \begin{pmatrix} U_s \\ U_i \end{pmatrix} \quad \text{bzw.} \quad \begin{pmatrix} I_s \\ I_i \end{pmatrix} = [\mathbf{G}] \cdot \begin{pmatrix} U_s \\ U_i \end{pmatrix}. \tag{6.29}$$

D. h.: Ein Mischer bewerkstelligt eine lineare Umsetzung von einem Frequenzbereich in einem anderen. Dabei tritt die Amplitude des Pumpsignales nicht explizit in Erscheinung.

Für die Kehrlage gilt $f_s < f_p$ und es ergibt sich:

$$\begin{pmatrix} I_s \\ I_i^* \end{pmatrix} = \begin{pmatrix} G_0 & G_1 \\ G_1^* & G_0 \end{pmatrix} \cdot \begin{pmatrix} U_s \\ U_i^* \end{pmatrix} \quad \text{bzw.} \quad \begin{pmatrix} I_s \\ I_i^* \end{pmatrix} = [\mathbf{G}] \cdot \begin{pmatrix} U_s \\ U_i^* \end{pmatrix}. \tag{6.30}$$

6.5 Leitwertelemente von Schottky-Dioden

Für Schottky-Dioden gilt die (nichtlineare) Gleichung:

$$i_{(t)} = I_{ss} \cdot \left(e^{\frac{u_{(t)}}{U_T}} - 1 \right) \quad \text{mit} \quad U_T = \frac{n\,k\,T}{q} \quad \text{wobei} \tag{6.31}$$

n: Idealitätsfaktor 1 ... 1.1 k: Boltzmannkonstante

I_{ss}: Sättigungsstrom q: Elementarladung

Für den veränderlichen Kleinsignalleitwert (auch differentieller Leitwert genannt) einer Schottky-Diode gilt

$$g_{(t)} = \left.\frac{di}{du}\right|_{u_{p(t)}} \qquad \text{mit} \qquad u_{p(t)} = U_0 + \hat{U}_p \cos(\omega_p\, t) \tag{6.32}$$

$$\text{ergibt sich} \qquad g_{(t)} = \frac{I_{ss}}{U_T}\, e^{\frac{u_{p(t)}}{U_T}}\,. \tag{6.33}$$

Die zugehörigen Leitwerte für die verschiedenen diskreten Frequenzen lassen sich über Gl. (6.20) wie folgt berechnen:

$$G_n = \frac{I_{ss}}{U_T}\, e^{\frac{U_0}{U_T}} \cdot \frac{1}{2\pi} \cdot \int_{-\pi}^{\pi} e^{\frac{\hat{U}_p}{U_T}\cos(\omega_p\, t)} \cdot \cos(n\,\omega_p t) \cdot d(\omega_p\, t). \tag{6.34}$$

Gl. (6.34) entspricht einer modifizierten Besselfunktion.

$$G_n = \frac{I_{ss}}{U_T}\, e^{\frac{U_0}{U_T}} \cdot J_n\left(\frac{\hat{U}_p}{U_T}\right) \sim \hat{U}_p \tag{6.35}$$

$\Rightarrow G_0 > G_1 > G_2$ alle: positiv, reell

Alternativ zur Gl. (6.18) kann man den Kleinsignalleitwert $g_{(t)}$ auch wie folgt berechnen:

$$g_{(t)} = G_0 + 2\sum_{n=1}^{\infty} G_n \cdot \cos(n\,\omega_{LO}\, t) \tag{6.36}$$

Das eine Näherung mit nur den beiden Koeffizienten G_0 und G_1 nicht perfekt dem wirklichen Verhalten entspricht soll was das Abb. 6.14 verdeutlichen.

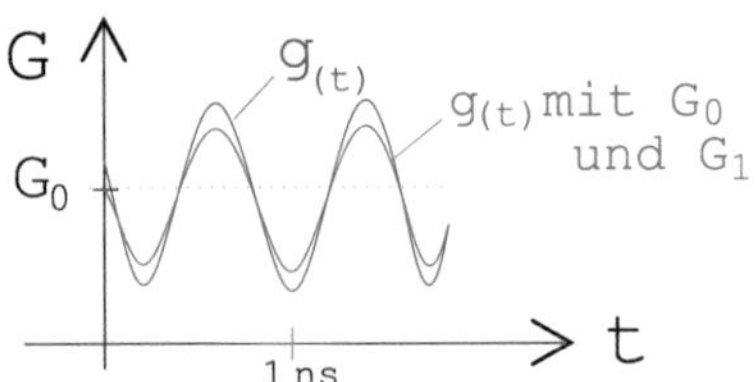

Abb. 6.14 Der Mischer entspricht einen zeitlich hängigen Kleinsignalleitwert $g_{(t)}$ und wird oft die Kleinsignalleitwertkoeffizienten G_0 und G_1 genähert

6.6 Abwärtsmischung mit Schottky-Diode

In dem Abb. 6.15 gibt es zwei Darstellungen für einen Abwärtsmischer mit einer Schottky-Diode.

Als Gewinn G bezeichnet man den Betrag der frequenzumsetzenden Übertragungsfunktion des Mischers (z. B. S_{21}^{is}). der maximale Gewinn wird durch G_m angebenen.

Noch häufiger beschreibt man einen Mischer über die Konversionsverluste:

$$\text{Konversionsverlust} = (\text{Gewinn})^{-1} \quad \text{bzw.} \quad L = G^{-1} = S_{21}^{-1} = {S_{21}^{is}}^{-1} .$$

Die minimalen Konversionsverluste erhält man bei perfekter Anpassung.

Das zugrunde liegende Netzwerk wird aus der Gl. (6.30) abgeleitet. Diese Gleichung ist in Y-Parametern dargestellt und kann einfach als PI-Schaltung umgesetzt werden[2] Abb. 6.16.

In der Praxis ist ein Mischer oft beidseitig auf 50 Ω angepasst. Im Weiteren wird ein reeller Eingangswiderstand R_{in} bzw. der zugehörige Leitwert G_{in} für beide Tore verwendet.

$$G_{in} = \sqrt{G_0^2 - G_1^2} \tag{6.37}$$

Nach etwas Rechnung erhält man für den maximalen Gewinn (G_m) die Berechnungsgleichung:

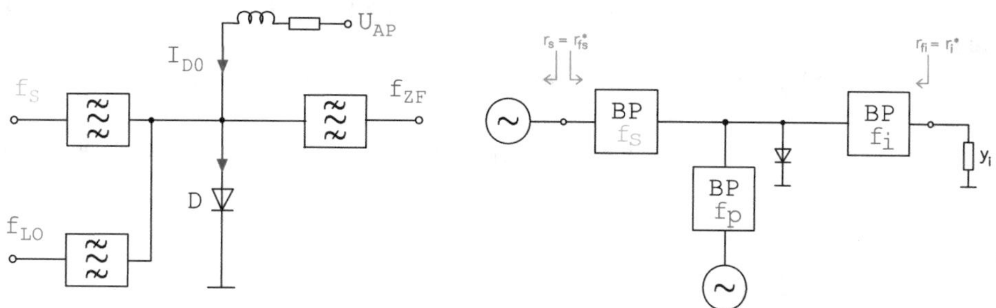

Abb. 6.15 Abwärtsmischer mit Arbeitspunkteinstellung der Schottky-Diode

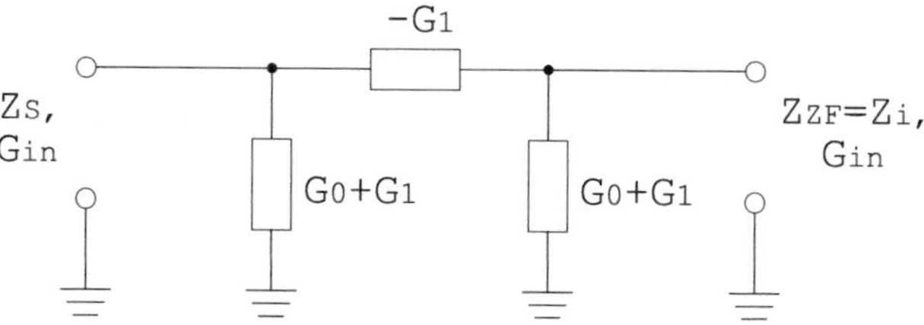

Abb. 6.16 Ersatzschaltbild des Mischers mit G_0 und G_1 gemäß der Gl. (6.30)

[2] Dieses ist direkt dem Hilfsblatt A.2 des Buches [37] zu entnehmen.

$$S_{21}^{is} = G_m = \left(\frac{G_1}{G_0}\right)^2 \cdot \frac{1}{\left(1 + \sqrt{1 - \frac{G_1^2}{G_0^2}}\right)^2} \tag{6.38}$$

Da gilt: $\frac{G_1}{G_0} < 1 \quad \rightarrow \quad L^{dB} = (5 - 8)\ \text{dB}.$

Der minimale Konversionsverlust lässt sich aus

$$L_{min} = \left(\frac{G_0}{G_1} + \sqrt{\frac{G_0^2}{G_1^2} - 1}\right)^2 \tag{6.39}$$

berechnen.

6.7 Rauschverhalten des Mischers

Die minimale Signalleistung, die an einem Empfänger verarbeitet werden kann, wird durch das Eigenrauschen bestimmt. Die Rauschquellen im Empfänger sind thermisches Rauschen Schrotrauschen und heraufgemischtes 1/f-Rauschen. Für eine möglich große Empfindlichkeit des Empfängers wir der LNA direkt hinter der Antenne gesetzt (Kaskadenrauschformel), siehe Abb. 6.17. Jedoch ist solch ein Empfänger empfindlich gegen andere Störquelle, die der LNA in Kompression fahren und somit zu eine übergroßen Leistung den Empfänger außer Betrieb setzen.

Das S/N vom Eingang (Tor 1) zum Ausgang (Tor 2) verschlechtert sich um den Konversionsverlust L. $\Rightarrow F \approx L$

Der Mischer kann als ein frequenzumsetzendes Element mit dem LO-Oszillator gesehen werden, Abb. 6.17.

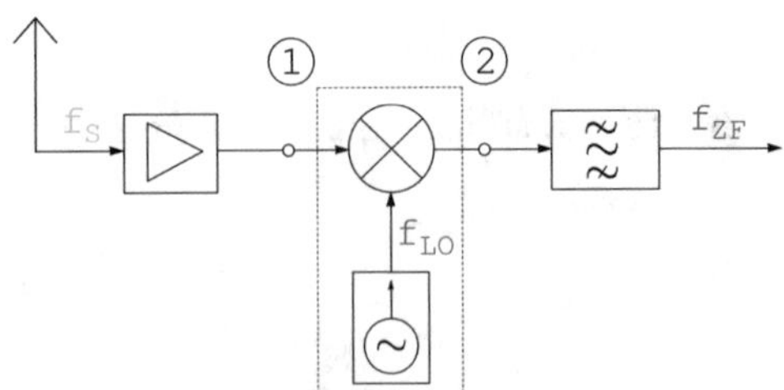

Abb. 6.17 Abwärtsmischer mit Lokaloszillator als frequenzumsetzendes Zweitor

6.8 Ausführungsformen von Mischern

An Mischer werden folgende Bedingungen gestellt:

- Selektion eines gewünschten Mischproduktes, Unterdrückung aller anderen Produkte,
- Isolation zwischen den Toren für das Hochfrequenz-, Lokaloszillator- und Zwischenfrequenzsignal und
- Hoher dynamischer Bereich: niedriges Rauschen, Linearität bis zu hohem Signalpegel.

Mischertypen

Eindiodenmischer Diese Mischer weisen einen einfachen Aufbau auf.

Abb. 6.18 illustriert einen Eindiodenmischer, wie insbesondere im MHz-Bereich appliziert wird.

Hier gibt es einen eingeschränkten Frequenzbereich durch die Isolation der Tore mit Bandpassfilter.

Im GHz-Bereich setzt man hingegen auch gerne Koppler ein, um die Isolation der beiden GHz-Signale zu gewährleisten. Das Zweitor A im Abb. 6.19 soll ein Anpassnetzwerk darstellen.

Etwas nachteilig an dieser Lösung ist, dass das LO-Signal um z. B. 10 dB gedämpft wird. Diese hohe LO-Signalleistung bei Isolation mit Richtkoppler muss bereit gestellt werden. Im Signalpfad ist Dämpfung hingegen unerheblich.

Im Weiteren werden die Details für Mischerarchitekturen vorgestellt, bei denen die Dioden „hart" geschaltet werden, wie es das Abb. 6.20 grafisch erläutert.

Abb. 6.21 zeigt die Signale im Zeit- und Frequenzbereich für den Fall, dass das LO-Signal die Diode hart schaltet und der Mischer keine Konversionsverluste hat, so das der nicht in Auf- und abwärtsbetrieb unterschieden wird (Abb. 6.22).

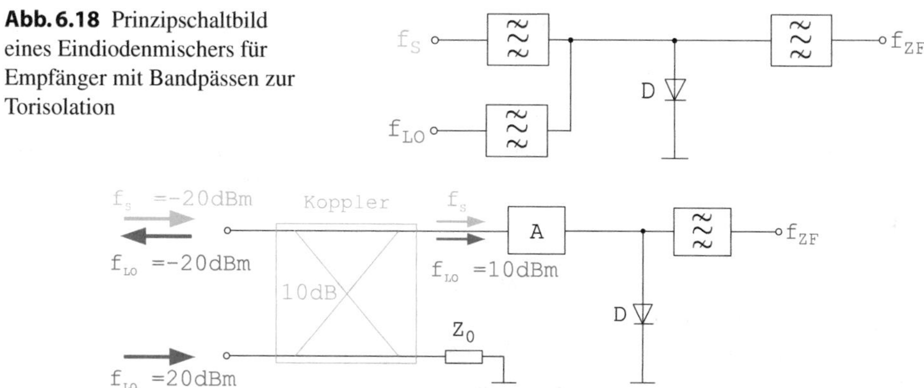

Abb. 6.18 Prinzipschaltbild eines Eindiodenmischers für Empfänger mit Bandpässen zur Torisolation

Abb. 6.19 Prinzipschaltbild eines Eindiodenmischers mit Koppler zur Torisolation

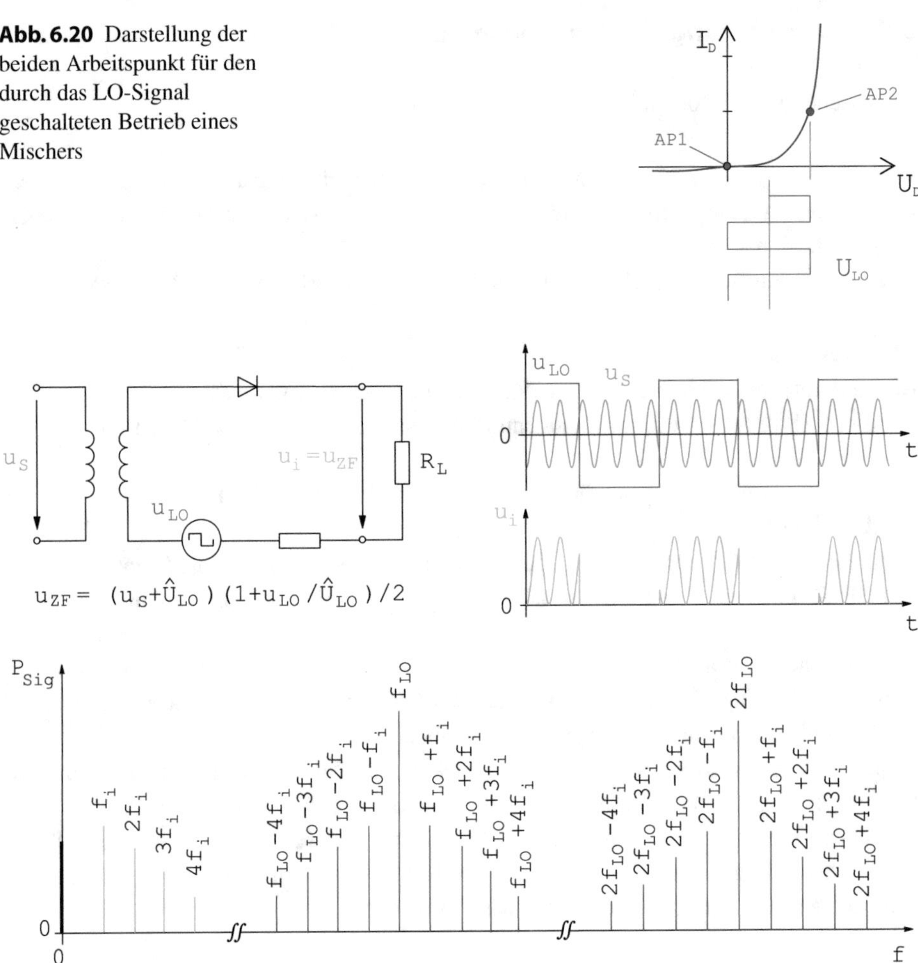

Abb. 6.20 Darstellung der beiden Arbeitspunkt für den durch das LO-Signal geschalteten Betrieb eines Mischers

Abb. 6.21 Darstellung der Signale an einem Eindiodenmischer im Schaltbetrieb: Zeitsignale für die Abwärtsmischung und Frequenzspektrum für die Aufwärtsmischung

Gegentaktmischer Diese weisen einen symmetrischer Aufbau auf. Dieser unterdrückt Mischprodukte und sorgt für gut isolierte Tore. Die Frequenzumsetzung ist unabhängig von Schwankungen der LO-Amplitude.

Gegentaktmischer werden bevorzugt im Schaltbetrieb betrieben. Oft handelt es sich beim LO-Signal nur um ein großes Sinussignal. In der Analyse der Signale ist jedoch ein rechteckförmiges LO-Signal, das die Dioden hart schaltet, vorteilhaft, Abb. 6.23.

Im Gegentaktbetrieb tauchen wie beim Leistungsverstärkern nur noch ungradzahlige Oberwellen auf. Die Anzahl der ungewollten Mischsignale reduziert sich dadurch um Faktor 2.

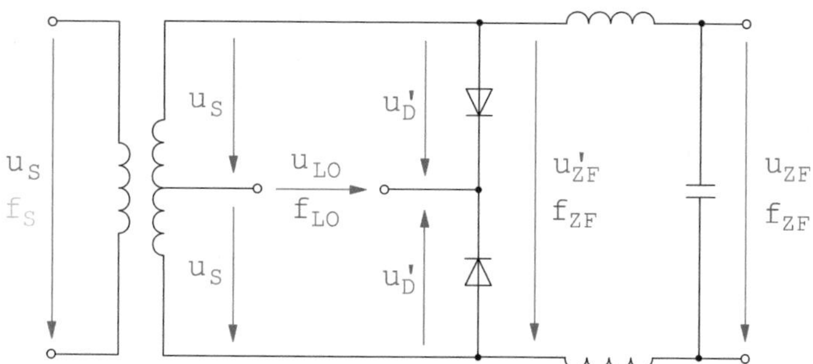

Abb. 6.22 Prinzipschaltbild eines Gegentaktmischers mit Transformator als 180°-Koppler

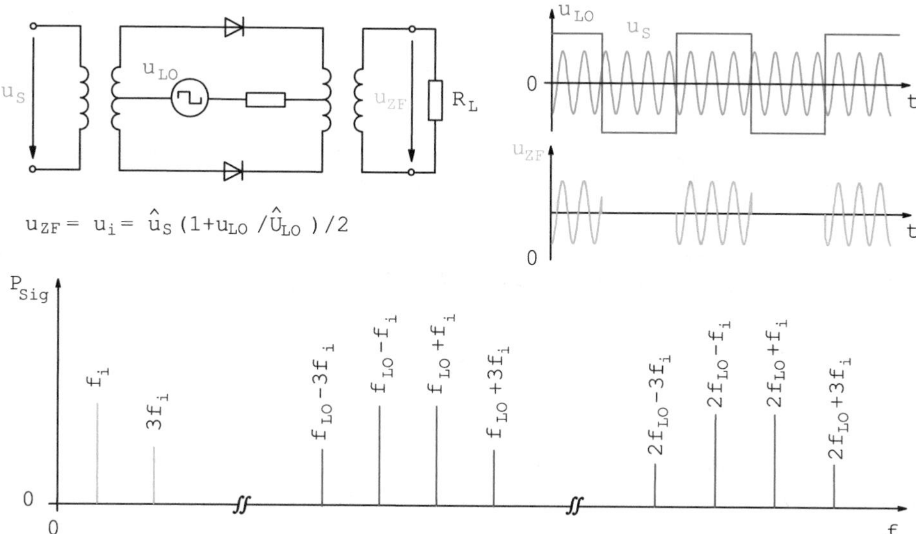

Abb. 6.23 Darstellung der Signale an einem Gegentaktmischers im Schaltbetrieb: Zeitsignale für die Abwärtsmischung und Frequenzspektrum für die Aufwärtsmischung

Ganz entscheidend ist aber, dass das LO-Signal in der Praxis sehr gut unterdrückt wird.

Ringmischer Hierbei handelt es sich um Mischer mit vier im Ring angeordnete Dioden. Dieser verhält sich weitgehend wie idealer Multiplizierer (Abb. 6.24).

Es treten nur noch sehr geringe Signale um die Oberwellen des LO-Signales auf. Hinzu kommt, dass auf der HF-Seite kaum ZF-Signale und umgekehrt auftreten.

Weiterhin ist ebenfalls sehr vorteilhaft, dass die gradzahligen Oberwellen von f_S unterdrückt werden und deren Mischprodukte somit auch nicht im Spektrum zu finden sind.

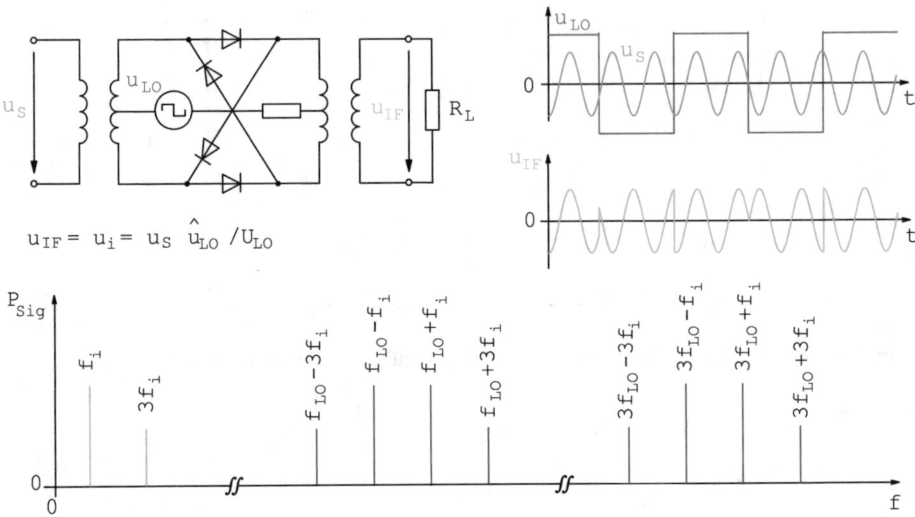

Abb. 6.24 Darstellung der Signale an einem Ringmischers im Schaltbetrieb: Zeitsignale für die Abwärtsmischung und Frequenzspektrum für die Aufwärtsmischung

6.9 Realisierung von Mischern mit Schottky-Dioden

Als Übertrager bzw. Koppler werden für diskrete Entwicklungen typisch für die Frequenzbereiche

- $f \leq 4$ GHz Ferritkerntransformatoren und
- $f \geq 4$ GHz Koppler aus Mikrostreifen-, Koplanar- und Schlitzleitungselementen eingesetzt.

Abb. 6.25 zeigt das Blockschaltbild eines typischen Mischeraufbau für die planare Mikrostreifenleitertechnik mit SMD-Komponenten

Da es sich bei diesem Mischer um eine balancierte bzw. im Gegentakt betriebene Ausführung handelt, werden Gleichtaktstörer der Spannungsversorgung oder von äußeren Einstrahlungen unterdrückt. Der zugehörige Aufbau in Mikrostreifentechnologie wird im Abb. 6.26 gezeigt.

Bei diesen balancierten Mischer steuert das Gegentaktsiganl des Einganges die zwei Dioden gleichzeitig durch. Hier wird ein Gleichtaktsignal am ZF-Ausgang erzeugt.

Bei den Gegentaktmischern der Abb. 6.22 und 6.23 werden die beiden Dioden gegenphasig durchgesteuert. Hier wird ein Gegentaktsignal am ZF-Ausgang erzeugt.

Der zugehörige Hardwareaufbau ist im Abb. 6.26 für eine Schaltung im hohen zweistelligen GHz-Bereich dargestellt.

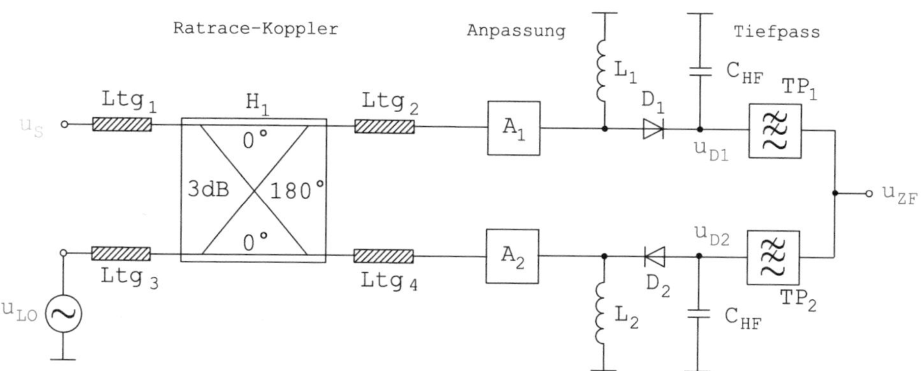

Abb. 6.25 Blockschaltbild eines balancierten Mischers mit Ratrace-Koppler

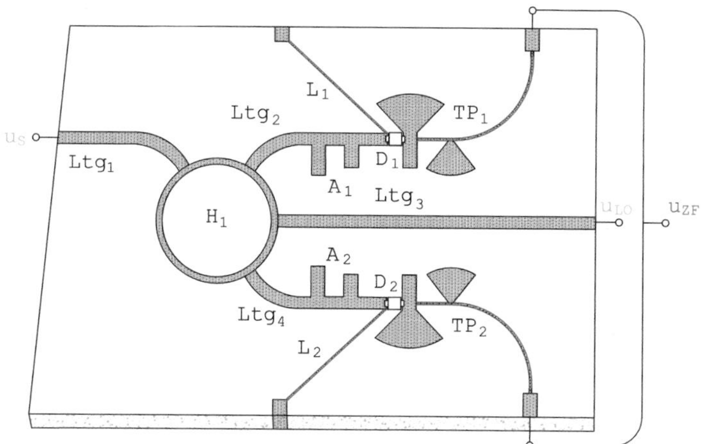

Abb. 6.26 Aufbau eines balancierten Mischers mit Ratrace-Koppler

Bei Aufbauten im MHz- und im einstelligen GHz-Bereich lassen sich auch sehr gut die so genannten doppelt balancierten Mischer einsetzen, Abb. 6.27.

Die zugehörigen Spannungsverläufe (für die Näherung, dass es sich beim LO-Signal um ein Rechtecksignal handelt) sind im Abb. 6.28 dargestellt. Bei der dargestellten Spannung u'_{ZF} handelt es sich um die ZF-Spannung vor dem Tiefpassfilter.

Im Abb. 6.29 ist die Schaltung eines weiteren Gegentaktmischers dargestellt.

Bei der Leitung Ltg1 muss es sich um eine reine Zweidrahtleitung handeln, die nur einen Mode zulässt (z. B. Twisted Pair ohne Schirmungsmasse). In diesem Fall sieht die LO-Quelle zunächst die angepasste Leitung Ltg3, danach die Dioden, die im Anschluss über Ltg2 und Ltg4 wiederum auf die Systemimpedanz angepasst sind.

Hingegen kann das Gegentaktsignal u_s durch die beiden in Serie geschalteten Dioden fließen.

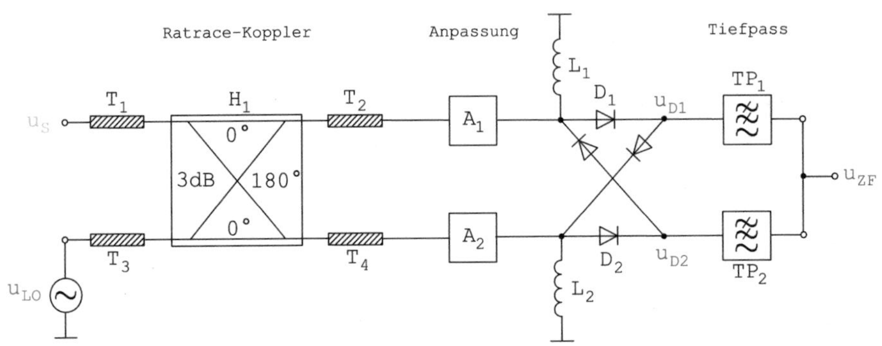

Abb. 6.27 Blockschaltbild eines doppelt balancierten Mischers mit Ratrace-Koppler

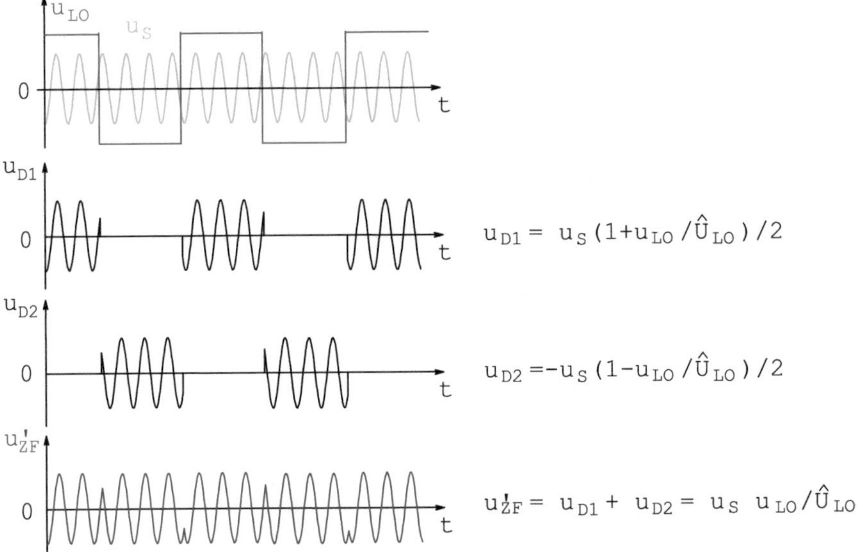

Abb. 6.28 Spannungsverläufe am doppelt balancierten Mischers mit Ratrace-Koppler

Typische Daten von Diodenmischern Die Tab. 6.1 gibt die typischen Werte eines Eindiodenmischers und die Tab. 6.2 die Werte eines Gegentaktmischers wieder.

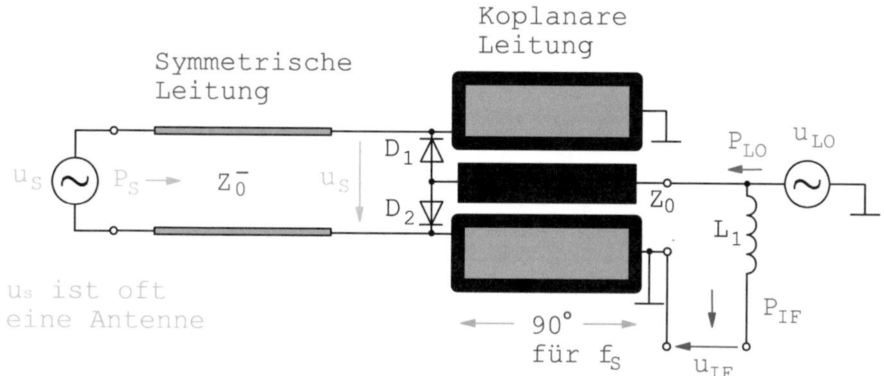

Abb. 6.29 Schaltung eines Gegentaktmischers in symmetrischer Leitungstechnik

Tab. 6.1 Kenndaten von typischen Eindiodenmischern

	Frequenz		
Mischparameter	1 GHz	10 GHz	20 GHz
Konversionsverlust [dB]	5	7	10
Rauschzahl F [dB]	6	7	8
LO-Leistung [dBm]	5 ... 10		

6.9.1 Einseitenbandumsetzer und IQ-Modulatoren

Zur Unterdrückung der Spiegelfrequenz werden Einseitenbandumsetzer, -mischer, -modulatoren bzw. -versetzereingesetzt.

Einseitenbandumsetzer und die eng verwandten IQ-Modulatoren (auch Vektor-Modulatoren) basieren auf verschalteten Mischern, die als Multiplizierer betrachtet werden. Den Aufbau eines Einseitenbandversetzers mit zwei Mischern und passiven Komponenten, die allesamt bereits detailliert vorgestellt wurden, zeigt das Abb. 6.30.

Das Lokaloszillatorsignal

$$u_{LO} = \hat{u} \cos(\omega_{LO} t) \tag{6.40}$$

Tab. 6.2 Kenndaten von typischen Gegentaktmischern

	Frequenz		
Mischparameter	1 GHz	10 GHz	20 GHz
Konversionsverlust [dB]	4	6	9
Rauschzahl F [dB]	6	7	8
Isolation LO-Signal	20	20	20
LO-Leistung [dBm]	5 ... 10		

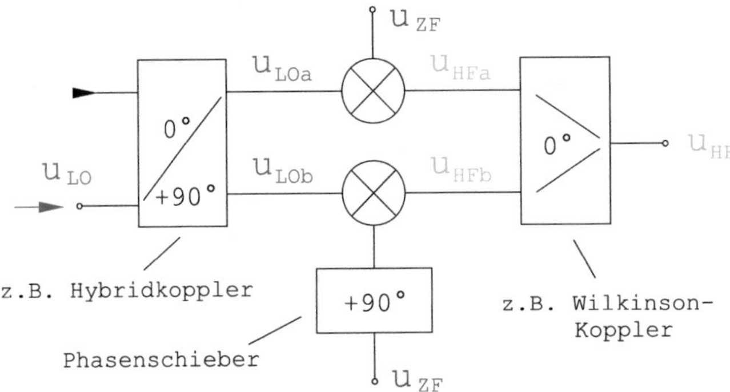

Abb. 6.30 Aufbau eines Einseitenbandversetzers in der Kehrlage

wird mittels eines 0°/90°-Kopplers in die Anteile u_{LOa} und u_{LOb} geteilt und im unteren Zweig um 90° in der Phase geschoben. Somit gilt für die beiden um 3 dB reduzierten Signale:

$$u_{LOa} = \frac{1}{\sqrt{2}} \hat{u} \cos(\omega_{LO} t) \quad \text{und} \quad u_{LOb} = -\frac{1}{\sqrt{2}} \hat{u} \sin(\omega_{LO} t). \tag{6.41}$$

Geht man von dem Sendefall mit einem ZF-Sendesignal der einfachen Form

$$u_{ZF} = \hat{u}_{ZF} \cos(\omega_{ZF}\, t) \tag{6.42}$$

und den Konversionsverlusten L aus, so ergeben sich nach der Multiplikation die jeweils zwei teilweise phasenverschobenen Signale mit den Spannungen:

$$u_{HFa} = \frac{\hat{u}_{ZF}\,\hat{u}}{\sqrt{2}} L \cos(\omega_{LO} t) \cos(\omega_{ZF} t) \text{ und } u_{HFb} = \frac{\hat{u}_{ZF}\,\hat{u}}{\sqrt{2}} L \sin(\omega_{LO} t) \sin(\omega_{ZF} t)\,. \tag{6.43}$$

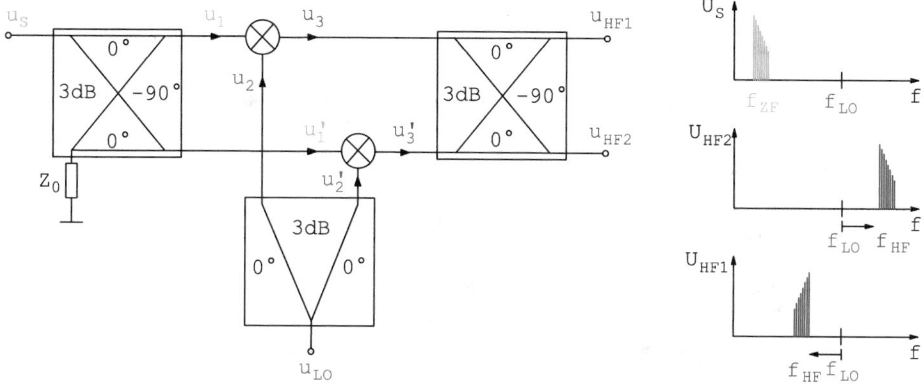

Abb. 6.31 Einseitenbandaufwärtsmischer ($u_S = u_{ZF}$) mit Gleichlageausgang (HF2) und Kehrlageausgang (HF1)

Durch die Addition mittels des 0°-Kopplers ergibt sich unter Anwendung der Additionstheoreme

$$\cos(\alpha - \beta) = \cos(\alpha)\cos(\beta) + \sin(\alpha)\sin(\beta) \tag{6.44}$$

das Sendesignal:

$$u_{HF} = \frac{\hat{u_{ZF}}}{\sqrt{2}}\,\hat{u}\,L\,\cos(\omega_{LO}t - \omega_{ZF}t). \tag{6.45}$$

Das Sendesignal ist in der Amplitude und Phase direkt proportional zum ZF-Signal. Die Informationen, die gegebenenfalls in einer Modulation der ZF-Amplitude und/oder der ZF-Phase enthalten sind, bleiben im Hochfrequenzsignal des unteren Seitenbandes (Kehrlage) erhalten. Das obere Seitenband wurde durch die zwei 90°-Phasendrehungen ausgelöscht. In der Praxis liegt die Unterdrückung des oberen Seitenbandes typisch bei 40 dBc.

Eine ähnliche Rechnung lässt sich beim Einseitenbandumsetzer auch für den Empfangsfall durchführen.

Einen alternativen Aufbau mit zwei HF-Ausgängen zeigt das Abb. 6.31.

Die Analyse der Signale des Einseitenbandmischers mit zwei HF-Ausgängen gestaltet sich wie folgt:

$$u_1 = \frac{u_S}{\sqrt{2}} = \frac{U_S}{\sqrt{2}} \cos(\omega_S\, t) \tag{6.46}$$

$$u_1{}' = \frac{u_S}{\sqrt{2}} \angle -\pi/2 = \frac{U_S}{\sqrt{2}} \cos(\omega_S\, t - \pi/2) = \frac{U_S}{\sqrt{2}} \sin(\omega_S\, t) \tag{6.47}$$

$$u_2 = u_2{}' = \frac{U_{LO}}{\sqrt{2}} \cos(\omega_{LO}\, t) \tag{6.48}$$

$$\begin{aligned} u_3 &= k\, u_1\, u_2 \\ &= \frac{k}{2}\, U_S\, U_{LO} \cos(\omega_S\, t)\; \cos(\omega_{LO}\, t) \\ &= \underbrace{\frac{k}{4}\, U_S\, U_{LO}\, \cos\left((\omega_{LO} + \omega_S)\, t\right)}_{\text{oberes Seitenband}} + \underbrace{\frac{k}{4}\, U_S\, U_{LO}\, \cos\left((\omega_{LO} - \omega_S)\, t\right)}_{\text{unteres Seitenband}} \end{aligned} \tag{6.49}$$

$$\begin{aligned} u_3{}' &= k\, u_1{}'\, u_2{}' \\ &= \frac{k}{2}\, U_S\, U_{LO}\, \sin(\omega_s\, t)\; \cos(\omega_{LO}\, t) \\ &= \underbrace{\frac{k}{4}\, U_S\, U_{LO}\, \sin\left((\omega_{LO} + \omega_S)\, t\right)}_{\text{oberes Seitenband}} - \underbrace{\frac{k}{4}\, U_S\, U_{LO}\, \sin\left((\omega_{LO} - \omega_S)\, t\right)}_{\text{unteres Seitenband}} \end{aligned} \tag{6.50}$$

$$u_{HF1} = \frac{1}{\sqrt{2}} \left(u_3 + u_3{}' \angle -\pi/2\right) \tag{6.51}$$

$$= \frac{1}{\sqrt{2}} \frac{k}{4}\, U_S\, U_{LO} \Big[\cos\left((\omega_{LO} + \omega_S)\, t\right) \cos\left((\omega_{LO} - \omega_S)\, t\right) \tag{6.52}$$

$$+ \sin\Big((\omega_{LO} + \omega_S)\, t - \pi/2\Big) - \sin\Big((\omega_{LO} - \omega_S)\, t - \pi/2\Big)\Big] \tag{6.53}$$

$$= \frac{1}{\sqrt{2}} \underbrace{\frac{k}{2}\, U_S\, U_{LO}\, \cos\left((\omega_{LO} - \omega_S)\, t\right)}_{\text{unteres Seitenband}}$$

$$u_{HF2} = \frac{1}{\sqrt{2}} \left(u_3 \angle -\pi/2 + u_3{}'\right) \tag{6.54}$$

$$= \frac{1}{\sqrt{2}} \frac{k}{4}\, U_S\, U_{LO} \Big[\cos\Big((\omega_{LO} + \omega_S)\, t - \pi/2\Big) + \cos\Big((\omega_{LO} - \omega_S)\, t - \pi/2\Big)$$

$$+ \sin\left((\omega_{LO} + \omega_S)\, t\right) - \sin\left((\omega_{LO} - \omega_S)\, t\right)\Big] \tag{6.55}$$

$$= \underbrace{\sqrt{2}\, k\, U_S\, U_{LO}\, \sin\left((\omega_{LO} + \omega_S)\, t\right)}_{\text{oberes Seitenband}} \tag{6.56}$$

Ein IQ-Modulator unterscheidet sich im Prinzipaufbau von einem Einseitenbandumsetzer nur durch den fehlenden Phasenschieber im ZF-Zweig, Abb. 6.32.

Dass das Erscheinungsbild dieses IQ-Modulators jedoch deutlich anders aussieht, liegt unter anderem daran, dass IQ-Modulatoren komplett in Halbleitertechnik gefertigt werden. Deshalb findet man keine großen verteilten reziproken Koppler in diesen Schaltungen und

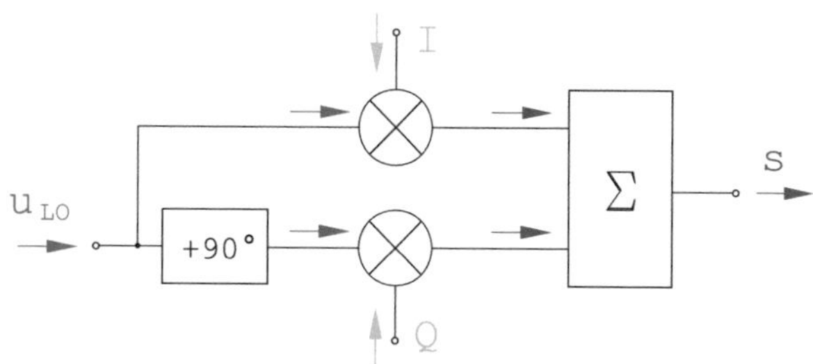

Abb. 6.32 Aufbau eines IQ-Modulators für den Sendefall in der Gleichlage

deshalb muss man bei der Handhabung den IQ-Sendemodulator vom IQ-Empfänger unterscheiden. Mittlerweile sind die Sende- und Empfangseinheiten wie auch die im kommenden Abschnitt beschriebene Oszillatortechnik auf einem einzigen sogenannten Transceiver-IC (aus Transmitter und Receiver) integriert.

Die mathematische Beschreibung des IQ-Modulators läuft ähnlich zu der des Einseitenbandsenders. Moderne Datenübertragungs- und Kommunikationssysteme wie WLAN und UMTS arbeiten mit einer gleichzeitigen Amplituden- ($A_{(t)}$) und Phasenmodulation ($\phi_{(t)}$), die jedoch nur diskrete Werte annehmen können. Als Sendesignal ($s_{(t)}$) soll das modulierte und hochgemischte Signal in Gleichlage übertragen werden:

$$s_{(t)} = A_{(t)} \cos\left(\omega_{LO} t + \phi_{(t)}\right). \tag{6.57}$$

Wendet man auf die Gl. (6.57) erneut die Additionstheoreme an, so kann man das Sendesignal in einen Anteil $I_{(t)}$, der zum LO-Signal in Phase ist, und einem Anteil $Q_{(t)}$, der exakt um 90° in der Phase zum LO-Signal gedreht ist, unterteilen:

$$s_{(t)} = I_{(t)} \cos(\omega_{LO} t) - Q_{(t)} \sin(\omega_{LO} t) \quad \text{mit} \tag{6.58}$$

$$I_{(t)} = A_{(t)} \cos\left(\phi_{(t)}\right) \quad \text{und} \quad Q_{(t)} = -A_{(t)} \sin\left(\phi_{(t)}\right). \tag{6.59}$$

Somit wird der fehlende Phasenschieber im ZF-Zweig im Rechner erzeugt. Dadurch, dass das Q-Signal um 90° zum I-Signal verschoben ist, wird eine Umsetzung in die Gleichlage erreicht.

7 Phasenregelkreise und Synthesegeneratoren

Die Anbindung eines Hochfrequenzsignales an einem Quarzoszillator mit hoher Frequenzstabilität und geringen Rauschen brachte in den 70er Jahren einen riesigen Innovationssprung für die Funksysteme. Die zugehörige Schaltung wird als Phasenregelkreis oder Phasenregelschleife bezeichnet. Das Grundkonzept wurde aber bereits 15 Jahre vorher aufgebaut, [53].

Diese Anbindung ist Standard für fast jeden eingesetzten Oszillator bzw. Generator. Hier handelt es sich bei den zuvor dargestellten (freilaufenden) Oszillatoren nur um eine Subkomponente in der Komponente stabilisierter Oszillator.

Die englische Übersetzung für Phasenregelkreis lautet `phase locked loop` und deshalb hat sich die Standardabkürzung PLL etabliert, die im Weiteren auch hier häufig verwendet wird.

Eine PLL hat zwei wesentliche Aufgaben:

a) Stabilisierung eines HF-Signales in der Frequenz und
b) Verringerung des Phasenrauschens des HF-Signals.

Beide Maßnahmen erfolgen durch die Regelung der Ausgangsfrequenz bzw. -phase des enthaltenen steuerbaren Oszillators. Die Stabilisierung ist notwendig, da der Sender und der Empfänger im gleichen Frequenzband arbeiten müssen. Das geringe Phasenrauschen ist notwendig damit die Übertragungsdynamik gewährleistet ist.

7.1 Grundlagen der Phasenregelkreise

Die Aufgabe eines Phasenregelkreises besteht darin, das Ausgangssignal eines in der Frequenz einstellbaren Oszillators (VCO, engl.: voltage controlled oscillator) mit der Frequenz f_v an eine Referenzoszillator mit der stabilisierten Frequenz f_r und Phase anzubinden. Im

H. Heuermann, *Mikrowellentechnik*,
https://doi.org/10.1007/978-3-658-41287-6_7

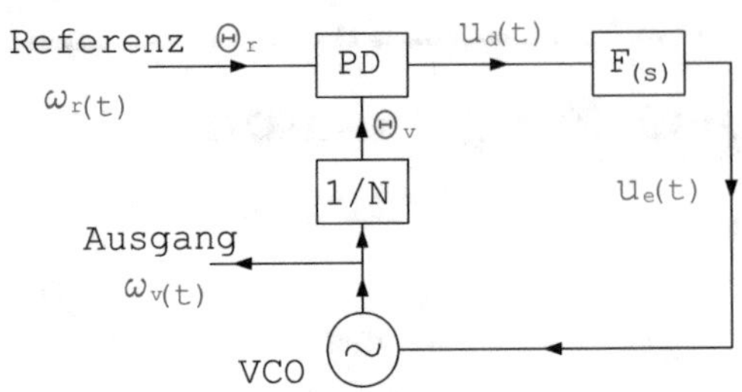

Abb. 7.1 Aufbau einer reinen Phasenregelschleife bzw. PLL

Weiteren wird zunächst die Stabilisierung der Phase mit einer zugehörigen Regelung vorgestellt. Später wird noch darauf eingegangen, wie diese Regelung erweitert wird, um auch die Frequenz zu regeln.

Das Blockschaltbild einer reinen Phasenregelschleife ist in der Abb. 7.1 dargestellt.

Das Ausgangssignal des HF-VCO's mit der Frequenz f_v (bzw. der Kreisfrequenz ω_v) wird mittels eines HF-Teilers (1/N) auf eine niedrigere Frequenz geteilt und liegt dann am Phasendiskriminator (PD) an. DasSignal mit der Kreisfrequenz ω_r des Quarz-Referenzoszillators (XCO), der sehr phasenrauscharm und temperaturstabil ist, wird auf einen zweiten Eingang des Phasendiskriminators (PD) gegeben. Dieser PD liefert das Ausgangssignal $u_d(t)$, sofern die beiden Eingangssignale nicht in Phase liegen. Dieses Ausgangssignal $u_d(t)$ wird mittels des Filters F(s) geglättet und als Fehlerspannung $u_e(t)$ dem Steuereingang des HF-VCO's zugeführt.

In der Praxis weist der Teiler digital umschaltbare Teilerwerte auf. Im Weiteren wird noch gezeigt, dass zusätzlich auch ein Frequenzvergleich durchgeführt wird.

Folgende Kenngrößen sind teils im Abb. 7.1 und werden teils im Folgenden weiter eingeführt:

Θ_v	: Phase des abstimmbaren Oszillators
Θ_r	: Phase des Referenzsignals
$\Theta_e = \Theta_r - \Theta_v$	: Fehlerphase
$u_d(t)$	: Ausgangsspannung des PD
$u_e(t)$	: Fehlerspannung
N	: Teilungsfaktor
K_V	: Steilheit des VCO's in $\frac{\text{rad}}{V}$
K_D	: Steilheit des Diskriminators in $\frac{V}{\text{rad}}$
$V(s)$	: Verstärkung des offenen Regelkreises
$H(s)$	: Übertragungsfunktion des Regelkreises
s	: Komplexe Frequenz ($s = \sigma + \mathrm{j}\omega$)

Die weitere Herleitung beruht auf der Laplace-Transformation:

$$Y(s) = \int_0^\infty y(t) \cdot e^{-st} \cdot dt \quad \Rightarrow \quad y(t) = 0 \quad \text{für } t < 0. \tag{7.1}$$

Die Originalfunktion $y_{(t)}$ stellt gewöhnlich eine Zeitfunktion dar. Da die komplexe Variable s die Frequenz ω enthält, wird die Bildfunktion $Y_{(s)}$ oft auch als Frequenzfunktion bezeichnet.

Für die folgende Herleitung der Phasenregelung soll zunächst die Frequenzregelung der PLL erfolgt sein. D. h., dass die Frequenzen an beiden Eingängen des PD's übereinstimmen.

Bei „Einrastung" der Frequenz gilt: $f_v - N \cdot f_r = 0$.

Das Blockschaltbild 7.1 und die zuvor aufgelisteten Größen liefern für den Zeit- und den Frequenzbereich folgende Zusammenhänge:

$$\text{Zeitbereich} \quad \bullet\!\!-\!\!\circ \quad \text{Frequenzbereich}$$

$$u_d(t) = K_d \cdot (\Theta_r(t) - \Theta_v(t)) \quad \bullet\!\!-\!\!\circ \quad U_d(s) = K_d\,(\Theta_r(s) - \Theta_v(s)) \tag{7.2}$$

$$u_e(t) = f(t) * u_d(t) \quad \bullet\!\!-\!\!\circ \quad U_e(s) = F_{(s)} \cdot U_d(s) \tag{7.3}$$

$$\Delta\omega(t) = \frac{d\Theta_v(t)}{dt} = \frac{K_v \cdot u_e(t)}{N} \quad \bullet\!\!-\!\!\circ \quad s \cdot \Theta_v(s) = \frac{K_v \cdot U_e(s)}{N} \tag{7.4}$$

Es wurde mit $\Delta\omega(t)$ zusätzlich eine Größe am Ausgangs des VCO's für den Frequenzfehler eingeführt, der durch eine sich ändernde Fehlerspannung $u_e(t)$ kurzzeitig entsteht.

Herleitung der Übertragungsfunktion $H(s)$

Für die Berechnung der Fehlerspannung im Frequenzbereich kann Gl. (7.2) in (7.3) eingesetzt werden:

$$U_e(s) = F(s) \cdot K_d \cdot (\Theta_r(s) - \Theta_v(s)). \tag{7.5}$$

Setzt man diesen Ausdruck der Fehlerspannung (7.5) in der Gl. (7.4) ein, so erhält man:

$$\Theta_v(s) = \underbrace{\frac{F(s) \cdot K_d \cdot K_v}{s \cdot N}}_{=V(s)} \cdot (\Theta_r(s) - \Theta_v(s)) \tag{7.6}$$

mit der Abkürzung $V(s)$ für die Verstärkung des offenen Regelkreises. In dieser Übertragungsfunktion taucht der Faktor $1/s$ auf, weil nicht direkt die Phase des VCO's nachgestellt wird sondern die Frequenz. Dieses zusätzliche s erschwert einen stabilen Betrieb der Phasenregelschleifen, weil 90° Phasenregelreverse bereits verbraucht sind.

Stellt man die Gl. (7.6) um, so erhält man die Übertragungsfunktion des Regelkreises:

$$H(s) = \frac{\Theta_v(s)}{\Theta_r(s)} = \frac{V(s)}{1 + V(s)}. \tag{7.7}$$

7.2 Das Regelverhalten

Die Entwicklung des Regelfilters oder zumindestens die Bestimmung der Filterkoeffizienten ist ein grundlegendes Problem bei der Implementierung einer PLL in einem System.

Für die detailliertere analytische Beschreibung wird als einfaches Filter 1. Ordnung ein PI-Regler eingesetzt, Abb. 7.2.

Die zugehörige Übertragungsfunktion dieses Filters lautet:

$$F'(s) = \frac{U_e(s)}{U_d(s)} = -\frac{s\,\tau_2 + 1}{s\,\tau_1} \tag{7.8}$$

mit $\tau_1 = R_1 \cdot C$ und $\tau_2 = R_2 \cdot C$.

Das zugehörige Frequenzverhalten von $F'(s)$ ist im Abb. 7.3 dargestellt.

Das Minuszeichen in $F'(s)$ kann durch Vertauschen der Eingänge am Phasendiskriminator eliminiert werden. Im Weiteren soll die mit $F(s) = -F'(s)$ fortgefahren werden.

Basierend auf der allgemeinen Übertragungsfunktion der PLL

$$H(s) = \frac{V(s)}{1 + V(s)} \quad \text{mit} \quad V(s) = \frac{K_d \cdot K_V}{s \cdot N} \cdot F(s) \tag{7.9}$$

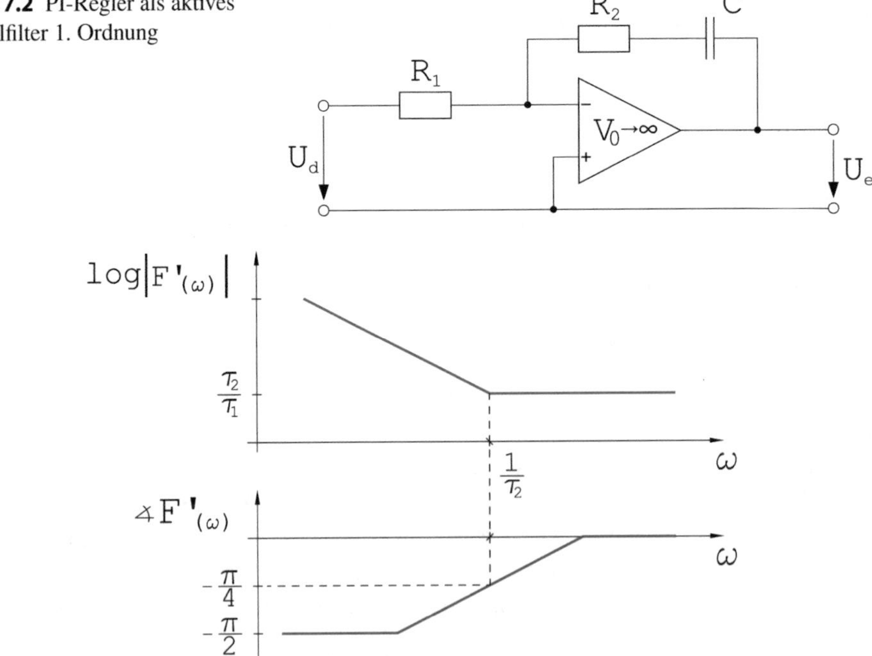

Abb. 7.2 PI-Regler als aktives Regelfilter 1. Ordnung

Abb. 7.3 Bodediagramm des Filters 1. Ordnung als phasensenkendes Glied

ergibt sich für das verwendete Filter 1. Ordnung die speziellen Verstärkung des offenen Regelkreises

$$V(s) = \frac{2 \cdot \zeta \cdot \omega_N \cdot s + \omega_N^2}{s^2} \quad \text{bzw.} \tag{7.10}$$

die spezielle Übertragungsfunktion des Regelkreises

$$H(s) = \frac{2 \cdot \zeta \cdot \omega_N \cdot s + \omega_N^2}{s^2 + 2 \cdot \zeta \cdot \omega_N \cdot s + \omega_N^2} \tag{7.11}$$

mit der Dämpfungskonstanten[1]

$$\zeta = \frac{\tau_2}{2}\sqrt{\frac{K_V \cdot K_d}{N \cdot \tau_1}} \quad (\text{typ. } \frac{1}{\sqrt{2}} \cdots 1) \tag{7.12}$$

und der Regelfrequenz

$$\omega_N = \sqrt{\frac{K_V \cdot K_d}{N \cdot \tau_1}} \quad ! \sim \frac{1}{\sqrt{N}}, \tag{7.13}$$

deren Auslegung in der Praxis möglichst hoch sein sollte. Innerhalb des Frequenzbereiches der Regelfrequenz wird das Phasenrauschen des freilaufenden Oszillators durch die Regelung immens reduziert. Es wird auf den Wert des Phasenrauschen des XCOs zusätzlich des Teilerwertes in dB ($N = 100$ entspricht 20 dB) gesenkt.

Zahlenbeispiel

Die XCO-Frequenz von 10 MHz und der Teilerwert N von 100 ergeben eine HF-Frequenz von 1 GHz. Das XCO-Phasenrauschen von -150 dBm/Hz bei 100 kHz Abstand ergibt für dieses Beispiel ein HF-Oszillatorrauschen von -130 dBm/Hz bei 100 kHz Abstand. Der Teilungsfaktor von 100 verursacht die Verschlechterung um diese 20 dB.
Sehr wichtig ist die Stabilitätsuntersuchung von $H(s)$.

Untersuchung: Frequenzsweep mit einer PLL

Eine wichtige Voraussetzung für den PD ist, dass gelten muss: $\left|\Theta_{e(t)}\right| < \pi$. Details dazu folgen in der PD-Realisierung.

Ein Frequenzsweep wird durch die Änderung des Teilerwertes eingeleitet. Dadurch ergibt sich aus Gl. (7.6) die Fehlerphase

$$\Theta_{e(s)} = \Theta_{r(s)} - \Theta_{v(s)} = \frac{-1}{V(s)} \cdot \Theta_{v(s)}. \tag{7.14}$$

[1] Das griechische Symbol ζ steht für Zeta.

Für den Frequenzsweep über kontinuierliche Änderung des Teilerfaktors gilt am Teilerausgang (z. B. [85]):

$$\Theta_{v(s)} = \frac{\Delta\omega}{s^3}. \tag{7.15}$$

Hier ist die zweifache Ableitung enthalten. Für einen Frequenzsprung gilt bereits: $\Theta_{v(s)} = \frac{\Delta\Theta}{s} = \frac{\Delta\omega}{s^2}$. Für einen Sweep kommt das Produkt $\frac{1}{s}$ hinzu.

Es gilt allgemein für die Laplace-Transformation:

$$\lim_{t\to\infty} y_{(t)} = \lim_{s\to 0} s \cdot Y(s). \tag{7.16}$$

Angewandt auf unser Regelungsproblem ergibt sich damit:

$$\lim_{t\to\infty} \Theta_{e(t)} = \lim_{s\to 0} \left\{ \frac{-s}{V(s)} \Theta_v(s) \right\}, \tag{7.17}$$

$$= \lim_{s\to 0} \left\{ \frac{s^3}{2\cdot\zeta\cdot\omega_N^2 \cdot s + \omega_N^2} \cdot \frac{\Delta\omega}{s^3} \right\}, \tag{7.18}$$

$$= \frac{\Delta\omega}{\omega_N^2} \overset{!}{<} \pi. \tag{7.19}$$

Das Bode-Kriterium für eine Regelschleife besagt, dass eine Übertragungsfunktion eine Dämpfung (Betrag kleiner 1) aufweisen muss, sofern eine Phasendrehung von 180° erreicht wird. Die Fehlerphase Θ_e beschreibt die Phasendrehung der Übertragungsfunktion *H(s)*. Somit darf der Wert π für Θ_e nicht erreicht werden. Folglich darf die maximale Änderungsfrequenz für einen Sweep nur den Wert $\Delta\omega_{max} = \omega_N^2 \cdot \pi$ betragen. Die maximale Abstimmrate ist somit $\sim \omega_N^2$ d. h. $\sim \frac{1}{N}$.

7.3 Frequenzteiler

Die Frequenzteiler (kurz Teiler) einer PLL sind die High-Speed-Digitalschaltungen und bzgl. der oberen einsetzbaren Frequenz die Baugruppe, die die PLL begrenzt.

Festteiler haben ein nicht veränderbares Teilungsverhältnis. Hier finden oft Synchronzähler, die aus den Master-Slave JK-Flipflops gefertigt sind, Einsatz.

Umschaltbare Teiler unterteilen sich in zwei Klassen:

1. Teiler für Frequenzbereichswechsel,
2. Fraktionale Teiler.

Erstere beinhalten mehrstufige Festteiler, deren Ausgänge je nach Frequenzbereichswahl zugeschaltet werden. Fraktionale Teiler schalten zwischen einen Teilerverhältnis N und mindestens einem weiteren Teilerverhältnis (z. B. N + 1) um. Hiermit gelangt man zu Synthesizern mit kleinen Frequenzschritten, wie im Weiteren noch erläutert.

Es ist sehr wichtig zu verstehen, dass die Größe des Teilungsfaktor einen sehr großen Einfluss auf das Phasenrauschen einer PLL hat. Der VCO kann bestenfalls ein so geringes Phasenrauschen aufweisen, wie es der Referenzoszillator hat. Durch die Frequenzteilung kommen Änderungen jedoch erst *später* beim Phasendiskriminator an. Diese Dämpfung schlägt sich in einem geringeren Phasenrauschen nieder.

Eine Frequenzteilung von N = 10 entspricht einer Verschlechterung des Phasenrauschens um 10 dB. N = 100 entsprechen 20 dB weniger Ausregelung des Phasenrauschens.

Deshalb setzen moderne Phasenregelkreis auf geringe Teilungsfaktoren.

7.4 Diskriminatoren

Es gibt zwei Arten von Diskriminatoren in PLLs:

1. Phasendiskriminator (PD) auch Phasendetektor,
2. Phasen-Frequenz-Diskriminator (PFD).

Diese gibt es in analoger und digitaler Schaltungstechnik.

7.4.1 Phasendiskriminatoren

Der Einsatz von reinen Phasendiskriminatoren ist seltener als der von Phasen-Frequenz-Diskriminatoren. Jedoch bilden die Phasendiskriminatoren das Herzstück der PLL und sind insbesondere für das Verständnis von großer Bedeutung.

Mischer
Ein Mischer ist eine Sonderform. Er ersetzt einen Festteiler und weist die PD-Funktion auf. Vorteilhaft ist, dass im Gegensatz zum Festteiler kein zusätzliches Phasenrauschen zum XCO hinzu kommt. Nachteilig beim Mischer als PD ist, dass die Signale bereits mit ±90° in Phase sein müssen, da ansonsten am falschen Seitenband gemischt wird. Mehr Details findet man u. a. in [85].

Exclusive-Oder Gatter
Ein einfaches Exclusive-Oder-Gatter kann als Phasendiskriminator eingesetzt werden. Es weist im Gegensatz zum Mischer eine gewünschte lineare Kennlinie auf. Jedoch müssen die beiden Eingangssignale ein Tastverhältnis von 50 % aufweisen, was oft nicht gewährleistet werden kann. Weiterhin weist die Fehlerphase wie beim Mischer einen symmetrischen

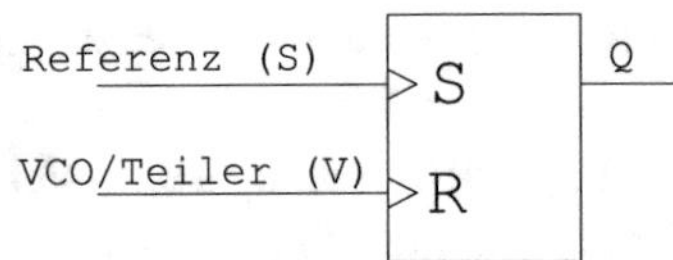

Abb. 7.4 RS Flip-Flop als PD

Verlauf auf. Somit hat ein Exclusive-Oder Gatter den gleichen eingeschänkten ±90°-Bereich wie ein Mischer.

RS bzw. JK Flip-Flop

Im Gegensatz zu den beiden zuvor erwähnten Diskriminatoren weist ein flankengesteuertes RS Flip-Flop (Abb. 7.4) ein Eindeutigkeitsbereich über 360° auf.

Beim flankengesteuerte RS Flip-Flop wird das Ausgangssignal Q mit der steigenden oder fallenden Flanke gemäß der Logik

	Q
S von $0 \rightarrow 1$	1
V von $0 \rightarrow 1$	0

gesteuert. Beim JK-Flipflop wird mit J = 1 gesetzt und mit K = 1 zurück gesetzt:

J	K	Q^{n+1}	
0	0	Q^n	Speichern
0	1	0	Rücksetzen
1	0	1	Setzen
1	1	$\overline{Q}^n$	Kippen

Die beiden im Bild 7.5 illustrierten Beispiele zeigen die positiven Signalanteile der beiden Eingangssignale S und V. Mit Überschreiten der Grundlinie setzt die Flankensteuerung ein. Ein gleichzeitiges Setzen und Rücksetzen ist somit nicht wahrscheinlich. Beim Einsatz eines JK Master-Slave Flip-Flops gibt es diesen unerlaubten Zustand gar nicht.

Das tiefpassgefilterte Signal von Q ist proportional zur Fehlerphase Θ_e. Aus diesem Signal kann man sich leicht die im Bild 7.5 abgedruckte Fehlerphase ableiten.

Im folgenden Abb. 7.6 ist die geglättete Ausgangsspannung $\overline{U}_q$ mit dem Spitzenwert U_u über der Fehlerphase Θ_e dargestellt.

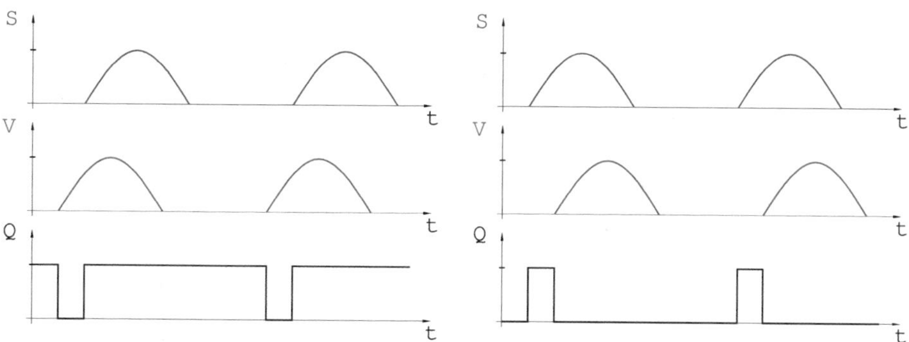

Abb. 7.5 Beispiele für den Einsatz des RS bzw. JK Flip-Flops für unterschiedliche Phasenlagen

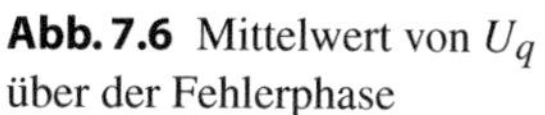

Abb. 7.6 Mittelwert von U_q über der Fehlerphase

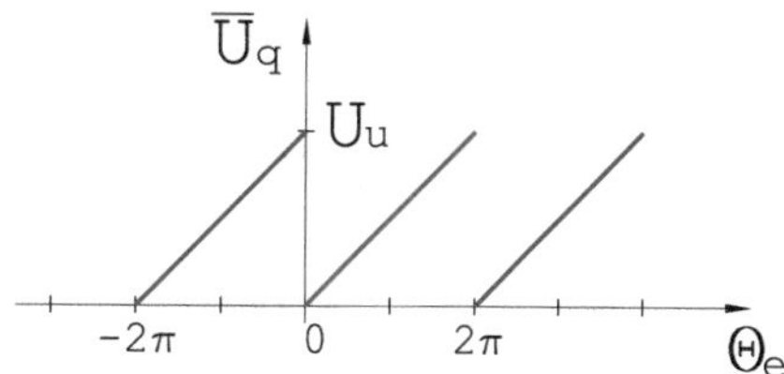

Man erkennt den Eindeutigkeitsbereich über 360°. Durch diesen unsymmetrischen Verlauf der Kennlinie kann eine PLL mit Mischer sicher auf einem Seitenband einrasten.

7.4.2 Phasenfrequenzdiskriminatoren

In den letzten Jahrzehnt wurden komplexe Digitalschaltung als Phasenfrequenzdiskriminatoren (kurz PFD) eingesetzt. Der wichtigste Vertreter dieser Komparatoren ist in [81] oder [85] erläutert. Dieses IC von Motorola (Typ MC12044) in ECL-Logic hat einen Frequenzfangbereich bis 800 MHz.

Aktuell wird zunehmend eine andere, im Abb. 7.7 dargestellte Architektur, eingesetzt.

Beide D-Flipflops sind flankengesteuert und weisen einen Reset-Eingang auf.

Ursprünglich verwendete man diese Schaltung mit Tiefpassfiltern und der Auswertung des Differenzsignales am Ausgang, Abb. 7.8.

Diese Schaltungen haben den Nachteil, dass sie keine konstante Verstärkung bzw. Steilheit (K_D) haben. Dieser Nachteil tritt nicht mehr auf, wenn man geschaltete Stromquellen mit einem Ladungskondensator C_p einsetzt, Abb. 7.9.

Als kleiner Nachteil der Ladungspumpen muss die so genannte *PFD dead zone* erwähnt werden. Wenn die PLL nahezu eingerastet ist, dann gibt es nur sehr kleine Ausgangssignale, die durch die endlichen Schaltzeiten der Schalter und Tiefpasseffekte der Stromquellen keine Ausgangsspannung mehr erzeugen.

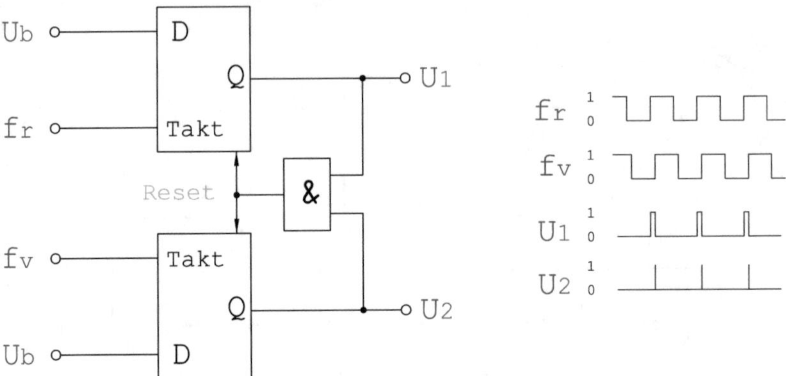

Abb. 7.7 Phasenfrequenzdiskriminator mit D-Flipflops (positive Flankensteuerung) und Logikausgangssignale

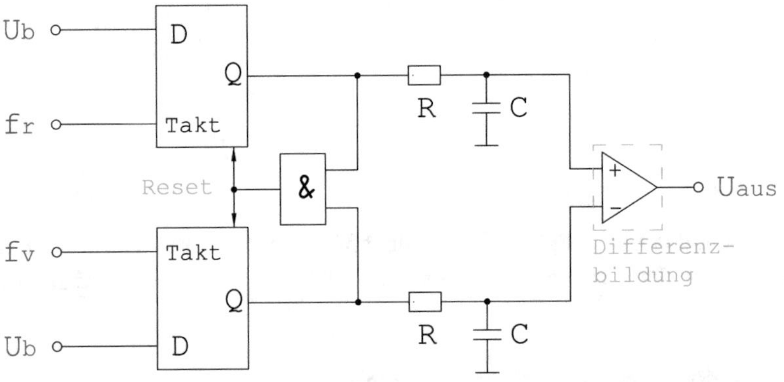

Abb. 7.8 PFD mit Tiefpassfiltern

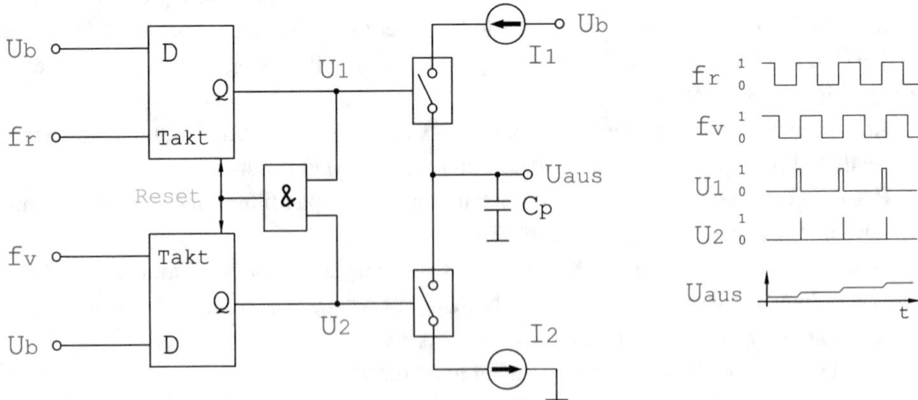

Abb. 7.9 PFD mit Ladungspumpe (engl.: charge pump, CP)

7.4.3 Auslegung von Schleifenfiltern

Der Ausgang einer modernen CP-PLL erzeugt DC-Impulse. Der Zeitunterschied der Impulsabstände ist proportional zum Phasenfehler. Dieses gepulste Signal kann nicht direkt zur Steuerung des VCO's verwendet werden. Es muss zuvor durch ein Tiefpassfilter geglättet werden. Die Auslegung des Filters ist entscheidend für die PLL-Eigenschaften. Das Filter hat Einfluss auf

Stabilität, Frequenzreserve, Regelbandbreite, Phasenrauschen,
Einrastzeit und Oberwellengeneration.

Aktive Filter haben den Nachteil, dass sie zusätzliches Rauschen erzeugen. Insbesondere für CP-PLLs sind aktive Filter nicht mehr notwendig.

Die generelle Übertragungsfunktion für ein passives Filter 4. Ordnung lautet:

$$F_{(s)} = \frac{1 + s \cdot \tau_2}{A_0 \cdot s \cdot (1 + s \cdot \tau_1) \cdot (1 + s \cdot \tau_3) \cdot (1 + s \cdot \tau_4)}. \tag{7.20}$$

Für drei verschiedene Filterordnungen mit den zugehörigen Zeitkonstanten sind die Werte in der Tab. 7.1 dargestellt.

Die Filter höherer Ordnung haben in der Praxis keine negativen Auswirkungen auf die Stabilität oder anderen Größen. Diese Filter helfen insbesondere die ungewünschten Signale oberhalb der Schleifenbandbreite zu unterdrücken.

7.5 Einschleifiger Regelkreis

Ein sehr einfacher Synthesizer ist im Abb. 7.10 dargestellt.

Das Ausgangssignal des HF-VCO wird mittels einem HF-Festteiler (/4) und mit einem umschaltbaren Teiler (/N) auf eine niedrigere Frequenz geteilt und liegt dann am Phasenfrequenzdiskriminator an. Das Signal des Quarz-Referenzoszillators (XCO), der sehr

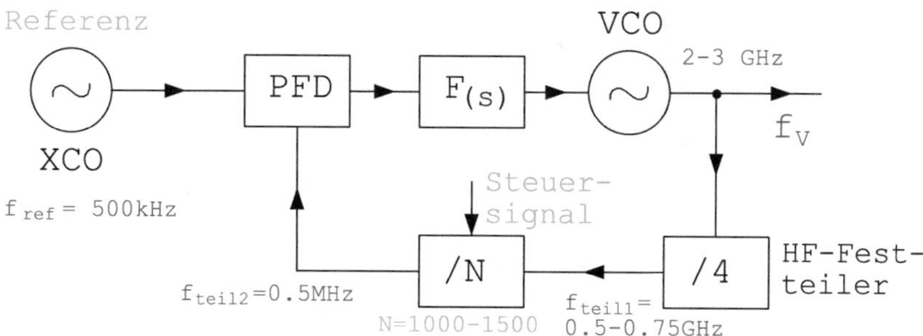

Abb. 7.10 Blockschaltbild des einschleifigen Regelkreises

Tab. 7.1 Tabelle zur Auslegung von passiven Schleifenfiltern

	Passive Schleifenfilter und deren Zeitkonstanten		
Parameter	2. Filterordnung	3. Filterordnung	4. Filterordnung
Filter	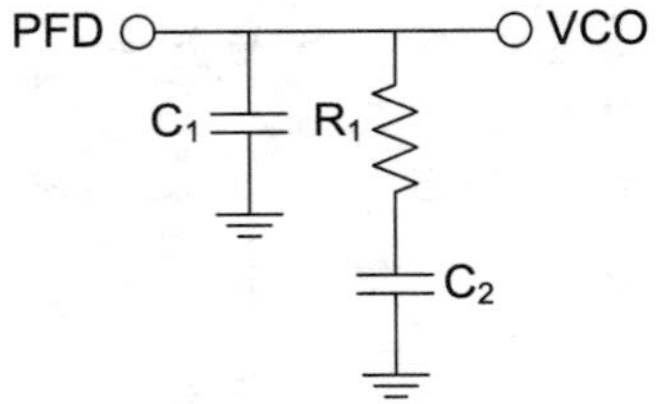 PFD, VCO, C_1, R_1, C_2	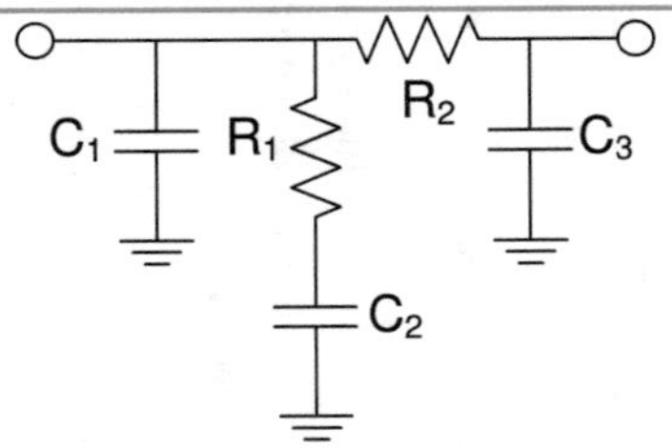 C_1, R_1, R_2, C_3, C_2	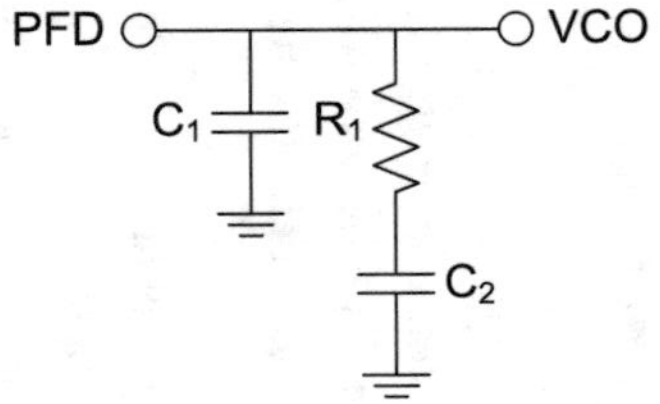 PFD, VCO, C_1, R_1, C_2
τ_1	$R_1 \cdot C_2 \cdot C_1/A_o$	$R_1 \cdot C_2 \cdot C_1/A_o$	$R_1 \cdot C_2 \cdot C_1/A_o$
τ_2	$R_1 \cdot C_2$	$R_1 \cdot C_2$	$R_1 \cdot C_2$
τ_3	0	$R_2 \cdot C_3$	$R_2 \cdot C_3$
τ_4	0	0	$R_4 \cdot C_4$
A_o	$C_1 + C_2$	$C_1 + C_2 + C_3$	$C_1 + C_2 + C_3 + C_4$

phasenrauscharm und temperaturstabil ist, wird auf einen zweiten Eingang des Phasenfrequenzdiskriminators gegeben. Dieser PFD liefert ein Ausgangssignal, sofern die beiden Eingangssignale nicht in Phase liegen oder die Frequenz nicht gerastet ist. Dieses Ausgangssignal wird mittels des Filters F(s) geglättet und dem Steuerungseingang des HF-VCO's zugeführt.

Diese Regelschleife weist aufgrund der hohen Teilungsfaktoren fast keine Verbesserung des Phasenrauschens auf. Er dient in erster Linie zur präzisen Frequenzanbindung. Die stabilisierte Ausgangsfrequenz des VCO's liegt bei:

$$f_v = \underbrace{N_{fest} \cdot N}_{=Nges} \cdot f_{ref} \qquad \text{(hier mit} \quad N_{fest} = 4). \tag{7.21}$$

Die kleinste Schrittweite

$$\Delta f = f_{ref}\, N_{fest} \qquad (\text{hier} = 500\,\text{kHz}\, N_{fest}) \tag{7.22}$$

wird von der Ausgangsfrequenz des Referenzsignales und dem Festteiler vorgegeben.

Alternativ lässt sich die kleinste Schrittweite über die Bandbreite und die Anzahl der schaltbaren Teilerwerte berechnen:

$$\Delta f = \frac{f_{max} - f_{min}}{N_{max} - N_{min}} \qquad \left(\text{hier} = \frac{1\,\text{GHz}}{500}\right). \tag{7.23}$$

Jedoch lässt sich nur mit einer hohen Regelfrequenz $\omega_N \sim \frac{1}{\sqrt{N}}$ die Spektralreinheit vom VCO an die des XCO heranbringen und somit geringes Phasenrauschen erzielen. Im Abb. 7.11 wird illustriert, wie die Unterschiede des Phasenrauschens bei niedriger und hoher Referenzfrequenz sind.

Für große Teilungsfaktoren steigt die Rauschleistung $\sim N^2$.

$\Rightarrow$ Widerspruch: kleine Schrittweite & gutes Phasenrauschen

Abhilfen:
1. Regelschleife mit Mischer
2. Mehrschleifige Regelschleifen
3. Regelschleifen mit fraktionalen Teilern

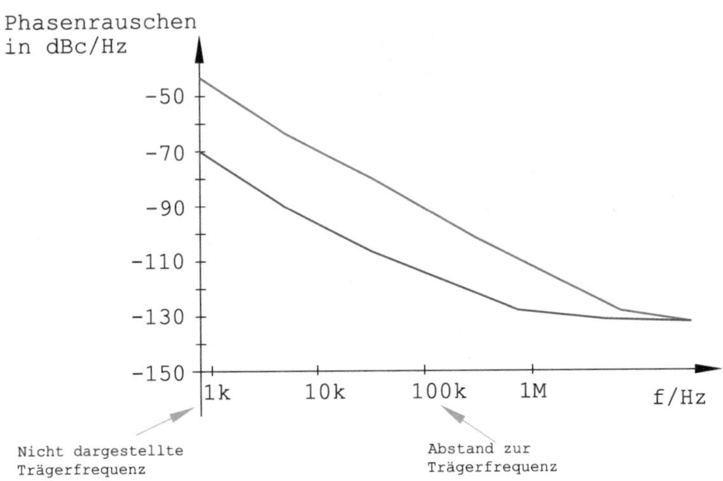

Abb. 7.11 Phasenrauschen für niedrige und hohe Referenzfrequenz (blau)

7.6 Regelschleife mit Mischer

Gleichbleibende Schrittweiten mit einem kleineren Teilungsfaktor erhält man durch Einsatz eines zusätzlichen Festoszillators (LO) und eines Mischers, wie im Abb. 7.12 dargestellt.

Die Ausgangsfrequenz liegt für Mischer in Gleichlage bei

$$f_v = f_{LO} + N \cdot f_{ref}. \tag{7.24}$$

Die Schrittweite beträgt nun f_{ref}.

Bzgl. des Phasenrauschens weist diese Schaltung sehr gute Eigenschaften auf. Der gesamte Schaltungsaufwand einschließlich des stabilisierten Festoszillators ist jedoch sehr hoch und deshalb werden solche Mischer nur bei PLLs mit hohen Ausgangsfrequenzen eingesetzt. Weiterhin eignen sich die Regelschleife mit Mischer nur für schmalbandige Anwendungen.

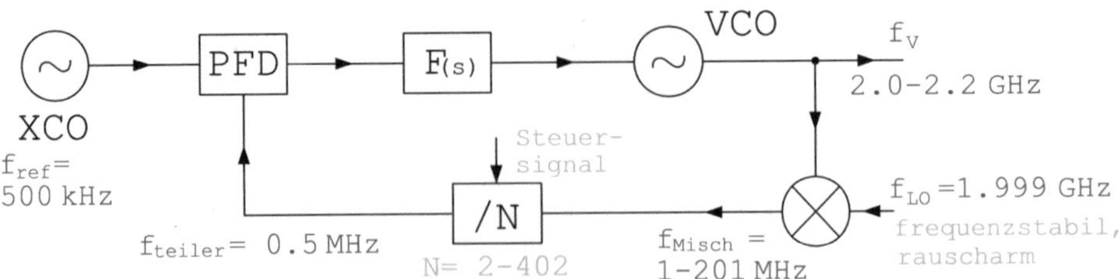

Abb. 7.12 Blockschaltbild einer Regelschleife mit Einseitenbandmischer in Gleichlage

7.7 Mehrschleifige Regelkreise

Für Synthesefrequenzen im unteren GHz-Bereich sind die verschachtelten Regelschleifen die bessere Lösung.

Die Grundidee ist die, dass der XCO mit fester Ausgangsfrequenz durch einen Referenzoszillator mit variabler Ausgangsfrequenz ersetzt wird. Dessen Signal kann durch die direkte Signalgeneration über einem D/A-Wandler oder auch einer weiteren klassischen PLL erzeugt werden.

Wird z. B. der XCO durch eine zweite PLL mit der Ausgangsfrequenz $f_v' = f_{ref} = 10 - 20$ MHz ersetzt, so benötigt man Teiler über den Bereich N $= 100 - 200$ mit dem zugehörigen geringen Rauschen, Abb. 7.13[2]. Für die neue Referenz-PLL wird ein umschaltbarer Teiler mit dem variablen Teilungsfaktor M eingesetzt. Mit $f_v' = Mf_{ref}'$ mit den Bereich M $= 200 - 400$ und nur $f_{ref}' = 50$ kHz folgt

$$f_v = N \cdot M \cdot f_{ref}', \tag{7.25}$$

$$\Delta f_{min} = f_{ref}', \tag{7.26}$$

$$\Delta f_{typ} = 10\, f_{ref}'. \tag{7.27}$$

Man erkennt, dass sich die Schrittweite auf ein Zehntel reduzieren lies. Weiterhin ist es so, dass beide Schleifen einen deutlich kleineren Teilerfaktor aufweisen. Dadurch regeln beide Schleifen schneller, was bedingt, dass das Phasenrauschen der einzelnen Schleifen deutlich stärker reduziert wird. Für den mehrschleifigen Regelkreis verbessert sich die Bandbreite, in der das Rauschen reduziert wird.

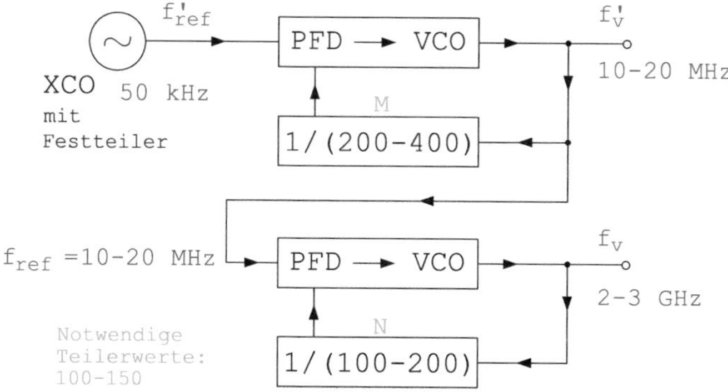

Abb. 7.13 Blockschaltbild eines mehrschleifigen Regelkreises

[2] Die größeren Teilerwerte mit dem größeren Bereich stellen sicher, dass in allen Kombinationen der minimale Frequenzschritt f_{ref}' erreicht wird.

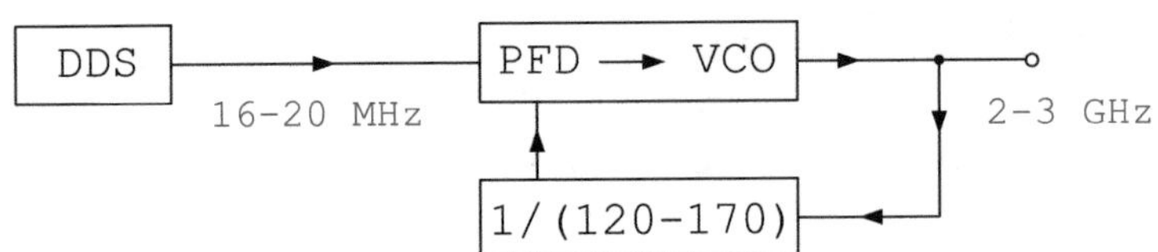

Abb. 7.14 Blockschaltbild eines mehrschleifigen Regelkreises mit DDS

Jedoch weist das Ausgangssignal nahe dem Träger nur ein ggf. verbessertes Phasenrauschen aufgrund des besseren VCO's in der MHz-Schleife auf. In der Praxis hat der HF-VCO das mit Abstand schlechteste Phasenrauschen.

Schaltungstechnisch ist die Wahl eines DDS (direct digital synthesizers) ein einfacher Aufbau als Alternative zur gezeigten ersten Regelschleife mit niedriger Referenzfrequenz, Abb. 7.14.

Jedoch ist das Phasenrauschen des DDS so schlecht, dass sich auf diesem Wege keine rauscharmen Synthesizer herstellen lassen. Dafür lassen sich Frequenzänderungen im μHz-Bereich durchführen.

7.8 Regelschleifen mit fraktionalen Teilern

Mit einem Teiler, der nicht auf ganzzahlige Teilerverhältnisse begrenzt ist, sondern auch gebrochene Werte zulässt, kann die Schrittweite des Synthesizers kleiner als die Vergleichsfrequenz gemacht werden [24, 81]. Die Berechnung von f_{VCO} nach Gl. (7.21) bleibt weiterhin gültig. Das effektive Teilungsverhältnis ist dann aber nicht mehr nur auf ganzzahlige Werte beschränkt, während der Wert N nachwievor fest ist. Die nur leicht veränderte PLL zeigt das Abb. 7.15.

Ein gebrochenes Teilerverhältnis wird durch Umschalten zwischen zwei oder mehreren ganzzahligen Werten erreicht (sozusagen eine Pulsweitenmodulation des Teilerverhältnisses). Den typischen Verlauf zeigt das Abb. 7.16.

Wahl: k = 1**:** Der Teiler wird den kürzest möglichen Zeitraum auf N + 1 geschaltet. Dieser Zeitraum entspricht T_{ref}, der Periodendauer der Referenzfrequenz f_{ref}.

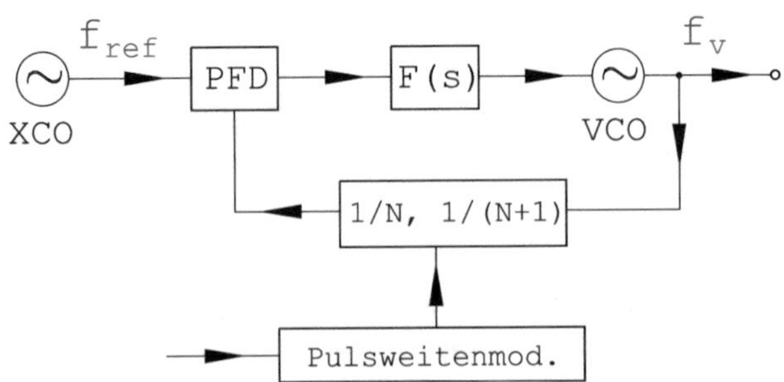

Abb. 7.15 Blockschaltbild eines Fractional-N-Synthesizers

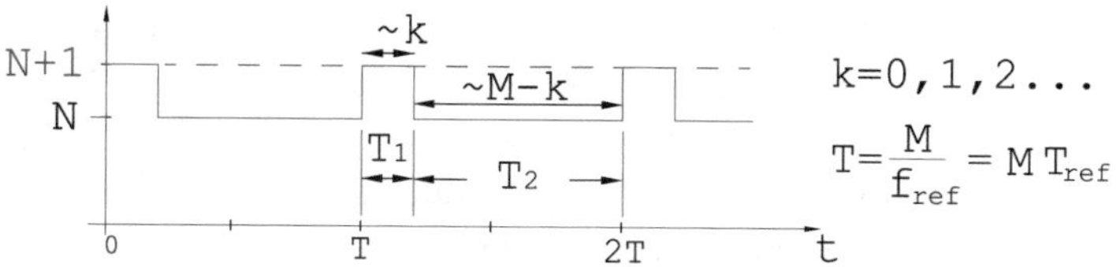

Abb. 7.16 Umschaltfolge beim fraktionalen Teiler

$$T_{k=1} = \frac{1}{f_{ref}} = T_{ref} \tag{7.28}$$

Die Größe M soll als Teilerfaktorrate eingeführt werden und gibt an mit welchem Bruchteil einer Periode T der Teiler angesteuert werden kann.

Bei einer Umschaltung zwischen zwei Teilerwerten N_1 und N_2 mit den Pulsdauern

$$T_1 = \frac{k}{f_{ref}} \quad \text{und} \quad T_2 = \frac{M-k}{f_{ref}} \tag{7.29}$$

beträgt der Mittelwert des Teilerverhältnisses und die kleinste Schrittweite dann

$$\overline{N} = \frac{N(M-k) + (N+1)\cdot k}{M} = N + \frac{k}{M}, \tag{7.30}$$

$$\Rightarrow f_V = \overline{N} \cdot f_{ref} = \left(N + \frac{k}{M}\right) \cdot f_{ref}, \tag{7.31}$$

$$\Delta f = \frac{1}{M} \cdot f_{ref} \quad \text{bzw.} \quad \Delta f = \frac{1}{T}. \tag{7.32}$$

Die Frequenz des VCO's soll dann auf der mit dem Mittelwert des Teilerverhältnisses multiplizierten Vergleichsfrequenz sein. Das Umschalten des Teilerverhältnisses verursacht eine Störphasenmodulation am Phasendiskriminator. Die kleinste Zeiteinheit, in der T_1 und T_2 variieren können, ist $T_{Puls} \sim 2k$. Die minimale Frequenz der Störphasenmodulation ist also abhängig von f_{Puls} und der geforderten kleinsten Einstellschrittweite ΔN von:

$$f_{stör} = f_{Puls} \cdot \Delta N. \tag{7.33}$$

Die minimale Frequenz der Phasenstörung durch die Teilerumschaltung entspricht somit der kleinsten Schrittweite Δf des Frequenzsynthesizers. Soweit unterscheidet sich das Fractional-N-Verfahren bezüglich der Störungen nur wenig vom klassischen Synthesizer mit festem Teiler.

Versucht man die Störungen durch ein schmales Schleifenfilter zu unterdrücken, so muss man dieselben Kompromisse eingehen wie im vorhergehenden Abschnitt. Der einzige Vorteil läge dann in dem geringeren Vervielfachungsfaktor des Phasenvergleicher- und Referenzrauschens. Da der Verlauf der Störung vorausberechenbar ist, kann diese durch Addition einer gegenphasigen Spannung kompensiert werden. Die Schleifenfilterbandbreite kann dann größer als die kleinste Frequenzschrittweite f_s gewählt werden. Damit ist durch digitale Nachbildung des Modulationssignals eine direkte digitale Winkelmodulation möglich. Die kleine Schrittweite bei geringer Einschwingzeit ermöglicht z. B. auch vorhersagbare Dopplerverschiebungen exakt nachzusteuern. Die Kompensation der Phasenstörung durch die Teilerumschaltung erfordert aber neben der Rechenlogik einen guten D/A-Wandler zur Erzeugung der Kompensationsspannung. Eine im Hochfrequenzbereich nunmehr oft eingesetzte Weiterentwicklung ist das $\Sigma\Delta$-Verfahren, das sich auch in der CD-Audio-Technik zur Digital-Analog- und Analog-Digital-Wandlung durchgesetzt hat. Aufgrund der einfachen Integrierbarkeit spielt es bereits in der Hochfrequenztechnik als Digital-Frequenz-Wandler eine wichtige Rolle.

Verkürzt gilt:
Nachteil: Periodische Umschaltung erzeugt Störlinien
Abhilfe: Pseudo-zufällige Umschaltung der Sigma-Delta-Modulation

7.8.1 $\Sigma\Delta$-Fractional-N Synthesegenerator

Wie oben ausgeführt, bringt das Wegfiltern der Störungen wenig Vorteile, da die Schleifenfilterbandbreite kleiner als die Frequenzschrittweite gemacht werden muss, [79]. Das $\Sigma\Delta$-Fractional-N-Verfahren verursacht, wie das konventionelle Fractional-N-Verfahren, Nebenlinien im Abstand der Frequenzschrittweite. Allerdings wird anstatt des gewöhnlichen Pulsweitenmodulators eben ein $\Sigma\Delta$-Modulator eingesetzt, dessen spektrales Energiemaximum bei hohen Frequenzen liegt (Abb. 7.17).

Die Änderungen des Teilerwertes der PLL werden vom $\Sigma\Delta$-Modulator gesteuert. Dieser liefert einen quasizufälligen Datenstrom, dessen arithmetischer Mittelwert digital einstellbar ist. Weil die Energie spektral nicht gleichverteilt ist, sondern zum größten Teil im höherfrequenten Bereich liegt, erhält man trägernah so wenig Störenergie, dass das analoge Rauschen des Phasendiskriminators und der Referenz überwiegt. Das Schleifenfilter kann

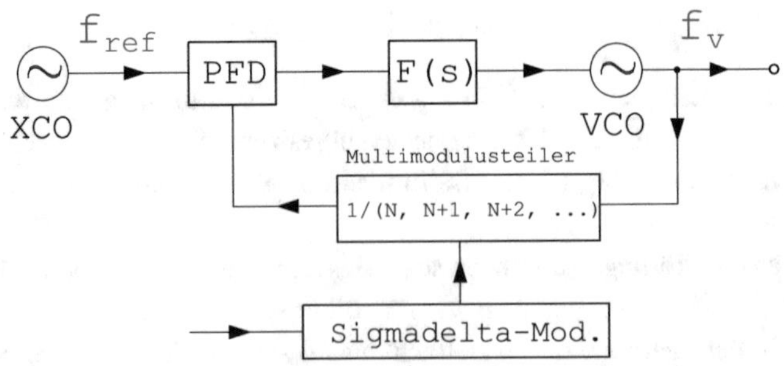

Abb. 7.17 Blockschaltbild eines $\Sigma\Delta$-Fractional-N-Synthesizers

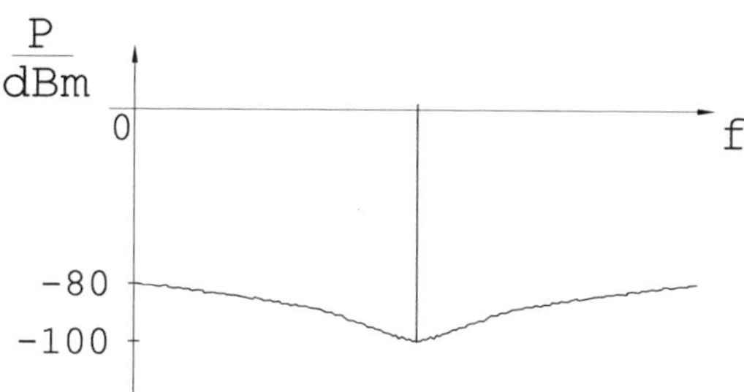

Abb. 7.18 Festsignal und typisches Phasenrauschen eines $\Sigma\Delta$-Fractional-N-Synthesizers

also ohne Kompensationsmaßnahmen breiter als die Frequenzschrittweite gewählt werden. Dieses typische Verhalten zeigt das Abb. 7.18.

$\Sigma\Delta$-Modulatoren sind in unterschiedlichen Strukturen realisierbar. Eine interessante Variante ist der MASH-Modulator, wie in [69] beschrieben, weil er ohne ein Rückkoppelnetzwerk auskommt und deshalb auch keine Stabilitätsprobleme hat.

7.8.2 Direkte Digitale Modulation

Diekleine Schrittweite eines $\Sigma\Delta$-Fractional-N-Synthesizers ermöglicht eine direkte digitale Frequenz- und Phasenmodulation [24]. Es handelt sich hierbei um einen exakten D/F-Wandler. Die Vorteile eines direkten digitalen Modulators liegen auf der Hand:

- Es ist keine D/A-Wandlung digitaler Modulationsdaten notwendig.
- Eine Änderung der Modulationsart und des -hubes ist per Software möglich.
- Große Modulationshübe ohne Verzerrungen sind realisierbar (Nichtlinearitäten der VCO-Kennlinie haben keinen Einfluss).
- Es sind keine analogen Einstellelemente zur Festlegung des Hubes mehr vorhanden. Der Modulationshub ist unabhängig von Bauteiltoleranzen.

Seit langen wird der $\Sigma\Delta$-Synthesizer für die GMSK-Modulation in GSM-Handsets großindustriell eingesetzt.

Der $\Sigma\Delta$-Transmitter

Hat man zwei $\Sigma\Delta$-Fractional-N-Synthesizers für je eine direkte digitale Modulation zur Verfügung, so kann man wie in [37] S. 349 nachlesen, wie man daraus einen Vektorsignalgenerator fertigt. Dieser $\Sigma\Delta$-Transmitter vollzieht wieder die Phasen- und Amplitudenmodulation und somit Modulationsverfahren wie 64 QAM durchführen.

Sehr vorteilhaft ist, dass die Leistungsverstärker viel mehr in die Kompression gefahren werden können als bei den üblichen Betriebsarten, die i. d. R. direkt oder nahe bei dem ineffizienten Klasse-A-Betrieb liegen. Weiterführende Literatur findet man in [49], als LINC-Technik in [2] und vielen weiteren Veröffentlichungen.

Technisch erzeugte Plasmen 8

In diesem Kapitel werden zunächst die Grundlagen der Plasmatheorie und -technik erläutert, dann kurz typische technische Anwendungen wie die Lichttechnik und Zündkerzen als Stand der Technik beschrieben und als Hochfrequenzthematik insbesondere auf die neuartige Mikro- bzw. Mikrowellenplasmen und deren Vorteile in den bekannten technischen Anwendungen eingegangen.

8.1 Grundlagen technisch erzeugter Plasmen

Aus dem Alltag sind uns die drei Aggregatzustände fest, flüssig und gasförmig bestens bekannt. Im Universum befindet sich jedoch die meiste Materie (Atome, Moleküle) im vierten Aggregatzustand, dem Plasma. Mehr als 99 % der sichtbaren Materie im Universum befindet sich im Plasmazustand.

Ausgehend vom Feststoff wird eine Materie in den nächsten Aggregatzustand durch Energiezufuhr gebracht. Die verbreitetste Energieform ist die Temperatur. Sehr starkes Aufheizen der Gase führt zur thermischen Ionisation. Extrem hoher Druck (wie im Inneren der Sonne) führt zur Druckionisation. Starke Photoneneinstrahlung bewirkt eine Fotoionisation. Aber auch jede elektromagnetische Energie über das gesamte Frequenzspektrum von Gleichstrom bis zur Radioaktivität ist sehr gut geeignet das Energieniveau einer Materie zu heben. Auf diese wird sich im Weiteren beschränkt.

Plasmen entstehen somit in Gasen, denen merklich Energie zugeführt wird. Die dadurch in der Materie verursachten Stoßprozesse zwischen den Elektronen und den Atomen bzw. Molekülen generieren neue Ladungsträger. Die verbleibenen Atome oder Moleküle sind nunmehr positiv geladen und werden als Ion bezeichnet. Gase in denen eine größere Anzahl an Ionen enthalten sind, werden als Plasma bezeichnet.

H. Heuermann, *Mikrowellentechnik*,
https://doi.org/10.1007/978-3-658-41287-6_8

Notwendige Ionisationsenergie

Im Folgenden wird die Energie in der Einheit eVangegeben.

Es gilt $1\,\text{eV} = 0{,}16\,\text{aJ} = 0{,}16 \cdot 10^{-18}\ \text{J} = 0{,}16\,\text{aWs}$.

Die Energie kann zudem in eine Temperatur überführt werden. Sofern ein Atom die klein Energie von nur 1 eV aufweist, ist dessen Temperatur bei etwa 11.600 K.

Um ein Atom zu ionisieren muss ein freies Elektron die Stossionisation einleiten. Wenn diese freie Elektron über die Energie von mehreren eV verfügt (z. B. 15,8 eV für Argon), so ist es fähig diese Ionisation einzuleiten. Nach dieser erfolgreichen Stossionisation stehen zwei freie Elektronen und ein Ion zur Verfügung. Weitere Ionisierungsenergien einiger Elemente sind in der Tab. 8.1 wiedergegeben.

Führt man keine weitere Energie zu, so wird ein Elektron nach kurzer Zeit wieder rekombinieren. Plasmen können nur unter kontinuierlicher Energiezufuhr bestehen. Im Plasma gilt für die Dichten der n_0 Neutralteile, der n_e Elektronen und der n_i Ionen der Zusammenhang:

$$n_0 > n_e = n_i . \tag{8.1}$$

Wir wollen im Weiteren immer davon ausgehen, dass die kontinuierliche Energiezufuhr immer durch eine technische, elektromagnetische Anregung vollzogen wird.

Temperatur in einem Plasma

Es ist aus der Halbleitertechnik bestens bekannt, dass die Beweglichkeit der Elektronen viel größer ist als die der Löcher (Atome im Kristallgitter, denen ein Elektron fehlt). Gleiches gilt auch im Verhältnis zwischen Elektronen und Ionen.

Tab. 8.1 Atommassen von Gasen und anderen wichtigen Elementen für technische Plasmen

Element	Elementensymbol	Elementenmassein g	Ionisierungsenergienin eV
Helium	He	$6{,}64 \cdot 10^{-24}$	24,6
Neon	Ne	$3{,}35 \cdot 10^{-23}$	21,6
Argon	Ar	$6{,}62 \cdot 10^{-23}$	15,8
Krypton	Kr	$1{,}39 \cdot 10^{-22}$	14,0
Xenon	Xe	$2{,}18 \cdot 10^{-22}$	12,1
Stickstoff	N	$2{,}32 \cdot 10^{-23}$	14,5
Sauerstoff	O	$2{,}66 \cdot 10^{-23}$	13,6
Phosphor	P	$5{,}11 \cdot 10^{-23}$	10,5
Schwefel	S	$5{,}32 \cdot 10^{-23}$	10,4
Wasserstoff	H	$1{,}67 \cdot 10^{-24}$	13,6
Quecksilber	Hg	$3{,}33 \cdot 10^{-22}$	10,4

Wird ein Gas von der Verdampfungstemperatur aus immer weiter erwärmt, so geraten die Moleküle immer mehr in Bewegung. Sie nehmen immer mehr kinetische Energie auf und bewegen sich in allen Richtungen. Wenn die Temperatur so groß wird, dass die Ionisationsenergie erreicht wird, geht das Gas in das Plasma über.

Bei einem technischen Plasma findet die Erwärmung durch eine elektromagnetische Anregung statt. Selbstredend erwärmen sich die beweglichen Elektronen in diesem Falle schneller und einfacher als die Ionen. Weiterhin gibt es bei einem technischen Plasma (für Drücke über 100 mbar) immer einen Randbereich. In diesem Randbereich erfahren die Ionen eine gerichtete Bewegung auf die Wand, bedingt durch das ambipolare Feld. Dieses entsteht beim Einschalten, da die Elektronen deutlich schneller die Wand erreichen als die trägen Ionen und die Wand somit negativ aufladen. Die Randschicht eines Plasmas ist aufgrund dieser gerichteten Bewegung nahezu stoßfrei.

In einem Plasma können wir die folgenden vier unterschiedlichen Temperaturen definieren:

Elektronen-, Ionen-, Neutralgas- und Wandtemperatur.

Massen in einem Plasma

Insbesondere Elektronen werden in technischen Plasmen durch elektromagnetische Felder beschleunigt. Die Feldstärken sind so hoch, dass man den relativistischen Massezuwachs berücksichtigen muss. Demnach ergibt sich für einen Körper mit der Masse m_0 im Ruhezustand die größere Masse m bei der Geschwindigkeit v über

$$m = \frac{m_0}{\sqrt{1 - v^2/c_0^2}}. \tag{8.2}$$

Einige Werte eines Elektrons sind in der Tab. 8.2 abgedruckt.

Für die wichtigsten Gase und sonstigen Elemente, die in technischen Plasmen auftreten, gibt die Tab. 8.1 die Massen und Ionisierungsenergien an.

Die Luft ist ein sehr wichtiges Prozessgas. Die Hauptbestandteile der Luft sind Stickstoff (in der Form N_2) und Sauerstoff (in der Form O_2) mit insgesamt 99,03 % des Gesamtvolumens.

Druckabhängigkeit von Plasmen

Die Ionisationsfähigkeit eines Gases ist extrem druckabhängig. Die mit dem Druck korrelierende Teilchendichte bestimmt wesentlich die Eigenschaften eines Plasmas. Deshalb werden die klassischen technischen Applikationen auch in die beiden Klassen `Niederdruckplasmen` und `Hochdruckplasmen` unterschieden. Typische Teilchendichten für Niederdruckplasmen liegen zwischen 10^9 und $10^{17}\,\mathrm{cm}^{-3}$ [20] und für Hochdruckplasmen zwischen 10^{20} und $10^{22}\,\mathrm{cm}^{-3}$.

Ein typisches Beispiel ist im Abb. 8.1 abgedruckt, wobei real die Anteile der Neutralteilchen um ein Vielfaches größer ist.

Tab. 8.2 Elektronenmasse in Abhängigkeit von der Geschwindigkeit

Durchlaufende Spannungin V	Elektronengeschwindigkeitin m/s	Elektronenmassein g
10	$18{,}8 \cdot 10^5$	$9{,}11 \cdot 10^{-28}$
10^3	$18{,}7 \cdot 10^6$	$9{,}12 \cdot 10^{-28}$
10^5	$16{,}5 \cdot 10^7$	$10{,}9 \cdot 10^{-28}$
10^6	$28{,}3 \cdot 10^8$	$28{,}8 \cdot 10^{-28}$
$3{,}1 \cdot 10^6$	$29{,}7 \cdot 10^9$	$64{,}3 \cdot 10^{-28}$
∞	Lichtgeschwindigkeit	∞

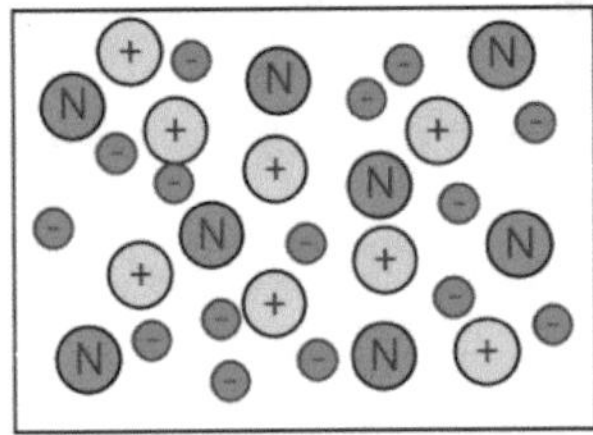

Hochdruckplasma

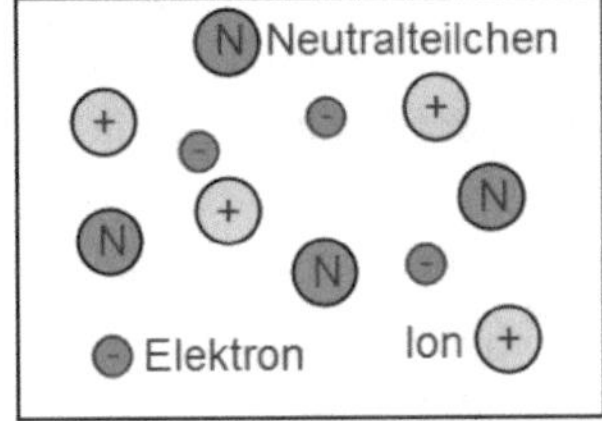

Niederdruckplasma

Abb. 8.1 Einfaches Modell eines Hoch- und Niederdruckplasmas

Das Abb. 8.2 zeigt auf, wie stark die Energie eines Elektrons beim Übergang aus dem Normaldruckbereich (1 bar $\simeq$ 10^5 Pa) in den Hochdruckbereich trotz gleichbleibender elektrischer Anregung abnimmt.

Wenn der Druck (die Teilchendichte) zu gering wird (Vakuum und etwas darüber), dann trifft ein beschleunigtes Teilchen kein anderes Teilchen mehr und es kann kein Plasma erzeugt bzw. aufrecht gehalten werden. Dieser Effekt lässt sich durch die Debye-Länge sehr gut berechnen.

Debye-Länge

Ein wichtiger Parameter zur Beschreibung eines Plasmas ist die Debye-Länge. Diese beschreibt, dass Potentialstörungen innerhalb eines Plasmas exponentiell abfallen, mit der Debye-Länge λ_D als Abklingkonstante. Nach einer Länge von etwa $7 \cdot \lambda_D$ ist die Potentialstörung abgeklungen.

Sie lässt sich mit der Boltzmann-Konstanten k_B, der elektrischen Feldkonstanten ϵ_0 und der Elementarladung e als Funktion der Temperatur T und der Elektronendichte n_e zu

$$\lambda_D = \sqrt{\frac{\epsilon_0 \, k_B \, T}{n_e \, e^2}} \tag{8.3}$$

berechnen.

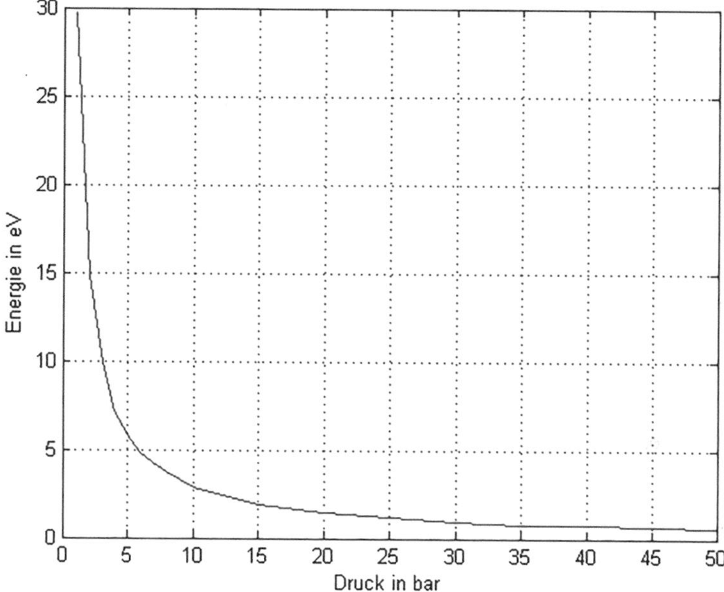

Abb. 8.2 Typ. Energie eines freien Elektrons im HF-Feld als Funktion des Drucks bei 2,45 GHz und $E_0 = 10\,\mathrm{MVm^{-1}}$

Voraussetzung für diese Gleichungen ist, dass die Elektronendichte gleich der Ionendichte ist. Da sich ein Plasma, dessen Abmessungen wesentlich größer ist als die Debye-Länge, nach außen hin elektrisch neutral verhält, ist diese Voraussetzung gegeben. Diese Quasineutralität kann nur innerhalb einer Kugel mit dem Radius λ_D verletzt werden, [20]. Das Plasma schirmt sich also gegen äußere Störfelder ab.

Plasmafrequenz

Ein weiterer wichtiger Parameter der Plasmaphysik ist die Plasmafrequenz ω_P. Das Anlegen eines elektrischen Feldes führt zu einer Fluktuation der Ladungsträger. Ist die Frequenz dieses elektrischen Feldes hoch genug, können die Ionen, wegen ihrer relativ großen Massenträgheit, dem Feld nicht mehr folgen und werden als ruhend angenommen. Die Verschiebung der Elektronen führt nun zu einer Ladungstrennung, welche durch die Coulombkraft wieder kompensiert wird und die Elektronen in die entgegengesetzte Richtung beschleunigt werden. Durch die Trägheit der Elektronen werden diese über ihre Gleichgewichtsposition hinaus beschleunigt und erzeugen wiederum starke elektrische Felder. Die Folge ist eine Oszillation (Resonanzeffekt) mit sehr wenig Verlusten, wenn das angelegte Wechselspannungssignal die Kreisfrequenz

$$\omega_P = \sqrt{\frac{n_e\, e^2}{\epsilon_0\, m_e}} \quad \text{aufweist.} \tag{8.4}$$

Da in Gl. (8.4) fast nur Konstanten enthalten sind, lässt sich dieser Ausdruck zu

$$\omega_P = 5{,}64 \cdot 10^4 \cdot \sqrt{n_e} \text{ bzw. } f_p = 8976 \cdot \sqrt{n_e} \tag{8.5}$$

vereinfachen, wobei die Elektronendichte in cm^{-3} angegeben wird und die Plasmafrequenz die Einheit Hz besitzt (Abb. 8.3).

Wird das Produkt aus Plasmafrequenz und Debye-Länge gebildet, wie es in [20] gezeigt wird, so erhält man das Ergebnis, dass die Ladungen in einem Plasma nur in einem Bereich verschoben werden, die in der Größenordnung der Debye-Länge liegen.

Diese Plasmafrequenz ist für die Ausbreitung elektromagnetischer Wellen in einem Plasma von großer Bedeutung. Nur elektromagnetische Wellen mit Kreisfrequenzen $\omega > \omega_P$ können sich in einem Plasma ausbreiten. Unterhalb dieser *cut-off*-Frequenz werden die Wellen vom Plasma reflektiert. Dies hat wiederum zur Folge, dass eine elektromagnetische Welle mit $\omega > \omega_P$ ihre Energie direkt ins Innere des Plasmas überträgt, während eine Welle mit $\omega < \omega_P$ die Energie nur auf die Oberfläche des Plasmas überträgt.

Anzumerken ist, dass nur die verlustarmen Niederdruckplasmen wie die Ionisphäre eine Transmission der elektromagnetischen Strahlung zulassen.

Um ein Gefühl für die Größenordnung der Plasmafrequenz zu bekommen, sind in der Tab. 8.3 ein paar Werte aufgeführt.

Weiterhin gilt:

- Für $\omega < \omega_P$: Es gibt einen Elektronen- und einen Ionenstrom.
- Für $\omega > \omega_P$: Es gibt einen reinen Elektronenstrom (Ionen ortsfest).

Mittlere freie Weglänge

Die mittlere freie Weglänge (auch als MFP: „Mean Free Path“ bezeichnet), welche sich durch

$$\lambda_{MFP} = \frac{1}{n\, \sigma_{Streu}} \text{mit } n = n_0 + n_i \tag{8.6}$$

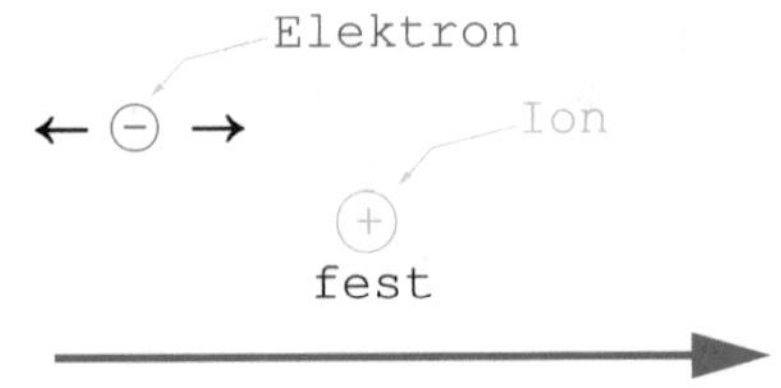

Abb. 8.3 $\omega = \omega_P$: Die Ionen sind ortsfest und die Elektronen werden von dem extern angelegten elektrischen Feld wie auch der Coulombkraft beschleunigt

Tab. 8.3 Plasmafrequenz f_P für verschiedene Teilchendichten

n_e in cm^{-3}	f_P in GHz
$1 \cdot 10^9$	0,28
$1 \cdot 10^{10}$	0,89
$1 \cdot 10^{12}$	8,97
$1 \cdot 10^{14}$	89,76

berechnen lässt, gibt an, welche Weglänge von einem Elektron zurückgelegt wird, bevor es im statistischen Mittel mit einem Teilchen zusammenstößt. Der atomare Wirkungsquerschnitt σ_{Streu} ist eigentlich schwach temperaturabhängig, wird hier aber der Einfachheit halber als konstant angenommen und berechnet sich mit den Radien der stoßenden Teilchen zu:

$$\sigma_{Streu} = \pi \cdot (r_1^2 + r_2^2), \tag{8.7}$$

wobei r_1 und r_2 die Radien der stoßenden Spezies (z. B. Argonatom: $r_{Ar} = 158\,pm$ und Elektron: $r_{e^-} = 2{,}8\,fm$) sind.

Für die Berechnungen der mittleren freien Weglänge wird die Teilchendichte n mit der Zustandsgleichung idealer Gase

$$n = \frac{p}{k_B\,T} \tag{8.8}$$

bestimmt. Hierfür wird ein ideales Gas bei Raumtemperatur vorausgesetzt. Werden die Gl. (8.8) und (8.7) in die Gl. (8.6) eingesetzt, kann der Zusammenhang

$$\lambda_{MFP} = \frac{k_B\,T}{\sigma_{Streu} \cdot p} \tag{8.9}$$

aufgestellt werden.

Mit dieser Gleichung lässt sich die mittlere Weglänge als Funktion des Drucks berechnen, hier anhand eines Elektrons in reinem Argongas aufgeführt.

Anhand der Gl. (8.9) und der Tab. 8.4 wird deutlich, dass die mittlere freie Weglänge umgekehrt proportional zum Druck ist. Diese Änderung der MFP führt zu dem Problem, dass bei zu hohem Druck nicht genügend Energie vom $\vec{E}$-Feld aufgenommen werden kann, bevor die Elektronen im statistischen Mittel wieder mit Neutralteilchen zusammenstoßen. Im Umkehrschluss darf der Druck aber auch nicht zu niedrig sein, sonst finden zu wenige Zusammenstöße statt, um einen effektiven Energieaustausch zu gewährleisten.

Bei Hochdruckplasmen ist die Temperatur allerdings wesentlich höher, als bei Niederdruckplasmen. Dies hat eine größere ungerichtete Driftbewegung der Teilchen zur Folge, die wiederum für eine höhere Energie einzelner Teilchen sorgt, da sich die ungerichtete Drift mit der gerichteten Driftbewegung des $\vec{E}$-Feldes konstruktiv, aber auch destruktiv überlagert.

Tab. 8.4 Mittlere freie Weglänge eines Elektrons in Argon und Argondichte für diverse Drücke bei Raumtemperatur und 2,5 GHz

n in cm^{-3}	p in pa	p in bar	λ_{MFP} in m
$2{,}41 \cdot 10^{16}$	$1 \cdot 10^{2}$	0,001	$2{,}6 \cdot 10^{-3}$
$2{,}41 \cdot 10^{19}$	$1 \cdot 10^{5}$	1	$2{,}6 \cdot 10^{-6}$
$1{,}21 \cdot 10^{21}$	$5 \cdot 10^{6}$	50	$5{,}2 \cdot 10^{-8}$
$4{,}83 \cdot 10^{21}$	$2 \cdot 10^{7}$	200	$1{,}3 \cdot 10^{-8}$

Plasmabeta

Das Plasmabeta ist eine hochinteressante Größe, wenn man ein Plasma auf einen möglichst kleinen Raum einschließen möchte, was für industriell genutzte Ionenquellen bis hin zur Kernfusionstechnik von Interesse ist.

Plasmabeta β: Der Verhältnis zwischen dem thermischen und dem magnetischen Druck in einem Plasma.

Der thermische Druck versucht das Plasma expandieren zu lassen und der magnetische Druck versucht es zusammenzudrücken.

Die Berechnung erfolgt über

$$\beta = \frac{n\, k_B\, T}{B^2/(2\,\mu_0)}. \tag{8.10}$$

Für ein vom Magnetfeld eingeschlossenen Plasmabeta muss gelten: $\beta < 1$.

ECR-Plasma

Ein ECR-Plasma (engl.: Electron Cyclotron Resonance Plasma) ist ein Gasentladungsplasma, das in einem Magnetfeld erzeugt wird, welches das Elektronenkreiseln um die magnetischen Feldlinien ermöglicht. Das Plasma wird durch Mikrowellenleistungsgeneratoren (typischerweise bei 2,45 GHz) angeregt, um das Elektronenkreiseln zu verstärken. Durch das hohe Elektronenenergieniveau und die hohe Elektronendichte ist das ECR-Plasma ein effektives Werkzeug zur Erzeugung von ionisierter Materie für verschiedene Anwendungen wie Oberflächenbeschichtung, Materialsynthese, Plasmadiagnostik und grundlegende Plasmaforschung. ECR-Plasmen sind in der Regel sehr heiß und haben Temperaturen von mehreren tausend Kelvin, wodurch sie eine hohe Reaktivität und chemische Aktivität aufweisen. Diese Plasmen werden in Niederdruck- bzw. Vakuumkammern erzeugt, um eine Kontrolle über den Druck und die chemische Umgebung des Plasmas zu haben. Die Eigenschaften des ECR-Plasmas hängen von vielen Faktoren ab, wie z. B. der Magnetfeldstärke, der Gaszusammensetzung, dem Mikrowellenleistungspegel und der Druckumgebung. Die ECR-Plasmen werden auch in der Astrophysik als Modell für die Studie von Magnetfeldern in kosmischen Objekten wie Sternen und Planeten verwendet. Die mikrowellenbasierten ECR-Plasmen sind ein wichtiges Forschungsgebiet in der Plasmaphysik (z. B. Cern) und haben eine Vielzahl von Anwendungen in der Materialwissenschaft, der Halbleiterindustrie, der Nanotechnologie und der Biomedizin.

In Cern werden supraleitende Magnete für den Einschluss des Plasmas verwendet. In [43] wird ein Ansatz (DCR: Dipol-Canal-Resonance) beschrieben, wie man die Energie durch ein elektromagnetisches GHz-Feld mit einem linienförmige Plasmastrom im Zentrum ohne Zusatzaufwand durch Magneten einschließen kann. Dieses Plasma wird rein durch die hohe magnetische Flussdichte der Mikrowellenenergie eingeschlossen (Abb. 8.4).

Die Anwendung der Grundlagen soll anhand der Auslegung eines potentiellen Fusions-Reaktors im folgenden Beispiel zeigt werden.

Übungsbeispiel: Auslegung eines DCR-Fusionsreaktors

Geg.: Es gibt beliebig viele Leistungsquellen auf Halbleiterbasis, deren Ausgangssignal im Betrag und in der Phase frei einstellbar sind und die ggf. auch in mehreren Lagen angeordnet werden. Die Anlage kann gemäss [43] so ausgelegt werden, dass sich ein Plasma in Linienform mit extrem dünnen Durchmesser bei korrekter Ansteuerung der Sender einstellt. Für die Fusionstechnik werden Dichten von $n = 10\,10^{22}$ Elektronen pro m^2 und Energien von 10 keV (100 Mill. Grad) benötigt.

Ges.: 1) Welche Randbedingungen müssen die Einhaltung des Plasmabetas gelten? 2) Unter welchen Randbedingungen können die für die Fusionstechnik notwendigen Zielwerte erreicht werden?

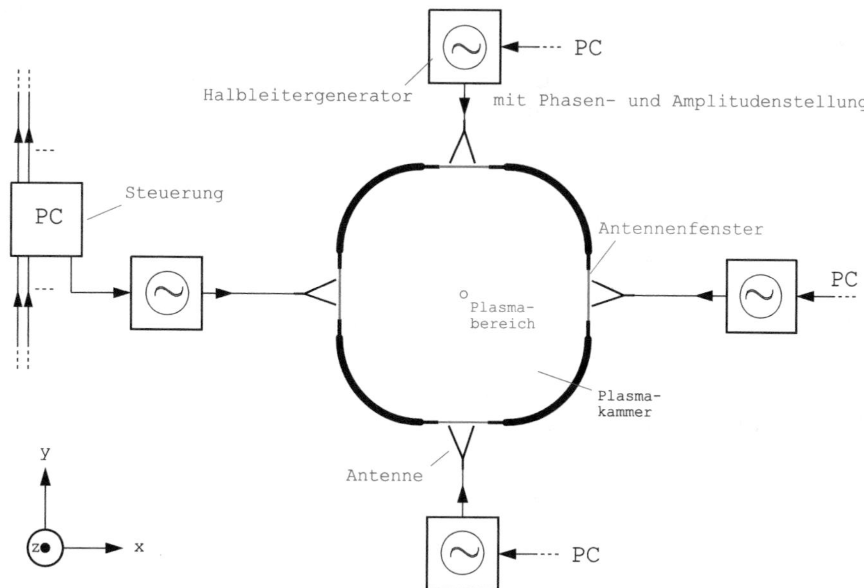

Abb. 8.4 Schematischer Aufbau einer DCR-Anlage im Schnitt auf halber Höhe (Linienplasma breitet sich in z-Richtung aus)

1. Der Linienstrom entspricht einem Strom einer Dipolantenne und weist als Startwerte I = 31 A, und f = 2,45 GHz auf, wobei die Dipollänge $\ell = \lambda/2$ beträgt. Der gewählte Abstand des B-Feldes zum Mittelpunkt ist 0,1 mm. Die magnetische Flussdichte berechnet sich aus der Grundlagengleichung des Hertz'schen Dipoles:

$$B = j\,\mu_0\,I\,\frac{\ell}{2\,\lambda_0\,r}\,e^{-j\,k_0\,r}\left(1+\frac{1}{j\,k_0\,r}\right). \tag{8.11}$$

   Es ergibt sich eine Flussdichte von fast 19 Tesla. Stellt man die Gl. (8.10) nach der Temperatur um und setzt man diesen Flussdichtewert ein und $\beta = 1$, so erhält man die im Inneren für den Einschluss notwendige Temperatur von 104 Mill. K, was der Forderung der Fusiontechnik entspricht.
   Diese Berechnung besagt: Wenn die „Effektive magnetische Flussdichte" der Flussdichte eines Hertz'schen Dipols im Abstand von 0,1 mm entspricht, dann müssen die äußeren Antennen lediglich einen Strom von 31 A im Dipol-förmigen Plasma erzeugen, um das Plasmabeta zu erfüllen. Beim Hertz'schen Dipol ist die Flussdichte für kleine Abstände merklich größer und größere Abstände zunehmend kleiner.
2. Für die weiteren groben Abschätzungen wird angenommen, dass der Strom über den gesamten Leiter konstant ist (was nicht stimmt). Weiterhin wird die gesamte eingekoppelte Energie den beweglichen Elektronen zugeordnet, was in guter Näherung stimmt.
   Unter diesen vereinfachten Bedingungen für einen geschätzten Durchmesser des Dipols von $d = 2\,\mu$m kann das Volumen des Dipols über $Vol = \pi\,d^2/4\,\ell$ berechnet werden.
   Die Anzahl der Ladungsträger beträgt $x = n\,Vol$ und der Fusspunktwiderstand der Antenne soll bei $R = 150\,\Omega$ liegen.
   Die Arbeit pro halber Periodendauer (einer Beschleunigungsphase) ergibt sich aus $Wg = R\,I^2\,1/f/2$ und die Arbeit pro Teilchen aus $Wx = Wg/x$.
   Am Ende berechnet sich die Gesamtarbeit in eV über $WxeV = Wx/0{,}16\,10^{-18}$ und liegt mit 9,57 keV im gewünschten Rahmen.
   Letztlich lässt sich die aufgenommene Leistung auf dem Fusspunktwiderstand und dem Antennenstrom berechnen und liegt bei 144 kW. In der Praxis haben die Leistungverstärker Wirkungsgrade von nur 70 % und deshalb liegt die notwendige Netzleistung bei 205 kW, was für eine Fusionsanlage sehr wenig ist.

8.2 Niederdruckplasmen

Als Niederdruckplasmen sollen Plasmen bezeichnet werden, die in Unterdruckbedingungen mittels elektrischen Gleichfeldern oder Wechselfeldern bis in den mittleren GHz-Bereich aus erzeugt werden.

Typisch für diese Niederdruckplasmen sind:

- Niedrige Teilchendichte der Ladungsträger
- Große mittlere freie Weglänge
- Stoßprozesse sind selten
- Energie von Elektronen und Ionen unterschiedlich
- Geringe mittlere Temperatur (typ. 300–2000 K)

Bei Niederdruckplasmen ist die Teilchendichte der Ladungsträger gering, da einerseits die Neutralteilchendichte ebenfalls gering ist und andererseits die Wahrscheinlichkeit für Stossprozesse gering ist.

Somit ist auch der Ionisationsgrad eines Gases mit insgesamt n_n Teilchen gering:

$$n_e/n_n \approx 10^{-6} - 10^{-2} \quad (\text{somit gilt}\, n_n \approx n_0).$$

Typische Drücke in Niederdruckanlage liegen unter 1 mbar, die mit einer Vakuumpumpe erzielt werden. Abb. 8.5 zeigt eine moderne Anlage für die Einsatzzwecke.

Folgende Anwendungen von Niederdruckplasmen in der Industrie sind bereits Stand der Technik:

OBERFLÄCHENREINIGUNG: Die Oberfläche der Bauteile wird durch den Ionenbeschuß physikalisch und, je nach Gasart, auch durch chemische Reaktionen gereinigt. Die Verschmutzung wird in die Gasphase umgesetzt und abgesaugt.

KUNSTSTOFFAKTIVIERUNG: Die Kunststoffoberflächen der Bauteile werden beispielsweise mit Sauerstoff oder Luft plasmabehandelt. Es bilden sich Radikalstellen, an denen Lack- oder Klebesysteme gut haften.

Abb. 8.5 Niederdruckplasmaanlage von der Firma Diener electronic

OBERFLÄCHENÄTZUNG: Die Oberfläche der Bauteile wird mit einem reaktiven Prozessgas angeätzt. Material wird gezielt abgetragen, in die Gasphase umgesetzt und abgesaugt. Die Oberfläche wird vergrößert und ist sehr gut benetzbar. Das Ätzen dient der Vorbehandlung vor dem Bedrucken, Verkleben und Lackieren sowie dem Aufrauen des Materials.

OBERFLÄCHENBESCHICHTUNG: Es wird ein Gas (z. B. Hexamethyldisiloxan) in die Plasmakammer eingeleitet. Durch Plasmapolymerisation[1] werden auf der Oberfläche Schichten abgeschieden.

In solche Anlagen nach Abb. 8.5 werden verschiedene stufenlos regelbare (oft über Pulsbetrieb) Generatoren mit unterschiedliche Leistungen eingesetzt. Typische technische Spezifikationen sind:
Die drei Betriebsfrequenzen haben für die verschiedenen Anwendungen jeweils Vor- und Nachteile.

Bei der 2,45 GHz-Technik handelt es sich hier wie beim Mikrowellenherd um eine Antenne, die in den geschlossenen Raum sendet. Erzeugt wird die GHz-Energie ebenfalls durch ein Magnetron.

Die beiden anderen Frequenzbereiche gehören zur Klasse der kapazitiv gekoppelten Plasmen. Bei tiefen Frequenzen unter 10 kHz wird ein Plasma durch die Hochspannung im Bereich der maximalen Spannung zum Glimmen gebracht und erlischt im Bereich des Nulldurchganges der Spannung. Dieses Löschen (durch Rekombination) findet bei 40 kHz nicht mehr statt. Das Plasma bleibt stehen. Bei 40 kHz-Generatoren arbeitet man unterhalb der Plasmafrequenz.

Erhöht man die Frequenz, so stellt man fest, dass die Zündspannung sinkt. Sicherlich liegt zumindestens ein Grund dafür im schnellen Spannungsanstieg der hochfrequenteren Energiezufuhr.

Deshalb haben sich Anlage im freien Frequenzband bei 13,56 MHz etabliert. Diese arbeiten oberhalb der Plasmafrequenz. Abhängig von den zwei Zuständen

a) Gas ist nicht ionisiert und b) Gas ist ionisiert

gibt es zwei Aufgaben für den notwendigen Generator. Einerseits muss dieser zunächst eine hohe Zündspannung bieten und andererseits muss nach der erfolgten Zündung die Energie ins Plasma transportiert werden. Beides soll jedoch bei der Festfrequenzfrequenz von 13,56 MHz vollzogen werden.

Hier muss man die Last (aktiviertes Plasma) als verlustbehaftete Kapazität beschreiben, deren kapazitiver und ohmerscher Anteil von einer Vielzahl von Faktoren wie Gasauswahl und Druckeinstellung abhängt. Um dieser Aufgabe gerecht zu werden, werden oftmals die Reflexionswerte (S_{11}) des Plasmas gemessen und ein einstellbares Transformationnetzwerk optimal eingestellt. Hier werden über Schrittmotoren verstimmbare Kondensatoren eingesetzt. Abb. 8.6 zeigt das zugehörige Netzwerk.

[1] Die Polymerisation ist eine chemische Reaktion, bei der Monomere, meist ungesättigte organische Verbindungen, unter Einfluss von Katalysatoren und unter Auflösung der Mehrfachbindung zu Polymeren (Moleküle mit langen Ketten, bestehend aus miteinander verbundenen Monomeren) reagieren.

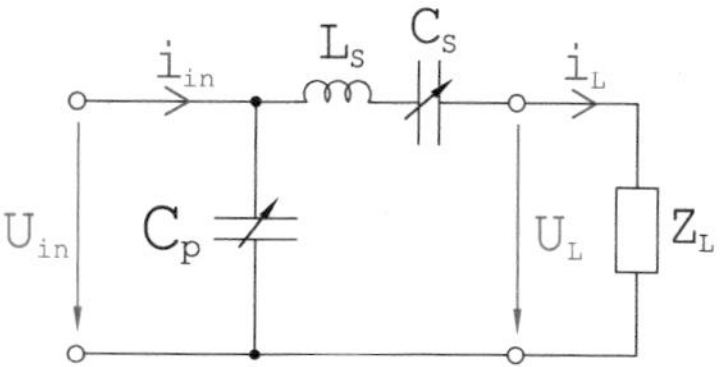

Abb. 8.6 Γ-Trafo für Niederdruckplasmaanlagen bei 13,56 MHz

Eine weitere sehr große Anwendung von Niederdruckplasmen sind die Niederdrucklampen.

8.2.1 Niederdrucklampen

Eine Vielzahl der konventionellen Lampen arbeiten unter Niederdruckbedingungen mit einer Plasmaentladung. Dazu gehören die

- Neonröhren und die verwandten Kompaktleuchtstofflampen (Energiesparlampen),
- Dampfentladungslampen, Natriumdampflampen,
- Quarzlampe oder auch Quecksilberdampflampe, Gasentladungsröhren u. v. m.

Im Weiteren soll wegen der großen Bedeutung auf die Kompaktleuchtstofflampe intensiver eingegangen werden.

Kompaktleuchtstofflampen zählen als Leuchtstofflampen zu den Quecksilberdampflampen. Zur Verringerung der Abmessungen ist die Gasentladungsröhre nicht gerade, sondern (mehrfach) u-förmig gebogen oder als Wendel ausgeführt. Eine weitere Verkleinerung und eine höhere Leuchtdichte wird durch einen erhöhten Innendruck erreicht.

Kompaktleuchtstofflampen haben mit ca. 60 lm/W (Lumen/Watt) eine rund vier- bis fünfmal höhere Lichtausbeute als normale Glühlampen mit 12 bis 15 lm/W. Sie benötigen bei gleichem Lichtstrom also 75 % bis 80 % weniger elektrische Leistung. Im Lauf der Lebenszeit nimmt ihre Lichtausbeute jedoch ab.

Zum Betrieb einer Kompaktleuchtstofflampe, wie auch anderer Gasentladungslampen, wird heutzutage meist ein elektronisches Vorschaltgerät (EVG) eingesetzt. Einige elektronische Vorschaltgeräte heizen beim Lampenstart zunächst die Kathoden, indem diese im Stromkreis in Reihe zu einem PTC-Widerstand liegen. Hat sich dieser durch Stromfluss erwärmt, wird er hochohmig und gibt die Entladungsstrecke für das Vorschaltgerät frei, die Lampe zündet. Der Druckaufbau, mithin die Verdampfung des Quecksilbers, geschieht beim Einschalten durch die Vorheizung der Kathoden beziehungsweise durch Heizfäden (direkt geheizte Kathoden) und nachfolgende Eigenerwärmung. Daher erreichen Kompaktleuchtstofflampen nicht sofort ihre volle Leuchtkraft.

Die Gasentladungsstrecke selbst arbeitet an einem Resonanzwandler, dass heißt die Netzwechselspannung wird zunächst gleichgerichtet, um anschließend wieder in eine Wechsel-

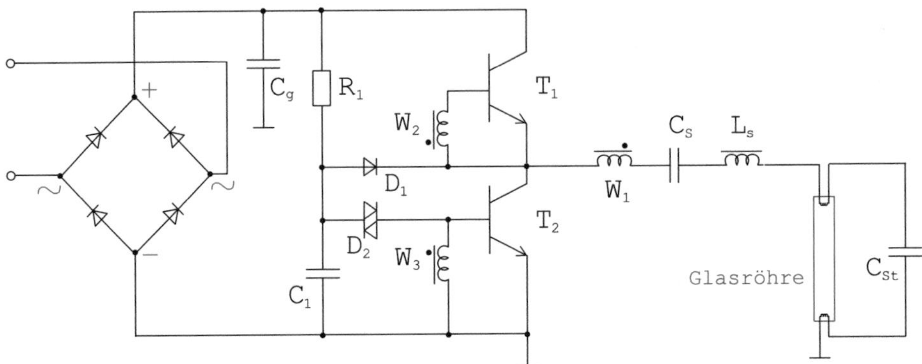

Abb. 8.7 Schaltplan eines elektronischen Vorschaltgerätes (EVG) mit der Umschaltfrequenz von 45 kHz (alle W-Spulen sind magnetisch gekoppelt)

spannung höherer Frequenz (ca. 45 kHz) verwandelt zu werden. Die Wechselrichtung erfolgt mit zwei Schalttransistoren, die Wechselspannung gelangt dann über eine Ferritkern-Drossel zum Lampenstromkreis.

Die Drossel ist aufgrund der höheren Arbeitsfrequenz sehr klein, verlustärmer und materialsparend gegenüber den 50-Hz-Drosseln älterer konventioneller Vorschaltgeräte (KVG). Darüberhinaus führt die höhere Arbeitsfrequenz zu einer höheren Effizienz der Lampe als bei Leuchtstofflampen mit KVG, da zum einen die Gasentladung selbst effektiver arbeitet und zum anderen die Verluste in der Drossel geringer sind. Außerdem kann das menschliche Auge die Frequenz von $f_0 = 45$ kHz nicht als Flimmern wahrnehmen.

Im Abb. 8.7 ist ein Schaltplan eines solchen EVGs[2] dargestellt. Nach dem Anschalten werden über R_1 die Kondensatoren C_1, C_s und C_{St} geladen. Da W_3 zunächst hochohmig ist, leitet T_2 kurzzeitig später. Der Serienschwingkreis mit den Hauptelementen W_1, L_s und C_s und dem ungezündeten Plasma in der Glasröhre bzw. C_{St} ist geschlossen.

Über die treibende Induktivität W_1 baut sich eine große Spannung über der Glasröhre auf und das Plasma wird gezündet. Fortan ist es in erster Näherung nur noch als ohmscher Widerstand zu sehen. An W_3 bricht die Basisspannung für T_2 zusammen und T_2 sperrt. W_3 gibt die gespeicherte Energie an C_1 ab. Zum gleichen Zeitpunkt konnte sich die Basisspannung hinter W_2 aufbauen und T_1 ist leitend. Der Resonanzkreis erhält aus der positiven Gleichspannung, die direkt aus der Netzspannung gleichgerichtet ist, neue Energie. Das vorlaufende Umschalten mit 45 kHz stammt aus dem Schwingkreis aus C_1 und W_3.

Man erkennt die sehr enge Verwandtschaft zum Klasse-D-Verstärker mit zwei Transistoren. Typische Wirkungsgrade dieser Schaltungen liegen bei über 90 %. Wichtig in der Schaltungsoptimierung ist, dass T_1 und T_2 niemals gleichzeit öffnen.

[2] Diese Schaltung wird auch als „Resonanzwandler“ bezeichnet.

8.3 Hochdruckplasmen

Als Hochdruckplasmen sollen Plasmen bezeichnet werden, die in Normal- und Hochdruckbedingungen mittels elektrischen Gleichfeldern oder Wechselfeldern bis in den mittleren MHz-Bereich aus erzeugt werden.

Typisch für diese Hochdruckplasmen sind:

- Hohe Teilchendichte der Ladungsträger
- Kleine mittlere freie Weglänge
- Stoßprozesse sind häufig
- Energie von Elektronen und Ionen eher gleich
- Hohe mittlere Temperatur (typ. 5000 K)

Hochdruckplasmen basieren in den technischen Anwendungen auf der Bogenentladung. Tab. 8.5 stellt die wichtigsten technischen Anwendungen und die zugehörigen Drücke vor,

Eine typische Bogenentladung ist im Abb. 8.8 dargestellt.

Im Weiteren soll am Beispiel der Zündkerze (die hauptsächlich im Auto Einsatz findet) detaillierter auf ein Hochdruckplasma eingegangen werden.

Tab. 8.5 Technische Anwendungen für Hochdruckentladungsplasmen

Anwendung	Typ. Druckin bar	Typ. elektrischeLeistung in W
Zündkerze	100	50
Beamerlampe	220	150
Xenonlampe	40	25/35
Schweißtechnik	1	500–5000
Plasmajets/ -strahler	1	200–2000
Hochleistungsschalter	1–10	500–2000

Abb. 8.8 Foto einer aktuellen Zündkerze mit Bogenentladungs-Plasma

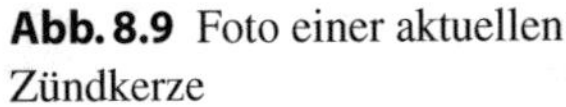

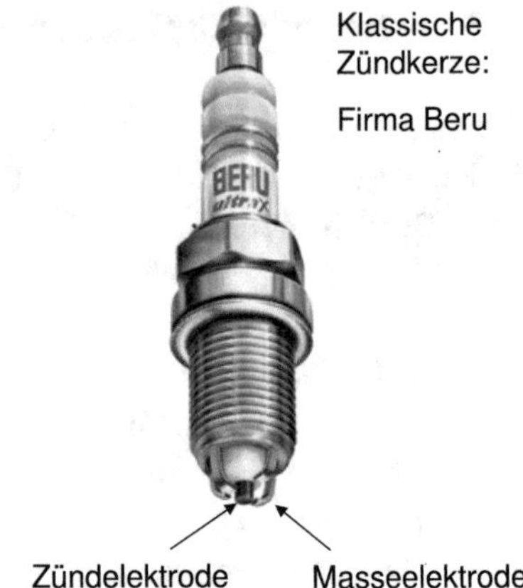

Abb. 8.9 Foto einer aktuellen Zündkerze

8.3.1 Klassische Zündkerze

Die Zündung hat im Otto-Motor folgende Aufgaben und Auswirkungen: 1) Die Zündung des Benzin-Luftgemisches mittels Zündfunke; 2) Die Zündung beeinflusst maßgeblich den Verbrennungsvorgang; 3) Auswirkung auf Verbrauch, Emissionsverhalten und Leistung.

Bevor die Zündung ausgelöst wird, wurde durch die Kompression mittels des Kolben ein Druck von typisch 10 bar aufgebaut. Wenn der Bogen überschlägt und der Zündfunken steht wächst der Druck auf bis zu 100 bar an. Unter dieser Bedingung soll die Bogenentladung aufrechterhalten bleiben. Die gespeicherte Energie in der Zündspule erlaubt eine eine Zündfunkendauer (Brenndauer) von typisch 1,5 ms (Abb. 8.9).

8.4 Koronaplasmen

Koronaentladungen bzw. -plasmen treten bei Anregungsfrequenzen im unteren und den mittleren MHz-Bereich und bei sehr hohen Spannungen auf. Diese können u. a. mit einem Tesla-Transformator erzeugt werden.

Technisch werden diese Plasmen z. T. bei industriellen Niederdruck- und Atmosphärendruckanlagen zur Oberflächenbehandlung genutzt.

Jüngst verfolgte das Unternehmen Borg-Warner auch eine Korona-Zündkerze. Diese weist jedoch noch einige Nachteile auf, wie es auch im folgenden Bild deutlich zu erkennen ist.

Ansonsten kennt man dieses Plasma von Dekorationsglaskugeln. Es bilden sich vereinzelte leitfähige Pfade aus, die jedoch nicht bis zur Masse durchschlagen müssen (Abb. 8.10).

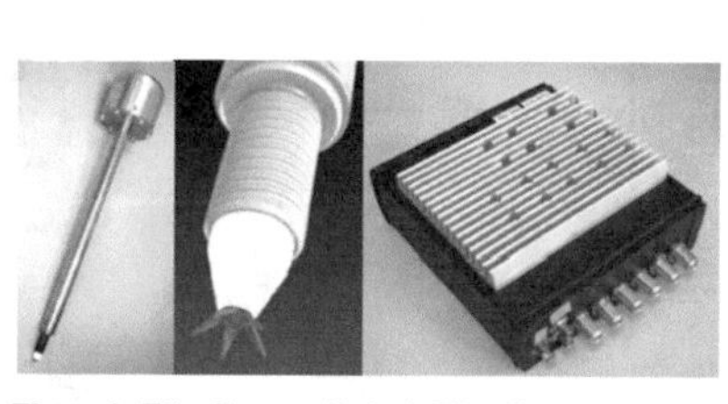

Figur 1: Zündkerze (links), Zündkerzenkopf (mitte) und Steuergerät (rechts)

Borg Warner`s Corona Zündsystem EcoFlash

- ☑ kann magere, brennbare Gemische über einen großen Druckbereich entflammen
- ☑ freie Zündzeit, schnelles wiederzünden
- ☑ frei in der Dauer der Zündung
- ☑ ein räumliches Muster von Zündfunken mit einer hohen Anzahl an Funkenkanälen - Volumenzündung
- ☑ minimierte Elektrodenerosion
- ☒ Anpassung des Kolbens an das Zündsystem i.d.R. notwendig
- ☒ keine “plug and play technology”
- ☒ Große Bauformen
- ☒ teure Hochspannungselektronik

Abb. 8.10 Vergleich der BorgWarner-Zündkerze mit der konventionellen Zündkerze

8.5 Mikrowellenplasmen

Als Mikrowellen- oder auch Mikroplasmen sollen Plasmen bezeichnet werden, die in Nieder-, Normal- und Hochdruckbedingungen mittelselektromagnetischen Wechselfeldern im oberen MHz- und im GHz-Bereich aus erzeugt werden.

Typisch für diese Mikrowellen- bzw. GHz-Plasmen sind:

- Relativ hohe Teilchendichte der Ladungsträger (nach Druck)
- Relativ kleine mittlere freie Weglänge
- Stoßprozesse sind häufig
- Energie von Elektronen und Ionen unterschiedlich
- Relativ geringe mittlere Temperatur

Das grundsätzliche Problem in der GHz-Plasmatechnik ist das gleiche wie in der GHz-Erwärmungstechnik und den anderen Anwendungen bis zur Radartechnik: Man möchte wie im Abb. 8.11 dargestellt, möglichst die Energie, die der Leistungsgenerator abgeben kann, der Last zuführen.

Als Stand der Technik verwendet man insbesondere in der GHz-Erwärmungstechnik Magnetronquellen als Festoszillatoren und zur Anpassung Tuner (Abb. 8.12), wie sie auch schon im Leistungsverstärkerkapitel beschrieben wurden.

Die am IMP entwickelte Technologie zur Generation von GHz-Plasmen weist spezielle Spannungstransformatoren auf, die eine Steuerelektronik mit einer speziellen Regelung benötigen. Diese Mikrowellenplasmen werden mit sehr hoher Effizienz für Start und Betrieb über das sogenannte Bi-Static-Matching erzeugt. Das prinzipielle Konzept mit den mehrstufigen Transformatoren ist im Abb. 8.13 illustriert.

Abb. 8.11 Das Ziel/ der Wunsch sämtlicher GHz-Leistungsübertragungen

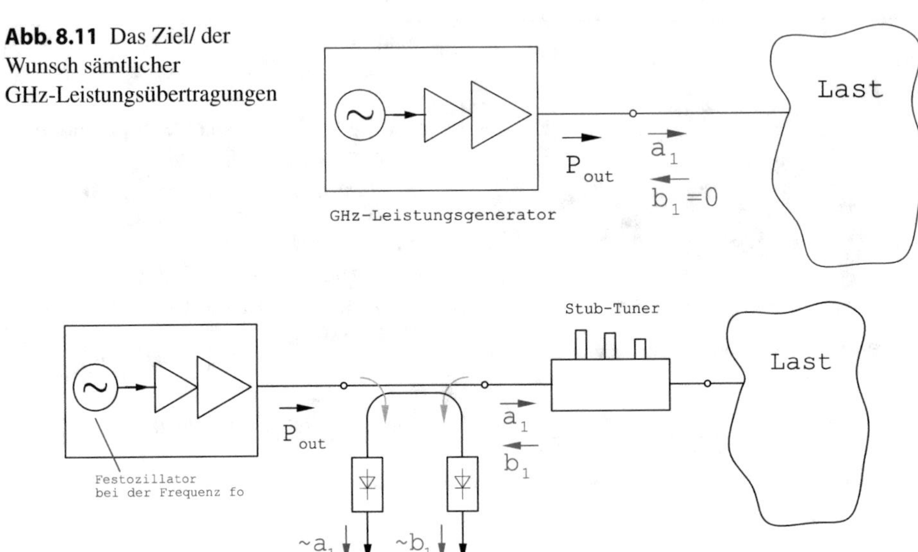

Abb. 8.12 Der aktuell meist genutzt Weg für eine gute Anpassung der GHz-Leistungsquelle an die (unveränderliche) Last

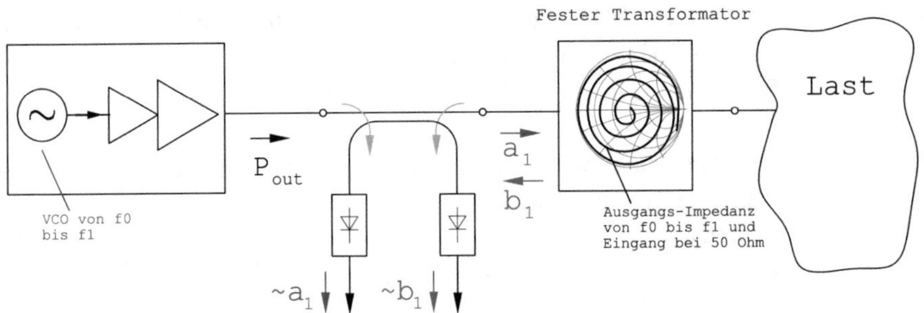

Abb. 8.13 Der vom IMP genutzte Weg für eine gute Anpassung der GHz-Leistungsquelle an die Last, die nunmehr zwei verschiedene Impdenazen aufweisen darf

Mit dieser in der Praxis einfach herstellbaren Technologie sind GHz-Plasmen nunmehr konkurrenzfähig in vielen Anwendungen zu Bogenentladung, Nieder- und Hochdruckplasmen, was im Weiteren an vielen Beispiele gezeigt wird.

Zunächst wird jedoch die Theorie für die Transformatoren und die verschiedenen Lösungen für die Ansteuerelektroniken dargestellt.

8.5.1 Theorie der dreistufigen Transformation

Das Konzept der nunmehr häufig eingesetzten dreistufigen Transformation (für die Impedanz und der Spannung) wird als Schaltbild in der Abb. 8.14 gezeigt.

Sowohl die erste als auch die dritte Transformationsstufe ist durch einem sogenannten Γ-Transformer, [37] realisiert. Die zweite Stufe beinhaltet einen einfachen Spartransformator. Die gesamte Impedanztransformation verläuft von der Systemimpedanz Z_0 von 50 Ω über die Zwischenwerte zur Ausgangsimpedanz Z_{out} von typisch $0{,}5 \cdot 10^6$ Ω (für den Zündfall) bzw. 10–300 Ω (für den Betriebsfall).

Die detaillierte Herleitung zur Berechnung der Bauelementewerte des Γ-Transformers ist in [37] abgedruckt. Die Induktivität L_{t1} des ersten Γ-Transformers wird über

$$L_{t1} = R_1 \, R_2 \, C_t \tag{8.12}$$

berechnet. Zu beachten ist, dass in der Umsetzung (Abb. 8.15) L_{t1} und L_{t2} durch einen einzigen Steg, der gegen Masse geschaltet ist, realisiert wird. R_1 entspricht der Systemimpedanz Z_0 mit typisch 50 Ω, R_2 der Ausgangsimpedanz der ersten Transformationsstufe und C_t der Kapazität zwischen dem 50 Ω-Eingangssteckverbinder und der Shuntinduktivität L_{t1}. Der Kondensator C_t wird wie folgt berechnet:

$$C_t = \frac{1}{\omega_0} \sqrt{\frac{1/R_1}{R_2 - R_1}} \, , \tag{8.13}$$

Hierbei beschreibt ω_0 die Resonanzfrequenz.

Die Gleichung

$$C_s = \frac{1}{\omega_0} \sqrt{(1-t) \cdot t} \, \frac{1}{R_3} \tag{8.14}$$

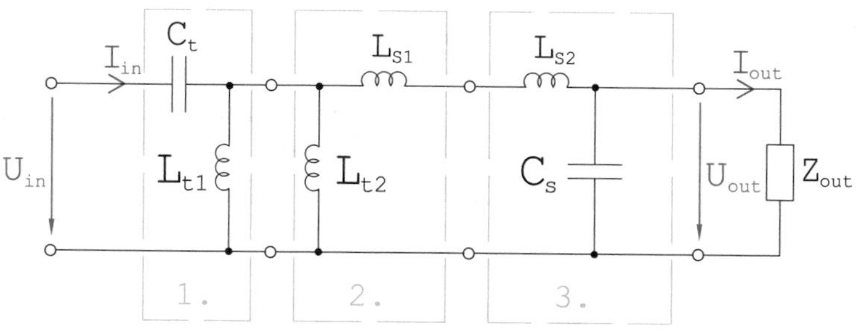

Abb. 8.14 Vereinfachte Ersatzschaltung einer dreistufigen Impedanztransformationsschaltung zum Zünden und Betreiben eines Mikrowellenplasmas

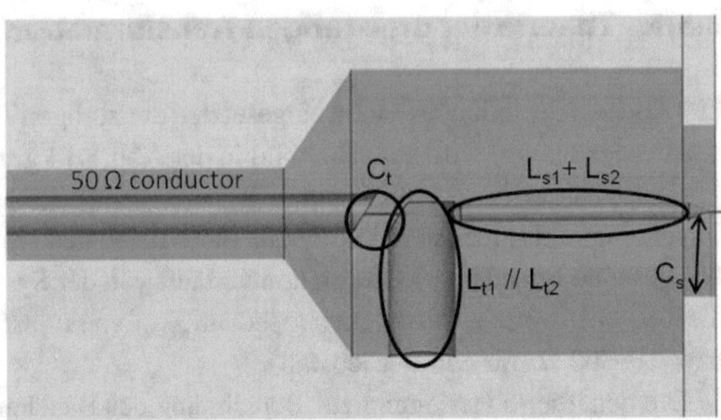

Abb. 8.15 Realisierung des dreistufigen Impedanztransformators mittels verlustarmer koaxialer Bauelemente

liefert die Shunt-Kapazität C_s am Ende der dritten Impedanztransformationsstufe. Bei dieser stellt

$$t_3 = \frac{R_3}{R_4} \tag{8.15}$$

das Transformationsverhältnis dar, wobei R_3 den Eingangswiderstand der dritten Stufe angibt und R_4 dem Ausgangswert (entspricht Z_{out}) wiedergibt.

Die Serieninduktivität L_{s2} wird in der Umsetzung (Abb. 8.15) zusammen mit L_{s1} aufgebaut und berechnet sich aus

$$L_{s2} = \frac{1}{\omega_0} \sqrt{(1-t)/t}\, R_3. \tag{8.16}$$

Unter Berücksichtigung der beiden einfach zu berechnen Induktivitäten L_{s1} und L_{t2} des Spartransformators sind nun in den Gl. (8.12)–(8.16) alle Bauelemente dieser dreistufigen Impedanztransformation berechnet.

Abb. 8.15 zeigt ein verteiltes Netzwerk in koaxialer Bauweise, das basierend auf der einfachen Ersatzschaltung und den Gl. (8.12)–(8.16) ausgelegt wurde.

Die Mikrowellenleistung wird an der linken Seite über die 50 Ω Leitung zugeführt.

Die erste Impedanztransformationsstufe wird durch einen Luftspalt für C_t und einen Masse-Stub L_{t1} für hergestellt. Der gleiche Masse-Stub und das erste Stück der folgenden hochohmigen Koaxialleitung bilden den Spartransformator.

Die dritte Transformatorstufe wird durch den zweiten Teil der hochohmigen Koaxialleitung und der Abschlusskapazität gegen Masse gebildet.

8.5.2 Prozessorbasierte Ansteuerelektroniken für Mikrowellenplasmen

Zur Ansteuerung eines Mikrowellenplasmas mit den zuvor vorgestellten Impedanztransformationsnetzwerke bedarf es speziellen Mikrowellengeneratoren.

Diese Mikrowellenquellen erzeugen die notwendigen Leistungen im Frequenzbereich von von 2,40 GHz bis 2,50 GHz. Zur Unterstützung der Zündung und des Betriebmodes (optimale Leistungseinspeisung ins erzeugte Plasma) müssen diese Generatoren zusätzlich für Reflexionsfaktoren der Plasmaquelle messen können.

In der Abb. 8.16 ist ein Generator dargestellt, der von einer PC-gesteuerten Matlab-Software gesteuert wird und u. a. die sklaren S_{11}-Werte über der Zeit darstellen kann.

Dieser Generator beinhaltet einen skalaren Netzwerkanalysator für die sogenannte Hot-S-Parametermessung. D. h., dass die S-Parameter von Leistungssignalen gemessen werden.

Basierend auf diesen Reflexionsparameterwerten kann man im Frequenzband verschiedene Such- und Optimierungsalgortihmen verwenden, um in dieser PC-gestützten Lösung den optimalen Anpasspunkt zu finden.

Am IMP wurden auch kompaktere Lösungen mit kleinen Steuergeräten entwickelt. Diese Lösungen beinhalteten:

- einen Mikrocontroller zum Ablaufsteuerung und Auswertung,
- einen D/A Wandler zur Erzeugung der Steuerspannung,
- einen VCO zur Erzeugung des HF-Signals,
- ein elektronisch schaltbares Dämpfungsglied zur Leistungssteuerung,
- eine Verstärkerkette und
- mindestens einen Koppler und einen Detektor zur Messung der reflektierten Leistung.

Ein zugehöriges Blockschaltbild ist in Abb. 8.17 dargestellt.

Als weitere Prozessorlösung wurde auch an ein Chipsatz gearbeitet, der auf dem modernsten Stand der Technik basiert, und im Abb. 8.18 dargestellt ist.

Jedoch wurden die Prozessorentwicklungen eingestellt, da eine Steuerelektronik, die wie die PLL auf einem analogen Regelkreis aufgebaut, ein Durchbruch bezüglich den Größen

Abb. 8.16 200 W Generator mittels PC-Steuerung und -Auswertung unter Matlab

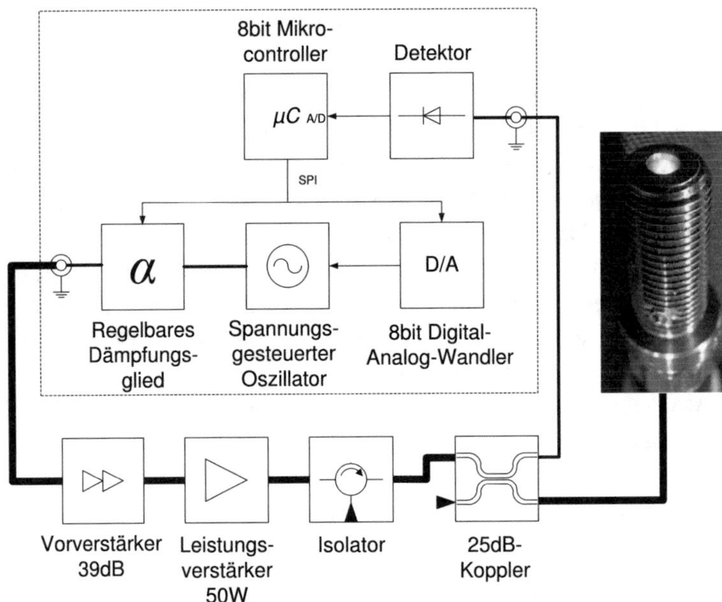

Abb. 8.17 Darstellung des Blockschaltbildes des Steuergerätes mittels einem Mikroprozessor

- Regelgeschwindigkeit,
- Hochintegration und
- Kosten

brachte. In diesen drei Punkten kann die GHz-Plasmatechnik nunmehr auch alle anderen Plasmatechniken und die Lasertechnik sowieso schlagen.

Diese patentierte Amplitude-Locked Loop-Schaltung wurde in SMD-Technik getestet und als IC-Design umgesetzt, was im Weiteren detailliert erläutert wird (Abb. 8.18).

8.5.3 Ansteuerelektronik mittels Amplitude-Locked Loop-Schaltung

Bei einer PLL wird, wie im Kap. 7 dargestellt, die Phase eines spannungsgesteuerten Oszillatorsignales in einer Regelschleife mit der Phase eines Referenzoszillators stabilisiert.

Bei der im Weiteren vorgestellten ALL (Amplitude-Locked Loop) wird ein spannungsgesteuerter Oszillator so in der Frequenz verstimmt, dass sich die optimale Anpassung in einem Frequenzband einstellt.

Die im Kap. 7 vorgestellte PLL-Technik wurde bereits 1955 entwickelt und in [53] publiziert. Erst 1969 kam diese neue Technologie in einer kompakten Schaltung zum Einsatz.

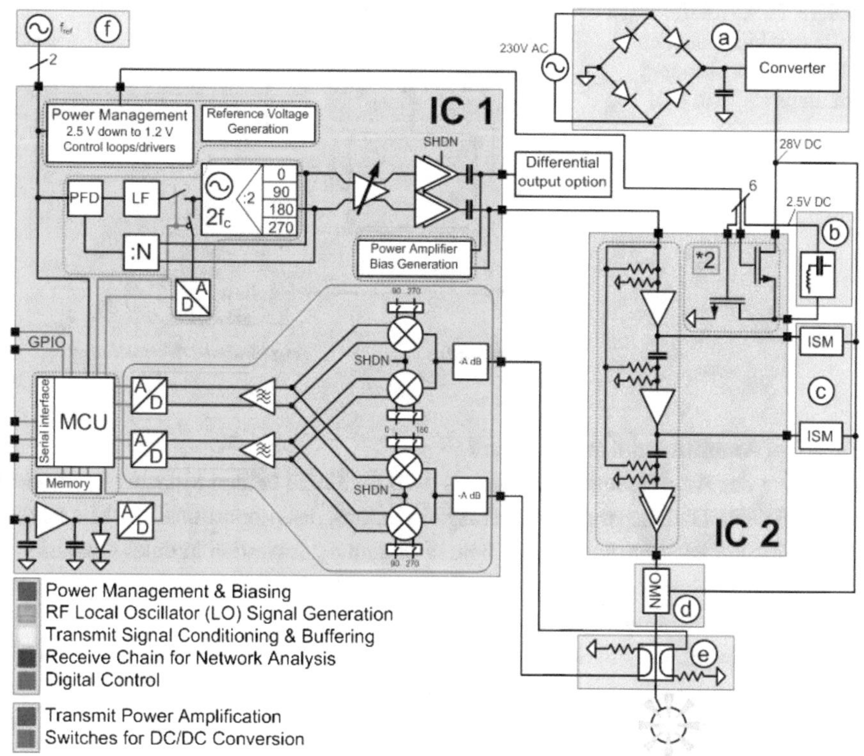

Abb. 8.18 Blockschaltbild eines möglichen Chip-Satzes für ein hochintegriertes Steuergerät mit Mikroprozessorsteuerung

Im Weiteren wird gezeigt, dass diese neue ALL-Technik bereits in einem hochintertem CMOS-IC entwickelt und hergestellt wurde, [45].

Das Herzstück einer PLL ist der Phasendiskriminator. Genauso bildet auch der Amplitudendiskriminator das Herzstück der ALL, Abb. 8.19.

Die Funktionsblöcke Schleifenfilter, spannungsgesteuerter Oszillator (VCO) und Leistungsverstärker (PA) sind in diesem Buch bereits beschrieben wurden. Der Koppler kann in vielen HF-Grundlagenbüchern einschließlich [37] nachgelesen werden. Komplett neu ist der Amplitudendiskriminator (AD oder ADi).

Bei der ALL wird das Ausgangssignal des VCO über den mehrstufigen Verstärker in den gewünschten Leistungsbereich gebracht und der Last (hier Lampe) zugeführt. Am Koppler wird etwas Energie von auf die Last zulaufende Welle und der von der Last reflektierten Welle dem AD zugeführt. In diesem Herzstück (dem AD) der ALL wird ein Ausgangssignal generiert, dass über das Schleifenfilter geglättet wird und den VCO so einstellt, dass der kleinste Reflexionswert, der im Frequenzband auftritt gefunden wird.

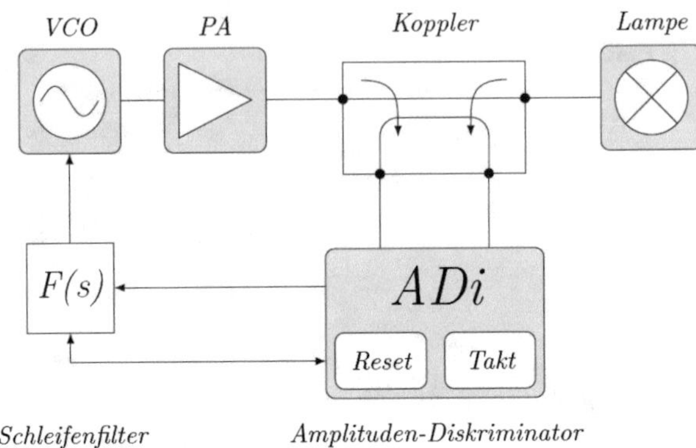

Abb. 8.19 Blockschaltbild der ALL-Regelschleife mit den fünf Funktionsblöcken und einer Lampe als Last, [84]

Aufbau des Amplitudendiskriminators

Der Eingang des Amplitudendiskriminators wird durch die beiden Mikrowellendetektoren gebildet, die eine Gleichspannung am Ausgang liefern, das proportional zur Mikrollenleistung am Eingang ist, Abb. 8.20. Diese beiden Spannungen werden in einer Operationsverstärkerschaltung (Symbol +) so in Relation gesetzt, dass Ausgangsspannung U_{S11} ergibt, die den Eingangsreflexionsfaktor der Last entspricht.

Im oberen Zweig, der mit der digitalen Ausgangsinformation K_1 ended, wird die Spannung U_{S11} mit einer Referenzspannung verglichen. Im unteren Zweig wird durch die Ermittlung der Steigung von U_{S11} untersucht, ob es eine Änderung gab und diese als digitale Information K_2 der Logikeinheit zugeführt. K_2 ist 1, wenn die Spannung U_{S11} abfiel und sich die Anpassung verbesserte! $Y = K_3$ ist das Ausgangssignal der Logikeinheit.

Die drei Digitalsignale K_1, K_2 und K_3 sind Eingangssignale für die Logikeinheit, die neben einer Rest-Logik und einem Taktgenerator zum Betrieb dieser digitalen Signalverarbeitung über den Logikkern verfügt, der im Abb. 8.21 dargestellt ist.

Die zu dieser recht einfachen Logik zugehörige Wahrheitstabelle ist im Abb. 8.22 abgedruckt.

Hintergrund/Funktionsweise der Logik

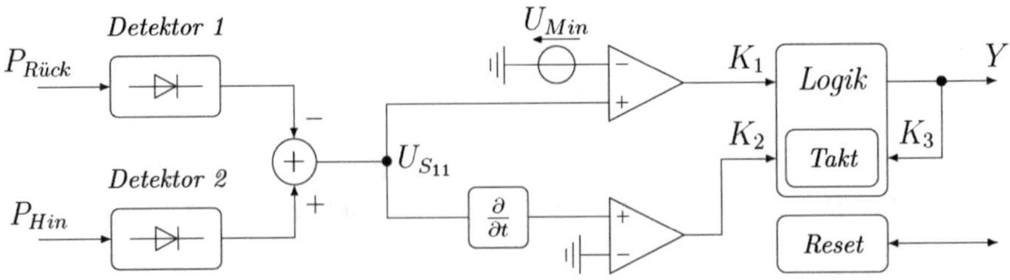

Abb. 8.20 Aufbau des Amplitudendiskriminators, [84]

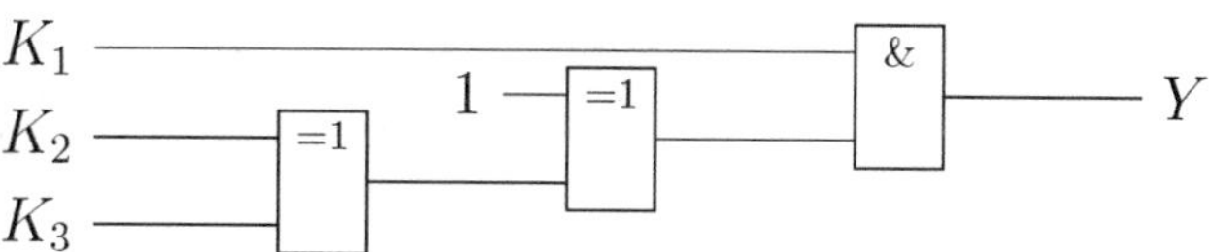

Abb. 8.21 Schaltplan des Gatteraufbaus mit nur zwei EXOR-Gattern und einem UND-Gatter für die Logik des Amplitudendiskriminators, [84]

	K_1	K_2	K_3	Y
Sweep-Mode	0	0	0	0
	0	0	1	0
	0	1	0	0
	0	1	1	0
Log-Mode	1	0	0	1
	1	0	1	0
	1	1	0	0
	1	1	1	1

Abb. 8.22 Die Wahrheitstabelle der Logik des Amplitudendiskriminators, [84]Die Wahrheitstabelle der Logik des Amplitudendiskriminators, [84]

- Wenn das Ausgangssignal Y 1 ist und somit z. B. 2 V am Ausgang anliegen, dann wird dieser Spannungspuls (geglättet über das Filter) die Spannung am VCO-Eingang und somit die Frequenz am VCO-Ausgang anheben.
- Dafür muss K_1 den Wert 1 haben, was gegeben ist, wenn U_{S11} eine ausreichende Anpassung (z. B. −2,5 dB) aufweist, was mit U_{Min} eingestellt wird.
- Fall 1: Weiterhin sind K_2 und K_3 jeweils auf 0, was bedeutet, es gab keine Verbesserung der Anpassung und Y war zuvor bei 0 (was 0 V entspricht).
- Fall 2: K_2 und K_3 sind beide auf 1, was bedeutet, dass beim vorherigen Arbeitstakt bereits die volle Ausgangsspannung eine Verbesserung der Anpassung zur Folge hatte.

In den blauen Blöcken von Abb. 8.22 wird die VCO-Eingangsspannung nur in einer Richtung verändert (verringert), während im roten Block die VCO-Eingangsspannung immer wieder verringert und vergrößert wird. Hier landet man im „Lock-Bereich".

Wenn eine solche Regelung im „Lock-Betrieb" läuft dann springt die Regelung nur immer auf die drei Frequenzwerte der allerbesten Anpassung und der Anpassung der beiden benachbarten Werte, wie im Abb. 8.23 anhand einer echten Messung mit 10 MHz-Frequenzschritten dargestellt.

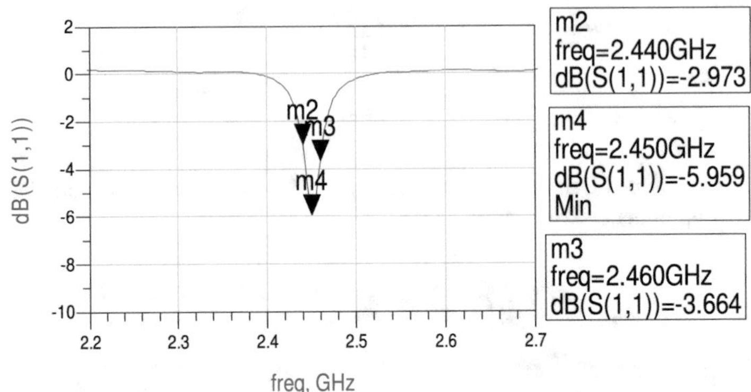

Abb. 8.23 Anpassmessung und die drei Frequenzpunkte des „Lock-Betriebs" der ALL

Bei solch einer Regelschleife gibt es noch viele weitere Punkte wie beispielsweise das Zeitverhalten zu beachten. Die Punkte sind in der zugehörigen Veröffentlichung [45] erläutert.

Hardwarerealisierung und Messung

Diese ALL wurde zunächst mittels einzelne kommerziell erhältlichen Elektronikbauelementen am IMP aufgebaut und optimiert. Im zweiten Schritt wurde diese Schaltung in enger Zusammenarbeit mit dem IMST (Kamp-Lintfort) in ein CMOS-IC auf dem Infineon-Prozess C11N umgesetzt. Das Abb. 8.24 zeigt diese beiden Aufbauten.

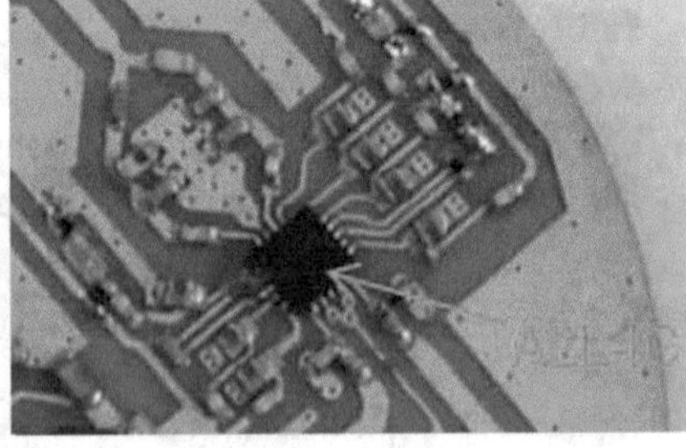

Abb. 8.24 Link: SMD-Lösung der ALL und rechts: CMOS-Umsetzung der ALL

In 12.2016 wurde diese Entwicklung vom US-Halbleiterunternehmen MACOM gekauft. Neben der Anwendnung in dieser GHz-Plasmatechnik lässt sich diese Technik auch in Mikrowellenherden mit Halbleiterverstärkern einsetzen.

Der innere Aufbau des CMOS-ICs ist im Abb. 8.25 zu sehen.

Die komplette Schaltung für eine 15 W-Applikation der integrierten ALL-Schaltung ist im Abb. 8.34 dargestellt.

8.5.4 Mikrowellen-Zündkerze

Die klassische Zündkerze wurde bereits im Abschn. 8.3.1 kurz vorgestellt. Mit dem Koronaplasma wurde in 8.4 auch die neusten Forschungsarbeiten des Unternehmens BorgWarner kurz im Vergleich zur konventionellen Zündkerze eingeführt.

An der FH Aachen wird im IMP seit 2006 an der Mikrowellen-Zündkerze (kurz MW-Zündkerze), die als HF-Zündkerze eingeführt wurde, und der zugehörigen Ansteuerelektronik im Frequenzbereich um 2,45 GHz geforscht.

Bereits 2006 wurden in einer ersten Diplomarbeit recht beachtlich Resultate mit einem neuartigen Transformationsnetzwerk, das sich in der Zündkerze befindet, erzielt, Abb. 8.26.

Von einer Zündkerze mit Mikrowellenplasma erwartet man sich viele Vorteile:

1. Der Einspritzstrahl kann an die Elektrode geführt werden;
2. Die Zünddauer kann variabel eingestellt werden;
3. Es kann kontrolliert werden ob tatsächlich eine Zündung erfolgte;

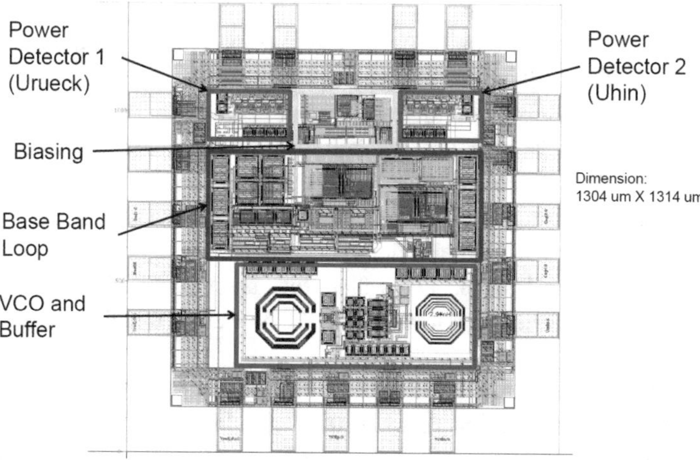

Abb. 8.25 Innerer Aufbau des CMOS-ALL-ICs

Abb. 8.26 Foto der ersten HF-Zündkerze mit verschiedenen Ansteuerleistungen

4. Eine möglichst lebenslange Haltbarkeit;
5. Einen hohen Wirkungsgrad des gesamten Zündsystems.

Dieses Bild gibt auch bestens den Charakter der GHz-Plasmen wieder. Während ein Koronaplasma Entladungen mit einzelnen „Streamern" aufweist bildet sich im hohen MHz- und im GHz-Bereich eine Plasmakugel aus.

Die Hypothese ist, dass baugleichen breitbandig einsetzbaren Elektroden zur Plasmaerzeugung zu höheren Frequenzen die Anzahl der Streamer immer häufiger und die Länge immer kürzer wird. Ab einer gewissen Frequenz schlägt Plasma mit einer sehr Anzahl von Streamern in ein Kugelplasma um.

Der Innenaufbau der ersten am IMP entwickelten und die Zunahme der Feldstärke ist sehr gut im Abb. 8.27 zu erkennen.

Mittlerweile wurden viele technologische Schritte erzielt, damit aus den ersten Anschauungsbeispielen (s. Abb. 8.26 ohne Durchisolation) im Motor einsetzbare Zündkerzen wurden. Diese neuen MW-Zündkerzen haben ihre Funktionalität bereits in Drucktests, verschiedensten Spezialmessungen und Motorläufe nicht nur bewiesen, sondern übertreffen dem gesamten Stand der Technik bei weiten.

Beispielsweise wurden Tests bis 40 bar Startdruck unter Stickstoff bei Raumtemperatur durchgeführt. Bereits bei Eingangssignale von 120 W-Pulsen funktioniert die Zündkerze bestens.

Die Generation 2b kann mit 400 W-Pulsen und 75 % Duty-Cycle betrieben werden. D. h., dass diese GHz-Zündkerze im Dauerbetrieb 300 W standhält.

Die Energiemenge für ein Zündfunken über nur 1 ms ist 400 mJ und somit weit größer als die von Zündkerzen des Standes der Technik. Der Wirkungsgrad ist so gut, dass die Energie im GHz-Plasma fast der Energie der zugeführten Mikrowellenenergie entspricht.

Konventionelle Zündkerzen haben maximal eine Energie von 30 mJ im Plasma.

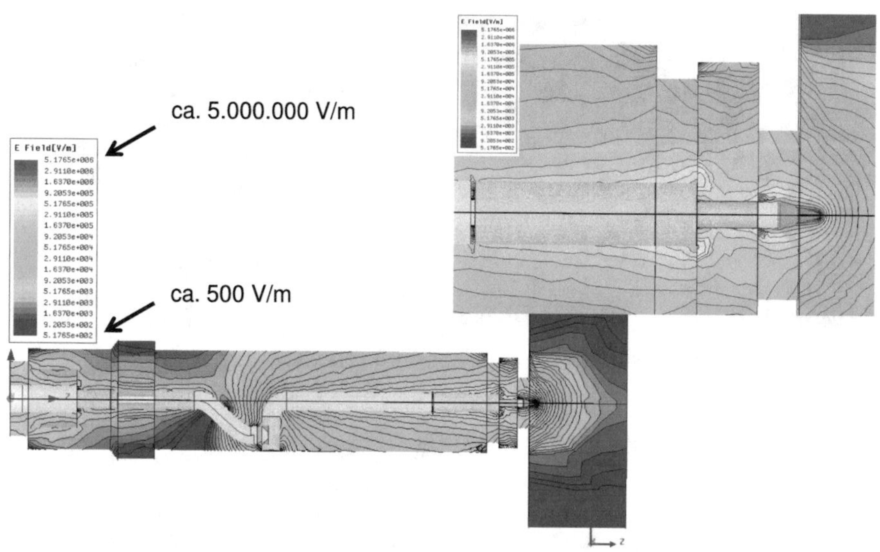

Abb. 8.27 Feldsimulation der ersten HF-Zündkerze

Im Abb. 8.28 werden die verschiedenen Eigenschaften der MW-Zündkerzen dargestellt.

Weitere Details zu den Zündkerzen findet man in zahlreichen Fachpublikationen, wie z. B. [44].

Eine Visualisierung der Zündkerzenelektronik für die Großserieneinsatz zeigt das Abb. 8.34.

8.5.5 Lampentechnik

Die vorgestellte Technik mit den Impedanztransformatoren kann auch sehr vorteilhaft zur Entwicklung neuartiger preiswerter Plasmalampen eingesetzt werden.

Abb. 8.29 zeigt eine einseitig angesteuerte Beamerlampe der Leistungsklasse von 120 W, die sich u. a. dimmen lässt.

Diese Beamerlampe mit der handelsüblichen Füllung (hauptsächlich Argon und Quecksilber) erreicht im Betrieb einen Innendruck von 220 bar. Messungen dieser neuen Lampe zeigen zum Stand der Technik:

- deutlich schnelleres Startverhalten,
- beste Neustarteigenschaften im heißen Zustand,
- bessere Leuchtdichte und höherer Lichtanteil im sichtbaren Bereich.

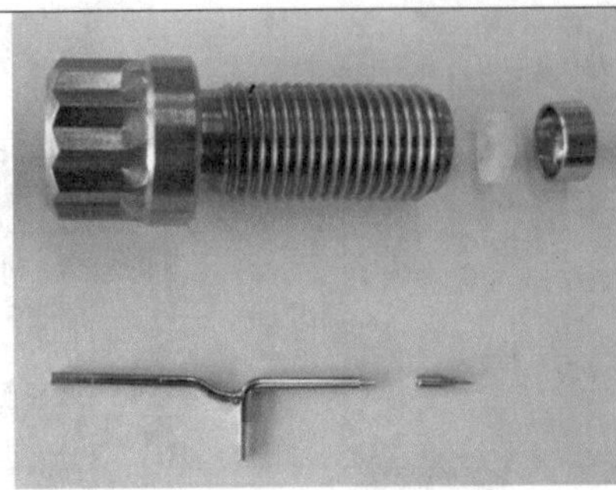 Figur 2: 1. Generation MW-Zündkerze **FH Aachen-Beru-Projekt**	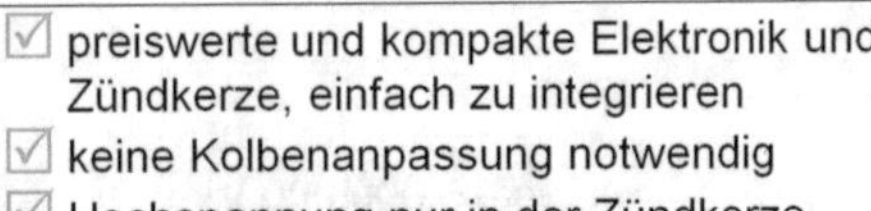 ☑ preiswerte und kompakte Elektronik und Zündkerze, einfach zu integrieren ☑ keine Kolbenanpassung notwendig ☑ Hochspannung nur in der Zündkerze ☑ kein Elektrodenmaterial im Plasma ☑ freie Zündzeit, sehr schnelle Wiederzündung ☑ frei in der Dauer der Zündung ☑ erfolgreicher Motorlauf ☑ Volumen Zündungseffekt ist abhängig von der Verwehung des Plasmas ☒ aktuelle Effizienz nur 40% ☒ Innenzündung bei hohen Drücken
 Figur 3: 2. Generation MW-Zündkerze **FH Aachen-EFRE-NRW-Projekt**	☑ **gleichen Vorteile wie 1. Generation und zusätzlich:** ☑ kann magere, brennbare Gemische über einen großen Druckbereich entflammen ☑ mehr Zündenergiewirkungsgrad dank ALL-MVG und verbessertem Design ☑ höhere Zündenergieverträglichkeit, höhere Energiedichte und verbesserte Größe des Plasmas ☑ Vibrationsfest ☑ weniger Verluste und weniger Eigenerwärmung ☑ keine Innenzündung bei hohen Drücken dank neuer Keramik

Abb. 8.28 Leistungseigenschaften der MW-Zündkerze der 1. und der 2. Generation gegenüber der konventionellen Zündkerze

Abb. 8.29 Neuartige 120 W Beamerlampe mit nur einseitiger Ansteuerung, betrieben über ein 2,45 GHz-Generator

Der größte Vorteil ist jedoch, dass nur eine Elektrode heiß wird und es nur einen einzigen Punkt mit höchster Strahlungsdichte gibt.

Bei konventionellen Beamerlampen, die auf einer Bogenentladung basieren, gibt es zwei gleichwertige Leuchtpunkte. Für den Einsatz im Beamer verbessert sich die Effizienz um nahezu Faktor 2. Weitere Details sind in [27] veröffentlicht.

Den inneren Aufbau dieser neuen HF-Beamerlampe zeigt das Abb. 8.30.

In einem nur einjährigen Forschungsprojekt wurde die erste in einer Diplomarbeit entwickelten Lampe optimiert. Die Resultate im Vergleich zu einer Standard-Beamerlampe sind in der Abb. 8.31 zusammengefasst.

Bei der Standard treten am Anfang und am Ende der Bogenentladung die hellsten Leuchtpunkte auf. Auf einem dieser beiden Punkte wird die Beameroptik fokussiert. Folglich wird nur 50 % der Lichtleistung genutzt. Der sehr große Vorteil dieser HF-Beamerlampe ist, dass diese nur einen sehr starken Leuchtpunkt aufweist und somit der Beamer zusätzlich einen merklich verbesserten Wirkungsgrad aufweist.

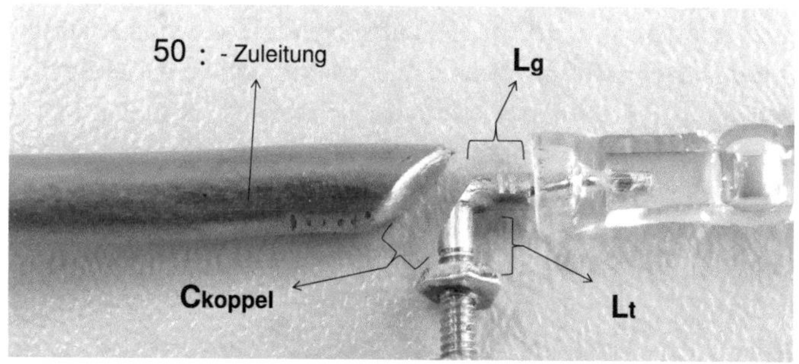

Abb. 8.30 Foto der Innenkomponenten der ersten 2006 gefertigten HF-Beamerlampe

Eigenschaften	Referenzlampe: Philips TOP 120 W / 132 W 1.0	Mikroplasma-Lampe: OSRAM PVIP 120 W / 132 W 1.0 modifiziert
Lichtstrom [lm]	7825	8521
Lampenleistung [W]	132	149
Lampeneffizienz [lm/W]	60,2	57,2
Leuchtdichte [Gcd/m²]	2,59	2,79
Farbwiedergabeindex Ra [%]	62,5	66,8
Anlaufzeit bei Kaltzündung [s]	55	16
Wieder- Zündung nach Betrieb [s]	ca. 120	ca. 0 – 40

Abb. 8.31 Resultate der HF-Beamerlampe nach dem Jahr der Entwicklung

Nach der Beamerlampe starteten an der FH Aachen die Forschungsarbeiten an neuartigen Niederdrucklampen, insbesondere Energiesparlampen. Als ersten Innovationsschritt konnten unmittelbar Energiesparlampen aufgebaut werden, bei denen keine Metallelektrode mehr in das Plasma ragt, (Abb. 8.33). Bereits diese Lampe zeichnete sich als Schnellstarterlampe aus (Abb. 8.32).

Im Zuge der weiteren Forschungsarbeiten entstand auf dieser Basis einen erste quecksilberfreie Energiesparlampe, die im Abb. 8.33 dargestellt ist. Das LIT am KIT unter Leitung von Prof. R. Kling entwickelte die spezielle Lampenfüllung und die hocheffiziente ebenfalls integrierte AC-DC-Wandler-Elektronik.

Die zugehörige innere GHz-Elektronik ist in Abb. 8.34 dargestellt. Diese Elektronik benötigt eine Gleichstromversorgung mit 28 V und kurz vor der Lampe noch einen sehr kleinen einfachen Leitungskoppler zur Messungen auslaufenden und reflektierten Energie.

Ergänzt man noch einen weiteren Leistungstransistor, so kann diese kompakte und bei hoher Stückzahl preiswerte Elektronik auch als Zündkerzenelektronik eingesetzt werden.

MW-Lampen mit großem Zukunftspotential

Die MW-Lampen mit dem allergrößten Zukunftspotential werden in Kleinsthochdrucklampen gesehen, bei denen die Mikrowellenenergie rein kapazitiv eingekoppelt wird. Derartige Lampen wurden am IMP detailliert wissenschaftlich untersucht und u. a. in [92] veröffentlicht. Diese Lampen konnten von 6 W bis 200 W gedimmt werden und hatten bei 43 W einen Wirkungsgrad von 129 lum/W.

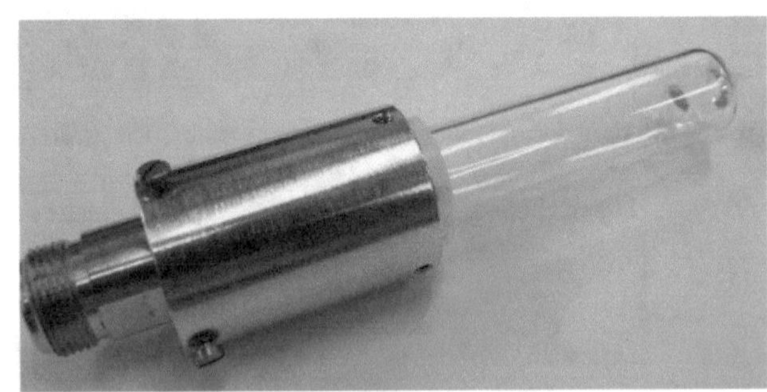

Abb. 8.32 Erster Demonstrator einer elektrodenlosen Niederdrucklampe, die bei 2,45 GHz betrieben wird

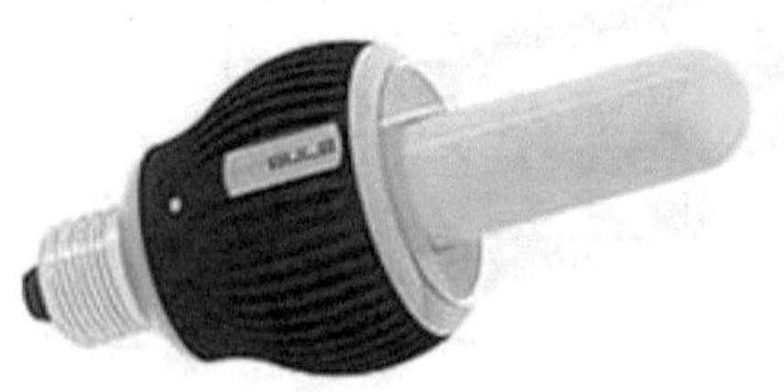

Abb. 8.33 Erste quecksilberfreie Energiesparlampe

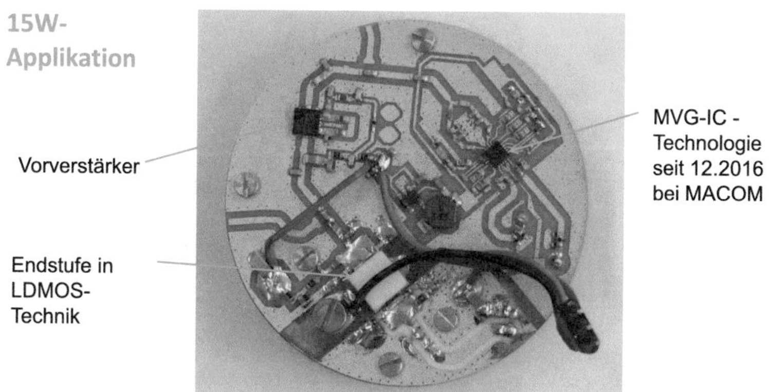

Abb. 8.34 Interne GHz-Elektronik der quecksilberfreien Energiesparlampe

Die Lampenvolumen können weiter reduziert werden, so dass die Leistungswerte von 6–15 W für Haushalts- und Shoppinglight-Anwendungen mit derartig hohen Wirkungsgraden und einer besten spektralen Lichtqualität realisiert werden können.

8.5.6 GHz-Plasmajets

Es gibt nur von zwei Unternehmen Plasmajets bzw. -strahler, die mit einem 2,45 GHz-Signal betrieben werden. Als erstes brachte das Unternehmen Aurion einen Strahler mit einer Mikrowelleneingangsleistung von rund 10 W an den Markt. Seit 2010 werden vom Spin-Off der FH Aachen (www.hhft.de) verschiedene atmosphärischen Jets eingeführt, die über viele Jahre bis 200 W und nun weit darüberhinaus einsetzbar sind.

Einer der ersten Plasmajet, die an der FH Aachen entwickelt wurden, zeigt Abb. 8.35 bei einer einfallenden Mikrowellenleistung von 100 W.

Die physikalischen Vorteile der 2,45 GHz-Plasmen (Mikrowellenplasmen oder Mikroplasmen) für die Anwender wurden in vielen Veröffentlichungen nachgewiesen. Diese neuen Jets bieten nunmehr Wissenschaftlern wie auch praktischen Anwendern die Möglichkeit diese Vorteile für eine Vielzahl der möglichen Einsatzgebieten zu nutzen. Eigenschaften der Mikrowellen-Plasmastrahler im Kurzüberblick:

- Atmosphärisches 2,45 GHz-Plasma mit Leistungen bis 500 W, / 2500 W
- Sehr geringer Energiebedarf: rund nur 20 % des Energiebedarfes eines Wasserstoffbrenners!!!
- Einsetzbar für fast alle Gase,
- Linien- und Flächenstrahler,
- Bestens hand- und robotertauglich (echt, 100 % potentialfrei),
- Aktivierung/Reinigung von diversen Materialien,

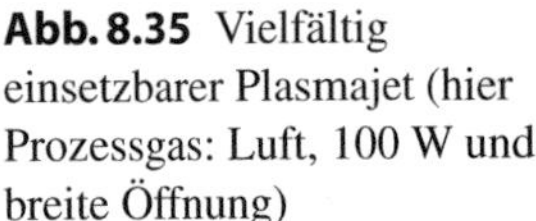

Abb. 8.35 Vielfältig einsetzbarer Plasmajet (hier Prozessgas: Luft, 100 W und breite Öffnung)

- Wartungs- und verschleißfrei,
- Kleine und handliche Bauform.

Bereits die Bilder der HF-Zündkerze zeigten den großen Unterschied zwischen einem Plasma das durch eine Bogenentladung entsteht und einem Plasma das durch einem 2,45 GHz-Signal erzeugt wird deutlich auf. Bei der erstmalig eingeführten Kanülenjetgeneration wird die reine Plasmageneration an der Elektrodenspitze genutzt. Das Gas wird durch eine Kanüle geleitet und zu 100 % durch das Plasma gedrückt. Die Jets mit der kompaktesten Bauform sind im Abb. 8.36 dargestellt.

Die Tatsache, dass ein Mikroplasma nicht gegen die Masse schlägt, birgt viele Vorteile wie die absolute Potentialfreiheit und wenig Abwärmeverluste. Weiterhin entsteht ein Mikroplasma nicht durch den Elektronenaustritt und -eintritt an den Elektroden sondern nur durch eine kapazitive Ankopplung. Daher werden die Elektroden nicht so stark belastet wie bei einer Bogenentladung.

Insbesondere für schwer ionisierbare Prozessgase wie Luft ist der Ionisationsgrad beim Mikroplasmastrahler viel höher als bei einem Strahler, der mit einer Bogenentladung arbeitet, da der Lichtbogen nur einen kleinen Teil des Gases ionisiert. Wissenschaftliche Untersuchungen, die bereits an 10 W-Systemen durchgeführt wurden, zeigen die große Effektivität von Mikroplasmen im technischen Einsatz. Vom IMP durchgeführte Spektroskopieuntersuchungen zeigen, dass an den Elektroden nahezu kein Material ins Plasma austritt. Aufgrund der geringeren inneren Aufheizung sind alle HHF-Plasmastrahler mit quasi-wartungsfreien Kupferelektrode ausgestattet.

Zusätzlich erlauben die zwei Gasanschlüsse (Abb. 8.37) dem Anwender viele weitere Möglichkeiten.

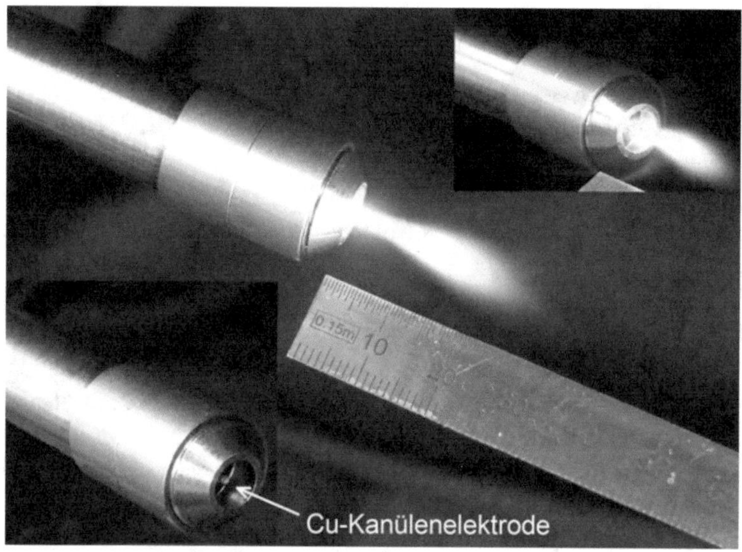

Abb. 8.36 HHF-Plasmajet der PC-Serie mit Kanüle

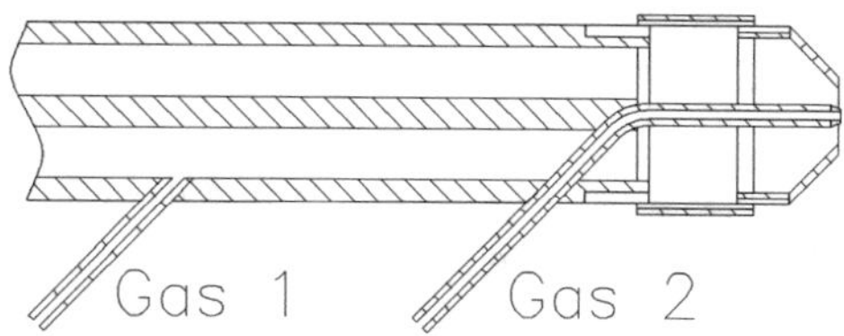

Abb. 8.37 Schnittbild des Kopfteils des Plasmajets der PCA-Serie mit Kanüle

Kurzdarstellung: Technologische Anwendungen für Oberflächenprozesse
Plasmen werden zunehmend in allen Industriebereichen wie auch in der Medizin angewendet. Wichtige Anwendungsgebiete für kleine Leistungen (unter 100 W):

- Aktivierung von Kunststoffoberflächen zum Schweißen, Schmelzen, Lackieren, Bedrucken, Beschichten, Kleben u. v. w. Bearbeitungsschritten,
- Reinigung von diversen Metalloberflächen zum Löten, Lackieren, Bedrucken, Beschichten, Kleben, Bonden u. v. w. Bearbeitungsschritten,
- Desinfizierung und Sterilisation in der Medizintechnik von Instrumenten bis hin zu Wunden.
- Altern von Bauteilen.

Zusätzliche Anwendungsgebiete für größere Leitungen (>100 W) sind:

- Verlötung von Metallen mit Weich- oder Hartlot,
- Schmelzungen von Oberflächen und Bohrung von Löchern,

- Beschriftungen von diversen Materialien,
- Einbrennung von Lacken,
- Zerschneidung von diversen Materialien,
- Schweissung von diversen Materialien,
- Beschichtung von diversen Materialien.

Die Plasmajets weisen bereits bei 200 W Mikrowellenleistung im Plasmastrahl Temperaturen von über 3400 °C auf.

SF-Jet mit großem Zukunftspotential

Die ersten Kanülenjets weisen eine Geometrie auf, die rein auf der Konstruktion der Standardsjets ausgelegt ist. Die Konstruktion ist optimiert, damit die Mikrowellenleistung mit möglichst wenige Reflexionen durch den Jet transportiert wird.

Die neuen SF-Jets (SF: Straight Forward) basiert darauf, dass die Kanüle ganz gerade durch den Jet hindurch läuft. Deshalb kann man neben dem Prozessgas auch

- stangenförmige Festmatrialien wie Drähte, Glasfaser u.ä. wie auch
- Fäden,
- Pulver und
- Flüssigkeiten

optimal in das Plasma hinein und der Länge nach durchschieben, was die Verweildauer deutlich erhöht und Prozesszeit und somit auch Energie einspart.

Beim Arbeiten mit Pulver kann man zu einer Ausbeutet mit zu 100 % kommen!

Dieser im Abb. 8.38 dargestellte Jet wird mit 200 W betrieben und dient nunmehr als Basis um im internationalen Forschungsprojekt PlasmaPrint 3D-Drucker für Metall und Keramik zu entwickeln. Beim Metalldruck sollen möglichst nur Drähte und beim Keramikdruck möglichst nur Suspentionen eingesetzt werden, damit man die teuer Pulverzuführung umgeht.

Natürlich ist ein 500 W oder besser 1 kW-Mikrowellengenerator auch um Größenordnungen preiswerter als ein vergleichbarer Laser.

MW-Jet für Rapid Heating

Viele Erwärmungsprozesse laufen in der Großindustrie über Heißluft, die keine gute thermische Ankopplung zur erwärmenden Oberfläche hat.

Hingegen entsteht im Atmosphärenplasma die größte Wärme dort, wo die meisten Rekombinationen stattfinden. Strahlt man mit einem Jet auf eine Oberfläche, dann ist es genau diese Oberfläche, die sehr stark erwärmt wird.

Für diese Anwendungen wurde 2019 der sogenannte MagJet, der im Dauerbetrieb mit einer Mikrowellenleistung von 2500 W arbeiten kann, in den Markt eingeführt. Dieser im

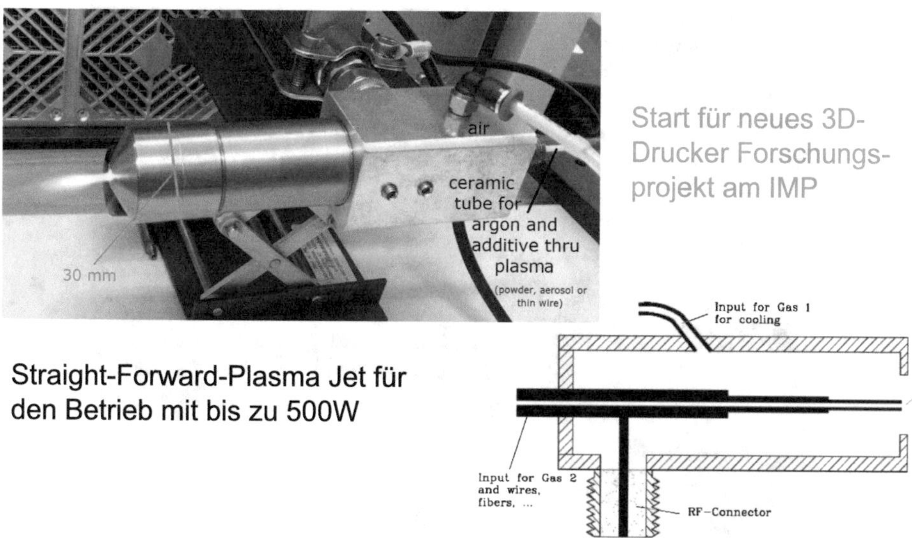

Abb. 8.38 Foto und Schnittbild des SF-Jets, der mit 500 W bei 2,45 GHz betrieben werden kann

Abb. 8.39 dargestellte Jet übertrifft alle Bogen- und Funkenentladungsjets in der Leistungsverträglichkeit um den Faktor von 4.

Mit diesem Jet lassen sich in der Industrie viel Energie einsparen. Natürlich lassen sich auch Heißvergänge durch Gasbrenner durch diesen Jet ersetzen. Es entsteht im Gegensatz zur Verbrennung kein Russ und der Energieeinsatz wie auch die Energiekosten sind deutlich geringer.

Die Generatoren für diese MagJets sind die gleichen, die auch in der Großindustrie in der Mikrowellenerwärmung für Öfen eingesetzt werden. Die Magnetron-Generatoren sind in Leistungsbereichen von 3–25 kW (und mehr) verfügbar.

Bei diesen großen Leistungen gibt es keine Frequenzumschaltung mehr. Details zu diesem Jet sind [83] einschließlich der besonderen Technik zur Zündung dargestellt.

kW-Jets für das Schweißen

Ein ebenfalls in der Forschung befindlicher Spezialjet ist ein Kanülenjet, der zum Schweißen eingesetzt werden soll.

Den ersten bereits nach 1,5 Jahren Entwicklungszeit funktionsfähigen Schweißkopf, der mit bis zu 6 kW am Eingang betrieben werden kann, ist im Abb. 8.40 dargestellt.

Die zugehörigen Schweißresultate sind im Abb. 8.41 abgelichtet. Diese schon sehr guten Schweißnähte wurden ohne Optimierungsprozess und noch ohne Einsatz von Zusatzwerkstoffen (Schweißdrähten) erzeugt.

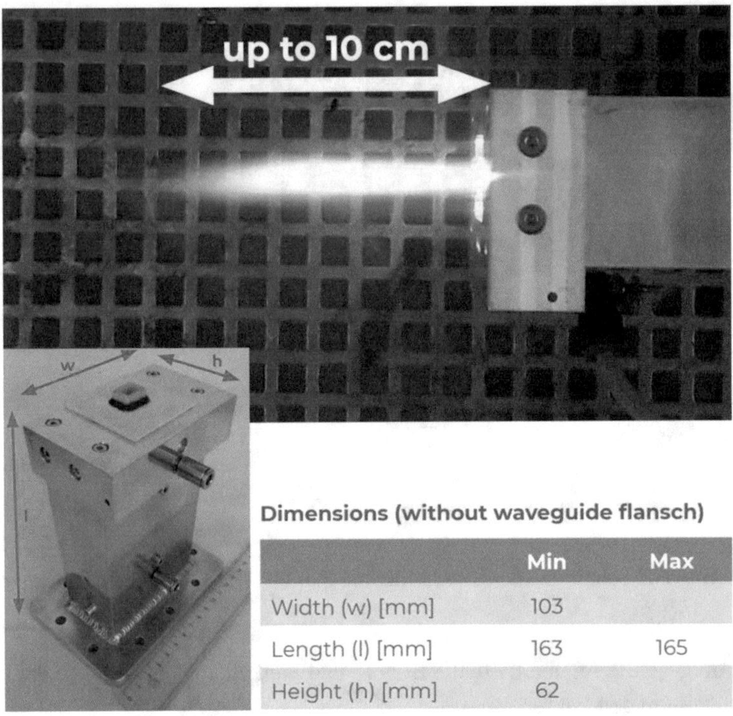

	Min	Max
Width (w) [mm]	103	
Length (l) [mm]	163	165
Height (h) [mm]	62	

Abb. 8.39 Foto vom Plasma und einer 3D-Ansicht des MagJets, der mit bis 2500 W bei 2,45 GHz dauerhaft betrieben werden kann

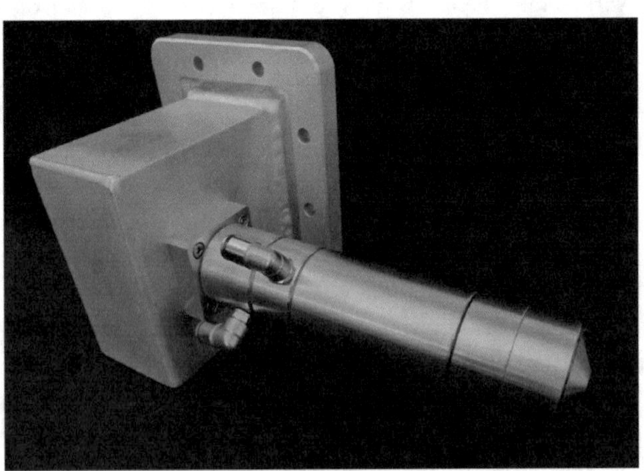

Abb. 8.40 Foto des Schweißkopfes, der im Rahmen eines ZIM-Projektes entwickelt wird

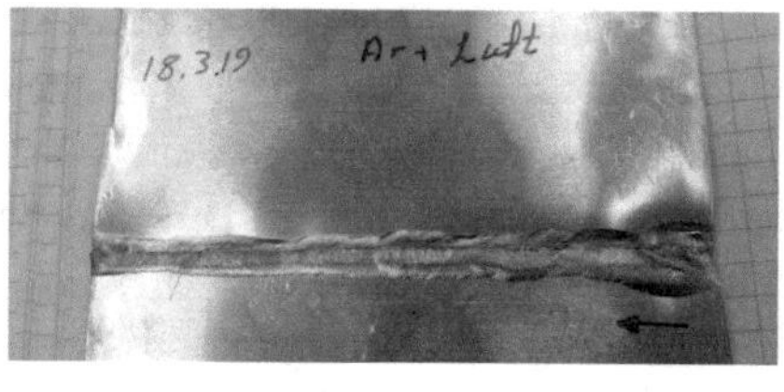

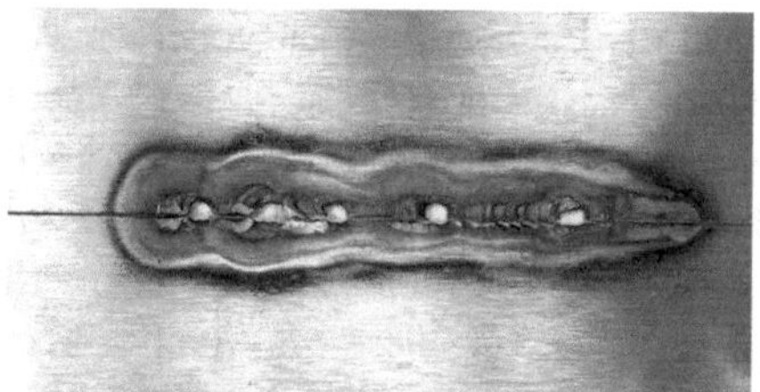

Es wurde mit der folgenden Bleche getestet:

- 0.5 mm Stahl
- 0.5 mm Aluminium
- 2 mm Edelstahl

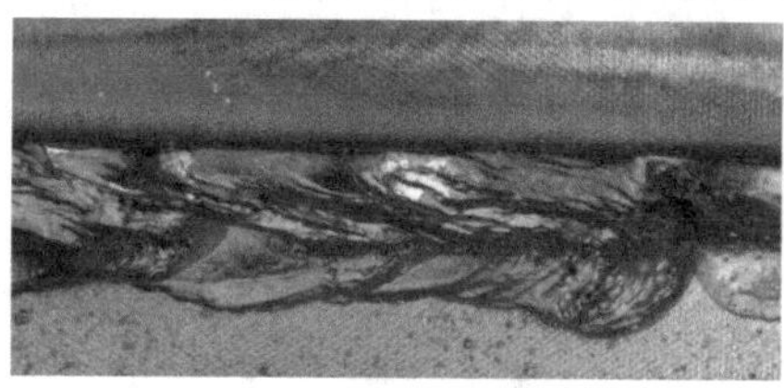

Abb. 8.41 Schweißresultate für verschiedene Metalle

8.5.7 MW-Chirurgie

Als Stand der Technik wird in der Chirurgie häufig ein HF-Skalpell eingesetzt. Bei dieser HF-Chirurgie werden Spannungen bis 10.000 V und elektrische Leistungen von typisch 400 W über ein Hochfrequenzsignal (daher HF) von typisch 1 MHz eingesetzt.

Der Mensch befindet sich dabei auf einem isolierten Tisch. Am HF-Skalpell entsteht eine Bogenentladung, die den Vorteil hat, dass gleichzeitig mit dem Schnitt eine Blutungsstillung durch Verschluss der betroffenen Gefäße erfolgt. Der dabei benötigte Strom fließt dann durch den Körper und über eine zweite großflächige Neutralelektrode zum Generator zurück, Abb. 8.42.

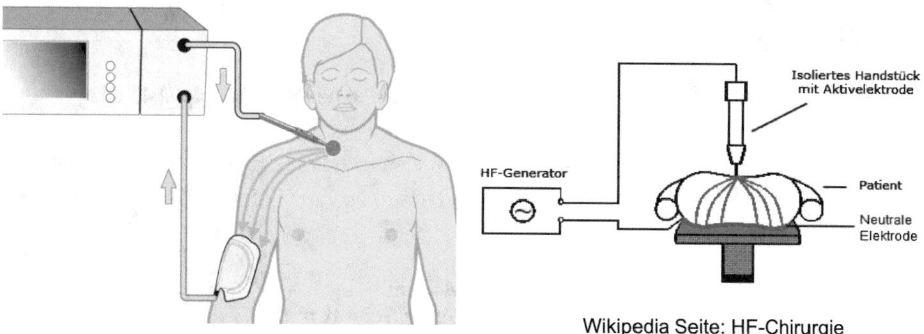

Abb. 8.42 Aktuelles HF-Skalpell mit Bogenentladung und 400 W bei typ. 1 MHz

Mit der Entwicklung der modernen Transistortechnik in den 70er Jahren konnten die Geräte der HF-Chirurgie klein und kompakt gebaut und für zahlreiche neue Einsatzmöglichkeiten konzipiert werden. Um der raschen Entwicklung in der Medizin standhalten zu können, wurden in den 80er Jahren Mikroprozessoren eingesetzt, mit deren Hilfe sich dann in den 90er Jahren automatisch geregelte HF-Chirurgiegeräte durchsetzen konnten, [59].

Die Anwendung dieser HF-Skalpell-Technik birgt bedingt durch den Stromfluss im Körper Gefahren und es werden dabei auch alle normalen Grenzwerte der Medizintechnik überschritten. Dennoch wird das HF-Skalpell mittlerweile überwiegend in Kliniken eingesetzt, da der Heilungsprozess um Größenordnungen kürzer ist.

Am IMP wurde innerhalb einer wissenschaftlichen Arbeit erfolgreich untersucht, ob das Mikrowellenplasma ein Potential besitzt das HF-Skalpell zu ersetzen, [95].

Das MW-Skalpell ist stark vereinfacht ein Kanülenjet mit extrem kleiner Kanüle. Es wurden Grundlagenergebnisse erzielt, die die im ersten Schritt schon zeigten, dass ein Plasma realisierbar ist, das an die Energiedichten von Lasern gut heran kommt, Abb. 8.43. Dieses Grundlagenergebnis senkt natürlich das F+E-Risiko für weitere Anwendungen, die eine sehr hohe Leistungsdichte erfordern.

Der erzielte Schnitt (getestet am Schweinefleisch) mit dem CW-Betrieb weist lediglich noch zuviel Schwärzung auf. Man erwartet, dass durch den Pulsbetrieb, der beim HF-Skalpell Einsatz findet, die Schwärzung aus Abb. 8.44 nicht mehr auftritt.

$\boldsymbol{I} = P_{in} / A = 8 \cdot 10^4$ W/cm^2 **Energiedichte**

P_{op} = 50 W CW Leistung des MW-Plasmajets V3

$S^{dB}{}_{11}$ = -3 dB Reflexionswert

P_{in} = 25 W CW Leistung im Plasma

$A = \pi \cdot d_i^2/4$ Durchmesser des Strahls d_i = 0.2 mm

Abb. 8.43 MW-Skalpell der Version 3 für reinen CW-Betrieb mit 50 W bei typ. 2,45 GHz

Abb. 8.44 Schneideresult mit dem MW-Skalpell der Version 3 für reinen CW-Betrieb mit 50 W bei typ. 2,45 GHz

Status:
Guter Schnitt mit CW-Energie (MW-Plasmajet V3)

Objekt:
Schweinefleisch

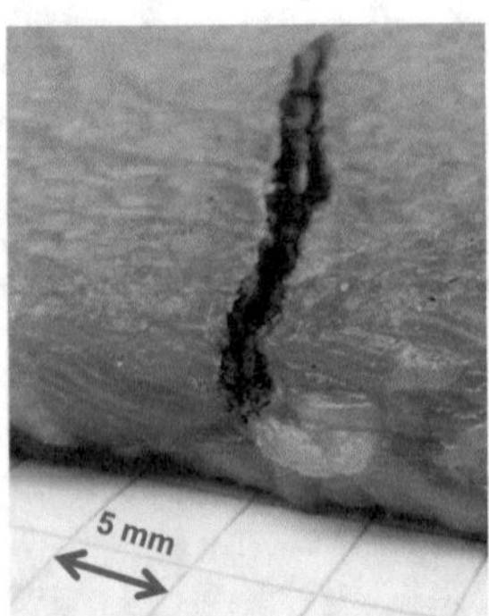

8.5.8 GHz-Plasmatechnik als Basistechnologie

Die in den vorherigen Unterabschnitten vorgestellten Anwendungsbeispiele zeigen, dass es sich bei der GHz-Plasmatechnik um eine Basistechnologie handelt, die viele Anwendungen ermöglicht. Der Laser ist eine ähnliche Basistechnologie.

Die folgenden Übersicht stellt die am Institut des Autors durchgeführten und die noch offenen/geplanten Anwendungen vor (Abb. 8.45).

Anwendungen GHz-Plasmen	**Status**	**Bearbeitungszeitraum**	**Ing.-Jahre**	**Kommentar**	**IMP-Projektpartner**
Zündkerzen	Hochleistungszündkerzen funktionieren bestens und werden bei Anwendern getestet.	2006 –	4	Helfen Wirkungsgrade der Motoren zu verbessern	Weissgerber
Lampen	Verschiedene Lampentypen wurden erfolgreich u.a. mit LED-Effizienz und vielen Vorteilen umgesetzt.	2007 - 2015	6	Diese High-End-Lampen helfen Firmen wie Osram	pinkRF und weitere gesucht
Plasma-Jets u. Koppler für Plasmakammern	Plasmajets von 20 bis 3000W und mehr in der Zukunft, teils mit einzigartiger Kanülenkonstruktion.	2006 –	6	Hauptentwicklung beim Spin-Off www.HHFT.de	HHF, Ionics, Fricke u. Mallah, Peine
Mikrowellen-skalpell	Demonstrator hat schon erste gute Schnitte geleistet.	2013 -	4	Ist „on-going"	BOWA, Gomeringen
Schweißgerät	Erfolgreiche Schweißtests, ohne dass eine Masseelektrode benötigt wird.	2018 – 2020	2	Vereinigt Vorteile vom WIG- u. dem Laserschweißen	Aixcon, Stolberg
3D-Drucker	Anwendungen: Drucker für Metall und Keramik mit 500W.	2019 – 2021	3	Um Faktoren preiswerter als Laserdrucker	Ionics und viele weitere gesucht
Breitband-Ultraschallgenerator, Luftreinigung	Ultraschallgeräte für Messtechnik und zum Chirpen sowie Luftreinigung in Krankenhäusern und mehr.	offen	0	Zwei von vielen weiteren Anwendungen	Werden gesucht
Ionenquellen u. **Fusionstechnik**	Fusionstechnik wird nur 12m Durchmesser haben und nur 150kW an Energie benötigen.	offen	0	Das Potential dieser Technologie ist gigantisch	Größtanwender wird gesucht

Abb. 8.45 Forschungsprojekte am Institut für Mikrowellen- und Plasmatechnik (IMP) der FH Aachen

Grundbegriffe der Antennentheorie 9

In diesem Kapitel der Grundbegriffe der Antennentheorie wird anfangs auf ein Gesamtsystem in Form von Radarsystemen eingegangen. Die Systemgrundlagen sind einfach auf anderen Systeme wie den Richtfunk, Satellitenfunk und auch dem Mobilfunk übertragbar[1].

Im Weiteren auf wichtige Grundlagen, wie die verschiedenen Elementarstahler, das Fernfeld, das Äquivalenzprinzip und besonders auf Aperturantennen eingegangen. Abschließend werden die Kenngrößen der Antennen erläutert.

Während die Baugruppen des Sende- und Empfangszweiges für verschiedene Anwendungen ähnlich sind, bringt die Applikation der Antenne eines Radargerätes an ein spezielles Einsatzgebiet häufig neue Problemstellungen mit sich.

Die exakte Berechnung der Abstrahlung elektromagnetischer Wellen muss von der Lösung der Maxwellschen Gleichungen unter Berücksichtigung der Randbedingungen erfolgen. Erfüllt eine Lösung die Maxwellschen Gleichungen, so ist diese Lösung aufgrund des Eindeutigkeitsatzes die einzige. Diese Vorgehensweise ist nur in Sonderfällen wie zum Beispiel dem Elementarstrahler und der offenen Rechteckhohlleitung möglich.

Daher greift man in der Regel schon bei einfachen Anordnungen auf numerische Verfahren zurück.

In vielen Fällen wird lediglich die Stromverteilung auf der Antenne numerisch berechnet, da bei vorgegebener Stromverteilung sich das abgestrahlte Feld geschlossen berechnen lässt.

Für einige sogenannte Flächenantennen wie den Hornstrahler und die Parabolantenne kann man die Stromverteilung in guter Näherung angeben und deren Abstrahlung somit ohne numerische Hilfsmittel berechnen.

[1] Die Kap. 9 und 11 basieren auf Teilen von dem Manuskript „Mikrowellentechnik" bzw. „Radartechnik" von Prof. H. Chaloupka und wurden inhaltlich geringfügig verändert und insbesondere ergänzt, im neuen Layout und mit neuen Bildern umgesetzt. Der Abdruck hier erfolgt mit freundlicher Genehmigung des Autors.

H. Heuermann, *Mikrowellentechnik*,
https://doi.org/10.1007/978-3-658-41287-6_9

9.1 Einführung in die Antennentechnik

Abgesehen von High-Speed-Digitalschaltungen und Konverter für die Glasfasertechnik weisen die Masse der GHz-Schaltungen Antennen auf.

Die Antenne ist der Konverter vom leitungsgebundenen Mode in den Freiraummode, Abb. 9.1.

Abb. 9.1 illustriert auch schon die messtechnische Herausforderung zur präzisen Vermessung der Antenne, was insbesondere bzgl. deren In-Band-Dispersion (Gruppenlaufzeiten) eine sehr wichtige Information ist. Sehr hilfreich ist hier die moderne Feldsimulation, die diesbezüglich einfach sehr gute Ergebnisse liefert.

Dass die Antenne in der Praxis sehr oft sehr eng mit der Elektronik verbunden ist, zeigt das Abb. 9.2.

In [37] wird im Kap. 10 darauf eingegangen, wie eine derartige symmetrische Antenne in der Praxis vermessen und präzise seitens der Leitung angepasst wird. Jedoch endet dort die Darstellung auf der Platine. In diesem Kapitel und den Folgekapiteln wird dargestellt, was im Freiraum zu beachten ist.

Traditionell startete die Funktechnik mit Drahtantennen, wie im Abb. 9.3 zu sehen.

Diese Drahtantennen nehmen zwar viel Bauraum ein, haben aber wenig ohmsche Verluste.

Moderne Funksysteme (z. B. Smartphones) weisen hingegen Folienantennen auf. Diese sind leicht und kompakt. Jedoch muss diese Antenne immer mit der Masse der Umgebung berechnet werden, die sich auch nicht ändern darf. Weiterhin sind die ohmschen Verluste oft sehr hoch, was die Reichweite des Funksystems einschränkt (Abb. 9.4).

Der Trend der Zukunft für den zweistelligen GHz-Bereich werden wieder Drahtantennen sein, die direkt aus den Bonddrähten auf den Halbleitern montiert sind (Abb. 9.5).

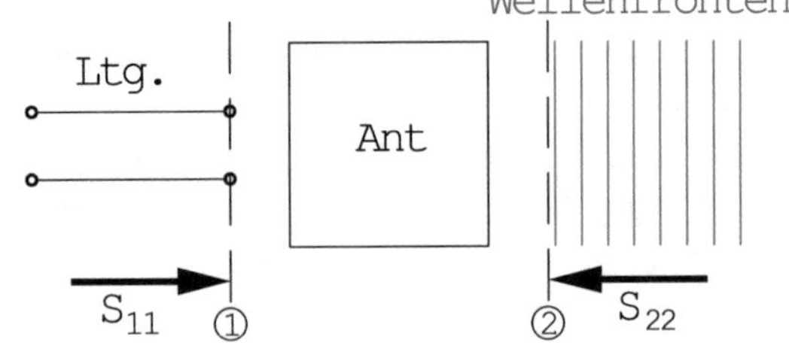

Abb. 9.1 Antennen als reziprokes ($S_{21} = S_{12}$) Bindeglied zwischen der Elektronik und dem Freiraum

Abb. 9.2 Substratantennen sind preiswert und unterstützen kompakte Lösungen

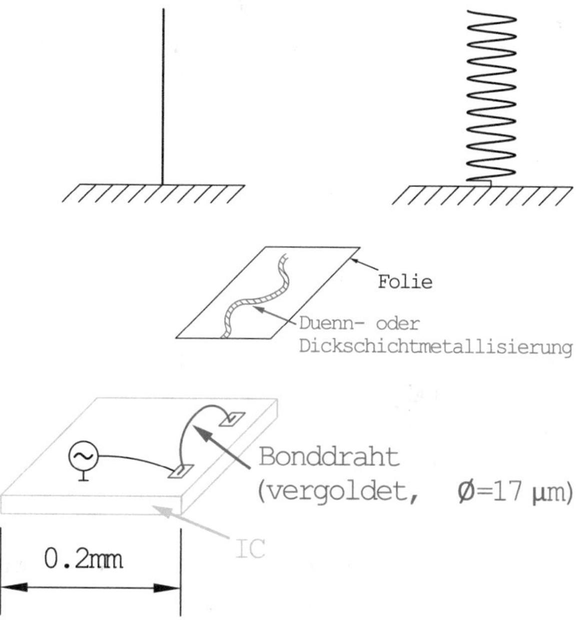

Abb. 9.3 Drahtantennen, die senkrecht über den Boden oder einer leitenden Flächen (Autodach) angeordnet sind

Abb. 9.4 Folienantennen, die in sehr kompakten Geräten eingesetzt werden

Abb. 9.5 Kleinstantennen auf Halbleitern (ICs) für den zwei- und dreistelligen GHz-Bereich

Gemeinsam für all diese Antennen ist, dass die gleichen Grundlagen der Antennentechnik gelten.

Bevor detailliert auf diese Grundlagen eingegangen wird, soll anhand einer Kurzeinleitung eines kompletten Radarsystems die große Relevanz der Antennen dargestellt werden.

9.2 Kurzeinleitung in die Radartechnik

Unter dem Kunstwort RADAR (RAdio Detection And Ranging) werden die Methoden zur Entdeckung von Objekten und zur Bestimmung ihrer räumlichen Lage sowie ihres Bewegungszustandes mit Hilfe elektromagnetischer Wellen zusammengefasst.

Trotz eines relativ geringen Auflösungsvermögens werden Radarverfahren sehr häufig eingesetzt, da diese in der Lage sind, unabhängig von den Witterungsbedingungen Entfernungsangaben über große Reichweiten zu liefern.

1904 wurde erstmalig ein Radarverfahren zur Ortung von Schiffen als Patent angemeldet und realisiert. Nach 1940 erfolgte eine rasante systemtechnische und technologische Entwicklung in der Militärtechnik. Im weiteren etablierte sich die Radartechnik in dem ebenfalls kostenunempfindlicheren Bereich der Luft- und Raumfahrt.

Die technologische Entwicklung der letzten Jahre ermöglichte die kostengünstige Realisierung von Radargeräten für verschiedenste industrielle Bereiche, z. B. zur Füllstandsmessung und für den Verkehrsbereich mit Anwendungen zur berührungsfreien Weg- und

Abstandsmessung. Während zur Navigation von Flugzeugen aufgrund der Forderung, große Reichweiten überwachen zu können, vor allem das Impulsradar Anwendung findet, setzen sich in der industriellen Messtechnik vermehrt Systeme durch, die auf dem sogenannten FMCW–Prinzip (engl. **f**requency **m**odulated **c**ontinuous **w**ave) beruhen.

Mit FMCW–Verfahren lassen sich Präzisionsentfernungsmesser mit Genauigkeiten bis in den Submillimeterbereich realisieren.

9.2.1 Radargleichung

Nach wie vor sind die verbreitesten Einsatzgebiete von Radargeräten die Überwachung des Luftraumes und die Ortung von Schiffen. Ein wesentliches Leistungsmerkmal derartiger Radaranlagen ist ihre maximale Reichweite. Den Zusammenhang zwischen der maximal detektierbaren Entfernung R_{max} und den Kenngrößen der Radaranlage, wie beispielsweise der Sendeleistung sowie den Reflexionseigenschaften des Radarzieles gibt die **Radargleichung** an.

Zur Herleitung dieser Radargleichung soll zunächst das Abb. 9.6 betrachtet werden. Das Radargerät strahlt einen kurzen Impuls elektromagnetischer Energie über die Antenne ab. Diese Antenne weise den Gewinn G auf. Als Gewinn wird das Verhältnis der maximalen Strahlungsdichte der Antenne zur Strahlungsdichte eines isotropen Strahlers (Kugelstrahlers) bezeichnet.

Das Radarziel liegt praktisch immer im Fernfeld der Antenne und hat Ausdehnungen, die klein gegen die Strahlungskeulenbreite der Antenne sind. Somit trifft eine homogene ebene Welle mit der Strahlungsdichte S_a auf das Radarobjekt. Die Intensität der auf das Ziel einfallenden Strahlung steigt mit zunehmender Sendeleistung P_t und verbessertem Antennengewinn G. Mit zunehmendem Abstand R verringert sich die Strahlungs- bzw.

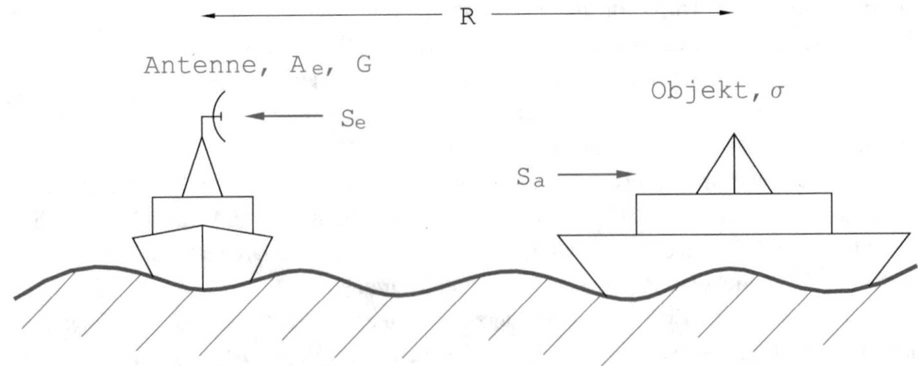

Abb. 9.6 Anwendung eines Radargerätes in der Schifffahrt

Leistungsdichte S_a umgekehrt proportional zur anwachsenden Kugeloberfläche $4\pi R^2$ eines isotropen Strahlers.

$$S_a = P_t\, G \, \frac{1}{4\pi R^2} \tag{9.1}$$

Das im Allgemeinen richtungsabhängige Reflexionsverhalten des Zieles wird über den sogenannten Radarquerschnitt σ beschrieben. Unter Berücksichtigung der Entfernung R vom Radarziel zur Empfangsantenne erhält man die Empfangsstrahlungsdichte S_e:

$$S_e = \frac{P_t\, G}{4\pi R^2}\, \sigma \, \frac{1}{4\pi R^2}. \tag{9.2}$$

Unter Verwendung der Antennenwirkfläche A_w, die direkt mit dem Gewinn G derAntenne verknüpft ist,

$$A_w = \frac{\lambda^2\, G}{4\pi} \qquad (\lambda : \text{elektr. Wellenlänge}), \tag{9.3}$$

erhält man die Empfangsleistung $P_e = S_e \cdot A_w$:

$$P_e = \frac{P_t\, G\, A_w\, \sigma}{(4\pi)^2\, R^4}. \tag{9.4}$$

Übersprecher, Systemrauschen und die verwendete Filterbandbreite beschränken das Empfangssystem auf eine minimal noch nachweisbare Empfangsleistung $P_{e,min}$. Die sogenannte Radargleichung gibt die maximale detektierbare Entfernung R_{max} an:

$$R_{max} = \left(\frac{P_t\, G\, A_w\, \sigma}{(4\pi)^2\, P_{e,min}} \right)^{1/4}. \tag{9.5}$$

Diese hängt sowohl von den Systemparametern P_t, G, A_w und $P_{e,min}$ als auch von dem Reflexionsvermögen des Meßobjektes mit dem Radarquerschnitt σ ab.

9.2.2 Grundprinzip der Radartechnik

Beim klassischen Pulsradar wird die Entfernung zum Radarziel aus der Impulslaufzeit und dessen Richtung aus der Winkelstellung einer gut bündelnden Antenne bestimmt. Die Entfernung R ergibt sich aus der Impulslaufzeit τ_R zum Ziel und zurück unter der Annahme, dass sich die elektromagnetische Welle mit der Lichtgeschwindigkeit c ausbreitet (Abb. 9.7 und 9.8).

$$R = \frac{c\, \tau_R}{2} \tag{9.6}$$

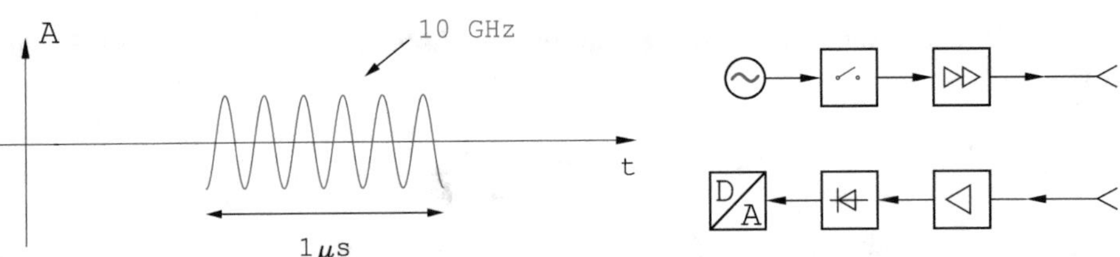

Abb. 9.7 Pulsradar

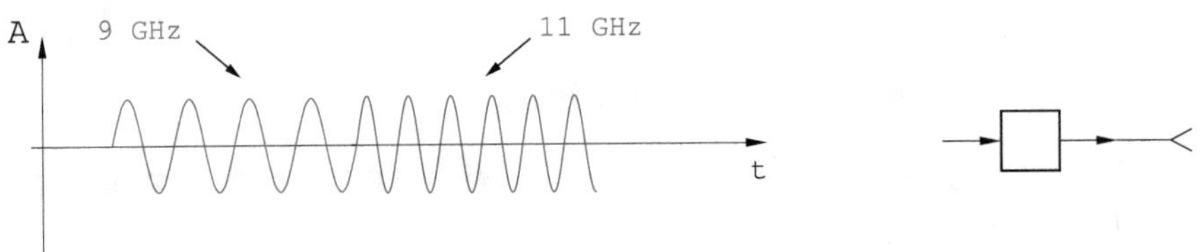

Abb. 9.8 Dispersive Leitung verzögert 9 GHz Signal um 0,5 μs

Eine elektromagnetische Welle benötigt für eine Wegstrecke von 30 cm gerade 1 ns oder für 300 m die Zeit von 1 μs. Nachdem ein einzelner Impuls gesendet worden ist, sollte eine gewisse Zeit vergehen, bis auch die Echos von den am weitesten entfernten Radarzielen empfangen worden sind, bevor ein weiterer Impuls ausgesendet wird, damit Entfernungen **eindeutig** bestimmt werden können. Der maximale eindeutige Entfernungsbereich R_{eind} hängt von der Pulsfolgefrequenz f_p bzw. der Pulsfolgezeit $T_p = 1/f_p$ ab:

$$R_{eind} = \frac{c\,T_p}{2}. \tag{9.7}$$

Das Grundprinzip eines typischen Pulsradargerätes für Weitbereichsanwendungen kann anhand des Blockschaltbildes 9.9 erläutert werden.

Ein Taktgeber steuert den zeitlichen Ablauf der Signalerzeugung und der Darstellung auf dem Sichtgerät. Dieser Taktgeber triggert den Pulsmodulator, der seinerseits über die Versorgungsspannung einen Hochleistungssender amplitudenmoduliert. Ein Weitbereichs–Radargerät weist typisch eine Impuls–Spitzenleistung von einigen Megawatt und Impulsbreiten von einigen Mikrosekunden auf.

Der Sendeimpuls wird über eine rotierende Antenne, die wiederum auch für den Empfang benutzt wird, abgestrahlt. Ein Sende–Empfangsschalter (Duplexer) schaltet für die Zeit des Sendeimpulses den Sender auf die Antenne durch und trennt den Empfänger von der Antenne, wodurch eine Zerstörung des Empfängers durch die Sendeenergie vermieden wird. Wenn nicht gesendet wird, führt der Duplexer die von der Antenne empfangenen Signale der rauscharmen Empfangsstufe zu und entkoppelt den Sender vom Empfänger.

Um das Systemrauschen möglichst gering zu halten, müssen die Empfangssignale möglichst rauscharm sein und soweit verstärkt werden, wie es die größtmöglichen Empfangsimpulse erlauben.

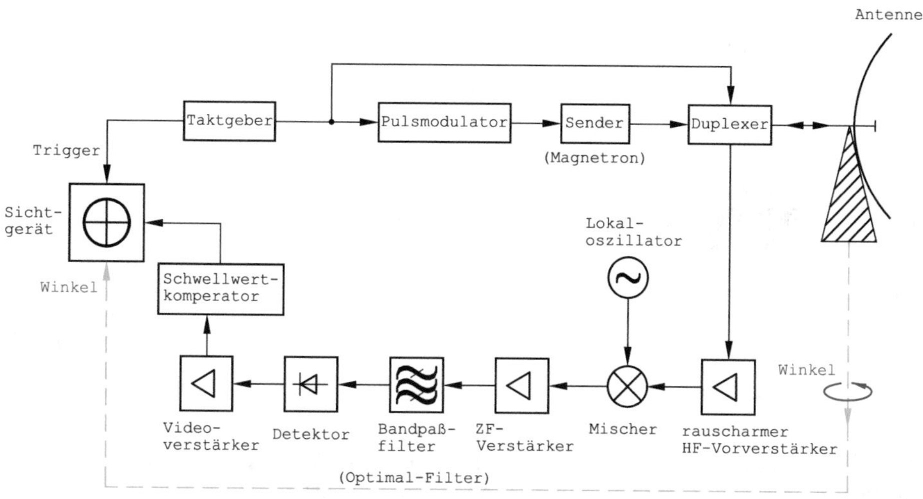

Abb. 9.9 Blockschaltbild eines Pulsradars

Mit Hilfe eines Fest- bzw. Lokaloszillators und einem Mischer wird der Impuls, der im einfachsten Fall aus einer kurzen hochfrequenten Folge von Sinusschwingungen besteht, in einen Zwischenfrequenzbereich (ZF-Bereich) umgesetzt.

Zur weiteren Signalaufbereitung wird das ZF–Signal zunächst verstärkt und anschließend gefiltert. Stand der Technik ist die Verwendung eines geeignet geformten Bandpaßfilters, welches das Verhältnis der durchgelassenen Signalenergie zu dem am Ausgang verbleibenden Rauschpegel optimiert. Liegt weißes Rauschen vor, so muss das Optimal–Filter (engl. matched filter) eine Impulsantwort aufweisen, die dem gespiegelten Verlauf des Sendeimpulses entspricht.

In einem nächsten Schritt wird durch Gleichrichtung mit dem Detektor die Einhüllende des gefilterten ZF–Signalimpulses gewonnen, verstärkt und in einer Komparatorschaltung mit einem Schwellwert verglichen. Sämtliche Signale, die den Schwellwert überschreiten, werden bei einem derartigen Rundsichtradar als Funktion des Azimutwinkels und der Entfernung zur Anzeige gebracht (Abb. 9.10).

9.2.3 Radarfrequenzen

Die Wahl des Frequenzbandes für ein Radargerät wird zunächst von den Anforderungen an das Winkelauflösungsvermögen bestimmt. So ergibt sich beispielsweise für eine rechteckige Flächenantenne mit der Breite L eine sogenannte Halbwertsbreite $\Delta\varphi$ in der Winkelauflösung von

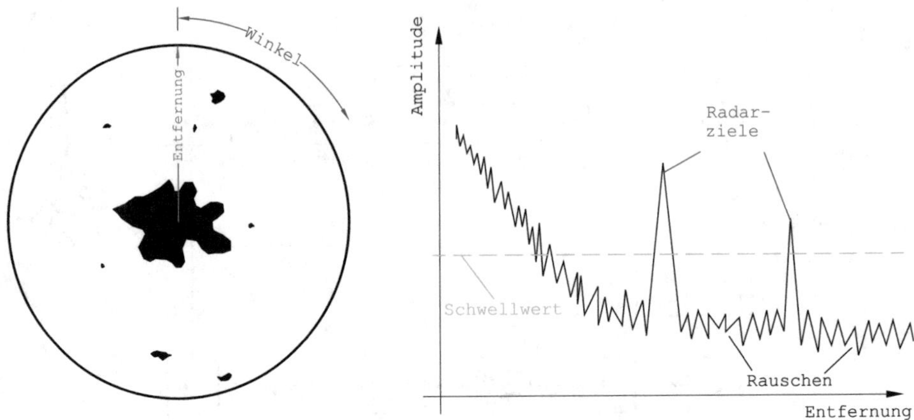

Abb. 9.10 Bildliche Darstellung der Radarinformation: links: in Polarkoordinaten mit Entfernung und Winkel, rechts: bei festen Winkel mit der Amplitude als Funktion der Entfernung

$$\Delta\varphi = 0{,}88 \, \frac{\lambda_0}{L} \qquad (\lambda_0 : \text{Wellenlänge im freien Raum, } \Delta\varphi \text{ in Radian}). \tag{9.8}$$

Somit erzwingt die Vorgabe einer Winkelauflösung $\Delta\varphi$ und einer maximalen Antennengröße L die kleinste Betriebsfrequenz f.

$$f = 0{,}88 \, \frac{c_0}{\Delta\varphi \, L} \qquad (c_0 : \text{Lichtgeschindigkeit im freien Raum}) \tag{9.9}$$

Ein weiteres und oft erheblicheres Kriterium für die Wahl der Betriebsfrequenz sind die rechtlichen Vorschriften. Speziell bei Entfernungsmessern für industrielle Anwendungen sind von den deutschen Behörden lediglich drei Bänder freigegeben (Tabelle in Abb. 9.12).

Will man jedoch bei anderen Frequenzen arbeiten, so darf das Gerät entweder im Einsatzfall keine Strahlung in die Umwelt abgeben, wie zum Beispiel bei einem Stahltank, oder muss mit einer Sendeleistung von weniger als ca. −60 dBm arbeiten.

Des weiteren sind in der Abb. 9.12 die wichtigsten freien Frequenzbänder für Industrieanwendungen in den USA und international vereinbarte Frequenzbänder für spezielle Anwendungen im Schifffahrts- und Flugbereich angegeben.

Neben diesen künstlichen Einschränkungen muss man noch den Einfluß der Atmosphäre beachten (Abb. 9.11 und 9.12).

Den für unsere Atmosphäre charakteristischen Dämpfungsverlauf, der durch Molekülresonanzen der Gase der Atmosphäre bewirkt wird, überlagert sich unter Umständen der dämpfende Einfluß von Nebel oder Regen. Diese Dämpfung hängt stark von der Nebel- oder Regendichte ab.

Die Sauerstoffresonanz beschränkt die meisten Anwendungen auf Frequenzen bis 36 GHz. Jedoch sind bei speziellen Anwendungen hohe Dämpfungen erwünscht, wie beispielsweise beim Abstandswarnradar. Da speziell der Nebel bei höheren Frequenzen über

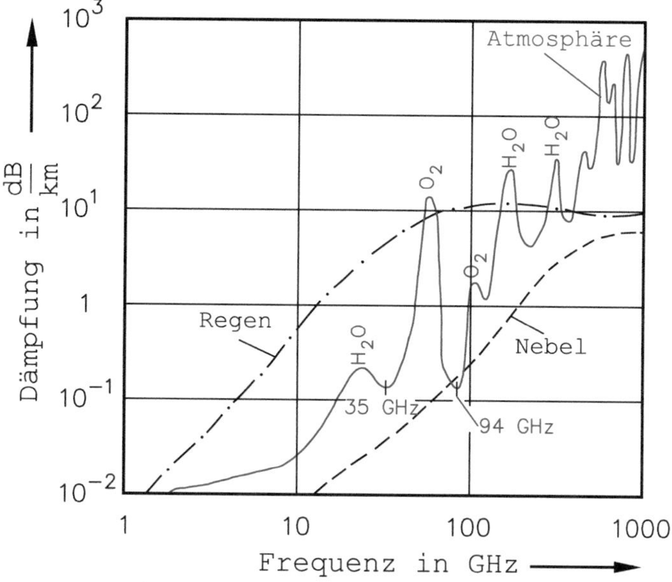

Abb. 9.11 Allgemeine Freiraumdämpfung in der Atmosphäre

den infraroten Bereich bis weit über den sichtbaren Bereich hinaus elektromagnetische Wellen erheblich dämpft, ist das Fenster bei 94 GHz für viele zukünftige Anwendungen von großer Bedeutung.

9.3 Das Feld eines Elementarstrahlers

Im Weiteren werden der elektrische und der magnetische Elementarstrahler detailliert beschrieben.

9.3.1 Elektrischer Elementarstrahler

Aus der Elektrostatik ist der statische Dipol bekannt. Man erhält ihn aus zwei Punktladungen der Ladung q und $-q$, indem man deren Abstand ℓ gegen Null gehen läßt und dabei q so vergrößert, dass das Produkt, nämlich das Dipolmoment p

$$p = q\,\ell \tag{9.10}$$

Frequenzbänder		Freie Bänder für Industrieanwendungen		International vereinbarte Frequenzbänder für Radaranwendungen	
Bandbezeichnung	Frequenzbereich in GHz	in Deutschland in GHz	in den USA in GHz	Frequenzbänder in GHz	typische Radaranwendungen
L	1 … 2		1,722 …	1,215 … 1,40	Sekundärradar; Mittelbereich-Rundsichtradar für Luftraumüberwachung
S	2 … 4	2,400 … 2,500	2,200 3,358 … 3,600	2,30 … 2,50 2,70 … 3,70	Flughafen-Rundsichtradar Weitbereichsverfolgung (Tracking); Schiffsradar
C	4 … 8	5,725 … 5,875	5,460 … 7,250	5,25 … 5,925	Präzise Schiffsführung
X	8 … 12		8,500 … 9,000 9,500 … 10,60	8,50 … 10,68	Präzisions-Anflugradar; Wetterradar in Flugzeugen; Schiffsradar
Ku	12 … 18		12,70 … 13,25 13,40 … 14,47	13,40 … 14,00 15,70 … 17,70	Dopplernavigation
K	18 … 27	24,00 … 24,25	24,00 …		
Ka	27 … 40		31,20 31,80 … 36,50	33,40 … 36,00	Rollfeldüberwachung auf Flughafen
mm	40 … 300				

Abb. 9.12 Aufstellung von Frequenzbändern der wichtigsten HF-Anwendungen

endlich bleibt. Das von diesem Dipol im leeren Raum erregte Feld ist:

$$\vec{\mathbf{E}} = \frac{p}{4\pi\epsilon_0 r^3}\left[\sin\vartheta\,\vec{\mathbf{u}}_\vartheta + 2\cos\vartheta\,\vec{\mathbf{u}}_r\right]. \tag{9.11}$$

Dabei sind $\vec{\mathbf{u}}_\vartheta$ und $\vec{\mathbf{u}}_r$ Einheitsvektoren, r ist der Abstand zum Aufpunkt, ϑ ist der `Elevationswinkel` und φ der `Azimutwinkel` (Abb. 9.13).

Fallszwischen den beiden Punktladungen ein zeitabhängiger Strom *i(t)* (positive Zählrichtung $+z$) fließt, wird auch das Dipolmoment p zeitabhängig und es gilt:

$$\frac{dp}{dt} = \dot{p} = \ell\,\frac{dq}{dt} = \ell\,i(t). \tag{9.12}$$

Ein elektrischer Elementarstrahler, der auch als Hertz'scher Dipol bezeichnet wird, weist ein derartig zeitabhängiges Dipolmoment auf und wird, wie im Abb. 9.14 angegeben, realisiert.

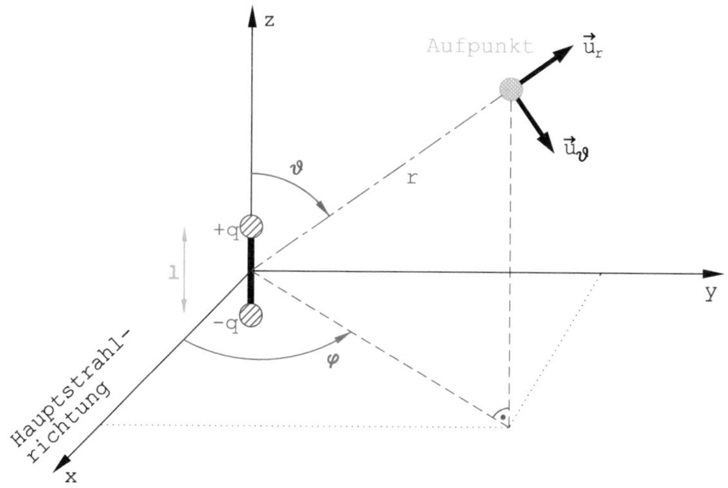

Abb. 9.13 Zur Erläuterung des statischen Dipoles

Abb. 9.14 Realisierung des elektrischen Elementarstrahlers

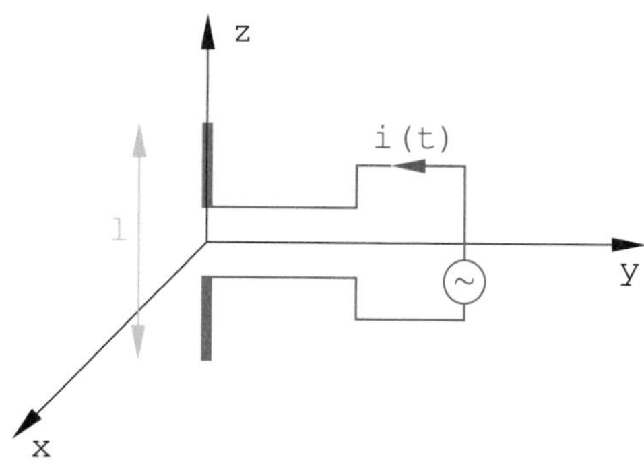

Das elektromagnetische Feld dieses Dipols muss im quellenfreien Raum die entsprechenden Maxwellschen Gleichungen für $r \neq 0$ erfüllen.

$$\operatorname{rot}\vec{\mathbf{H}} = \epsilon_0 \frac{\partial \vec{\mathbf{E}}}{\partial t} \qquad \text{und} \qquad \operatorname{rot}\vec{\mathbf{E}} = -\mu_0 \frac{\partial \vec{\mathbf{H}}}{\partial t} \tag{9.13}$$

Dabei ergibt sich die Lösung

$$\begin{aligned}\vec{\mathbf{E}}(r,\vartheta,t) = \frac{1}{4\pi\epsilon_0}\Bigg\{&\left[\frac{p(t-\frac{r}{c})}{r^3} + \frac{\dot{p}(t-\frac{r}{c})}{cr^2} + \frac{\ddot{p}(t-\frac{r}{c})}{c^2 r}\right]\sin\vartheta\,\vec{\mathbf{u}}_\vartheta \\ &+2\left[\frac{p(t-\frac{r}{c})}{r^3} + \frac{\dot{p}(t-\frac{r}{c})}{cr^2}\right]\cos\vartheta\,\vec{\mathbf{u}}_r\Bigg\},\end{aligned} \tag{9.14}$$

$$\vec{\mathbf{H}}(r,\vartheta,t) = \frac{1}{4\pi}\left[\frac{\dot{p}(t-\frac{r}{c})}{r^2} + \frac{\ddot{p}(t-\frac{r}{c})}{cr}\right]\sin\vartheta\,\vec{\mathbf{u}}_\varphi, \tag{9.15}$$

wobei $c = 1/\sqrt{\epsilon_0\mu_0}$ die Lichtgeschwindigkeit bedeutet. Die Gültigkeit der Lösung mit den Gl. (9.14) und (9.15) läßt sich bestätigen, indem man zeigt, dass

- die Maxwellschen Gleichungen erfüllt sind und
- im Grenzfall $\dot{p} = \ddot{p} = 0$ und $p(t - \frac{r}{c}) = p$ sich die statische Lösung ergibt.

Die Lösung, die diese beiden Bedingungen erfüllt, ist wegen des Eindeutigkeitssatzes auch die einzige Lösung des Abstrahlungsproblems.

Aus den Gl. (9.14) und (9.15) erkennt man, dass der zeitliche Verlauf des elektrischen und magnetischen Feldes durch den zeitlichen Verlauf des Dipolmomentes $p(t)$ und seiner Ableitungen $\dot{p}$ und $\ddot{p}$ bestimmt wird. Dabei tritt allerdings wegen der endlichen Ausbreitungsgeschwindigkeit des elektromagnetischen Feldes eine Zeitverzögerung (Retardierung) von $\tau = r/c$ auf.

Die retardierte Zeit τ gibt somit die Laufzeit an, die eine elektromagnetische Welle vom Quellpunkt zum Aufpunkt r bei einer Ausbreitung mit der Lichtgeschwindigkeit c benötigt.

Für den Fall einer harmonischen Zeitabhängigkeit (Kreisfrequenz ω, Freiraumwellenlänge $\lambda_0 = 2\pi c/\omega$) erhält man nach Einführung der üblichen Phasorenschreibweise

$$p(t) = \operatorname{Re}\left\{P\,e^{j\omega t}\right\}, \qquad i(t) = \operatorname{Re}\left\{I\,e^{j\omega t}\right\} \qquad \text{usw.} \tag{9.16}$$

und unter Berücksichtigung von $I\ell = j\omega P$ (siehe Gl. (9.12)) aus den Gl. (9.14) und (9.15) für die Phasoren des elektrischen und magnetischen Feldes:

$$\vec{\mathbf{E}}(r,\vartheta) = jZ_0\,\frac{I\,\ell}{2\,\lambda_0\,r}\,e^{-jk_0r}\left\{\left[1+\frac{1}{jk_0r}+\frac{1}{(jk_0r)^2}\right]\sin\vartheta\,\vec{\mathbf{u}}_\vartheta \right.$$
$$\left. +2\left[\frac{1}{jk_0r}+\frac{1}{(jk_0r)^2}\right]\cos\vartheta\,\vec{\mathbf{u}}_r\right\} \tag{9.17}$$

und

$$\vec{\mathbf{H}}(r,\vartheta) = j\,\frac{I\,\ell}{2\,\lambda_0\,r}\,e^{-jk_0r}\left[1+\frac{1}{jk_0r}\right]\sin\vartheta\,\vec{\mathbf{u}}_\varphi \tag{9.18}$$

mit der Wellenzahl $k_0 = \omega\sqrt{\epsilon_0\mu_0} = 2\pi/\lambda_0$ und dem Ausbreitungswiderstand bzw. Feldwellenwiderstand im leeren Raum $Z_0 = \sqrt{\mu_0/\epsilon_0} \approx 377\ \Omega$.

Das Nahfeld ist dadurch charakterisiert, dass $k_0r \ll 1$ gilt. Führt man diese Näherung ein, so ergibt sich für das E–Feld ein Ausdruck, der dem statischen Feld entspricht und für das H–Feld ein Feld, das dem stationären Feld eines stromdurchflossenen Leiters entspricht (Nahfeld $\hat{=}$ statischen Feldern). Im Fernfeld ist $k_0r \gg 1$ und folglich $1 \gg 1/k_0r \gg 1/(k_0r)^2$. Aus den Gl. (9.17) und (9.18) ergibt sich für den Hertz'schen Dipol das elektromagnetische Feld im Abstand von mehreren Wellenlängen (Fernfeld) in guter Näherung zu (Abb. 9.15)

$$\vec{\mathbf{E}}(r,\vartheta) \approx jZ_0\,\frac{I\,\ell}{2\,\lambda_0\,r}\,e^{-jk_0r}\,\sin\vartheta\,\vec{\mathbf{u}}_\vartheta \tag{9.19}$$

und

$$\vec{\mathbf{H}}(r,\vartheta) \approx j\,\frac{I\,\ell}{2\,\lambda_0\,r}\,e^{-jk_0r}\,\sin\vartheta\,\vec{\mathbf{u}}_\varphi. \tag{9.20}$$

Schließlich kann man die Gl. (9.19) und (9.20) in koordinatenfreier Vektorschreibweise formulieren, wenn man die Orientierung des Dipols durch den Vektor $\vec{\ell}$ mit dem Betrag $\ell = |\vec{\ell}|$ und die Richtung zum betrachteten Aufpunkt durch $\vec{\mathbf{u}}_r$ beschreibt, was im Abb. 9.16 grafisch dargestellt ist.

$$\vec{\mathbf{H}}(\vec{\mathbf{r}}) \approx j\,\frac{I\,\vec{\ell}\times\vec{\mathbf{u}}_r}{2\,\lambda_0\,r}\,e^{-jk_0r} \tag{9.21}$$

und

$$\vec{\mathbf{E}}(\vec{\mathbf{r}}) \approx Z_0\left(\vec{\mathbf{H}}\times\vec{\mathbf{u}}_r\right). \tag{9.22}$$

Die Ablösung der elektromagnetischen Welle über der Zeit ist im Abb. 9.17 in Form des elektrischen Feldes im Nahbereich dargestellt.

Die durch den Raum emittierte Strahlungsleistungsdichte erhält man aus dem Realteil des komplexen Poynting–Vektors

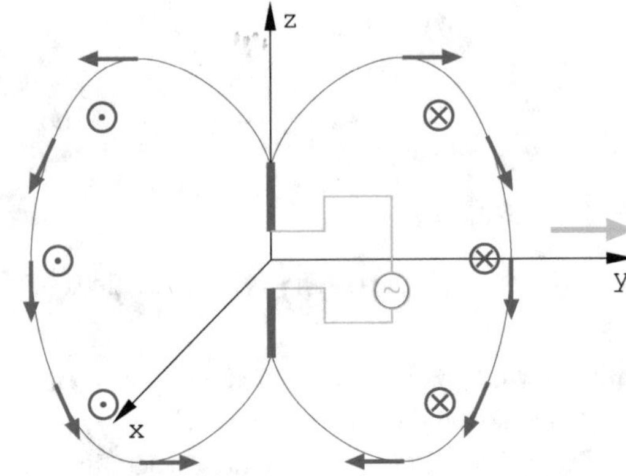

Abb. 9.15 Darstellung der E-Felder (rot) und der H-Felder (blau) der Dipolantenne im Fernfeld

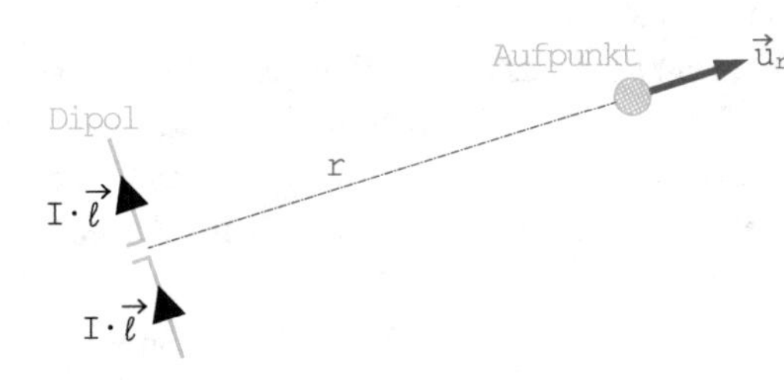

Abb. 9.16 Beschreibung des Dipols als Vektor

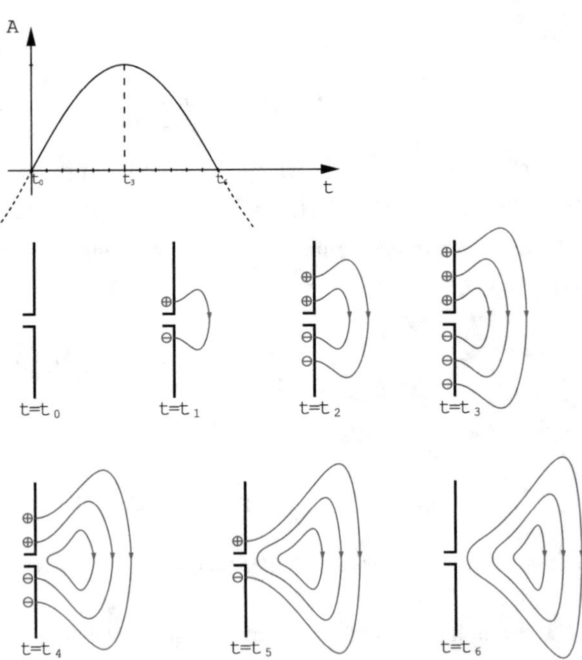

Abb. 9.17 Illustration der Feldablösung beim Dipol über den Zeitraum einer Halbperiode

$$\vec{\mathbf{S}} = \frac{1}{2}\left(\vec{\mathbf{E}} \times \vec{\mathbf{H}}^*\right), \tag{9.23}$$

der für den Elementarstrahler nur eine Komponente in r–Richtung aufweist:

$$S_r \approx \frac{Z_0}{2}\left(\frac{I\,\ell}{2\,\lambda_0\,r}\right)^2 \sin^2\vartheta. \tag{9.24}$$

Aus den Gl. (9.19), (9.20) und (9.24) kann man die folgenden Eigenschaften des Feldes in der Fernzone eines elektrischen Elementarstrahlers ablesen (Abb. 9.18):

1. Die Flächen konstanter Phase (Phasenflächen) werden von den Kugelflächen um den Ort des Dipols gebildet.
2. $\vec{\mathbf{E}}$ und $\vec{\mathbf{H}}$ liegen tangential zur Kugeloberfläche.
3. $\vec{\mathbf{H}}$ liegt senkrecht zur Orientierung des Dipols.
4. $\vec{\mathbf{E}}$ und $\vec{\mathbf{H}}$ stehen senkrecht aufeinander und es gilt wie für ebene homogene Wellen $|\vec{\mathbf{E}}| = Z_0 \cdot |\vec{\mathbf{H}}|$.
5. $|\vec{\mathbf{E}}|$ und $|\vec{\mathbf{H}}|$ fallen mit wachsendem Radius entsprechend $1/r$ ab.
6. Es findet ein reiner Wirkleistungstransport in Ausbreitungsrichtung statt.
7. Das Feld ist auf der Achse des Dipols ($\vartheta = 0, \pi$) Null und wird in der Ebene durch den Dipol, auf der der Dipol senkrecht steht, maximal. Die Felder sind unabhängig vom Azimutwinkel φ.

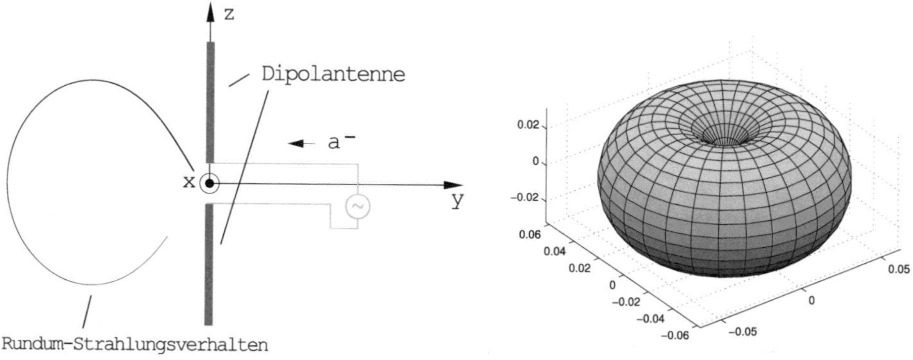

Abb. 9.18 Darstellung einer (symmetrischen) Dipolantenne entlang der z-Achse und der zugehörigen Strahlungscharackteristik (Form eines Toroids) der Hauptkeule angesteuert über eine symmetrische Quelle mittles eines Gegentaktsignales (links: 2D, rechts: 3D)

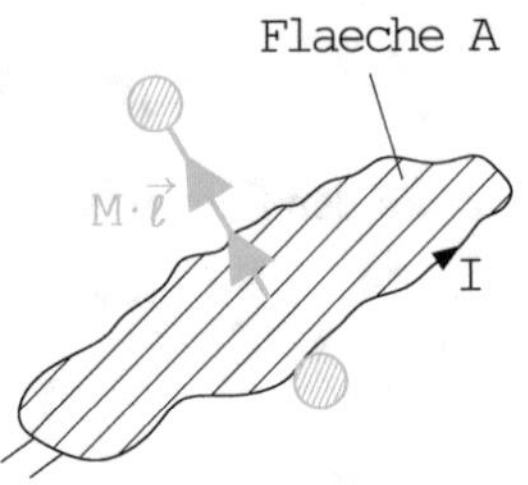

Abb. 9.19 Magnetischer Elementarstrahler

9.3.2 Magnetischer Elementarstrahler

Eine stromdurchflossene Leiterschleife mit kleinen Abmessungen (Abmessungen$\ll \lambda_0$) erzeugt ein Feld, das zu dem Feld des oben beschriebenen elektrischen Elementarstrahlers dual ist, d. h. die Felder gehen bis auf Konstanten durch Vertauschen von $\vec{\mathbf{E}}$ und $\vec{\mathbf{H}}$ auseinander hervor (Abb. 9.19).

Führt man formal den magnetischen Strom M ein,

$$M\ \vec{\ell} = j\ Z_0\ k_0\ A\ I\ \frac{\vec{\ell}}{\ell}, \tag{9.25}$$

wobei A den Flächeninhalt der Leiterschleife angeben soll, dann erhält man für die Fernzone, also für $k_0 r \gg 1$, dieses magnetischen Elementarstrahlers analog zu den Gl. (9.21) und (9.22)

$$\vec{\mathbf{E}}(\vec{\mathbf{r}}) \approx -j\ \frac{M\ \vec{\ell} \times \vec{\mathbf{u}}_r}{2\ \lambda_0\ r}\ e^{-jk_0 r} \tag{9.26}$$

und

$$\vec{\mathbf{H}}(\vec{\mathbf{r}}) \approx \frac{1}{Z_0}\left(\vec{\mathbf{u}}_r \times \vec{\mathbf{E}}\right). \tag{9.27}$$

9.4 Das Fernfeld einer beliebigen Stromverteilung im freien Raum

In diesem Abschnitt soll das Gesamtfeld betrachtet werden, das aus der Überlagerung der Felder mehrerer Elementarstrahler entsteht. Dabei wird angenommen, daá der Abstand r des Aufpunktes P zu den Elementarstrahlern (Quellpunkte) die Fernfeldbedingung $k_0 r \gg 1$ erfüllt.

Die Grundidee soll zunächst anhand des Sonderfalls von zwei elektrischen Elementarstrahlern erläutert werden. Die beiden Elementarstrahler mögen sich entsprechend Abb. 9.20 in den Punkten befinden, die durch die Ortsvektoren $\vec{\rho}_1$ und $\vec{\rho}_2$ beschrieben werden.

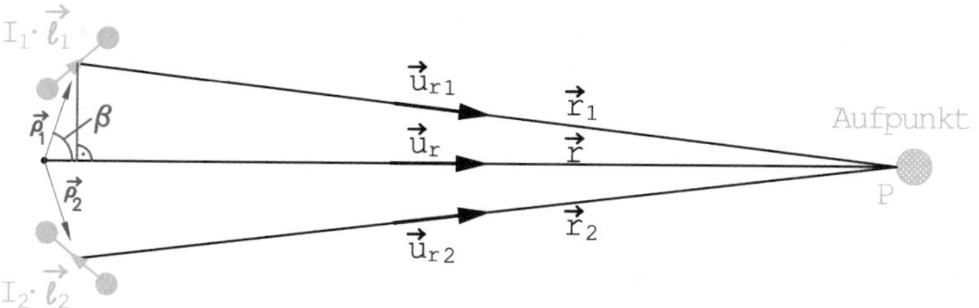

Abb. 9.20 Berechnung des Fernfeldes von zwei Elementarstrahlern

Für die Beträge r, ρ_1 und ρ_2 sowie den Aufpunktvektor $\vec{\mathbf{u}}_r$ gilt:

$$r = \left|\vec{\mathbf{r}}\right|; \qquad \rho_i = \left|\vec{\rho}_i\right|; \qquad \vec{\mathbf{u}}_r = \frac{\vec{\mathbf{r}}}{r}.$$

Das elektrische Feld im Aufpunkt P erhält man durch Überlagerung der Einzelbeiträge mit den Aufpunktsvektoren $\vec{\mathbf{u}}_{r_1}$ und $\vec{\mathbf{u}}_{r_2}$ nach Gl. (9.22) und (9.21) zu:

$$\begin{aligned}\vec{\mathbf{E}}(\vec{\mathbf{r}}) = \frac{jZ_0}{2\lambda_0} &\left\{\left[\left(I_1\,\vec{\ell}_1 \times \vec{\mathbf{u}}_{r_1}\right) \times \vec{\mathbf{u}}_{r_1}\right]\frac{1}{r_1}\,e^{-jk_0 r_1}\right.\\ &\left.+\left[\left(I_2\,\vec{\ell}_2 \times \vec{\mathbf{u}}_{r_2}\right) \times \vec{\mathbf{u}}_{r_2}\right]\frac{1}{r_2}\,e^{-jk_0 r_2}\right\}.\end{aligned} \tag{9.28}$$

Die Größen r_1, r_2, $\vec{\mathbf{u}}_{r_1}$ und $\vec{\mathbf{u}}_{r_2}$ sollen durch die Größen r, $\vec{\mathbf{u}}_r$ und die Ortsvektoren der Quellpunkte ρ_1 und ρ_2 ersetzt werden. Die Anwendung des Satzes des Pythagoras liefert für das rechtwinklige Dreieck mit der Hypotenuse r_1

$$r_1^2 = (r - \rho_1 \cos\beta)^2 + (\rho_1 \sin\beta)^2. \tag{9.29}$$

Multipliziert man Gl. (9.29) aus und ersetzt das skalare Produkt $r\rho_1 \cos\beta$ durch $\vec{\mathbf{r}} \cdot \vec{\rho}_1$, so errechnet sich r_1 zu

$$r_1 = \sqrt{r^2 + \rho_1^2 - 2\,\vec{\rho}_1 \cdot \vec{\mathbf{r}}} \tag{9.30}$$

und mit $\vec{\mathbf{r}} = r\,\vec{\mathbf{u}}_r$ zu

$$r_1 = r\,\sqrt{1 + \frac{\rho_1^2}{r^2} - \frac{2\,\vec{\rho}_1 \cdot \vec{\mathbf{u}}_r}{r}}. \tag{9.31}$$

Der Wurzelausdruck wird in eine Taylorreihe entwickelt:

$$r_1 = r\left\{1 + \frac{1}{2}\left(\frac{\rho_1^2}{r^2} - \frac{2\,\vec{\rho}_1 \cdot \vec{\mathbf{u}}_r}{r}\right) - \frac{1}{8}\left(\frac{\rho_1^2}{r^2} - \frac{2\,\vec{\rho}_1 \cdot \vec{\mathbf{u}}_r}{r}\right)^2 + \ldots\right\}. \tag{9.32}$$

Im Fernfeld gilt $\rho_1/r \ll 1$. Weil r_1 im Phasenterm des elektrischen Feldes auftritt, werden nichtsdestotrotz zur Berechnung von r_1 zunächst sämtliche Glieder mit ρ_1^2/r^2 berücksichtigt:

$$r_1 = r - \vec{\rho}_1 \cdot \vec{\mathbf{u}}_r + \frac{1}{2}\frac{1}{r}\left(\rho_1^2 - \left(\vec{\rho}_1 \cdot \vec{\mathbf{u}}_r\right)^2\right). \tag{9.33}$$

Abgesehen von den Phasengrößen $\varphi_i = k_0 r_i$ der Exponentialfunktionen in Gl. (9.28) kann man für die Größen r_i und $\vec{\mathbf{u}}_{r_i}$ die gröbere Näherung

$$r_i \approx r \quad \text{und} \quad \vec{\mathbf{u}}_{r_i} \approx \vec{\mathbf{u}}_r$$

einführen.

Eine Abschätzung des Phasenfehlers ist mit Hilfe des dritten Gliedes möglich, das proportional $(\rho_1^2 - (\vec{\rho}_1 \cdot \vec{\mathbf{u}}_r)^2)$ ist. Der Phasenfehler, der durch das dritte Glied verursacht wird, ist maximal, wenn $\vec{\rho}_1 \cdot \vec{\mathbf{u}}_r = 0$ ist. Benutzt man diese Beziehung und legt eine mehr oder weniger willkürliche Fehlerschranke von $\pi/8$ für den Phasenfehler $\Delta\varphi$ fest, dann erhält man, wenn man das dritte Glied der Phase $\varphi_1 = k_0 r_1$ als Maß für den Phasenfehler nimmt:

$$\begin{aligned} \Delta\varphi &\approx k_0 \frac{1}{2}\frac{1}{r}\rho_1^2 < \frac{\pi}{8} \\ \Delta\varphi &\approx \frac{\pi\,\rho_1^2}{\lambda_0\, r} < \frac{\pi}{8}. \end{aligned} \tag{9.34}$$

Bezeichnet man mit $D = |\vec{\rho}_1 - \vec{\rho}_2|$ den Abstand zwischen den beiden Quellpunkten und nimmt an, dass $\vec{\rho}_1 = -\vec{\rho}_2$ und somit $D = 2\,\rho_1$ ist, dann wird die Ungleichung (9.34) erfüllt, wenn

$$r > \frac{2\,D^2}{\lambda_0} \quad \textbf{(Fernfeldbedingung)} \tag{9.35}$$

gewählt wird.

Das durch die Ungleichung (9.35) definierte Raumgebiet bezeichnet man als Fernfeldzone oder `Fraunhoferzone` und das Feld in diesem Gebiet als Fernfeld. muss man die ersten drei Glieder in der Reihe zur Approximation der Phase verwenden, dann spricht man von der `Fresnelzone`. Unter Berücksichtigung der oben diskutierten Näherungen für die Fernfeldzone erhält man für das Fernfeld der beiden Elementarstrahler, wenn man die Reihenfolge im Vektorprodukt vertauscht:

$$\vec{\mathbf{E}}(\vec{\mathbf{r}}) = \frac{e^{-jk_0 r}}{r} \, \vec{\mathbf{E}}_0(\vec{\mathbf{u}}_r) \qquad \text{mit}$$

$$\vec{\mathbf{E}}_0(\vec{\mathbf{u}}_r) = \frac{j\,Z_0}{2\,\lambda_0} \, \vec{\mathbf{u}}_r \times \left\{ \vec{\mathbf{u}}_r \times \left[I_1 \, \vec{\ell}_1 \, e^{(jk_0 \, \vec{\mathbf{u}}_r \cdot \vec{\rho}_1)} + I_2 \, \vec{\ell}_2 \, e^{(jk_0 \, \vec{\mathbf{u}}_r \cdot \vec{\rho}_2)} \right] \right\} . \tag{9.36}$$

Diese am Beispiel von zwei elektrischen Elementarstrahlern gezeigte Vorgehensweise lässt sich auf die Berechnung des Feldes einer beliebigen räumlich verteilten Flächenstromdichte übertragen. Das Stromelement $I\,\vec{\ell}$ wird dabei durch das Flächenstromelement $\vec{\mathbf{J}}\,ds$ mit der Flächenstromdichte $\vec{\mathbf{J}}$ ersetzt (Abb. 9.21).

$$\vec{\mathbf{J}}\,ds = \vec{\mathbf{J}}\,d\ell_1\,d\ell_2 \tag{9.37}$$

Für die magnetische Flächenstromdichte $\vec{\mathbf{M}}$ gelten ähnliche Überlegungen, wie sie für die elektrische Flächenstromdichte $\vec{\mathbf{J}}$ angestellt wurden.

Zur Berechnung des Feldes einer ausgedehnten Stromverteilung (Abb. 9.21) tritt an die Stelle der Summe ein Integral über alle Quellen. Man erhält für das Fernfeld:

$$\vec{\mathbf{E}}(\vec{\mathbf{r}}) = \frac{e^{-jk_0 r}}{r} \, \vec{\mathbf{E}}_0(\vec{\mathbf{u}}_r) \tag{9.38}$$

mit

$$\vec{\mathbf{E}}_0(\vec{\mathbf{u}}_r) = \frac{j}{2\,\lambda_0} \iint\limits_S \left\{ \vec{\mathbf{u}}_r \times \left[Z_0 \left(\vec{\mathbf{u}}_r \times \vec{\mathbf{J}}(\vec{\rho}) \right) + \vec{\mathbf{M}}(\vec{\rho}) \right] e^{(jk_0 \, \vec{\mathbf{u}}_r \cdot \vec{\rho})} \right\} ds \tag{9.39}$$

Abb. 9.21 Darstellung des Flächenstromelements

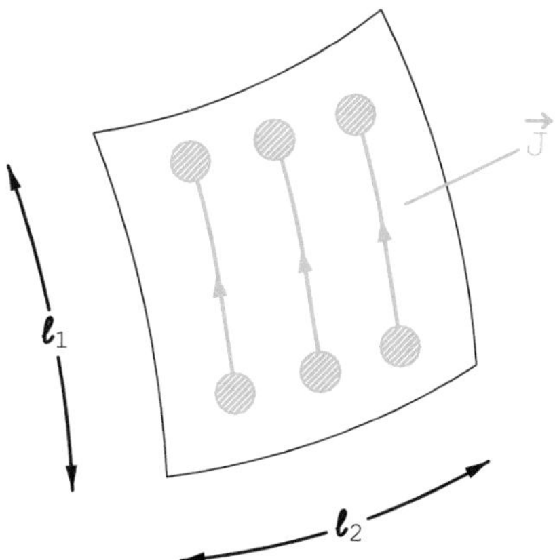

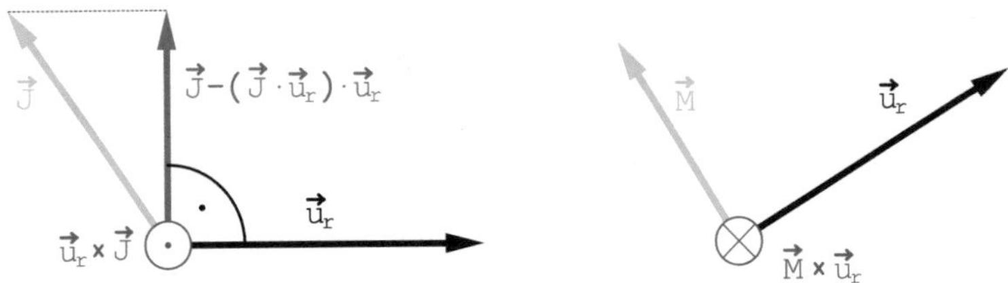

Abb. 9.22 Zur Erläuterung einer Vektorumformung

bzw.

$$\vec{\mathbf{E}}_0(\vec{\mathbf{u}}_r) = \frac{-j}{2\,\lambda_0} \iint\limits_S \left\{ \left[Z_0 \left(\vec{\mathbf{J}}(\vec{\rho}) - \left(\vec{\mathbf{J}}(\vec{\rho}) \cdot \vec{\mathbf{u}}_r \right) \cdot \vec{\mathbf{u}}_r \right) + \vec{\mathbf{M}}(\vec{\rho}) \times \vec{\mathbf{u}}_r \right] e^{(jk_0\,\vec{\mathbf{u}}_r \cdot \vec{\rho})} \right\} ds \tag{9.40}$$

und

$$\vec{\mathbf{H}}(\vec{\mathbf{r}}) = \frac{1}{Z_0} \left(\vec{\mathbf{u}}_r \times \vec{\mathbf{E}}(\vec{\mathbf{r}}) \right). \tag{9.41}$$

Abb. 9.22 dient zur Erläuterung der Umformung von Gl. (9.39) nach Gl. (9.40).

Das Kreuzprodukt $\vec{\mathbf{u}}_r \times \vec{\mathbf{J}}$ steht senkrecht zu den beiden Vektoren $\vec{\mathbf{u}}_r$ und $\vec{\mathbf{J}}$ und das doppelte Kreuzprodukt $\vec{\mathbf{u}}_r \times \vec{\mathbf{u}}_r \times \vec{\mathbf{J}}$ nunmehr senkrecht zu $\vec{\mathbf{u}}_r$ und $\vec{\mathbf{u}}_r \times \vec{\mathbf{J}}$[2]. Die Richtung der Vektoren sind im Sinne einer Rechtsschraube zugeordnet.

Die Anwendung der Gl. (9.38) bis (9.41) soll anhand des Abb. 9.23 für den Fall, dass nur eine Flächenstromdichte $\vec{\mathbf{J}}(\vec{\rho})$ vorhanden ist, erläutert werden.

Die Integration muss unter Berücksichtigung der eingezeichneten Vektoren über die im Schnitt gezeichnete Fläche S erfolgen.

Die Abmessung D der Fernfeldbedingung (Gl. (9.35)) hat nunmehr die Bedeutung der größten Linearabmessung der Stromverteilung.

Die Gl. (9.38) bis (9.41) stellen das Ergebnis dieses Abschnitts dar. Die aus diesen Gleichungen folgenden Eigenschaften des Fernfeldes einer beliebigen Stromverteilung können wie folgt zusammengefaßt werden:

1. Die Ortsabhängigkeit der elektrischen Feldstärke $\vec{\mathbf{E}}$ ist durch das Produkt von zwei Funktionen gegeben. Der erste Faktor nämlich $\frac{1}{r}\,e^{-jk_0 r}$ ist unabhängig von der speziellen Form der Stromverteilung und beschreibt den Amplitudenabfall sowie die Phase des Feldes in Abhängigkeit vom Abstand r. Der zweite Faktor $\vec{\mathbf{E}}_0(\vec{\mathbf{u}}_r) = \vec{\mathbf{E}}_0(\vartheta, \varphi)$ ist nur

[2] Der Betrag der Kreuzprodukte ist gleich der aufgespannten Fläche eines Parallelogramms.

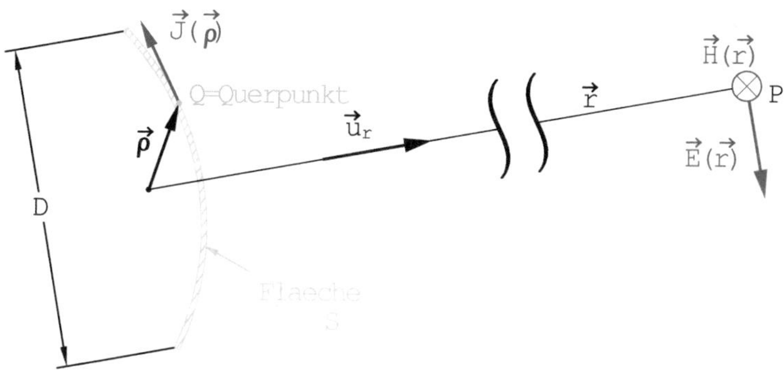

Abb. 9.23 Zur Erläuterung des Integrals über die Flächenstromdichte

von der Richtung $\vec{\mathbf{u}}_r = \vec{\mathbf{u}}_r(\vartheta, \varphi)$ abhängig, also von r unabhängig. Dabei sind ϑ und φ die beiden Koordinatenwinkel in Kugelkoordinaten. Man nennt $\vec{\mathbf{E}}_0(\vec{\mathbf{u}}_r) = \vec{\mathbf{E}}_0(\vartheta, \varphi)$ die **absolute** Richtcharakteristik der Stromverteilung.

2. Da nach Gl. (9.40) die Vektoren $(\vec{\mathbf{J}} - (\vec{\mathbf{J}} \cdot \vec{\mathbf{u}}_r) \cdot \vec{\mathbf{u}}_r)$ und $\vec{\mathbf{M}} \times \vec{\mathbf{u}}_r$ im Integranden auf $\vec{\mathbf{u}}_r$ senkrecht stehen, liegt auch $\vec{\mathbf{E}}(\vec{\mathbf{r}})$ senkrecht auf $\vec{\mathbf{u}}_r$, also tangential zu der Kugelfläche um den Nullpunkt.
3. Nach Gl. (9.41) steht $\vec{\mathbf{H}}$ senkrecht auf $\vec{\mathbf{E}}$ und $\vec{\mathbf{u}}_r$. Es gilt für die Beträge:

$$\left|\vec{\mathbf{H}}\right| = \frac{\left|\vec{\mathbf{E}}\right|}{Z_0}. \qquad (9.42)$$

Das elektrische und magnetische Feld sind in Phase.

9.5 Das Äquivalenzprinzip (Huygensches Prinzip)

Der Entwurf einer Radaranlage erfordert einerseits Kenntnisse über die Strahlungseigenschaften wie zum Beispiel Richtcharakteristik, Gewinn, Halbwertsbreite, Nebenkeulendämpfung der in Frage kommenden Antennen und anderseits Kenntnisse der Rückstreueigenschaften wie Streumatrix, Radarquerschnitt möglicher Radarziele.

Die Bestimmung dieser Größen stellt im allgemeinen ein kompliziertes elektromagnetisches Randwertproblem dar, dessen strenge Lösung im allgemeinen einen sehr hohen rechnerischen Aufwand erfordert. Man benutzt in der Regel Näherungsverfahren, deren Ergebnisse für den hier vorliegenden Zweck praktisch ausreichend sind. Außerdem haben diese Näherungsverfahren den Vorteil, dass sie einen guten Einblick in die prinzipielle Wirkungsweise von Antennen geben.

Aus dem vorherigen Abschnitt ist der Zusammenhang zwischen der Verteilung der elektrischen und magnetischen Ströme (Quellen) und dem zugehörigen elektromagnetischen Feld unter der Voraussetzung des freien Raums (d. h. homogener Raum mit $\epsilon_r = \mu_r = 1$ für alle Punkte) bekannt. Diese Ergebnisse lassen sich nicht auf direktem Wege auf die vorliegenden Probleme (Antenne, Radarziel) anwenden. Hier ist nämlich die Voraussetzung des homogenen Raumes verletzt, da die Antennen und Radarziele aus Material mit $\epsilon_r \neq 1$ (meistens Metall) bestehen. Außerdem befinden sich die eigentlichen Quellen elektromagnetischer Felder in den verwendeten Röhren und Halbleiterbauelementen. Man kann jedoch mit Hilfe des Äquivalenzprinzips (auch als Huygensches Prinzip bezeichnet) das vorliegende Problem durch Quellen im freien Raum beschreiben.

Die hier benötigten Aussagen des Äquivalenzprinzips lassen sich folgendermaßen zusammenfassen (Abb. 9.24):

i) Es werden Volumenbereiche V_i, $(i = 1, 2, \ldots)$, beliebiger geometrischer Gestalt eingeführt, die diejenigen Strukturen einschließen, welche die Homogenität des Raumes stören. In den Abb. 9.25 und 9.25 ist jeweils eine Radaranlage samt Antenne in V_1 und das Radarziel in V_2 eingeschlossen.

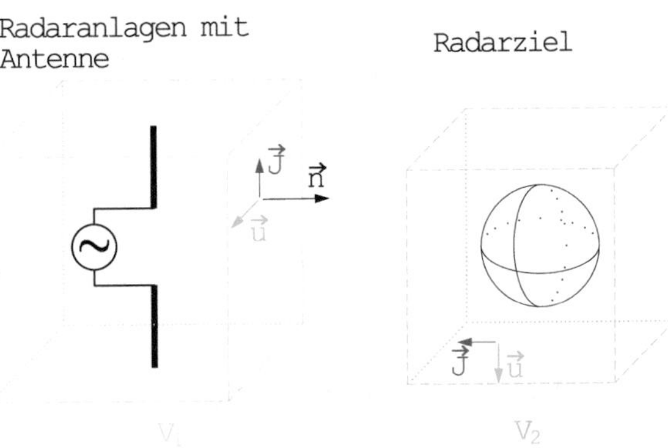

Abb. 9.24 Einschluss der Radaranlage mit Dipolantenne und des Radarzieles in den Volumen V_1 und V_2

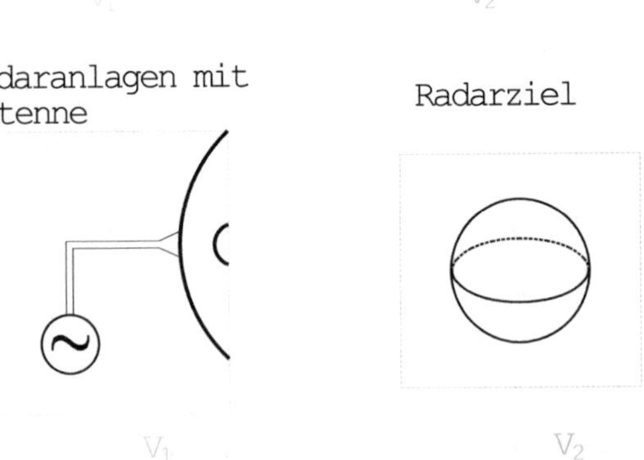

Abb. 9.25 Einschluss der Radaranlage mit Parabolantenne und des Radarzieles in den Volumen V_1 und V_2

ii) In allen Punkten auf der Oberfläche dieser Volumenbereiche werden „äquivalente Stromdichten" $\vec{\mathbf{J}}$ und $\vec{\mathbf{M}}$ definiert, die sich aus den in diesen Punkten herrschenden Feldstärken $\vec{\mathbf{E}}$ und $\vec{\mathbf{H}}$ über

$$\vec{\mathbf{J}} = \vec{\mathbf{n}} \times \vec{\mathbf{H}} \tag{9.43}$$

und

$$\vec{\mathbf{M}} = -\vec{\mathbf{n}} \times \vec{\mathbf{E}} \tag{9.44}$$

ergeben. Dabei ist $\vec{\mathbf{n}}$ der nach aussen zeigende Flächennormalenvektor, Abb. 9.26.

iii) Denkt man sich die unter **ii)** definierten äquivalenten Stromdichten im freien Raum befindlich (Abb. 9.26), so erzeugen sie außerhalb von V_1 und V_2 ein elektromagnetisches Feld, das demjenigen der ursprünglichen Anordnung entspricht. Innerhalb dieser Volumenbereiche wird das von den äquivalenten Strömen erzeugte Feld zu Null. Somit kann man anstelle der ursprünglichen Konfiguration (Abb. 9.25) eine Anordnung, die aus elektrischen und magnetischen Quellen im freien Raum besteht (Abb. 9.26) und hinsichtlich des Feldes außerhalb von V_1 und V_2 äquivalent ist, betrachten. Damit hat man zunächst nur eine neue Beschreibungsweise eingeführt. Da die äquivalenten Ströme nach Gl. (9.43) und (9.44) von dem Tangentialanteil des elektrischen und magnetischen Feldes in der Oberfläche abhängen, dieses Feld jedoch unbekannt ist, bleibt das Randwertproblem nach wie vor ungelöst. Es gibt jedoch, wie weiter unten erläutert wird, brauchbare Näherungen für die Tangentialkomponenten der Felder in der Öffnung (Apertur) von Flächenstrahlern sowie auf der Oberfläche von metallischen Streukörpern (Radarzielen). Diese Näherungslösungen gestatten nach Gl. (9.43) und (9.44) die Bestimmung äquivalenter Ströme und damit eine näherungsweise Lösung des Antennen- und Rückstreuproblems.

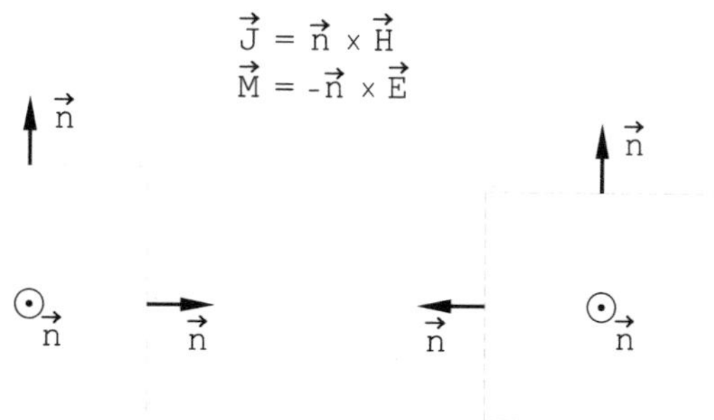

Abb. 9.26 Flächennormalenvektor für die Radaranlage und das Radarziel ersetzt

In der praktischen Anwendung unterscheidet man Flächenantennen (Antennen mit einer Apertur) von den Rest der Antennen. Die hier beschriebene Vorgehensweise muss man auch in der numerischen Feldsimulation verwenden!

Sofern man keine Flächenantennen hat, muss man die Signalquelle in der Berechnung einbinden. In der Feldsimulation verwendet man hier gerne eine Gap-Source. Der gewählte Volumen kann bereist im Nahbereich, wie im Abb. 9.27 dargestellt, enden.

Bei Flächenantennen lässt man das Volumen bereits in der Fläche enden. Hat man ein Hohlleiter als Eingang, so ist noch nicht einmal eine innere Quelle nötig, s. Abb. 9.28.

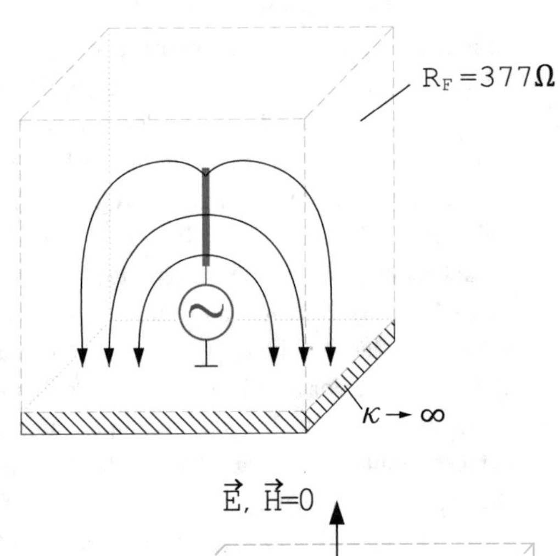

Abb. 9.27 Darstellung des elektrischen Feldes eines Monopols im Volumen

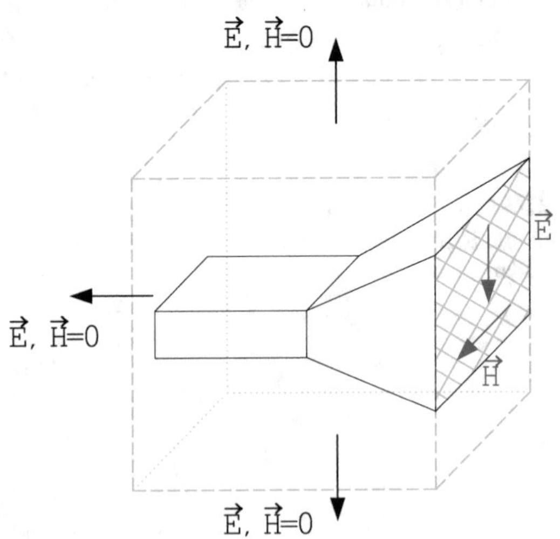

Abb. 9.28 Anwendung des Huygensches Prinzips für die Hornantenne

9.6 Zusammenhang zwischen Aperturbelegung und Richtcharakteristik bei Flächenantennen

Radargeräte in der Schiffs- oder Flugüberwachung benötigen Antennen, die eine scharfe Richtcharakteristik in der Horizontalebene (Azimut) und eine relativ geringe Bündelung in der Vertikalebene (Elevation) besitzen.

Die bisher vorgestellten Linearantennen finden in der Radartechnik lediglich Einsatz als Elemente von sogenannten Gruppenantennen, die im kommenden Kapitel ausführlich behandelt werden. Neben den elektronisch steuerbaren Gruppenantennen werden sehr häufig mechanisch schwenkbare Flächenantennen eingesetzt. Flächenantennen werden in zwei Klassen, den Strahlern und den Spiegelantennen, unterteilt. Bei Hohlleiterstrahlern erreicht man eine sehr gute breitbandige Anpassung an den Wellenwiderstand des freien Raumes mit einem trichterförmigen Übergang. Das elektromagnetische Feld in der Öffnungsfläche (Aperturfläche) entspricht dem Feld des angeregten Wellentyps: H_{10} im Rechteck- bzw. H_{11} im Rundhohlleiter. Weil bei Rechteckhörnern sich die Richtcharakteristik sehr genau berechnen lässt, werden diese auch als Eichstrahler mit bekanntem Richtfaktor eingesetzt.

Einige Beispiele von Horn- bzw. Trichterstrahlern sind dem Abb. 9.29 zu entnehmen.

Als Erreger in Spiegelantennen werden in der Regel Hornstrahler eingesetzt.

Einfache Spiegelantennen werden unter Verwendung der Methoden der geometrischen Optik dimensioniert: Der Laufweg aller Strahlen ist vom Wellenzentrum im Brennpunkt F über die Reflexion an der parabolisch geformten Spiegelfläche bis zur Öffnungsebene (Apertur) gleich lang und damit ist die Phasenbelegung in der Apertur konstant.

Abb. 9.30 illustriert drei häufig eingesetzte Spiegelantennen (Abb. 9.31).

Beide Arten von Flächenantennen haben gemein, dass

a) deren geometrische Abmessungen ein Vielfaches der Wellenlänge λ_0 beträgt.
b) deren Hauptstrahlrichtung senkrecht zur Hauptausdehnung der Antenne steht.
c) eine in nächster Nähe der Antenne befindliche ebene Fläche (Apertur) begrenzter Abmessung angebbar ist, durch die der weitaus größte Teil der Strahlung hindurchgeht.

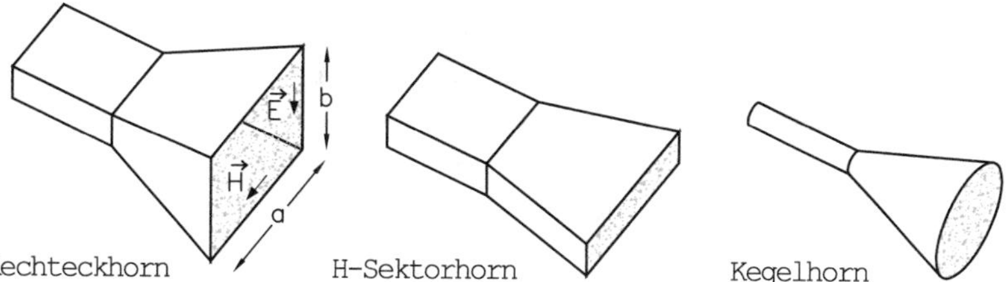

Abb. 9.29 Skizze verschiedener Hohlleiterantennen

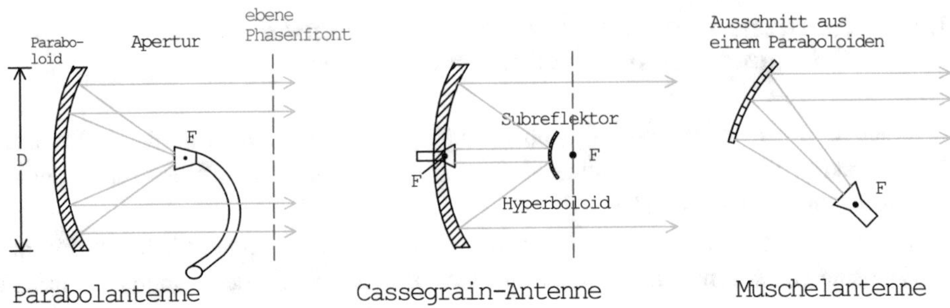

Abb. 9.30 Beispiele für Flächenstrahler

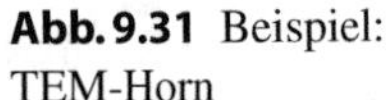

Abb. 9.31 Beispiel: TEM-Horn

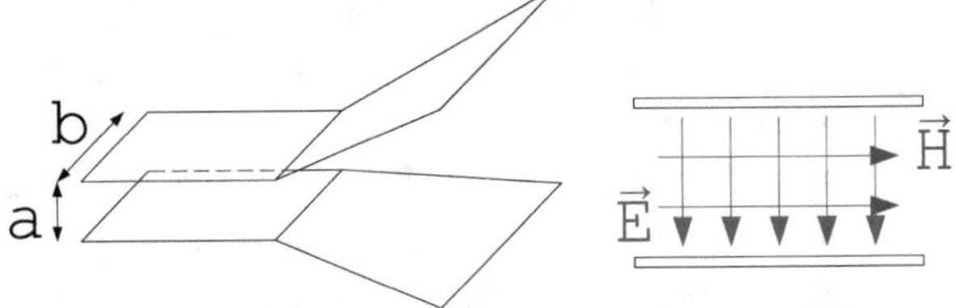

Nach Abschn. 2.3 kann man zur Berechnung des Strahlungsfeldes die Antenne durch eine äquivalente Stromverteilung im freien Raum ersetzen (Gl. 9.43). Für eine exakte Berechnung müsste man die äquivalente Stromverteilung auf einer geschlossenen, die ganze Antenne umschließenden Oberfläche berücksichtigen. Denkt man sich diese Oberfläche so gelegt, dass die oben eingeführte Apertur Teil dieser Oberfläche ist, so ist aufgrund der Definition der Apertur (=Ebene, durch die der weitaus größte Teil der Strahlung geht) der Beitrag der äquivalenten Ströme auf dem restlichen Teil der Oberfläche vernachlässigbar, besonders bezüglich des Strahlungsfeldes auf der Vorderseite der Antenne.

Anstatt über die geschlossene Oberfläche integriert man also näherungsweise nur über die ebene Aperturfläche. Im übrigen Bereich der geschlossenen Oberfläche werden die Flächenströme zu Null angenommen. Grundsätzlich kann bei einer gegebenen Flächenantenne die Apertur mehr oder weniger willkürlich gewählt werden. Im Allgemeinen wählt man sie jedoch so, dass man für den Verlauf der äquivalenten Stromdichten (proportional den Transversalkomponenten von $\vec{\mathbf{E}}$ und $\vec{\mathbf{H}}$) in der Apertur eine einfache Näherung mit genügender Genauigkeit angeben kann. Bei einem zur Achse symmetrischen Parabolspiegel mit kreisförmiger Berandung läßt man sie mit der Spiegelöffnung, bei einem Hornstrahler mit der Hornöffnung zusammenfallen. Abb. 9.32 zeigt eine Apertur, die in die Ebene $x = 0$ gelegt ist.

Nach Gl. 9.44 ergibt sich für die Apertur eine äquivalente magnetische Flächenstromdichte von

$$\vec{\mathbf{M}}(y, z) = -\vec{\mathbf{n}} \times \vec{\mathbf{E}}(0, y, z) = -\vec{\mathbf{u}}_x \times \vec{\mathbf{E}}_t(y, z). \tag{9.45}$$

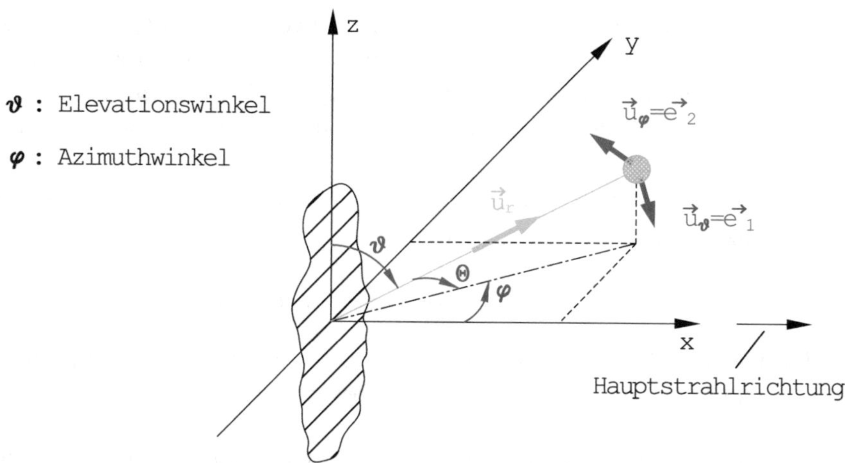

Abb. 9.32 Apertur in der Ebene $x = 0$ und zugehöriges Koordinatensystem

Dabei ist $\vec{\mathbf{E}}_t(y, z) = \vec{\mathbf{E}} - E_x \cdot \vec{\mathbf{u}}_x$ der parallel zur Aperturebene orientierte Anteil (Transversalanteil) des elektrischen Feldes.

Nimmt man in einer weiteren Näherung an, dass zwischen dem transversalen Anteil des elektrischen und magnetischen Feldes in der Apertur näherungsweise der gleiche Zusammenhang wie für TEM–Wellen gilt, nämlich

$$\vec{\mathbf{H}}_t(y, z) \approx \frac{1}{Z_0} \vec{\mathbf{u}}_x \times \vec{\mathbf{E}}_t(y, z). \tag{9.46}$$

dann läßt sich auch die elektrische Flächenstromdichte durch $\vec{\mathbf{E}}_t(y, z)$ ausdrücken:

$$\begin{aligned} \vec{\mathbf{J}}(y, z) &= \vec{\mathbf{n}} \times \vec{\mathbf{H}}_t(0, y, z) = \vec{\mathbf{u}}_x \times \vec{\mathbf{H}}_t(y, z), \\ &\approx \vec{\mathbf{u}}_x \times \left(\frac{1}{Z_0} \vec{\mathbf{u}}_x \times \vec{\mathbf{E}}_t(y, z) \right), \\ &= - \frac{1}{Z_0} \vec{\mathbf{E}}_t(y, z). \end{aligned} \tag{9.47}$$

Nach Einsetzen dieses speziellen Ausdrucks für $\vec{\mathbf{M}}$ und $\vec{\mathbf{J}}$ wird aus Gl. 9.39

$$\vec{\mathbf{E}}_0(\vec{\mathbf{u}}_r) = - \frac{j}{2\,\lambda_0} \int\!\!\int_S \vec{\mathbf{u}}_r \times \left[\left(\vec{\mathbf{u}}_x + \vec{\mathbf{u}}_r \right) \times \vec{\mathbf{E}}_t(y, z) \right] e^{\,jk_0 \vec{\mathbf{u}}_r \,\vec{\rho}} \, dy\, dz, \tag{9.48}$$

mit $\qquad \vec{\rho} = \left(y \cdot \vec{\mathbf{u}}_y + z \cdot \vec{\mathbf{u}}_z \right).$

Das Integral ist über die ebene Aperturfläche S zu erstrecken. Der Integralausdruck kann über die in Abb. 9.32 eingeführten Koordinaten umgeschrieben werden. Man beachte, dass der Winkel θ sich an der Hauptstrahlrichtung orientiert und nicht mit dem Winkel ϑ nach Abb. 9.13, der von der z–Achse aus gerechnet wird, übereinstimmt. Im Einzelnen wird:

a) das transversale Feld $\vec{\mathbf{E}}_t(y,z)$ in der Apertur in seine Komponenten bezüglich der z– und y–Achse zerlegt.

$$\vec{\mathbf{E}}_t(y,z) = E_y(y,z)\vec{\mathbf{u}}_y + E_z(y,z)\vec{\mathbf{u}}_z \tag{9.49}$$

b) die Richtung vom Koordinatennullpunkt zum Punkt, in dem das Fernfeld bestimmt werden soll (Aufpunkt), durch die Winkel θ und φ beschrieben:

$$\vec{\mathbf{u}}_r = \sin\theta \cdot \vec{\mathbf{u}}_z + \cos\theta \cdot \left(\cos\varphi \cdot \vec{\mathbf{u}}_x + \sin\varphi \cdot \vec{\mathbf{u}}_y\right). \tag{9.50}$$

c) der Vektor $\vec{\mathbf{E}}_0(\theta,\varphi)$ in Komponenten bezüglich der Einheitsvektoren $\vec{\mathbf{e}}_1$ und $\vec{\mathbf{e}}_2$, die aufeinander senkrecht stehen und tangential zur Kugeloberfläche liegen, zerlegt:

$$\vec{\mathbf{E}}_0(\theta,\varphi) = E_{01} \cdot \vec{\mathbf{e}}_1 + E_{02} \cdot \vec{\mathbf{e}}_2, \tag{9.51}$$

mit $\vec{\mathbf{e}}_1 = -\sin\varphi \cdot \vec{\mathbf{u}}_x + \cos\varphi \cdot \vec{\mathbf{u}}_y$ und $\vec{\mathbf{e}}_2 = \vec{\mathbf{e}}_1 \times \vec{\mathbf{u}}_r$.

Wenn man Gl. 9.48 mit Hilfe von Gl. 9.49 und 9.50 in den Komponenten $\vec{\mathbf{u}}_x$, $\vec{\mathbf{u}}_y$, $\vec{\mathbf{u}}_z$, $\vec{\mathbf{E}}_y$, $\vec{\mathbf{E}}_z$, θ, φ ausdrückt und anschließend $\vec{\mathbf{E}}_0$ aus Gl. 9.48 durch Bildung des Skalarproduktes in zwei Komponenten in Richtung von $\vec{\mathbf{e}}_1$ und $\vec{\mathbf{e}}_2$ zerlegt, erhält man:

$$\begin{aligned}\vec{\mathbf{E}}_0(\theta,\varphi) = \frac{j}{2\lambda_0} \Bigg\{ & \left[\vec{\mathbf{e}}_1 \cdot (\cos\theta + \cos\varphi) + \vec{\mathbf{e}}_2 \cdot \sin\varphi \cdot \sin\theta\right] \cdot \\ & \iint E_y(y,z)\, e^{\,jk_0\,(z\sin\theta + y\cos\theta\sin\varphi)}\, dy\,dz \\ & + \left[\vec{\mathbf{e}}_1 \cdot \sin\varphi \cdot \sin\theta - \vec{\mathbf{e}}_2 \cdot (\cos\theta + \cos\varphi)\right] \cdot \\ & \iint E_z(y,z)\, e^{\,jk_0\,(z\sin\theta + y\cos\theta\sin\varphi)}\, dy\,dz \Bigg\}.\end{aligned} \tag{9.52}$$

Für Aufpunkte in der Horizontalebene $\theta = 0$ (Ebene $z = 0$) vereinfacht sich Gl. 9.52 zu

$$\vec{\mathbf{E}}_0(0,\varphi) = \frac{j\,(1+\cos\varphi)}{2\lambda_0} \left\{ \vec{\mathbf{e}}_1 \cdot \iint E_y(y,z)\, e^{\,jk_0 y \sin\varphi}\, dy\, dz \right. \left. - \vec{\mathbf{e}}_2 \cdot \iint E_z(y,z)\, e^{\,jk_0 y \sin\varphi}\, dy\, dz \right\}, \tag{9.53}$$

und für Aufpunkte in der Vertikalebene $\varphi = 0$ (Ebene $y = 0$) zu

$$\vec{\mathbf{E}}_0(\theta,0) = \frac{j\,(1+\cos\theta)}{2\lambda_0} \left\{ \vec{\mathbf{e}}_1 \cdot \iint E_y(y,z)\, e^{\,jk_0 z \sin\theta}\, dy\, dz \right. \left. - \vec{\mathbf{e}}_2 \cdot \iint E_z(y,z)\, e^{\,jk_0 z \sin\theta}\, dy\, dz \right\}. \tag{9.54}$$

Die Richtcharakteristik der einzelnen Komponenten von $\vec{\mathbf{E}}_0(\theta,\varphi)$ wird nach Gl. 9.53 und 9.54 in den Hauptebenen $\theta = 0$ und $\varphi = 0$ durch das Produkt der jeweiligen Integralausdrücke mit der Funktion $(1+\cos\varphi)$ bzw. $(1+\cos\theta)$ bestimmt. Für den bei stark bündelnden Antennen interessierenden Winkelbereich in der Nähe der Hauptstrahlrichtung $\theta = \varphi = 0$ kann $1 + \cos\varphi \approx 2$ und $1 + \cos\theta \approx 2$ gesetzt werden, so dass die Richtungsabhängigkeit vollständig durch die Integralausdrücke gegeben ist. Da die verschiedenen Integralausdrücke durch Vertauschung von Komponenten und Koordinaten auseinander hervorgehen, soll hier einer der Integralausdrücke exemplarisch herausgegriffen werden, zum Beispiel

$$W(\sin\varphi) = \frac{1}{\lambda_0} \iint E_y(y,z)\, e^{\,j\,k_0 y\,\sin\varphi}\, dy\, dz. \tag{9.55}$$

Da die e–Funktion im Integranden nicht von z abhängt, kann $E_y(y,z)$ (Aperturbelegung bezüglich der y–Komponente) zunächst über z integriert werden, so dass eine nur von y abhängige Funktion $\tilde{w}(y)$ übrig bleibt. Man erhält auf diese Weise

$$W(\sin\varphi) = \frac{1}{2\pi} \int_{-\infty}^{+\infty} w(k_0 y)\, e^{\,j\,k_0 y\,\sin\varphi}\, d(k_0 y) \tag{9.56}$$

mit der Belegungsfunktion (hier bezüglich der y–Komponente und der Horizontalebene)

$$\begin{aligned} \tilde{w}(y) = w(k_0 y) &= \int_{z_{min}(y)}^{z_{max}(y)} E_y(y,z)\, dz \quad \text{für } y_{min} < y < y_{max};\ y \in S_a \\ &= 0 \qquad \text{sonst.} \end{aligned} \tag{9.57}$$

Damit ist die Belegungsfunktion sowohl von der geometrischen Form als auch von der Ortsabhängigkeit der Komponenten von $\vec{\mathbf{E}}$ (hier $\vec{\mathbf{E}}_y$) innerhalb der Apertur abhängig. Gl. 9.56 zeigt, dass die Belegungsfunktion $w(k_0 y)$ und die für die Richtcharakteristik entscheidene Funktion $W(\sin\varphi)$ über eine Fouriertransformation miteinander zusammenhängen (Abb. 9.33).

$$\begin{aligned} W(\sin\varphi) &= \mathcal{F}^{-1}\{w(k_0 y)\} \\ \text{und} \quad w(k_0 y) &= \mathcal{F}\{W(\sin\varphi)\} \end{aligned} \tag{9.58}$$

$$\text{bzw.} \quad W(\sin\varphi) \quad \bullet\!\!-\!\!\circ \quad w(k_0 y) \tag{9.59}$$

Die Abb. 9.34 und 9.35 sowie Gl. 9.60 sollen die Analogie zur Signaltheorie verdeutlichen, wobei die Richtcharakteristik mit dem zeitlichen Verlauf $f(t)$ eines Signals und die Belegungsfunktion mit dem Spektrum dieses Signals $F(\omega)$ korrespondiert.

$$f(t) = \frac{1}{2\pi} \int_{-\infty}^{+\infty} F(\omega)\, e^{\,j\omega t}\, d(\omega) \qquad \text{bzw.} \qquad f(t) \quad \bullet\!\!-\!\!\circ \quad F(\omega) \tag{9.60}$$

Für den wichtigsten Sonderfall einer konstanten Belegungsfunktion der Breite a, d. h.

$$w(k_0 y) = \begin{cases} 1 : & \text{für } |y| \leq a/2 \\ 0 : & \text{sonst} \end{cases} \tag{9.61}$$

erhält man für die Richtcharakteristik $W(\sin\varphi)$ eine si–Funktion (auch Spaltfunktion genannt),

$$\begin{aligned} W(\sin\varphi) &= \frac{a}{\lambda_0} \cdot \frac{\sin(\sin\varphi\; k_0\; a/2)}{\sin\varphi\; k_0\; a/2} \\ &= \frac{a}{\lambda_0} \cdot \operatorname{si}(\sin\varphi\; k_0\; a/2) \\ &\simeq \frac{a}{\lambda_0} \cdot \operatorname{si}(\varphi\; k_0\; a/2) \qquad \text{für} \quad \varphi \ll \frac{\pi}{2} \end{aligned} \tag{9.62}$$

deren betragsmäßiger Verlauf in Abb. 9.36 wiedergegeben ist.

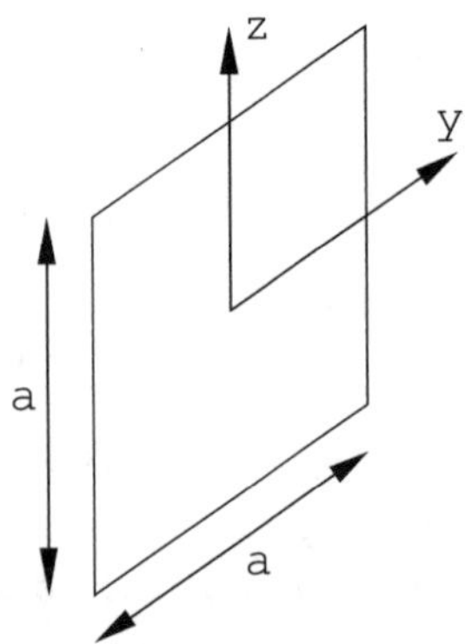

Abb. 9.33 Geometrische Form für konstante Belegung

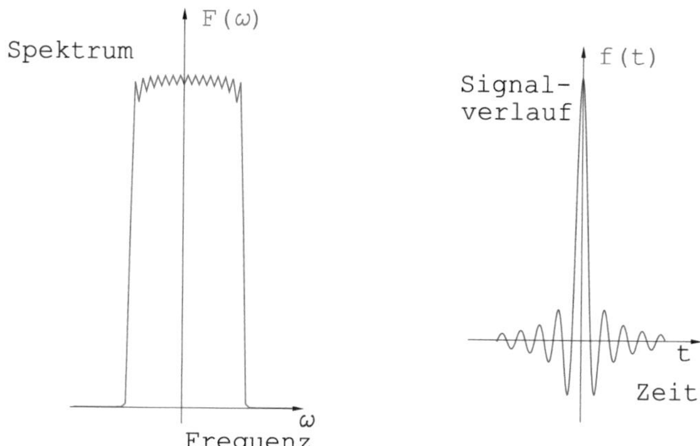

Abb. 9.34 Zur Analogie zwischen Signal- und Antennentheorie I

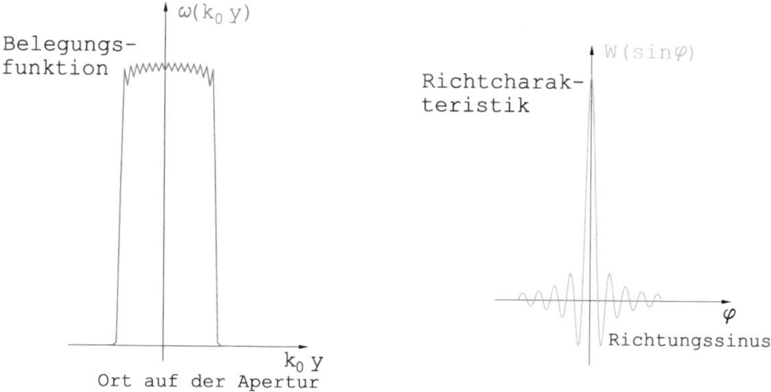

Abb. 9.35 Zur Analogie zwischen Signal- und Antennentheorie II

Man erkennt, dass die 3 dB–Grenzen der Hauptkeule bei $\sin\varphi = \pm\,0{,}44\,\lambda_0/a$ liegen. Für etwa $\lambda_0/a < 1/3$ lässt sich damit in guter Näherung für die Halbwertsbreite $\Delta\varphi$ schreiben:

$$\begin{aligned} \Delta\varphi &= 2 \cdot 0{,}443 \cdot \frac{\lambda_0}{a} = 0{,}886 \cdot \frac{\lambda_0}{a} \\ \text{oder} \qquad \Delta\varphi/^\circ &\approx 51 \cdot \frac{\lambda_0}{a}. \end{aligned} \tag{9.63}$$

Die Hauptkeule ist folglich umso schmaler, je größer das Verhältnis der Aperturbreite a zur Wellenlänge λ_0 ist. Ein Beispiel:$a = 50\,\lambda_0$, somit folgt $\Delta\varphi = 1^\circ$ (Abb. 9.37, 9.38, 9.39, 9.40 und 9.41).

Weiterhin erkennt man, dass neben der Hauptkeule weitere Maxima bei den sogenannten Nebenkeulen auftreten. Bei der hier zunächst betrachteten rechteckförmigen Belegungsfunktion liegt das Maximum der ersten Nebenkeule um $20\,\log(0{,}22) = -13{,}2\,\text{dB}$ unter

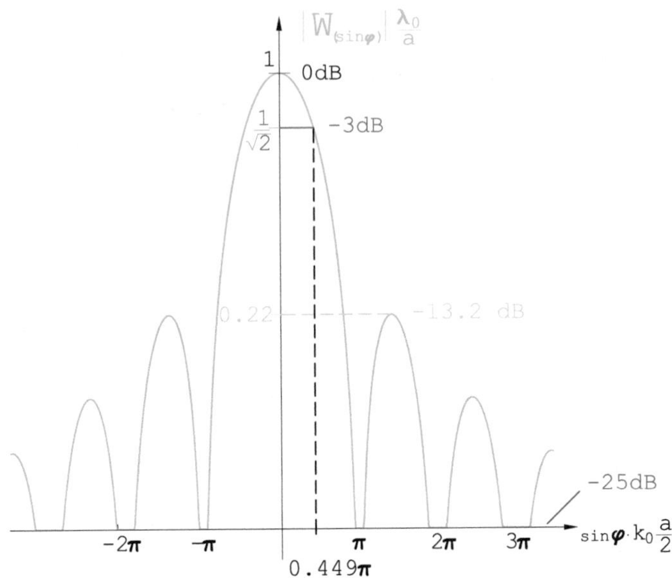

Abb. 9.36 Verlauf der Richtcharakteristik für eine rechteckförmige Belegungsfunktion

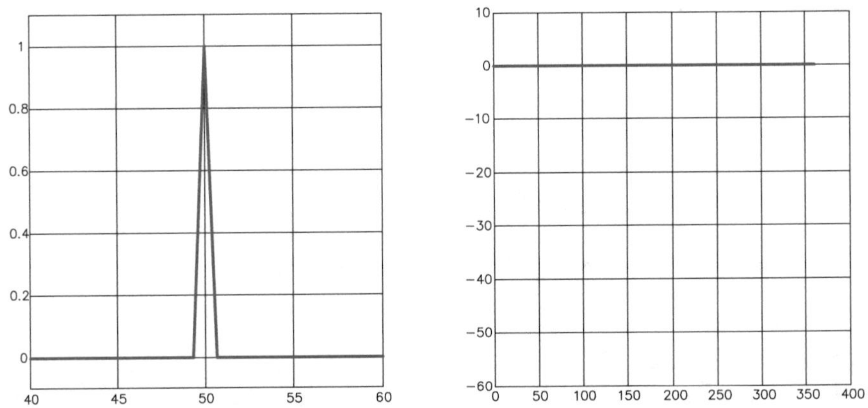

Abb. 9.37 Belegungsfunktion und Richtcharakteristik einer diracförmigen Belegungsfunktion

dem Maximalwert bei $\varphi = 0$. Diese Nebenkeulendämpfung von 13,2 dB ist für die meisten Anwendungen zu gering. Aus der Theorie der Fouriertransformation ist bekannt, dass die Nebenmaxima verkleinert werden können, wenn man statt der Rechteckfunktion eine zum Rand hin stetig abfallende Funktion verwendet („Taperung"). Der Effekt einer Taperung soll anhand verschiedener Belegungsfunktionen mit der normierten Länge von $a/2 = 1/k_0$ demonstriert werden:

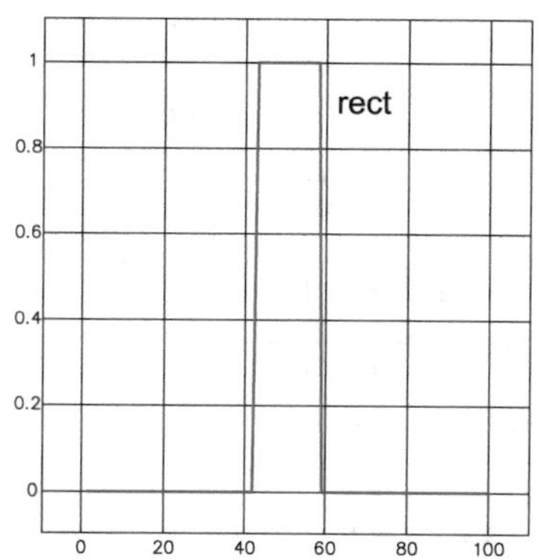

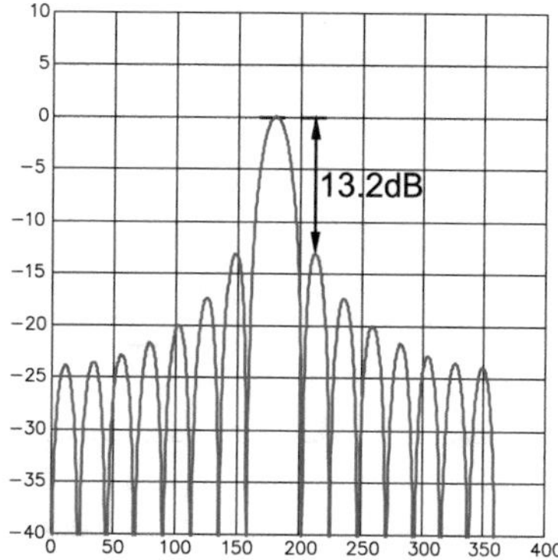

Abb. 9.38 Belegungsfunktion und Richtcharakteristik für eine rechteckförmige Belegungsfunktion

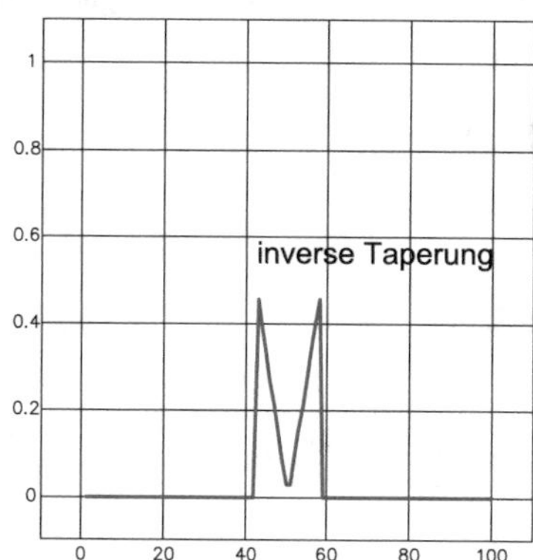

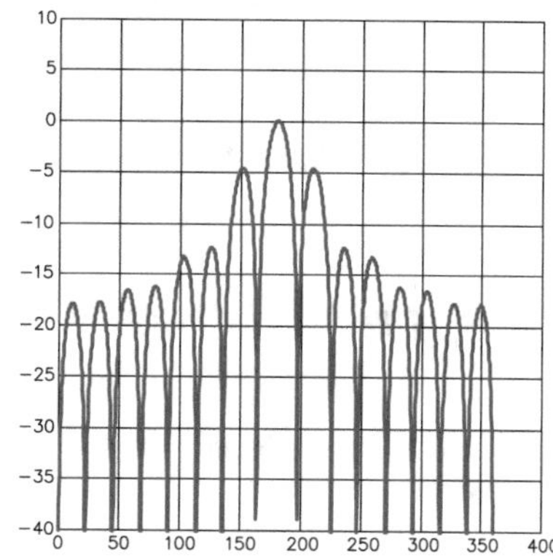

Abb. 9.39 Belegungsfunktion und Richtcharakteristik für eine inverse getaperte Belegungsfunktion

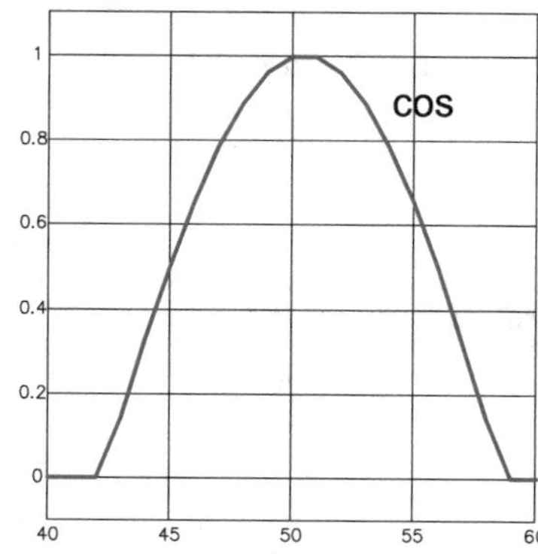

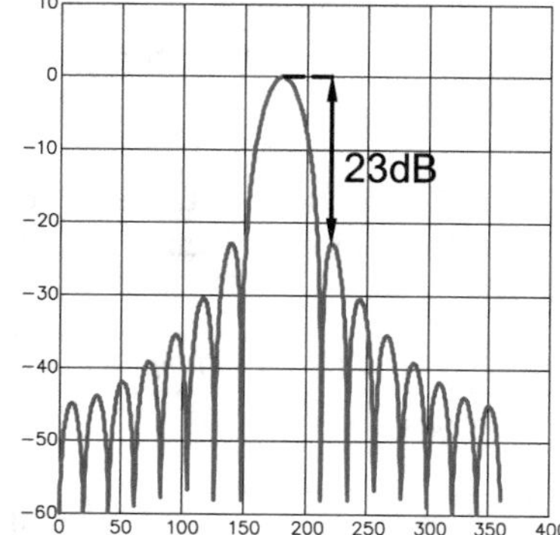

Abb. 9.40 Belegungsfunktion und Richtcharakteristik einer cosinusförmigen Belegungsfunktion

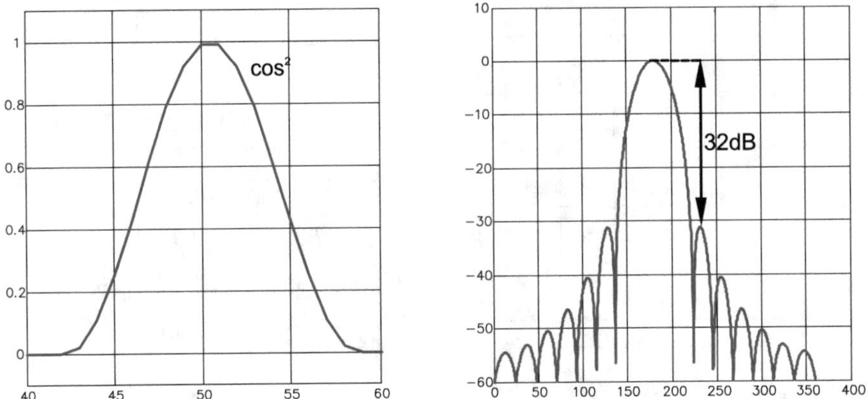

Abb. 9.41 Belegungsfunktion und Richtcharakteristik für eine Cosinus Quadrat Belegungsfunktion

$$w(k_0 y) = \begin{cases} \cos^n\left(\frac{\pi}{2}\, k_0 y\right) : & \text{für } |y| \leq 1/k_0 \\ 0 : & \text{sonst} \end{cases} \tag{9.64}$$

mit $n = 0,\ 1,\ 2.$

Für die sich ergebende Richtcharakteristik gilt:

$$W(\sin\varphi) = \frac{1}{2\pi} \int_{-1}^{1} \cos^n\left(\frac{\pi}{2}\, k_0 y\right) e^{\,j\, k_0 y\, \sin\varphi}\, d(k_0 y). \tag{9.65}$$

Für $n = 0$ erhält man die bereits betrachtete Rechteckfunktion. Einen Vergleich der Fouriertransformierten der cos–Belegungsfunktion ($n = 1$) und der $\cos^2$–Belegungsfunktion ($n = 2$) mit der Rechteckfunktion hinsichtlich der Höhe des ersten Nebenmaximums sowie hinsichtlich der Halbwertsbreite ermöglicht folgende (Tab. 9.1 und Abb. 9.42):

Tab. 9.1 Nebenkeulendämpfung und Halbwertsbreite einer Flächenantenne in Abhängigkeit von verschiedenen Belegungsfunktionen

Belegungsfunktion	*Nebenkeulendämpfung*	*Halbwertsbreite/°*
Rechteck $w(k_0 y) = 1$ für $\|y\| \leq 1/k_0$	13,2 dB	$50\, \lambda_0$
Cosinus $w(k_0 y) = \cos\left(\frac{\pi}{2} k_0 y\right)$ für $\|y\| \leq 1/k_0$	23 dB	$69\, \lambda_0/a$
Cosinus–Quadrat $w(k_0 y) = \cos^2\left(\frac{\pi}{2} k_0 y\right)$ für $\|y\| \leq 1/k_0$	32 dB	$83\, \lambda_0/a$

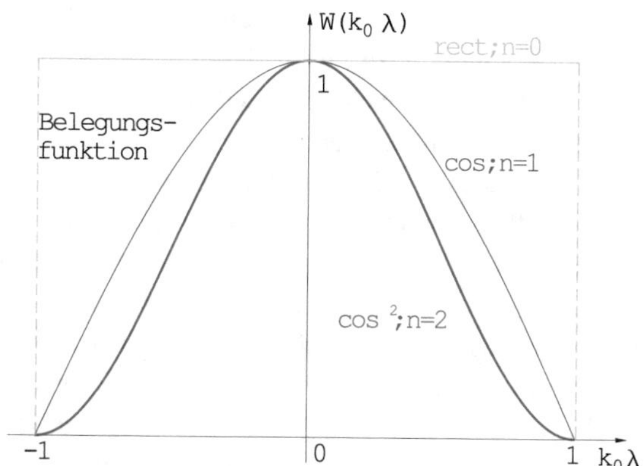

Abb. 9.42 Vergleich verschiedener Belegungsfunktionen I

Sowohl die Tabelle als auch die Richtcharakteristiken im Abb. 9.43 lassen sich unmittelbar aus den Ergebnissen für die drei Fälle bestimmen.

$$n = 0: \qquad W(\sin\varphi) = \frac{1}{\pi}\,\frac{\sin(\sin\varphi)}{\sin\varphi} \tag{9.66}$$

$$n = 1: \qquad W(\sin\varphi) = \frac{2}{\pi^2}\,\frac{\cos(\sin\varphi)}{1 - \left(\frac{2\sin\varphi}{\pi}\right)^2} \tag{9.67}$$

$$n = 2: \qquad W(\sin\varphi) = \frac{\pi}{2\pi^2 - 2\sin^2\varphi}\,\frac{\sin(\sin\varphi)}{\sin\varphi} \tag{9.68}$$

Man erkennt die Möglichkeit einer deutlichen Erhöhung der Nebenkeulendämpfung durch Taperung der Belegungsfunktion. Dabei muss man allerdings eine Erhöhung der Halbwertsbreite in Kauf nehmen. Bei einer vorgegebenen Antennenbreite widersprechen sich

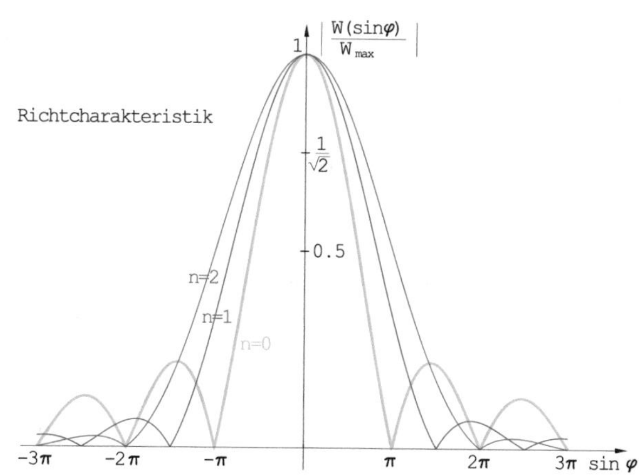

Abb. 9.43 Vergleich verschiedener Belegungsfunktionen II

die Forderungen nach hoher Nebenkeulendämpfung und geringer Halbwertsbreite. Es muss also ein Kompromiß zwischen diesen beiden Forderungen geschlossen werden.

In den obigen Betrachtungen wurde der Idealfall, dass die Phase des Feldes innerhalb der Apertur konstant ist, zugrunde gelegt. In der Praxis sind jedoch geringe Phasenabweichungen unvermeidlich. Diese Phasenfehler bewirken, dass eine Erhöhung der Nebenzipfeldämpfung über den Wert von etwa 35 bis 40 dB hinaus nur mit hohem Aufwand erreichbar ist. Die Beiträge der elektrischen und magnetischen Flächenstromdichte zum Feld in Hauptstrahlrichtung ($\theta = 0, \ \varphi = 0$) sind gleich und addieren sich, wenn die Näherung gilt, dass das Verhältnis von elektrischem und magnetischem Feld in der Apertur gleich dem Feldwellenwiderstand Z_0 ist (Gl. 9.46). Diesen Sachverhalt kann man der Gl. 9.48 entnehmen. Andererseits ist unter den gleichen Voraussetzungen das Feld in Rückwärtsrichtung, also entgegengesetzt zur Hauptstrahlrichtung null, weil sich dann die Beiträge aus der elektrischen und magnetischen Flächenstromdichte gerade aufheben. Dieses Ergebnis lässt sich beispielsweise an der Gl. 9.40 ablesen.

Die Tatsache, dass die Belegungsfunktion und die Richtcharakteristik über eine Fouriertransformation miteinander verknüpft sind, erlaubt die Anwendung einiger aus der Signaltheorie bekannter Theoreme. Es gilt beispielsweise:

a) *Ähnlichkeitssatz:*

$$\begin{aligned} F(\alpha\,\omega) \quad &\circ\!\!-\!\!\bullet \quad \frac{1}{|\alpha|}\, f(\frac{t}{\alpha}) \\ w(\alpha\, k_0 y) \quad &\circ\!\!-\!\!\bullet \quad \frac{1}{|\alpha|}\, W(\frac{\sin\varphi}{\alpha}) \end{aligned} \tag{9.69}$$

Eine „Dehnung“ ($\alpha < 1$) bzw. „Stauchung“ ($\alpha > 1$) der Belegungsfunktion führt zu einer „Stauchung“ ($\alpha < 1$) bzw. „Dehnung“ ($\alpha > 1$) der Richtcharakteristik als Funktion von $\sin\varphi$.

b) *Verschiebungssatz:*

$$\begin{aligned} F(\omega)\, e^{-j\omega t_0} \quad &\circ\!\!-\!\!\bullet \quad f(t - t_0) \\ w(k_0 y)\, e^{-j\, k_0 y\, \sin\varphi_0} \quad &\circ\!\!-\!\!\bullet \quad W(\sin\varphi - \sin\varphi_0) \end{aligned} \tag{9.70}$$

Eine linear ansteigende Phase der Belegungsfunktion führt zu einer Strahlschwenkung (Abb. 9.44 und 9.45).
Dies ist, wie wir sehen werden, der Grundgedanke für die Realisierung von Antennen mit elektronisch schwenkbarer Richtcharakteristik.

c) *Verschiebungssatz, angewandt in umgekehrter Richtung:*

$$\begin{aligned} F(\omega - \omega_0) \quad &\circ\!\!-\!\!\bullet \quad f(t)\, e^{j\omega_0 t} \\ w(k_0(y - y_0)) \quad &\circ\!\!-\!\!\bullet \quad W(\sin\varphi)\, e^{j\, k_0 y_0\, \sin\varphi} \end{aligned} \tag{9.71}$$

Abb. 9.44 Strahlschwenkung durch linear ansteigende Phase der Belegungsfunktion I

$|W(\sin\varphi)|$

$\sin\varphi$

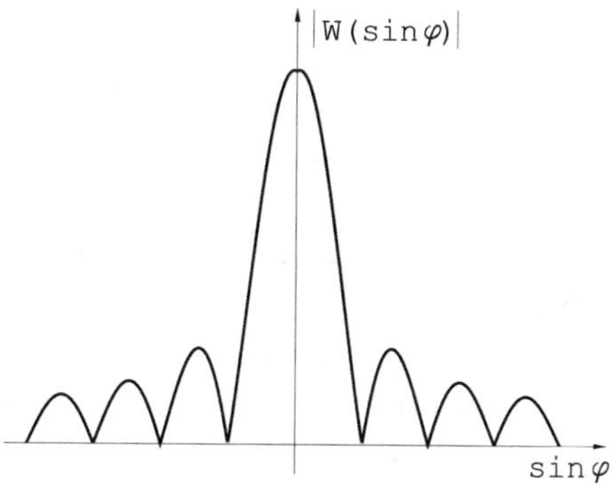

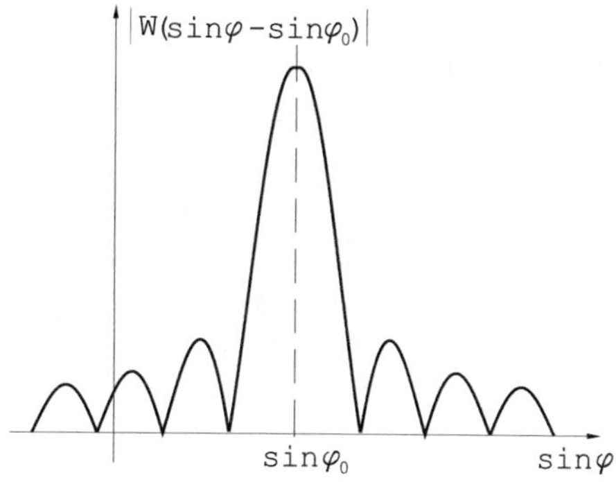

Abb. 9.45 Strahlschwenkung durch linear ansteigende Phase der Belegungsfunktion II

Eine räumliche Verschiebung der Belegungsfunktion ändert die Phase der Richtcharakteristik.

9.7 Kenngrößen einer Antenne

Die Eigenschaften einer Antenne beim Senden und Empfangen elektromagnetischer Wellen werden durch Kenngrößen charakterisiert. Mittels des Reziprozitätstheorems lässt sich ein Zusammenhang zwischen den Kenngrößen im Empfangs- und Sendefall herleiten.

9.7.1 Polarisation der Freiraumwelle

Lineare Polarisation

Zum Verständnis der Grundlagen der Freiraumübertragung ist die Zuordnung der Polarisation ein wichtiger Punkt. Die Polarisation wird nach der Ausrichtung des elektrischen Feldes benannt.

Die häufigsten Fälle sind die

vertikale Polarisation: $E_1 \cdot \vec{u}_z$ und die
horizontale Polarisation: $E_2 \cdot \vec{u}_y$,

die bei auch als lineare Polarisation (des Feldes oder der Antenne) bezeichnet werden (Abb. 9.46).

Im Abb. 9.47 wird ein „Shapschuss" des horizontal polarisierten E-Feldes dargestellt.

Neben der linearen Polarisation mit den zwei Moden (horizontal und vertikal) gibt des auch die zirkulare Polarisation mit ebenfalls zwei möglichen Moden (links- und rechtzirkular).

Zirkulare Polarisation

Die Erzeugung einer zirkular polarisierte Welle mittels eines GHz-Signales, das über ein Signalteiler phasen- und amplitudengleich gesplittet wird und zu 50 % über ein 90°-Phasenschieber versetzt zwei Dipolantennen zugeführt wird, zeigt das Abb. 9.48.

Das Abb. 9.49 illustriert eine sich im Raum ausbreitende linkszirkularen Welle.

Die Tabelle erlaubt den Nachvollzug der Entstehung der zirkularen Welle auf Basis der beiden linear polarisierten Wellen (Tab. 9.2).

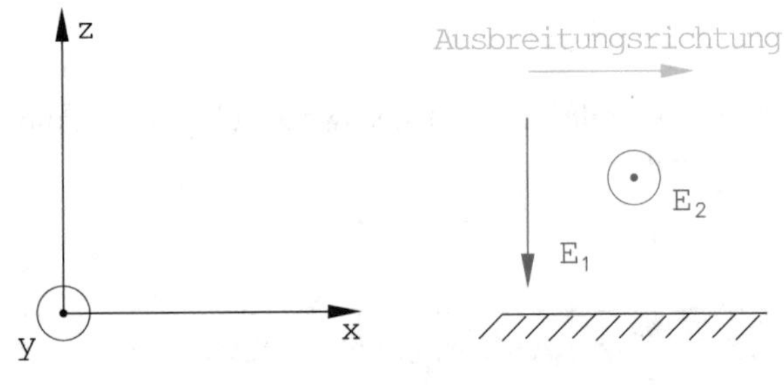

Abb. 9.46 Darstellung der beiden lineare Polarisationen

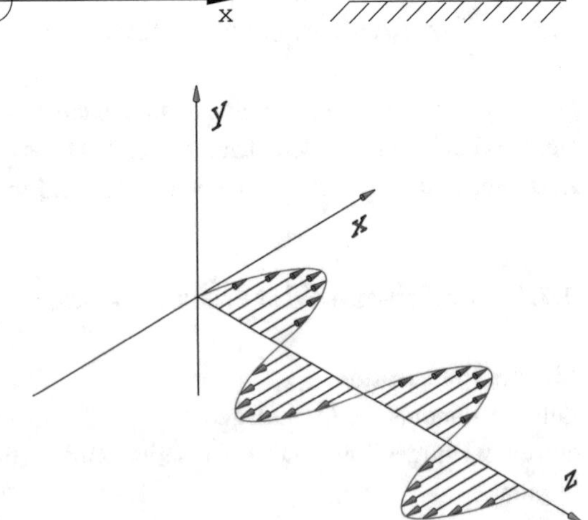

Abb. 9.47 Elektrisches Feldbild im Raum der horizontal polarisierten Welle

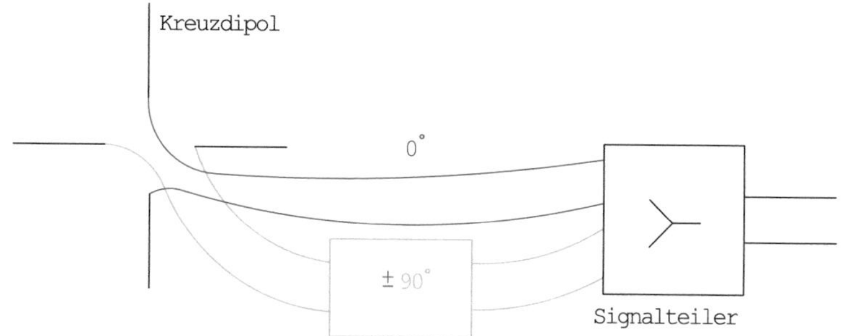

Abb. 9.48 Erzeugung einer zirkularen Polarisation mittel zweier Dipolantennen

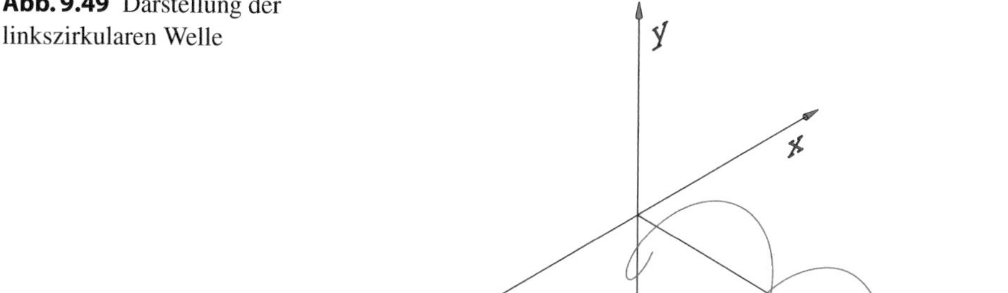

Abb. 9.49 Darstellung der linkszirkularen Welle

9.7.2 Kenngrößen einer Antenne für den Sendefall

Wie in den vorangegangenen Abschnitten erläutert wurde, gilt im Fernfeld für eine beliebige Antenne:

$$\vec{\mathbf{E}}(r) = \vec{\mathbf{E}}_0(\theta, \varphi)\, \frac{e^{-jk_0 r}}{r}. \tag{9.72}$$

Hierbei hängt $\vec{\mathbf{E}}_0(\theta, \varphi)$ von der Amplitude und Phase der in den Antenneneingang eingespeisten zeitharmonischen Welle a ab. Daher ist es zweckmäßig, die `absolute` Richtcharakteristik $\vec{\mathbf{C}}(\theta, \varphi)$ der Antenne so zu definieren, dass sie eine reine Antennenkenngröße ist. Dies kann zum Beispiel in der Form

$$\vec{\mathbf{E}}_0(\theta, \varphi) = \sqrt{(Z_0/(2\pi))} \cdot \vec{\mathbf{C}}(\theta, \varphi) \cdot a, \tag{9.73}$$

$$\text{mit} \quad \vec{\mathbf{C}}(\theta, \varphi) = \Big(C_1(\theta, \varphi)\vec{\mathbf{e}}_1 + C_2(\theta, \varphi)\vec{\mathbf{e}}_2\Big) \tag{9.74}$$

Tab. 9.2 Darstellung der links- und der rechtszirkularen Welle bzgl. der Energieaufteilung auf dem horizontal und dem vertikal polarisiertem Mode

$\varphi = 90$	Vertikal	Horizontal	$\varphi = -90$	Vertikal	Horizontal
$\omega t = 0$	0	1	$\omega t = 0$	0	-1
$\omega t = 45$	1/2	1/2	$\omega t = 45$	$-1/2$	$-1/2$
$\omega t = 90$	1	0	$\omega t = 90$	-1	0
$\omega t = 135$	1/2	$-1/2$	$\omega t = 135$	$-1/2$	1/2
$\omega t = 180$	0	-1	$\omega t = 180$	0	1
$\omega t = 225$	$-1/2$	$-1/2$	$\omega t = 225$	1/2	1/2
$\omega t = 270$	-1	0	$\omega t = 270$	1	0
$\omega t = 315$	$-1/2$	1/2	$\omega t = 315$	1/2	$-1/2$

geschehen. Dabei sind $C_1(\theta, \varphi)$ und $C_2(\theta, \varphi)$ die Richtcharakteristiken für die Polarisation 1 bzw. 2 in Richtung $\vec{\mathbf{e}}_1$ bzw. $\vec{\mathbf{e}}_2$. Die Einheitsvektoren $\vec{\mathbf{e}}_1$ bzw. $\vec{\mathbf{e}}_2$ stehen aufeinander senkrecht und stehen tangential zur Kugeloberfläche, in deren Mittelpunkt sich die Antenne befindet. Durch die Normierung der absoluten Richtcharakteristik auf den im allgemeinen größten Wert in Hauptstrahlrichtung gelangt man zur `relativen` Richtcharakteristik.

$$\frac{C(\theta, \varphi)}{C_{max}} : \quad \text{relative Richtcharakteristik}$$

In der Regel gilt $C_{max} = C(\theta = 0, \varphi = 0)$.

Unter einem Richtdiagramm versteht man die zeichnerische Darstellung eines Schnitts durch die relative Richtcharakteristik. Wegen

$$\vec{\mathbf{H}}(\vec{\mathbf{r}}) = \frac{1}{Z_0} \cdot \left(\vec{\mathbf{u}}_r \times \vec{\mathbf{E}} \right) = \frac{1}{Z_0} \cdot \left[\vec{\mathbf{u}}_r \times \vec{\mathbf{E}}_0(\theta, \varphi) \right] \cdot \frac{e^{-jk_0 r}}{r} \tag{9.75}$$

gilt für die Strahlungsdichte S im Fernfeld (mit $[S] = W/m^2$)

$$S(\theta, \varphi) = \frac{1}{2} \; \mathrm{Re} \left\{ \left(\vec{\mathbf{E}} \times \vec{\mathbf{H}}^* \right) \cdot \vec{\mathbf{u}}_r \right\} = \frac{1}{2} \cdot \frac{1}{Z_0} \cdot \left| \vec{\mathbf{E}} \right|^2, \tag{9.76}$$

$$S(\theta, \varphi) = \frac{|a|^2}{4\pi r^2} \cdot \left\{ |C_1(\theta, \varphi)|^2 + |C_2(\theta, \varphi)|^2 \right\}.$$

Im Abb. 9.50 ist die Leistungsaufteilung in einer Sendeantenne angedeutet.

Von der aufgenommenen Wirkleistung $P = |a|^2$ wird ein (meist kleiner) Anteil P_v als Verlustleistung innerhalb der Antenne in Wärme umgesetzt. Dabei wurde angenommen, dass die Antenne angepaßt ist. Die Strahlungsleistung

$$P_s = P - P_v = \eta_a \, P \qquad (\eta_a : \text{Antennenwirkungsgrad}) \tag{9.77}$$

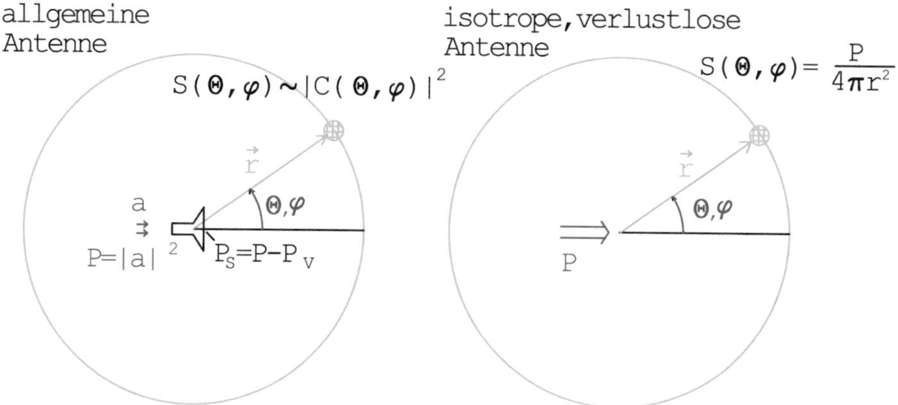

Abb. 9.50 Zur Strahlungsdichte bei einer Sendeantenne

wird in den freien Raum abgestrahlt und es gilt

$$P_s = \iint\limits_A S(\theta, \varphi)\, dA. \tag{9.78}$$

Um den Antennenwirkungsgrad zu optimieren können die metallischen und/oder die dielektrischen Verluste verringert werden.

Verringerung der metallischen Verluste:

- geringe Oberflächenrauigkeit,
- „viel" Metall und/oder
- hohe elektrische Leitfähigkeit.

Verringerung der dielektrischen Verluste:

- $DK = 1$ (Luft) oder Dielektrika,
- geringeres $\tan\delta \rightarrow 0$ und/oder
- besseres Platinenmaterial, statt FR4 z. B. Teflon oder Al_2O_3.

Zur Beschreibung der Richtwirkung einer Antenne kann man deren Strahlungsdichte auf die mittlere Strahlungsdichte beziehen, die entstehen würde, wenn man die gesamte aufgenommene Leistung gleichmäßig in den gesamten Raum abstrahlen würde, wie es bei einem hypothetischen isotropen Strahler der Fall ist. Es gilt dann:

$$\tilde{G}(\theta, \varphi) = \frac{S(\theta, \varphi)}{P/(4\pi r^2)} = |C_1(\theta, \varphi)|^2 + |C_2(\theta, \varphi)|^2 . \tag{9.79}$$

Man nennt $\tilde{G}(\theta, \varphi)$ die Gewinnfunktion einer Antenne. Der Wert der Gewinnfunktion in Hauptstrahlrichtung wird als Antennengewinn G bezeichnet.

$$G = \tilde{G}(\theta = 0, \varphi = 0) \tag{9.80}$$

Der Gewinn eines Hertz'schen Dipols ergibt sich zu

$$G_{Hertz} = 1{,}5 \stackrel{\wedge}{=} 1{,}76\,\text{dB}$$

und der Gewinn eines $\lambda/2$ – Dipols zu

$$G_{\lambda/2} = 1{,}64 \stackrel{\wedge}{=} 2{,}15\,\text{dB}.$$

Für eine verlustlose Antenne mit homogener Feldbelegung (das heißt der Flächenstrom innerhalb der Apertur ist konstant) gilt

$$G_{hom.\,Apert.} = 4\pi\,\frac{A}{\lambda_0^2}. \tag{9.81}$$

Beispiel Astra-Antenne (Abb. 9.51):
Geg.: $\varnothing = 30\,\text{cm},\ f = 10\,\text{GHz} \rightarrow \lambda_0 = 3\,\text{cm},\ A = \Pi r^2 = \Pi \cdot 15^2\,\text{cm}^2$

$$G_{hom.Aprt.} = \frac{4\Pi^2 \cdot 15^2\,\text{cm}^2}{3^2\,\text{cm}^2} \approx 1000 \tag{9.82}$$

$$G^{dB}_{hom.Aprt.} = 30\,\text{dB} \tag{9.83}$$

Beispiel Effelsberg:[3]
Geg.: $\varnothing = 100\,\text{m},\ f = 100\,\text{GHz} \rightarrow \lambda_0 = 0{,}003\,\text{m},\ A = \Pi r^2 = \Pi \cdot 50^2\,\text{m}^2$

$$G_{hom.Aprt.} = \frac{4\Pi^2 \cdot 50^2\,\text{m}^2}{0{,}003^2\,\text{m}^2} \approx 11 \cdot 10^9 \tag{9.84}$$

$$G^{dB}_{hom.Aprt.} = 100{,}4\,\text{dB} \tag{9.85}$$

Dabei ist A die geometrische Aperturfläche. Die `Halbwertsbreite` $\Delta\theta$ bzw. $\Delta\varphi$ ist der Winkelbereich, innerhalb dessen die Strahlungsdichte auf die Hälfte des maximalen Wertes absinkt. Nach Gl. (9.63) gilt für die Halbwertsbreite der homogen ausgeleuchteten Rechteckapertur

$$\Delta\varphi = 0{,}88\,\frac{\lambda_0}{L}, \tag{9.86}$$

wobei L die parallel zur betrachteten Ebene gemessene Breite ist.

---

[3] |Source = photo taken by Dr. Schorsch |Date = 26. May 2005 |Author = Dr. Schorsch |Permission = Dr. Schorsch put it under the GFDL |oth.

Abb. 9.51 Radioteleskop Effelsberg

Bei nichthomogener, getaperter Ausleuchtung vergrößert sich die Halbwertsbreite bis auf etwa den doppelten Wert. Daraus erhält man eine für beliebige Flächenantennen gültige Abschätzung:

$$\Delta\varphi/^\circ \approx (50\ldots100)\,\frac{\lambda_0}{L}, \tag{9.87}$$

wobei der kleinste Wert für den Fall homogener Ausleuchtung gilt.

Zu einer groben Abschätzung des Zusammenhangs der Halbwertsbreiten mit dem Gewinn G für Antennen mit sogenannten „Bleistiftkeulen“ gelangt man über die Annahme, dass die gesamte Energie in einem durch die Halbwertsbreiten $\Delta\theta$ und $\Delta\varphi$ gegebenen rechteckigen Strahl gleichmäßig verteilt ist:

$$G \approx \frac{4\pi r^2}{r^2\,\Delta\theta\,\Delta\varphi} = \frac{4\pi}{\Delta\theta\,\Delta\varphi}, \tag{9.88}$$

oder als Zahlenwertgleichung mit den Halbwertsbreiten in Grad

$$G \approx 41.000 \cdot \frac{1}{\Delta\theta^\circ\,\Delta\varphi^\circ}. \tag{9.89}$$

9.7.3 Kenngrößen einer Antenne für den Empfangsfall

Zur Beschreibung des Empfangsverhaltens einer Antenne geht man von einer in Richtung $-\vec{\mathbf{u}}_r$ (Winkel θ, φ) auf die Antenne einfallenden ebenen homogenen Welle aus.

$$\vec{\mathbf{E}}(\vec{\mathbf{r}}) = (E_1 \cdot \vec{\mathbf{e}}_1 + E_2 \cdot \vec{\mathbf{e}}_2)\, e^{-jk_0\,(-\vec{\mathbf{u}}_r \cdot \vec{\mathbf{r}})} \tag{9.90}$$

Führt man in die Gl. (9.90) die Strahlungsdichte S ein:

$$S = \frac{1}{2Z_0}\, |\vec{\mathbf{E}}|^2, \tag{9.91}$$

so lässt sich diese Gleichung auch in der folgenden Form schreiben:

$$\vec{\mathbf{E}}(\vec{\mathbf{r}}) = \sqrt{2\, Z_0\, S}\, \left(k \cdot \vec{\mathbf{e}}_1 + \sqrt{(1-k^2)}\, e^{j\psi} \cdot \vec{\mathbf{e}}_2\right)\, e^{jk_0\, \underbrace{\vec{\mathbf{u}}_r \cdot \vec{\mathbf{r}}}_{=r}}. \tag{9.92}$$

Hierbei sind k und ψ reelle Zahlen, die die Polarisation der Welle beschreiben. Im allgemeinen gilt $k \geq 0$ und $-\pi \leq \psi \leq \pi$ und für spezielle Polarisationen:

$k = 1$: $\vec{\mathbf{E}}$ ist eine linear polarisierte Welle in Richtung $\vec{\mathbf{e}}_1$,
$k = 0; \psi = 0$: $\vec{\mathbf{E}}$ ist eine linear polarisierte Welle in Richtung $\vec{\mathbf{e}}_2$,
$k = \frac{1}{\sqrt{2}}; \psi = \pm\frac{\pi}{2}$: $\vec{\mathbf{E}}$ ist eine zirkular polarisierte Welle (rechts oder links).

Eine entsprechend polarisierte einfallende Welle bewirkt, dass an einer angepassten Last (Abb. 9.52) einer Antenne die Wirkleistung $P = |b|^2$ abgegeben wird.

Da b eine lineare Funktion der Feldkomponenten E_1 und E_2 ist, gilt ein Ausdruck der Form

$$b = \frac{1}{\sqrt{2\, Z_0}}\, (D_1(\theta, \varphi) \cdot E_1 \; + \; D_2(\theta, \varphi) \cdot E_2)\,. \tag{9.93}$$

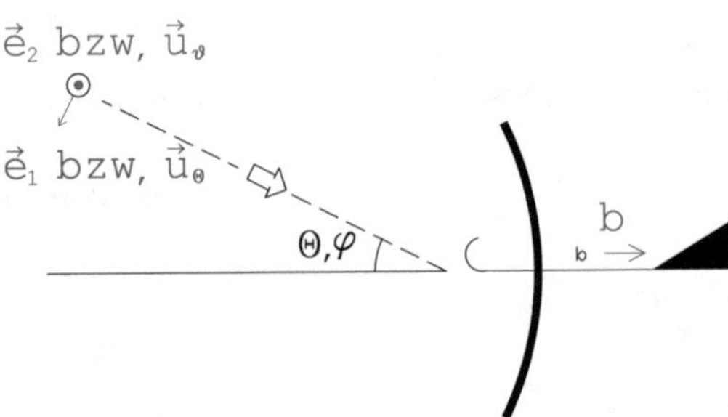

Abb. 9.52 Zur Erläuterung einer Empfangsantenne

Dabei sollen $D_1(\theta, \varphi)$ und $D_2(\theta, \varphi)$ als die absoluten **Empfangs–Richtcharakteristiken** für die Polarisation 1 bzw. 2 bezeichnet werden.

Zu den relativen Empfangs–Richtcharakteristiken kommt man, wenn man die Beträge von D_1 und D_2 so normiert, dass der Maximalwert gerade eins wird.

Stellt man die Feldkomponenten der einfallenden ebenen homogenen Welle über die Strahlungsdichte S wie in Gl. (9.91) dar und setzt in die Gl. (9.93) ein, dann erhält man:

$$b = \sqrt{S}\,\Big(k \cdot D_1(\theta, \varphi) + \sqrt{(1-k^2)}\, e^{\,j\psi} \cdot D_2(\theta, \varphi)\Big)\,. \tag{9.94}$$

Damit wird die an die Last des Empfängers abgegebene Wirkleistung $P = |b|^2$:

$$P = b \cdot b^* = \; S \cdot \Big\{k^2 \cdot |D_1|^2 + (1-k^2) \cdot |D_2|^2 + 2\,k\,\sqrt{(1-k^2)}\;\operatorname{Re}\Big\{D_1^*\, D_2\, e^{\,j\psi}\Big\}\Big\}\,. \tag{9.95}$$

Die Wirkleistung P ist somit abhängig von der durch

a) θ und φ festgelegten Empfangsrichtung,
b) k und ψ festgelegten Polarisation.

Der Ausdruck für P in Gl. (9.95) nimmt in Abhängigkeit von ψ seine Extremwerte an, wenn $D_1^* \cdot D_2 \cdot e^{\,j\psi}$ reell wird. Der Ausdruck für P nimmt in Abhängigkeit von ψ sein Maximum an, wenn $D_1^* \cdot D_2 \cdot e^{\,j\psi}$ positiv reell wird. Dies ist der Fall für den Winkel ψ_{opt}

$$\psi = \psi_{opt} = \arg D_1 - \arg D_2. \tag{9.96}$$

Dann wird

$$P = S \cdot \Big(k \cdot |D_1| + \sqrt{(1-k^2)} \cdot |D_2|\Big)^2\,. \tag{9.97}$$

Diese Leistung wird maximal für

$$k = k_{opt} = \frac{|D_1|}{\sqrt{\big(|D_1|^2 + |D_2|^2\big)}}\,, \tag{9.98}$$

mit dem Wert $P = P_{max}$

$$P = P_{max} = S \cdot \big(|D_1|^2 + |D_2|^2\big)\,. \tag{9.99}$$

Dagegen verschwindet bei

$$\psi = \psi_{sperr} = \psi_{opt} + \pi \qquad \text{und} \tag{9.100}$$

$$k = k_{sperr} = \frac{|D_2|}{\sqrt{\left(|D_1|^2 + |D_2|^2\right)}} \tag{9.101}$$

die abgegebene Leistung, das heißt $P = 0$.

Es gibt also für jede Empfangsrichtung eine durch die Gl. (9.96) und (9.98) bestimmte optimale Polarisation, die zu einer maximalen Leistungsabgabe führt und eine durch Gl. (9.100) und (9.101) gegebene Sperrpolarisation, bei der keine Leistung abgegeben wird.

Die für eine bestimmte Empfangsrichtung mit optimaler Polarisation nach Gl. (9.99) aufgenommene Leistung P_{max} entspricht derjenigen Leistung, die die ungestörte ebene homogene Welle der Strahlungsdichte S durch eine zur Ausbreitungsrichtung senkrechten Fläche der Größe

$$\tilde{A}_w(\theta, \varphi) = \frac{P_{max}}{S} = |D_1(\theta, \varphi)|^2 + |D_2(\theta, \varphi)|^2 \tag{9.102}$$

transportieren würde und die von der Empfangsantenne aufgenommen werden kann. Man bezeichnet $\tilde{A}_w(\theta, \varphi)$ als **Wirkflächenfunktion.** Der Maximalwert von $\tilde{A}_w(\theta, \varphi)$, der hier in Hauptstrahlrichtung bei $\theta = \varphi = 0$ liegt, wird als `Antennenwirkfläche` A_w bezeichnet.

$$A_w = \tilde{A}_w(\theta = 0, \varphi = 0) \tag{9.103}$$

9.7.4 Das Reziprozitätstheorem

Das **Reziprozitätstheorem** liefert einen Zusammenhang zwischen den Richtcharakteristiken $C_1(\theta, \varphi)$ und $C_2(\theta, \varphi)$ für den Sendefall und $D_1(\theta, \varphi)$ und $D_2(\theta, \varphi)$ für den Empfangsfall. Dazu wird eine Antennenanordnung betrachtet, bei der die zu untersuchende Antenne I schwenkbar ist (Abb. 9.53).

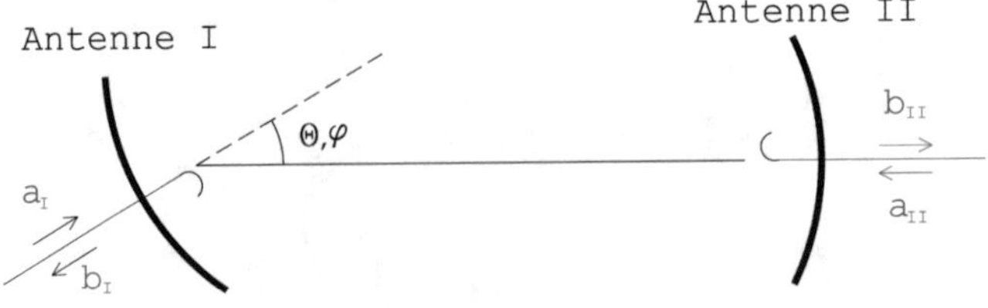

Abb. 9.53 Zur Erläuterung der Anordnung von Sende- und Empfangsantenne

Die Antenne II sei mit ihrer Hauptstrahlrichtung entlang der Achse auf die Antenne I hin ausgerichtet. Für den Fall, dass die Antenne I sendet und die Antenne II empfängt, gilt nach Gl. (9.73) und (9.93)

$$\frac{b_{II}}{a_I} = S_{21}(\theta, \varphi) = \frac{e^{-jk_0 r}}{2\sqrt{\pi}\, r} \left\{ C_1^I(\theta, \varphi) \cdot D_1^{II}(0, 0) + C_2^I(\theta, \varphi) \cdot D_2^{II}(0, 0) \right\}. \qquad (9.104)$$

Für den umgekehrten Fall, also Antenne II als Sende- und Antenne I als Empfangsantenne bei räumlich gleicher Anordnung, gilt:

$$\frac{b_I}{a_{II}} = S_{12}(\theta, \varphi) = \frac{e^{-jk_0 r}}{2\sqrt{\pi}\, r} \left\{ C_1^{II}(0, 0) \cdot D_1^I(\theta, \varphi) + C_2^{II}(0, 0) \cdot D_2^I(\theta, \varphi) \right\}. \qquad (9.105)$$

Falls die Antennenstrecke aus isotropen Materialien aufgebaut ist und keine aktiven Bauelemente enthält, ist die Gültigkeit des Reziprozitätstheorems gesichert und es gilt:

$$S_{21} = S_{12} \qquad (9.106)$$

und damit auch

$$C_1^I(\theta, \varphi) \cdot D_1^{II}(0, 0) + C_2^I(\theta, \varphi) \cdot D_2^{II}(0, 0) = C_1^{II}(0, 0) \cdot D_1^I(\theta, \varphi) + C_2^{II}(0, 0) \cdot D_2^I(\theta, \varphi). \qquad (9.107)$$

Nimmt man an, dass die Antenne II in Hauptstrahlrichtung nur die Polarisation 1 sendet und empfängt, also

$$C_2^{II}(0, 0) = D_2^{II}(0, 0) = 0$$

gilt, dann reduziert sich Gl. (9.107) zu:

$$\frac{D_1^I(\theta, \varphi)}{C_1^I(\theta, \varphi)} = \frac{D_1^{II}(0, 0)}{C_1^{II}(0, 0)} = \text{const.} = \varphi_0. \qquad (9.108)$$

Damit erhält man das folgende wichtige Ergebnis:

Das Verhältnis der Richtcharakteristiken für den Empfangsfall $D_{1,2}(\theta, \varphi)$ zu den Richtcharakteristiken für den Sendefall $C_{1,2}(\theta, \varphi)$ ist unabhängig von der Richtung und ebenfalls unabhängig vom Antennentyp. Kennt man also das Verhältnis für den speziellen Antennentyp und für eine spezielle Richtung, so kennt man es für alle Antennentypen und Richtungen.

Für den Hertz'schen Dipol gilt:

$$\varphi_0 = \frac{\lambda_0}{2\sqrt{\pi}}. \qquad (9.109)$$

Also gilt allgemein

$$D_{1,2}(\theta,\varphi) = \frac{\lambda_0}{2\sqrt{\pi}}\, C_{1,2}(\theta,\varphi). \tag{9.110}$$

Aus Gl. (9.110) folgt weiterhin für den Zusammenhang zwischen Antennenwirkfläche A_w und dem Antennengewinn über die Gl. (9.79) und (9.102) die Beziehung

$$A_w = \frac{\lambda_0^2}{4\pi}\, G. \tag{9.111}$$

Ein Vergleich der Gl. (9.111) mit Gl. (9.81) erlaubt den Schluß, dass für die Flächenantenne mit homogener Aperturbelegung die geometrische Fläche A und die Wirkfläche A_w gleich sind. Eine optimal ausgerichtete Empfangsantenne nimmt eine Leistung auf, die sich aus dem Produkt der Strahlungsdichte S und der Antennenwirkfläche A_w ergibt. Die Antennenwirkfläche kann man über Gl. (9.111) aus dem Gewinn der Antenne berechnen.

Die Proportionalität zwischen Sende- und Empfangscharakteristik führt dazu, dass die Nebenzipfeldämpfung der Sende- und Empfangsantenne multiplikativ eingeht. Bei gleicher Sende- und Empfangsantenne und rechteckförmiger Belegungsfunktion beträgt die effektive Nebenzipfeldämpfung daher $2 \cdot 13{,}2\,\text{dB} = 26{,}4\,\text{dB}$.

10 Phasengesteuerte Antennen, Patch-Antennen, Messtechnik

10.1 Prinzipielle Vorgehensweise bei phasengesteuerten Antennen

In der Radartechnik werden in zunehmenden Maße elektronisch gesteuerte oder phasengesteuerte Antennen („Phased Array“) eingesetzt. Bei ihnen erfolgt eine Schwenkung des Antennendiagramms nicht auf mechanische Weise, sondern durch eine Phasensteuerung einer Gruppe von Einzelstrahlern. Solche Antennen besitzen den Vorteil, dass man die Antennenkeule im Vergleich zu einer mechanisch schwenkbaren Antenne sehr viel schneller schwenken kann. Weil dabei keine schwere Masse beschleunigt werden muss, kann der Strahl in beliebiger Abfolge ausgelenkt werden. So kann man etwa eine Raumabtastung und eine Zielverfolgung von einigen Objekten fast gleichzeitig durchführen.

Eine Gruppe von Einzelstrahlern, z. B. elektrischen Dipolen, Hornstrahlern oder sogenannten Schlitzstrahlern, die in etwa dual zu elektrischen Dipolen sind, werden einzeln mit elektronisch schaltbaren Phasenschiebern versehen. Dadurch lässt sich die Phasenlage jedes Einzelstrahlers einstellen. Im allgemeinen kann jedoch nicht jeder beliebige Phasenwert eingestellt werden, sondern aus Aufwandsgründen weist der Phasenschieber nur eine endliche Anzahl diskreter Stufen auf. Man spricht beispielsweise von einem 3–Bit Phasenschieber und meint damit einen Phasenschieber, der einen 45°, 90° und 180° Phasenschalter hintereinander aufweist und dadurch in $2^3 = 8$ Schritten die Werte $0°, 45°, 90°, 135°, 180°, 225°, 270°, 315°$ einzustellen gestattet. Die Werte 360° und 0° sind identisch.

Die Steuerung der Phasenschieber erfolgt im allgemeinen digital mit der Unterstützung von Rechnern. Der 3–Bit Phasenschieber weist damit einen Diskretisierungsfehler von $\pm 22.5°$ auf.

Die Auswirkungen eines solchen Diskretisierungsfehlers werden wir noch besprechen. Es werden vor allem Ferrit–Phasenschieber und Phasenschieber, die mit Halbleiterbauelementen wie PIN–Dioden oder FET–Transistoren gesteuert werden, eingesetzt. Der Aufbau von schaltbaren Phasenschiebern soll hier allerdings nicht näher diskutiert werden. Das Prin-

H. Heuermann, *Mikrowellentechnik*,
https://doi.org/10.1007/978-3-658-41287-6_10

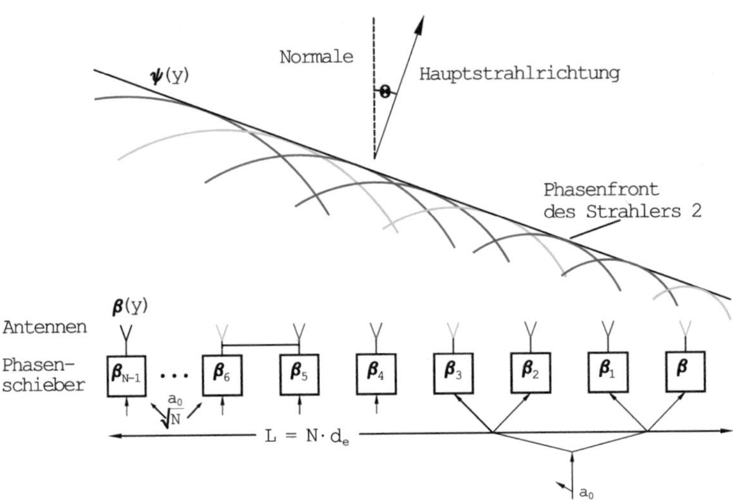

Abb. 10.1 Lineare Gruppe von Strahlerelementen

zip einer elektronisch schwenkbaren Antenne wird anhand einer linearen Strahleranordnung erläutert, die N Elemente aufweisen soll (Bild 10.1).

Wie in Bild 10.1 gezeigt, soll im Folgenden $\beta(y)$ die Phase in der Strahlerebene bzw. Strahlerzeile und $\Psi(y)$ die Phase in einer Ebene oder Zeile senkrecht zur betrachteten Ausbreitungsrichtung mit der Richtung θ beschreiben. Die Differenzphasenwerte $\Delta\beta$ und $\Delta\Psi$ bezeichnen die entsprechenden Phasenänderungen von Strahlerelement zu Strahlerelement.

Es soll angenommen werden, dass auf die angepassten Strahlerelemente der Gruppe die Welle $a_0/\sqrt{N}$ einfällt (Sendefall). Außerdem soll keine Verkopplung zwischen den Einzelstrahlern auftreten, und alle Strahler sollen die gleiche Richtcharakteristik $C_e(\theta)$ aufweisen. In das als verlustfrei angenommene Speisenetzwerk soll die Welle a_0 eingeführt werden.

10.2 Die Richtcharakteristik einer phasengesteuerten Antenne

Die Einzelstrahler sollen die gleiche Polarisation 1 aufweisen. Für den Einzelstrahler gilt nach Gl. (9.73) für das elektrische Feld im Fernfeld:

$$\vec{\mathbf{E}}(r,\theta) = \sqrt{\frac{Z_0}{2\pi}}\ \frac{1}{r}\ \frac{1}{\sqrt{N}}\ C_e(\theta)\ e^{-jk_0 r}\ \vec{\mathbf{e}}_1\ a_0. \tag{10.1}$$

Während wir wie bei der Flächenantenne annehmen, dass der Beitrag zum Fernfeld durch den Faktor $1/r$ für alle Strahlerelemente gleich ist, müssen wir bei der Aufsummation der Feldbeiträge der Einzelstrahler berücksichtigen, dass der Phasenfaktor $e^{-jk_0 r}$ für die verschiedenen Strahler ungleich ist.

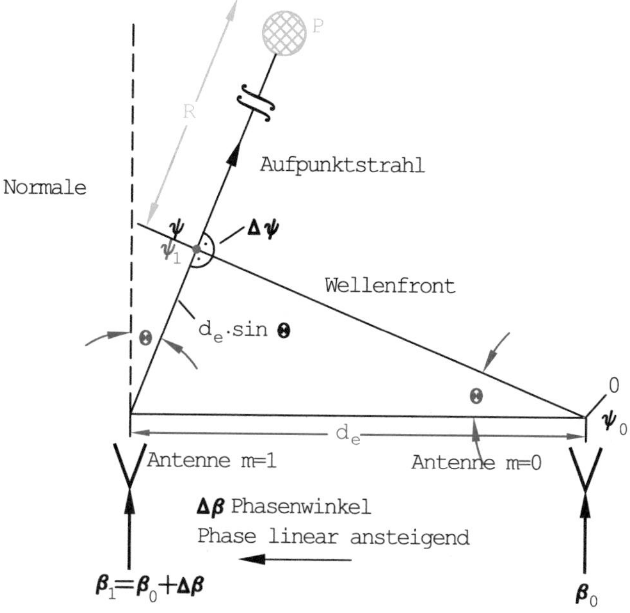

Abb. 10.2 Phasendifferenzen in Strahlrichtung

Wir wollen annehmen, dass bei den Phasenschiebern keine Diskretisierungsfehler vorliegen und die Phase $\beta(m)$, $m = 0, 1, 2, \ldots, N$, der Phasenschieber linear um $\Delta\beta$ von Phasenschieber zu Phasenschieber ansteigt.

Die Phasenänderung zu einem Nachbarstrahler $\Delta\Psi$ quer zur betrachteten Ausbreitungsrichtung θ entnimmt man Bild 10.2.

Sie beträgt

$$\Delta\Psi = \Psi_1 - \Psi_0,$$

$$\Delta\Psi = \Delta\beta - k_0\ d_e\ \sin\theta,$$

$$\Delta\Psi = -k_0\ d_e\ (\sin\theta - \sin\theta_0)\,, \tag{10.2}$$

$$\text{mit}\quad \Delta\beta = \beta_1 - \beta_0 = k_0\ d_e\ \sin\theta_0. \tag{10.3}$$

Wir werden sehen, dass θ_0 die Hauptstrahlrichtung bezeichnet. Beginnend mit null steigt der Phasenbeitrag zu einem Aufpunkt im Fernfeld um $\Delta\Psi$ von Strahler zu Strahler auf $N\Delta\Psi$ an. Für das Gesamtfeld $\vec{\mathbf{E}}_i(R, \theta)$, das sich im Aufpunkt P einstellt, muss man die Beiträge aller N hier als gleich angenommenen Einzelstrahler mit einem Feldbeitrag gemäß Gl. (10.1) aufsummieren.

$$\vec{\mathbf{E}}(R,\theta) = \sqrt{\frac{Z_0}{2\pi}}\;\frac{e^{-jk_0R}}{R}\;C_e(\theta)\left(\frac{1}{\sqrt{N}}\sum_{m=0}^{N-1} e^{\,jm\Delta\Psi}\right) a_0\,\vec{\mathbf{e}}_1 \qquad (m = \text{Laufindex}). \tag{10.4}$$

Der Faktor $1/\sqrt{N}$ in Gl. (10.4) berücksichtigt, dass $|a_0|^2$ die in alle Einzelstrahler eingespeiste Gesamtleistung sein soll. Die Summe in Gl. (10.4) soll als Richtcharakteristik der Antennengruppe $C_g(\theta)$ bezeichnet werden:

$$C_g(\theta) = \frac{1}{\sqrt{N}}\sum_{m=0}^{N-1} e^{\,jm\Delta\Psi}. \tag{10.5}$$

Die Gesamtcharakteristik C_{res} ergibt sich als Produkt der Strahler–Einzelcharakteristik C_e und der Gruppencharakteristik C_g.

Die Summe in Gl. (10.5) lässt sich als geometrische Reihe auffassen und explizit berechnen. Dabei ergibt sich das folgende Ergebnis:

$$\begin{aligned}
C_g(\theta) &= \frac{1}{\sqrt{N}}\;\frac{1 - e^{(jN\Delta\Psi)}}{1 - e^{(j\Delta\Psi)}},\\
C_g(\theta) &= \frac{e^{\left(j(N-1)\frac{\Delta\Psi}{2}\right)}}{\sqrt{N}}\;\frac{e^{\left(-jN\frac{\Delta\Psi}{2}\right)} - e^{\left(jN\frac{\Delta\Psi}{2}\right)}}{e^{\left(-j\frac{\Delta\Psi}{2}\right)} - e^{\left(j\frac{\Delta\Psi}{2}\right)}},\\
C_g(\theta) &= e^{\left(j(N-1)\frac{\Delta\Psi}{2}\right)}\;\frac{1}{\sqrt{N}}\;\frac{\sin\left(N\frac{\Delta\Psi}{2}\right)}{\sin\left(\frac{\Delta\Psi}{2}\right)},\\
C_g(\theta) &= e^{\left(j(N-1)\frac{\Delta\Psi}{2}\right)}\;\frac{1}{\sqrt{N}}\;\frac{\sin\left(\frac{N\pi d_e}{\lambda_0}(\sin\theta - \sin\theta_0)\right)}{\sin\left(\frac{\pi d_e}{\lambda_0}(\sin\theta - \sin\theta_0)\right)}.
\end{aligned} \tag{10.6}$$

Für die Gewinnfunktion $\tilde{G}_g(\theta)$ der Gruppe schließlich entfällt der unerhebliche Phasenvorfaktor in Gl. (10.6) und man erhält:

$$\tilde{G}_g(\theta) = \Big|\, C_g(\theta)\,\Big|^2 = \frac{\sin^2\left(\frac{N\pi d_e}{\lambda_0}(\sin\theta - \sin\theta_0)\right)}{N\,\sin^2\left(\frac{\pi d_e}{\lambda_0}(\sin\theta - \sin\theta_0)\right)}. \tag{10.7}$$

Für die günstige Wahl $d_e = \lambda_0/2$ und eine ausreichend große Elementzahl N ist dieses Diagramm dem einer homogenen belegten Flächenantenne ähnlich (Bild 10.1). Die Hauptstrahlrichtung liegt bei $\sin\theta = \sin\theta_0$ bzw. $\theta = \theta_0$ wie es auch schon durch die Gl. (9.70) beschrieben wurde. Die erste Nebenkeule liegt bei großem N etwa 13.2 dB unter der Hauptkeule.

Solange die Elementabstände $\lambda_0/2$ oder geringer sind, bleiben die Nebenkeulen klein im Vergleich zur Hauptkeule. Wird jedoch der Elementabstand größer als $\lambda_0/2$, dann können im Strahlungsdiagramm zusätzliche Keulen mit vergleichbarem Gewinn wie die Hauptkeule auftreten. Solche Sekundärkeulen (engl. „grating lobes", übersetzt „Gitterkeulen") entstehen, wenn in Gl. (10.7) Zähler und Nenner gleichzeitig zu null werden, der Quotient im Limes aber endlich bleibt. Dies trifft zu, wenn folgendes gilt:

$$\frac{\pi d_e}{\lambda_0}(\sin\theta - \sin\theta_0) = \pm\mu\,\pi \qquad (\mu \text{ ganze Zahl}),$$

$$\text{oder} \quad \left|\sin\theta - \sin\theta_0\right| = \mu\,\frac{\lambda_0}{d_e}, \qquad m = 1, 2, 3, \ldots. \tag{10.8}$$

Ist beispielsweise $\theta_0 = 0$ und der Elementabstand $d_e = 2\lambda_0$, dann treten unerwünschte Sekundärkeulen bei θ_s auf mit

$$\theta_s = \pm 30°;\ \pm 90°.$$

Die Nebenkeulen bei $\pm 90°$ sind im allgemeinen nicht kritisch, weil bei diesem Winkel der Gewinn der Einzelstrahler meist gering ist.

Bild 10.3 erläutert graphisch, dass bei $d_e = 2\lambda_0$ und einem Winkel von 30° wiederum eine Hauptstrahlrichtung vorliegt, also eine gemeinsame Phasenfront aller Einzelstrahler ausgebildet wird.

Wie man dem Bild 10.3 entnehmen kann, ist für $\theta_s = 30°$ die Bedingung erfüllt, dass die Wegunterschiede zu den Einzelstrahlern λ_0 betragen, die Beiträge der Einzelstrahler also aufsummiert werden. Algebraisch lautet die Bedingung für eine solche konstruktive

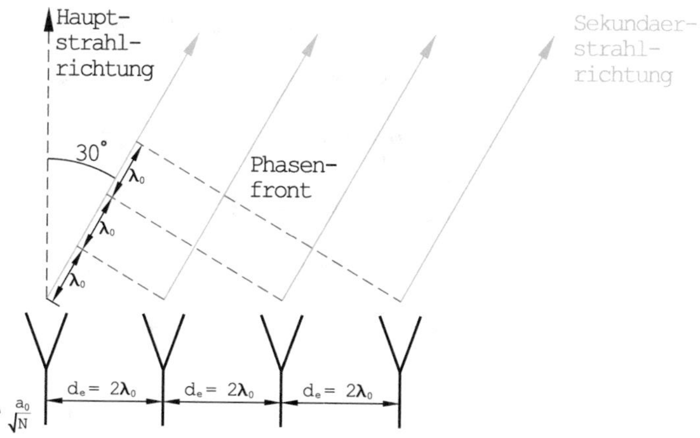

Abb. 10.3 Graphische Erläuterung für eine Sekundärkeule bei $\theta = 30°$

Interferenz, wenn Ψ_0 eine beliebige Anfangsphase ist:

$$\begin{aligned}\Psi_0 + \Delta\beta - k_0\, d_e\, \sin\theta &= \Psi_0 \pm \mu\, 2\,\pi \quad \text{mit} \quad \mu = 0, 1, 2, \ldots, \\ \text{oder} \quad \sin\theta &= \frac{\Delta\beta}{k_0\, d_e} \pm \frac{\mu\, 2\,\pi}{k_0\, d_e}.\end{aligned} \tag{10.9}$$

Wegen Gl. (10.3) ist diese Beziehung aber identisch mit Gl. (10.8). Für $\mu = 1, 2, 3, \ldots$ können sich unerwünschte Sekundärkeulen ausbilden, wenn Gl. (10.8) durch ein reelles $\theta = \theta_s$ erfüllt werden kann. Dies ist am ehesten durch $\mu = 1$ möglich.

Um Sekundärkeulen sicher zu vermeiden, darf der Abstand d_e der Einzelstrahler $\lambda_0/2$ nur geringfügig überschreiten. Zulassen kann man im allgemeinen Sekundärkeulen bei $\theta_s = \pm 90°$, weil die Einzelstrahler aufgrund ihrer Eigencharakteristik wenig in diese Richtung strahlen. Schränkt man außerdem den maximalen Auslenkwinkel ein, z. B. auf $\pm\theta_m$, dann folgt mit $\theta_s = \pm 90°$ aus Gl. (10.8) für den einzuhaltenden Abstand d_e:

$$\frac{\lambda_0}{d_e} \geq 1 + \sin\theta_m. \tag{10.10}$$

Für $\theta_m = \pm 60°$ folgt daraus $d_e \leq 0{,}536\, \lambda_0$. Für $\theta_m \to 0$ steigt der zulässige Abstand der Strahlerelemente bis λ_0 an.

Betrachtet man eine rechteckige flächenhafte Gruppenanordnung von Einzelstrahlern, und zwar von M Spalten und N Zeilen (Bild 10.4), dann erhält man für die Gewinnfunktion der Gruppe in der Horizontal- und Vertikalebene:

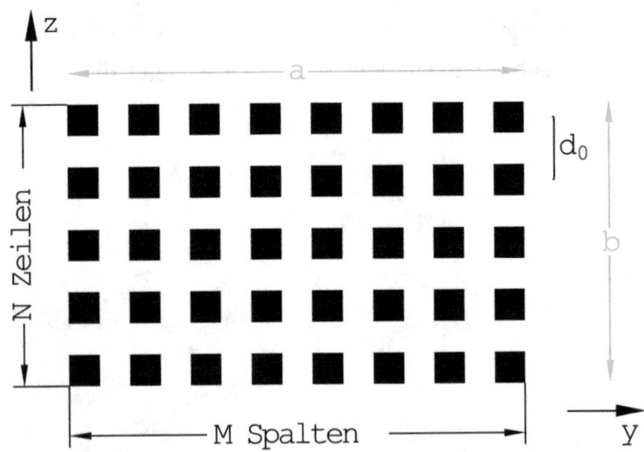

Abb. 10.4 Gitterförmige Anordnung der Elementarstrahler mit M Spalten und N Zeilen

$$\tilde{G}_g(\theta, 0) \quad = M \quad \frac{\sin^2\left(\dfrac{N\pi d_e}{\lambda_0}(\sin\theta - \sin\theta_0)\right)}{N\ \sin^2\left(\dfrac{\pi d_e}{\lambda_0}(\sin\theta - \sin\theta_0)\right)}\Bigg|_{\varphi_0 = 0}, \tag{10.11}$$

$$\tilde{G}_g(0, \varphi) \quad = N \quad \frac{\sin^2\left(\dfrac{M\pi d_e}{\lambda_0}(\sin\varphi - \sin\varphi_0)\right)}{M\ \sin^2\left(\dfrac{\pi d_e}{\lambda_0}(\sin\varphi - \sin\varphi_0)\right)}\Bigg|_{\theta_0 = 0}. \tag{10.12}$$

Die Phasenbelegung $\beta(y)$ muss so gewählt werden, dass eine Ebene konstanter Phase senkrecht auf der Hauptstrahlrichtung steht. Fällt die Hauptstrahlrichtung weder mit der Vertikal- noch mit der Horizontalebene zusammen, so muss auch die Ebene konstanter Phase entsprechend schief stehen. Damit wird die Phasenbelegung β eine Funktion von y und z, d. h. $\beta = \beta(y, z)$.

10.3 Kenngrößen einer phasengesteuerten Antenne

Aus den Gl. (10.11) und (10.12) ergibt sich der Gewinn G_g der Antennengruppe zunächst in Hauptstrahlrichtung mit $\theta = \theta_0$ und $\varphi = \varphi_0$ zu

$$G_g = \tilde{G}(\theta = \theta_0, \varphi = \varphi_0) = N\ M. \tag{10.13}$$

Für einen Abstand der Einzelstrahler von $d_e = \lambda_0/2$ und den Seitenlängen der Gruppe a und b (Bild 10.4) sowie der Fläche $A = a\ b$ kann man die Gl. (10.11) und (10.12) auch schreiben:

$$G_g = N\ M = \frac{N\ \frac{\lambda_0}{2}\ M\ \frac{\lambda_0}{2}}{\frac{\lambda_0^2}{4}} = \frac{4\ A}{\lambda_0^2}. \tag{10.14}$$

Vergleicht man diesen Ausdruck mit dem Gewinn einer Flächenantenne homogener Belegung, Gl. (9.81), nimmt weiterhin an, dass die Einzelstrahler mindestens den Gewinn von 1.5 eines Hertzschen Dipols aufweisen, dann stellt man fest, dass der Gewinn G der Gruppenantenne ungefähr um einen Faktor $2\pi/3$ geringer ist als der eines Flächenstrahlers gleicher Fläche und homogener Belegung. Eine Abschätzung der Keulenhalbwertsbreite können wir durch die folgende Überlegung gewinnen. Die Gewinnfunktionen der Gruppe $\tilde{G}_g$ gemäß Gl. (10.11) und (10.12) weisen bis auf einen konstanten Faktor den Term $\mathrm{si}^2 u$ auf, wobei die Abkürzung

$$u = \frac{N\ k_0\ d_e}{2}\ (\sin\theta - \sin\theta_0),$$

beziehungsweise

$$u = \frac{M\ k_0\, d_e}{2}\ (\sin\varphi - \sin\varphi_0), \tag{10.15}$$

eingeführt wurde. Dazu wurde im Nenner der Gl. (10.11) und (10.12) $\sin u \approx u$ wegen $N, M \gg 1$ gesetzt.

Der Gewinn ist um 3 dB abgefallen, wenn u von Null auf den Wert

$$u = \pm\, 0{,}443\ \pi \tag{10.16}$$

angestiegen ist (siehe auch Gl. (9.63)).

Für die weitere Überlegung wollen wir die folgende Identität benutzen:

$$\sin\theta - \sin\theta_0 = \sin(\theta - \theta_0)\ \cos\theta_0 - \overbrace{\Big[\overbrace{1 - \cos(\theta - \theta_0)}^{\approx 0}\Big]\ \sin\theta_0}^{\approx 0}. \tag{10.17}$$

Den zweiten Summanden auf der rechten Seite von Gl. (10.17) kann man vernachlässigen, wenn θ_0 nicht zu groß ist und außerdem θ nicht zu sehr von θ_0 abweicht. Dann gilt näherungsweise:

$$\sin\theta - \sin\theta_0 = \sin(\theta - \theta_0)\ \cos\theta_0. \tag{10.18}$$

Man erhält damit für die Halbwertsbreite des Gruppengewinns:

$$\begin{aligned} \Delta\theta_b &= \frac{2 \cdot 0{,}443\ \lambda_0}{N\ d_e\ \cos\theta_0} = 0{,}886\ \frac{\lambda_0}{N\ d_e\ \cos\theta_0}, \\ \Delta\varphi_b &= 0{,}886\ \frac{\lambda_0}{M\ d_e\ \cos\varphi_0}. \end{aligned} \tag{10.19}$$

Die entsprechenden Gleichungen in Grad lauten:

$$\begin{aligned} \Delta\theta_b &= \frac{51^\circ\ \lambda_0}{N\ d_e\ \cos\theta_0}, \\ \Delta\varphi_b &= \frac{51^\circ\ \lambda_0}{M\ d_e\ \cos\varphi_0}. \end{aligned} \tag{10.20}$$

Der Faktor $\cos\theta_0$ im Nenner von Gl. (10.20) bedeutet, dass näherungsweise nur die Projektion der Aperturfläche in Hauptstrahlrichtung für die Halbwertsbreite bestimmend ist.

Es sei erwähnt, dass sich wie beim Flächenstrahler eine bessere Unterdrückung der Nebenkeulen erzielen lässt, wenn man eine Taperung der Amplitude der Belegungsfunktion einführt. Dies führt dann ebenso zu einer Erhöhung der Halbwertsbreite.

10.4 Diskretisierungsfehler bei einer phasengesteuerten Antenne

Die Phase der einzelnen Strahlerelemente kann im Allgemeinen nur diskrete Werte annehmen. Für einen n–Bit Phasenschieber ergibt sich die Schrittweite $\delta\Psi$ zu:

$$\delta\Psi = \frac{2\,\pi}{2^n}. \tag{10.21}$$

Daraus folgt ein maximaler Quantisierungsfehler β_m von

$$\beta_m = \frac{\delta\Psi}{2} = \frac{\pi}{2^n}. \tag{10.22}$$

Bild 10.5 zeigt den idealen Phasenverlauf $\Gamma(y)$ sowie den tatsächlichen Phasenverlauf $\beta(y)$, welcher aufgrund der Quantisierung einen Treppenverlauf aufweist. Tatsächlich angenommen werden jedoch nur einzelne diskrete Werte $\beta(y_m)$ an den Stellen y_m, $m = 0, 1, 2, \ldots, N$, die in Bild 10.5 als Punkte eingezeichnet sind. Wir wollen jedoch die folgenden Überlegungen, die nur Abschätzungen darstellen, mit $\beta(y)$ durchführen. Bild 10.5 zeigt außerdem den Verlauf der Fehlerphase

$$\epsilon(y) = \beta(y) - \Gamma(y) \tag{10.23}$$

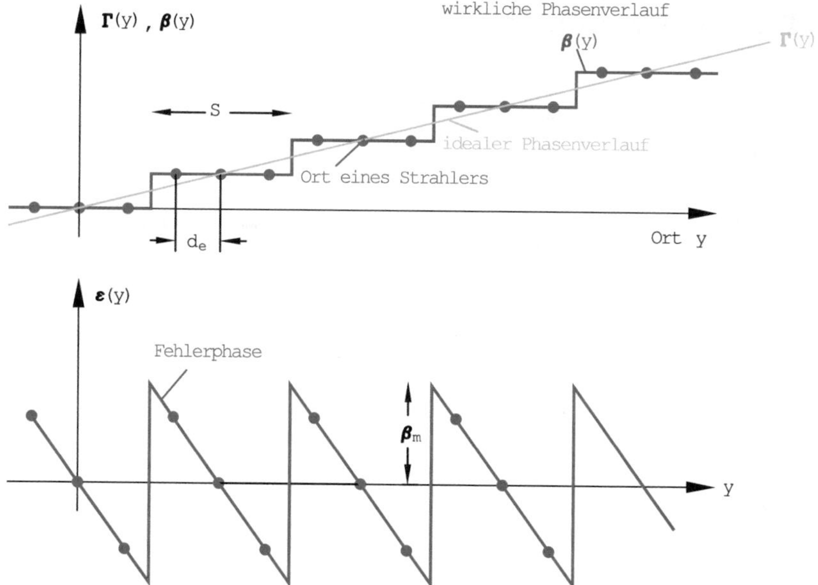

Abb. 10.5 Verlauf der idealen Phase $\Gamma(y)$, der tatsächlichen Phase $\beta(y)$ und der Fehlerphase $\epsilon(y) = \Gamma(y) - \beta(y)$ als Funktion des Ortes y bei diskreter Phaseneinstellung

als Funktion des Ortes y. Die Fehlerphase $\epsilon(y)$ ist in dieser Darstellung eine Dreiecksfunktion mit dem Scheitelwert β_m. Der ideale Phasenverlauf $\Gamma(y)$ wird durch den Ausdruck

$$\Gamma(y) = k_0 \ \sin\theta_0 \ y \tag{10.24}$$

beschrieben. Damit gilt für die Periode S der Fehlerphase $\epsilon(y)$ aus

$$2\,\beta_m = k_0 \ \sin\theta_0 \ S$$

beziehungsweise

$$S = \frac{2\,\beta_m}{k_0 \ \sin\theta_0}. \tag{10.25}$$

Wegen des Dreiecksverlaufs der Fehlerphase $\epsilon(y)$ weist diese eine rechteckförmige Wahrscheinlichkeitsdichte $p(\epsilon)$, wie in Bild 10.6 gezeigt, auf.

Für die Richtcharakteristik der Gruppe C_g in Hauptstrahlrichtung, d. h. $\theta = \theta_0$, gilt nach Gl. (10.5) mit $\Delta\Psi = 0$

$$C_g(\theta_0) = \frac{1}{\sqrt{N}} \sum_{m=0}^{N-1} e^{\,jm\Delta\Psi} = \frac{1}{\sqrt{N}} \ N. \tag{10.26}$$

Der Erwartungswert der Richtcharakteristik der Gruppe in Hauptstrahlrichtung C_e bei einer rechteckförmig angenommenen Wahrscheinlichkeitsdichte wie in Bild 10.6 ergibt:

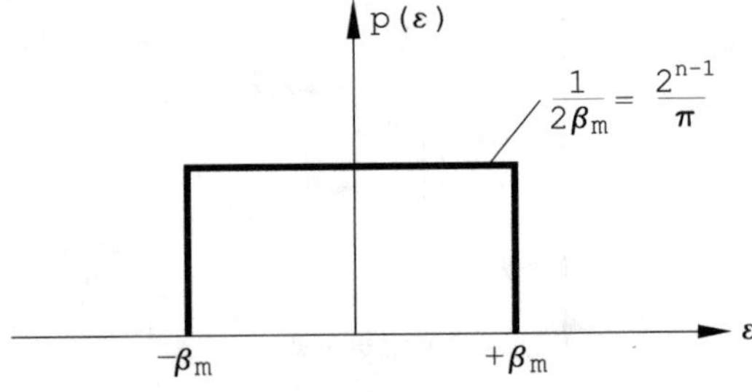

Abb. 10.6 Wahrscheinlichkeitsdichte der Fehlerphase

$$C_e(\theta_0) = \mathrm{E}\Big(C_g(\theta_0)\Big) = \frac{1}{\sqrt{N}}\,\mathrm{E}\left(\sum_{m=0}^{N-1} e^{\,j\epsilon_m}\right) = \frac{1}{\sqrt{N}}\sum_{m=0}^{N-1}\mathrm{E}\Big(e^{\,j\epsilon}\Big),$$

$$C_e(\theta_0) = \frac{1}{\sqrt{N}}\,N\,\mathrm{E}\Big(e^{\,j\epsilon}\Big) = \frac{1}{\sqrt{N}}\,N\int_{-\infty}^{+\infty} p(\epsilon)\,e^{\,j\epsilon}\,d\epsilon,$$

$$C_e(\theta_0) = \frac{N}{\sqrt{N}}\,\frac{1}{2\,\beta_m}\int_{-\beta_m}^{+\beta_m} e^{\,j\epsilon}\,d\epsilon = \frac{N}{\sqrt{N}}\,\frac{\sin\beta_m}{\beta_m},$$

$$C_e(\theta_0) \;\approx\; \sqrt{N}\left(1-\frac{1}{6}\,\beta_m^2\right) \quad \text{(die ersten zwei Glieder der Reihe für } \mathrm{si}(\beta_m)). \tag{10.27}$$

Damit erhält man für das Verhältnis des Gewinns mit der Fehlerphase $G_e(\theta_0)$ zu dem Gewinn ohne Fehlerphase $G(\theta_0)$ für $\beta_m \ll 1$:

$$\frac{G_e(\theta_0)}{G(\theta_0)} = \left|\frac{C_e(\theta_0)}{C_g(\theta_0)}\right|^2 = 1-\frac{1}{3}\,\frac{\pi^2}{2^{2n}}. \tag{10.28}$$

Tab. 10.1 zeigt die Gewinnreduktion in dB als Funktion der Bit–Zahl n der Phasenschieber.

Des weiteren verursacht die Phasenquantisierung zusätzliche Nebenkeulen, sogenannte Quantisierungskeulen. Wir wollen für eine vereinfachte rechnerische Behandlung annehmen, dass die Fehlerphase wie in Bild 10.6 einen sinusförmigen Verlauf über dem Ort y aufweist mit der Periode S. Man kann sich den sinusförmigen Verlauf als erstes Glied einer Fourierreihenentwicklung des Sägezahnverlaufs von Bild 10.5 vorstellen. Wir setzen die Amplitude der sinusförmigen Phasenstörung gleich β_m (genauer: bei idealem Sägezahnverlauf gleich $\tilde{\beta}_m = 2\beta_m/\pi$). Die Belegungsfunktion weist dann den folgenden Verlauf auf:

$$w(y) = e^{-j\beta(y)} = e^{\left(-j\left[k_0\,\sin(\theta_0)\,y\;+\;\tilde{\beta}_m\,\sin\left(\frac{2\pi y}{S}\right)\right]\right)}. \tag{10.29}$$

Tab. 10.1 Gewinnverlust durch Diskretisierungsfehler

n	2	3	4
G_e/G in dB	1,0	0,23	0,06

Tab. 10.2 Unterdrückung der Quantisierungskeulen

n	2	3	4	5
$\tilde{\beta}_m^2/4$ in dB	−8	−14	−20	−26

Mit der Annahme, dass $\tilde{\beta}_m \ll 1$ ist, gelten die folgenden Näherungen:

$$w(y) \approx e^{\left(-jk_0 \sin(\theta_0) y\right)} \left[1 - j\,\tilde{\beta}_m \sin\left(\tfrac{2\pi y}{S}\right)\right],$$

$$w(y) \approx e^{\left(-jk_0 \sin(\theta_0) y\right)} \left[1 - \frac{\tilde{\beta}_m}{2} e^{\left(j\frac{2\pi y}{S}\right)} + \frac{\tilde{\beta}_m}{2} e^{\left(-j\frac{2\pi y}{S}\right)}\right],$$

$$w(y) \approx e^{\left(-jk_0 \sin(\theta_0) y\right)} - \frac{\tilde{\beta}_m}{2} e^{\left(-jk_0\left[\sin(\theta_0) - \frac{\lambda_0}{S}\right] y\right)} + \frac{\tilde{\beta}_m}{2} e^{\left(-jk_0\left[\sin(\theta_0) + \frac{\lambda_0}{S}\right] y\right)}. \tag{10.30}$$

Die räumliche Modulation der Phasenbelegungsfunktion führt also zu zwei Nebenkeulen bei den Winkeln $\theta_{1,2}$ mit

$$\sin\left(\theta_{1,2}\right) = \sin\left(\theta_0\right) \pm \frac{\lambda_0}{S}. \tag{10.31}$$

Die relative Amplitude der Nebenkeulen beträgt $\tilde{\beta}_m/2 = \pi/2^{n+1}$. Tab. 10.2 gibt die Unterdrückung dieser Quantisierungskeulen in Abhängigkeit von der Bit–Zahl wieder.

Man kann Tab. 10.2 entnehmen, dass eine ausreichende Unterdrückung der Quantisierungskeulen wahrscheinlich stärker die Auswahl der erforderlichen Bit–Zahl bestimmen wird als der Verlust an Gewinn.

10.5 Patch-Antennen

Auf Mikrostreifenleitungssubstraten gefertigte Patch-Antennen (auch Streifenleitungsantennen genannt) werden gerade im Hochfrequenzbereich von 100 MHz bis 100 GHz sehr häufig eingesetzt. Sie bieten die Möglichkeit eines einheitlichen Entwurfs der Mikrowellenschaltung, des Speisenetzwerkes und der Antenne auf einem gemeinsamen Substrat.

Vorteile

- hoher Miniaturisierungsgrad,
- Reproduzierbarkeit und automatisierte Massenfertigung (niedrige Kosten),
- mechanische Belastbarkeit durch Vibration und Stoß und hohe Zuverlässigkeit.

Nachteile

- geringer Wirkungsgrad durch Verluste im Substrat,
- wodurch Strahlungsleistung und Gewinn begrenzt werden und
- kleine relative Bandbreite (einige Prozent).

Eine geschlossene Lösung für die Wellenausbreitung kann nicht angegeben werden. Deshalb werden empirische Näherungsformeln verwendet, welche aus den statischen Feldern abgeleitet und für höhere Frequenzen verallgemeinert werden.

10.5.1 Design der Patch-Antenne

Wie in Bild 10.7 zu sehen ist besteht eine Patch-Antenne aus einzelnen Grundelementen. Einem dielektrischen Substrat zwischen einer metallischen Struktur, dem Patch-Element und einer metallischen Grundplatte der Dicke $t \rightarrow 0$.

Das Patch-Element lässt sich auf verschieden Möglichkeiten anregen:

- a) mit einer Koaxialleitung von unten durch die Grundplatte,
- b) direkte Einspeisung mit einer Streifenleitung,
- c) elektrodynamische Ankopplung zur Reduktion parasitärer Abstrahlung oder
- d) Aperturkopplung durch Schlitze in einer Zwischenmetallisierung

Eine gute Anpassung an die Speiseleitung kann oft durch geeignete Wahl des Speisepunktes (x_s, y_s) erzielt werden, womit ein zusätzliches Anpassnetzwerk vielfach nicht mehr erforderlich ist (Bild 10.8).

Ein rechteckiges Patch-Element kann als eine an allen vier Seiten offene Streifenleitung der Länge L und der Breite W betrachtet werden. Die bei $y = 0, W$ entstehenden Streufelder werden mit $u = W/h$ näherungsweise durch eine relative Permittivität berücksichtigt, welche kleiner ϵ_r ist, da die Feldlinien sowohl im Substrat als auch im Außenraum verlaufen:

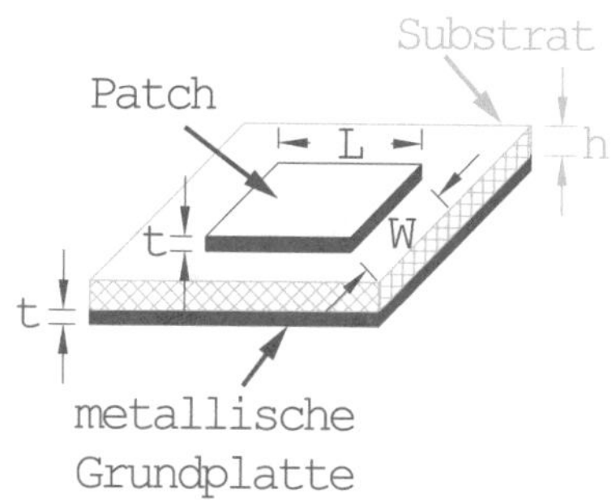

Abb. 10.7 Grundlegendes Design einer rechteckigen Patch-Antenne

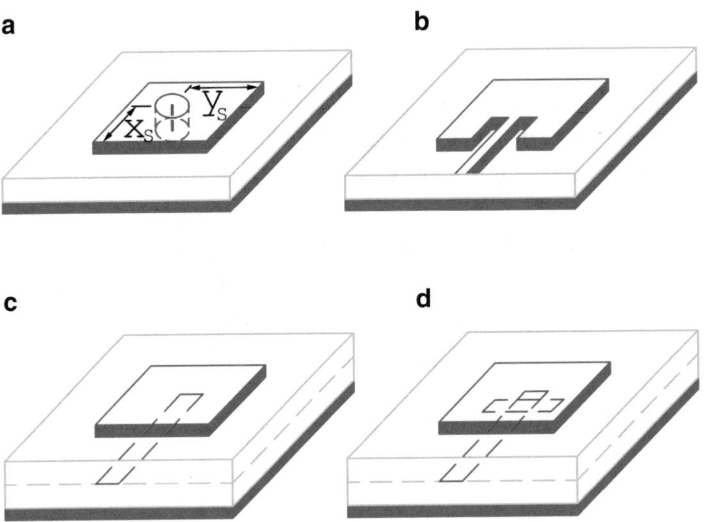

Abb. 10.8 Verschiedene Möglichkeiten zur Anregung von Patch-Antennen

$$\epsilon_{r,eff}^{(0)} \cong \frac{\epsilon_r + 1}{2} + \frac{\epsilon_r - 1}{2}\left(1 + \frac{10}{u}\right)^{1/2}. \tag{10.32}$$

Die Näherung (10.32) unterstellt eine quasi-TEM-Welle auf der Streifenleitung. Der Leitungswellenwiderstand dieser Welle ist:

$$\begin{aligned} Z_L^{(0)} &\cong \frac{60\,\Omega}{\sqrt{\epsilon_{r,eff}^{(0)}}}\, ln\left[\frac{F(u)}{u} + \sqrt{1 + \frac{4}{u^2}}\right] \quad \text{mit} \\ F(u) &= 6 + (2\pi - 6)\, exp\left[-\left(\frac{30{,}666}{u}\right)^{0{,}7528}\right]. \end{aligned} \tag{10.33}$$

Bei Erhöhung der Frequenz konzentrieren sich die Felder stärker im Substrat, was zu einem Anstieg der effektiven relativen Permittivität führt:

$$\epsilon_{r,eff} \cong \epsilon_r - \frac{\epsilon_r - \epsilon_{r,eff}^{(0)}}{1 + G\left(f/f_p\right)^2} \Rightarrow \lambda_{eff} = \frac{\lambda_0}{\sqrt{\epsilon_{eff}}} \tag{10.34}$$

mit den Hilfsgrößen

$$G = 0{,}6 + 0{,}009\,\frac{Z_L^{(0)}}{\Omega} \quad sowie \quad f_p = \frac{Z_L^{(0)}}{2\,\mu_0 h}. \tag{10.35}$$

Die Streufelder bei $x = 0,\, L$ lassen die Leitung jeweils um ΔL elektrisch länger erscheinen:

$$\Delta L \cong 0{,}412\,h\,\frac{\epsilon_{r,eff} + 0{,}300}{\epsilon_{r,eff} - 0{,}258}\,\frac{u + 0{,}262}{u + 0{,}813}. \tag{10.36}$$

Mit (10.34), (10.36) und $L_{eff} = L + 2\Delta L = \lambda_{eff}/2$ findet man die geometrische Patchlänge L:

$$L = \frac{\lambda_{eff}}{2} - 2\Delta L. \tag{10.37}$$

Es wird somit ein Betrieb in Halbwellenresonanz angestrebt, bei dem eine Verkürzung durch kapazitive Endbelastung wirksam wird. Die Breite W der Patch-Antenne ergibt sich aus:

$$W = \sqrt{\frac{h\lambda_0}{\sqrt{\epsilon_r}}}\left[ln\left(\frac{\lambda_0}{h\sqrt{\epsilon_r}}\right) - 1\right]. \tag{10.38}$$

Der Einspeisepunkt $(x_s,\, y_s)$ berechnet sich aus (Bild 10.9):

$$\begin{aligned} x_s &\cong \frac{\lambda_{eff}}{2\pi}\,\arccos\sqrt{\frac{R_E}{R_S}} \quad \text{und} \\ y_s &= \frac{W}{2} \end{aligned} \tag{10.39}$$

mit dem Strahlungswiderstand R_S nach (10.59)

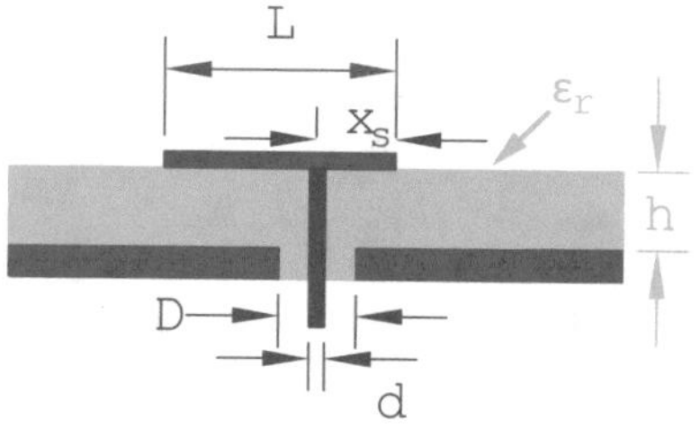

Abb. 10.9 Koaxiale Einspeisung durch die Grundplatte hindurch mit Speisepunkt bei x_s

10.5.2 Strahlungsfelder der Patch-Antenne

Um die Abstrahlung eines rechteckigen Patches zu berechnen, verwenden wir ein kartesisches Koordinatensystem, dessen Ursprung im Zentrum unter dem quaderförmigen Volumen des Patch liegt $V = W L_{eff} h$ (Bild 10.10).

Der quaderförmige Hohlraum unter dem Patch strahlt seitlich aus den 4 flachen Schlitzen der Höhe h heraus, die sich bei $x = \pm L_{eff}/2$ und $y = \pm W/2$ befinden. Aufgrund der geringen Substrathöhe $h << \lambda_0$ können wir annehmen, dass die Felder des Hohlraums nicht von z abhängig sind. Desweiteren nehmen wir zunächst an, dass $\epsilon_r = 1$ und $W = L_{eff}$.

Die vertikale elektrische Feldstärke ergibt sich als Lösung der Helmholtz-Gleichung, unter Annahme einer magnetischen Wand als Randbedingung in den vier Schlitzebenen, zu:

$$\vec{E}_z = \vec{E}_0 \cos \frac{m\,\pi(x + L_{eff}/2)}{L_{eff}} \cos \frac{n\,\pi(y + W/2)}{W} \quad \text{mit} \tag{10.40}$$

$$\frac{\delta \vec{E}_z}{\delta x} = 0 \text{ für } x = \pm L_{eff}/2 \text{ und } \frac{\delta \vec{E}_z}{\delta y} = 0 \text{ für } y = \pm W/2. \tag{10.41}$$

Es gilt: $L_{eff} = \lambda_{eff}/2$.

Bei Halbwellenresonanz stellt sich die einfachste Wellenform, die E_{10}-Grundwelle ein, falls $L_{eff} \geq W$ gilt. Mit $m = 1$ und $n = 0$ erhalten wir aus (10.41):

$$\vec{E}_z = -\vec{E}_0 \sin \frac{\pi\,x}{L_{eff}}. \tag{10.42}$$

Die elektrischen Aperturfelder ersetzen wir nach dem Huygensschen Prinzip durch äquivalente magnetische Flächenstromdichten $\vec{M}_F = \vec{E} \times n$ und erhalten in allen vier Schlitzen, wobei n jeweils als äußere Flächennormale zu nehmen ist:

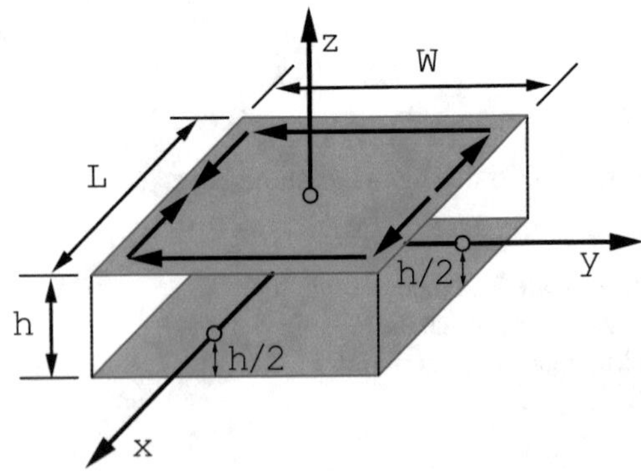

Abb. 10.10 Luftgefüllter Hohlraumresonator mit zwei elektrischen und vier magnetischen Wänden

$$
\begin{aligned}
\vec{M}_F(x = -\,L_{eff}/2) &= \vec{E}_0 u_z \times (-u_x) = -\vec{E}_0 u_y \\
\vec{M}_F(x = L_{eff}/2) &= -\vec{E}_0 u_z \times u_x = -\vec{E}_0 u_y \\
\vec{M}_F(y = -\,W/2) &= -\vec{E}_0 u_z \times (-u_y) \sin \frac{\pi\, x}{L_{eff}} = -\vec{E}_0 u_x \sin \frac{\pi\, x}{L_{eff}} \\
\vec{M}_F(y = W/2) &= -\vec{E}_0 u_z \times u_y \sin \frac{\pi\, x}{L_{eff}} = \vec{E}_0 u_x \sin \frac{\pi\, x}{L_{eff}}.
\end{aligned}
\tag{10.43}
$$

Die Schlitze bei $x = \pm L_{eff}/2$ strahlen gleichphasig, während die Schlitze bei $y = \pm W/2$ gegenphasig strahlen (10.10). Wir können die vier Schlitze somit in zwei Gruppen zu je zwei Elementen zusammenfassen und berücksichtigen ihre kombinierte Wirkung durch zwei Gruppenfaktoren. Das elektrische Vektorpotential für den Einzelschlitz bei $x = L_{eff}/2$ folgt aus:

$$
\vec{F}_y = -\vec{E}_0 \frac{e^{-jk_0 r}}{4\pi\, r} \int_{z'=-W/2}^{h/2} e^{jk_0 y' \sin\vartheta \sin\varphi} dy' \int_{z'=-h/2}^{h/2} e^{jk_0 z' \cos\vartheta} dz', \tag{10.44}
$$

während für den anderen Schlitz bei $y = -W/2$:

$$
\vec{F}_x = \vec{E}_0 \frac{e^{-jk_0 r}}{4\pi r} \int_{z'=-L_{eff}/2}^{L_{eff}/2} \sin \frac{\pi\, x'}{L_{eff}} e^{jk_0 y' \sin\vartheta \cos\varphi} dx' \int_{z'=-h/2}^{h/2} e^{jk_0 z' \cos\vartheta} dz'. \tag{10.45}
$$

Die Auswertung der Integrale (10.44) und (10.45) führt auf

$$
\begin{aligned}
\vec{F}_y &= -\,\vec{E}_0 \frac{e^{-jk_0 r}}{4\pi\, r} W h \frac{\sin Y}{Y} \frac{\sin Z}{Z} \\
\vec{F}_x &= \vec{E}_0 \frac{e^{-jk_0 r}}{4\pi\, r} 4 j L h \frac{X \cos X}{\pi^2 - (2X)^2} \frac{\sin Z}{Z}
\end{aligned}
\tag{10.46}
$$

mit den Abkürzungen

$$
X = 0{,}5 \cdot k_0 L_{eff} \sin\vartheta \cos\varphi,\ \ Y = 0{,}5 \cdot k_0 W \sin\vartheta \sin\varphi\text{\_und\_}Z = 0{,}5 \cdot k_0 h \cos\vartheta. \tag{10.47}
$$

Zwei sich gegenüberliegende Schlitze werden zu einer Zweiergruppe zusammengefasst. Für die gleichphasige Gruppe entlang der x-Achse im Abstand L_{eff} und die gegenphasige Gruppe entlang der y-Achse im Abstand W erhalten wir die Gruppenfaktoren

$$
\begin{aligned}
F_1 &= 2 \cos[0{,}5 \cdot k_0 L_{eff} \sin\vartheta \cos\varphi] = 2 \cos X \\
F_2 &= 2 \cos \frac{-\pi + k_0 W \sin\vartheta \sin\varphi}{2} = 2 \sin Y.
\end{aligned}
\tag{10.48}
$$

Nun multiplizieren wir (10.46) mit dem jeweiligen Gruppenfaktor (10.48)

$$\begin{aligned} \vec{F}_y F_1 &= -\vec{E}_0 \frac{e^{-jk_0 r}}{2\pi r} W h \cos X \frac{\sin Y}{Y} \frac{\sin Z}{Z} \\ \vec{F}_x F_2 &= j\vec{E}_0 \frac{e^{-jk_0 r}}{2\pi r} L_{eff}/h \frac{4X \cos X}{\pi^2 - (2X)^2} \sin Y \frac{\sin Z}{Z} \end{aligned} \tag{10.49}$$

und erhalten die Fernfelder einer rechteckigen Streifenleitungsantenne (für $\epsilon_r = 1$):

$$\begin{aligned} \vec{E}_\vartheta &= Z_0 \vec{H}_\varphi = -jk_0(-\vec{F}_x F_2 \sin\varphi + \vec{F}_y F_1 \cos\varphi) \\ \vec{E}_\varphi &= -Z_0 \vec{H}_\vartheta = -jk_0 \cos\vartheta\, (\vec{F}_x F_2 \cos\varphi + \vec{F}_y F_1 \sin\varphi). \end{aligned} \tag{10.50}$$

Nach einsetzen von (10.49) und (10.50) folgt schließlich

$$\begin{aligned} \vec{E}_\vartheta &= jk_0 h \vec{E}_0 \frac{e^{-jk_0 r}}{2\pi r} \left(\frac{4jL_{eff}X}{\pi^2 - (2X)^2} \sin\varphi + \frac{W}{Y} \cos\varphi \right) \cos X \sin Y \frac{\sin Z}{Z} \\ \vec{E}_\varphi &= jk_0 h \vec{E}_0 \frac{e^{-jk_0 r}}{2\pi r} \cos\vartheta \left(-\frac{4jL_{eff}X}{\pi^2 - (2X)^2} \cos\varphi + \frac{W}{Y} \sin\varphi \right) \cos X \sin Y \frac{\sin Z}{Z}. \end{aligned} \tag{10.51}$$

Im Vertikalschnitt in der E-Ebene bei $\varphi = 0$ mit $Y = 0$ und $X = 0{,}5 \cdot k_0 L_{eff} \sin\vartheta$ erhalten wir:

$$\begin{aligned} \vec{E}_\vartheta &= jWh\vec{E}_0 \frac{e^{-jk_0 r}}{\lambda_0 r} \cos[0{,}5 \cdot k_0 L_{eff} \sin\vartheta] \frac{\sin[0{,}5 \cdot k_0 h \cos\vartheta]}{0{,}5 \cdot k_0 h \cos\vartheta} \\ \vec{E}_\varphi &= 0, \end{aligned} \tag{10.52}$$

während in der H-Ebene bei $\varphi = \pi/2$ mit $X = 0$ und $Y = 0{,}5 \cdot k_0 W \sin\vartheta$ gilt:

$$\begin{aligned} \vec{E}_\vartheta &= 0 \\ \vec{E}_\varphi &= jWh\vec{E}_0 \frac{e^{-jk_0 r}}{\lambda_0 r} \cos\vartheta \frac{\sin[0{,}5 \cdot k_0 W \sin\vartheta]}{0{,}5 \cdot k_0 W \sin\vartheta} \frac{\sin[0{,}5 \cdot k_0 h \cos\vartheta]}{0{,}5 \cdot k_0 h \cos\vartheta} \end{aligned} \tag{10.53}$$

Die Hauptstrahlungsrichtungen liegen senkrecht zur Oberfläche des Patch-Elementes bei $\vartheta = 0$ und $\vartheta = \pi$. Es fällt auf, dass die gegenphasigen Schlitze bei $y = \pm W/2$ in den Hauptschnitten keinen Strahlungsbeitrag liefern. Auch in anderen φ-Ebenen bleibt dieser Beitrag im Bereich um die Hauptkeulen relativ klein, da dort $|X| << \pi L/\lambda_0 \cong 1$ gilt. Darum wird er in der Literatur meist nicht behandelt. Da das Strahlungsfeld proportional zu h ist, kann es durch Erhöhung der Substratdicke vergrößert werden. Es muss dabei allerdings die Nebenbedingung

$$h \leq \frac{0{,}3\,\lambda_0}{2\pi\sqrt{\epsilon_r}} \tag{10.54}$$

beachtet werden. Bei größeren Dicken steigt der Energieverlust durch Oberflächenwellen entlang des Dielektrikums spürbar an. An den Grenzfrequenzen

$$f_c = \frac{n\,c_0}{4\,h\sqrt{\epsilon_r - 1}} \quad \text{mit } n = 0, 1, 2, \ldots \tag{10.55}$$

werden Oberflächenwellen ausbreitungsfähig. Durch (10.54) wird erreicht, dass die niedrigste Oberflächenwelle mit $n = 0$ nur eine geringe Energie besitzt und keine höheren Wellen ausbreitungsfähig sind. Bei 10 GHz und $\epsilon_r = 2{,}2$ sollte die Substrathöhe h also höchstens 0,97 mm betragen.

Bislang vernachlässigt haben wir den Einfluss der ausgedehnten Grundplatte und des dielektrischen Substrats. Diese Effekte lassen sich durch ein gleichphasiges Spiegelbild berücksichtigen. Bessere Genauigkeit erreicht man durch folgende Korrekturfaktoren, mit denen $\vec{E}_\vartheta$ bzw. $\vec{E}_\varphi$ in (10.51) zu multiplizieren sind:

$$\vec{F}_3 = \frac{2\cos\vartheta\,\sqrt{\epsilon_r - \sin^2\vartheta}}{\sqrt{\epsilon_r - \sin^2\vartheta} - j\epsilon_r\cos\vartheta\cot\left(k_0 h\sqrt{\epsilon_r - \sin^2\vartheta}\right)} \quad (\text{für } \vec{E}_\vartheta) \tag{10.56}$$

$$\vec{F}_4 = \frac{2\cos\vartheta}{\cos\vartheta - j\sqrt{\epsilon_r - \sin^2\vartheta}\cot\left(k_0 h\sqrt{\epsilon_r - \sin^2\vartheta}\right)} \quad (\text{für } \vec{E}_\varphi). \tag{10.57}$$

Die Strahlungsleistung der gesamten Streifenleitungsantenne erhalten wir mit $\vec{U}_0 = h\vec{E}_0$ aus:

$$P_S = \frac{4}{2Z_0}\int_{\varphi=0}^{\pi/2}\int_{\vartheta=0}^{\pi/2}\left(\left|\vec{F}_3\vec{E}_\vartheta\right|^2 + \left|\vec{F}_4\vec{E}_\varphi\right|^2\right) r^2\sin\vartheta\,d\vartheta\,d\varphi = \frac{1}{2}\left|\vec{U}_0\right|^2 G_S. \tag{10.58}$$

Für den Strahlungsleitwert G_S in A/V gilt für $h/\lambda_0 \leq 0{,}02$ folgende Näherung:

$$G_S = \frac{1}{R_S} \cong \begin{cases} W^2/(45\,\lambda_0^2) & \text{für } W < 0{,}35\,\lambda_0 \\ W/(60\,\lambda_0) - 1/(30\pi^2) & \text{für } 0{,}35\,\lambda_0 < W < 2\,\lambda_0 \\ W/(60\,\lambda_0 & \text{für } 2\,\lambda_0 < W. \end{cases} \tag{10.59}$$

10.6 Array aus Patch-Antennen

Ein Antennenarray bietet die Möglichkeit, den Öffnungswinkel zu verkleinern und den Antennengewinn zu steigern. Hier wurden auf Basis eines Einzelstrahlers einige mögliche Gruppenantennen simuliert (Bild 10.11 und 10.12).

Man kann erkennen das der Antennengewinn von 8.6 dBi in Hauptstrahlrichtung für ein Einzelelement sehr gut ist. Jedoch ist der Öffnungswinkel mit 61° ziemlich groß.

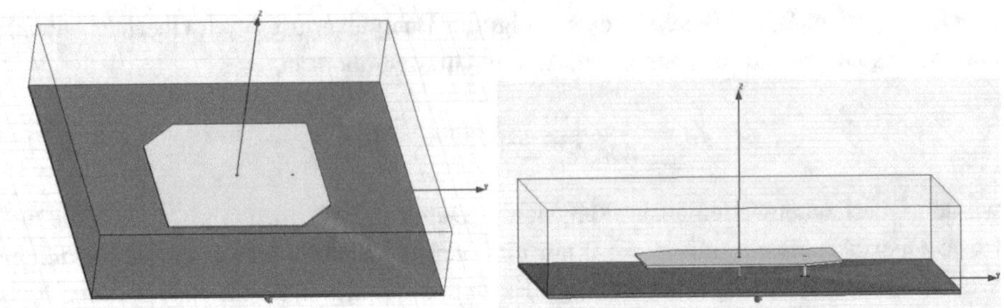

Abb. 10.11 3D-Modell der Patch-Antenne: links die Draufsicht, rechts die Seitenansicht mit einer Kantenlänge von ca. $\lambda_{eff/2}$

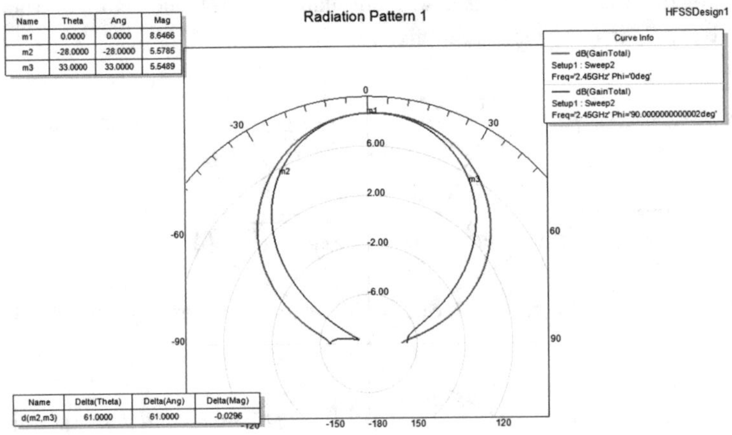

Abb. 10.12 Richtdiagramm der Patch-Antenne

Die Anzahl der Elemente des Arrays wurden mit der Faustformel 3 dB Gewinn pro Verdoppelung der Elemente auf 16 festgelegt. Das hat theoretisch eine Steigerung des Antennengewinns um 12 dB zur Folge.

Im Folgenden wurde ein lineares Patch-Array mit unterschiedlichen Abständen der Elemente simuliert.

10.6.1 Lineares Patch-Array mit Lambda-Viertel-Abständen

HFSS kann ohne großen Aufwand aus einem simulierten Modell einer Antenne ein lineares Array berechnen. Der Abstand der Strahlerelemente beträgt bei dieser Simulation:

$$\lambda/4 = \frac{3 \cdot 10^8\,\text{m/s}}{4 \cdot 2{,}45\,\text{GHz}} = 30{,}6\,\text{mm}. \tag{10.60}$$

Die Anpassung bleibt hierbei in der Simulaltion unverändert, weshalb nur noch die Plots für das Richtdiagramm angegeben werden.

Wie deutlich zu erkennen ist, erhält man wie erwartet einen Antennengewinn von 20,6 dBi. Auch der Öffnungswinkel ist deutlich schmaler geworden, er beträgt jetzt 10°. Sehr schön zu erkennen ist das Auftauchen der Nebenzipfel. Der erste Nebenzipfel taucht bei 20° neben der Hauptkeule auf und die Nebenzipfeldämpfung beträgt ca. 14,5 dB. Damit kann man die Nebenzipfel als nicht störend klassifizieren (Bild 10.13 und 10.14).

10.6.2 Lineares Patch-Array mit Lambda-Halbe-Abständen

Der Abstand der Strahlerelemente beträgt bei dieser Simulation:

$$\lambda/2 = \frac{3 \cdot 10^8\,\mathrm{m/s}}{2 \cdot 2{,}45\,\mathrm{GHz}} = 61{,}2\,\mathrm{mm}. \tag{10.61}$$

Es ist gut zu erkennen, dass die Anzahl der Nebenzipfel gegenüber dem linearen Patch-Array mit $\lambda/4$ Abständen deutlich zugenommen hat, auch die Nebenzipfelunterdrückung ist geringer geworden, sie beträgt nun ca. 13,5 dB. Desweiteren ist der erste Nebenzipfel nun nur noch 10° von der Hauptkeule entfernt. Der Öffnungswinkel ist, wie erwartet schmaler geworden und beträgt nun 6°. Der Antennengewinn ist unverändert, da die Anzahl der Elemente unverändert geblieben ist (Bild 10.15, 10.16 und 10.17).

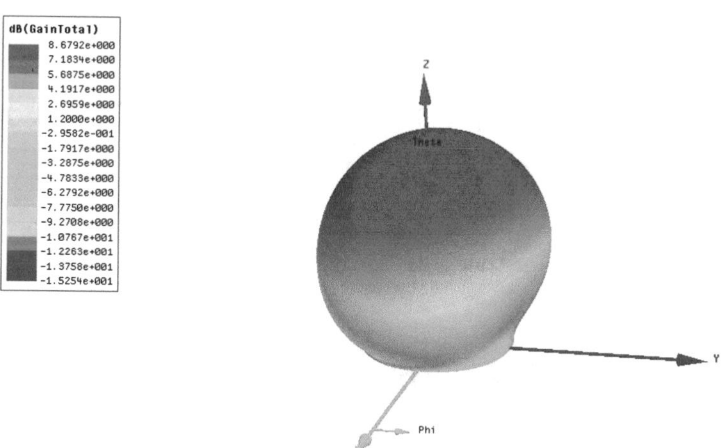

Abb. 10.13 3D-Plot des Richtdiagramms der Patch-Antenne

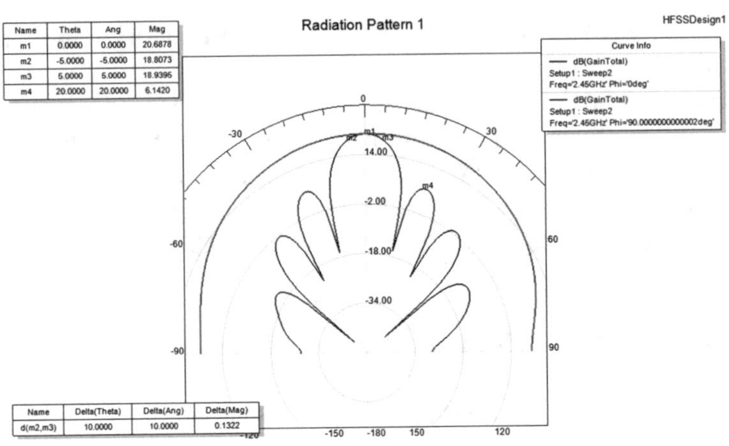

Abb. 10.14 Richtdiagramm des linearen Patch-Array mit Lambda-Viertel-Abständen und 16 Elementen

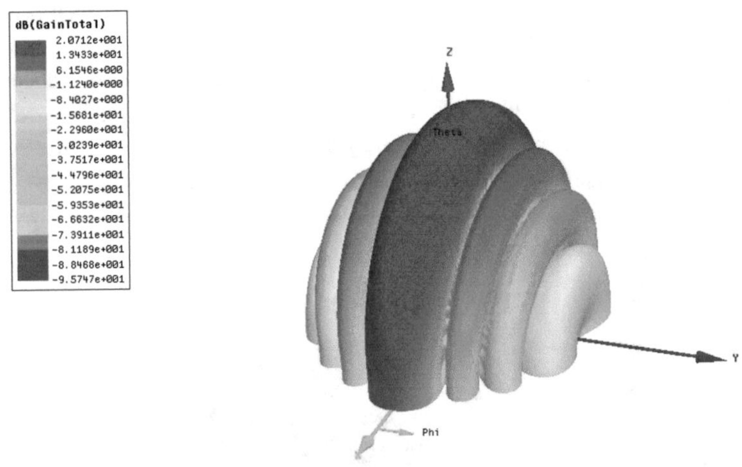

Abb. 10.15 3D-Plot des Richtdiagramms des linearen Patch-Array mit $\lambda/4$ Abständen und 16 Elementen

10.6.3 Lineares Patch-Array mit Drei-Lambda-Viertel-Abständen

Der Abstand der Strahlerelemente beträgt bei dieser Simulation:

$$3\lambda/4 = \frac{3 \cdot 3 \cdot 10^8\,\text{m/s}}{4 \cdot 2{,}45\,\text{GHz}} = 91{,}8\,\text{mm}. \tag{10.62}$$

Die Nebenzipfeldämpfung ist erneut niedriger geworden und beträgt nun ca. 13,2 dB. Wie zuvor ist der erste Nebenzipfel nun näher an der Hauptkeule, er ist nur noch 7° entfernt, was

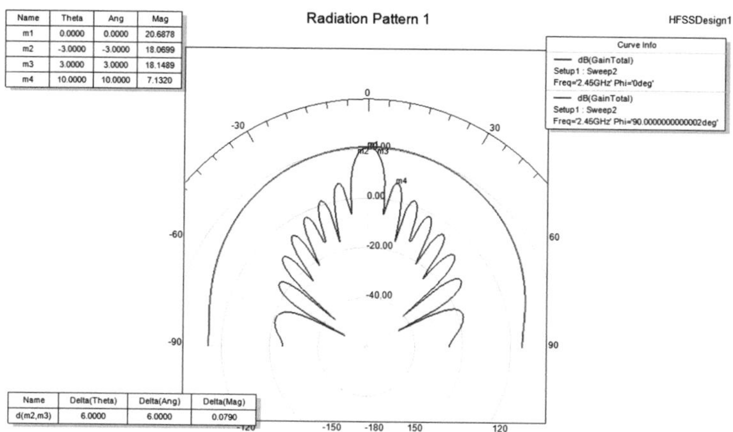

Abb. 10.16 Richtdiagramm des linearen Patch-Array mit $\lambda/2$ Abständen und 16 Elementen

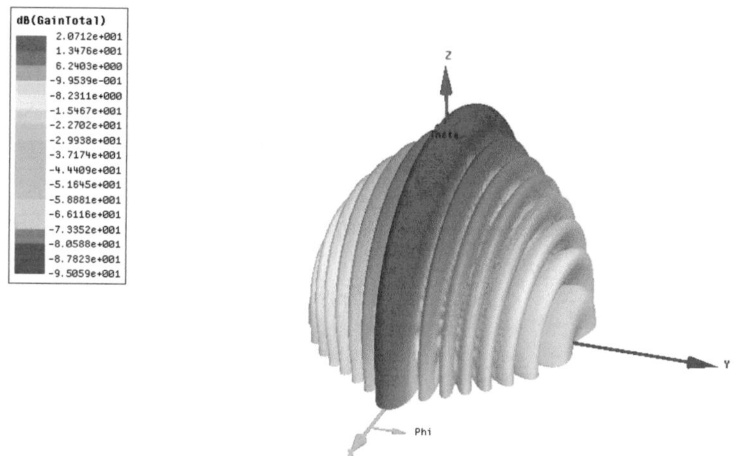

Abb. 10.17 3D-Plot des Richtdiagramms des linearen Patch-Array mit $\lambda/2$ Abständen und 16 Elementen

zu Problemen in der Unterscheidung zwischen Hauptkeule und Nebenzipfel führen kann. Der Öffnungswinkel beträgt hier nur noch 4° (Bild 10.18 und 10.19).

10.6.4 Getapertes Patch-Array

Je größer der Abstand zwischen den Elementen, desto schmaler der Öffnungswinkel. Jedoch bilden sich dadurch deutlich mehr Nebenzipfel aus, welche zudem näher an der Hauptkeule liegen.

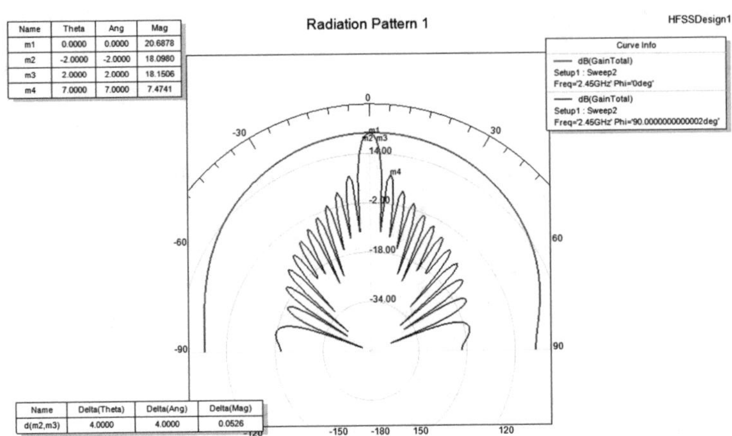

Abb. 10.18 Richtdiagramm des linearen Patch-Array mit $3\lambda/4$ Abständen und 16 Elementen

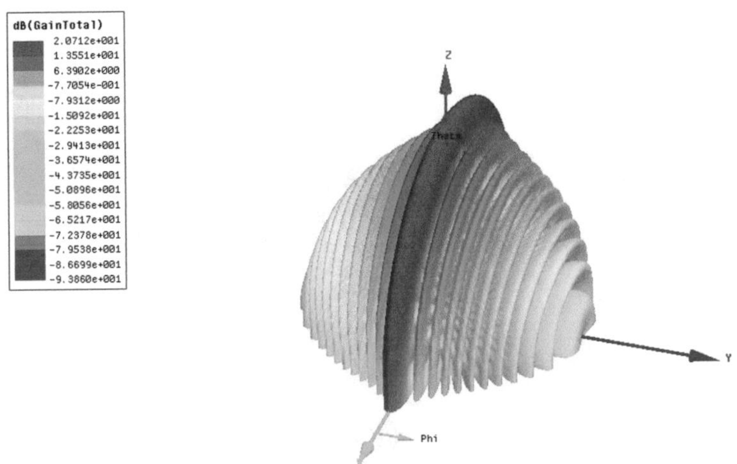

Abb. 10.19 3D-Plot des Richtdiagramms des linearen Patch-Array mit $3\lambda/4$ Abständen und 16 Elementen

Ziel ist es nun trotz einer guten Nebenzipfelunterdrückung eine sehr schmale Hauptkeule zu erhalten. Hierfür werden die Elemente nun nicht mehr linear verteilt, sondern getapert. Und zwar im Bereich von $3\lambda/4$ bis $\lambda/4$ (Bild 10.20).

Wie zu sehen ist, wurden von der Mitte der Antenne zum Rand hin größer werdende Abstände der Elemente verwendet. Die Abstände sind $\lambda/4$, $\lambda/2$ und $3\lambda/4$.

Die schmale Hauptkeule und die gut unterdrückten Nebenzipfel fallen einem schnell ins Auge. Der Öffnungswinkel beträgt weiterhin nur 4°, die Nebenzipfeldämpfung erreicht gute 17,5 dB und der Antennengewinn liegt bei 20,2 dBi (Bild 10.21 und 10.22).

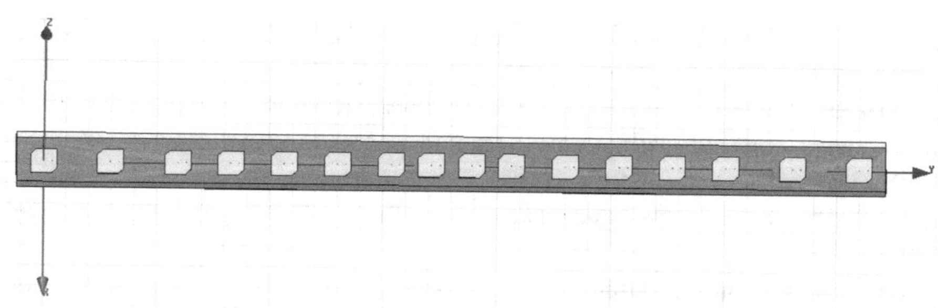

Abb. 10.20 Getapertes Patch-Array mit unterschiedlichen Abständen der 16 Elemente

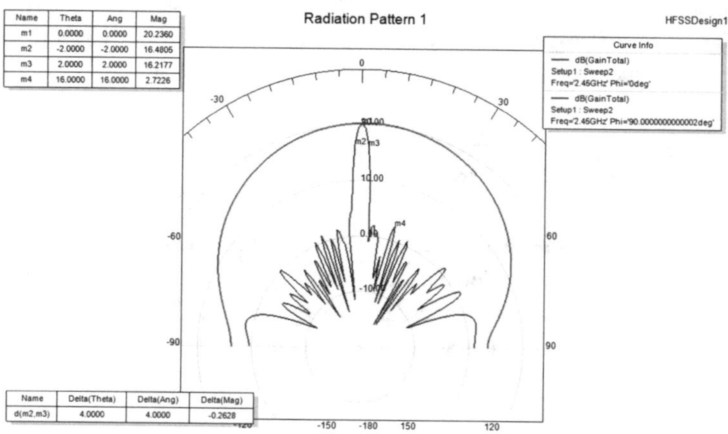

Abb. 10.21 Richtdiagramm des getaperten Patch-Array

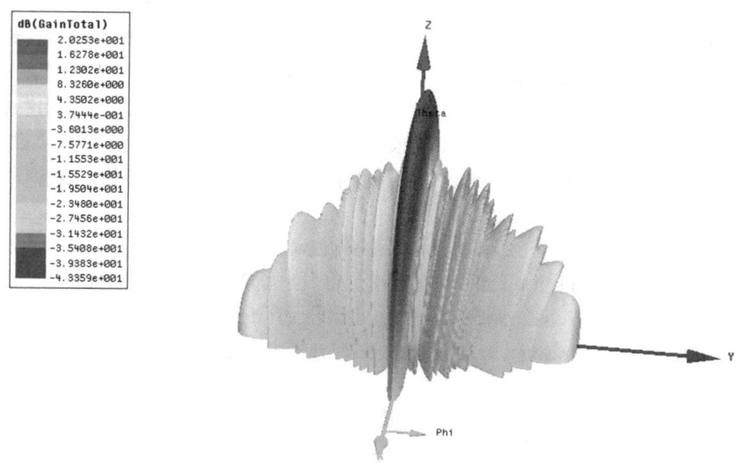

Abb. 10.22 3D-Plot des Richtdiagramms des getaperten Patch-Array

10.7 Phasengesteuerte Empfangsantennen

Im Prinzip arbeitet eine phasengesteuerte Gruppenantenne im Empfangsfall ebenso wie im Sendefall, vorausgesetzt die verwendeten Phasenschieber sind reziprok. Werden Verstärker verwendet, dann müssen diese natürlich den richtigen Verstärkungssinn aufweisen. PIN–Dioden–Phasenschieber sind praktisch immer reziprok, Ferrit–Phasenschieber jedoch oftmals nicht.

Setzt man im Empfangsfall an den Ausgang jedes einzelnen Strahlerelements eine Anordnung, die es erlaubt, das Empfangssignal nach Betrag und Phase zu messen (also im Prinzip Netzwerkanalysatoren) und zu digitalisieren, dann kann man die Phasenschiebung und anschließende Summation auch rein rechnerisch vornehmen. Nach dem Stand der Technik ist eine solche Vorgehensweise bisher für Impulsradars nicht schnell genug und kommt daher eher für frequenzmodulierte Dauerstrich–Radars in Betracht.

10.8 Antennenmesstechnik

Die Messungen von Antennen helfen, relative Aussagen über die Antennenparameter bezüglich des Öffnungswinkels, des Gewinns, des Vorwärts- und Rückwärtsverhältnis und des Richtfaktors machen zu können. Außerdem ermöglichen die Messungen, die Antennenrichtwerte aus der Simulation zu vergleichen und zu überprüfen.

10.8.1 Die Messeinrichtung

Die Messung zur Ermittlung des Öffnungswinkels und des Gewinns der Antenne werden mit Hilfe von zwei Antennen durchgeführt. Eine erste Antenne wird auf die Sendeseite gestellt, eine zweite auf die Empfangsseite festgelegt. Die Entfernung zwischen der Sendeantenne und der Empfangsantenne kann zwischen 3 m und 10 m variieren. Da die Antennen reziprok sind, können Sende- oder Empfangsantenne frei gewählt werden. Eine dritte Antenne wird als Referenzantenne benutzt um eine möglichst genauere Aussage über den Gewinn der gemessenen Antenne zu machen

Um die Reflexion der Wellen durch die Gebäudewände und die Zimmerdecke gering zu halten, werden alle Messungen im freien, z. B. auf dem Dach des Fachhochschulgebäudes siehe Bild 10.23, oder in Absorptionsräumen durchgeführt.

Es gibt zwei Möglichkeiten die Antennenparameter zu vermessen.

- **1. Transmissionsmessung:** Gemessen wird der Transmissionsparameter S_{21} in dB mit Hilfe eines Vektor-Netzwerkanalysators (z. B. Rohde und Schwarz, 300 kHz bis 8,0 GHz, ZVM), am Display wird die Pegeldifferenz zwischen den beiden Tore abgelesen.

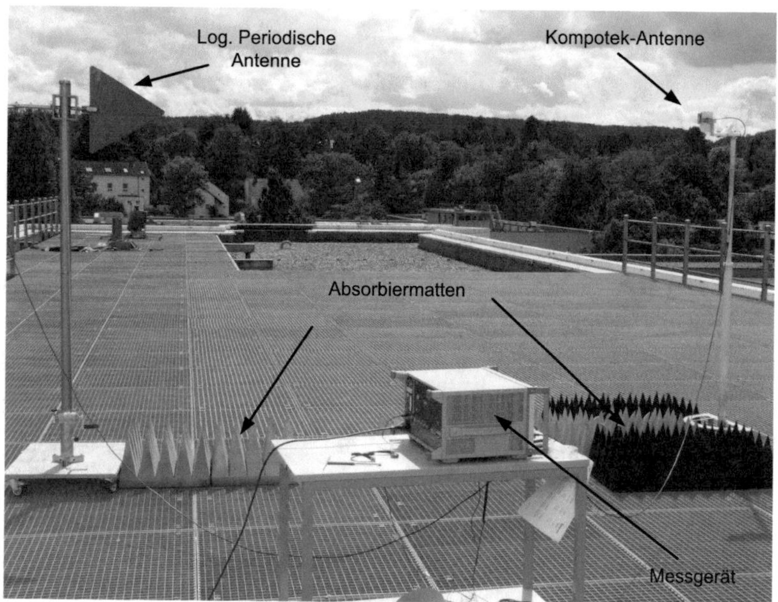

Abb. 10.23 Messeinrichtung der Antennen auf dem Dach des Gebäudes der FH Aachen

- **2. Pegelmessung:** Es wird auf einer Seite ein Signal mit Hilfe eines Signalgenerator (z. B. Rohde und Schwarz, 5 kHz bis 3,0 GHz, SME 03) gesendet. Auf der anderen Seite wird das empfangene Signal mit Hilfe eines Spektralanalysators (z. B. Rohde und Schwarz, 9 kHz bis 3,0 GHz, FSP) abgelesen. Hier wird der skalare Transmissionsparameter S_{21} ermittelt, wobei der Pegel in dBm vorliegt.

Gemessen wird die Funkfelddämpfung. Unter Funkfelddämpfung versteht man die Dämpfung zwischen der Sende- und der Empfangsantenne (Bild 10.24).

Bei der Übertragung der Daten wird die Strahlungsleistung als effektive Strahlungsleistung ausgedrückt. Die effektive Strahlungsleistung (engl. effective radiated power, ERP), die beim Senden von Daten nötig ist, ist die Sendeleistung, die von einer Sendeantenne in einer bestimmten Richtung abgestrahlt wird, verglichen mit einer Halbwellendipolantenne. Der Gewinn einer Halbwellendipolantenne bezieht sich auf dem Gewinn einer isotropen Antenne. Von der isotropen Antenne wird die effektive isotrope Strahlungsleistung ermittelt (engl. Equivalent isotropic radiated power, EIRP). Die EIRP gibt an, mit welcher Sendeleistung eine isotrope Antenne versorgt werden müsste, um im Fernfeld die selbe Feldstärke zu erzeugen wie eine Richtantenne in ihrer Hauptstrahlrichtung.

$$ERP = \frac{P_S \cdot 10^{\frac{g_a}{10 dBi}}}{L} = EIRP \cdot 0{,}610 \tag{10.63}$$

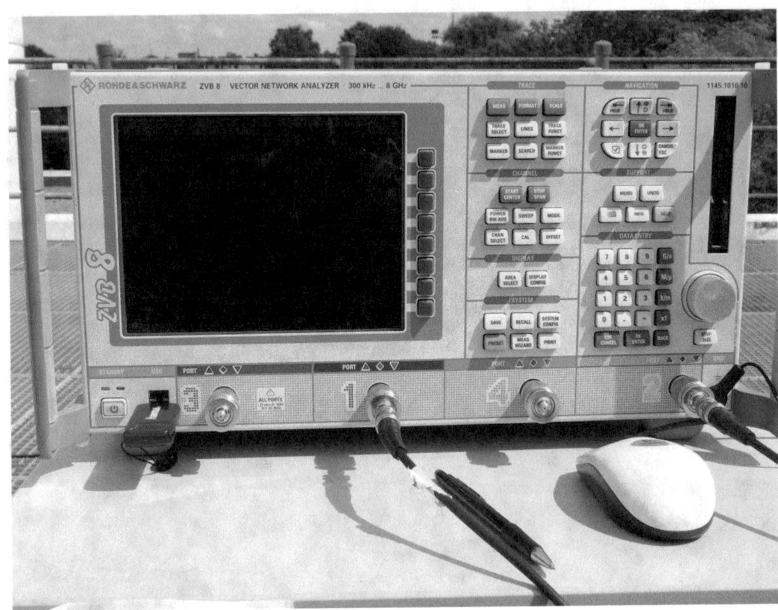

Abb. 10.24 Netzwerksanalysator (Rohde und Schwarz, 300 kHz bis 8,0 GHz, ZVB 8) mit vier Tore

Rechnung in dBm:

$$ERP = 10 \cdot log \frac{P_S}{1\,mW}[dBm] + Ga[dB] - 10 \cdot log L[dB] \qquad (10.64)$$

mit P_S als Sendeleistung in Watt, G_a als Antennengewinn der Messantenne in dBi und L als Systemverluste (Kabeldämpfung, Stecker, Durchgänge, usw.).

Da sich ERP auf einen Halbwellendipol bezieht, ist EIRP um den Faktor 1,64 (2,15 dB) größer als ERP:

$$EIRP = \frac{P_t \cdot G_t}{L} = P_t \cdot G_{max} = ERP \cdot 1{,}64 \qquad (10.65)$$

mit P_t als Sendeleistung in Watt, G_t als Antennengewinn bezogen auf eine isotrope Antenne und G_{max} als maximal möglicher Gewinn der Empfangsantenne bezogen auf einen isotrope Antenne.

Die Vorschriften laut [ETSI] für die Antennenmessung können wie folgt zusammengefasst werden

- Der Abstand zwischen der Sende- und der Empfangsantenne soll 3 m oder 10 m betragen. Das Sendegerät soll in RF eingestellt werden.
- Der Abstand zwischen dem Messgerät und der Antenne soll mindesten 3 m betragen.

- Die Messgeräte müssen auf die gemessene Frequenz eingestellt, die Kabeldämpfung soll vor der Messung abgemessen und eingerechnet werden.
- Die Messungen sollen in einer Messkammer oder in einer reflexionsarmen Ebene erfolgen.
- Die gemessene Antenne wird bei der ersten Messung horizontal ausgerichtet und nach dem Azimutwinkel φ um $\pm 180°$ mit einem beliebigen Schritt gedreht, in Bezug zur Sendehauptrichtung. Bei der zweiten Messung wird die gemessen Antenne vertikal ausgerichtet und die Aufnahme der Werte wie bei der ersten Messung wiederholt.
- Bei der Messung muss die Höhe so variiert werden, dass die Messung am Empfänger das stärkste Signal aufweist.
- Die Sendeantenne soll in der Vertikalen ausgerichtet sein. Um den Öffnungswinkel zu ermitteln wird die Messantenne um den Azimutwinkel (horizontal) gedreht, bis die Halbwertbreite (3 dB Abfall im vergleich zum maximalen Pegel) erreicht wird.

Für alle durchgeführten Messungen gilt die Angabe der Werte mit einer Messungenauigkeit von typisch $\pm 2\, dB$.

Streuung elektromagnetischer Wellen an Radarzielen 11

Im Allgemeinen stellt die exakte analytische Beschreibung des Rückstreuverhaltens von Radarzielen, wie Schiffe und Flugzeuge, ein unlösbares Problem dar. Jedoch kann man viele Radarziele, wie Regentropfen oder den Füllstand in einem Tank, recht gut durch idealisierte Ziele, wie Kugeln oder unendlich ausgedehnte metallische Ebenen, analytisch erfassen. Ziel dieses Kapitels ist es, eine Beschreibung von idealisierten Radarzielen zu geben.

Für eine Beschreibung der elektromagnetischen Rückstreuung an Radarzielen empfiehlt es sich, eine Reihe von Fallunterscheidungen zu treffen. Der erste Fall (Fall I im Bild 11.1), der hier betrachtet werden soll, betrifft Radarziele, deren Linearabmessungen L klein gegen die Breite des „Radarstrahls“ sind, das heißt

$$L \ll \Delta\phi\, R. \tag{11.1}$$

Dabei ist $\Delta\phi$ die Halbwertsbreite der Antennenkeule und R die Entfernung bis zum Radarziel (Bild 11.1).

In dem anderen Grenzfall, der später betrachtet werden soll (Fall II), ist das Radarziel groß gegenüber der Breite der Antennenkeule.

11.1 Allgemeine Betrachtung der Streuung an einem einzelnen Radarziel

Bei Abwesenheit des Streukörpers (Radarziel) ist das Fernfeld einer Antenne in der Umgebung eines Punktes O_R eine ebene homogene Welle (Bild 11.2).

Für die allgemeine Betrachtung des Radarstreukörpers soll gelten:

$$\lambda_0 \ll L \ll \Delta\phi\, R. \tag{11.2}$$

H. Heuermann, *Mikrowellentechnik*,
https://doi.org/10.1007/978-3-658-41287-6_11

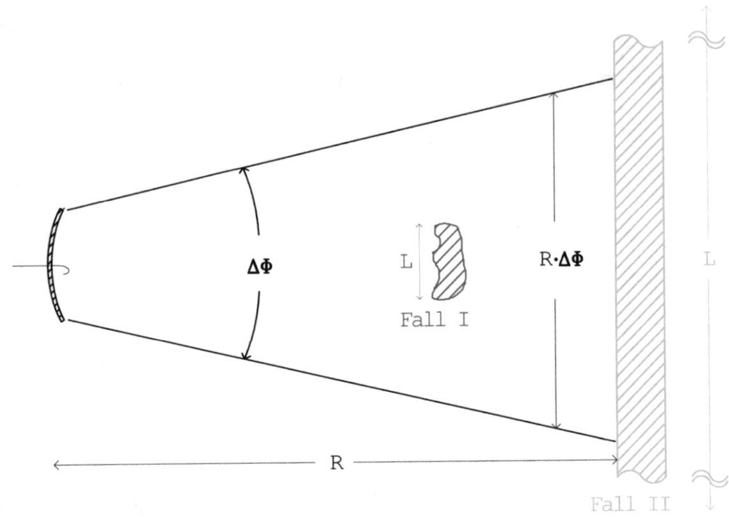

Abb. 11.1 Linearabmessung des Radarziels klein (Fall I) bzw. groß (Fall II) gegenüber der Breite der Antennenkeule

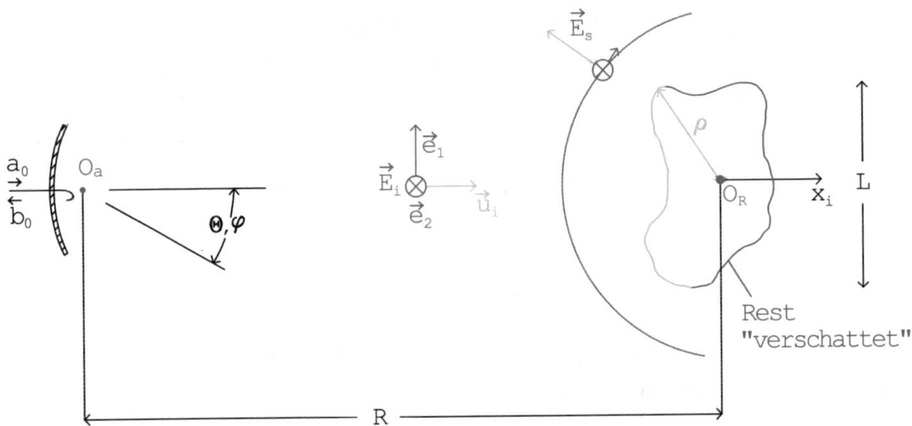

Abb. 11.2 Detaillierte Darstellung eines Radarzieles, das klein gegenüber der einfallenden ebenen homogenen Wellenfront ist

Bei Abwesenheit des Streukörpers hat diese einfallende ebene Welle die Form (der Index i steht für „incident"):

$$\vec{\mathbf{E}}_i = \left(E_{i1}\,\vec{\mathbf{e}}_1 + E_{i2}\,\vec{\mathbf{e}}_2\right)\,e^{-jk_0x_i} \qquad \text{mit}$$

$$E_{i1,2} = \frac{1}{R}e^{-jk_0R}\sqrt{\left(\frac{Z_0}{2\pi}\right)}\,C_{1,2}(\theta,\varphi)\,a_0. \tag{11.3}$$

Hierbei bedeuten $C_{1,2}(\theta, \varphi)$ die Sendecharakteristik für die Polarisation 1 bzw. 2 und a_0 die in die Antenne eingespeiste Welle.

Bei Anwesenheit des Streukörpers lässt sich dieser hinsichtlich seines Rückstreuverhaltens durch die im freien Raum befindlichen induzierten äquivalenten elektrischen und magnetischen Flächenströme $\vec{\mathbf{J}}_s$ und $\vec{\mathbf{M}}_s$ ersetzen. Das durch diese Ströme erzeugte Feld $\vec{\mathbf{E}}_s$ (Streufeld) überlagert sich dem Strahlungsfeld der Antenne $\vec{\mathbf{E}}_i$ (einfallendem Feld).

Der Verlauf der induzierten Ströme in Abhängigkeit vom Ort auf der Oberfläche des Streukörpers stellt sich gerade so ein, dass das Gesamtfeld

$$\vec{\mathbf{E}}_{ges} = \vec{\mathbf{E}}_i + \vec{\mathbf{E}}_s \tag{11.4}$$

alle Rand- und Stetigkeitsbedingungen erfüllt. So muss z. B. für einen ideal leitenden metallischen Streukörper die Tangentialkomponente von $\vec{\mathbf{E}}_{ges}$ auf der Oberfläche des Streukörpers verschwinden.

Befindet sich auch die Antenne im Streufernfeld des Radarziels, dass heißt

$$R > \frac{2\,L^2}{\lambda_0} \tag{11.5}$$

(keine identischen Fernfeldbedingungen für den Sende- und Streu-Fall), wobei L die größte Linearabmessung des Streukörpers ist, dann kann das Streufeld in der Umgebung des Punktes O_a (siehe Bild 11.2) bei Abwesenheit der Antenne ebenfalls als ebene homogene Welle aufgefasst werden.

$$\vec{\mathbf{E}}_s = \left(E_{s1}\vec{\mathbf{e}}_1 + E_{s2}\vec{\mathbf{e}}_2\right) e^{-jk_0 x_i} \tag{11.6}$$

Dabei ergeben sich E_{s1} und E_{s2} gemäß den Gl. (9.38) und (9.39) aus den äquivalenten Flächenströmen $\vec{\mathbf{J}}(\rho')$ und $\vec{\mathbf{M}}(\rho')$. Da die Komponenten E_{s1} und E_{s2} linear von den Feldern E_{i1} und E_{i2} abhängen, muss sich die folgende Vierpolgleichung allgemein formulieren lassen:

$$\begin{pmatrix} E_{s1} \\ E_{s2} \end{pmatrix} = \frac{e^{-jk_0 R}}{2\sqrt{\pi}\,R} \begin{bmatrix} \gamma_{11} & \gamma_{12} \\ \gamma_{21} & \gamma_{22} \end{bmatrix} \begin{pmatrix} E_{i1} \\ E_{i2} \end{pmatrix}. \tag{11.7}$$

Die Elemente γ_{11} bis γ_{22} werden als Streuamplituden und die zugehörige Matrix [] als Radarstreumatrix bezeichnet. Die Wahl des Vorfaktors in Gl. (11.7) wird später plausibel werden.

Aus dem Reziprozitätstheorem folgt, dass $\gamma_{12} = \gamma_{21}$ gelten muss. Die drei komplexen Streuamplituden γ_{11}, γ_{12} und γ_{22} enthalten die vollständige Information über die Rückstreuung an einem Radarziel für eine gegebene Frequenz und einen festen Aspektwinkel. Sie sind unabhängig von der Entfernung R und der Richtcharakteristik $C_{1,2}$ der Antenne.

Der erste Index der Streuamplituden charakterisiert die Polarisation der einfallenden Welle und der zweite Index die der gestreuten Welle.

Hat man diese Streumatrix für zwei orthogonale Polarisationen (z. B. horizontal und vertikal linear) bestimmt, so kann aus dem Meßergebnis die Radarstreumatrix für zwei beliebige andere orthogonale Polarisationen (z. B. links- und rechtsdrehend zirkular) ermittelt werden.

Für die von der Antenne empfangene und auf einen angepaßten Verbraucher einfallende Welle b_0 gilt mit Gl. (9.93) und (9.110):

$$b_0 = \frac{\lambda_0}{2\,\sqrt{\pi}\,\sqrt{2Z_0}} \Big(C_1(\theta,\varphi)\; E_{s1} + C_2(\theta,\varphi)\; E_{s2} \Big). \tag{11.8}$$

Dabei wurden auch für den Empfangsfall die Richtcharakteristiken für den Sendefall verwendet, die im folgenden gemeint sind, wenn nur von der Richtcharakteristik die Rede ist. Setzt man in diese Gleichung E_{s1} und E_{s2} aus Gl. (11.7) ein und danach für E_{i1} und E_{i2} den Ausdruck aus Gl. (11.3), so erhält man (Sende- und Empfangsantenne sollen identisch sein):

$$b_0 = \frac{\lambda_0\, e^{(-j2k_0R)}}{8\,\pi\; R^2\,\sqrt{\pi}} \Big(C_1^2\, \gamma_{11} \;+\; C_2^2\, \gamma_{22} + 2\, C_1\, C_2\, \gamma_{12} \Big)\, a_0. \tag{11.9}$$

Für das Verhältnis der empfangenen Wirkleistung $|b_0|^2$ zur eingespeisten Leistung $|a_0|^2$, d. h. für die Einfügungsdämpfung, ergibt sich daraus der Ausdruck:

$$\frac{|b_0|^2}{|a_0|^2} = \frac{\lambda_0^2}{(4\pi)^3\; R^4} \left| C_1^2\, \gamma_{11} \;+\; C_2^2\, \gamma_{22} \;+\; 2\, C_1\, C_2\, \gamma_{12} \right|^2. \tag{11.10}$$

Nach Einführung der Gewinnfunktion $\tilde{G}(\theta,\varphi)$ aus Gl. (9.79) und des Radarquerschnitts σ erhält man den Ausdruck:

$$\frac{|b_0|^2}{|a_0|^2} = \frac{\lambda_0^2}{(4\pi)^3\; R^4}\; \tilde{G}^2(\theta,\varphi)\; \sigma \tag{11.11}$$

mit dem Rückstreuquerschnitt:

$$\sigma = \frac{\left| C_1^2\, \gamma_{11} + C_2^2\, \gamma_{22} + 2\, C_1\, C_2\, \gamma_{12} \right|^2}{\Big(|C_1|^2 + |C_2|^2 \Big)^2},$$

$$\text{bzw.} \qquad \sigma = \frac{\left| \gamma_{11} + \left(\frac{C_2}{C_1}\right)^2\, \gamma_{22} + 2\, \frac{C_2}{C_1}\, \gamma_{12} \right|^2}{\left(1 + \left|\frac{C_2}{C_1}\right|^2 \right)^2}. \tag{11.12}$$

Die komplexe Größe C_2/C_1 charakterisiert die Polarisation des abgestrahlten elektromagnetischen Feldes. Damit hängt die Größe σ, die als Radarquerschnitt, Rückstreufläche oder Rückstreuquerschnitt bezeichnet wird, sowohl von den Streuamplituden γ_{11} bis γ_{22} als auch von der Polarisation ab. Der Ausdruck in Gl. (11.12) vereinfacht sich für die wichtigen Sonderfälle der linearen und zirkularen Polarisation. Für eine lineare Polarisation in Richtung des Einheitsvektors $\vec{\mathbf{e}}_1$, d. h. $C_2/C_1 = 0$, erhält man für den Radarquerschnitt σ:

$$\sigma = \left|\gamma_{11}\right|^2 \qquad \text{(lineare Polarisation in Richtung } \vec{\mathbf{e}}_1\text{)}. \tag{11.13}$$

Genauso gilt für eine lineare Polarisation in Richtung $\vec{\mathbf{e}}_2$, und damit $C_2/C_1 \to \infty$,

$$\sigma = \left|\gamma_{22}\right|^2 \qquad \text{(lineare Polarisation in Richtung } \vec{\mathbf{e}}_2\text{)}. \tag{11.14}$$

Für eine zirkulare Polarisation gilt entsprechend der rechts- oder linksdrehenden Polarisation $C_2/C_1 = \pm j$, und man erhält für den Rückstreuquerschnitt

$$\sigma = \frac{1}{4}\left|\gamma_{11} - \gamma_{22} \pm j\, 2\, \gamma_{12}\right|^2 \qquad \text{(zirkulare Polarisation)}. \tag{11.15}$$

Um zu einer anschaulichen Deutung des Radarquerschnitts zu gelangen, kann man die Gl. (11.11) mit Hilfe der Gl. (9.111) umschreiben und erhält die Radargleichung:

$$\left| b_0 \right|^2 = \frac{|a_0|^2}{4\pi R^2}\ \tilde{G}(\theta, \varphi)\ \sigma\ \frac{1}{4\,\pi\ R^2}\ \tilde{A}_w. \tag{11.16}$$

Diese Gleichung kann man folgendermaßen interpretieren: Die Sendeleistung $|a_0|^2$, auf die Kugeloberfläche $4\pi R^2$ aufgeteilt und um den Gewinn $\tilde{G}$ erhöht, ergibt eine Strahlungsdichte S_R am Ort des Streukörpers. Gemäß dem Radarquerschnitt bzw. der Rückstreufläche σ wird eine Leistung $S_R\sigma$ isotrop in alle Raumrichtungen zurückgestreut. Daraus ergibt sich eine Strahlungsdichte $S_e = (S_R\sigma)/(4\pi R^2)$ am Ort der Empfangsantenne, die gemäß der Wirkfläche $\tilde{A}_w$ zu einer Eingangsleistung $|b_0|^2 = S_e\tilde{A}_w$ in der Empfangsantenne führt. Es sei noch einmal betont, dass ein Streukörper nicht isotrop zurückstreut. Dies wird in der Gl. (11.16) dadurch berücksichtigt, dass der Streuquerschnitt σ eine Funktion des Aspektwinkels sowie der Polarisation ist. Außerdem ist σ im Allgemeinen frequenzabhängig.

11.2 Berechnung des Radarquerschnittes von metallischen Objekten

In diesem Abschnitt soll der bisherige allgemein behandelte `Rückstreuquerschnitt` σ für spezielle metallische Objekte bei homogener einfallender Welle berechnet werden.

Um zu Aussagen über die durch die einfallende ebene homogene Welle

$$\vec{\mathbf{E}}_i = \left(E_{i1}\ \vec{\mathbf{e}}_1 + E_{i2}\,\vec{\mathbf{e}}_2\right)\ e^{-jk_0x_i} \tag{11.17}$$

$$\text{mit} \qquad x_i = \vec{\mathbf{u}}_i \cdot \vec{\rho}$$

ausgelöste Radarrückstreuung zu kommen, müsste man die Maxwellschen Gleichungen unter Berücksichtigung der Randbedingungen eines ideal leitenden metallischen Streukörpers lösen, das heißt unter der Randbedingung, dass die Tangentialkomponente des elektrischen Feldes verschwinden muss. Das bedeutet

$$\vec{\mathbf{E}} \times \vec{\mathbf{n}} = \vec{\mathbf{0}} \qquad \text{(idealer Leiter)}. \tag{11.18}$$

Bei bekannter Lösung des elektromagnetischen Feldes einschließlich Rückstreuung kann man den Streukörper durch im freien Raum befindliche äquivalente Flächenströme ersetzen (siehe Abschn. 2.3).

Für die äquivalenten magnetischen Flächenströme gilt nach Gl. (9.44) $\vec{\mathbf{M}}_s = -\vec{\mathbf{n}} \times \vec{\mathbf{E}}$ und damit wegen Gl. (11.18) $\vec{\mathbf{M}}_s = \vec{\mathbf{0}}$. Es verbleibt daher der elektrische Flächenstrom nach Gl. (9.43) mit

$$\vec{\mathbf{J}} = \vec{\mathbf{n}} \times \vec{\mathbf{H}}. \tag{11.19}$$

Bild 11.3 erläutert die Wahl der beiden Polarisationsrichtungen $\vec{\mathbf{e}}_1$ und $\vec{\mathbf{e}}_2$ und der Koordinaten.

Für die elektrischen Streufeldkomponenten E_{s1} und E_{s2} aus Gl. (11.6) kann man mit Hilfe von Gl. (9.40) unter Berücksichtigung, dass keine Komponenten in Ausbreitungsrichtung auftreten $(\vec{\mathbf{J}}(\vec{\rho}) \cdot \vec{\mathbf{u}}_r)\, \vec{\mathbf{u}}_r = \vec{\mathbf{0}}$ und dass die Randbedingung einer ideal metallischen Oberfläche erfüllt sein muss $(\vec{\mathbf{M}}(\vec{\rho}) = \vec{\mathbf{0}})$, auch schreiben:

$$E_{s1,2} = \frac{e^{-jk_0R}}{2\sqrt{\pi}\,R} \left\{ \frac{-j\sqrt{\pi}\,Z_0}{\lambda_0} \iint s\,\vec{\mathbf{J}}(\vec{\rho}) \cdot \vec{\mathbf{e}}_{1,2}\, e^{-jk_0x_i}\, dS \right\} \tag{11.20}$$

$$\text{mit} \qquad x_i = -\vec{\mathbf{u}}_r \cdot \vec{\rho}\,.$$

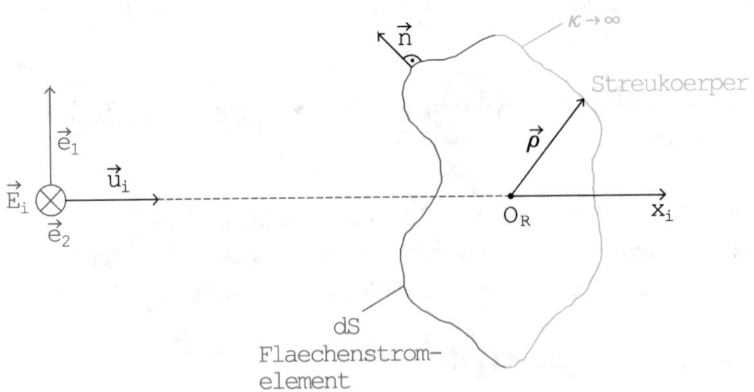

Abb. 11.3 Koordinaten für die einfallende Welle und den Streukörper

Ein Vergleich mit der Definitionsgleichung, Gl. (11.7), liefert für die Streuamplituden γ_{11} bis γ_{22}:

$$\gamma_{11} = -j\,\frac{\sqrt{\pi}}{\lambda_0}\,Z_0 \iint\limits_S \left(\vec{\mathbf{J}}\cdot\vec{\mathbf{e}}_1\right) e^{-jk_0x_i}\,dS,$$

$$\gamma_{21} = -j\,\frac{\sqrt{\pi}}{\lambda_0}\,Z_0 \iint\limits_S \left(\vec{\mathbf{J}}\cdot\vec{\mathbf{e}}_2\right) e^{-jk_0x_i}\,dS,$$

mit $\vec{\mathbf{J}}$ für $E_{i1} = 1$ und $E_{i2} = 0$,

$$\gamma_{12} = -j\frac{\sqrt{\pi}}{\lambda_0}\,Z_0 \iint\limits_S \left(\vec{\mathbf{J}}\cdot\vec{\mathbf{e}}_1\right) e^{-jk_0x_i}\,dS,$$

$$\gamma_{22} = -j\,\frac{\sqrt{\pi}}{\lambda_0}\,Z_0 \iint\limits_S \left(\vec{\mathbf{J}}\cdot\vec{\mathbf{e}}_2\right) e^{-jk_0x_i}\,dS, \tag{11.21}$$

mit $\vec{\mathbf{J}}$ für $E_{i1} = 0$ und $E_{i2} = 1$.

Bei metallisierten Streukörpern mit Abmessungen, die groß gegen die Wellenlänge sind, dominiert der von der Vorderseite des Streukörpers stammende Anteil. Dieser lässt sich näherungsweise mit Hilfe der „physikalischen Optik" bestimmen. Dazu wird zunächst die Oberfläche S in „beleuchtete Bereiche" S_i und „Schattenbereiche" S_s eingeteilt (siehe Bild 11.4).

In den Schattenbereichen wird der äquivalente Strom näherungsweise gleich Null gesetzt:

$$J \approx 0 \qquad \text{für} \qquad \vec{\rho} \in S_s. \tag{11.22}$$

In den Punkten der beleuchteten Gebiete wird der Flächenstrom $\vec{\mathbf{J}}$ gleich demjenigen Flächenstrom gesetzt, der in dem betreffenden Punkt P fließen würde, wenn er auf einer unend-

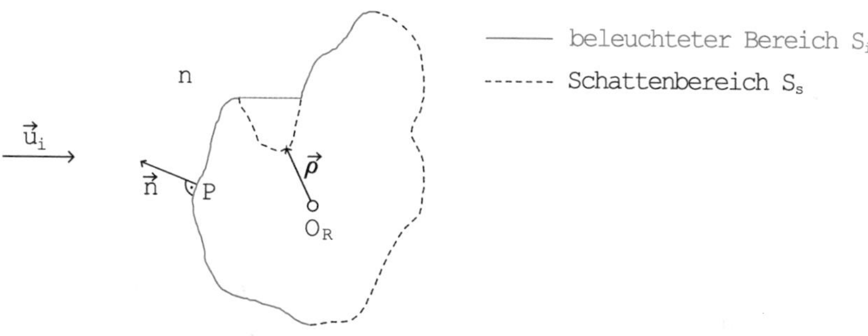

Abb. 11.4 Erläuterung zur Verteilung der Flächenströme

lich ausgedehnten ebenen Platte liegen würde, die $\vec{\mathbf{n}}(P)$ als Normalenvektor aufweist. Für eine solche ebene Platte ist die Tangentialkomponente des gesamten magnetischen Feldes gerade doppelt so groß wie die Tangentialkomponente des einfallenden Feldes:

$$\vec{\mathbf{n}} \times \vec{\mathbf{H}} = 2\,\vec{\mathbf{n}} \times \vec{\mathbf{H}}_i \qquad \text{(für ebene Platte).} \tag{11.23}$$

Daraus ergibt sich die im Rahmen der „physikalischen Optik“ getroffene Näherungsannahme für die äquivalenten Ströme auf der beleuchteten Oberfläche des metallischen Streukörpers

$$\vec{\mathbf{J}} = \vec{\mathbf{n}} \times \vec{\mathbf{H}} \approx 2\,\vec{\mathbf{n}} \times \vec{\mathbf{H}}_i \qquad \text{für} \qquad \vec{\rho} \in S_i. \tag{11.24}$$

Zur einfallenden ebenen homogenen Welle nach Gl. (11.17) gehört das magnetische Feld

$$\vec{\mathbf{H}}_i = \frac{1}{Z_0}\left(\vec{\mathbf{e}}_1\,E_{i2} - \vec{\mathbf{e}}_2\,E_{i1}\right)e^{-jk_0 x_i} \tag{11.25}$$

und damit die Näherungslösung für den äquivalenten Flächenstrom nach Gl. (11.24)

$$\vec{\mathbf{J}} \approx \frac{2}{Z_0}\left[E_{i2}\,(\vec{\mathbf{n}} \times \vec{\mathbf{e}}_1) - E_{i1}\,(\vec{\mathbf{n}} \times \vec{\mathbf{e}}_2)\right]e^{-jk_0 x_i} \qquad \text{(für } S_i\text{).} \tag{11.26}$$

Setzt man diesen Strom in die Gl. (11.21) für die Streuamplituden ein, dann folgt wegen

$$\vec{\mathbf{J}} \cdot \vec{\mathbf{e}}_1 = -2\frac{E_{i1}}{Z_0}\;\vec{\mathbf{n}} \cdot \vec{\mathbf{u}}_i\;e^{-jk_0 x_i}$$

und

$$\vec{\mathbf{J}} \cdot \vec{\mathbf{e}}_2 = -\,2\,\frac{E_{i2}}{Z_0}\;\vec{\mathbf{n}} \cdot \vec{\mathbf{u}}_i\;e^{-jk_0 x_i} \tag{11.27}$$

als Ergebnis für die Streuamplituden:

$$\gamma_{11} = \gamma_{22} = \gamma_0 = j\,2\,\frac{\sqrt{\pi}}{\lambda_0}\iint\limits_{S_i}\left(\vec{\mathbf{n}} \cdot \vec{\mathbf{u}}_i\right)\,e^{(-j2k_0 x_i)}\,dS, \tag{11.28}$$

$$\gamma_{12} = \gamma_{21} = 0. \tag{11.29}$$

Das Integral ist nur über den beleuchteten Bereich zu erstrecken.

Es ergibt sich eine Streumatrix der Form:

$$\left[\gamma\right] = \begin{bmatrix} \gamma_0 & 0 \\ 0 & \gamma_0 \end{bmatrix} \tag{11.30}$$

mit γ_0 nach Gl. (11.28). Dieses Näherungsergebnis bedeutet, dass für den Fall einer linear polarisierten einfallenden Welle die rückgestreute Welle die gleiche Polarisation aufweist.

Weiterhin ist die Amplitude der rückgestreuten Welle unabhängig von der Polarisationsrichtung.

Dieses Näherungsergebnis für die Einfachreflexion an der Vorderseite wird von Ergebnissen genauerer Rechnungen sowie durch Meßergebnisse bestätigt, solange die Vorderseite frei von „Kanten" ist, das heißt, solange die Krümmungsradien groß gegen die betrachteten Wellenlängen sind. Die betrachtete Näherung wird auch dann recht gut sein, wenn die Fläche des Streukörpers groß ist oder wenn die Amplitude des Flächenstromes zu den Kanten hin abnimmt.

In der betrachteten Näherung ist $\gamma_{12} = \gamma_{21} = 0$. Dies bedeutet, dass bei Einfall einer linear polarisierten Welle keine dazu kreuzpolare Komponente in der Reflexion auftritt. Weiterhin ist $\gamma_{11} = \gamma_{22} = \gamma_0$. Damit folgt für den Rückstreuquerschnitt $\sigma = \sigma_{zir}$ der zirkularen Polarisation gemäß Gl. (11.15), und zwar sowohl für die links- als auch für die rechtszirkulare Polarisation:

$$\sigma = \sigma_{zir} = \frac{1}{4} \left| \gamma_{11} - \gamma_{22} \pm j\, 2\, \gamma_{12} \right|^2 = 0. \tag{11.31}$$

Die Gl. (11.31) besagt, dass der Rückstreuquerschnitt für zirkulare Polarisation, σ_{zir}, null ist. Dabei ist jedoch zu bedenken, dass in Gl. (11.15) die Annahme steckt, dass die Sende- und Empfangsantenne identisch sind. Verwenden wir hingegen eine Empfangsantenne, welche gerade die kreuzpolare Polarisation empfangen kann, also die zirkulare Polarisation mit entgegengesetztem Drehsinn, dann ist

$$\frac{C_2}{C_1} = \pm\, j,$$

$$\text{aber} \qquad \frac{D_1}{D_2} = \mp\, j. \tag{11.32}$$

Man erhält somit für den Streuquerschnitt der kreuzpolaren Komponente σ_{krz}:

$$\sigma_{krz} = \frac{|\gamma_{11} + \gamma_{22}|^2}{4} = |\, \gamma_0 \,|^2. \tag{11.33}$$

Der Rückstreuquerschnitt für die kreuzpolare Komponente ist folglich ebenso groß wie für eine lineare Polarisation.

Es sei noch erwähnt, dass ein Streukörper, der nicht die Voraussetzungen dieses Abschnitts erfüllt, nämlich metallische Leitfähigkeit und sanft veränderliche Geometrie, im allgemeinen eine kreuzpolare Polarisation erzeugen wird. Insbesondere an gemischt dielektrisch-metallischen Objekten und Kanten kann eine Kreuzpolarisation entstehen. Anderseits wird ein beliebiges Objekt mit Rotationssymmetrie keine Umwandlung in kreuzpolare Komponenten hervorrufen.

Für einige einfache Streukörpergeometrien lässt sich Gl. (11.28) analytisch auswerten.

11.2.1 Reflexion bei Einfall einer ebenen homogenen Welle auf eine leitende ebene Platte

Wir betrachten zunächst eine kreisförmige ebene Platte (Bild 11.5). Der Integrand in Gl. (11.28) ist für jeden Punkt auf der Vorderseite der Platte gleich. Mit $x_i = 0$ und $\vec{\mathbf{n}} \cdot \vec{\mathbf{u}}_i = -1$ gilt für die Streuamplitude γ_0:

$$\gamma_0 = \frac{j\,2\,\sqrt{\pi}}{\lambda_0} \iint\limits_{S_i} \left(\vec{\mathbf{n}} \cdot \vec{\mathbf{u}}_i\right)\, e^{(-j2k_0 x_i)}\, ds, \tag{11.34}$$

$$\gamma_0 = \frac{j\,2\,\sqrt{\pi}}{\lambda_0} \int\limits_0^{2\pi}\int\limits_0^{r} (-1)\; e^{0}\, r'\, dr'\, d\varphi \tag{11.35}$$

und letztendlich

$$\gamma_0 = -\frac{j\,2\,\sqrt{\pi}}{\lambda_0}\,\frac{\pi}{4}\,d^2. \tag{11.36}$$

Für $\lambda_0 \ll d$ dominiert dieser Streubeitrag über alle anderen Streubeiträge, und man erhält für den Radarquerschnitt, wenn A die Fläche der Scheibe ist:

$$\sigma_{lin} = |\gamma_0|^2 = \frac{4\,\pi}{\lambda_0^2}\left(d^2\,\frac{\pi}{4}\right)^2 = \frac{4\,\pi}{\lambda_0^2}\,A^2, \quad \sigma_{zir} = 0. \tag{11.37}$$

Die Beziehung (11.37) gilt auch allgemein, wenn A die Fläche einer beliebig gestalteten ebenen Platte ist. Kippt man die ebene Platte um einen Winkel $\Delta\beta$, so verändert sich die Streuamplitude ähnlich wie die Richtcharakteristik bei einer Flächenantenne (Bild 11.6).

Wir hatten gesehen, dass die Richtcharakteristik sich aus der Fouriertransformierten der Belegungsfunktion ergibt. Die Beiträge, die sich aus elektrischer und magnetischer Flächenstromdichte ergeben, waren fast gleich (Gl. 9.48). Bei dem ebenen leitenden Streukörper,

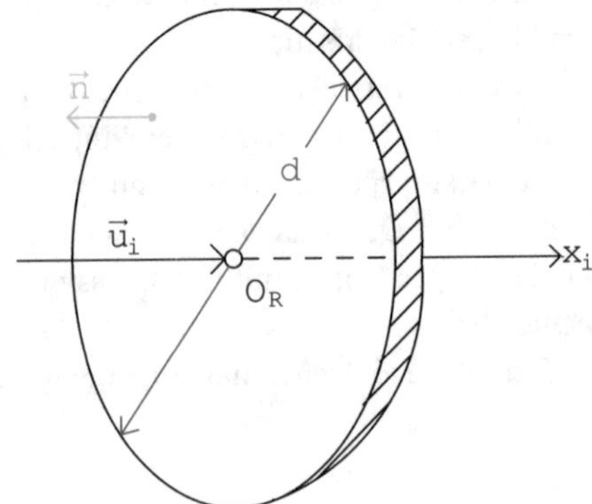

Abb. 11.5 Senkrechter Einfall auf eine ebene Platte

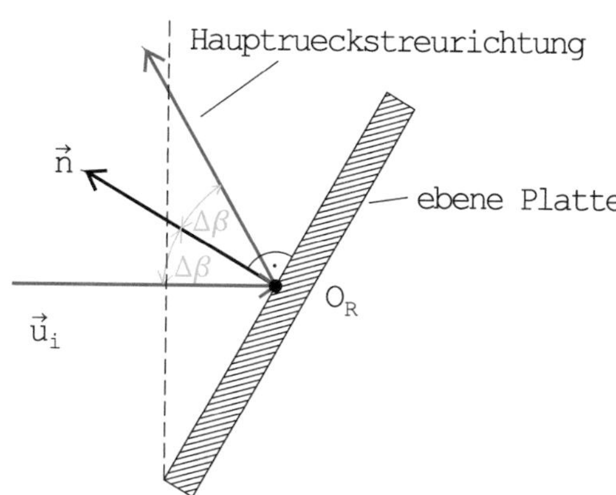

Abb. 11.6 Reflexion an einer geneigten ebenen Platte idealer Leitfähigkeit

den wir in diesem Abschnitt betrachten, gibt es nur eine elektrische Flächenstromdichte, diese aber mit verdoppelter Amplitude. Man beachte aber, dass die Neigung der ebenen Platte um einen Winkel $\Delta\beta$ bereits zu einer linear ansteigenden Phase der äquivalenten Flächenstromdichte führt. Dieser Phasenfaktor in der Belegungsfunktion führt dazu, dass die Hauptrückstreurichtung noch einmal um $\Delta\beta$ gegenüber der Normalenrichtung geschwenkt ist (Gl. 9.70). Dies ist die aus der Optik bekannte Spiegelreflexion mit Einfallswinkel gleich Reflexionswinkel. Bei einer Neigung der Platte um $\Delta\beta$ ist der Winkel zwischen Einfallsrichtung und Hauptrückstreurichtung bereits $2\Delta\beta$. Eine z. B. rechteckige Platte weist eine konstante Flächenstromverteilung auf, und damit weist der Rückstreuquerschnitt σ über den Drehwinkel den Verlauf einer si^2-Funktion auf.

Für meßtechnische Anwendungen ist ein sogenannter Tripel-Spiegel oder Winkel-Reflektor (engl. „corner-reflector") beliebt. Dieser ist wie die Ecke eines Zimmers aus drei metallischen Dreiecksflächen aufgebaut (Bild 11.7).

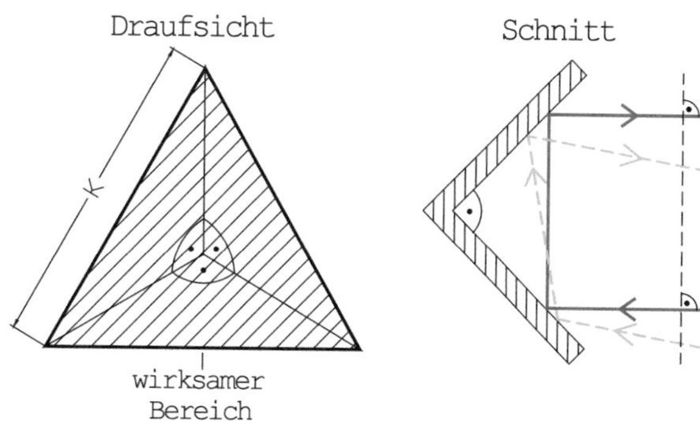

Abb. 11.7 Draufsicht des und seitlicher Schnitt durch den Tripel-Spiegel

Dieser Tripel-Spiegel hat geometrisch-optisch die Eigenschaft, dass ein einfallender Strahl parallel zu sich selbst zurückgeworfen wird, unabhängig vom Einfallswinkel $\Delta\beta$ (Prinzip des Katzenauges).

Ein derartiger Tripel-Spiegel weist für einen Einfallswinkel von etwa $\Delta\beta \leq 35°$ die nahezu winkelunabhängige Fläche des schraffierten Bereichs im Bild 11.7 mit der Größe von

$$A = \frac{\sqrt{3}}{4}\ k^2 \tag{11.38}$$

auf.

Unter Berücksichtigung von Gl. (11.37) erhält man für einen Winkelspiegel die Rückstreufläche

$$\sigma = \frac{\pi}{\lambda_0^2}\ \frac{3}{4}\ k^4 \tag{11.39}$$

für eine linear polarisierte einfallende Welle.

11.2.2 Reflexion an der Vorderseite einer metallischen Kugel

Der Integrand in Gl. (11.28) ist innerhalb eines Ringes mit x_i = konst. ebenfalls konstant (Bild 11.8).

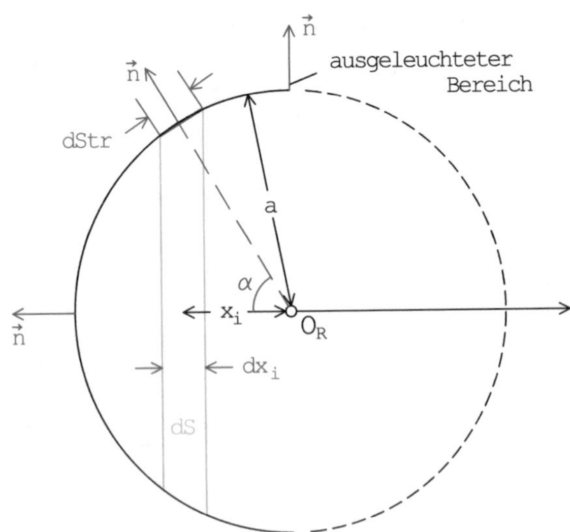

Abb. 11.8 Schnitt durch eine Kugel zur Berechnung des Rückstreuquerschnittes

Die Fläche dS eines kleinen Ringes auf der Oberfläche der Kugel berechnet sich aus dem mittleren Umfang des Ringes und dessen Breite $dStr$:

$$dS = 2\,\pi\,\sqrt{a^2 - x_i^2}\; dStr. \tag{11.40}$$

Die Breite des Ringes erhält man aus dem Verhältnis:

$$\frac{dStr}{dx_i} = \frac{a}{\sqrt{a^2 - x_i^2}}. \tag{11.41}$$

Somit ergibt sich für die Ringfläche dS:

$$dS = 2\,\pi\, a\;\, dx_i. \tag{11.42}$$

Da x_i im Integrationsbereich kleiner Null ist, gilt weiterhin

$$\vec{\mathbf{n}} \cdot \vec{\mathbf{u}}_i = \frac{x_i}{a}. \tag{11.43}$$

Zur Ermittlung der Streuamplitude der Kugel muss die Fläche in der Gl. (11.28) in dem Bereich von $-a \ll x_i \ll 0$ aufintegriert werden:

$$\gamma_0 = \frac{j\,2\,\sqrt{\pi}}{\lambda_0} \int\limits_{-a}^{0} \frac{x_i}{a}\; e^{(-j2k_0x_i)}\;\; 2\,\pi\, a\, dx_i, \tag{11.44}$$

$$\gamma_0 = \frac{j\,2\,\sqrt{\pi}}{\lambda_0}\;\; 2\,\pi\;\; \left\{ \frac{j\,a}{2\,k_0}\; e^{\,j2k_0a} + \frac{1}{4\,k_0^2}\;\; \left(1 - e^{\,j2k_0a}\right)\right\}. \tag{11.45}$$

Ist der Durchmesser der Kugel groß gegenüber der Wellenlänge ($a \gg \lambda_0$), so überwiegt der erste Summand in der geschweiften Klammer in Gl. (11.45) und man erhält:

$$\gamma_0 = -a\sqrt{\pi}\;\; e^{\,j\,2\,k_0\,a}. \tag{11.46}$$

Daraus ergibt sich ein Rückstreuquerschnitt σ der Kugel zu:

$$\sigma_{lin} = \left|\,\gamma_0\,\right|^2 \pi\; a^2; \sigma_{zir} = 0. \tag{11.47}$$

Damit ist der Rückstreuquerschnitt gleich der maximalen Querschnittsfläche der Kugel und unabhängig von der Frequenz.

Ist hingegen der Kugeldurchmesser d viel kleiner als die Wellenlänge ($a \ll \lambda_0$), so gilt für $\epsilon_r \rightarrow \infty$ abgeleitet aus Gl. (11.59):

$$\sigma_{lin} = frac\,\pi^5\,\lambda_0^4\;\, d^6; \qquad \sigma_{zir} = 0. \tag{11.48}$$

wie im weiteren gezeigt wird.

Tab. 11.1 Rückstreuquerschnitte verschiedener Geometrien

Streukörper	Streuquerschnitt
Kugel	$\sigma = \pi\, a^2$
Kreiszylinder	$\sigma = 2\,\pi\, \frac{a\, L}{\lambda_0}$
Ebene Platte	$\sigma = 4\,\pi\, \frac{A^2}{\lambda_0^2}$

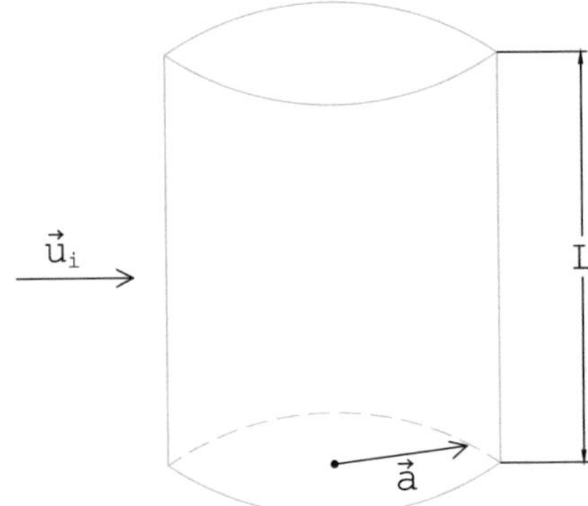

Abb. 11.9 Kreiszylinder und dessen Größen zur Berechnung des Rückstreuquerschnittes

In der Tab. 11.1 sind die Rückstreuquerschnitte von einer ebenen Platte, einem Zylinder (siehe Bild 11.9) und einer Kugel für den Fall, dass die Geometrien viel größer als die Wellenlänge sind, nochmals zusammengestellt.

An diesen Ergebnissen ist insbesondere die verschiedene λ_0-Abhängigkeit des Radarquerschnittes bemerkenswert. Während für die Kugel der Wert von σ bei hohen Frequenzen konstant ist, nimmt er beim Zylinder proportional der Frequenz f ($\sim 1/\lambda_0$) und bei der ebenen Platte und senkrechten Einfall sogar proportional f^2 zu.

Dieses unterschiedliche Verhalten lässt sich verstehen, wenn man die Größe des Streukörpers nicht nur in Richtung des Senders, sondern in allen Raumrichtungen betrachtet („Streudiagramm“). Während bei der Metallkugel das Streudiagramm bei hohen Frequenzen unabhängig von der Frequenz wird, nimmt bei der Platte die Bündelungseigenschaft stetig mit der Frequenz zu.

11.3 Streuung an dielektrischen Körpern, die klein gegen die Wellenlänge sind (Rayleigh-Streuung)

In der Radartechnik spielt die Rückstreuung an Zielen, die sich aus vielen kleinen, räumlich getrennten dielektrischen Partikeln zusammensetzen, eine wichtige Rolle. Ein Beispiel dafür ist ein Niederschlagsfeld, das sich aus vielen einzelnen Regentropfen zusammensetzt. Zur Vorbereitung solcher Streuvorgänge soll in diesem Abschnitt die Streuung an einem einzigen dielektrischen Partikel, dessen Abmessungen klein im Vergleich zur Wellenlänge ist, behandelt werden.

In diesem Fall kann man sich den Streukörper bezüglich seines Streuverhaltens durch einen elektrischen Elementardipol ersetzt denken. Dessen Dipolmoment ergibt sich als Lösung eines elektrostatischen Randwertproblems. Zu besonders einfachen Ergebnissen gelangt man, wenn der Streukörper eine Kugelform besitzt. Da dieser Fall gleichzeitig von praktischer Bedeutung ist, soll er hier näher behandelt werden.

Beim Einbringen einer unmagnetischen Kugel mit der relativen Dielektrizitätszahl ϵ_r und dem Durchmesser d in ein elektrostatisches Feld werden an der Grenzfläche elektrostatische Ladungen influenziert, die zu einem Dipolmoment p führen.

Vor dem Einbringen einer Kugel (Bild 11.10) möge das homogene einfallende Feld in z-Richtung liegen. In Kugelkoordinaten können wir für diese E_z-Komponente schreiben:

$$\vec{\mathbf{E}}_i = E_z \, \vec{\mathbf{u}}_z = E_z \left(\cos\vartheta \, \vec{\mathbf{u}}_r - \sin\vartheta \, \vec{\mathbf{u}}_\vartheta\right). \tag{11.49}$$

Es ist bekannt, dass nach dem Einbringen einer dielektrischen Kugel in ein homogenes elektrisches Feld das Feld im Inneren der Kugel weiterhin nur eine z-Komponente hat. Allerdings ist das Feld um einen Faktor k kleiner als im Außenraum. Im Außenraum überlagert sich dem homogenen einfallenden Feld ein Dipolfeld mit dem Dipolmoment p (Gl. 9.11), dessen Wert man aus den zu erfüllenden Randbedingungen erhält.

Für den Innenraum mit $r \leq d/2$ gilt

$$\vec{\mathbf{E}} = k \, E_z \, \vec{\mathbf{u}}_z = k \, E_z \left(\cos\vartheta \, \vec{\mathbf{u}}_r - \sin\vartheta \, \vec{\mathbf{u}}_\vartheta\right),$$

und für den Außenraum mit $r \geq d/2$ gilt

$$\vec{\mathbf{E}} = E_z \, \vec{\mathbf{u}}_z + \frac{p}{4\,\pi\,\epsilon_0\,r^3} \left(\sin\vartheta \, \vec{\mathbf{u}}_\vartheta + 2\,\cos\vartheta \, \vec{\mathbf{u}}_r\right). \tag{11.50}$$

Die Stetigkeit der Tangentialkomponente des elektrischen Feldes auf der Kugeloberfläche erfordert

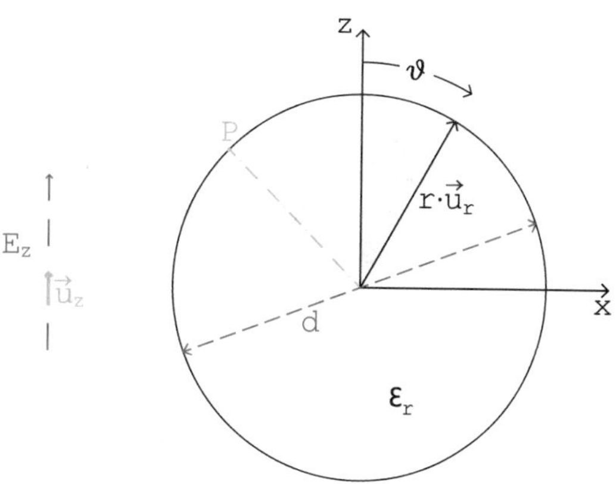

Abb. 11.10 Dielektrische Kugel im homogenen elektromagnetischen Feld

$$E_\vartheta\left(\frac{d}{2}-0\right)=E_\vartheta\left(\frac{d}{2}+0\right) \tag{11.51}$$

und damit

$$-k\ E_z\ \sin\vartheta=\frac{p}{4\,\pi\,\epsilon_0\ (d/2)^3}\ \sin\vartheta\ -\ E_z\ \sin\vartheta$$

oder

$$E_z\ (1-k)=\frac{p}{4\,\pi\,\epsilon_0\ (d/2)^3}. \tag{11.52}$$

Außerdem muss die Normalkomponente der elektrischen Verschiebung auf der Kugeloberfläche stetig sein:

$$\epsilon_r\ k\ E_z\ \cos\vartheta=\frac{p}{4\,\pi\,\epsilon_0\ (d/2)^3}\ 2\ \cos\vartheta+E_z\ \cos\vartheta,$$

$$E_z\ (\epsilon_r\ k-1)=\frac{2\ p}{4\,\pi\,\epsilon_0\ (d/2)^3}. \tag{11.53}$$

Die Gl. (11.51) und (11.52) lassen sich nach k und p auflösen mit dem Ergebnis:

$$k=\frac{3}{\epsilon_r+2},$$

und

$$p=\epsilon_0\pi\frac{d^3}{2}\ \frac{(\epsilon_r\ -\ 1)}{(\epsilon_r\ +\ 2)}\ E_z. \tag{11.54}$$

Im Sinne einer „quasistationären“ Betrachtung lässt sich das Ergebnis für den Fall $D/\sqrt{\epsilon_r}\ll\lambda_0$ auch auf Wechselfelder übertragen. Man erhält dann für den Phasor des induzierten zeitharmonischen Dipolmoments

$$\vec{\mathbf{p}}=\epsilon_0\ \frac{(\epsilon_r\ -\ 1)}{(\epsilon_r\ +\ 2)}\ \pi\ \frac{d^3}{2}\ \left(E_{i1}\ \vec{\mathbf{e}}_1\ +\ E_{i2}\ \vec{\mathbf{e}}_2\right). \tag{11.55}$$

In Gl. (11.55) bedeuten E_{i1} und E_{i2} die Komponenten des einfallenden Feldes am Ort des Streukörpers. Das Ergebnis Gl. (11.55) ist auch dann gültig, wenn wegen dielektrischer Verluste die relative Dielektrizitätszahl ϵ_r komplex ist. Das Ergebnis lässt sich auf eine metallische Kugel erweitern.

Zu dem Dipolmoment $\vec{\mathbf{p}}$ gehört mit

$$I\ \vec{\ell}=j\ \omega\ \vec{\mathbf{p}}=j\ \frac{2\,\pi\ c}{\lambda_0}\ \vec{\mathbf{p}} \tag{11.56}$$

ein Streufeld, das am Ort des Senders nach Gl. (9.19) mit $r = R$ und $\vartheta = \pi/2$ durch den folgenden Ausdruck gegeben ist:

$$\vec{\mathbf{E}}_s = -\frac{\pi^2}{2}\frac{d^3}{R\,\lambda_0^2}\frac{(\epsilon_r - 1)}{(\epsilon_r + 2)}\,e^{-jk_0R}\,(E_{i1}\,\vec{\mathbf{e}}_1 + E_{i2}\,\vec{\mathbf{e}}_2). \tag{11.57}$$

Ein Vergleich mit Gl. (11.7) liefert für die Streuamplituden

$$\gamma_{11} = \gamma_{22} = -\pi^{(\frac{5}{2})}\,\frac{(\epsilon_r - 1)}{(\epsilon_r + 2)}\,\frac{d^3}{\lambda_0^2}$$

und

$$\gamma_{12} = \gamma_{21} = 0. \tag{11.58}$$

Für den Radarquerschnitt der linearen Polarisation folgt damit

$$\sigma = \left|\gamma_{11}\right|^2 = \left|\frac{(\epsilon_r - 1)}{(\epsilon_r + 2)}\right|^2 \pi^5\,\frac{d^6}{\lambda_0^4}. \tag{11.59}$$

Der Streuquerschnitt für die zirkulare Polarisation ist wiederum null.

Das Ergebnis nach Gl. (11.59) besagt, dass der Radarquerschnitt im Bereich $D/\sqrt{\epsilon_r} \ll \lambda_0$ mit dem Quadrat des Streukörpervolumens und für ein frequenzunabhängiges ϵ_r mit der vierten Potenz der Frequenz zunimmt.

Diese beiden Aussagen gelten auch dann noch, wenn der Streukörper von der Kugelform abweicht. Auch für eine beliebige geometrische Form erhält man

$$\sigma_{lin} = h_1\,\frac{V^2}{\lambda_0^4}$$

und

$$\sigma_{krz} = h_2\,\frac{V^2}{\lambda_0^4}. \tag{11.60}$$

Dabei sind h_1 und h_2 Funktionen von ϵ_r, der Streukörperform und Orientierung sowie Polarisation.

Die Abhängigkeiten nach Gl. (11.60) sind auch für genügend kleine metallische Streukörper gültig.

Für kleine metallische Streukörper mit beliebiger Form gilt ebenfalls die Aussage der Gl. (11.60).

Es sei noch angemerkt, dass man einfache geschlossene Lösungen außer für die Kugelform auch für Rotationsellipsoide erhält, sofern wiederum die Abmessungen klein gegen die Wellenlänge sind.

11.4 Reflexion an einer leitenden Halbebene

Das elektromagnetische Feld einer Sendeantenne wird gemäß Bild 11.11 an einer unendlich ausgedehnten ideal leitenden metallischen Halbebene reflektiert.

Die Randbedingung, dass die Tangentialkomponente des elektrischen Feldes auf der Oberfläche der Halbebene verschwindet, lässt sich erfüllen, wenn man spiegelbildlich, wie in Bild 11.12 gezeigt, eine zweite identische Sendeantenne anordnet, die jedoch in Gegenphase angesteuert wird (180°).

Die leitende Halbebene muss man sich entfernt denken. Die Überlagerung der Felder von Antenne I und Antenne II ergibt dann im Halbraum I das wahre Gesamtfeld, also einfallendes Feld und Reflexion der Anordnung von Bild 11.11.

Bei Dipolen vor einer leitenden Halbebene kann man ebenfalls das Spiegelungsprinzip anwenden, wie in Bild 11.13 gezeigt. Dabei ist zu beachten, dass eine positive (negative) Ladung im Spiegelpunkt eine negative (positive) Ladung zur Folge hat.

Die Aperturbelegung einer Flächenantenne kann man ebenfalls durch viele einzelne Dipole ersetzen, die dann wie im Bild 11.13 zu spiegeln wären.

Ein Beispiel aus der Praxis ist die Yagi-Antenne (Bild 11.14).

Für den Fall, dass der reflektierende Halbraum aus einem Dielektrikum ϵ_r besteht, kann man näherungsweise die Eingangswelle a_0^{II} der Spiegelantenne gemäß dem Reflexionsfaktor der Halbebene verkleinern:

$$a_0^{\mathrm{II}} = \frac{\sqrt{\epsilon_r} - 1}{\sqrt{\epsilon_r} + 1} a_0. \tag{11.61}$$

Man beachte die Entfernungsabhängigkeit der Empfangsleistung für die verschiedenen Reflektoren. Bei der unendlichen Halbebene ist $|b_0|^2 \sim 1/R^2$.

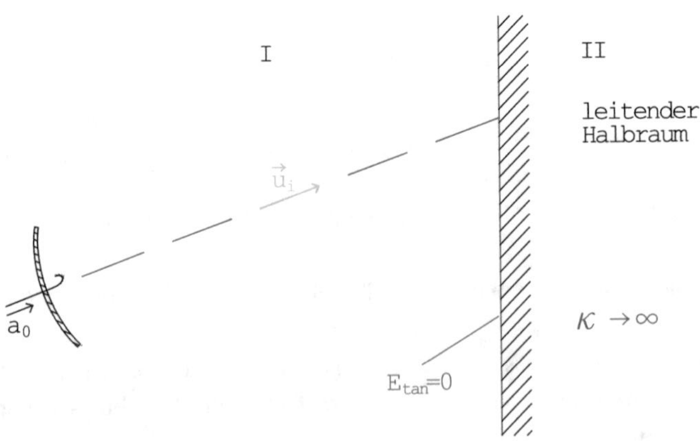

Abb. 11.11 Reflexion eines Antennenfeldes an einer leitenden Halbebene

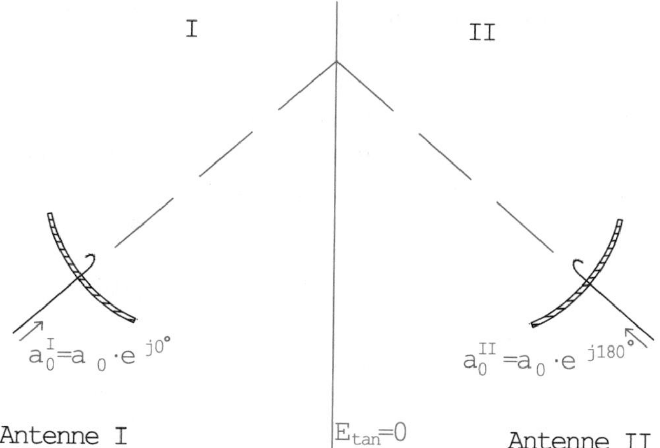

Abb. 11.12 Spiegelbildlich angeordnete zweite Antenne

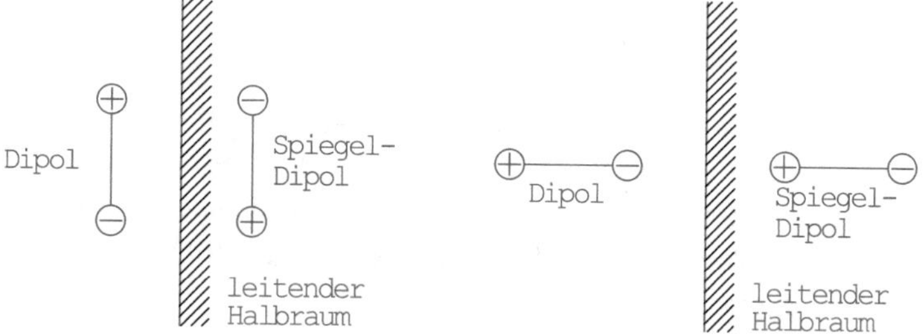

Abb. 11.13 Dipole vor einem leitenden Halbraum

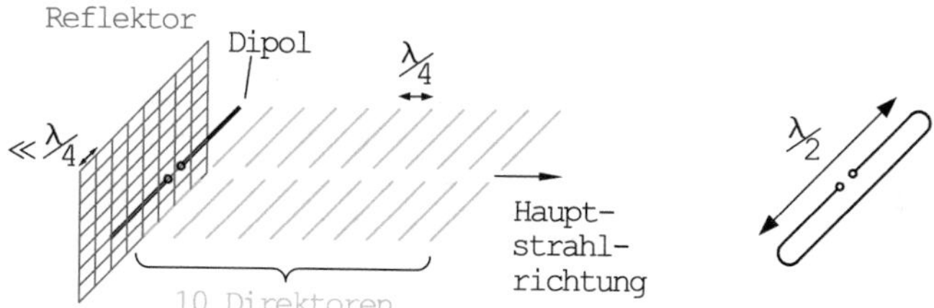

Abb. 11.14 Links: Yagi-Antenne, rechts: Faltdipol

11.5 Abhängigkeit des Radarquerschnitts von der Frequenz und dem Aspektwinkel

Eine Erläuterung des prinzipiellen Interferenz-Effekts kann man anhand eines Modells mit zwei gleichen isotropen frequenzunabhängigen Punktstreuern geben. Unter fiktiven isotropen Punktstreuern sind Streuobjekte zu verstehen, die keine räumliche Ausdehnung besitzen und deren Streuamplitude γ_0 unabhängig von der Betrachtungsrichtung bzw. dem Aspektwinkel ist. Das Modell eines solchen Punktstreuers dient einer übersichtlicheren Darstellung. Es gilt nach Bild 11.15 für den Streuquerschnitt σ (Bild 11.16) in Abhängigkeit vom Aspektwinkel θ und der Kreisfrequenz ω:

$$\sigma(\theta, \omega) = \left|\sum_i \gamma_i(\theta, \omega)\right|^2 = |\gamma_0|^2 \left| e^{j\frac{\omega L \cos\theta}{c}} + e^{-j\frac{\omega L \cos\theta}{c}} \right|^2 . \tag{11.62}$$

$$\sigma(\theta, \omega) = 4\,\sigma_0 \cos^2\left(\frac{\omega L \cos\theta}{c}\right) . \tag{11.63}$$

Im oberen Teil des Bildes 11.16 ist die Abhängigkeit des Streuquerschnitts σ von der Kreisfrequenz und im unteren Teil des Bildes 11.16 vom Aspektwinkel dargestellt.

Für ein größeres reales Objekt wird es viel mehr meist ungleiche Streuzentren geben, entsprechend wird das Streudiagramm komplizierter aussehen. Bild 11.17 zeigt ein Meßergebnis an einem Flugzeug.

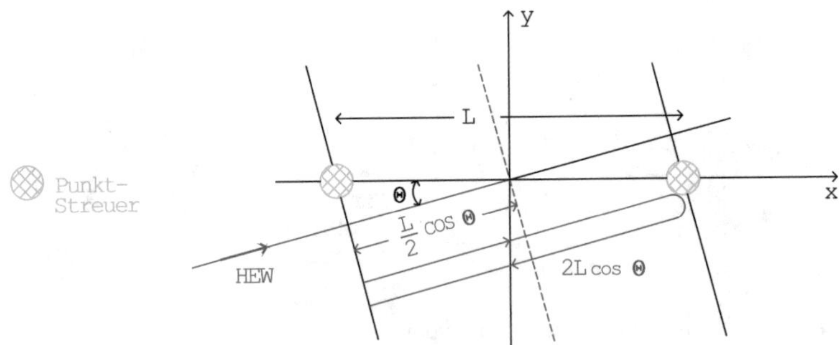

Abb. 11.15 Koordinaten für zwei Punktstreuer beim Einfall einer homogenen ebenen Welle (HEW)

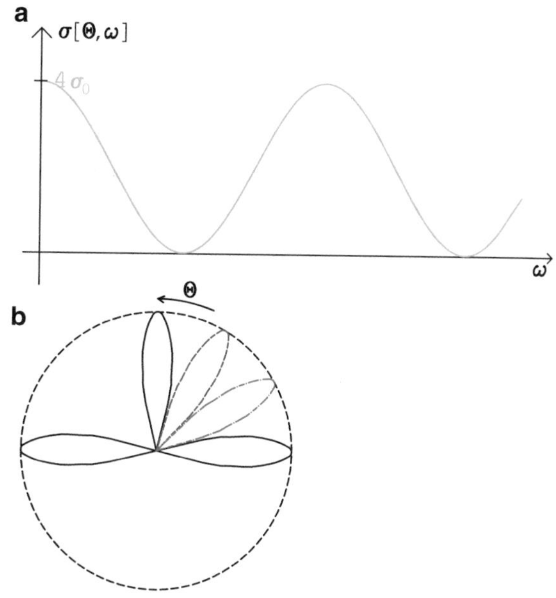

Abb. 11.16 Streuquerschnitt σ in Abhängigkeit von der Frequenz ω und dem Aspektwinkel θ, wobei gilt: $L = 4\lambda$

11.6 Volumenhafte meteorologische Radarziele

Bei Vorliegen von Niederschlag stellt die Gesamtheit aller Regentropfen (oder Hagelkörner, Schneeflocken usw.) ein volumenhaftes Ziel dar, dessen Gesamtabmessungen in der Regel groß im Vergleich zu den Strahlabmessungen sind. Die Erfassung eines solchen meteorologischen Ziels ist bei einem Wetterradar erwünscht. Dagegen ist es z. B. bei einem Radar zur Flugraumüberwachung unerwünscht, weil die von den Niederschlägen stammenden Echos die zu den Flugzeugen gehörenden Echos verdecken können (Die Niederschlagechos sind dann **Clutter**).

Für eine einfache Berechnung wird die Gewinnfunktion der Antenne grob angenähert. Es wird angenommen, dass die gesamte Strahlungsleistung in einem Strahl mit ellipsenförmigen Querschnitt transportiert wird. Die Durchmesser dieses Strahls sind somit $\Delta\theta\ R$ und $\Delta\varphi\ R$. Innerhalb dieses Strahls wird die Strahlungsdichte als konstant angenommen und die Gewinnfunktion gleich dem Gewinn in Hauptstrahlrichtung gesetzt. Weiterhin wird ein rechteckmodulierter Sinusimpuls der Länge Δt zugrundegelegt. Wegen der Verdopplung des Laufweges aufgrund des zweimaligen Durchlaufens der Wegstrecke wird das Echosignal durch alle Partikel in einem Volumenbereich der Tiefe $c\ \Delta t/2$ und des Querschnitts

$$A = \pi\ \frac{\Delta\theta\ \Delta\varphi}{4}\ R^2 \tag{11.64}$$

beeinflußt (Bild 11.18).

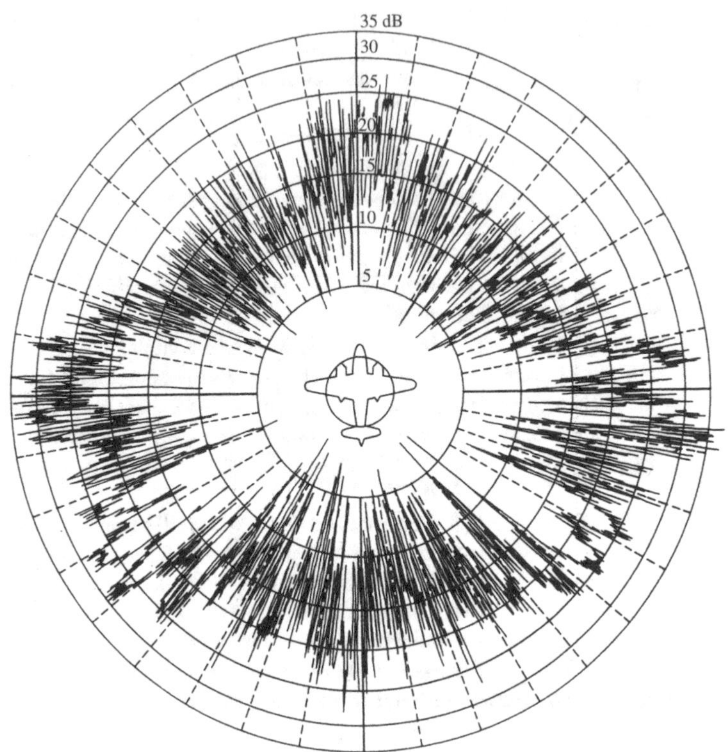

Abb. 11.17 Rückstreudiagramm eines Flugzeuges [93]

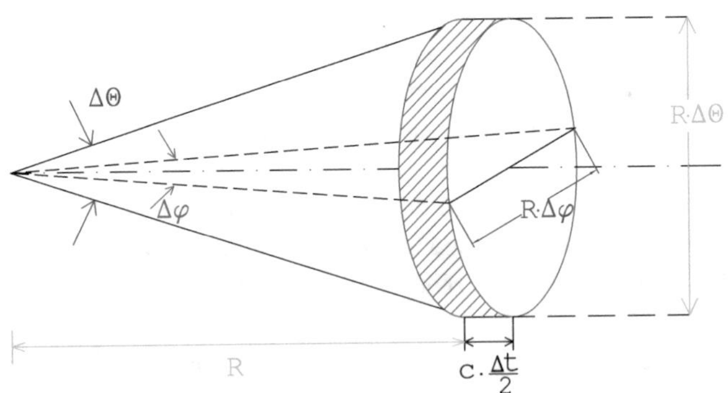

Abb. 11.18 Zur Definition einer Auflösungszelle

Dieser Volumenbereich

$$V = \pi \; c \; \frac{\Delta t}{2} \; \frac{\Delta\theta \; \Delta\varphi}{4} \; R^2 \tag{11.65}$$

wird als Auflösungszelle bezeichnet. Das rückgestreute Echosignal ergibt sich aus der Interferenz aller Einzelechos der in der Auflösungszelle befindlichen N Partikel (z. B. Regentropfen) mit den Radarquerschnitten $\sigma_{0,\nu}(\nu = 1, \ldots, N)$. Der Radarquerschnitt ist von der jeweiligen Polarisation und Frequenz abhängig. Geht man von räumlich zufällig verteilten Partikeln aus, die eine gleichverteilte Phasenlage aufweisen, so kann man zeigen, dass der gesamte Radarquerschnitt σ gleich der Summe der Einzelquerschnitte ist:

$$\sigma = \sum_{\nu=1}^{N} \sigma_{0,\nu}. \tag{11.66}$$

Dabei heben sich, wenn man das Betragsquadrat von der Summe aller Streuamplituden wie in Gl. (11.63) bildet, die gemischten Terme, ähnlich wie bei unkorrelierten Signalen, im Mittel heraus.

Weil das Volumen der Auflösungszelle von den Antennenparametern $\Delta\theta$ und $\Delta\varphi$ sowie von der Entfernung R und der Impulsdauer t abhängt, ist der in Gl. (11.66) benutzte Radarquerschnitt nicht nur von den Eigenschaften des Ziels abhängig. Daher bezieht man σ zweckmäßigerweise auf das Volumen der Auflösungszelle, und man erhält damit den spezifischen Radarquerschnitt pro Volumeneinheit Σ. Für diesen kann man nach Einführung der Partikelzahl n pro Volumeneinheit auch folgendermaßen schreiben (mit $\sigma_{0,\nu} \approx \sigma_0$ für alle ν):

$$\Sigma = \frac{\sigma}{V} = \frac{1}{V} \sum_{\nu=1}^{N} \sigma_{0,\nu} = \sum_{\nu=1}^{n} \sigma_0. \tag{11.67}$$

Damit lautet die `Radargleichung` für volumenhaft verteilte Ziele:

$$\frac{\left| b_0 \right|^2}{\left| a_0 \right|^2} = \frac{\lambda_0^2}{(4\,\pi)^3\, R^4}\, G^2\, V\, \Sigma = \frac{\lambda_0^2\, G^2}{(4\,\pi)^3} \; \frac{\Delta\theta \; \Delta\varphi}{4} \; \frac{\pi}{R^2} \; \frac{c\,\Delta t}{2} \; \Sigma. \tag{11.68}$$

Man beachte, dass hierbei die Einfügungsdämpfung eine Abhängigkeit mit $1/R^2$ aufweist, im Gegensatz zu einzelnen zur Strahlbreite kleinen Zielen, wo die Abhängigkeit mit $1/R^4$ beschrieben werden kann. Dies liegt daran, dass die Auflösungszelle mit wachsender Entfernung größer wird und damit immer mehr Partikel erfaßt werden.

Für den Fall von Regen kann man zeigen, dass die Streuung an den einzelnen näherungsweise kugelförmigen Tropfen als Rayleigh-Streuung behandelt werden darf, solange der Durchmesser d der Tropfen nicht größer als etwa $\lambda_0/12$ ist (Beispiel $\lambda_0 = 6$ cm, $d \leq 3$ mm). Setzt man den Rayleigh-Querschnitt nach Gl. (11.59) an, dann ergibt sich nach einer Aufsummierung über n Regentropfen pro Einheitsvolumen

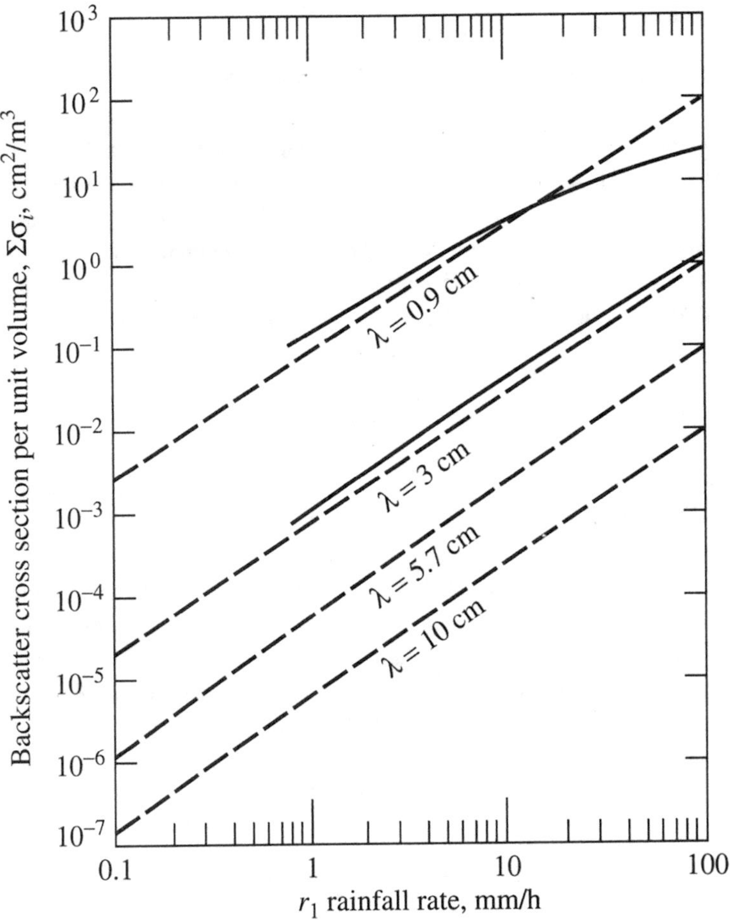

Abb. 11.19 Zusammenhang zwischen Rückstreuquerschnitt und Regenrate [93]

$$\Sigma_{lin} = \frac{\pi^5}{\lambda_0^4} \left| \frac{\epsilon_r - 1}{\epsilon_r + 2} \right|^2 \sum_{\nu=1}^{n} d_\nu^6,$$

$$\Sigma_{zir} = 0. \tag{11.69}$$

Bild 11.19 zeigt Ergebnisse über den Radarquerschnitt pro Volumeneinheit als Funktion der Regenrate pro Stunde mit der Wellenlänge λ_0 als Parameter.

Verzeichnis häufig verwendeter Formelzeichen und Kürzel

A Fläche; Verstärkerbetriebsart
[**A**] A-Kettenmatrix von Zweitorelementen
AB Verstärkerbetriebsart
A_{ij} Elemente der Matrix [**A**]
A_w Antennenwirkfläche
[**ABCD**] ABCD-Kettenmatrix von Zweitorelementen
ADC Analog-Digital-Wandler
AGC schaltbarer Verstärker mit Regelung, Automatic Gain Control
ALL Amplitude Locked Loop
a_i, b_i komplexe Wellengrößen (Mono-Mode-Fall)
a_i^+, b_i^+ komplexe Wellengrößen eines Gleichtaktmodes
a_i^-, b_i^- komplexe Wellengrößen eines Gegentaktmodes
B Suszeptanz, Blindleitwert, Verstärkerbetriebsart
[**B**] inverse Kettenmatrix von Zweitorelementen
B_{ij} Elemente der Matrix [**B**]
b_0 komplexe Generatorwelle
C, C' Verstärkerbetriebsart, Kapazität, Kapazität pro Längeneinheit
$C(\theta, \varphi)$ Richtcharakteristik
c_0, c Lichtgeschwindigkeit
$\delta(\omega)$ Dirac'sche Deltafunktion als Funktion der Frequenz
DUT Messobjekt, Device Under Test
det() Determinante einer Matrix
E elektrische Feldstärke
F Rauschzahl
$F(j\omega)$ Allgemeine Funktion im Frequenzbereich
$F(s)$ Regelfilter
FOM Figure Of Merit
f Frequenz

H. Heuermann, *Mikrowellentechnik*,
https://doi.org/10.1007/978-3-658-41287-6

f_c Cut-Off-Frequenz
f_{HF} Frequenz im MHz- oder GHz-Bereich
f_{IF} Frequenz im DC-, Hz-, kHz- oder unteren MHz-Bereich
f_{LO} Frequenz des Ozsillators im MHz- oder GHz-Bereich
f_r Resonanzfrequenz
f_{ZF} Frequenz im DC-, Hz-, kHz- oder unteren MHz-Bereich
$f(t)$ Allgemeine Funktion im Zeitbereich
G, G' Wirkleitwert, Wirkleitwert pro Längeneinheit, Gewinn
G_{av} verfügbarer Gewinn
H magnetische Feldstärke
HBT Heterojunction-Bipolar-Transistor
HEMT High Electron Mobility Transistors
h Plancksche Konstante
$h\,(t)$ Impulsantwort als Funktion der Zeit
I komplexer Strom
$[\mathbf{I}]$ Einheitsmatrix
Im {} Imaginärteiloperator
IMP Institut für Mikrowellen- und Plasmatechnik, FH Aachen, Leitung Prof. H. Heuermann
i komplexer Strom auf Z_0 bezogen
$i\,,j$ Laufindizes für Matrix- und Vektorelemente, die von n=1 bis zur jeweiligen Dimension reichen
$i\,(t)$ Strom im Zeitbereich
J Stromdichte
k Wellenzahl, Stabilitätszahl (k-Faktor), Koppelfaktor von Resonatoren
L, L' Induktivität, Induktivität pro Längeneinheit
$L(\Delta\omega)$ Einseitenbandrauschleistung
LDMOS Laterally Diffused Metal Oxide Semiconductor
l Entfernung
ℓ Leitungslänge
lg () Logarithmus auf der Basis 10
M Wellensumpf (engl. Match)
M Magnetisierung
M_{ij} M-Parameter bzw. Mixed-Mode-Parameter
$[\mathbf{M}]$ M-Parametermatrix bzw. Mixed-Mode-Parametermatrix
MAG Maximal verfügbarer Leistungsgewinn, Maximum Available Gain
MF Mixed-Freqnuency
MF-S Mixed-Freqnuency-Streuparameter
MESFET Metaloxid Semiconductor Field Effect Transistor
MSG Maximum Stable Gain
m Masse
1/N Frequenzteiler

O Leerlauf (engl. Open)
P elektrische Leistung
PD Phasendiskriminator
PFD Phasenfrequenzdiskriminator
P_w elektrische Wirkleistung
$P(\omega)$ Abtastfunktion im Frequenzbereich
$[\mathbf{P}]$ Propagationsmatrix
PAE Power Added Efficiency
p elektrische Länge, Dipolmoment
$p(t)$ Pseudoimpulsantwort als Funktion der Zeit
Q Güte von Bauteilen und Resonatoren, Blindleistung, Ladung
Q_0 unbelastete Güte eines Resonators
Q_L belastete Güte eines Resonators
R, R' Wirkwiderstand, Wirkwiderstand je Längeneinheit
Re {} Realteiloperator
RX Empfangseinheit
Rg () Rang einer Matrix
rect (t) verallgemeinerte Rechteckfunktion als Funktion der Zeit
$\mathrm{rep}_{\mathrm{T}}\, h(t)$ Periodische Wiederholung der Impulsantwort
r_x Reflexionsparameter von Eintor- und Klemmenelementen
S Kurzschluss (engl. Short)
S_{ij} Streuparameter, S-Parameter
S_{ij}^{kl} Mixed-Frequency S-Parameter von der Frequenz l zur Frequenz k
S Poynting-Vektor, Leistungsdichte, Strahlungsdichte
$[\mathbf{S}]$ Streuparametermatrix
$[\mathbf{S}]^{-1}$ Inverse (Streuparameter-) Matrix
$[\mathbf{S}]^T$ Transponierte (Streu-) Matrix
$[\mathbf{S}]^*$ Konjugiert komplexe (S-) Matrix
spur () Spur einer Matrix
$\mathrm{s_a}$ Niederfrequenter Ausgangssignal
$\mathrm{s_r}$ Empfangssignal
$\mathrm{s_t}$ Sendesignal
T, T Zeitintervall, Durchverbindung (engl. Thru bzw. Through), Temperatur
T_e Effektive Rauschtemperatur
TX Sendeeinheit
t Zeitvariable, Transformationsverhältnis eines Impedanztransformators
U komplexe Spannung, Knotenpotentiale
u komplexe Spannung auf Z_0 bezogen, normierte komplexe Spannung
$u\,(t)$ Spannung im Zeitbereich
ü Übersetzungsverhältnis der Ströme und Spannungen eines Transformators
V Volumen

VCO spannungsgesteuerter Oszillator
VNA vektoriell messender Netzwerkanalysator, Vector Network Analyzer
v Ausbreitungsgeschwindigkeit
v_{gr} Gruppengeschwindigkeit
v_p Leistungsverstärkung
v_{ph} Phasengeschwindigkeit
$W_{e,m}$ elektrische bzw. magnetische Feldenergie
W Richtcharakteristik
w Weite, Belegungsfunktion
X Reaktanz, Blindwiderstand
XCO Quarzoszillator
X_{ij}^{kl} Mixed-Frequency X-Parameter von der Frequenz l zur Frequenz k
Y Admittanz, Scheinleitwert
[**Y**] Y-Leitwertmatrix von Zweitorelementen
y_x Admittanzparameter von Eintor- und Klemmenelementen
Z Impedanz, Scheinwiderstand
Z_0 Wellenwiderstand, Bezugsimpedanz (i. d. R. 50 Ω)
Z_E, Z_e Eingangswiderstand oder -impedanz
Z_{even}, Z_+ Gleichtaktimpedanz
Z_L Wellenwiderstand einer Leitung (i. d. R. 50 Ω)
Z_{odd}, Z_- Gegentaktimpedanz
[**Z**] Z-Widerstandsmatrix von Zweitorelementen
z_x Impedanzparameter von Eintor- und Klemmenelementen
α, β Koeffizienten mit wechselner Bedeutung
α Dämpfungskonstante oder -belag einer Leitung
β Phasenkonstante oder -belag einer Leitung
γ komplexe Ausbreitungs- oder Fortplanzungskonstante einer Leitung
$\gamma\ell$ komplexe elektrische Länge
$\Delta()$ Determinante einer Matrix
δ Eindringtiefe, Skintiefe
$\delta(\omega)$ Dirac'sche Deltafunktion als Funktion der Frequenz
ϵ Dielektrizitätskonstante
ϵ_0, ϵ_r absolute und relative Dielektrizitätskonstante
η Wirkungsgrad
κ (spezifische) Leitfähigkeit
λ Wellenlänge
λ_D Debye-Länge
λ_{MFP} Mittlere freie Weglänge
μ Permeabilitätskonstante
μ_n, μ_p Beweglichkeit von Elektronen bzw. Löchern
ν_p Phasengeschwindigkeit

ρ spezifischer Widerstand, Reflexionswert, Selbstkalibriergrösse
σ spezifische Leitfähigkeit, Radarquerschnitt
τ Laufzeitvariable
θ Elevationswinkel
φ Phase, Azimuthwinkel
Ω Kreisfrequenz, Frequenz, normierte Frequenz
Ω_i Feste Kreisfrequenzen
ω Kreisfrequenz, Frequenz
ω_P Plasmafrequenz

Literatur

1. AGILENT TECHNOLOGIES, Schottky Barrier Diode Video Detektor, Application Note 923, 1999
2. AREF, A. F., ASKAR, A., NAFE A. A., TARAR, M. M., NEGRA, R., Efficient Amplification of Signals with high PAPR using a Novel Multilevel LINC Transmitter Architecture, European Microwave Conference 2012, pp. 1035–1038
3. BÄCHTHOLD, W., Mikrowellentechnik, Vieweg, Braunschweig/Wiesbaden, 1999
4. BÄCHTHOLD, W., Mikrowellenelektronik, Vieweg, Braunschweig/Wiesbaden, 2002
5. BEST, R., Theorie und Anwendungen des Phase-Locked Loops, 1982
6. BLUME, S., Theorie elektromagnetischer Felder, Hüthig, Heidelberg, 1988
7. BRONSTEIN, I., SEMENDJAJEW, K., Taschenbuch der Mathematik, Harry Deutsch Verlag, Thun, Frankfurt/Main, 1987
8. CAGE, O. Electronic Measurements and Instrumentation, McGraw-Hill, Tokyo, 1971
9. J. CHOI, F. IZA, H. J. DO, J. K. LEE AND M. H. CHO, Microwave-excited atmospheric-pressure microplasmas based on a coaxial transmission line resonator, Plasma Sources Sci. Technol., Vol. 18 025029, NO. 6, 2009
10. CRIPPS, S.C.: RF Power Amplifiers for Wireless Communications, Artech House, Boston, 1. Auflage, 1999
11. PETER WRIGHT, JONATHAN LEES, JOHANNES BENEDIKT, PAUL J. TASKER, AND STEVE C. CRIPPS, A Methodology for Realizing High Efficiency Class-J in a Linear and Broadband PA, IEEE Transactions on Microwave Theory and Techniques, IEEE Trans. Microwave Theory Tech., MTT-57, Dec. 2009, pp. 3196–3204
12. DETLEFSEN, J., SIART, U., Grundlagen der Hochfrequenztechnik, Oldenbourg Verlag, München, 2003
13. DUNSMORE, J.P., Handbook of Microwave Component Measurements with Advanced VNA Techniques; John Wiley and Sons: Hoboken, NJ, USA, 2020; ISBN 978-1-119-47713-6
14. ENGEN, G.F., HOER, C.A., Thru-Reflect-Line: An Improved Technique for Calibrating the Dual Six Port Automatic Network Analyzer, IEEE Trans. Microwave Theory Tech., MTT-27, Dec. 1979, pp. 987–993
15. ERKENS, H., HEUERMANN, H., Blocking Structures for Mixed-Mode-Systems, European Microwave Conf., Amsterdam, Oct. 2004, pp. 297–300

H. Heuermann, *Mikrowellentechnik*,
https://doi.org/10.1007/978-3-658-41287-6

16. ESSAADALI, R., JARNDAL, A., KOUKI, A. B., GHANNOUCHI, F. M., Conversion Rule Between X-Parameters and Linearized Two-Port Network Parameters for Large-Signal Operating Conditions, IEEE Trans. Microwave Theory Tech., MTT-11, Nov. 2018, pp. 4745–4756
17. EUL, H.-J., Methoden zur Kalibrierung von heterodynen und homodynen Netzwerkanalysatoren, Dissertationsschrift, Institut für Hoch- und Höchstfrequenztechnik, Ruhr-Universität Bochum, 1990
18. EUL, H.J., SCHIEK, B., A Generalized Theory and New Calibration Procedures for Network Analyzer Self-Calibration, IEEE Trans. Microwave Theory Tech., MTT-39, Apr. 1991, pp. 724–731
19. FERRERO, A., PISANI, U., KERWIN, K.J., A New Implementation of a Multiport Automatic Network Analyzer, IEEE Trans. Microwave Theory Tech., vol. 40, 1992, pp. 2078–2085
20. FRANZ, G., Niederdruckplasmen in Mikrostrukturtechnik, Springer Verlag, 2004, 3. Auflage
21. GÄRTNER, U., Ein homodynes Streuparametermessverfahren mit digitaler Phasenmodulation für den Mikrowellenbereich, Dissertationsschrift, Institut für Hoch- und Höchstfrequenztechnik, Ruhr-Universität Bochum, 1986
22. GALLAGHER, K. A., MAZZARO, G.J.; MARTONE, A.F., SHERBONDY, K.D., NARAYANAN, R.M., Derivation and Validation of the Nonlinear Radar Range Equation. In Proceedings of the SPIE Volume 9829, Radar Sensor Technology XX, SPIE Defense + Security, Baltimore, MD, USA, 2016
23. GALLAGHER, K. A., Harmonic Radar: Theory and Applications to Nonlinear Target Detection, Tracking, Imaging and Classification. PhD thesis, Pennsylvania State University, 2015
24. GOLDBERG, B.-G., Digital Techniques in Frequency Synthesis, 1998
25. GONZALEZ G., Microwave Transistor Amplifiers, Prentice-Hall, Upper Saddle River, NJ, 2. Auflage, 1997
26. GONZALEZ G., Foundations of Oscillator Circuit Design, Artech House, Boston, 2007
27. VON GRONOW, M., HEUERMANN, H., KLING, R., Neue ultrakompakte Leuchtstofflampen mit integriertem HF-Transformator, Licht2010, Wien, Oct. 2010
28. GRONAU, G., Rauschparameter- und Streuparameter-Messtechnik, Fortschritte der Hochfrequenztechnik, Band 4, Verlagsbuchhandlung Nellissen-Wolff, Aachen, 1992
29. GRONAU, G., Höchstfrequenztechnik, Springer, Berlin, 2001
30. HARZHEIM, TH., Mixed Frequency Single Receiver Architectures and Calibration Procedures for Linear and Non-Linear Vector Network Analysis, Promotionsarbeit (FH Aachen und Univ. Luxemburg), http://hdl.handle.net/10993/39176, 2019
31. HARZHEIM, TH., HEUERMANN, H., Phase Repeatable Synthesizers as a New Harmonic Phase Standard for Nonlinear Network Analysis, IEEE Transactions on Microwave Theory and Techniques, Volume: 66, Issue:6, June 2018
32. HARZHEIM, TH., MUEMEL, M., HEUERMANN, H., A SFCW Harmonic Radar System for Maritime Search and Rescue using Passive and Active Tags. Int. J. Microw. Wirel. Technol., https://doi.org/10.1017/S1759078721000520, 2021
33. HOMEPAGE, HEUERMANN HF-TECHNIK GMB H, http://www.hhft.de
34. HOMEPAGE: HF-LEHRGEBIET DER FH-AACHEN, https://www.fh-aachen.de/fachbereiche/elektrotechnik-und-informationstechnik/labore-und-lehrgebiete/lehrgebiet-hoch-und-hoechstfrequenztechnik-prof-dr-ing-holger-heuermann/
35. HOMEPAGE: INSTITUT FÜR MIKROWELLEN- UND PLASMATECHNIK, IMP DER FH-AACHEN, https://www.fh-aachen.de/forschung/imp/
36. HEUERMANN, H., Sichere Verfahren zur Kalibrierung von Netzwerkanalysatoren für koaxiale und planare Leitungssysteme, Dissertationsschrift, Institut für Hochfrequenztechnik, Ruhr-Universität Bochum, 1995, ISBN 3-8265-1495-5

37. HEUERMANN, H., Hochfrequenztechnik. Komponenten für High-Speed- und Hochfrequenzschaltungen, Springer-Vieweg-Verlag, ISBN 978-3-658-23197-2, 3. Auflage Juli 2018
38. HEUERMANN, H., GSOLT: The Calibration Procedure for all Multi-Port Vector Network Analyzers, MTT-S International Microwave Symposium, Philadelphia, 2003
39. HEUERMANN, H., Calibration of a VNA Without a Thru Connection for Non-Linear and Multi-Port Measurements, IEEE Trans. Microwave Theory Tech., Nov. 2008
40. HEUERMANN, H., Wahlpflichtvorlesung: Antennen und Ausbreitung, FH-Aachen, Homepage Lehrgebiet Hoch- und Höchstfrequenztechnik
41. HEUERMANN, H., Verfahren zur Kalibrierung von Netzwerkanalysatoren ohne Durchverbindungen zur Messung von linearen und nichtlinearen elektrischen Parameter, Rohde&Schwarz-Patent DE102007027142.7 und PCT/EP2007/005215 vom 13.06.2007
42. HEUERMANN, H., HARZHEIM, CRONENBROECK, Th., First SIMO Harmonic Radar Based on the SFCW Concept and the HR Transfer Function, Remote Sensing 13(24), https://doi.org/10.3390/rs13245088,December 2021
43. HEUERMANN, H., DCR-Plasmaanlage zur Erzeugung höchster Temperaturen, DE10 2019 002 730.2, 13.04.2019
44. HEUERMANN, FINGER, T., Microwave Spark Plug for Very High Pressure Conditions, 3th conference: Advanced Ignition Systems for Gasoline Engines, Berlin, 2014
45. HEUERMANN, H., SADEGHFAM, A., Analog Amplitude-Locked Loop Circuit to Support RF Energy Solutions, 64th International Microwave Symposium, San Francisco, May 2016
46. HOFFMANN, M.H.W., Hochfrequenztechnik, Springer-Verlag, Berlin-Heidelberg, 1997
47. HOPWOOD J., F. IZA, S. COY AND D. B. FENNER, A microfabricated atmospheric-pressure microplasma source operating in air, J. Phys. D: Appl. Phys., 38, 2005
48. IBRAHIM, I., HEUERMANN, H., Improvements in the Flicker Noise Reduction Technique for Oscillator Designs, European Microwave Conf., Rom, 2009
49. IBRAHIM, I., HEUERMANN, H., Novel Theory and Architecture of a Vector Signal Generator Implemented With Two PLLs, European Microwave Conf., Amsterdam, 2008
50. INFINEON, Halbleiter, Publicis Corporate Publishing, Erlangen, 2004
51. INAC, O., UZUMKOL, M., REBEIZ, G. M., 45-nm CMOS SOI Technology Characterization for Millmeter-Wave Applications, IEEE Trans. on Microw. Theory and Tech., Vol. 62, No. 6, June 2014
52. ITOH T., HADDAD G., HARVEY J.: RF Technologies for Low Power Wireless Communications, Wiley-Interscience, New York, 1. Auflage, 2001
53. JAFFE, R., RECHTIN, E.: Design and Performance of Phase-Lock Circuits Capable of Near-Optimum Performance over a Wide Range of Input Signal and Noise Levels, IRE Trans. on Information Theory, vol. 1, no. 1, pp. 66–76, 1955
54. JANSSEN, R., Streifenleiter und Hohlleiter, Hüthig-Verlag, Heidelberg, 1992
55. KARK, K., Antennen und Strahlungsfelder, Vieweg-Verlag, Wiesbaden, 2004
56. KAJFEZ, D., GUILLON, P., Dielectric Resonators, Artech House, Dedham, 1986
57. KAWASAKI, K.,ET. AL., An Octa-Push Oscillator at V-Band, IEEE Trans. Microwave Theory Tech., MTT-58, July 2010
58. J. Kim and K. Terashima, 2.45 GHz Microwave-excited Atmospheric Pressure Air Microplasmas based on Microstrip Technology, Appl. Phys. Lett. 86, 2005
59. KRAMME, R., Medizintechnik (Verfahren, Systeme, Informationsverarbeitung), 2. Auflage, Springer Verlag, S. 397
60. KUMMER, M., Grundlagen der Mikrowellentechnik, VEB Verlag Technik, Berlin, 1989
61. KUROKAWA, Power Waves and the Scattering Matrix, IEEE Trans. Microwave Theory Tech., MTT, Mar. 1965, pp. 194–202

62. LEE, T., HAJIMIRI, A., Oscillator Phase Noise: A Tutorial, IEEE Journal, Solid-State Circuits, Vol. 35, No. 3, pp. 326–336, 2000
63. Leeson, D., A Simple Model of Feedback Oscillator Noise Spectrum, IEEE Conference, Vol. 54, No. 2, pp. 329–330, 1966
64. K. LINKENHEIL, H. O. RUOSS, T. GRAU, J. SEIDEL AND W. HEINRICH, A Novel Spark Plug for Improved Ignition in Engines with Gasoline Direct Injection (GDI), *IEEE Trans. Plasma Sci.*, Vol. 33, No. 5, October 2005
65. MATTHEI, G., YOUNG, L., JONES, E., Microwave Filters, Impedance-Matching Networks, and Coupling Structures, McGraw-Hill Verlag, New York, 1980
66. MAAS, S. A., Nonlinear Microwave Cirtuits, IEEE Press, New York, 1996
67. MAAS, S. A., Microwave Mixers, Artech House, London, 1993
68. MAZZARO, G. J., MARTONE, A. F., RANNEY, K. I., NARAYANAN, R. M., Nonlinear Radar for Finding RF Electronics: System Design and Recent Advancements, IEEE Trans. on Microw. Theory and Tech., 2017, pp. 1716–1726
69. MILLER, Technique Enhances the Performance of PLL Synthesizers, Microwave & RF, Jan. 1993
70. MÖLLER, M., Entwurf und Optimierung monolithisch integrierter Breitbandverstärker in Si-Bipolartechnologie für optische Übertragungssysteme, Dissertationsschrift, Ruhr-Universität Bochum, 1999
71. MAXIM, Datenblatt zum MAX4003, 0.1–2.5 GHz Leistungsdetektor, 19-2620; Rev 1, 03.2003
72. PARISI, S. J., 180° Lumped Element Hybrid, IEEE Microw. Theory and Tech. – Sym. Digest, 1989, pp. 1243–1246
73. PETERS, N., SCHMITZ, TH., SADEGHFAM, A., HEUERMANN, H. Concept of Balanced Antennas with Load-Invariant Base Impedance Using a Two Element LC-Coupler, Proceedings of the European Microwave Association, 2005
74. PHILIPPOW, E., Grundlagen der Elektrotechnik, VEB Verlag Technik, Berlin, 1988
75. RANDALL, W., Oscillator Design and Computer Simulation, 2nd ed. SciTech Publishing Inc., Raleigh NC., 2000
76. RAICU, D., Multiterminal Distributed Resistors as Microwave Attenuators, IEEE Trans. Microwave Theory Tech., vol. 42, No. 7, July 1994, pp. 1140–1148
77. RAZAVI, B., Design of Analog Intregrated Circiuts, McGraw-Hill-Verlag, ISBN 0-07-118839-8, 2001
78. RHODES, J.D., Theory of Electrical Filters, Wiley Verlag, New York, 1985
79. RILEY, COPELAND AND KWASNIEWSKI, Digital PLL Frequency Synthesizers, 1983 Delta-Sigma Modulation in Fractional-N Frequency Synthesis, IEEE Journal of Solid State Circuits, Vol. 28, No. 5, May 1993
80. ROHDE, U., NEWKIRK, D., RF/Microwave Circuit Design for Wireless Applications, Wiley Verlag, New York, 2000
81. ROHDE, U.L., Digital PLL Frequency Synthesizers: Theorie and Design, Prentice Hall, 1982
82. ROHDE, U.L., Microwave and Wireless Synthesizers, Wiley-Interscience, 1997
83. SADEGHFAM, A., SADEGHI-AHANGAR, A., ELGAMAL, A.AND HEUERMANN, H., Design and Development of a Novel Self-Igniting Microwave Plasma Jet for Industrial Applications, 67th International Microwave Symposium, Boston, June 2019
84. SCHAAF, M., Theoretische Beschreibung und Validierung einer neuartigen S11-Regelschleife für den GHz-Bereich, Masterarbeit, IMP, Aachen, 2011
85. SCHIEK, B., Grundlagen der Hochfrequenz-Messtechnik, Springer Verlag, Berlin Heidelberg, 1999
86. SCHIEK, B., SIWERIS, H.-J., Rauschen in Hochfrequenzschaltungen, Hüthig Verlag, Heidelberg, 1990

87. SCHIEL, J.-CH., TATU, S. O., WU, K., BOSISIO R. G., Six-Port Direct Digital Receiver (SPDR) and Standard Direct Receiver (SDR) Results for QPSK Modulation at High Speeds, MTT-S International Microwave Symposium, Philadelphia, 2003, pp. 931–935
88. SCHNEIDER, M.V., Microstrip Lines for Microwave Integrated Circuits, Bell Syst. Tech. J. 48, 1969, pp. 1421–1444
89. SCHNEIDER, J., Entwicklung eines homodynen Netzwerkanalysators für den Mikrowellenbereich 26,5–40 GHz, Dissertationsschrift, Institut für Hoch- und Höchstfrequenztechnik, Ruhr-Universität Bochum, 1987
90. SIMONYI, K., Theoretische Elektrotechnik, VEB Deutscher Verlag der Wissenschaften, Berlin, 1989
91. SINNESBICHLER, F., Hybrid Millimeter-Wave Push-Push Oscillators Using Silicon-Germanium HBTs, IEEE Trans. on Microw. Theory and Tech., Vol. 51, No. 2, Feb. 2003
92. SCHOPP, CH., DOLL, T., GRAESER, U., HARZHEIM, TH., HEUERMANN, H., KLING, R.,AND MARSO, M. Capacitively Coupled High-Pressure Lamp Using Coaxial Line Networks, IEEE Transactions on Microwave Theory and Techniques, Volume: 64, Issue:10, Oct. 2016
93. SKOLNIK, MERRILL I., Introduction to RADAR systems, Third Edition, ISBN 0-07-288138-0, 2001
94. RECCO AB. Homepage. http://www.recco.com/
95. STEPHAN, A., PRANTNER, A., HEUERMANN, H., Cutting Human Tissue with Novel Atmospheric-Pressure Microwave Plasma Jet, European Microwave Conf., London, Oct. 2016
96. SOKAL, N. O., SOKAL, A. D., Class-E - A New Class of High Efficiency Tuned Single-Ended Power Amplifier, IEEE J. Solid State Circuits, SC-10, No. 3, June 1975, pp. 168–176
97. SPRINGER, A., MAURER, L., WEIGEL, R., RF System Concepts for Highly Integrated RFICs for W-CDMA Mobile Radio Terminals, IEEE Trans. on Microw. Theory and Tech., Vol. 50, No. 1, Jan. 2002
98. STENGEL, B., THOMPSON, B., Neutralized Differential Amplifiers using Mixed-Mode S-Parameters, IEEE MTT-S Digest, 2003
99. STOLLE, R., HEUERMANN, H., SCHIEK, B., Auswertemethoden zur Präzisions-Entfernungsmessung mit FMCW-Systemen und deren Anwendung im Mikrowellenbereich, tm – Technisches Messen, Heft 2/95, R. Oldenbourg Verlag, München, Feb. 1995, pp. 66–73
100. SÜSSE, R., Theoretische Grundlagen der Elektrotechnik 1, Teubner Verlag, Wiesbaden, 2005
101. SWANSON, D.G., HOEFER, W., Microwave Circuit Modeling Using Electromagnetic Field Simulation, Artech House-Verlag, New-York, 2004
102. TIEBOUT, M., Low Power VCO Design in CMOS, Springer, Berlin, 2006
103. TIETZE, U., SCHENK, Ch., Halbleiter-Schaltungstechnik, 13. Auflage, Springer Verlag, Heidelberg, 2010
104. VAN DER HEIJDEN, M. P., SPIRITO, M.,DE VREEDE, L. C. N.,VAN STRATEN, F., BURGHARTZ, J. N., A 2 GHz High-Gain Differential InGaP HBT Driver Amplifier Matched for High IP3, IEEE MTT-S Digest, 2003
105. VERSPECHT, J., ROOT, D. E., Polyharmonic Distortion Modeling, IEEE microwave magazine, Juni 2006
106. VOGES, E., Hochfrequenztechnik, Hüthig Verlag, Heidelberg, 2003
107. WADELL, B. C., Transmission Line Design Handbook, Artech House, Boston, 1991
108. WILLIAMS, A. B., *Electronic Filter Design Handbook,* New York, McGraw-Hill
109. WILTRON, Microstrip Measurements with the Wiltron 360 Vector Network Analyzer, Application Note AN360-7, Jan. 1990.
110. ZINKE O., BRUNSWIG H., Lehrbuch der Hochfrequenztechnik, Band 1 + Band 2, Springer Verlag, Berlin, 1999

Stichwortverzeichnis

H. Heuermann, *Mikrowellentechnik*,
https://doi.org/10.1007/978-3-658-41287-6

R

S

Printed in the United States
by Baker & Taylor Publisher Services